2017年煤层气学术研讨会论文集

中国煤层气勘探开发技术与产业化

U0813714

中国煤炭学会煤层气专业委员会
中国石油学会石油地质专业委员会　编
煤层气产业技术创新战略联盟

地质出版社
·北　京·

内 容 提 要

中国煤层气资源丰富，根据最新的煤层气资源调查结果，埋深2000 m以浅的煤层气资源量达 $36.81\times10^{12}\ m^3$。作为煤炭资源和能源消费大国，中国高度重视煤层气（煤矿瓦斯）开发利用，但由于中国成煤时代的多期性和构造运动的多幕性，导致煤层气勘探开发技术在不同地质和储层条件下不可完全复制。历经20余年的不断探索，中国煤层气产业已初步进入规模生产阶段。据统计，2016年全国煤层气产量为 $173\times10^8\ m^3$，其中地面煤层气产量 $45\times10^8\ m^3$，煤矿井下抽采量 $128\times10^8\ m^3$，已基本形成了沁水盆地和鄂尔多斯盆地两个煤层气产业基地，并在西南、西北和东北地区取得了勘探突破，但技术进步和创新仍然是制约我国煤层气产业大规模开发的主要因素。由中国煤炭学会煤层气专业委员会、中国石油学会石油地质专业委员会、煤层气产业技术创新战略联盟联合主办的“2017年度煤层气学术研讨会”，围绕“煤层气勘探开发技术与产业化”会议主题，共征集到学术论文55篇，其中10篇推荐到中文核心期刊《煤炭科学技术》分期出版，本论文集收集其余45篇，内容主要涵盖煤层气地质评价与储层工程、煤层气勘探开发技术等两大方面，对近年来煤层气勘探开发实践、煤层气勘探开发理论和技术进步、煤层气产业发展进行了有益探讨，可供从事煤层气勘探开发技术研究与工程实践的技术人员和管理人员在学习工作中参考。

图书在版编目（CIP）数据

2017年煤层气学术研讨会论文集：中国煤层气勘探开发技术与产业化 / 中国煤炭学会煤层气专业委员会编 —北京：地质出版社，2017.9

ISBN 978-7-116-10551-5

Ⅰ. ①2… Ⅱ. ①中… Ⅲ. ①煤层-地下气化煤气-地质勘探-中国-学术会议-文集②煤层-地下气化煤气-资源开发-中国-学术会议-文集 Ⅳ. ①P618.11-53

中国版本图书馆CIP数据核字（2017）第221359号

责任编辑：张　诚
责任校对：韦海军
出版发行：地质出版社
社址邮编：北京海淀区学院路31号，100083
电　　话：(010)66554528（邮购部）；(010)66554576（编辑室）
网　　址：http：//www.gph.com.cn
传　　真：(010)66554576
印　　刷：北京地大彩印有限公司
开　　本：787mm×1092mm 1/16
印　　张：26
字　　数：600千字
版　　次：2017年9月北京第1版
印　　次：2017年9月北京第1次印刷
定　　价：68.00元
书　　号：ISBN 978-7-116-10551-5

（如对本书有意见或建议，敬请致电本社；如本书有印装问题，本社负责调换）

中国煤炭学会煤层气专业委员会
中国石油学会石油地质专业委员会
煤层气产业技术创新战略联盟

2017年煤层气学术研讨会论文集

中国煤层气勘探开发技术与产业化

编辑委员会

主　编：吴建光　傅小康　张守仁

编　委：叶建平　傅雪海　李五忠　张文忠　于瑞琴

陈仕林　左景栾　吴　翔

2017年煤层气学术研讨会

2017年9月12—14日

贵州·贵阳

主　办：中国煤炭学会煤层气专业委员会

中国石油学会石油地质专业委员会

煤层气产业技术创新战略联盟

承　办：中联煤层气有限责任公司

协　办：贵州天然气能源投资股份有限公司

煤炭工业技术委员会非常规天然气专家委员会

目　录

地质部分

开发开采

勘探工程

其　他

地质部分

准南阜康矿区中低煤阶煤层气赋存条件

耿昀光[1,2]　汤达祯[1,2]　许　浩[1,2]　陶　树[1,2]　张　涛[1,2]　张国伟[1,2]

（1．中国地质大学（北京）能源学院　北京　100083；
2．中国地质大学（北京）煤层气国家工程中心煤储层实验室　北京　100083）

摘　要：准噶尔盆地南缘阜康矿区中低煤阶煤层气测试取得了较高产气量，为了分析矿区煤层气赋存条件，对区内构造与水文地质条件、地层特征、煤岩煤质特征、煤储层孔裂隙特征、煤层含气性及煤层气保存条件进行了研究，并提出了针对阜康矿区急倾斜煤层的煤层气勘探思路。结果表明：区内局部应力场有利于煤储层裂隙发育，煤岩渗透性较好；阜康向斜两翼水动力条件弱，有利于煤层气聚集；煤层含气性与煤层埋深呈正相关关系，八道湾组含气性强于西山窑组；水动力封堵是抑制急倾斜煤层气顺层逸散的有效方式。认为针对急倾斜、多煤层的地质特点，应采取“定深度，找封堵，综合勘探”的煤层气勘探思路。

关键词：准噶尔盆地　阜康地区　煤层气　孔裂隙特征　含气性　急倾斜煤层

Low-medium Rank CBM Accumulation Condition of Fukang Block in Southern Junggar Basin

Geng Yunguang[1,2]　Tang Dazhen[1,2]　Xu Hao[1,2]　Tao Shu[1,2]　Zhang Tao[1,2]
Zhang Guowei[1,2]

(1. School of Energy, China University of Geosciences(Beijing), Beijing 100083, China;
2. Coal Reservoir Laboratory of National CBM Engineering Center, China University of Geosciences (Beijing), Beijing 100083, China)

Abstract: A relatively high gas production rate has been obtained through tests in Fukang block in the south of Junggar Basin. In order to analyze coalbed methane accumulation condition in this block, tectonic and hydrogeologic condition, stratum characteristics, coal quality and petrology properties, characteristics of coal pores and fractures, gas content of the coalbed and CBM preservation were studied, and CBM exploration method for steep seam was proposed.

基金项目：国家科技重大专项 2016ZX05043，国家自然科学基金重点项目 41530314。
作者简介：耿昀光，男，1990 年生，河北唐县人，博士在读。E-mail:ll131gyg@163.com。

The results show that local stress field is conducive to coal seam fractures development and coal has good permeability. Limbs of Fukang syncline has low hydrodynamic force, which benefits CBM accumulation. Coal gas content has a positive relationship with coal depth, and gas content of J_1b is larger than that of J_2x. Hydraulic seal is an effective means to prevent methane effusion along coal seam. We suggest that for the characteristics of steep and multiple coal seams, method of “coal depth determination, seal seeking and comprehensive exploration” should be paid attention to.

Keywords: Junggar Basin; Fukang block; coalbed methane; characteristics of coal pores and fractures; gas-bearing properties; steep seam

新疆地区具有丰富的中低煤阶煤层气资源，据预测新疆煤层气资源量达 9.51×10^{12} m^3，占全国煤层气预测资源量的 26%（刘成林等，2009；叶建平等，1999）。研究和开发利用中低煤阶煤层气资源是发展清洁能源、改善我国能源结构的需要。新疆煤层气资源勘查开发起步较晚，20 世纪 80 年代后期逐渐开始关注煤层气资源，基础工作程度较低，截至 2010 年以准噶尔盆地南缘为重点，主要开展了全疆多个盆地级别的煤层气资源评价，并针对重点煤田、重点矿区进行了更深入的资源评价工作（刘得光等，2007；陶小晚等，2009；杨曙光等，2010；张国庆，2001）。准噶尔盆地含煤面积约 4.60×10^4 km^2，煤炭资源量 8286×10^8 t，煤层气资源量 3.83×10^{12} m^3，其中准南煤田和后峡煤田具有较好的煤层气资源条件（尹淮新，2009；魏秋野等，2013；伏海蛟等，2015）。准南煤田包括乌鲁木齐-白杨河矿区、乌鲁木齐-老君庙矿区、阜康白杨河-大黄山矿区等生产矿区。准南阜康矿区是现实的低阶煤层气有利开发目标区。疆煤田地质局等单位在准南乌鲁木齐河以东地区进行了煤层气勘探开发工作，在阜康白杨河建立了煤层气开发示范工程，到 2013 年底，白杨河矿区已形成了 5 口井的煤层气开发生产试验小井网，单井日产气量最高达到 2500 m^3，井组最大日产气量达到 7000 m^3；到 2014 年底，该区已达到 50 多口井的小规模开发试验（雷华友，2016；周继兵等，2005；王生维等，2014）。2013 年 3 月成功点火采气的参数及生产试验井 CSD01 单井日产量由 2500 多立方米，截至 2015 年增长 16000 m^3/d，显示了该区域煤层气开发潜力巨大。

阜康区块煤层演化程度、显微组分及煤岩煤质特征在准噶尔盆地中低煤阶煤层中均具有代表性。研究分析阜康地区煤层气的赋存条件，对于指导该区煤层气勘探开发工作具重要意义，能够帮助厘清准噶尔盆地大倾角煤层气勘探思路和勘探方向，为今后准噶尔盆地以及其他地区低阶煤层气资源的开发利用起到指导和推动作用。

1 基础地质条件

准噶尔盆地南部属天山北麓低山-丘陵地带，地势南高北低，海拔 1000～3000 m，地形为发育在现代沟谷或冲沟中的侵蚀堆积地形（蔚远江等，2008）。准南地区位于阿尔泰山与天山之间，西起准噶尔盆地西部界山，东到北塔山，南起天山北麓山前带，北至古尔班通古特沙漠边缘，呈长条形分布。阜康矿区位于乌鲁木齐市东北 60 km，矿区总体上为南北向窄、沿东西方向展布的不规则状长条形区域，东西长 57 km，南北宽 3～15 km，总面积约 307.9 km^2（崔思华等，2007）。

1.1 构造条件

阜康矿区处于新疆二级构造单元北天山优地槽褶皱带北部中央部位，准噶尔盆地南缘乌鲁木齐山前坳陷东段阜康向斜东段转折端（魏东涛等，2005；吴俊军等，2013）。阜康矿区东部以黄山-二工河倒转向斜的闭合段为界，西至水磨河，北部发育有阜康逆掩断层，并出露煤层，南阶为妖魔山逆冲断裂（图 1）。矿区西部自北向南依次发育有东西轴向的阜康向斜、南阜康背斜、南阜康向斜，以及北东轴向的七道湾背斜、八道湾向斜。阜康矿区构造部位是位于推覆体上的发育较完整的褶皱构造，局部应力场有利于煤储层割理裂隙发育，导致区内煤储层渗透性中等到较好，对煤层气开发较有利。同时，矿区东部推覆体与三工河断裂中间区域，强烈的构造运动导致煤体破碎，发育构造煤。区内各煤矿的矿井瓦斯等级鉴定结果显示各煤矿随着开采深度的增加瓦斯量也增加，煤层的含气量随着煤储层深度的增加而增大，向斜核部的甲烷含量大于两翼。区内八道湾向斜两翼和阜康向斜构造是煤层气富集区。

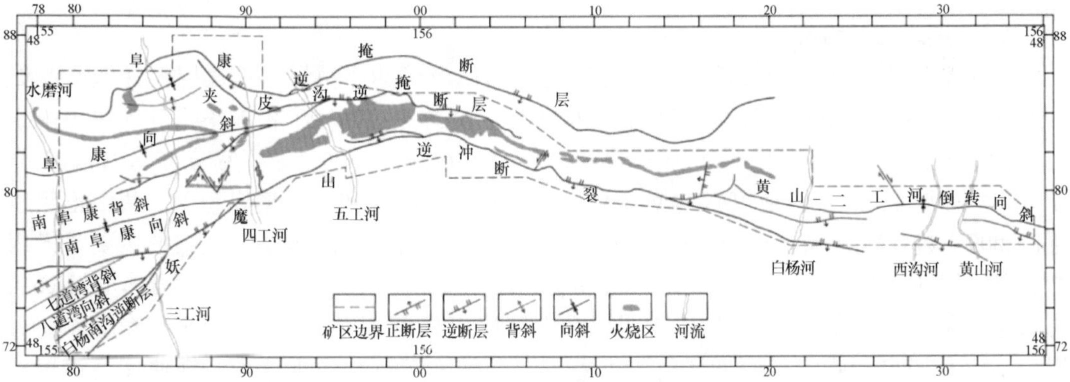

图 1　阜康矿区地质构造纲要图

1.2 区域地层

阜康矿区主要出露的地层有上古生界二叠系，中生界三叠系、侏罗系及新生界新近系。主要含煤地层为下侏罗统的八道湾组（J_1b）和中侏罗统的西山窑组（J_2x），其中，西山窑组煤层分布于四工河以西，含煤 14～39 层，煤层平均总厚 44.3 m，煤层气开发主要目标层为 41#、42#、43#、45#。八道湾组煤层主要分布在三工河以东至矿区东部边界，大于 0.3 m 厚的煤层 45 层，煤层平均总厚度 68.5 m，主要煤层气目标层有 14-15#、19-21#、39#、41#、42#、43#、44#、45#。八道湾组（J_1b）地层经历了湖沼相—河流相—湖沼相的沉积历程，湖沼相是重要的成煤期，形成的上、下含煤段层位稳定，尤其是下含煤段地层的含煤特征明显。

矿区主要可采煤层浅部火烧严重，烧变岩在区内广泛分布。根据物探重磁探火钻探验证，区内西山窑组、八道湾组煤层均有自燃，火烧区主要分布在西区的西山窑组煤层和中区的八道湾组煤层，其中，西山窑组火烧煤层主要呈带状分布在四工河以西的阜康向斜两翼，火烧深度 50～120 m；八道湾组火烧煤层在矿区中部形成一条近东西向的烧变岩带，火烧深度可达 500 m。一般煤层裸露、构造复杂、褶皱转折端，以及废弃小煤窑多的煤层易自燃，且地层倾角小的地段比地层倾角大的地段，火烧范围大且深。

1.3 水文地质条件

阜康矿区气候属大陆性干旱-半干旱气候，大气降水对区域地下水补给甚微，属于天山北麓低山丘陵带空隙-弱裂隙含水区（李升等，2016）。矿区自西向东发育的河流主要有水磨河、三工河、四工河、五工河、白杨河、西沟河和黄山河，均发育于伯格多北坡，数条河流大致垂直山脉与地层走向，切割煤系地层。含煤系地下水在七道湾背斜和八道湾向斜两翼及阜康向斜两翼均表现为自东向西径流，因含水空间不甚发育，径流速度迟缓，属弱径流区。

矿区内主要有 5 个含水地层，分别是第四系松散岩类孔隙含水层、烧变岩系含水层、中侏罗统西山窑组（J_2x）孔裂隙弱含水层、下侏罗统八道湾组（J_1b）及三工河组（J_1s）下段弱含水层。主要隔水层有 5 个，分别为上、中侏罗统齐古组（J_3q）、头屯河组（J_2t）碎屑岩隔水层、下侏罗统三工河组上段（J_3^1s）黏土岩类隔水层及三叠系顶部黏土岩类隔水层。

2 煤储层物性特性

2.1 煤岩煤质特征

阜康矿区煤均属于高等植物遗体经泥炭化作用形成的腐植煤，据煤层气井取心测试资料显示，各煤层煤最大镜质组反射率 0.55%～0.67%，属褐煤-长焰煤，各煤层原煤水分含量（M_{ad}）0.9%～3.1%，灰分产率（A_d）介于 6.1%～38.2%，挥发分产率（V_{daf}）介于 30.1%～47.2%。其宏观煤岩类型，八道湾组以光亮型煤和半亮型煤为主，西山窑组以半暗型煤为主。矿区煤岩显微组分特征见表 1，八道湾组煤镜质组是构成煤的主要显微组分，多为均质镜质体和基质镜质体（图 2b）；惰质组含量较少，可见碎屑惰质体（图 2b）；壳质组含量一般小于 5%，可见小孢子体和平行层面分布的角质体。西山窑组煤显微组分以镜质组和惰质组为主，两者各占 45%左右，单偏光下可见条带状均质镜质体与透镜状丝质体和半丝质体界限明显（图 2d），反射荧光下可见多量带状小孢子体和碎屑壳质体（图 2c）。区内煤岩无机矿物以黏土矿物和碳酸盐岩矿物为主，多充填于孔洞或腔孔中，偶见黄铁矿。

表 1 阜康矿区煤岩显微组分表

样品编号	层位	镜质组/%	惰质组/%	壳质组/%	矿物/%
X-1	西山窑组 43#煤层	48.2	50.3	0.4	1.1
FC-1	西山窑组 42#煤层	68.85	29.2	1.59	0.35
B-1	八道湾组 42#煤层	92.1	1.3	3.4	3.2
B-2	八道湾组 45#煤层	84.3	11.8	1.6	2.3
B-3	八道湾组 44#煤层	89.6	4.5	4.1	1.8

2.2 孔裂隙特征

阜康矿区煤样孔裂隙发育程度较好，通过扫描电镜观察，区内煤岩原生孔隙主要发育有组织孔（图 3a）和屑间孔（图 3b），保存较好的木质细胞结构中可见胞腔孔，次生孔隙主要是煤变质作用中煤的生气作用形成的气孔（图 3c），煤岩显微裂隙较为发育，部分被矿物充填，充填物以有机碎屑和黏土矿物为主，裂隙长度一般较小，但开放程度较高。渗透性是储层评价的重要参数，是煤岩孔裂隙特征的间接反映。阜康矿区煤岩氦气渗透率变化较大，一般无裂缝煤样孔隙度在 0.5%～3.6%之间，渗透率在 0.13～2.1 mD❶之间，含裂缝煤样孔隙度在 3.8%～14%之间，渗透率在 3.2～58.5 mD 之间，且渗透率与孔隙度呈较好的正相关关系。矿区较好的煤岩渗透性有利于煤层气排采。

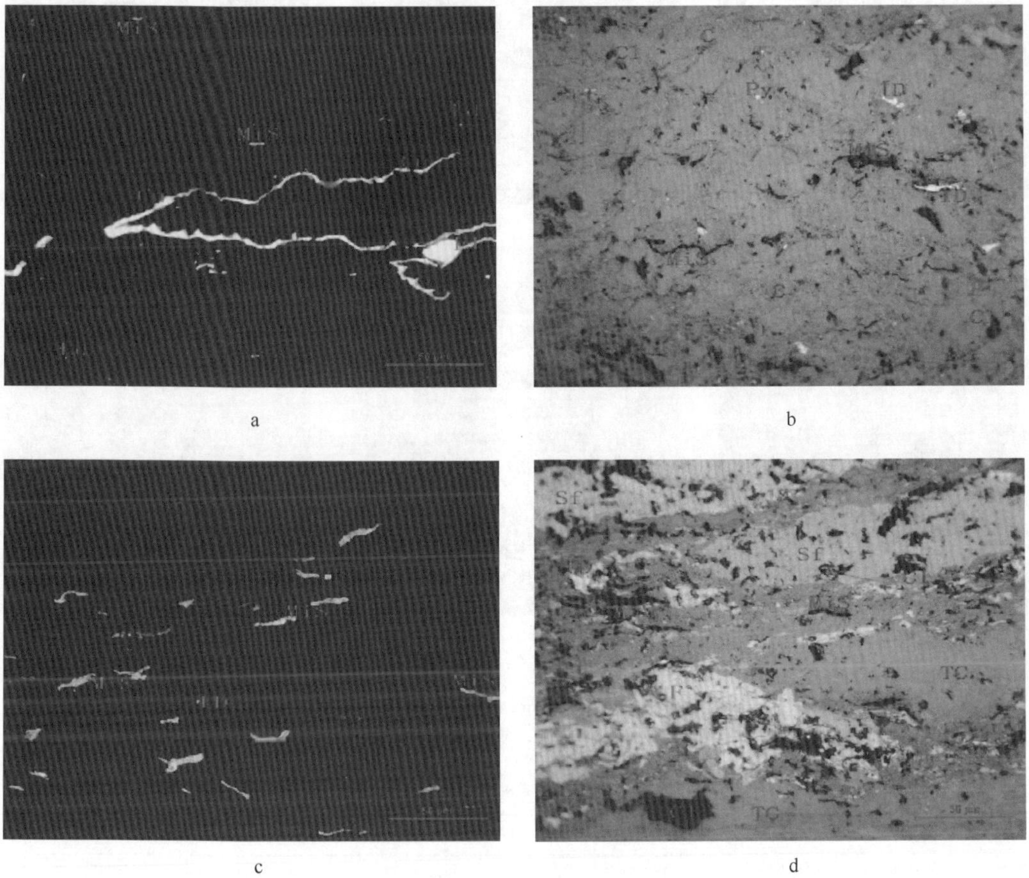

图 2　阜康矿区煤岩显微组分

MiS—小孢子体；Cu—角质体；Fl—荧光体；C—无结构镜质体；TC—均质镜质体；Cl—黏土矿物；Py—黄铁矿；LD—碎屑壳质体；F—丝质体；Sf-半丝质体

2.3　储层压力条件

X-1 和 X-2 井试井结果显示，区内西山窑组 43#、45#煤层中点深度分别为 946.6 m、1060 m，储层压力分别为 8.34 MPa、9.55 MPa，压力梯度均大于 0.9 MPa/100m，接近于常压；X2-3 井 14-15#煤层深度 351.4 m，储层压力 1.86 MPa，压力梯度 0.53 MPa/100m，属异常低压储层（表 2）。FC-1 井八道湾组 42#煤层中点深度 696.9 m，厚度为 17.3m，储层压力较高为 6.26 MPa，压力梯度 0.94 MPa/100m，接近于正常压力梯度。B 井组试井结果显示八道湾组 42#、44#、45#煤层压力梯度在 0.48～0.59 MPa 之间，均为低异常。可见区内煤层压力梯度变化较大，部分地区属异常低压储层，造成压力梯度低的原因可能是不同区域地下水补给条件不同，使得岩层中水的流动不连续，造成孔隙的欠饱和而产生异常低压。

❶ 1D（达西）$\approx 0.987\times10^{-12}m^2$。

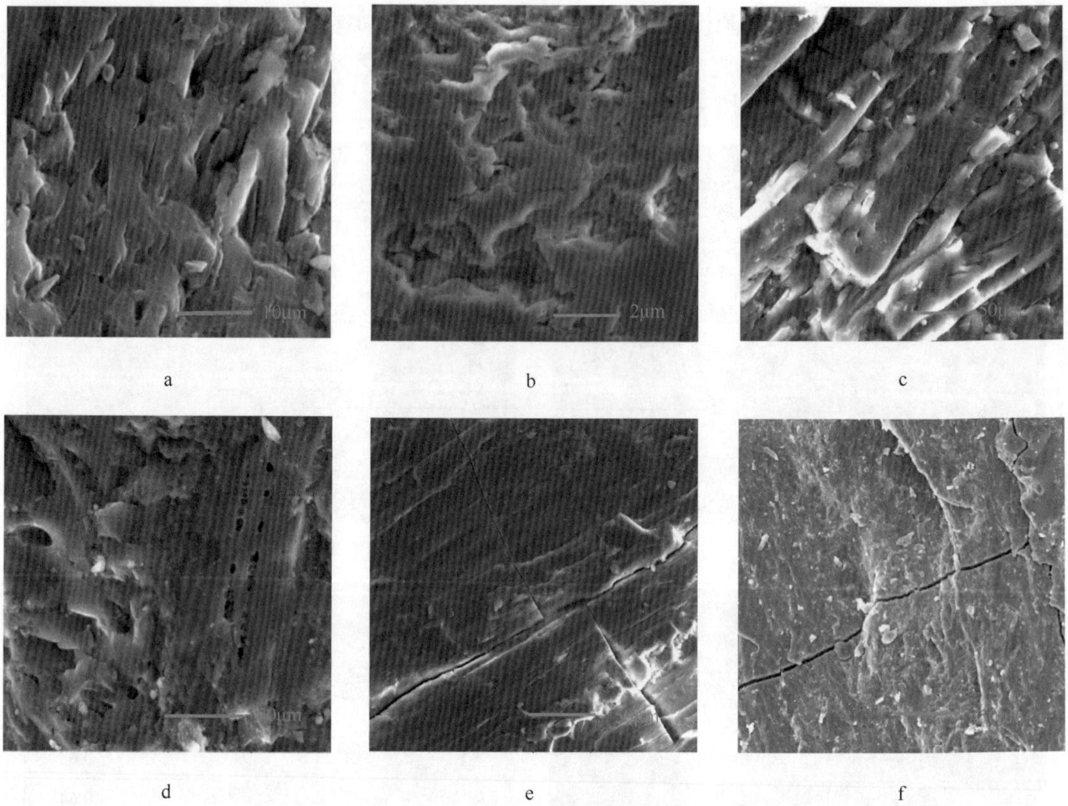

图 3　阜康矿区煤岩扫描电镜孔裂隙特征

a—组织孔；b—屑间孔；c—气孔；d—铸模孔；e—正交裂隙；f—裂隙

表 2　阜康矿区地层压力参数表

井号	层位	煤层中点埋深/m	储层压力/MPa	压力梯度/（MPa · 100m^{-1}）	温度/℃
X2-3	西山窑组 14-15#煤层	351.38	1.86	0.53	—
X-1	西山窑组 43#煤层	946.6	8.34	0.93	—
X-2	西山窑组 45#煤层	1060.0	9.55	0.92	30.6
FC-1	八道湾组 42#煤层	696.9	6.26	0.94	—
B-1	八道湾组 42#煤层	759.9	3.59	0.48	20.2
B-2	八道湾组 45#煤层	893.4	5.09	0.57	22.5
B-3	八道湾组 44#煤层	927.1	5.47	0.59	25.3

3　煤层含气性特征

通过钻孔煤心及煤矿样品的含气量测试和对煤矿采集样品的温吸附试验，对煤层中气体的赋存状态进行了定量分析。

3.1　煤层实测含气量

实测气含量测定，遵照 GB/T 19559—2008《煤层气含量测定方法》执行，其中 X-1、X-2 井取样为西山窑组煤层，FC-1、B-1、B-3、B-16 井取样为八道湾组煤层，实测含气量结果显示八道湾组煤层含气量大于西山窑组煤层（表 3），且实测含气量与煤层埋深呈较明显的正相关性，煤层含气量在 1500 m 以浅随煤层埋深增加而增大（图 4）。区域上来看，位于矿区东段四工河以西阜康向斜部位的 B-1、B-3 井煤层和矿区西段大黄山地区的 FC-1 井含气量高，均大于 10 m^3/t。

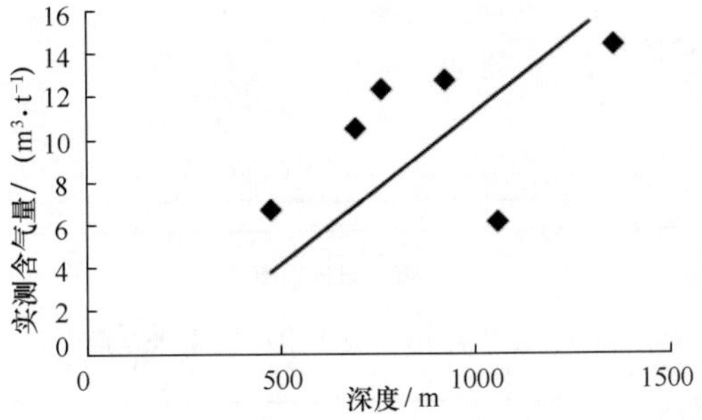

图 4　实测含气量与煤层埋深关系图

表 3　阜康矿区煤层空气干燥基含气量数据表

井号	取样深度/m	实测含气量/（$m^3 \cdot t^{-1}$）	Langmuir 体积/（$m^3 \cdot t^{-1}$）	Langmuir 压力/MPa	R_o/%
X-1	475.0	6.72	19.21	2.51	0.56
X-2	1060.0	6.10	12.89	3.33	0.51
FC-1	684.5	10.49	32.68	2.52	0.75
B-1	759.9	12.32	25.52	3.21	0.68
B-3	927.1	12.76	37.18	3.76	0.64
B-16	1360.0	14.40	21.99	3.31	0.61

3.2　煤岩吸附能力

依照 GB/T 19560—2008《煤的高压等温吸附试验方法》，对区内煤岩进行了等温吸附实验（实验温度为 30℃），实验结果显示 X-1、X-2 西山窑组煤样空气干燥基下 Langmuir 体积分别为 19.21 m^3/t、12.89 m^3/t，B-1、B-3、B-16、FC-1 八道湾组煤样空气干燥基下 Langmuir 体积分别为 25.52 m^3/t、37.18 m^3/t、21.99 m^3/t、32.68 m^3/t（表 3），等温吸附曲线如图 5 所示。区内煤岩吸附能力主要受煤级控制，煤岩甲烷最大吸附量（兰氏体积）与镜质组反射率成较好的正相关关系（图 6）。

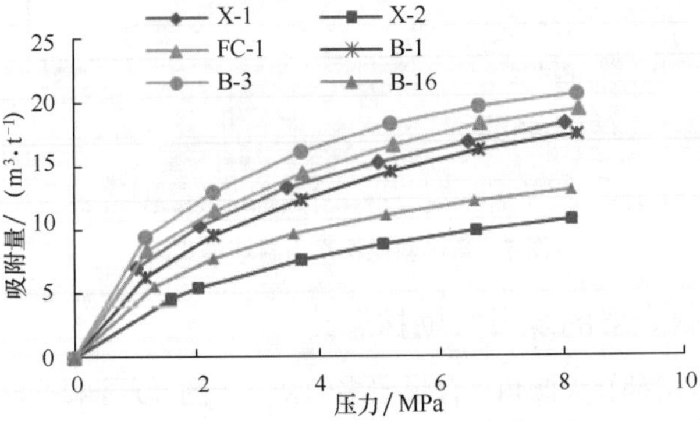

图 5　阜康矿区煤岩等温吸附曲线

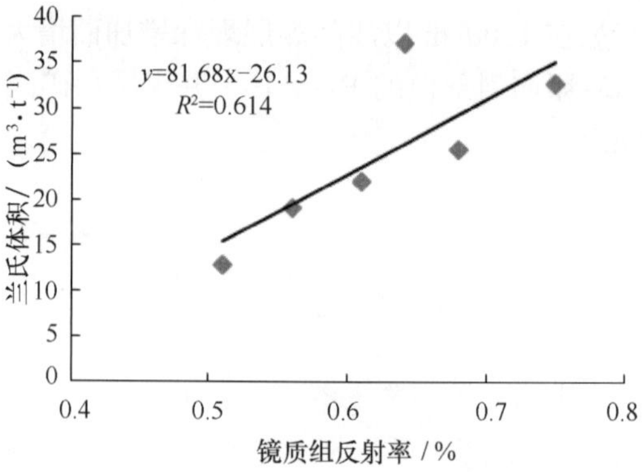

图 6　兰氏体积与镜质组反射率关系图

4　煤层气保存条件

4.1　顶底板封盖性

煤层顶底板直接与煤层接触，其岩性及厚度关系着气体的逸散或保存。岩性粒度细小，可以阻挡和减缓气体扩散、渗滤，使煤层气得到保存，否则气体则可能逸散殆尽。阜康矿区煤层顶底板岩性组合可划分为粗碎屑岩（砾岩及粗砂岩、中砂岩等各种砂岩）和细碎屑岩（粉砂岩、泥岩、页岩及其互层）两类，从封闭性能上看，粒度越细，封闭性越好。钻孔资料显示区内顶底板细粒碎屑岩含量均在65%以上，单从岩性角度来讲，对煤层气保存条件比较有利。

4.2　水动力封闭

分布于矿区主要河流的第四系松散岩类孔隙含水层及局部烧变岩系含水层，对下伏煤系地层具有补给作用。在河床及烧变岩发育区域，煤系地下水补给相对充足，水力封堵有效抑制大倾角条件下的煤层气顺层扩散（图 7）。

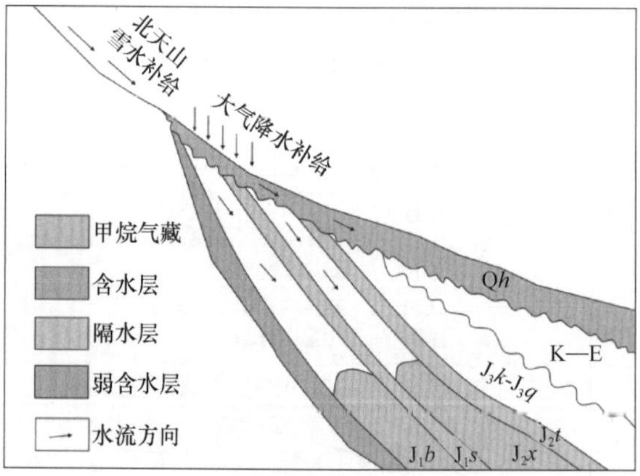

图 7　急倾斜煤层水力封堵模式图

5　针对急倾斜煤层的煤层气勘探思路

阜康矿区煤系地层具有大倾角、含煤层多的特点（图 8），测井资料显示部分地区煤层倾角大于 60°，在这种特殊的地质条件下，对于煤层气勘探需注重以下三个方面：

1）明确煤储层含气性，选择适当的开发深度及构造部位有助于提高煤层气井产量。阜康地区煤层埋深变化大，煤层含气性与埋深在一定深度范围内呈正相关关系，向斜核部含气量相对两翼较高。此外，区内断裂广泛发育，对断层封闭性和开放性的研究对于煤层气井位的选择十分重要。

2）注重保存条件研究，保存条件控制煤层气的富集。在盖层条件好，开放性断层不发育的相对封闭区寻找煤层气富集区。对于急倾斜煤层，整合接触的上覆盖层不能有效阻止煤层气顺层逸散，此时，上覆含水层的地下水补给或封闭性断层的隔挡，成为抑制煤层气顺层逸散的主要方式。

3）注重煤系地层综合勘探。阜康地区八道湾组煤层层数多，且除煤层自身外，其邻近的碎屑岩亦可成为良好的储层，因此煤层气勘探思路不能仅局限于单一煤层开采，应注重煤系地层综合勘探，采取常规天然气的选区评价与煤层气勘探评价相结合的办法，精细分析多煤层展布特征和顶底板及邻近储层岩性变化，厘定有利的构造-岩相分布带，开展多目的层综合勘探。

总之，对于阜康区块煤层气勘探，应注重对煤层气系统的精细研究，“定深度，找封堵，综合勘探”，明确区内构造、水动力控气机理，并结合常规气评价手段，开展煤系地层综合勘探，走综合勘探道路。

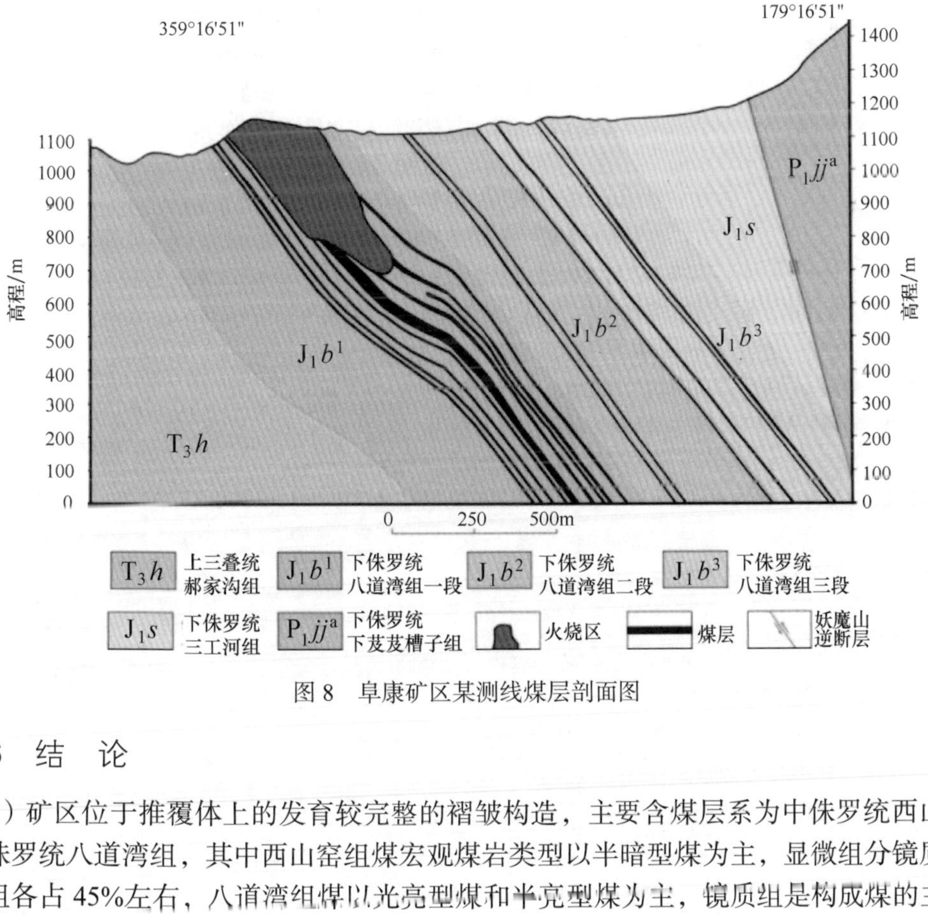

图 8　阜康矿区某测线煤层剖面图

6　结　论

1）矿区位于推覆体上的发育较完整的褶皱构造，主要含煤层系为中侏罗统西山窑组和下侏罗统八道湾组，其中西山窑组煤宏观煤岩类型以半暗型煤为主，显微组分镜质组和惰质组各占 45%左右，八道湾组煤以光亮型煤和半亮型煤为主，镜质组是构成煤的主要显微组分，惰质组含量较少。

2）矿区局部应力场有利于煤储层裂隙发育，煤岩渗透性较好，煤岩甲烷最大吸附量主要受煤级控制，实测含气量八道湾组煤大于西山窑组煤，且含气性与煤层埋深呈正相关关系。阜康向斜两翼水动力条件弱，有利于煤层气聚集，且煤层含气性好，是区内煤层气勘探重点地区。

3）提出了针对急倾斜煤层的煤层气勘探思路，即注重对煤层气系统的精细研究，明确区内构造、水动力控气机理，结合常规气评价手段，开展煤系地层综合勘探。准噶尔盆地南缘具有丰富的低阶煤层气资源，若阜康矿区低阶煤层气取得突破，将对我国低阶煤层气勘探开发起到重要的推动作用。

参考文献

崔思华，刘洪林，王勃，等．2007．准噶尔盆地低煤阶煤层气成藏地质特征［J］．现代地质，21（4）：719～724．

伏海蛟，汤达祯，许浩，等．2015．准南中段煤层气富集条件及成藏模式研究[J]．煤炭科学技术，43（9）：94～98．

雷华友．2016．新疆阜康白杨河矿区煤层气成藏条件及控藏效应[J]．中州煤炭，（9）：151～154．

李升，葛燕燕，杨雪松，等．2016．准噶尔盆地阜康西区块西山窑组构造-水文地质控气特征[J]．新疆石油地质，37（6）：631～636．

刘成林，朱杰，车长波，等．2009．新一轮全国煤层气资源评价方法与结果[J]．天然气工业，29（11）：130～132．

刘得光，吴晓智，赵铮亚，等．2007．准噶尔盆地煤层气资源潜力及勘探选区[J]．新疆石油地质，28（3）：272～275．

陶小晚，王俊民，胡国艺，等．2009．新疆煤层气勘探开发现状及展望[J]．天然气地球科学，20（3）：454～459．

王生维，王峰明，侯光久，等．2014．新疆阜康白杨河矿区急倾斜煤层的煤层气开发井型[J]．煤炭学报，39（9）：1914～1918．

蔚远江，汪永华，杨起，等．2008．准噶尔盆地低煤阶煤储集层吸附特征及煤层气开发潜力[J]．石油勘探与开发，35（4）：410～416．

魏东涛，贾东，赵应成，等．2005．博格达山北麓新生代前陆冲断带构造解析[J]．天然气工业，25（SB）：83～87．

魏秋野，王延斌，王宏杰，等．2013．准噶尔南缘煤层气资源勘探前景及开发建议[C]// 煤层气学术研讨会．

吴俊军，游利萍，杨和山．2013．准噶尔盆地阜康断裂带构造演化与油气成藏[J]．新疆石油地质，34（1）：36～40．

杨曙光，周梓欣，秦大鹏，等．2010．新疆阜康市阜试 1 井煤层气产气分析及小井网布设建议[J]．中国西部科技，9（26）：3～4．

叶建平，秦勇，林大扬．1999．中国煤层气资源[M]．徐州：中国矿业大学出版社．

尹淮新．2009．新疆阜康煤矿区煤层气资源勘探前景及开发建议[J]．中国煤层气，6（2）：16～18．

张国庆．2001．准南煤田煤层气资源开发前景[J]．中国煤田地质，13（2）：34～35．

周继兵，曾宪军，樊涛．2005．新疆准南煤田阜康一带煤炭资源分布区地质特征[J]．新疆地质，23（2）：146～151．

沁水盆地 SZN 区块煤储层精细评价与地质单元划分研究

柳迎红　吕玉民　郭广山　王存武　朱学申

（中海油研究总院新能源研究中心　北京　100027）

摘　要：综合利用参数井、开发井的测井、压裂及生产等动静态数据，建立含气量、渗透率、临储比、煤体结构和煤岩特征的五要素评价模型，有利储层的分布进行精细评价。研究结果表明：区块Ⅰ类储层主要集中在中部地区，沿北北东向呈条带状分布，Ⅲ类储层则分布于北部和南部地区，其他地区为Ⅱ类区。生产动态分析显示74%的高产气井和60%的中产气井集中分布在Ⅰ类煤储层有利评价区；17%的高产气井和35%的中产气井分布在Ⅱ类煤储层有利评价区。在此基础上，结合区域构造特征，划分3个一级地质单元、9个二级地质单元和23个三级地质单元，对比各单元内煤层气地质条件，为煤层气井排采增产、开发策略及生产管理提供可靠的地质依据。

关键词：煤层气　有利储层　地质单元　沁水盆地

Fine Evaluation of Coal Reservoir in SZN Block and its Partition of Geological Unit

Liu Yinghong　Lü Yumin　Guo Guangshan　Wang Cunwu　Zhu Xueshen

(New Energy Research Center, CNOOC Research Institute, Beijing 100027, China)

Abstract: Utilization exploration wells, logging development wells, fracturing and production, and other static and dynamic data to establish five elements of evaluation model of the gas content, permeability, temporary storage ratio, coal structure and characteristics of coal. Predicting the distribution of favorable reservoir by the way of multi-level fuzzy method. Research indicates: Type Ⅰ reservoirs are mainly concentrated in the central region and along

---

基金项目：中国海油科技攻关资助项目（CNOOC—KY125）。

作者简介：柳迎红，女，1968年生，辽宁阜新人，高级工程师，博士研究生，主要从事煤层气地质勘探与开发研究工作。联系电话：13311230638，E-mail：liuyhll@cnooc.com.cn。

the strip to the NNE; Type Ⅲ reservoirs are located in the northern and southern regions; other area is Type Ⅱ. Dynamic analysis showed that 74% of the production of high-yield wells and 60% of gas production concentrated in class Ⅰ favorable coal reservoir evaluation area; 17% and 35% of high-yield gas wells located in the middle class Ⅱ coal reservoirs favorable appraisal district. Based on the results and geological features, 3 the first-level geological units, 9 the second-level geological units and 23 the thrid-level geological units were determined, which provide the geological guidelines for pumping, enhancement, developing strategy and production management.

Keywords: coalbed mathane; favorable reservoir; geological unit; Qinshui basin

寻找煤层气富集高产有利区是煤层气高效勘探开发的核心目标。国内外学者已对煤层气富集高产评价进行了深入的研究，并取得了较好的评价效果。然而，针对区块评价参数不足的情况，如何有效地开展煤层气富集高产有利区评价仍未得到充分重视和深入研究。本文以沁水盆地 SZN 区块为研究对象，在前人研究成果基础上，充分利用 SZN 区块已有测井资料、压裂数据、生产数据及其煤储层参数测试资料，建立了关键参数快速评价模型，开展有利区多参数综合评价，并通过该区生产动态进行了验证分析。在储层评价的基础上，为方便分区生产管理，结合构造特征划分 SZN 区块煤储层地质单元，对比各分区内煤层气地质条件特征，为煤层气井排采增产、开发策略及生产管理提供可靠的地质依据。

1 研究区概况

SZN 区块位于沁水盆地东南部（图 1），隶属山西省晋城市管辖。区块面积约为 388km^2，探明含气面积为 187.80km^2，二维地震测线 33 条，各类煤层气钻井超过 1000 口，累计产气量约为 4.00×10^8m^3。柿庄南区块二维地震测线长度共计 336km，区域测网密度 2km×5km，在西部加密区测网密度为 0.25km×0.5km。该区勘探主力含煤层系为二叠系山西组和石炭系太原组，山西组 3 号煤层为主要开发层系，具有“一高一低三中”的特点，即：热演化程度高、孔渗条件低、含气量中等，含气饱和度中等和临储比中等（傅雪海等，2001；王明寿等，2006）。

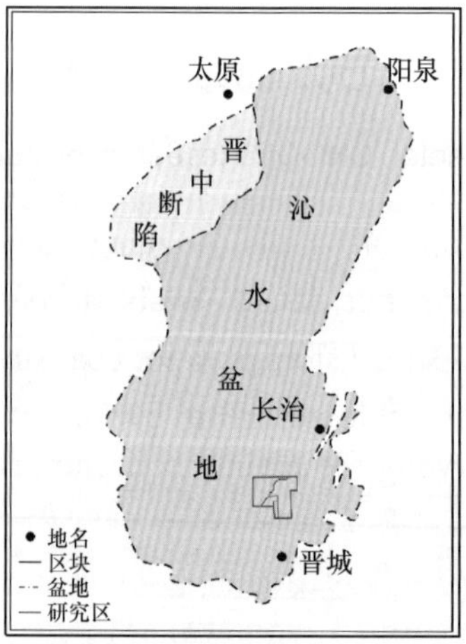

图 1　研究区构造位置图

2 煤层气地质条件

煤层气地质条件主要包括煤层厚度、煤层结构、煤体结构、灰分、含气量、临储比及渗透率。

2.1 煤层厚度

煤层厚度与平面稳定性展布特征共同决定储集空间性能。厚度越大，稳定性越好，储集空间越有利于气体赋存。煤层厚度及稳定性主要受到成煤环境影响（刘之的等，2015）。研究表明，研究区3号煤层全区稳定发育，厚度大，分布范围主要介于5.0～7.0m之间，平均6.01m，平面上绝大部分地区厚度在6.0m以上，为气体生成与赋存提供较好的物质基础。

2.2 煤层结构

一般来说，煤层结构评价指标是夹矸发育的层数、夹矸的厚度和夹矸所占煤层厚度的比率（刘之的等，2015；金泽亮等，2013）。连井剖面对比发现3号煤层的中下部发育一套较稳定连续发育、厚度较小的夹矸，局部发育2套夹矸或不发育。

3号煤层夹矸总厚度在0.2～0.8m之间，平均厚度0.45m，夹矸比率在4%～10%之间。全区稳定发育，且在南部夹矸厚度略大。

2.3 煤体结构

原生结构煤电阻率幅值较高，随着煤体破碎程度增加，煤中自由基浓度升高，小分子含量增加，煤中的导电网络变发达，导电离子在电场作用下更加自由地迁移，使电阻率幅值减小；原生结构煤灰分相对较低，自然伽马幅值低，随着灰分的升高，自然伽马幅值增大，煤体则更易于发生破碎（龙王寅等，1999；孟召平等，2015；汤友谊等，2005）。

基于测井信息，开展SZN区块煤体结构的识别与划分，分析不同煤体结构类型所占比率与煤层气产能之间的相互关系。研究表明，区块主要以原生结构煤为主，碎裂结构和碎粒结构次之。评价不同煤体结构对产气量影响发现：原生结构煤所占比率与平均产气量具有较好的正相关关系，比值介于40%～70%之间时，煤层气产量显示出较好的表现；当比值处于40%以下时，产气效果较差。研究区中部原生结构煤比率处于40%～80%之间，具有较好的煤体结构特征，是煤层气产量提升的重要潜力区。

2.4 灰分

灰分主要受到成煤环境的影响，与夹矸有很好的一致性，在平面和纵向上灰分均具有一定的非均质性。因此，仅仅利用参数井测试数据很难精细评价灰分变化特征。此次以测井体积模型法为基础，建立灰分参数解释模型（刘之的等，2013；徐刚等，2010）。研究表明，区块整体表现出“中-低灰”特征，灰分介于12%～18%之间，平均含量15.0%。平面上，局部发育灰分15%以上的区域，主要分布在西南角、中部和东北角，其他的区域含量均小于15%。

2.5 含气量

煤层含气量是煤层有利储层预测重要参数之一。目前评价中使用的含气量主要通过参数井现场快速解吸法测定。仅仅利用快速解吸法测定的含气量进行平面分布特征评价难度较大（赵毅等，2011；陈信平等，2013）。

利用生产数据，结合兰氏方程建立含气量预测模型，能够较准确地评价含气量分布特征（图 2）。将生产数据中开始产气时的井底流压近似等于临界解吸压力，通过兰氏方程建立含气量与临界解吸压力关系计算公式，如公式 1 所示：

$$y = 26.323x / (1.646 + x) \tag{1}$$

$$R^2=0.8684$$

式中：y 为含气量，m^3/t；x 为临界解吸压力，MPa。

区块 3 号煤层含气量主要分布在 4.0～24.0m^3/t 之间，平均 11.8 m^3/t。平面上含气量大于 12.0 m^3/t 的区域主要分布在由西南角向北部的中间条带和东北角，其他部分含气量相对较低，小于 12.0 m^3/t。

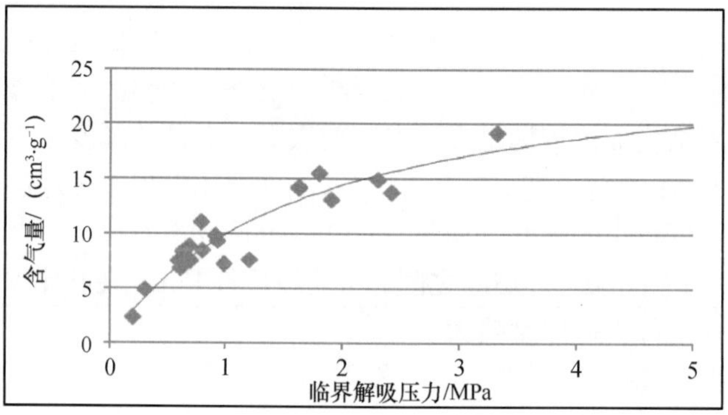

图 2　SZN 区块 3 号煤层含气量与临界解吸压力关系图

2.6　临储比

临储比越大，说明吸附气越容易解吸，实现产气所需的降压幅度越小，所需要的时间越短；临界解吸压力与废弃压力值越大，说明地层能量越强，驱动能力越强，解吸量越大，开发潜力越大（孔锐等，2012）。

此次评价利用生产数据将开始产气时井底流压近似等于临界解吸压力，进一步计算临储比可以看出：3 号煤层临储比主要分布在 0.2～0.8 之间，平均 0.6，整体较高；临储比大于 0.6 的高值区主要分布在区块中部和东北角。低值区主要分布在区块东南角和西北角，一般低于 0.3。

2.7　渗透率

煤层渗透率主要是通过注入/压降试井法计算煤层渗透率，但是由于煤储层低渗特征，造成现场测试的渗透率明显偏低，无法有效指导现场的生产（连承波等，2005，2008；孟召平等，2013）。

利用压裂数据计算地应力，建立地应力与渗透率的关系公式评价渗透率特征。水力压裂法是确定地应力常用的方法之一。根据地面垂直钻孔水力压裂测量地应力方法可知，闭合压力即为最小水平主应力。建立最小水平主应力与渗透率关系公式如下：

$$y = 9.0936e^{-0.264x} \tag{2}$$

$$R^2=0.6433$$

式中：y 为渗透率，mD；x 为最小水平主应力，MPa。

区块 3 号煤层渗透率整体呈现“由东南向西北”逐渐减小的趋势。渗透率主要分布在 0.1～1.0mD 之间，平均 0.56mD，属于低渗煤储层。东南角渗透率最大，大于 1.0mD，随着向西北角埋深逐渐增加，地应力逐渐增强，渗透率降低到 0.1mD 以下。

3 有利储层分布区预测

3.1 评价方法及参数

寻找煤层气富集高产有利区是煤层气勘探开发的核心目标（刘大猛等，2008）。然而，上述煤层各参数评价可以确定单参数的有利区分布范围，但难以综合各参数来划分确定煤层气勘探开发有利区。多层次模糊综合评价是进行有利区综合客观评价的有效方法。目前，该方法已大量应用于油气资源战略选区评价，包括勘探早期的全国煤层气资源战略选区工作。基于上述研究，本次选取含气量、渗透率、临储比、煤体结构和煤岩特征 5 个主控要素进行有利区综合评价，其中煤岩特征包括煤层厚度、夹矸厚度和灰分；构建五要素三层次的模糊数学评价模型（表 1）。参照煤层气地质选区评价方法，结合 SZN 区块东部高煤阶煤层气地质特征，确定评价模型各评价参数的权重。

表 1 SZN 区块煤储层有利区评价模型

评价参数		权重	Ⅰ	Ⅱ	Ⅲ
含气量/（$m^3 \cdot t^{-1}$）		0.25	≥15	8～15	<8
渗透率/mD		0.25	≥1	0.1～1	<0.1
临储比		0.20	≥0.6	0.4～0.6	<0.4
煤体结构		0.15	原生-碎裂	碎裂-碎粒	碎粒-糜棱
煤岩特征	煤层厚度/m	0.03	≥6	4～6	<4
	夹矸厚度/m	0.06	≤0.5	0.5～1	>1
	灰分/%	0.06	≤15	15～25	>25

3.2 评价结果及验证分析

评价结果显示，SZN 区块 3[#]煤层的Ⅰ类储层主要集中在中部地区，沿北北东向呈条带状分布，Ⅲ类储层则分布于北部和南部地区，其他地区为Ⅱ类区（图 3）。

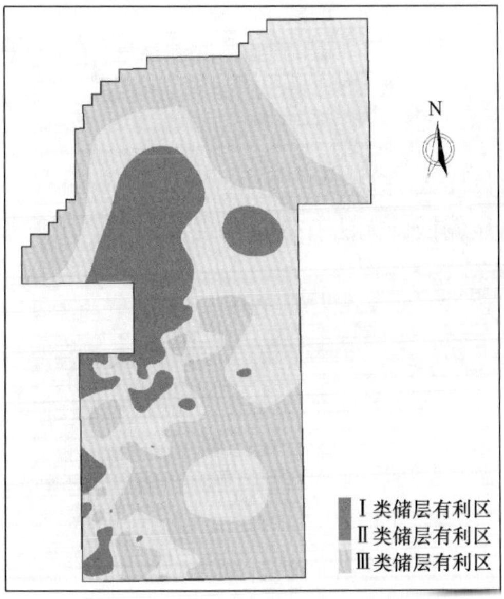

图 3 SZN 区块 3[#]煤储层有利区预测成果图

为了验证评价结果，本文对SZN区块的煤层气试采动态与煤储层有利区评价结果进行了验证分析。从产气效果看，74%的高产气井和60%的中产气井集中分布在Ⅰ类煤储层有利评价区；17%的高产气井和35%的中产气井分布在Ⅱ类煤储层有利评价区（图4）。中高产气井的分布特征显示煤层气井的产气效果与煤储层有利区评价结果具有很好的吻合性。此外，统计发现约33%的低产气井分布在Ⅰ类煤储层。对于这些煤层气井应加强排采管理和压裂效果分析，以寻找低产原因，为提产稳产提供建议与措施。

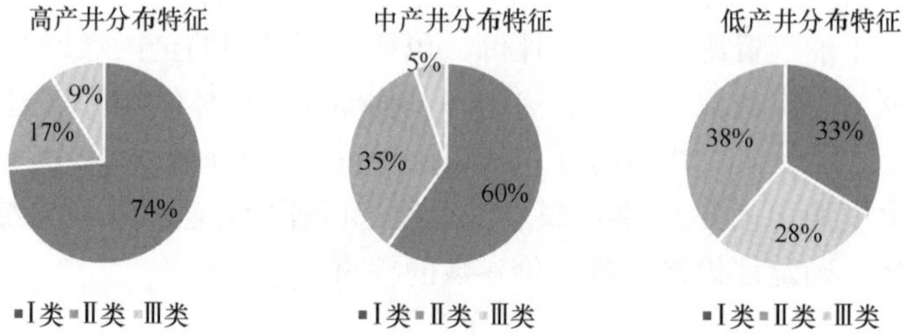

图4　SZN区块煤储层有利区内产能特征分析图

4　地质单元划分与应用

4.1　地质单元划分

根据构造特征、储层评价特征，对SZN区块3#煤层进行三级地质单元划分。其中，一级地质单元以区块级构造（如寺头大断层）为划分依据，划分3个一级地质单元；二级地质单元则在此基础上以局部区域构造（如次级背、向斜构造）为划分依据，划分9个二级地质单元；而三级地质单元则在二级划分基础上根据储层评价结果，划分23个三级地质单元（图5）。

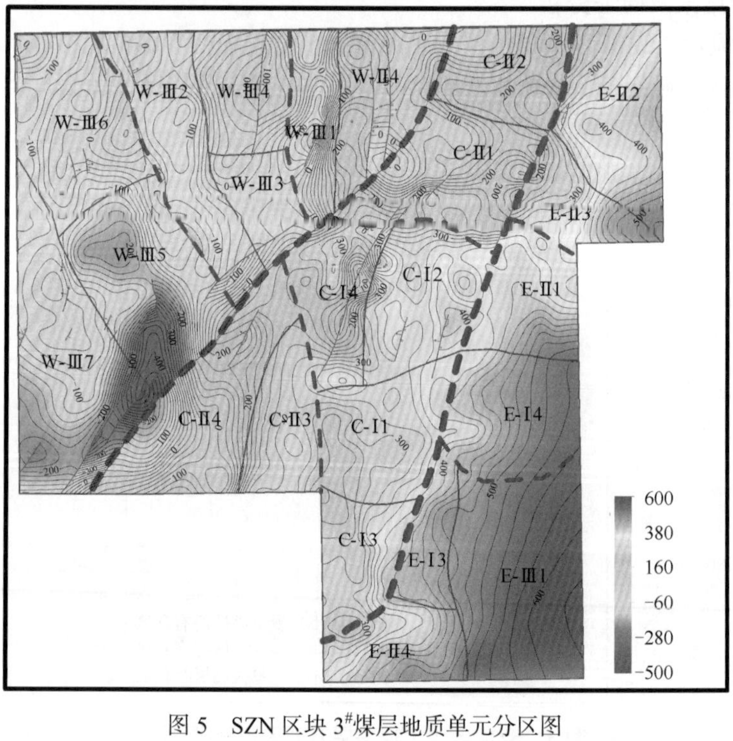

图5　SZN区块3#煤层地质单元分区图

对比一级地质单元的东部缓坡区、中部有利区和西部深埋区可以发现：中部有利区具有渗透率较大、含气量高、临储比大、夹矸薄等特征，煤层气地质条件较好；西部因埋深大，含气量较高，但其渗透率很低、临储比偏小，开发难度较大；东部埋深浅，渗透率较大，但其含气量、临储比偏低（图 6）。

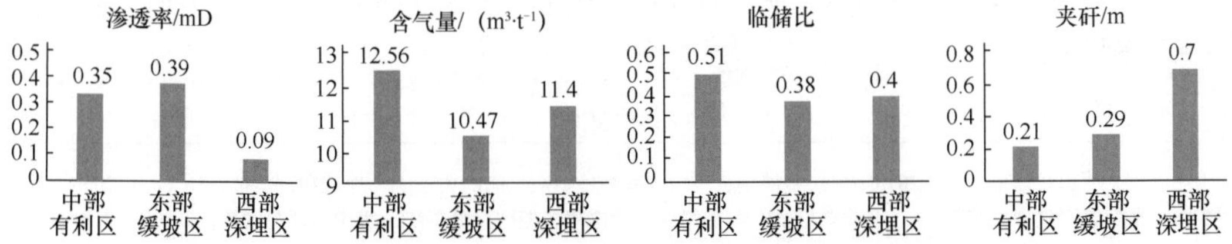

图 6　SZN 区块一级地质单元煤储层参数对比图

分类对比中部有利区的三级地质单元内渗透率、含气量和临储比三大煤储层关键参数可以发现：中部Ⅰ类区内的渗透率、含气量和临储比均明显优于Ⅲ类区的相关参数，表明中部Ⅰ类区煤层气地质条件较好，有利于煤层气勘探开发，应优先重点推进这类分区已有煤层气井排采管理与优化（图 7）。

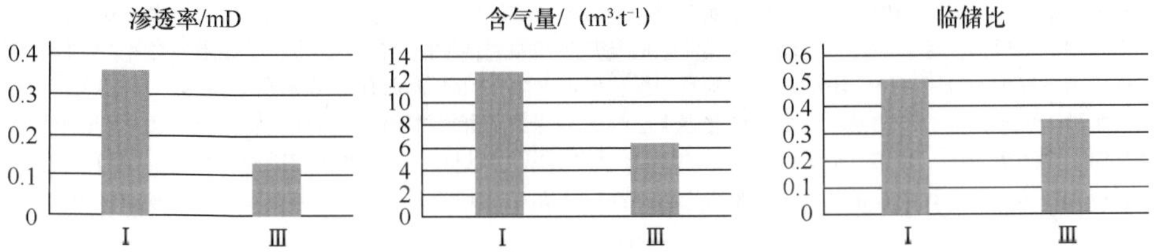

图 7　SZN 区块中部有利区地质单元煤储层参数对比图

4.2　地质单元应用

基于构造、储层特征的地质单元划分，为煤层气井排采增产、生产管理及开发策略提供可靠的地质依据：

1）确定排采增产优先区。研究认为中部的 C-I1、C-I2、C-I3 和 C-I4 区域煤层气地质条件优越，应优先排采和增产改造；通过对区内 30 口低产井进行加深泵挂等增产措施，提产后日产气量范围 1007～5504m³/d，为作业前的 2～38 倍，其中 21 口井增产达 5 倍以上，比例高达 70%，提产效果明显。

2）明确煤层气开发策略。根据不同区内煤储层地质条件特征，开展针对性的排采及增产提产改造措施，形成不同地质条件下的煤层气排采与改造策略。

3）优化生产管理方式。地质单元的划分明确各区内阀组井组的煤层气开发潜力，为阀组管理提供地质依据。

5　结　论

为克服煤层气有利区评价中参数难以取全、取准的问题，采用多层次模糊综合评价方法，选取含气量、渗透率、临储比、煤体结构和煤岩特征等 5 个主控因素进行了煤层气有利区综合评价，构建五要素三层次的模糊数学评价模型。评价结果表明：区块 3#煤层的Ⅰ

类储层主要集中在中部地区，沿北北东向呈条带状分布，Ⅲ类储层则分布于北部和南部地区，其他地区为Ⅱ类区。生产动态分析显示74%的高产气井和60%的中产气井集中分布在Ⅰ类煤储层有利评价区；17%的高产气井和35%的中产气井分布在Ⅱ类煤储层有利评价区。在此基础上，结合区域构造特征，划分3个一级地质单元、9个二级地质单元和23个三级地质单元。对比各单元内煤层气地质条件，发现中部Ⅰ类区煤层气地质条件最为有利，为优先开发重点区。

参考文献

陈信平，霍全明，林建东，等. 2013. 煤层气储层含气量与其弹性参数之间的关系[J]. 地球物理学报，56（8）：2838～2848.

傅雪海，秦勇，李贵中，等. 2001. 沁水盆地中-南部煤储层渗透率主控因素分析[J]. 煤田地质与勘探，29（3）：16～19.

金泽亮，薛海飞，高海滨，等. 2013. 煤层气储层测井评价技术及应用[J]. 煤田地质与勘探，41（2）：43～45.

孔锐，张哨楠. 2012. 煤层气储层评价方法的选择[J]. 地质通报，31（4）：586～593.

连承波，李汉林，等. 2005. 地应力对煤储层渗透率影响的机理研究[J]. 煤田地质与勘探，33（2）：30～32.

连承波，钟建华，赵永军，等. 2008. 基于试井资料分析的煤储层渗透率定量预测模型[J]. 辽宁工程技术大学学报（自然科学版），27（4）：481～484.

刘大猛，姚艳斌，刘志华，等. 2008. 华北安鹤煤田煤储层特征与煤层气有利区分布[J]. 现代地质，22（5）：787～793.

刘之的，杨秀春，陈彩红，等. 2013. 鄂东气田煤层气储层测井综合评价方法研究[J]. 测井技术，37（3）：289～293.

刘之的，赵靖舟，时保宏，等. 2015. 煤层气储层“三品质”测井定量评价方法研究[J]. 天然气地球科学，26（5）：966～978.

龙王寅，朱文伟，徐静，等. 1999. 利用测井曲线判识煤体结构探讨[J]. 中国煤田地质，11（3）：64～69.

孟召平，蓝强，刘翠丽，等. 2013. 鄂尔多斯盆地东南缘地应力、储层压力及其耦合关系[J]. 煤炭学报，38（1）：122～128.

孟召平，刘姗姗，王保玉，等. 2015. 晋城矿区煤体结构及其测井响应特征研究[J]. 煤炭科学技术，43（2）：58～63.

汤友谊，孙四清，郭纯，等. 2005. 不同煤体结构类型煤分层视电阻率值的测试[J]．煤炭科学技术，33（3）：70～73.

王明寿，汤达祯，魏永佩，等. 2006. 沁水盆地北端煤层气储层特征及富集机制[J]. 石油实验地质，28（5）：440～444.

徐刚，杜文凤，冀超辉，等. 2010. 基于证据理论的煤层气储层评价方法[J]. 煤田地质与勘探，38（4）：30～37.

赵毅，毛志强，孙伟，等. 2011. 煤层气储层非常规测井资料评价方法研究[J]. 测井技术，35（5）：441～446.

准噶尔盆地南安集海—昌吉区块煤层气勘探潜力分析

彭文利　薛　冽　其其格

（新疆油田公司勘探开发研究院石油地球物理研究所　乌鲁木齐　830011）

摘　要：依据准噶尔盆地南安集海—昌吉地区现有的煤炭勘查资料、油气探井资料、地震资料、煤岩分析化验资料，研究了下—中侏罗统西山窑组（J_2x）和八道湾组（J_1b）煤层分布特征、煤质特征、储层物性及含气性、成藏条件等。研究认为，准噶尔盆地南安集海—昌吉地区侏罗系煤层层数多、厚度大，分布稳定，煤质较好，演化程度较高、煤储层物性好、吸附性能较好；煤层气资源丰富、成藏条件较好，煤层气的含气面积、资源丰度、可采资源量相对较高，埋深2000m以浅煤层气总资源量约为2.263×10^{12} m^3，具有较大的勘探潜力，是有利的煤层气勘探区，可值得进一步勘探。

关键词：准噶尔盆地　南安集海—昌吉　煤层气　勘探潜力

Exploration Potential Analysis of CBM in the Southern Anjihai-Changji Area of Junggar Basin

Peng Wenli　Xue Lie　Qi Qige

(Geophysicial Instisute, Exploration and Development Research Institute, Xinjiang Oilfield Company, Petrochina, Urumqi 830011, China)

Abstract: Based on coal survey，borehole，seismic and coal lab analysis data in the South of Anjihai-Changji area, Junggar Basin，this paper studied the coalbed distribution，coal-quality，reservoir features etc. about J_2x and J_1b. The research suggests that the coalbeds of Jurassic distribute extensively in the South of Anjihai-Changji area, with more coalbeds, large thickness, high-quality, relative high-maturity, high-porosity, permeability and medium adsorption. There is

---

作者简介：彭文利，女，1969 年生，现任新疆油田公司勘探开发研究院石油地球物理研究所高级工程师，主要从事非常规油气勘探研究工作。通信地址：新疆乌鲁木齐市北京北路 397 号，邮政编码：830011，联系电话：0991-4299930，E-mail：pwli@petrochina.com.cn。

abundant CBM resources, it is suitable to form CBM accumulation. There are relatively high of CBM gas-bearing area, abundant resource , recoverable resources, the buried depth of 2000m for shallow coalbed gas total resources of about 2.263×10^{12} m^3, has great exploration potential, and is favorable CBM exploration area, but is worth further exploration.

Keywords： Junggar Basin; Southern Anjihai-Changji; coalbed methane; exploration potential

南安集海—昌吉区块位于准噶尔盆地南缘齐古断褶带、霍玛吐背斜带上，东边是阜康断裂带，西边是四棵树凹陷，构造上都属于北天山山前冲断带。行政区域上介于独山子市和乌鲁木齐市之间（支东明，2013；张国俊，1993）。

准噶尔盆地是一个大型含煤盆地，煤层主要发育在侏罗系西山窑组和八道湾组，煤系地层厚度大，分布较稳定，煤层气资源丰富但勘探程度较低。准噶尔盆地埋深小于2000m 的浅层煤层气勘探主要集中在南缘和准东油气勘探区内。2005～2014 年新疆煤田地质局先后在准南乌鲁木齐—大黄山地区钻探了 WC1、FC1、FS1 等 60 余口井，除参数井未进行煤层气排采外，FS1 获得气流，是在准南煤田第一口点火成功的煤层气生产试验井，其中阜康白杨河煤层气开发示范区钻探的 50 口井陆续排采，目前日产气达 $4\times10^4m^3$。2006～2007 年中石油勘探开发研究院廊坊分院在准南昌吉地区钻探了 CS1、CS2 井，采用洞穴完井，CS1 井排采见少量气，CS2 井测试产水；2008 年新疆油田公司在南缘阜康地区钻探了 FM1 井获得煤层气气流；2012 年科林思德股份有限公司阜康南向斜区煤层气开发试验区先后钻探了 CSD01、CSD02 等 38 口井，其中 CSD01 是准噶尔盆地煤层气产量最高的井，目前开发试验区日产气达 $9\times10^4m^3$。显现出准噶尔盆地南缘具有较大的煤层气勘探开发潜力（图 1）。

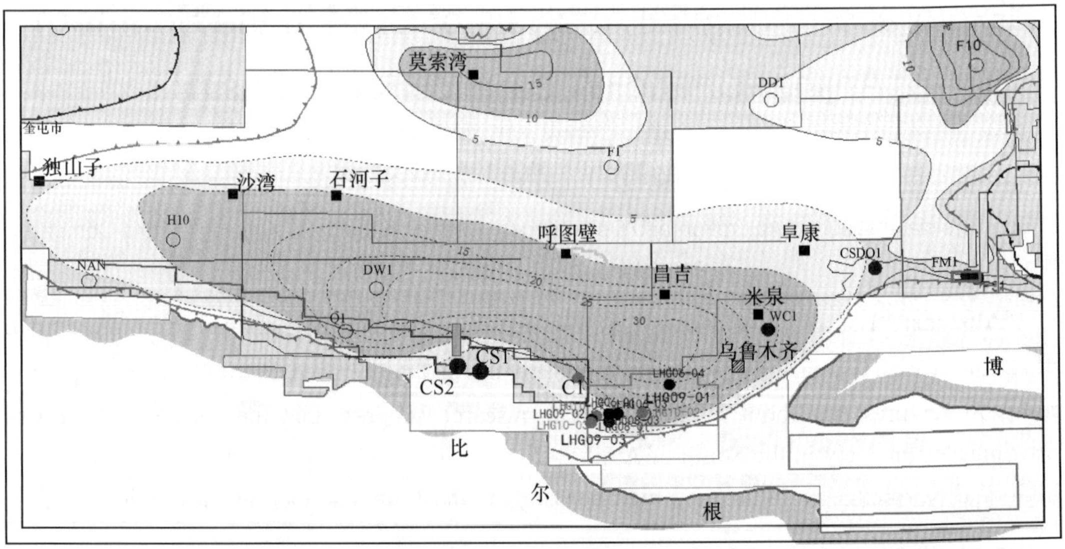

图 1　南安集海—昌吉地区煤层气勘探成果图

从煤层气井的分布来看，目前煤层气井主要集中在南安集海—昌吉区块的东边，并且新疆煤田地质局已开发了煤层气示范区，投入了产能建设；南安集海—昌吉区块内有两口10年前钻探的煤层气试验井CS1、CS2井，钻遇大部分煤层的煤岩均为肥煤，含气量高于一般条件下煤层气勘探的下限值$4m^3/t$，但测试出水未见气，有待于进一步勘探落实煤层气产能；南安集海—昌吉区块内大部分属于煤层气井空白区，有待于开发。因此，对此区块的煤层气富集特征与成藏条件的研究将进一步扩大准南的煤层气勘探领域，揭开准噶尔盆地煤层气勘探开发的新篇章。

1 煤层地质特征

1.1 煤层分布

准噶尔盆地煤层主要发育于下侏罗统八道湾组、中侏罗统西山窑组，八道湾组煤层普遍发育在上段及下段，西山窑组煤层主要发育于底部。根据煤炭勘查资料结合地震及部分油气探井资料（薛冽，2010；周梓欣，2013；薛冽，2015），准南煤层分布广泛，南安集海—昌吉区块西山窑组含煤6～12层，总厚10～50m，各煤层沿走向东西有较大变化，东边煤层合并层数少结构简单，西边煤层受沉积环境的改变，层数增加煤层结构趋向于相对复杂，埋深2000m以浅分布面积$1043km^2$；八道湾组含煤3～5层，总厚10～70m，煤层总的变化趋势是东厚西薄，分布面积$898km^2$。

1.2 煤岩煤质特征

根据煤田勘查研究资料（周梓欣，2013）和统计的显微组分数据（杨曙光，2009），西山窑组所含煤层的显微煤岩类型以微惰质镜惰煤为主，八道湾组含煤层的显微煤岩类型为微镜惰煤，煤层中的矿物组成主要为黏土矿物，占7.1%～15.0%，黏土矿物呈浸染状或薄层状广泛分布。

煤质特征主要包括煤岩宏观特征与组分特征，影响煤层气生成与吸附主要是煤的化学工艺特性及显微组分特性，灰分含量对煤储层的生烃潜力和煤对甲烷的吸附能力及煤层气的可采性均有一定的影响。根据煤田勘查研究资料（杨曙光，2009；薛冽，2015），西山窑组煤层以半亮型为主，光亮型居次。煤层具有特低-低中灰分、特低水分、中高挥发分、特低-低硫的特点。煤级为中粘煤、长烟煤和气煤，局部有肥煤。八道湾组宏观煤岩类型的煤层以光亮型为主，半亮型居次，夹较多的镜煤条带，少量暗煤和丝炭线理。煤层具有低灰分、低水分、中低挥发分、特低硫的特点。煤岩显微组分分析表明，采自煤矿区和探井煤屑样品富含镜质组，镜质组含量为44%～95%，主要以长烟煤为主，局部有不黏煤，少数为中变质的气煤、肥煤。横向上煤变质程度呈东高西低之势。实测CS1井煤层反射率为0.65%～0.97%，镜质组平均含量为42%，壳质组平均含量为15%，煤级为气煤；CS2井煤层反射率为0.83%～0.89%，煤级为肥煤（杨曙光，2009；薛冽，2015）。

总之，准南安集海—昌吉地区煤层多、煤层厚度大、主力煤层分布稳定、热演化程度较高，R_o介于0.65%～1.0%之间（图2），具有较强的生气潜力。

1.3 煤层储集性及含气性特征

煤层不同于常规储层，既是源岩也是储层，煤层为双孔隙介质，即基质孔隙和天然裂隙，且具有自身独特的割理系统，煤层孔隙和裂隙的大小、形态、孔隙度和连通性等直接

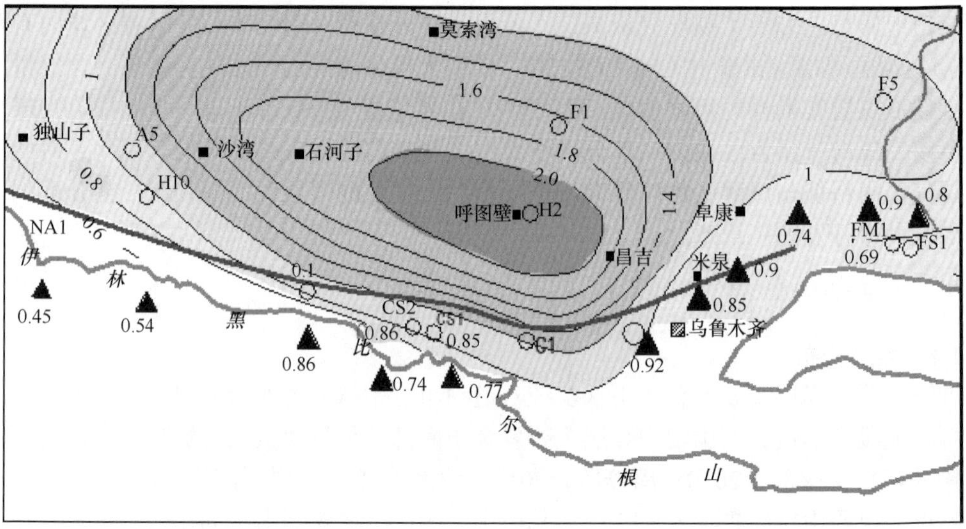

图 2　南安集海—昌吉地区下—中侏罗统镜质体反射率（%）变化图

影响着气体的聚集与吸附能力。已有研究表明，低阶煤的大孔隙或裂隙居多，因此研究准噶尔盆地煤储层孔隙特征，有利于探讨该区煤层气储集、扩散和运移（蔚远江，2002；崔思华，2007）。

南安集海—昌吉地区煤炭勘查程度较高，煤炭钻孔深度多浅于 400m，有多个钻孔在钻井过程中发生气浸，煤层气勘探程度较低，仅在 2006 年钻探了 CS1、CS2 井两口煤层气参数井。 根据钻井结果表明，CS1、CS2 井煤层平均孔隙度为 8.42%，最大可达 16.4%；平均渗透率为 $10.97\times10^{-3}\mu m^2$，最大可达 $23.2\times10^{-3}\mu m^2$；煤层兰氏体积大，平均值达到 $5.27m^3/t$，有利于煤层气开采；煤层储集性能主要取决于吸附能力。通过对南安集海—昌吉地区的煤矿区 4 个煤层煤样进行的等温吸附实验测定结果表明（表 1），吸附能力相对较强。

表 1　南安集海—昌吉地区解吸-吸附实验成果表

矿井名称	煤层编号	V_L/（$cm^3\cdot g^{-1}$）		P_L/MPa	
		原煤	可燃质	原煤	可燃质
昌吉硫磺沟胜利煤矿	4-5	18.98	21.33	4.10	4.10
	9-10	18.49	21.36	3.83	3.83
呼图壁小东沟煤矿	B6	20.79	23.28	4.72	4.72
呼图壁白杨沟	5	20.80	24.11	5.82	5.82

总的来说，煤层渗透率相对较高，储集性、连通性较好，但存在一定的非均质性（李端明，2009；杨曙光，2009）。

气含量是煤层气能否开发的关键性参数，它决定了煤层气的资源丰度，控制着煤层气的采收率，影响着气井的最终产量。所以，气含量值的合理测定与取值对于资源评价是至关重要的。通过以往煤田地质勘查工作发现，南安集海—昌吉地区煤层含气性较好，在野外施工中发现钻孔有涌水冒气现象，涌出的气体可点燃。从 2006 年煤层气生产试验井 CS1、CS2 井钻井结果和含气量解吸测试可知，CS1 井测试含气量在 $3.4\sim5.5m^3/t$ 之间，最大含气量可达 $14.46\ m^3/t$，吸附饱和度达 66%～85%；CS2 井测试含气量在 $4.97\sim5.6m^3/t$ 之间，最大可达 8.94 m^3/t，吸附饱和度达 73%；两口井全烃含量中甲烷达 80%以上；根据煤层气的成分组成和甲烷碳同位素值（−26.18‰～−75.4 ‰）判别，准噶尔盆地煤层气成因多样，既有生物成因，也有热成因，主要为混合成因。测定 CS1、CS2 井的甲烷碳氢同位素值为 −41.9‰～−64.6‰，南安集海—昌吉地区主要为混合成因；准南煤田含气量总体表现为东部和中部高，向西部逐渐减少的趋势（杨曙光，2009），南安集海—昌吉地区位于准南煤田含气量较高的中部；垂向上，气含量与深度呈正相关关系，随埋深增大气含量逐渐增加，一般深部含气量大于 5 m^3/t，气成分中甲烷含量也随埋深的增加而增大（丁安娜，1996；薛冽，2015）。

2 煤层气成藏条件分析

煤层气成藏是一种自生自储的成藏模式，煤层气成藏必须具备“生气、储集、保存”三个条件，生气量是煤层气富集成藏的基础，储集及保存是煤层气富集成藏的关键（张培河，2008）。

南安集海—昌吉地区西山窑组、八道湾组煤层多、煤层厚度大、主力煤层分布稳定，具备煤层气生成的雄厚物质基础；煤岩热演化程度较高，R_o界于 0.65%～1.0%之间，生气能力强。有利区处于准南南部山前斜坡带内，整体呈倾向北北东的单斜构造，倾角 10°～25°，局部 25°～40°（图 3），构造简单，利于煤层气保存。西山窑组、八道湾组煤层顶底板岩性以泥岩、炭质泥岩为主，煤层封闭性较好，对煤层气的保存比较有利。煤田水文地质条件总体上属简单型，含水微弱，地下水水位受当地侵蚀基准面控制，及主要受控于地表水系，地下水的存在有效地控制了煤层气的逸散。水文地质控气作用主要表现为水动力封堵。煤层气成藏类型以单斜、断背斜、断层遮挡为主（王红岩，2005）。

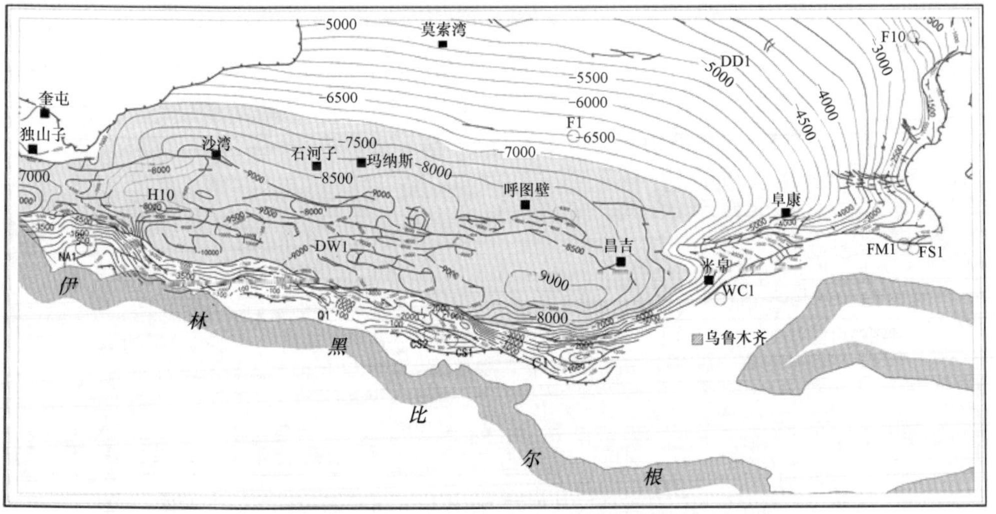

图 3 南安集海—昌吉地区侏罗系西山窑组底界（m）构造图

3 煤层气资源潜力分析

决定煤层气富集高产的最基本的两个条件是煤层的含气性和渗透率。一般以煤层厚度和含气量控制的资源丰度来代表煤层气的富集程度，渗透率代表着煤层气有效的产出量。

资源丰度是决定煤层气高产的物质基础，渗透率则是决定煤层气井高产的生产因素（李景明，2009）。

通过对该区内各含煤区侏罗系西山窑组和八道湾组煤层气风化带以深至埋深 2000m 以浅区煤层气地质资源量计算（贾承造，2007；赵庆波，2009；李五忠，2010），西山窑组、八道湾组含气煤层分布面积分别为 742.6 km^2、700.5 km^2，资源量分别为 1563×10^8 m^3、1955×10^8 m^3，资源丰度分别达 $2.1\times10^8m^3/km^2$、$3.07\times10^8m^3/km^2$，可采资源量分别达 $625.2\times10^8m^3$、$859.2\times10^8m^3$（图 4、图 5）。

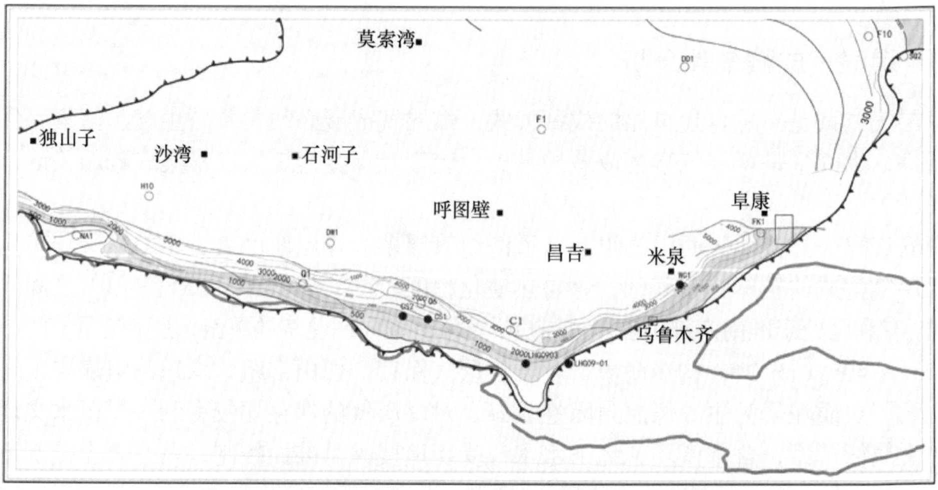

图 4　南安集海—昌吉地区侏罗系西山窑组煤层资源分布图

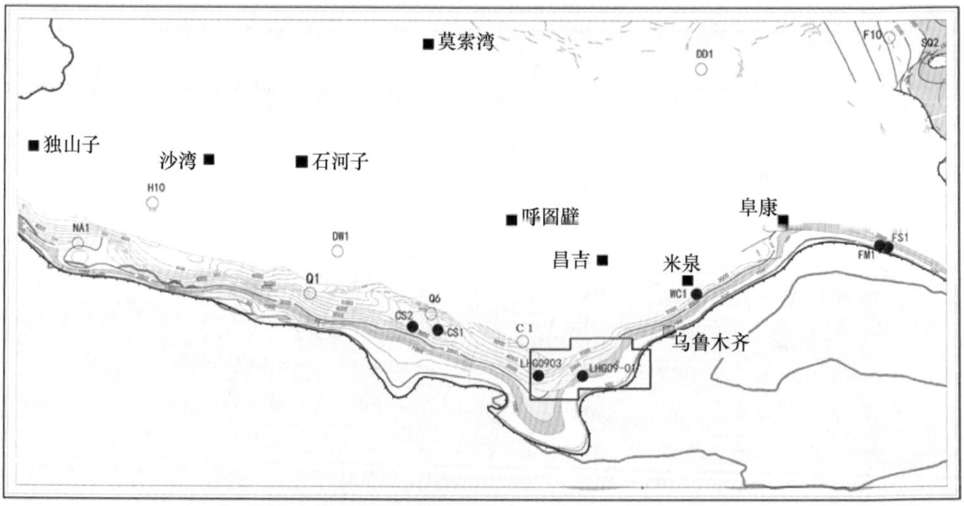

图 5　南安集海—昌吉地区侏罗系 B1 煤层八道湾组煤层资源分布图

可见，南安集海—昌吉地区煤层分布面积大，资源量巨大。因煤层层数多、厚度大的原因，资源丰度明显比我国东部和南部煤层气田大，较高的资源丰度为煤层气开发赢得有利条件，可以用较少的投资，获得较大的回报；同时该区相对较高的渗透率也对开采有利，使该区具有较大的勘探开发潜力。

4 结论

1）南安集海—昌吉地区含煤层系为侏罗系西山窑组、八道湾组，煤层层数多、厚度大，分布稳定，煤炭资源丰富，具备雄厚的煤层气勘探的物质基础。

2）煤质较好（镜质组含量 59%），煤岩的热演化程度高，预测镜质体反射率（R_o）可达 1.0%。

3）含气量较大（大于 $5m^3/t$），饱和度高（73%），煤层物性好，利于开采。

4）封堵性好，煤层顶底板均为泥岩，厚 5～20m，有利于成藏。

5）含气分布面积大，侏罗系西山窑组、八道湾组煤层分布面积分别为 $742.6km^2$、$700.5km^2$；资源丰度高，2000m 以浅可采资源量合计 $1484.4\times10^8m^3$，具有较大勘探潜力。

6）南安集海—昌吉地区煤矿区评价为较有利区，在这些地方，参数井很少，煤层气资源条件掌握不完全，应该继续选择在不同地段施工参数井，进一步掌握该区煤层气资源状况。

参考文献及资料

崔思华，刘洪林，王勃，等. 2007. 准噶尔盆地低煤级煤层气成藏地质特征[J]. 现代地质，21（4）：720～724.

丁安娜，惠荣耀，段毅，等. 1996. 准噶尔盆地南缘煤层甲烷气生成能力的研究[J]. 新疆石油地质，17（4）.

贾承造，等. 2007. 煤层气资源储量评估方法[M]. 北京：石油工业出版社.

李景明，巢海燕，李小军，等. 2009. 中国煤层气资源特点及开发对策[J]. 天然气工业，29（4）：9～13.

李瑞明. 2009. 新疆准南煤田乌鲁木齐矿区煤层气储层特征[J]. 中国西部科技，8（16）.

李五忠，田文广，陈刚，等. 2010. 不同煤阶煤层气选区评价参数的研究与应用[M]. 开发工程. 30（6）：45～47.

王红岩，等. 2005. 煤层气富集成藏规律[M]. 北京：石油工业出版社.

蔚远江. 2002. 准噶尔盆地低煤级煤储层及煤层气成藏初步研究[D]. 北京：中国地质大学.

薛冽，张塞，其其格. 2010. 准噶尔盆地侏罗系煤层气勘探潜力分析[J]. 中国煤层气地质理论与勘探实践，231～235.

薛冽，等. 2015. 准噶尔盆地煤层气资源潜力研究与甜点区评价.

杨曙光，薛冽，邵洪文，等. 2009. 准噶尔盆地煤层气勘查选区评价（准南专题）.

张国俊. 1993. 中国石油地质志——新疆油气区（上册）准噶尔盆地[M]. 北京：石油工业出版社.

张培河. 2008. 煤层气成藏条件分析方法——以韩城地区为例[J]. 中国煤层气，5（3）：12～16.

赵庆波，等. 2009. 煤层气地质选区评价理论与勘探技术[M]. 北京：石油工业出版社.

支东明，薛冽，等. 2013. 准噶尔盆地煤层气资源及勘探潜力[M]. 北京：石油工业出版社，52～162.

游离态煤层气含量计算方法研究

宋佳佳　孙建孟

（中国石油大学地球科学与技术学院　山东青岛　266580）

摘　要：我国低煤阶煤储层煤层气资源量可观，但针对低煤阶煤储层尚未取得商业性的研究突破，随着越来越多中低煤阶煤层气藏的勘探开发，游离态煤层气含量的确定成了急需解决的问题。低煤阶煤储层煤层气赋存状态与中高煤阶储层有较大不同，大孔、中孔发育，为游离态气体赋存提供了空间。游离态气相对较多是低煤阶与高煤阶煤储层的显著区别之一，对游离气含量的研究对于低煤阶煤储层的准确评估具有重要意义。本文以鄂尔多斯盆地神府区块为研究背景，该区块多为褐煤，游离气比例较高，煤储层以大、中孔隙为主。综合分析该区块地区资料、煤样实验室资料、现场测试资料以及测井资料，探讨了差值法、孔隙度法和阵列声波法三种方法估算神府区块主力煤层游离态气含量，并将计算所得游离态含量与煤样实验室资料做误差分析。对低煤阶游离态煤层气含量的研究具有重要的进步意义，弥补了针对低煤阶煤储层游离气含量的研究过少的缺憾。

关键词：低煤阶煤储层　游离态　孔隙度法　差值法　阵列声波法

The Research on Calculation Method of Free State Coalbed Methane

Song Jiajia　Sun Jianmeng

(School of Geoscience, China University of Petroleum, Qingdao, Shandong 266580, China)

Abstract: The content of lower rank coalbed methane resource is considerable in our country. However, the exploration and development on the lower rank coalbed gas reservoirs isn't making commercial research breakthrough yet. As more and more low-rank CBM reservoir being exploration, a systematic study on lower rank coalbed methane reservoir has become an urgent problem, especially some targeted study on the free-state gas in lower rank coal seal. The occurrence of coalbed methane in lower rank coalbed methane reservoir is apparently different

作者简介：宋佳佳，女，1992 年生，河南人，研究生在读，研究方向为测井数据处理与综合解释。地址：山东省青岛市长江西路 66 号，邮编：266580，联系电话：15564870689，E-mail：songjiajia2017@163.com。

from that of middle and high rank coalbed methane reservoir. Large pore and mesoporous is enricher than higher rank coal seal, it provide enough space for the occurrence of free gas. Significantly different between lower rank coal seal and higher rank coal seal is the content of free-state gas. Therefore, the study on free gas content is of great significance for the accurate assessment of low coal rank reservoirs. In this paper, the Shenfu block in Ordos Basin is the background of the study. This block is mostly lignite, the proportion of free gas is high, the coal reservoir is large and medium porosity. The analysis by synthesis is conducted on the area data, the laboratory data of coal sample, filed test data and logging data. The subtraction method, porosity method and array acoustic wave method is the three method to estimate the free-state gas in this paper, the error analysis is conducted between the calculated content and the test content. It is of great significance to study the content of free-state in the lower rank and make up the shortcomings of the study on the free gas content of lower rank coal reservoirs.

Keywords: lower rank coalbed methane; free-state; porosity method; the subtraction method; array acoustic method

新一轮的油气资源评价得出，我国中低煤阶煤储层煤层气资源量为 $14.7\times10^{12}m^3$，占全国煤层气资源总量的 40%（李相方等，2014）。在鄂尔多斯盆地东北部保德地区、黑龙江依兰盆地、辽宁抚顺等多个中低煤阶煤层气藏已经取得进展（屈绍忠等，2013），但是并未能成功地进行商业性开发，部分原因是当前中低煤阶煤层气藏缺乏系统的针对性研究，而含气量准确的预测是中低煤阶煤层气气藏系统性研究的重点之一。由于低煤阶煤储层自身独特的双孔隙结构，以及煤储层中气体的特有的赋存状态（孙建孟，2013；曹新款等，2011；董维武，2011），要求煤层气含量的计算理论需要针对其煤储层本身特有条件而定。当前针对吸附气含量计算的方法研究趋于成熟，常用的有单分子层吸附模型 Langmuir 方程、多分子层吸附模型 BET 方程、三参数 Langmuir 方程、微孔隙充填理论等；当前针对低煤阶煤储层游离气含量的研究也有了一定进展，许多学者在这方面做了研究；张新民等（2006）通过实验发现煤阶较低的褐煤对甲烷的吸附能力较低，褐煤基质中的游离气含量通常占总含气量的 50%以上，并建立了褐煤的煤层气含量计算方法；郑得文等（2008）研究认为，游离气含量与煤储层平均孔隙度、原始含水饱和度、气体体积系数等因素相关。

1　存在问题

中低煤阶煤储层中，煤储层本身的物理特性及煤层气的赋存状态均与高煤化程度的储层不同，游离态、吸附态及溶解态均占有一定的比例。以往的煤层气勘探中通常认为煤层气中游离态及吸附态含量很低，在计算煤储层含量时，忽略此两种状态的煤层气，使得中低煤阶的煤储层煤层气含量的计算含量明显小于实际煤储层气体含量，造成煤层气含气量测算的严重失真。

在煤层气的开发中，煤层气含量的多少，决定着一个区块是否为有利勘探区及后期高效的开发方案的制定，而游离态及溶解态在中低煤阶煤层气藏中占有相当的比例，要想正确地估算储层气含量，吸附气、游离气及溶解气的研究缺一不可；长久以来，针对吸附态煤层气含量计算的研究较多，但煤储层游离气的含量计算研究还相对匮乏，而随着更多中低煤阶煤储层资源的开发，游离态含量的计算日益凸显其重要性。现有的煤储层游离气含量确定方法的不足之处为，当前通常按理想气体状态方程进行计算，但由于气体分子之间存在着较大的作用力，且分子体积不为零，按理想气体状态方程式进行计算可能会带来较大误差；另一种计算游离气含量的方法为用马略特定率，需要获得煤储层原位孔隙度及原位储层气体压力，煤储层原位孔隙度压力指的是储层覆压下的孔隙度减去水分占据的孔隙度，而煤储层本身孔隙度相对于其他砂泥岩常规储层，孔隙度较小，比较难确定，而水分占据的孔隙更是难以确定，即使用物理模拟数值分析，也很难准确地确定这两个量，从而给计算煤储层游离气含量增加了困难。

2 煤层气游离态含量的计算方法研究

中低煤阶煤层气藏是非常有利的煤层气勘探区（刘会彬等，2011），储层物性好，渗流通道发育，易于开发，与高煤阶的储层明显不同的即为其大中孔隙储集空间相对于高煤阶较多，游离气占比明显较大。游离态煤层气含量的确定不仅关系到煤储层总的含量的确定，还关系到煤层气后期开发方案的制定，以求最大化地开采地下煤层气资源。本次选取多发于褐煤的鄂尔多斯盆地神府区块，研究区块位于鄂尔多斯盆地东北缘（傅雪海等，1999；张新民等，2006），横跨晋西挠褶带和伊陕斜坡两个一级构造单元，研究区块的煤阶最大镜质组反射率小与 1.2%，以褐煤、肥煤为主，属于中低煤阶煤层气藏。孔隙度相对于高阶煤储层较大，为游离态煤层气的存储提供了存储空间，相对于高煤阶煤层气藏而言，游离气含量占比升高。结合对该区块的含气量的分析，针对中低煤阶煤层气藏的自身特殊区域地质条件，采取不同于以往高阶煤的评价方法。本文以鄂尔多斯盆地某区块为研究背景，共探索了三种游离态煤层气含量的计算方法。

2.1 差值法计算游离态煤层气含量

低煤阶煤储层中气体主要由地层水中的溶解气，煤储层裂隙及大中孔隙中的游离气及过渡孔、微孔中的吸附气共同组成。张新民等（2006）对褐煤的研究认为，煤中裂隙孔隙度少，通常被水饱和，是储层水的主要存在介质；而被裂隙围限的煤基质中的孔隙是煤层孔隙空间的主要部分，孔隙度大，控制着游离气的储集能力。且在当煤储层深度达到 1000m 以上时，由于上覆地层静水柱压力增大，使得地层水含量降低，即溶解气的存在介质减少；据付晓泰等（1996）两种溶解机理对甲烷总溶解度的贡献可知，甲烷在地层水中的溶解有水合溶解气及孔隙填充气两种，当温度适当时，溶解气含量将小于 0.1 mL/g，甲烷分子在煤储层中的溶解机理与天然气溶解机理区别不大，因此在煤储层条件为深度 1000m 以上，储层温度为 80℃左右，矿化度相对较高，储层压力适宜时，煤储层溶解气含量较低。若忽略煤储层中溶解气，则煤储层总含气量分为两部分，游离气含量和吸附气含量，则总的含气量 $GAST$ 与吸附气含气量 GASx 的差值即是煤储层游离气的含量，得到公式如下：

$$GAS_{y} = GAST - GAS_{x} \qquad (1)$$

式中：$GAST$ 为煤储层总含气量，cm^3；GAS_y 为游离气含气量，cm^3；GAS_x 为吸附气含气量，cm^3。

2.2 孔隙度法计算游离态煤层气含量

游离气含量影响因素较多，主要有煤中孔隙和裂隙的大小、形态、孔隙度和连通性等决定了游离气的储集和运移。傅雪海等（1999）研究认为，煤储层主要由宏观裂隙、显微裂隙和孔隙组成的三重孔、裂隙介质，而孔隙才是煤层气的主要储集场所，宏观裂隙是煤层气的运移通道，而显微裂隙则是沟通孔隙和裂隙的桥梁。张新民等（2006）对褐煤储层的研究认为煤储层中对游离气储集能力起到控制作用的是煤储层基质中的中孔。且知吸附气是依靠煤颗粒分子表面与煤层气之间范德华力吸附在煤颗粒分子结构中，以及微孔、小孔的内表面（张广山等，2016），使得吸附气与孔隙度并无太大关系；游离气是保存在煤储层的大中孔隙及裂隙中，可知游离气含量与孔隙度具有一定相关性。在实际煤田地质勘探中，并不能直接得到这两种气体含量，现场煤层气含量测定通常测得解析气含量、损失气含量和残余气含量，损失气指的是在应用直接法实测煤层气含量过程中，自钻井过程中钻遇煤储层到煤心样品被提升到地面，装入密封解吸罐之前从样品中散失的气体。假定煤层气总含量中有两个组分游离气和吸附气，而在实际测定中，解析气、损失气或残余气中均有可能有游离气和吸附气两种。对鄂尔多斯盆地某区块的煤心资料统计分析中，统计了该区块具有煤心分析资料的 5 口井，对损失气和孔隙度做相关性分析知，两者相关性系数 R 达 0.843，如图 1 左、图 2 所示，解析气、损失气和残余气三者中只有游离气与孔隙度具有相关性，而损失气与孔隙度的相关性较高，可推得损失气中主要为与孔隙度相关的游离气组分。

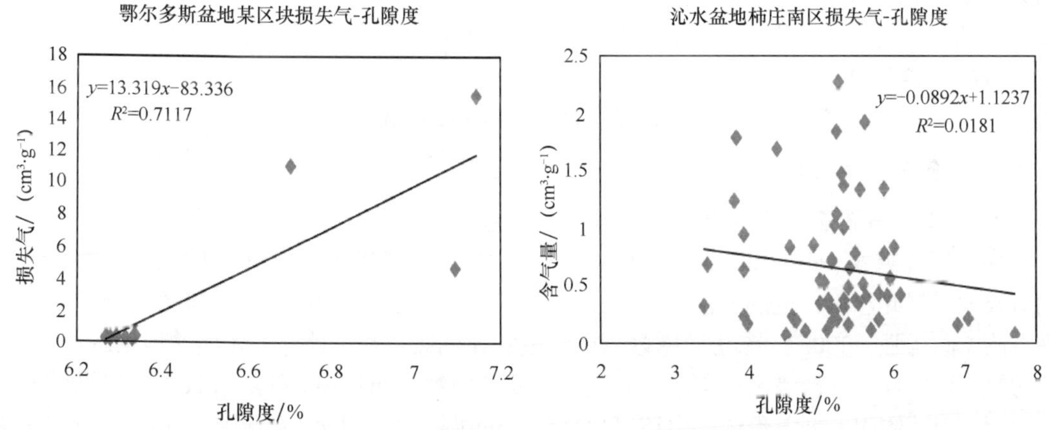

图 1　鄂尔多斯盆地神府区块、柿庄南区块损失气与孔隙度交会图

为了进一步论证在中低煤阶的鄂尔多斯某区块的煤储层损失气主要来自游离气组分，本次选取前人已经证实不存在游离气的高煤阶沁水盆地柿庄南区块的有孔隙度资料的 58 个煤心资料统计分析（孙耀庭等，2005），做柿庄南区块的损失气含量与孔隙度相关性分析，如图 1 右所示，可以看出几乎没有游离气的柿庄南区块，损失气与孔隙度点在关系图上较为离散，相关性很差，既在柿庄南区块的损失气中的吸附气部分与孔隙度并无多大关系，且在几乎没有游离气的沁水盆地柿庄南区块，损失气在 0~2.5cm³/g 之间，损失气含量较低；而在中低煤阶的研究区块损失气含量在 0～16cm³/g 之间，相对较高，据此可以反证在低煤阶的鄂尔多斯盆地某区块的实际测定中损失气中大部分为游离气。

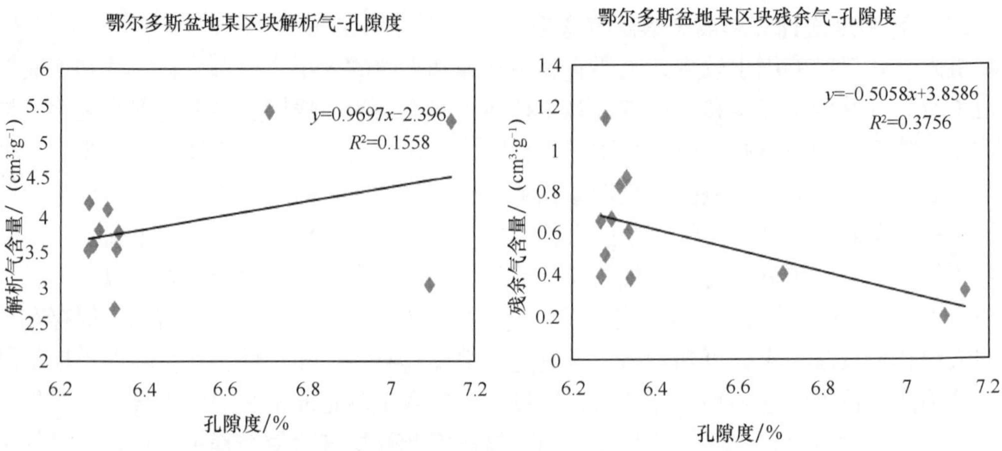

图 2　鄂尔多斯盆地神府区块解析气、残余气与孔隙度关系图

煤样从井底到地面以及装罐解析的过程中，煤样中的气体总共可以分为三种，损失气、解析气及残余气（叶欣，2007），三种气体中的气体组分均有可能来自吸附气和游离气。通过图 1 所示，做该区块损失气与孔隙度的相关性分析，得出在中低煤阶煤层气藏的现场测定的损失气中主要为游离气。对研究区块的解析气及残余气分别于孔隙度值做相关性分析，如图 2 所示，解析气及残余气与孔隙度值相关性均较差，总含量中的游离气组分在解析气及残余气中均分布较少，可以认为在中低阶煤层气藏中的游离气部分几乎全部在损失气中，据此可推出在中低煤阶煤层气藏中，损失气含量可一定程度上与游离气含量对等，依据损失气与孔隙度的关系，可得出孔隙度法的游离气含量计算公式。

游离气含气量计算模型如下：

$$GAS_{\mathrm{y}} = 13.319 \times POR - 83.336 \tag{2}$$

式中：GAS_{y} 为游离气含气量，cm^3；POR 为孔隙度，%。

2.3　阵列声波法计算游离游离态煤层气含量

煤储层孔隙度一般较低，且研究区块为中低煤阶，孔隙度相对于高煤阶煤储层的孔隙度相对较大，据此忽略一定的岩性影响，在对研究区块煤储层的分析上，可参考致密砂岩的处理方法（谢勇强，2006）。参考致密砂岩的纵横波比图版，并统计鄂尔多斯盆地某区块 20 口井的纵横波资料，分析该区块煤层的阵列声波测井资料分布规律。并结合致密砂岩纵横波识别图版，利用体积模型定量地给出该区块煤储层的纵横波识别含气性图版，即给出研究区块煤层纵横波识别含气性图版的水和气线。具体的做法为，由体积模型分别表示致密砂岩储层的纵横波时差，则储层的声波时差可看作骨架声波时差，水体声波时差和气体声波时差几部分，而在埋深过程中，随着含气饱和度以及孔隙度法变化，不同岩性水以及气的声波时差是相同的，三项中仅骨架声波时差不一样，通过分别表示煤储层及致密砂岩的声波时差如下：

$$\Delta T_{\mathrm{c}} = \varphi \times (1 - S_{\mathrm{g}}) \times \Delta T_{\mathrm{fc}} + \varphi \times S_{\mathrm{g}} \times \Delta T_{\mathrm{gc}} + (1 - \varphi) \times \Delta T_{\mathrm{mac}} \tag{3}$$

$$\Delta T_{\mathrm{s}} = \varphi \times (1 - S_{\mathrm{g}}) \times \Delta T_{\mathrm{fs}} + \varphi \times S_{\mathrm{g}} \times \Delta T_{\mathrm{gs}} + (1 - \varphi) \times \Delta T_{\mathrm{mas}} \tag{4}$$

已知砂岩骨架的纵横波时差分别为 55.5μs/ft[❶] 和 86μs/ft（邢力仁，2014），而煤储层的

❶ 1ft=0.3048m。

纵横波时差，则根据该区块的测井资料可获得；选取了三口井煤储层的纵横波时差及密度测井值，共计 347 个样本点，如图 3 所示。

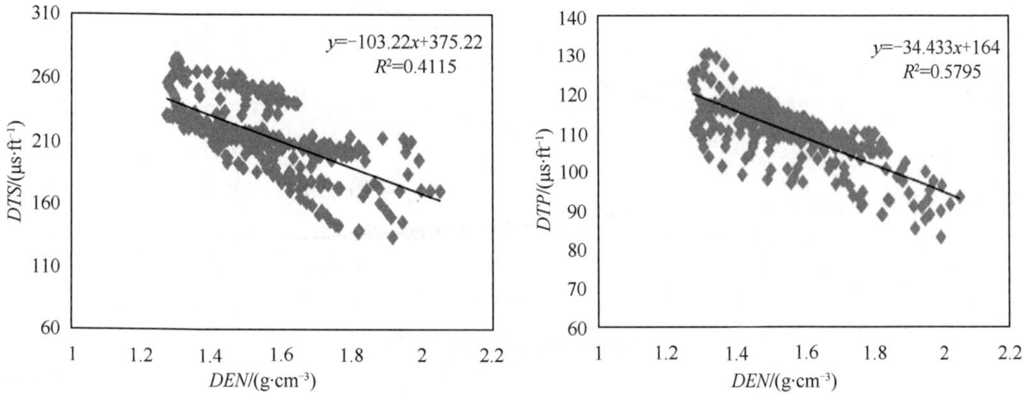

图 3　鄂尔多斯盆地神府区块煤储层纵横波慢度与密度相关性

得到鄂尔多斯盆地某区块煤储层纵横波时差与密度值的关系，如下：

$$DTP = -34.433 \times DEN + 164 \tag{5}$$

$$DTS = -103.32 \times DEN + 375.22 \tag{6}$$

由于该区块为中低阶煤，多为褐煤，接通过对该区块的煤储层的真密度（单个煤颗粒的质量与体积之比）统计可知，该区块煤骨架密度值为 1.4g/cm³，继而得到：

$$\Delta T_{mac}(\text{coal}) = 117.19\mu s/ft \tag{7}$$

$$\Delta T_{mas}(\text{coal}) = 230.572\mu s/ft \tag{8}$$

而煤储层水线气线的确定，当含气饱和度为 0 时，为水线；当含气饱和度为 100%时，为气线；其中，水线的确定为

$$\Delta T_c = \varphi \times \Delta T_{fc} + 1 - \varphi \times \Delta T_{mac} \tag{9}$$

$$\Delta T_s = \varphi \times \Delta T_{fs} + 1 - \varphi \times \Delta T_{mas} \tag{10}$$

气线的确定如下：

$$\Delta T_c = \varphi \times \Delta T_{gc} + (1-\varphi) \times \Delta T_{mac} \tag{11}$$

$$\Delta T_s = \varphi \times \Delta T_{gs} + (1-\varphi) \times \Delta T_{mas} \tag{12}$$

据该公式，假设煤储层及致密砂岩孔隙度值相同，分别将致密砂岩骨架值、水的纵横波慢度及致密砂岩的水线上点的纵横波慢度值代入式 9 和式 10,得到致密砂岩的水线方程，该方程中仅孔隙度为未知量;将煤储层的骨架及水的纵横波慢度分别代入式 9 和式 10 得到煤储层的水线方程，假设两组水线方程的孔隙度值相同，即可求出煤储层的水线上的点，煤储层气线的求法如水线；即可求得煤储层纵横波比识别图版，得到煤储层纵横波比识别图版如下：

将得到的图版中的水线、气线及同孔隙度线近似简化为直线后，参考致密砂岩纵横波图版的理论为，落于水线外面的是岩性变化的影响，而落在气线以下（即落在两线包围范围之外）的点作为含气量 100%处理。煤储层纵横波识别图版上，孔隙度线与水线和气线分别有两个交点，煤储层点到该孔隙度线与水线交点的距离定为 L_1，该孔隙度

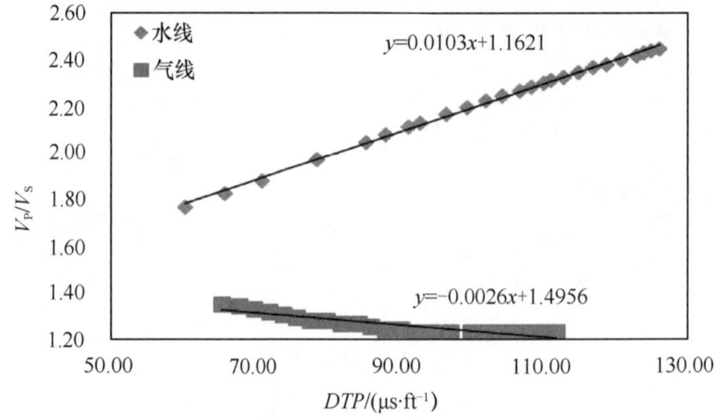

图 4　低阶煤储层纵横波识别图版

线与气线的交点到该孔隙度线与水线的交点之间的距离定为 L_2，则煤储层该深度段的含气饱和度为：

$$S_g = L_1 / L_2 \tag{13}$$

$$GAS5 = C \times POR \times S_g / Z \tag{14}$$

式中：$GAS5$ 为阵列声波法计算得到的游离气含量，cm^3/g；C 为该区块的参数因子；S_g 为该区块的含气饱和度值，%；Z 为气体压缩因子。

如公式所示，由该图版求得煤储层连续深度的含气饱和度，即可求得该区块的煤储层游离气含量。

3　研究区块的游离气计算检验

本次探讨的三种煤层气游离态含量模型中，对三种方法之间做相互验证时，最为常规的差值法计算出的游离气含量最小，其含量不仅受到总含气量模型精确度的影响，还受到吸附气模型精确度的影响。由于总含气量模型的建立用到煤心资料的总含量值，而该值在测量时会因种种原因小于地下煤储层真实的总含气量，基于 Langmuir 方程描述为等温吸附机理，得到的结果是较为准确的。可推理，差值法计算的游离气含量相对于真实的游离气含量较小，因此可将差值法计算得到的游离气含量作为游离气含量的下限。孔隙度法是对中低煤阶的鄂尔多斯盆地神府区块的煤心资料分析以及测井资料分析的基础上，推得在中低煤阶煤层气藏实际勘探中的损失气中大部分为游离气组分，且解析气、损失气及残余气三者中，中低煤阶煤层气藏的游离气部分主要在损失气中，同时形成了一种游离气含量计算模型，通过对研究区块的井资料的处理成果图分析可知，该方法计算的游离气含量与差值法的大致趋势相同，略大于差值法计算的游离气含量。孔隙度法计算中低煤阶煤层气藏的游离气含量的准确性与两个方面息息相关，首先是现场测量值解析气的准确性，以及该区块孔隙度值的测定或者计算精度。阵列声波法是基于中低煤阶煤层气藏游离气存储空间孔隙空间相对较大，孔隙度值平均为 11.2%，可类比于致密砂岩，并在致密砂岩纵横波比含气量识别的基础上，由体积模型推理得到的中低煤阶煤储层纵横波比含气量识别图版，并据该图版求得煤储层含气饱和度，再得到煤储层的游离气含量的一种方法。

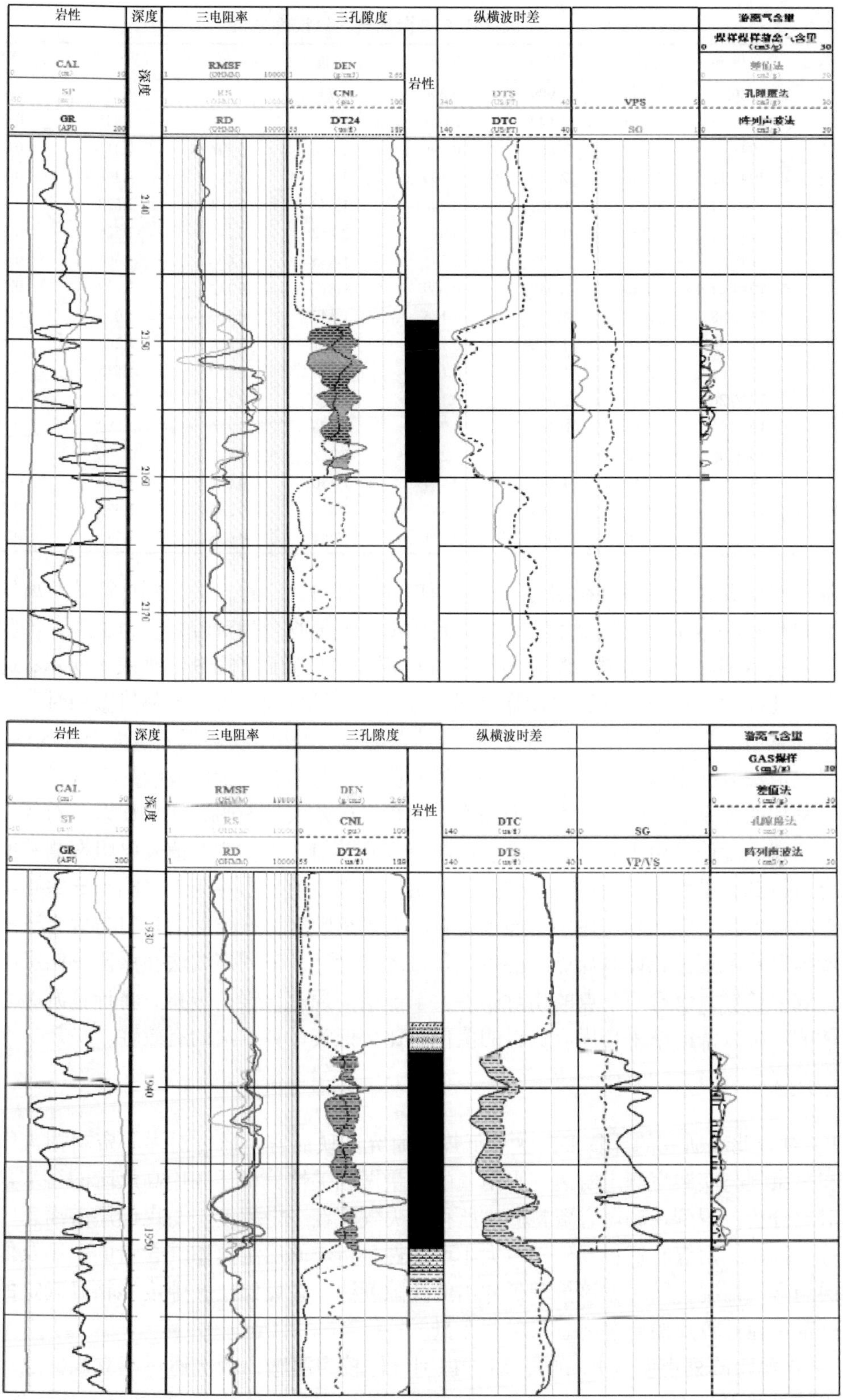

图 5　研究区块 A、B 井处理成果图

表 1　研究区块 A 井游离气含量误差分析

样品编号	深度/m	煤样	差值法	相对误差 1	孔隙度法	相对误差 2	阵列声波法	相对误差 3
1	1940.88	1.480	1.909	0.290	1.774	0.071	2.155	0.456
2	1941.21	2.110	2.147	0.018	2.431	0.132	1.945	0.078
3	1941.83	2.200	2.880	0.309	2.926	0.016	2.411	0.096
4	1942.13	1.960	2.349	0.199	3.626	0.544	2.368	0.208
5	1943.21	1.210	0.912	0.246	1.648	0.806	1.623	0.342
6	1943.51	1.360	1.393	0.024	2.152	0.545	1.526	0.122
7	1943.89	1.320	1.777	0.346	1.835	0.033	1.606	0.217
8	1944.21	1.890	2.058	0.089	1.827	0.112	1.767	0.065
9	1944.88	1.170	1.375	0.175	1.149	0.165	1.053	0.100
10	1945.53	1.130	1.298	0.149	1.411	0.087	1.298	0.149
11	1945.91	1.390	1.571	0.130	1.450	0.077	1.535	0.104
12	1946.26	1.180	1.040	0.118	1.000	0.039	1.578	0.338
13	1947.03	0.910	0.200	0.780	0.256	0.280	1.089	0.196
14	1949.05	0.880	0.617	0.299	1.327	1.152	1.398	0.589
15	1949.35	1.040	1.492	0.434	1.530	0.026	1.629	0.566
16	1949.74	1.080	1.563	0.447	2.021	0.293	1.572	0.456
17	1950.30	1.170	1.052	0.101	1.784	0.695	1.535	0.312

通过对研究区块煤心资料相对齐全的两口井处理得，三种方法分别计算的游离气含气量值大致趋势基本相同，且分别与煤心资料的损失气值吻合相对较好。为了进一步验证，对研究区块 A 井的三种方法计算值分别与煤样损失气值做误差分析，如表 1 所示，通过将差值法、孔隙度法和阵列声波法计算得到的游离气含量分别与煤心资料值做相对误差，从而判断计算值与煤心资料值的偏离程度，从计算结果可看出，相对误差值大都在 50%以下。其中，差值法有 5 个深度点的计算值小于煤心值，这与总含气量以及吸附气含量的计算准确性有密切的关系；孔隙度法有 4 个深度点的相对误差大于 50%，相对误差相对较大，该计算中的孔隙度值是由煤心资料孔隙度值与密度测井值、声波测井值及电阻率测井值做多元拟合后得到，虽然已经做过密度校正，但由于孔隙度值受多种因素影响，导致孔隙度法计算上存在不足，在实际应用中，通过将较能精确反映区块孔隙度的资料与该方法结合，进一步提升孔隙度法在计算煤储层游离气含量的准确性；阵列声波法在该段煤储层的上部分计算效果较好，仅有两个点的相对误差大于 50%。通过该误差分析，将计算游离态煤层气含量的三种方法的结果与煤心资料的值作对比，证实计算方法的有效性。

4　结　论

1）对于此次研究的鄂尔多斯盆地低煤阶研究区块而言，通过对煤心资料损失气、解析气和残余气与实验室测定游离气吸附气的含量做相关性分析，并用高煤阶的沁水盆地的数据对比分析，得到现场煤心资料测试所得损失气值在一定程度上与煤储层游离态气含量可对等。据此，由煤心资料损失气值大小可定性分析煤储层游离态气含量的大小及低煤阶煤储层的含气情况，同时据该推理延伸出的孔隙度法，在煤储层孔隙度能精确确定的情况下，可定量地计算煤储层游离态煤层气含量。

2）长源距阵列声波测井资料，对于识别气体较为敏感，本次通过建立煤储层纵横波时差比与纵波 *DTP* 的交会图，假设气、水在地下均匀混合，对水线、气线之间按比例刻度，通过精细定位煤储层段，依据煤储层点相对水线、气线之间的位置，定量计算气体饱和度及区块煤储层游离态气体含量。

3）三种游离态煤层气含气量计算方法中，差值法具有普遍意义，吸附气当前依据 Langmuir 已经能准确计算，在利用常规测井资料（密度等）及煤心资料进行多元回归分析，可以作为一种小范围检验游离气含量计算的准确性的标准；而另外两种均是依据低煤阶煤储层自身煤阶低，演化程度低，压实作用弱，导致煤储层大孔、中孔发育而提出的，适用低煤阶煤储层的游离态气含量的确定，对于促进低煤阶煤储层的研究具有进步意义，同时对于煤储层后期开发方案的确定具有重要的指导作用。

参考文献

曹新款，朱炎铭，王道华，等. 2011. 郑庄区块煤层气赋存特征及控气地质因素[J]. 煤田地质与勘探，39（1）：16～19.

邓少贵，牛云峰，赵岳，等. 2016. 致密砂岩核磁共振及声波速度联合实验[J]. 石油学报，37（1）：768～776.

董维武. 2011. 煤层气储层测井评价方法研究[D]. 青岛：中国石油大学.

付晓泰，王振平，卢双舫. 1996. 气体在水中的溶解机理及溶解度方程[J]. 中国科学（B 辑），26（2）：124～130.

傅小康，霍永忠，陈东，等. 2006. 中国低阶煤储层特征分析[J]. 中国煤层气，32（2）：42～46.

傅雪海，秦勇. 1999. 现代构造应力场中煤储层孔隙裂隙应力分析与渗透率研究[J]. 地球学报，20（s）：623～627.

郭广山，陶宗谱，杜希瑶，等. 2016. 神府区块成煤环境及对煤储层发育影响研究[J]. 洁净煤技术，22（1）：124～128.

晋香兰，张培河，吴敏杰. 2012. 鄂尔多斯盆地低煤阶煤储层孔隙特征及地质意义[J]. 煤炭科学技术，40（10）：22～26.

李相方，蒲云超，孙长宇，等. 2014. 煤层气与页岩气吸附/解吸的理论再认识[J]. 石油学报，35（6）：1113～1127.

刘会彬，胡少博，尹润生，等. 2011. 鄂尔多斯盆地彬长矿区煤层气赋存特征[J]. 煤田地质与勘探，39（4）：20～23.

屈绍忠，林建东. 2013. 浅谈煤层气与游离气共同开发新思路[J]. 中国煤炭地质，25（2）：64～70.

孙建孟. 2013. 基于新“七性”关系的煤层气、页岩气测井评价[J]. 测井技术，37（5）：457～465.

孙耀庭，李涛. 2005. 测井评价煤层天然气的方法[J]. 石油天然气学报，27（4）：464～466.

王宏图，鲜学福，杜云贵，等. 2002. 煤矿深部开采煤层气含量计算的解析法[J]. 中国矿业大学学报，31（4）：367～369.

谢勇强. 2006. 低煤阶煤层气吸附与解析机理[D]. 西安科技大学.

邢力仁. 2014. 沁水盆地柿庄南区块煤层气有利储层预测[D]. 中国地质大学（北京）.

叶欣. 2007. 中国西北低煤阶煤层气成藏地质特征研究[D]. 成都理工大学.

张新民，韩保山，李建武. 2006. 褐煤煤层气储集特征及气含量确定方法[J]. 煤田地质与勘探，34（3）：28～31.

张新民，韩保山，李建武. 2006. 褐煤煤层气储集特征及气含量确定方法研究[J]. 煤田地质与勘探，34（3）：28～31.

JARVIE D M,HILL R J,RUBLE T ,et al. 2007. Unconventional shale gas systems: The Mississippian-barnett shale of north central texas as one model for thermogenic shale-gas assessment [J].AAPG Bulletin, 91(4): 475～499.

温度对超临界状态下煤岩吸附/解吸CO_2的影响

王　晋　吴国代　郭东鑫　张华莲　张跃磊

（国土资源部页岩气资源勘查重点实验室（重庆地质矿产研究院）　重庆　400042）

摘　要：本文以沁水盆地余吾矿煤样为研究对象，借助ISO-300型等温吸附仪对煤样进行了不同温度（35℃、45℃、55℃），最高压力10MPa条件下的煤样吸附/解吸CO_2实验，研究不同温度对煤岩吸附/解吸超临界CO_2的影响。研究结果表明：超临界状态下，煤岩吸附/解吸CO_2实验直接测得的数据符合Gibbs吸附理论；气体真实吸附量与压力之间符合Langmuir吸附曲线，且与Gibbs吸附量的差值随压力的升高而增大，随温度的增加而降低；超临界CO_2绝对吸附/解吸量随温度的增加呈线性降低，温度由35℃升至55℃，余吾样最大吸附量降低了22.73%。

关键词：超临界CO_2　吸附/解吸　温度

Influence of Temperature on the Adsorption/Desorption of Carbon Dioxide in the Coal Under Supercritical Condition

Wang jin　Wu Guodai　Guo Dongxin　Zhang Hualian　Zhang Yuelei

(Key Laboratory of Shale Gas Exploration, Ministry of Land and Resources, Chongqing Institute of Geology and Mineral Resources, Chongqing 400042, China)

Abstract: In oder to study the influence of temperature on the supercritical CO_2 adsorption/desorption characteristics in coal, based on coal samples of Yuwu mine as the research objects, an experiment of CO_2 adsorption/desorption was conducted under different temperatures (35℃, 45℃, 55℃) and the high pressure (10MPa) condition by means of ISO-300 isothermal adsorption experiment instrument. The results show that: laboratory measurement adsorption capacity is the adsorption of Gibbs under supercritical conditions. The relation between real

作者简介：王晋，男，1987年生，博士，工程师。地址：重庆渝中区长江二路177-9号，邮政编码：400042，电话：15703089500，E-mail：wangjin870326@163.com。

adsorption capacity and pressure are accord with Langmuir adsorption curve. The difference values between calculated adsorption and Gibbs adsorption increase with the pressure rise, and reduce with the temperature rise. The supercritical CO_2 adsorption capacity show a linearly reducing trend with increased the temperature. As the temperature from 35℃ up to 55℃, the largest adsorption capacity of Yuwu samples drop 22.73%.

Keywords：supercritical carbon dioxide; adsorption/desorption; temperature

大量研究表明（Busch et al., 2004; Stantion et al., 2001; White et al., 2005; 唐书恒等，2002；Clarkson et al., 2000; Hall et al., 1994），煤对 CO_2 具有强吸附能力，且能够高比例置换出煤中甲烷。基于此特征，美国、加拿大、中国等国家先后开展了向煤层中注入 CO_2 气体的现场试验（叶建平等，2007），取得了较好的煤层气产气效果，同时又使部分 CO_2 封存于地下，这就是注 CO_2 提高煤层气采收率技术（CO_2-ECBM）。

我国埋藏深度大于 800m 的煤层中煤层气资源量丰富，随着煤层埋深的加大，储层的温度、压力都将增加，当压力高于 7.38MPa，温度超过 31.1℃，向煤层中注入的 CO_2 即可达到超临界状态。超临界状态下的 CO_2 所呈现的是一种既非气态又非液态的性质，其黏度与气态 CO_2 相接近，而密度却与液态 CO_2 相似，同时其扩散系数近似液态的百倍。随着煤层气开发深度的不断增加，研究超临界状态下的 CO_2 在煤体中的吸附特性就已成必要。基于此，作者借助 ISO-300 型等温吸附实验仪，研究不同温度下煤对 CO_2 的吸附/解吸实验特征。

1　实验样品及方法

1.1　实验样品

本次实验样品采自沁水盆地余吾煤矿二叠系山西组 3#煤层，采样点埋深约 400m，煤级为中变质程度的瘦煤。为精确测定吸附实验结果，将煤样破碎至 60～80 目，制成平衡水样品 3 份，每份约 110g。在实验前取部分煤样进行煤质及煤岩组分分析（表 1，表 2）。

表 1　煤质分析结果

样品	宏观煤岩类型	水分 M_{ad}/%	灰分 A_{ad}/%	挥发分 V_{ad}/%
余吾样	亮煤	5.02	14.86	10.68

表 2　煤样煤岩组分分析结果

样品	镜质组/%	惰质组/%	壳质组/%	矿物质/%	R_{omax}/%
余吾样	80.3	6.5	4.6	8.6	1.56

1.2　实验仪器

实验设备采用美国 TerraTek 公司 ISO-300 型等温吸附仪（图 1）。该实验仪器可设置的温度变化范围为室温至 100℃，注气压力变化范围为 0～34.5MPa，并可进行单组分气体或混合气体的吸附解吸实验，满足本次实验需求。

图 1　ISO-300 型等温吸附/解吸仪

1.3　实验步骤

本次实验使用的 CO_2 气体纯度均为 99.99%，试验温度分别设定为 35℃、45℃、55℃。本次实验为测得不同温度条件下超临界状态下煤体吸附/解吸 CO_2 特征，具体实验方法如下：

1）首先进行参考缸和样品缸体积的精确测量，重复测定三次，测试结果偏差需在 ±0.1%内。

2）将平衡水样放入样品缸后，使用惰性气体 He 气对样品缸的自由体积进行精确测定。需多次测量保证测定结果可靠。

3）待测定自由体积后，排除 He 气。将温度设置为指定温度，首先进行气体的吸附实验。实验压力从大气压逐渐向设计的最大压力（10MPa）平稳增加，压力增加过程中等间距的取 7 个压力点测试该压力下的吸附量。

4）吸附实验完成后，进行气体解吸实验。解吸过程中同样取 7 各压力点测试该压力下的气体吸附量。

5）该温度条件下的吸附/解吸实验完成后，重复步骤 2～4，完成其余条件下的实验。

2　实验结果

2.1　超临界 CO_2 的 Gibbs 吸附/解吸量特征

35℃、45℃、55℃三种温度条件下煤体吸附 CO_2 的 Gibbs 曲线特征如图 2 至图 4 所示。

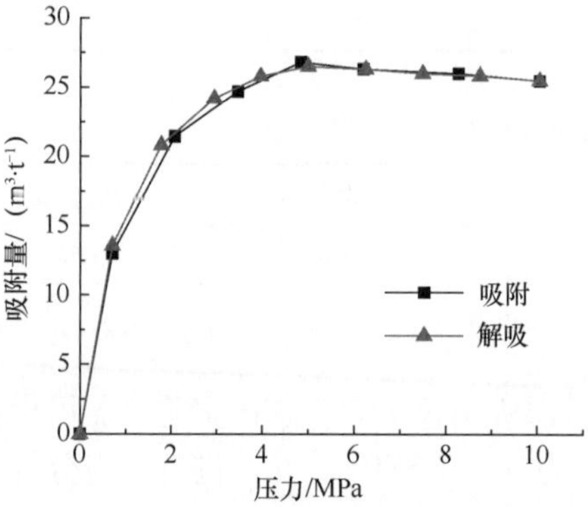

图 2　35℃条件下 CO_2 吸附/解吸曲线图

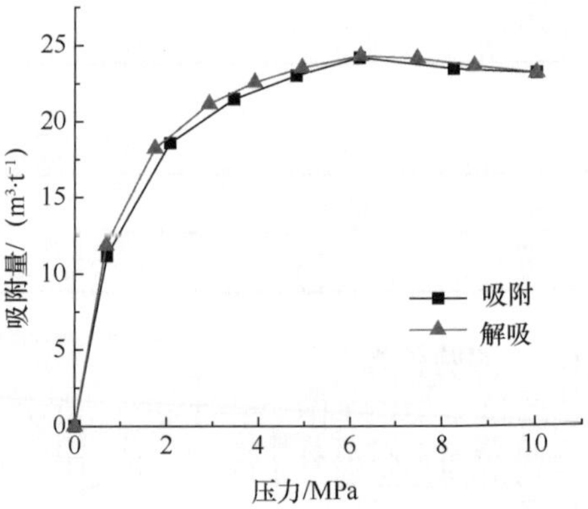

图 3　45℃条件下 CO_2 吸附/解吸曲线图

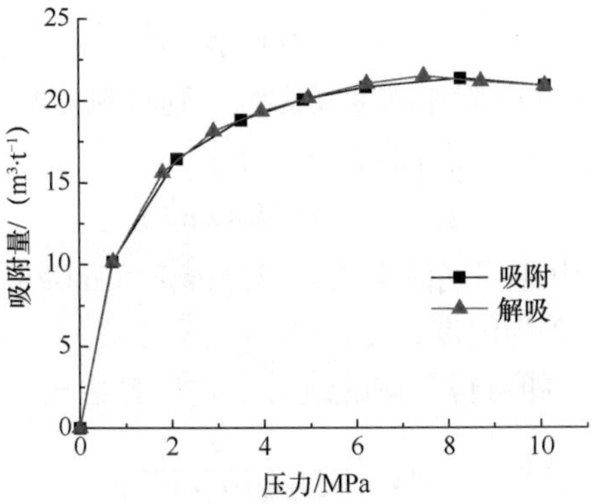

图 4　55℃条件下 CO_2 吸附/解吸曲线图

可以看出，35℃、45℃、55℃三种温度条件下煤对超临界 CO_2 吸附与解吸完全可逆，吸附曲线与解吸曲线完成重合。但同时，各温度下煤对超临界 CO_2 吸附量与解吸量都存在一个最大值。35℃条件下，吸附过程中压力增加到 4.83MPa 时，吸附量达到一个最大值（26.82m^3/t），随后压力增加至最高平衡压力 10.04MPa，吸附量降低至 25.49 m^3/t；解吸过程中，压力从最高平衡压力降至 4.99MPa 时，吸附量增加至最大值（26.51 m^3/t），随后吸附量逐渐降低。45℃、55℃条件下的吸附/解吸曲线存在相同的特征，不过在这两种条件下吸附量达到最大值的压力不同，45℃时吸附量出现最大值的压力为 6.21MPa，而 55℃条件下出现最大吸附量的压力为 8.30MPa。可见温度对超临界 CO_2 吸附解吸过程中最大吸附量的压力有影响，随着温度的升高，出现最大吸附量时的压力越大。

然而，图 2～图 4 的吸附量结果是超临界 CO_2 实验直接测得的数据，并不能代表煤样的真实吸附量。该吸附量实则为 Gibbs 吸附量（也称过剩吸附量），代表在固体表面所吸附的气体总量与按同温同压下气体密度计算的气体总量之差。压力较低时，Gibbs 吸附量是压力的增函数，随着压力的升高气体相密度不断增大，当压力达到某一值，气体相密度随压力的增长速率与吸附相密度随压力的速率相等，吸附等温线出现最大值，继续升高压力，吸附量下降。当气体相的密度与吸附相密度逐渐接近时，吸附量将趋于零。

2.2　超临界 CO_2 的绝对吸附/解吸量特征

前文实验测得超临界 CO_2 的 Gibbs 吸附/解吸量出现最大值的情况，可从 Gibbs 吸附定义角度来解释，其可定义为（杨兆彪等，2011）：

$$n=V_a(\rho_a-\rho_g)=n_a-V_a\rho_g \tag{1}$$

式中：n 为 Gibbs 吸附量，m^3/t；n_a 为绝对吸附量，m^3/t；V_a 为吸附相的体积，m^3；ρ_a 为吸附相密度，m^3/kg；ρ_g 为气体相密度，m^3/kg。

参考煤的高压等温吸附实验国家标准（GB/T19560—2004），根据公式 $pV=nRT$ 来计算吸附量，一般认为体积 V 是不变的。而实际上，在煤吸附 CO_2 平衡后，游离相 CO_2 气体体积减小，煤表面赋存吸附相体积。在计算时会将煤表面存在的吸附相体积处理成游离相气体，导致数据处理过程中游离相体积值偏高，进而气体吸附相值偏低（范晶晶等，2015）。Gibbs 吸附量并非反映气体吸附量的真实性，因此需依据实验测试的吸附量，求取绝对吸附量。

由式（1）可得：

$$n_a = n/(1-\rho_g/\rho_a) \tag{2}$$

假定温度、压力对 CO_2 的吸附相密度无影响，则吸附相密度可取 1028kg/m^3（该值为极限分子密度）。同时，游离相密度计算公式如下：

$$\rho_g = PM/(ZRT) \tag{3}$$

式中：P 为压力，MPa；R 为通用气体常数，8314Pa·L/（mol·K）；M 为气体摩尔分子量，g/mol；Z 为气体压缩因子；T 为温度，K。

将式（3）代入式（2），即可得气体的绝对吸附量表达式：

$$n_a = \frac{n}{1-PM/(ZRT\rho_a)} \tag{4}$$

通过式（4）及试验测得的气体吸附量即可求取气体绝对吸附量，超临界状态下煤对 CO_2 的绝对吸附/解吸量如图 5～图 7 所示。

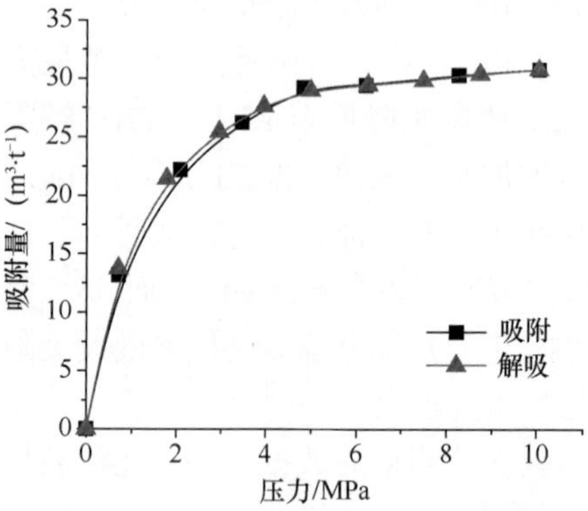

图 5　35℃超临界 CO_2 绝对吸附/解吸曲线

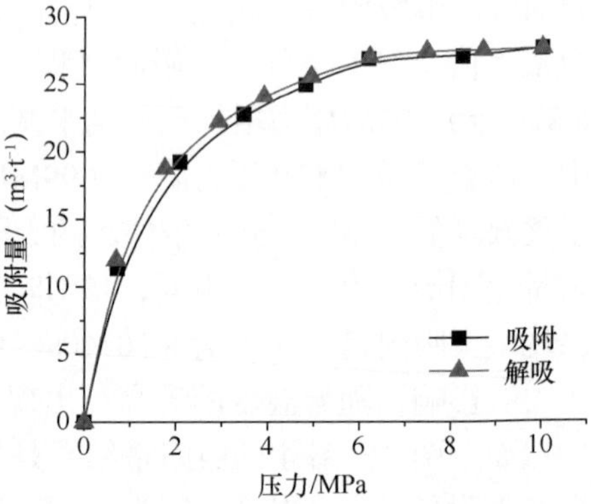

图 6　45℃超临界 CO_2 绝对吸附/解吸曲线

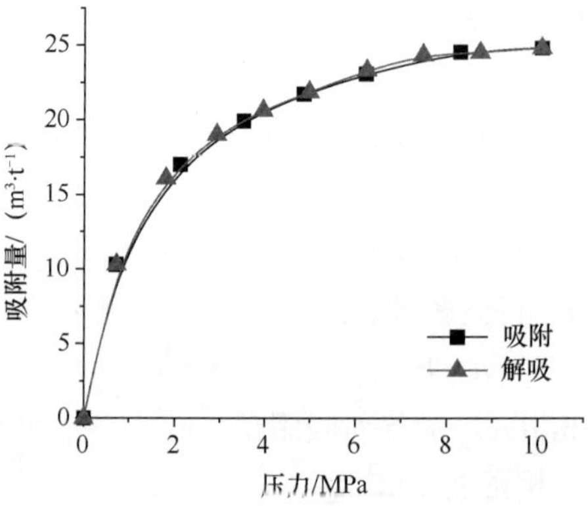

图 7　55℃超临界 CO_2 绝对吸附/解吸曲线

从图可见，同一温度条件下，吸附过程中，随着压力的增大，CO_2 绝对吸附量增大，当压力增加至一定程度时，吸附量不再变化，与 Gibbs 吸附量呈现不同变化趋势；解吸过程中，煤样对超临界 CO_2 的吸附量呈现先平缓后急剧的降低趋势，未出现吸附量极大值。超临界状态下煤样对 CO_2 的绝对吸附曲线与解吸曲线是完全可逆。同时根据 langmuir 方程求出超临界状态下余吾样对 CO_2 的绝对吸附/解吸曲线的 langmuir 常数，见表 3。

表 3 超临界状态下煤对 CO_2 吸附/解吸实验的 langmuir 常数

煤样	温度/℃	吸附实验		解吸实验	
		Langmuir 体积/（$m^3 \cdot t^{-1}$）	Langmuir 压力/MPa	Langmuir 体积/（$m^3 \cdot t^{-1}$）	Langmuir 压力/MPa
余吾样	35	34.97	1.15	34.48	1.06
	45	31.81	1.32	31.42	1.17
	55	27.02	1.21	27.45	1.22

2.3 误差分析

对超临界状态下余吾煤样对 CO_2 的 Gibbs 吸附量及绝对吸附量进行误差分析（表 4），从图中可以看出，在实验压力范围内，35℃、45℃、55℃条件下 CO_2 气体的 Gibbs 吸附量与绝对吸附量误差范围分别为 1.19%～17.05%、1.15%～16.28%、1.13%～15.85%。随着压力的增加，Gibbs 吸附量与绝对吸附量之间的误差越大，且两者间的误差与压力呈线性关系，拟合关系式见图 8。同时，随着温度的增加，两者间的误差越小。

表 4 超临界状态下煤样对 CO_2 的 Gibbs 吸附量及绝对吸附量误差分析表

35℃				45℃				55℃			
压力/MPa	吸附量/（$m^3 \cdot t^{-1}$）		误差/%	压力/MPa	吸附量/（$m^3 \cdot t^{-1}$）		误差/%	压力/MPa	吸附量/（$m^3 \cdot t^{-1}$）		误差/%
	Gibbs	绝对			Gibbs	绝对			Gibbs	绝对	
0.7	13.02	13.18	1.19	0.71	11.2	11.33	1.15	0.72	10.18	10.30	1.13
2.07	21.44	22.22	3.52	2.08	18.58	19.23	3.37	2.12	16.45	17.02	3.33
3.45	24.7	26.24	5.86	3.47	21.47	22.75	5.61	3.52	18.82	19.92	5.52
4.83	26.82	29.22	8.20	4.83	23	24.95	7.82	4.86	20.06	21.72	7.62
6.19	26.32	29.41	10.51	6.21	24.19	26.89	10.05	6.23	20.81	23.06	9.77
8.26	26.01	30.25	14.03	8.27	23.45	27.07	13.38	8.3	21.35	24.55	13.02
10.04	25.49	30.73	17.05	10.06	23.14	27.64	16.28	10.1	20.89	24.82	15.85

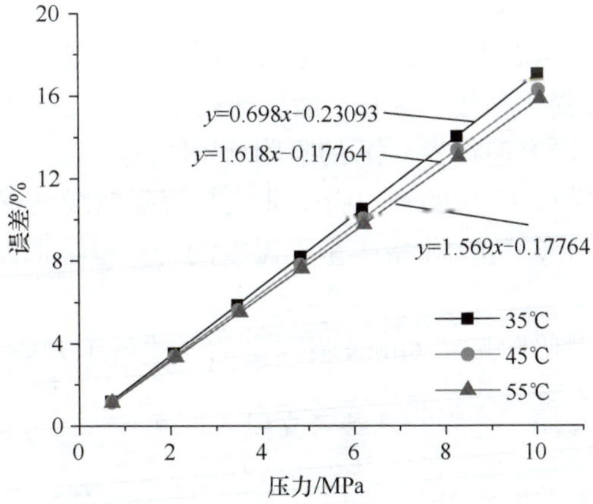

图 8 超临界 CO_2 吸附实验中 Gibbs 吸附量与绝对吸附量误差分析图

3 温度对超临界状态 CO_2 吸附的影响

随着煤储层埋深的增加，储层的温度及压力势必会达到超临界 CO_2 的临界条件，故研究温度对超临界状态 CO_2 的吸附解吸有重大意义。

前文已对超临界 CO_2 的吸附/解吸特征进行了探讨，超临界状态下煤对 CO_2 的吸附符合绝对吸附量定义，故采用 CO_2 的绝对吸附量来研究温度对其影响（图 9）。

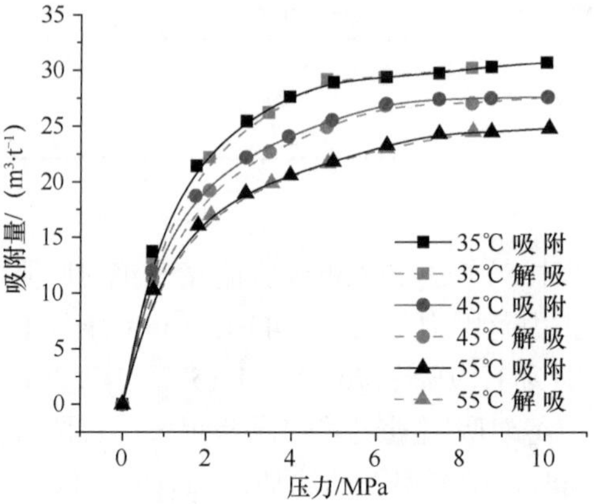

图 9　不同温度下超临界 CO_2 绝对吸附/解吸曲线

图 9 为不同温度条件下，超临界状态下余吾煤样对 CO_2 的绝对吸附/解吸量曲线图。各温度条件下的超临界 CO_2 绝对吸附量随压力的增加呈现先急剧增加再变平缓的变化趋势，而绝对解吸量则随着压力的降低先缓慢减少再急剧下降，吸附/解吸量符合 Langmuir 方程。同时，在同一压力条件下，超临界 CO_2 绝对吸附/解吸量随温度的增加而降低。最大吸附量由 35℃的 34.97m^3/t 降到 55℃的 27.02m^3/t，降低了 22.73%。可见温度对超临界 CO_2 吸附性的影响与常温下 CO_2 吸附性的影响一致。这是由于煤体对气体的吸附过程本身为一个放热过程，温度升高必然会抑制气体的吸附，同时温度升高也使得 CO_2 气体的分子自由能增加，气体分子的活性增大，使得被吸附的气体分子从煤体表面脱逸出来，吸附量降低。

4　结　论

1）实验测得在超临界状态下煤样对 CO_2 的吸附量存在最大值，即吸附量随着压力的增加呈现先增大再降低的变化趋势，这并不能反映超临界 CO_2 吸附量的真实性，而需通过计算得到的绝对吸附量来研究超临界 CO_2 的吸附/解吸特征。

2）超临界状态下煤样对 CO_2 的绝对吸附曲线与解吸曲线具有完全可逆性，且均符合Ⅰ类 Langmuir 型曲线特征，其吸附/解吸量随温度的升高呈降低趋势，与常规 CO_2 吸附/解吸具有相同特征。

3）超临界 CO_2 的绝对吸附量与 Gibbs 吸附量的误差与压力呈线性正相关关系。

参考文献

范晶晶，王延斌，王晋．2015．温度对超临界 CO_2 置换 CH_4 的影响[J]．科技导报，33（24）：28～33．

唐书恒，韩德馨．2002．煤对多元气体的吸附与解吸[J]．煤炭科学技术，30（2）：58～60．

徐春光，王延斌，王向浩，等．2013．深部煤层 CO_2 置换 CH_4 过程中煤岩特性变化研究[J]．河南理工大学学报（自然科学版），32（3）：265～269．

杨兆彪，秦勇，高弟，等．2011．超临界条件下煤层甲烷视吸附量、真实吸附量的差异及其地质意义[J]. 天然气工业，31（4）：

13～16.

叶建平，冯三利，范志强，等. 2007. 沁水盆地南部注二氧化碳提高煤层气采收率微型先导性试验研究[J]. 石油学报，28（4）：77～80.

Busch A, Gensterblum Y, Kross B M,et al. 2004. Methane and carbon dioxide adsorption diffusion experiments on coal: Upscaling and modeling[J]. International Journal of Coal Geology, 60(2): 151～168.

Clarkson C R，Bustin R M. 2000. Binary gas adsorption/desorption isotherms: effect of moisture and coal composition upon carbon dioxide selectivity over methane[J]. International Journal of Coal Geology, 42(4): 241～272.

Hall F E, Zhou C H, Gasem K A M, et al. 1994. Adsorption of pure methane, nitrogen, and carbon dioxide and their binary mixtures on wet fruitland Coal[C]. SPE 29194: 329～344.

Stantion R, Flores R, Warwick D, et al. 2001. Coal bed sequestration of carbon dioxide[C]//The First National Conference on Carbon Sequestration. Washington, D C, 14～17.

White M, Smith H D, Jones L K, et al. 2005. Sequestration of carbon dioxide in coal with enhanced coal bed methane recovery: A review [M].Washington: American Chemical Society.

沁水盆地中东部煤系非常规天然气共生组合特征

郗兆栋[1,2]　唐书恒[1,2]　李　俊[3]　孙　轲[1,2]　孙昌花[4,5]　张廷强[1,2]　陈云云[1,2]
魏建光[1,2]

（1．中国地质大学（北京）海相储层演化与油气富集机理教育部重点实验室　北京　100083；
2．中国地质大学（北京）页岩气资源勘查与战略评价国土资源部重点实验室　北京　100083；
3．中国矿业大学（北京）　北京　100083；
4．贵州天然气能源投资股份有限公司　贵州贵阳　550081；
5．贵州省非常规天然气勘探开发利用工程研究中心　贵州贵阳　550081）

摘　要：为摸清沁水盆地煤系非常规天然气的共生组合特征，以榆社-武乡区块为例，查明了研究区煤层-煤系页岩-煤系砂岩的展布特征，通过压汞、低温氮吸附、等温吸附、脉冲渗透率测试、X 射线衍射和有机地球化学等实验对研究区煤系储层特征进行了研究。结果表明：煤是最重要的烃源岩，对煤系非常规天然气成藏起主导作用。太原组 15 号煤（平均 4.45m）和山西组 3 号煤（平均 1.09m）为全区发育的两个主可采煤层，煤层孔裂隙发育，吸附能力强，含气量高；泥页岩是重要的补充气源和盖层，山西组和太原组累计泥岩厚度平均分别为 25.6m 和 69.6m，有机质含量平均分别为 1.87%和 2.23%；煤系砂岩作为储集层，具有低孔低渗的特征，对煤系非常规天然气藏起调节作用。通过典型钻孔分析，在垂向上优选并评价了煤系气的有利层段，如 ZK03-2 井，在深度 1531.5～1605m 处发育厚煤层-厚层砂岩的煤层气-致密砂岩气有利层段，在深度 1440～1460m 和 1485～1510m 发育多层薄煤层-多层页岩、炭质页岩夹薄层砂岩的煤层气 页岩气有利层段。

关键词：沁水盆地　煤系地层　煤系气　煤系储层　共生组合

基金项目：国家科技重大专项“沁水盆地中-高煤阶煤层气高效开发示范工程”（项目编号：2017ZX05064003）。

作者简介：郗兆栋，男，1991 年生，博士研究生，研究方向为非常规天然气地质，联系电话：18811312631，E-mail：xizhaod@cugb.edu.cn。

通讯作者：唐书恒，男，1965 年生，河北正定人，教授，博士生导师，主要从事非常规天然气地质与开发研究，E-mail：tangsh@cugb.edu.cn。

Combination Characteristics of Unconventional Gas in Coal Measure in the East-central of Qinshui Basin

Xi Zhaodong[1,2] Tang Shuheng[1,2] Li Jun[3] Sun Ke[1,2] Sun Changhua[4,5]
Zhang Tingqiang[1,2] Chen Yunyun[1,2] Wei Jianguang[1,2]

(1. MOE Key Lab of Marine Reservoir Evolution and Hydrocarbon Enrichment Mechanism, China University of Geosciences, Beijing 100083, China;

2. MOLR Key Lab of Shale Gas Resources Survey and Strategic Evaluation, China University of Geosciences, Beijing 100083, China;

3. China University of Mining and Technology, Beijng 100083, China;

4. Guizhou Natural Gas Energy Investment Co., Ltd, Guiyang 550081, China;

5. Guizhou Unconventional Gas R&D Center, Guiyang 550081, China)

Abstract: In order to reveal the combination characteristics of the unconventional gas resources in coal measure, Yushe-Wuxiang area was taking as an example which located in the east-central of Qinshui Basin. The distribution characteristics of coal, shale, and sandstone was investigated, and the characteristics of the coal measure reservoir was analyzed via mercury intrusion, nitrogen physisorption, isothermal adsorption, pulse permeability, X-ray diffraction (XRD), and organic geochemical experiments. The results showed that: Coal is the primary source rock plays a decisive role on coal measure reservoir. The No.15 coal of Taiyuan Formation (an average of 4.45m) and the No. 3 coal of Shanxi Formation (an average of 1.09m) were two main recoverable seams in the study area. Rich reservoir properties of the No.15 coal and No.3 coal due to high adsorption capacity, high gas content, and relatively developed pores and fractures. Shale acts as an important supplementary gas source and caprock. The accumulated thickness of mudstone in Shanxi and Taiyuan Formations is 25.6m and 69.6m and, respectively. The TOC content of the Shanxi and Taiyuan Formations is 1.87% and 2.23%, respectively. Shale acts as an important supplementary gas source and caprock. Sandstone acts as an important reservoir and palys a regulatory role, which characterized by low porosity and permeability. Based on the analysis of typical wells, the favorable section of coal measures is optimized and evaluated vertically. For example, 1531.5-1605m in the ZK03-2 well is the favorable thick seam-thick sandstone of coal bed methane-tight sand gas in the coal measure, and 1440-1460m and 1485-1510m are the favorable thin seam- thin shale of coal bed methane-shale gas in the coal measure.

Keywords: Qinshui Basin; coal measure; coal measure gas; coal measure reservoir; combination mode

随着我国对能源需求的逐年增加，天然气勘探开发步伐逐渐加快，单一非常规天然气资源勘探开发不仅造成严重的资源浪费，也使得重复勘探开发成本增加，因此将非常规天然气作为一个整体进行研究、勘探和开发势在必行。煤系非常规天然气主要包括煤层气、煤系页岩气和煤系致密砂岩气。近年来，多数研究表明煤系非常规天然气具有同源共生的特点（Law，2002; 曹代勇等，2014；王佟等，2014）。2014 年 2 月 25 日，贵州松河煤系气地面丛式抽采示范项目压裂成功，贵州省将煤层气、页岩气和致密砂岩气作为一个整体进行综合勘查、评价及开发（易同生等，2016）。2015 年 2 月，位于鄂尔多斯盆地东缘的鄂页 1 井经压裂造缝后成功沟通太原组煤系，实现煤层气-页岩气共采，最大产能达 $5\times10^4m^3/d$（曹代勇等，2016）。沁水盆地石炭系—二叠系山西组—太原组煤系地层非常发育，煤层、泥页岩层和砂岩层频繁互层，旋回性强，可以在垂向上形成优质的生储盖组合（Lei et al., 2012）。但以往对于沁水盆地的研究主要针对煤层和煤层气（王善博等，2013；张松航等，2015），对煤系非常规天然气缺乏整体评价，而且目前对于煤层气的勘探开发主要集中于 1200m 以浅的煤层气资源，深部煤层气的勘探开发效果不佳，资源没有最大限度的利用。沁水盆地中东部榆社-武乡区块 ZK03-2 井实施过程中连续稳定的气测显示共计 8 层，累计厚度大于 150.8m，且埋深大于 1200m；侯晓伟等（2016）指出榆社-武乡区块内 ZK07-1 井实施过程中连续稳定的气测显示共计 13 层，存在 5 种气藏组合模式，表明了沁水盆地赋存丰富的煤系气资源。因此，本文以榆社-武乡区块为例（图 1），基于区内钻孔资料，研究沁水盆地煤系非常规天然气的共生组合特征，优选并评价煤系有利层段，以期对沁水盆地煤系非常规天然气合探共采提供一定的理论与实际指导。

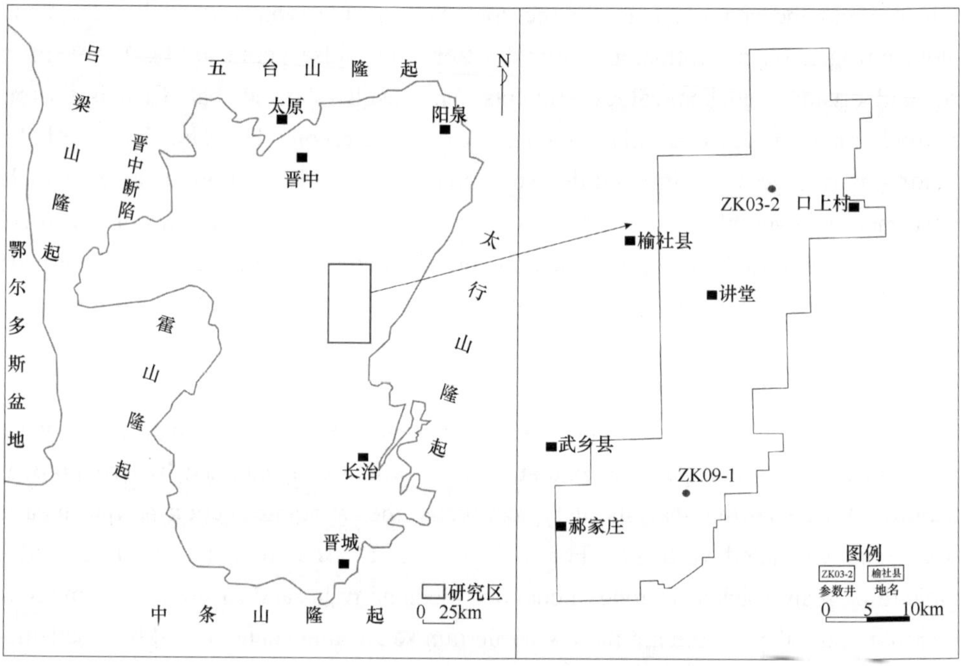

图 1　研究区（榆社-武乡区块）位置图
（据郗兆栋等，2017，有修改）

1　煤系气成藏特征

1.1　煤系烃源岩特征

研究区太原组—山西组含煤十余层，煤层总厚平均为 9.34m，其中太原组 15 号煤和山西组 3 号煤为全区发育的两个主可采煤层。研究区 3 号煤层厚度为 0～2.19m，平均厚度为 1.09m，最厚处位于大有、岚峪一带（图 2a）。3 号煤层厚度变化规律不明显，厚度大于 2m 的区域主要分布于研究区的中北部一带。研究区 15 号煤层厚度为 1.12～6.3m，平均厚度为 4.45m，15 号煤层厚度表现由中部向南北两边变薄的特点。其中煤层厚度大于 6m 的高值区分布于中部偏北及中部靠西一带（图 2b）。煤系地层中连续发育的厚层泥页岩较为少见，单层泥页岩厚度一般不超过 5m，但层数较多。山西组泥页岩发育 6～10 层，单层厚度介于 0.7～4.8m，累计泥页岩厚度平均 25.6m。太原组泥页岩发育 10～17 层，单层厚度介于 0.3～13.5m，累计泥页岩厚度平均 69.6m（图 2c-d）。

研究区山西组 3 号煤以原生结构煤为主，裂隙较发育，为网状-孤立状。3 号煤层镜质组最大反射率平均为 2.34%，以无烟煤为主。太原组 15 号煤也以原生结构煤为主，裂隙组合方式为网状-孤立状。15 号煤层镜质组最大反射率变化范围为 1.3%～3.8%，平均 2.64%，以无烟煤为主。研究区内 2 套主要煤层的显微组分均以镜质组为主，平均含量达到 65%以上，惰质组含量平均小于 20%，壳质组含量较少。其中镜质组以基质镜质体为主，惰质组主要为半丝质体和丝质体。研究区煤系页岩有机质含量介于 0.01%～24.57%，平均为 2.12%，其中山西组和太原组页岩有机质含量平均分别为 1.87%和 2.23%。干酪根类型均以Ⅲ型为主，显微组分以镜质组为主，含有一定壳质组，有利于有机质生烃，生烃潜量介于 1.07～98.3 mg/g。研究区煤系页岩整体处于高-过成熟阶段，R_o 分布范围为 1.86%～3.36%，平均为 2.24%，具有良好的生烃潜力。

1.2 煤系储层特征

低温氮吸附实验显示 3 号煤和 15 号煤的吸脱附曲线均存在较宽的滞后环，且滞后环没有闭合，表明煤储层中开放孔较为发育（图 3）。吸脱附曲线形态与 H3 型回线较为接近，兼有 H2 型特征，反映储层中的孔隙形态是以平行板状和狭缝型为主。从图 3b 可以看出，3 号煤和 15 号煤的中孔和大孔较为发育，尤其是大孔，在 100nm 附近存在明显的峰值，压汞实验也证实 3 煤和 15 煤中的大孔和裂隙较为发育，其中 3 号煤大于 100nm 的大孔较为发育，而 15 煤中大于 10μm 的孔隙提供了大部分的孔体积，而 100nm～10μm 的孔隙不发育（图 3c）。3 号煤层的渗透率为 5.86 mD，渗透性好，有利于煤层气的运移，而 15 号煤层的渗透率仅为 0.0133 mD，渗透性相对 3 号煤层要差，可能是由于起连通性的孔隙不发育导致的。通过等温吸附实验测得 3 号煤层的兰氏体积为 32.89cm^3/g，兰氏压力为 1.96 MPa。15 号煤的兰氏体积为 13.31～37.69 cm^3/g，平均为 28.94 cm^3/g；兰氏压力为 1.15～2.31 MPa，平均 1.79 MPa。结果显示，3 号煤层和 15 号煤层的甲烷吸附能力都较强，有利于煤层气的吸附、存储（图 4）。

研究区煤系页岩的测试结果表明，黏土矿物含量介于 2.2%～88.6%，平均 56%，脆性矿物以石英为主，其含量介于 11.1%～79.6%，平均 43.4%。郗兆栋等（2017）详细分析了研究区页岩的孔隙结构，研究区煤系页岩储层中以粒间孔和有机质孔最为发育，扫描电镜观察发现页岩存在一定的顺层微裂缝，能够有效地沟通孔隙，连通性较好，有利于气体的运移。中孔是研究区页岩的主体孔径，主要发育 2～3nm 和 10～30nm 的孔隙，压汞孔隙度介于 1.66%～9.36%，平均为 4.53%。储层渗透率在垂直层理和平行层理方向的差异性较为显著，水平渗透率平均为 0.21mD，垂向渗透率平均为

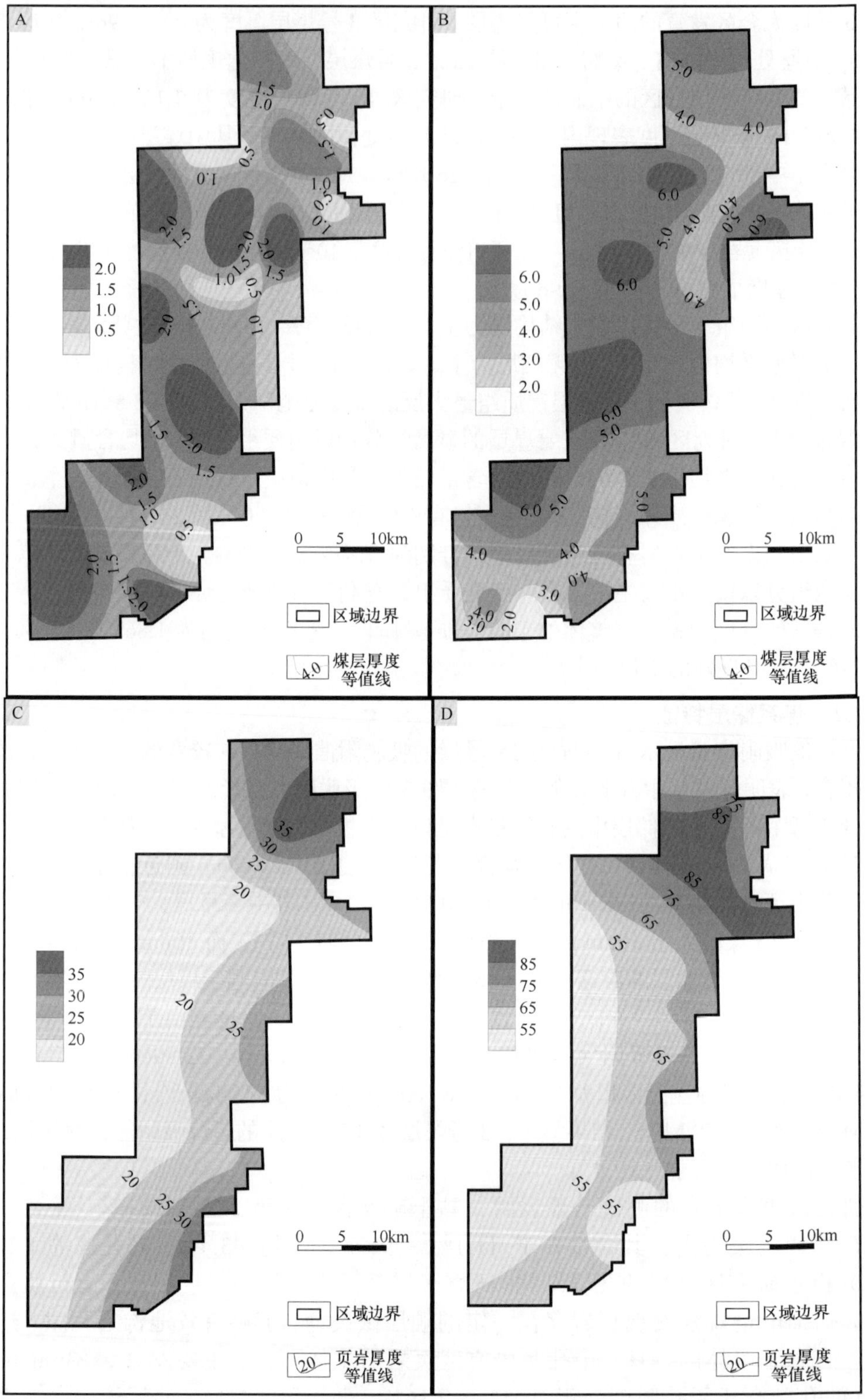

图 2 研究区 3 号煤（A）、15 号煤（B）、山西组累计泥页岩（C）、太原组累计泥页岩（D）厚度（m）等值线图

0.0000535 mD。研究区煤系页岩样品吸附能力较差，最大吸附量为 1.68 m^3/t，平均小于 1 m^3/t。

研究区山西组煤系砂岩厚度介于 4.25～54.42m，平均为 20.8m，具有由北向南逐渐变厚的特点（图 5a）；太原组煤系砂岩厚度介于 14.13～75.62m，平均为 35.41m，具有南北厚中部薄的特点（图 5b）。研究区砂岩类型以细粒-中粒岩屑砂岩、石英岩屑砂岩和岩屑石英砂岩为主，储层以低孔低渗为特征。煤系砂岩孔隙度介于 1.4%～11.9%，平均值为 3.74%，渗透率平均值小于 0.1mD。压汞实验显示，研究区煤系砂岩样品的压汞曲线整体偏向图的右上方，排驱压力高，进汞饱和度平均小于 40%，退汞效率平均小于 30%，表明煤系砂岩中的大孔和裂隙不发育，孔隙之间的连通性相对较差。

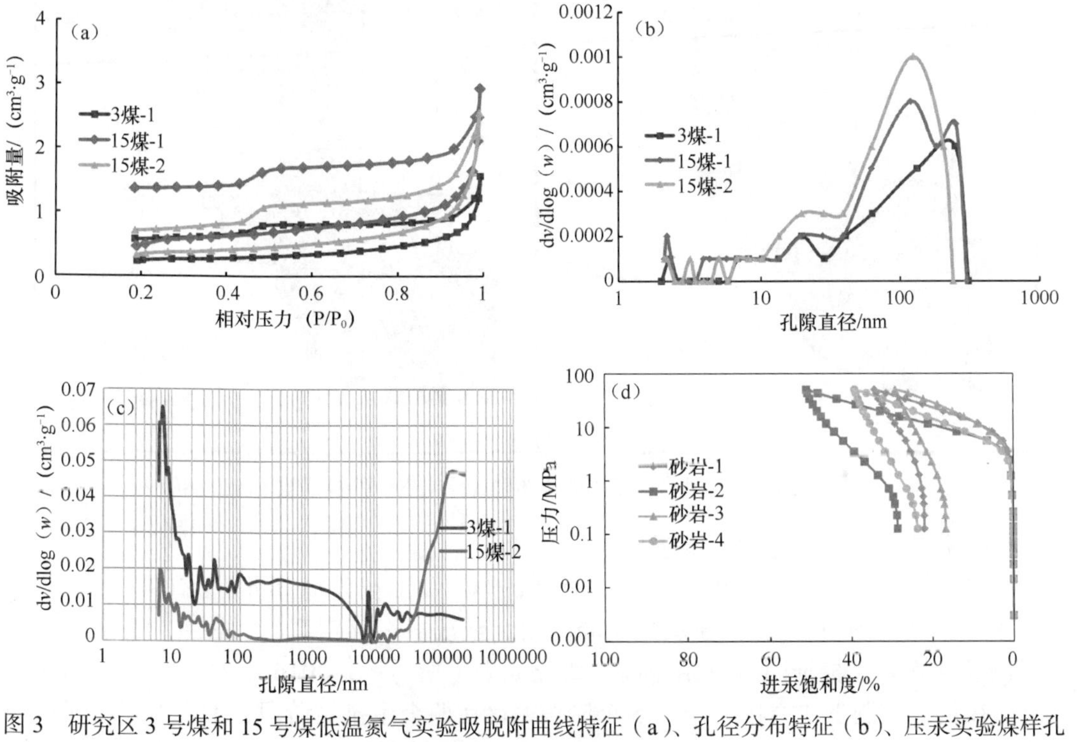

图 3　研究区 3 号煤和 15 号煤低温氮气实验吸脱附曲线特征（a）、孔径分布特征（b）、压汞实验煤样孔径分布特征（c）和砂岩压汞曲线

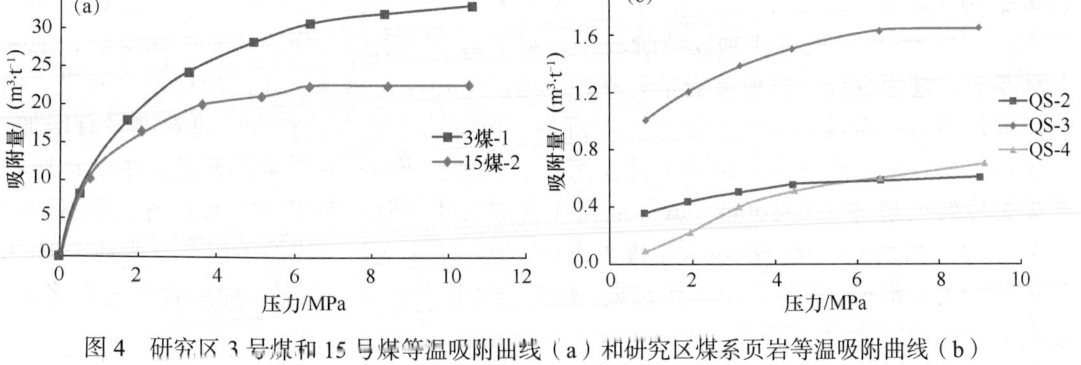

图 4　研究区 3 号煤和 15 号煤等温吸附曲线（a）和研究区煤系页岩等温吸附曲线（b）

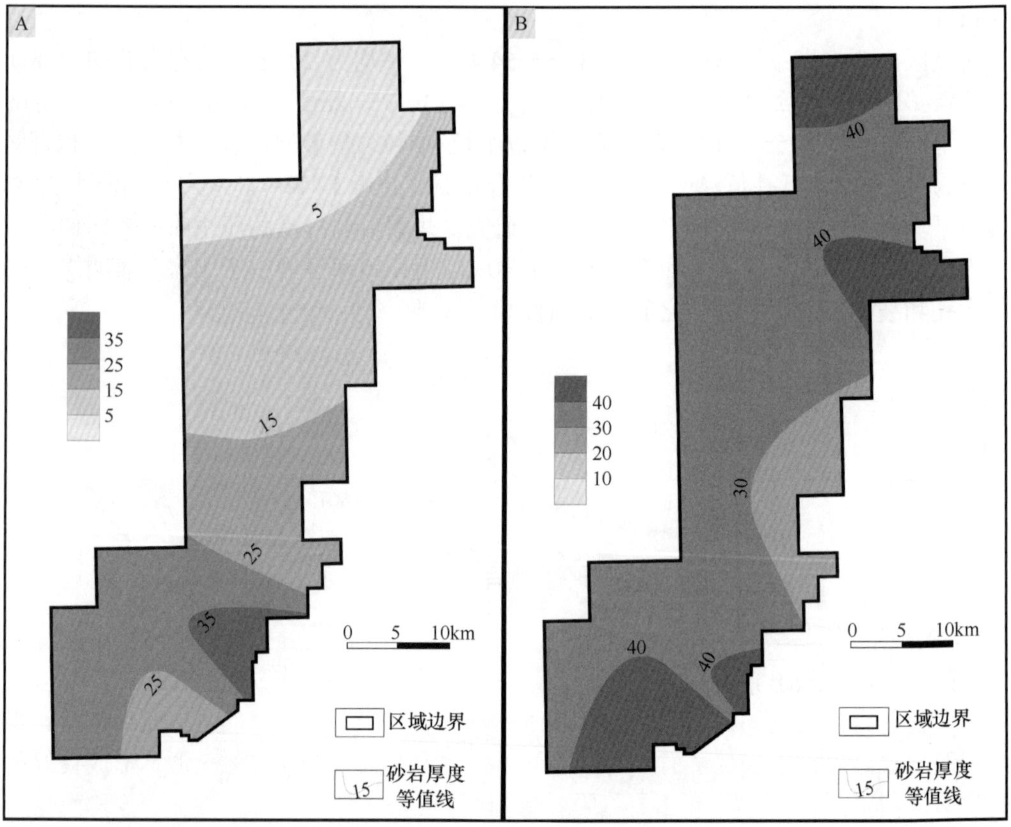

图5 研究区山西组累计砂岩厚度等值线图和太原组累计砂岩厚度（m）等值线图

1.3 煤系天然气成藏演化特征

以研究区 ZK09-1 井为例对研究区的埋藏-热演化史作详细分析。ZK09-1 井位于研究区中部偏南（图 1），完钻于奥陶系峰峰组，依次揭露第四系、三叠系、二叠系、石炭系以及奥陶系。根据图 6 并结合前人研究成果（秦勇等，2016），认为：自晚石炭世以来，在构造控制下研究区经历了 5 个阶段，存在两个生排烃阶段：①晚石炭世至晚三叠世末发生 1 次快速沉降，深度在 3700m 左右。该阶段研究区处于正常古地热场，随埋深增加，成熟度逐渐增高，有机质发生深成变质作用。在三叠纪中期已进入低成熟阶段（R_o>0.5%±），三叠纪末—侏罗纪早期，温度达到一次峰值（130℃左右），R_o达到 0.7%~1.0%±，从未成熟阶段过渡到成熟阶段，达到了第一次生烃高峰；②早中侏罗世，地壳整体抬升，埋深变浅，盆地遭受抬升剥蚀，地层上覆压力降低，导致油气发生解吸，向邻近储层排烃；③晚侏罗世开始第二次沉降，沉降速率较小，有机质成熟度略有增加；④早白垩世，由于燕山期岩浆热事件作用，沁水盆地处于异常古地温阶段，中部地区古地温梯度普遍超过 6℃/100m，虽然地壳在整体抬升，但温度却大幅度升高，最高达到 200℃左右，机质热演化程度也大幅度提高，从成熟阶段变为过成熟阶段（R_o达到 2.0%），气体开始大量形成。在第二个主生烃期，烃源岩地层产生大量气体，地层含气饱和之后，便向邻近储层排烃。

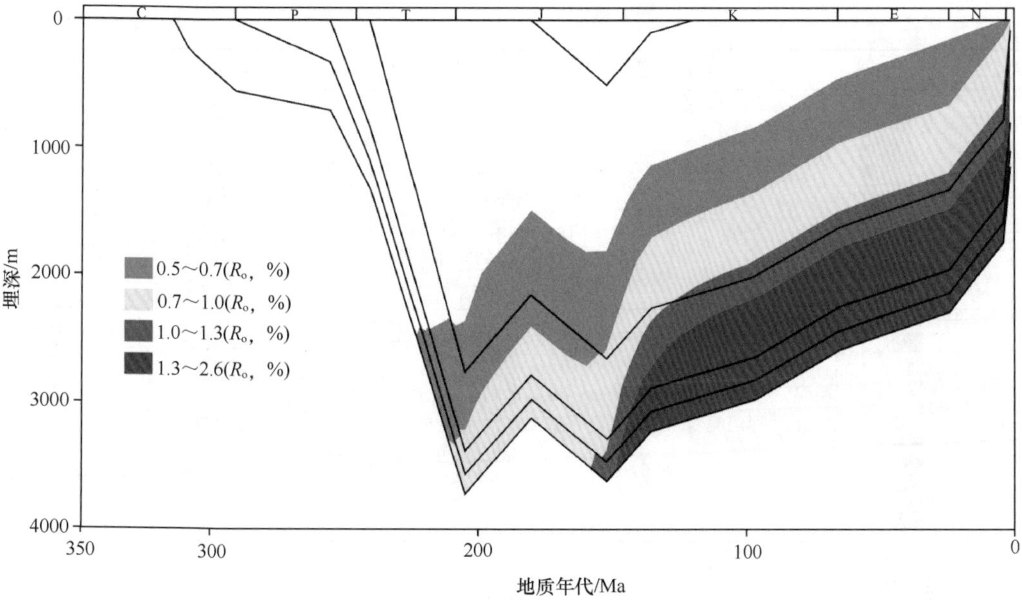

图 6　研究区埋藏–热演化史（ZK09-1 井）

1.4　共生组合样式

根据研究区岩相组合类型和接触关系可以将其组合关系划分为 3 种类型（表 1）。类型一：煤层和砂岩互层沉积，砂岩邻近煤层或砂岩直接作为煤层的顶底板。此种类型，煤层作为烃源岩，砂岩作为储集层，煤层可以向上或向下为砂岩储层提供气源，形成良好的气藏；类型二：泥页岩和砂岩互层/泥页岩和煤层互层，此种类型，煤层和泥页岩均可作为烃源岩，砂岩作为储集层；类型三：煤层，泥页岩和砂岩互层。此种类型，煤层和页岩作为烃源岩和主要的储集层，砂岩起一定的协调作用。根据三种类型岩性不同方式的组合和生储盖的叠合样式，可以将其归纳为两种模式。类型一和类型二为单源双储型，类型三为双源三储型（侯晓伟等，2016），一般煤层作为主要的烃源岩，砂岩作为主要的储集层，泥页岩作为补充气源和良好的盖层。

表 1　研究区山西组—太原组煤系地层岩相组合类型

组合	示意图	岩石类型	简单描述	含煤性	类型
1	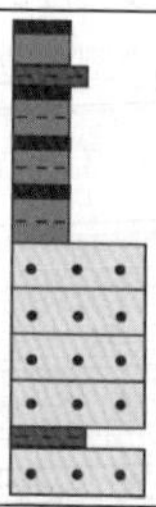	厚层砂岩、多层薄煤层和泥岩互层	煤，呈灰黑色，半亮-半暗型，条带状结构；泥页岩，多呈黑-灰色，多具水平层理。砂岩多为细粒-中粒石英砂岩	一般-较好	三
2	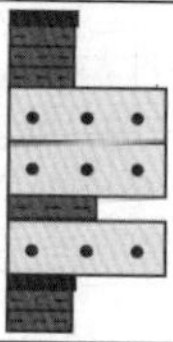	薄层细砂岩、粉砂岩、砂质泥岩和薄煤层互层	多为潮坪沉积	一般-较差	三

续表

组合	示意图	岩石类型	简单描述	含煤性	类型
3		厚层砂质泥岩、泥岩和较厚煤层	临近煤层发育的泥页岩多为炭质页岩，有机含质含量较高；泥页岩，多为灰黑-黑色，含丰富的植物叶部及根化石	较好	二
4	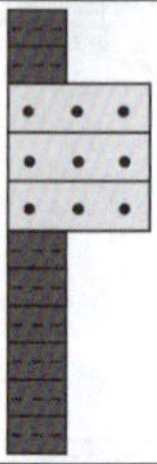	厚层泥岩和砂岩互层	砂岩多为粉砂岩和细粒砂岩，呈灰白色。泥页岩多为灰黑色，具水平层理	不含煤	二
5	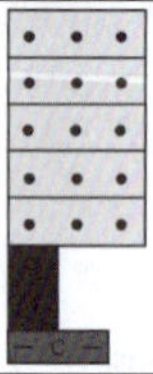	厚煤层和厚层砂岩互层	细-中粒砂岩，厚层状。煤，黑色，具玻璃光泽，原生结构煤	较好	一

2　煤系气共生组合评价

综合上文分析及前人研究可知，研究区内 3 号煤和 15 号煤的厚度较大（3 号煤：1.09m，15 号煤：4.29m），平面上分布稳定，埋深适中，变质程度高，煤层吸附能力强，封盖条件佳，含气量高；同时研究区煤系泥页岩累计厚度大，TOC 含量较高（平均在 2%以上），成熟度高，孔裂隙较为发育，含气性尚可；研究区煤系砂岩较为致密，具有高石英、高岩屑，长石含量变化较大的特点，储层孔渗性相对较差，具有一定的储集性能。区内山西组—太原组煤系地层垂向上发育连续，横向分布稳定，旋回性沉积特征明显，具备形成多套“生储盖组合”的基础。但煤系储层的发育特征和含气性分布规律在垂向和平面上均存在较大的差异，这种差异是多种地质因素共同作用的结果，包括沉积作用、成岩作用、水文作用和构造作用等（秦勇等，2016）。本文以榆社-武乡研究区内的 ZK03-2 井为例，在识别和划分沉积相和层序格架的基础上，结合一系列的分析测试，对研究区煤系气的共生组合特征进行综合评价并优选有利层段。

2.1　含气单元识别

ZK03-2 井位于研究区北部，太原组主要为障壁海岸-潟湖潮坪沉积体系，岩性主要为灰-黑色泥岩、炭质页岩和砂质泥岩，灰-白色砂岩和粉砂岩，发育 3 层灰岩和 8 套煤层，其中 15 号煤厚 6.3m，主要共生组合类型为 1，2 和 5（表 1）。山西组主要为三角洲平原沉积相，岩性主要为灰-黑色泥页岩和砂质泥岩，灰-白色砂岩和粉砂岩和 5 套煤层，其中 3 号煤厚 2.1m，主要共生组合类型为 2，3 和 5（表 1）。ZK03-2 井全烃曲线随埋深增加呈现出“波动式”的变化，秦勇等（2016）指出这种“波动式”的变化与层序地层高度吻合。层序地层格架通过关键层（隔水阻气层）控制煤系组合间的沟通疏导能力，因此识别层序地层界面，划分由这种关键层分隔的独立含气系统是评价煤系气的基础。钻孔 ZK03-2 的层序界面附近的岩性主要为厚层状中粒、粗粒石英砂岩（部分含砾），孔渗性相对较好（图 7），可以有效地导通上下地层单元的含气性联系，使得靠近层序界面附近的地层单元具有相似的含气性特征，因此不宜作为含气系统的分界面；灰岩全区稳定分布，易于对比且岩性致密，但是受后期构造活动影响层内易产生裂缝。相比而言，发育于最大海泛面附近的泥岩、砂质泥岩和粉砂岩等岩性较为致密，具有极低的孔隙度和渗透率，全烃气量在此界面处也呈现低值（图 7）。秦勇等（2016）在研究煤系气共采兼容时也指出最大海泛面附近的钙质、菱铁质泥岩区域分布面积大，渗透性极低，造成叠置含气系统相对独立，构成单个含气系统的上下边界。沈玉林等（2012）在研究黔西地区多煤层叠置含气划分时同样指出最大海泛面处稳定分布的泥岩能起到隔水阻气的作用，并且指出这类泥岩孔隙度很低，孔隙几乎不发育，连通性很差。因此本文以最大海泛面作为含气系统的分界面。

2.2 煤系有利层段评价

以 ZK03-2 井为例，以最大海泛面为含气系统的分界面，在 ZK03-2 井中识别出 3 个含气系统（图 7）。在含气系统 B 深度为 1531.5～1605m 处发育一套优质的生储盖组合，15 号煤和 15 号煤下伏页岩、炭质页岩作为烃源岩，15 号煤上覆砂岩作为储集层，泥岩、砂质泥岩和粉砂岩作为盖层。15 号煤作为主要的烃源岩，厚度为 6.3m，达到无烟煤阶段，以半亮煤为主，顶部有少量光亮煤。煤中镜煤、亮煤光泽为金刚光泽，颜色为黑色，细-中条带状结构，层状构造，镜质组含量平均为 71.2%，15 号煤 5 个煤芯解吸样品的平均含气量为 20.45cm^3/g，表明 15 号煤具有良好的生烃潜力。15 号煤裂隙非常发育，主要为网状-孤立状组合方式，其顶部面割理密度 16 条/5cm，延伸长度较大，高 1～4mm，端割理密度 18 条/5cm，长 1～3mm，高 1～2mm；15 号煤的兰氏体积达到 37.69cm^3/g，表明 15 号煤具有良好的储集能力。15 号煤下伏的页岩、炭质页岩作为补充气源，厚度为 8m 左右，以Ⅲ型干酪根为主，达到过成熟的阶段，TOC 含量平均为 5.04%，其中在深度为 1580m 处碳质页岩的 TOC 含量达到了 14.83%，4 个页岩样品解吸含气量介于 0.40～2.29 cm^3/g（平均 1.09 cm^3/g）之间，具有良好的含气性和储集能力。煤系页岩中石英含量平均为 49.9%，黏土矿物含量平均为 44.15%，表明其具有较好的可压裂性。15 号煤上覆砂岩岩性主要为细-中粒岩屑石英砂岩，厚度为 15.8m，石英含量平均为 48%，黏土含量为 42%，孔隙度平均为 3.20%，渗透率平均为 0.02mD，具有一定的储集能力。高位体系域底部的潟湖相泥岩和海侵体系域顶部的潮坪相泥岩、砂质泥岩作为盖层，这类泥岩的 TOC 含量极低，平均在 1%以下，岩性极为致密，具有较强的封盖性。含气系统 B 中的有利煤系层段主要为厚煤层和厚层砂岩的共生组合模式。煤岩生烃强度大，煤层气逸散作用相对较强，逸散的煤层气进入砂岩储层形成致密砂岩气藏，页岩、泥岩和砂质泥岩作为主要的盖层，其中临近煤层的页岩、炭质页岩也具备一定的生烃能力，可作为补充气源。因此，该煤系层段为有利的煤层气-致密砂岩气层段。

在含气系统 C 中发育两套优质的生储盖组合，这两个有利煤系层段均为多层薄煤层和多层页岩、炭质页岩夹薄层砂岩的共生组合模式，其中煤层和页岩、炭质页岩既作为烃源岩也作为主要的储集层，潮坪相-潟湖相泥岩和分流间湾相泥岩、砂质泥岩作为主要盖层。这类煤系层段中单层煤层厚度不超过 2m，煤层发育 2～5 层，平均 0.9m，其中山西组的 3 号煤主要为原生结构煤，光亮成分占 90%，条痕色为黑色，阶梯状断口，细条带状结构，层状构造，3 号煤解吸气含量为 18.96cm³/g。3 号煤孔裂隙较为发育，其中裂隙主要为网状组合方式，面割理密度 24 条/5cm，延伸长度较大，高 2～3mm，端割理密度 16 条/5cm，长 1～2mm，高 0.5～1mm，3 号煤的兰氏体积达到 32.89cm³/g，表明 3 号煤具有良好的生气和储集能力。煤系层段中页岩、炭质页岩发育 2～5 层，累计厚度为 7～12m，TOC 含量平均为 4.42%，其中在深度为 1453m，1507m 和 1510m 处碳质页岩的 TOC 含量平均达到了 16.32%，17 个页岩样品解吸含气量介于 0.09～2.41 cm³/g（平均 0.95cm³/g），表明页岩具有良好的含气性。煤系页岩中石英含量平均为 34.12%，黏土矿物含量平均为 52.96%，黏土矿物主要类型为伊蒙混层和高岭石，不利于压裂且在排采过程中易产生速敏、酸敏效应。该层段中夹杂的薄层粉砂岩，细砂岩平均厚度不超过 2m，孔渗性较差，不可作为主要储层，石英含量平均为 59%，黏土含量为 33%，可在一定程度上弥补页岩脆性不足的缺陷。因此，该两套煤系层段为有利的煤层气-页岩气层段。

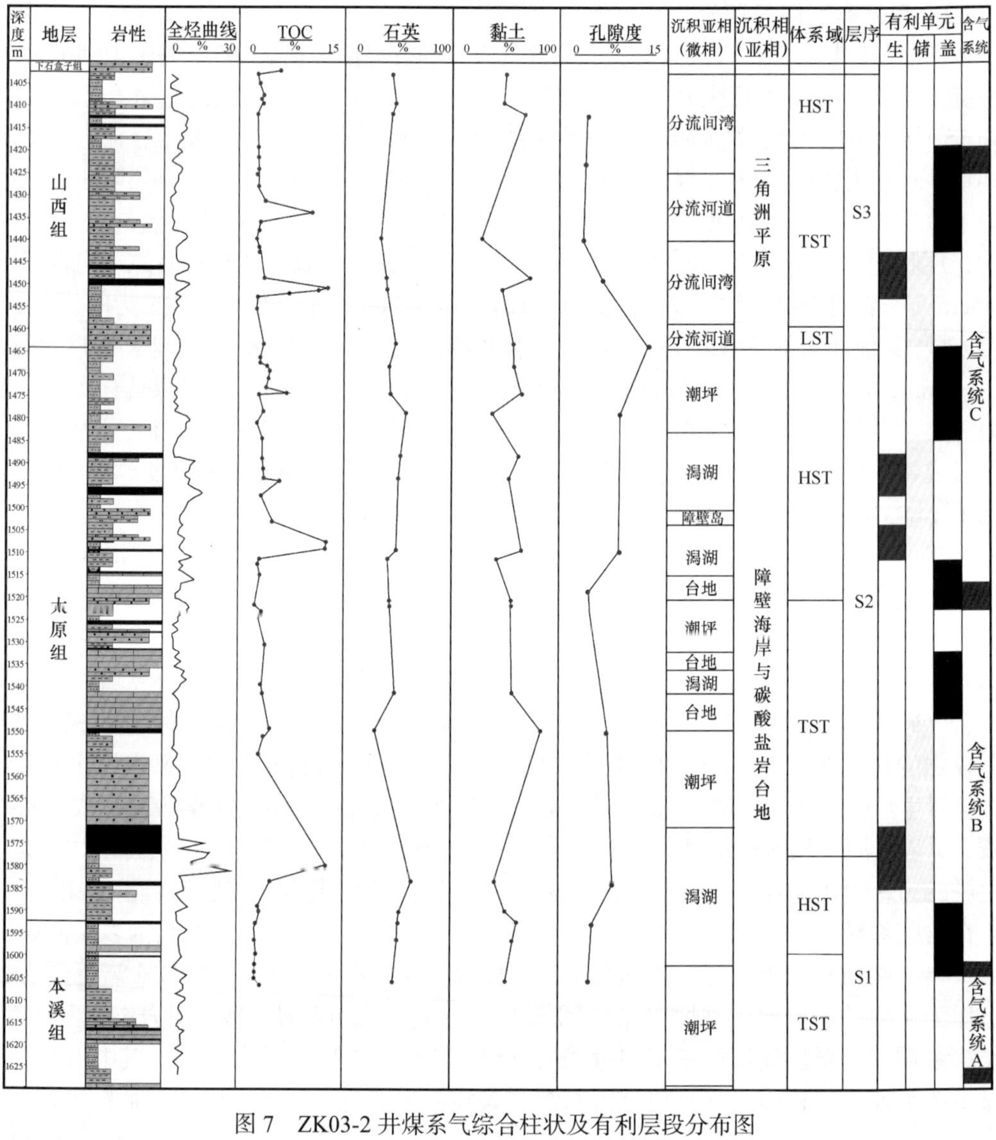

图 7　ZK03-2 井煤系气综合柱状及有利层段分布图

3 结论

煤层气、煤系页岩气和煤系致密砂岩气在研究区较为发育，其中煤层和煤系页岩作为烃源岩，砂岩作为储集层，较为致密的泥岩、砂质泥岩和粉砂岩作为盖层，在垂向上构成了较为完备的生储盖组合。研究区 3 号煤和 15 号煤厚度大，平面上分布稳定，孔裂隙发育，吸附能力强，含气量高，具有良好的生烃能力和储集能力；煤系页岩累计厚度大，TOC 含量高，临近煤层发育的页岩、炭质页岩 TOC 含量多在 10%以上，具有良好的生烃能力和储集能力；煤系砂岩较为致密，孔喉连通性相对较差，该区砂岩孔隙度平均值为 3.74%，渗透率平均值小于 0.1mD，具有一定的储集能力。以典型钻孔为例，确定了最大海泛面为含气系统的分界面，太原组发育厚煤层-厚层砂岩的煤层气-致密砂岩气有利层段，山西组发育多层薄煤层-多层页岩、炭质页岩夹薄层砂岩的煤层气-页岩气有利层段，其中煤层和煤系页岩为主要的烃源岩和储集层。

参考文献

曹代勇，姚征，李靖. 2014. 煤系非常规天然气评价研究现状与发展趋势[J]. 煤炭科学技术，42（1）：89～92，105.

王佟，王庆伟，傅雪海. 2014. 煤系非常规天然气的系统研究及其意义[J]. 煤田地质与勘探，（1）：24～27.

易同生，周效志，金军. 2016. 黔西松河井田龙潭煤系煤层气-致密气成藏特征及共探共采技术[J]. 煤炭学报，41（1）：212～220.

曹代勇，刘亢，刘金城，等. 2016. 鄂尔多斯盆地西缘煤系非常规气共生组合特征[J]. 煤炭学报，41（2）：277～285.

王善博，唐书恒，万毅，等. 2013. 山西沁水盆地南部太原组煤储层产出水氢氧同位素特征[J]. 煤炭学报，（3）：448～454.

张松航，唐书恒，李忠城，等. 2015. 煤层气井产出水化学特征及变化规律——以沁水盆地柿庄南区块为例[J]. 中国矿业大学学报，（2）：292～299+318.

侯晓伟，朱炎铭，付常青，等. 2016. 沁水盆地压裂裂缝展布及对煤系“三气”共采的指示意义[J]. 中国矿业大学学报，（4）：729～738.

郗兆栋，唐书恒，李俊，等. 2017. 沁水盆地中东部海陆过渡相页岩孔隙结构及分形特征[J]. 天然气地球科学，（3）：366～376.

秦勇，韦重韬，张政，等. 2016. 沁水盆地中—南部煤系及其上覆地层游离天然气成藏的地质控制[J]. 地学前缘，（3）：24～35.

秦勇，申建，沈玉林. 2016. 叠置含气系统共采兼容性——煤系“三气”及深部煤层气开采中的共性地质问题[J]. 煤炭学报，41（1）：14～23.

沈玉林，秦勇，郭英海，等. 2012. “多层叠置独立含煤层气系统”形成的沉积控制因素[J]. 地球科学（中国地质大学学报），（3）：573～579.

Law B E. 2002. Introduction to unconventional petroleum systems [J]. AAPG Bulletin, 86(11): 1851～1852.

Lei B, Qin Y, Gao D, et al. 2012. Vertical diversity of coalbed methane content andits geological controls in the Qingshan syncline, western Guizhou Province, China[J]. Energy Exploration & Exploitation, 30(1). 43～58.

深部煤储层游离态 CO_2 存储容量的地质模型

徐宏杰[1]　桑树勋[2]　欧阳雄[2]　刘会虎[1]　孙家广[2]　杨景芬[1]　韩思杰[2]

（1．安徽理工大学地球与环境学院　安徽淮南　232001；
2．中国矿业大学资源与地球科学学院　江苏徐州　221008）

摘　要：深部煤储层 CO_2 地质埋存中存在的游离态 CO_2 存储容量目前研究较少。基于山西沁水盆地地质背景对游离态 CO_2 在煤储层中的存储容量进行了模拟。结果表明：煤储层游离态 CO_2 存储容量受有效孔隙度、含气饱和度、地层温度、地层压力及气体压缩因子等共同作用的影响。基于沁水盆地相关地质参数推导了游离态 CO_2 理论存储容量与有效存储容量计算公式，随有效孔隙度与含气饱和度增加，CO_2 存储容量以埋深 1400 m 为界，小于此值增加较快，大于此值增加缓慢。在有效孔隙度为 5%时，游离态 CO_2 理论存储容量可达近 10 m^3/t，是煤储层中值得重视的 CO_2 存储形态。

关键词：游离态 CO_2　存储容量　煤储层　地质埋存

Geological Model of Free Carbon Dioxide's Storage Capacity in Deep Coal Reservoir

Xu Hongjie[1]　Sang Shuxun[2]　Ouyang Xiong[2]　Liu Huihu[1]　Sun Jiaguang[2]
Yang Jingfen[1]　Han Sijie[2]

(1. School of Earth Science and Environmental Engineering, Anhui University of Science and Technology, Huainan 232001, China;
2. School of Resources and Geoscience, China University of Mining and Technology, Xuzhou 221008, China)

Abstract: There is few researches on the free carbon dioxide's storage in coal reservoirs currently. Based on the geological background of qinshui basin in Shanxi Province, the storage capacity of the CO_2 in the coal reservoir was simulated. The results show that the storage capacity of coal reservoir is affected by effective porosity, gas saturation, formation temperature,

基金项目：国家自然科学基金项目（项目编号：41330638，41402140）。

作者简介：徐宏杰，男，1981 年生，博士，副教授，主要从事煤田地质和非常规油气地质勘探开发方面的教学与研究工作，E-mail：xiaonzm@163.com。

formation pressure and gas compression factor. The formula for calculating the theoretical storage capacity and effective storage capacity of the free CO_2 is deduced according to the relevant geological parameters of Qinshui basin. The CO_2 storage capacity is bounded by a depth of 1400 m. The storage capacity increases slightly when the depth is less than 1400 m, but increases more slowly if the depth was more than this depth. When the effective porosity is 5%, the theoretical storage capacity of the free CO_2 can reach nearly 10 m^3 / t, indicating a considerable state of CO_2 storage in the coal reservoir.

Keywords: free carbon dioxide; storage capacity; coal reservoir; geological sequestration

目前人们普遍接受的观点是煤层气以吸附气、游离气和溶解气三种方式赋存于煤层的孔裂隙系统中。绝大多数的煤层气以吸附态存在于煤储层中，一般占煤层气总含气量的70%～95%（傅雪海等，2007）。但还有一部分气体以游离态和水溶态存在，理论上计算煤层气储量是应该分别计算相应的气体量（郑得文等，2008）。低阶煤因储层空间的特殊性致使游离气含量较大，并引起了较多学者的注意（贾秉义等，2015；林玉祥等，2015；伊向艺等，2014；屈绍忠等，2013；张新民等，2006），认为低阶为中游离气含量可达 50%以上（Bustin et al., 1999），因没有考虑游离气和溶解气，煤层气含量低估值能达 22%（Pratt et al.，1999）。页岩储层资源量计算通常利用总孔隙度计算游离气资源量（赵金洲等，2017；张作清等，2015；聂海宽等，2012；李延钧等，2011），而对于深部煤储层注 CO_2 地质存储容量仅限于吸附存储容量（White et al., 2005; 刘延锋等，2005; Bergen et al., 2003）。不同学者给出了煤层 CO_2 地质存储容量的计算公式（Zhao et al., 2016; Bachu et al., 2007; Forum, 2007; Hendriks et al., 2004），事实上，煤储层的 CO_2 地质埋存，至少要考虑吸附态、游离态和水溶态等三种存储形式。为此，本文以沁水盆地郑庄区块关地质测试参数为基本条件，计算了 CO_2 注入煤层气的游离态存储容量。

1 地质概况与计算参数选取

1.1 地质概况

郑庄区块位于晋城地区，属于沁水盆地南部煤层气田，主体部分处于山西省沁水县境内，以寺头断层为界。区块地层倾角平均 4°，褶皱的幅度相对较小，断层相对不发育，主要有寺头断层、后城腰断层以及与之伴生的断层，区内无岩浆活动。实验目的煤层为 3#煤层，厚度介于 5.0～6.0 m 之间，3#煤层埋深介于 500～1200 m。内 3#煤主要以半亮煤为主，显微组分主要是镜质组和惰质组，变质程度均为无烟煤阶段。

1.2 关键参数选取

（1）煤储层压力

利用试井方法测试研究区部分煤层气井储层压力介于 3.49～10.60 MPa 之间，平均约为 7.18 MPa。研究区内煤储层压力主要集中于 5～8 MPa 之间。相应地，其储层压力梯度介于 8.35～10.80 kPa/m，平均约为 9.61 kPa/m，其值低于静水压力梯度（9.78 kPa/m），故研究区大部分区域属于低压煤储层，部分区域为常压煤储层，少数区域为超压状态。区内煤储层压力与埋深呈现较好正相关关系，其拟合关系式为：

$$P = 0.012H - 0.4959 \tag{1}$$

式中：H 为煤层埋深，m；P 为该埋深下的储层压力，MPa；R^2=0.9385。

（2）煤储层温度

根据实际煤层气井资料统计，沁水盆地南部恒温带温度 9℃，恒温带深度 20m。地温梯度介于 2.95～4.42 ℃/100m，平均 3.53 ℃/100m。考虑研究区背景资料及设定的地质参数，煤层埋深与温度之间的关系为：

$$T = 3.53 \times \frac{H - 20.0}{100} + 9.0 = 0.0353H + 9.0706 \qquad (2)$$

式中：H 为煤层埋深，m；T 为该埋深下储层的温度，℃。

转换成国际标准后：

$$T = 0.0353H + 282.2206 \qquad (3)$$

式中：T 为储层温度，K。

（3）CO_2 气体压缩因子

在评价 CO_2 地质封存潜力时，CO_2 压缩因子都是不可或缺的参数。对于气体而言，压缩因子 Z 受温度 T 和压力 P 的共同影响，即 $Z=F（T, P）$。一般而言，温度 T 保持不变时，气体压缩因子 Z 首先随着压力的增大而逐渐减小至某一个最小值，然后随着压力的增加而缓慢上升；而在某一个特定压力 P 下，气体压缩因子 Z 随着温度 T 的上升而增加。

于洪观等在实验温度 40℃，采用三种通过状态方程（PR、RK、SRK）计算出的 CO_2 压缩因子值与查阅的文献值进行比较（于洪观等，2013），发现在不同温压条件下，SW 状态方程计算的 CO_2 压缩因子与文献值具有较高的契合度，大部分值保持一致。结合研究区的地质特征以及实验研究的温压条件，基于 SW 状态方程来计算了 1000～2000m 不同埋深下的部分 CO_2 压缩因子如表 1 所示。

表 1　不同温度条件下 CO_2 压缩因子

埋深/m	温度		压力/MPa	压缩因子 Z
	℃	K		
1000	44.37	317.52	9.70	0.34541
1100	47.90	321.05	10.72	0.34244
1200	51.43	324.58	11.74	0.35363
1300	54.96	328.11	12.76	0.36849
1400	58.49	331.64	13.78	0.38697
1500	62.02	335.17	14.80	0.40613
1600	65.55	338.70	15.82	0.42555
1700	69.08	342.23	16.84	0.44501
1800	72.61	345.76	17.86	0.46467
1900	76.14	349.29	18.88	0.48393
2000	79.67	352.82	19.90	0.50295

2　深部煤储层游离态 CO_2 存储容量计算

2.1　游离态 CO_2 理论存储容量

借鉴国内外基于理想气体状态方程和马略特定律，计算煤储层中游离气的方法，假设孔隙度用 φ 表示，在煤层埋深 H 时，煤层中 CO_2 游离态所占体积：

$$V_{\mathrm{free}}^{H}=\frac{M_{\mathrm{coal}}}{\rho_{\mathrm{coal}}}\cdot\varphi_{\mathrm{coal}}^{H} \tag{4}$$

根据 P-V-T 方程可得到煤层埋深为 H 时，煤层中 CO_2 的游离量：

$$\eta_{\mathrm{free}}^{H}=\frac{PV_{\mathrm{free}}^{H}}{ZRT}\times10^{-6} \tag{5}$$

则在标准状态下，煤层埋深为 H 时，单位质量的煤中的游离态 CO_2 量为：

$$\eta_{\mathrm{free}}=\frac{\varphi_{\mathrm{coal}}^{H}PT_0}{\rho_{\mathrm{coal}}ZP_0T} \tag{6}$$

式中：H 为煤层埋深，m；η_{free} 为埋深 H 对应标态下的 CO_2 游离量，cm^3/g；$\varphi_{\mathrm{free}}^{H}$ 为埋深 H 对应 CO_2 游离态所占有效孔隙度，%；ρ_{coal} 为煤体视密度，g/cm^3；P 为埋深 H 对应的储层压力，Pa；T 为埋深 H 对应的储层温度，K；P_0 为标准状态下的压力，取值 0.101325 MPa；T_0 为绝对温度，取值 273.15 K；Z 为埋深 H 所对应温压下的气体压缩因子，无量纲。

视煤体视密度为测定常数，由压汞实验测定为 1.34 g/cm^3，对应煤层埋深的温度、压力与 CO_2 气体压缩因子分别由式 1、3 与 4 得出，则式 6 为：

$$\eta_{\mathrm{free}}=\frac{\varphi_{\mathrm{coal}}^{H}(20.4884H-995.9792)}{Z(0.0353H+282.226)} \tag{7}$$

由此可见，煤储层中游离态 CO_2 存储量为有效含气孔隙度、CO_2 气体压缩因子与深度的函数。视 CO_2 理论存储容量为煤储层裂隙空间全部被水饱和下的游离态存储容量。假设煤储层裂隙空间全部被水饱和，游离态 CO_2 占据有效孔隙体积，即煤基质的总孔隙体积去除被吸附气占据的体积。图 1 显示了通过该方法计算的，在有效孔隙度分别为 3%、5%与 7%时的 CO_2 游离态存储容量。表明当煤储层有效孔隙度分别为 5%与 7%时的游离态 CO_2 存储量分别为有效孔隙度为 3%时的近 1.7 倍和 2.3 倍。理论存储容量随埋深与温度、压力增大而增大；但在埋深 1 400 m 以浅存储容量增加较快，1400 m 以深存储容量增加较慢。

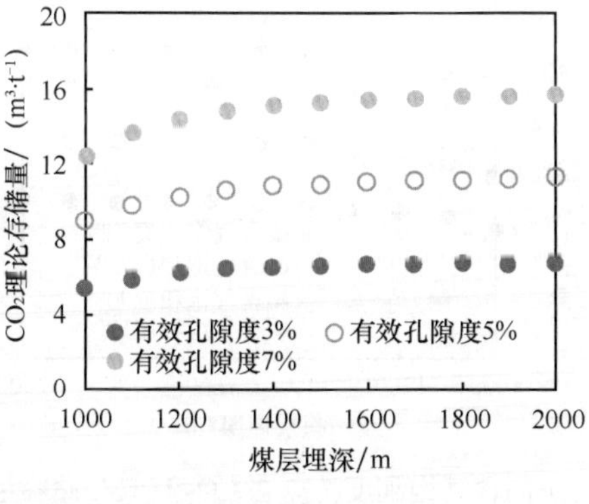

图 1　不同有效孔隙度游离态 CO_2 理论存储容量对比

2.2　游离态 CO_2 有效存储容量

实际地质条件下，煤层中的孔裂隙并不是 100%饱和气，即存在含气饱和度问题。同时，由于在实际生产生，并不是所有的 CH_4 都被驱替而被 CO_2 置换，随驱替时间增加，驱替效率降低，剩余一部分 CH_4 将很难被驱替。因此，CO_2 理论存储容量要围换成有效存储容量。视在一定 CO_2 饱和度下，CO_2 驱替 CH_4 转换率为 90%条件下的游离态 CO_2 存储容量为游离态有效存储容量，则可根据斯氏模型对游离态 CO_2 有效存储容量开展计算，其公式为：

$$\eta_{\text{free}} = \frac{\varphi S_g}{\rho_{\text{coal}} B_g} \tag{8}$$

式中：η_{free} 为 CO_2 游离量，cm^3/g；ρ_{coal} 为煤体视密度，g/cm^3；φ 为实测孔隙度，%；S_g 为含气饱和度，%；B_g 为体积系数，为气体在地层条件下体积与在标准状态下体积之比，m^3/m^3。

其中：

$$B_g = \frac{P_0 T Z}{P T_0 Z_0} \tag{9}$$

式中：P_0 为标准状态下的压力，取值 0.101 325 MPa；T_0 为绝对温度，取值 273.15 K；Z_0 为标准状态下气体压缩因子，无量纲。

则：

$$\eta_{\text{free}} = \frac{\varphi S_g P T_0}{\rho_{\text{coal}} Z P_0 T} \tag{10}$$

煤密度与压缩因子均为常量，则 CO_2 游离态存储量为含气饱和度与温度、压力的函数，代入温度、压力与埋深的关系可得：

$$\eta_{\text{free}} = \frac{\varphi S_g (20.4884H + 995.8782)}{Z(0.0353H + 292.226)} \tag{11}$$

则有效存储容量为含气饱和度、孔隙度、煤层埋深与气体压缩因子的函数。图 2 显示了在孔隙度为 4.3%时，不同含气饱和度时的游离态 CO_2 有效存储容量。可见游离态 CO_2 有效存储容量随埋深的表现形式与游离态 CO_2 理论存储容量一致。

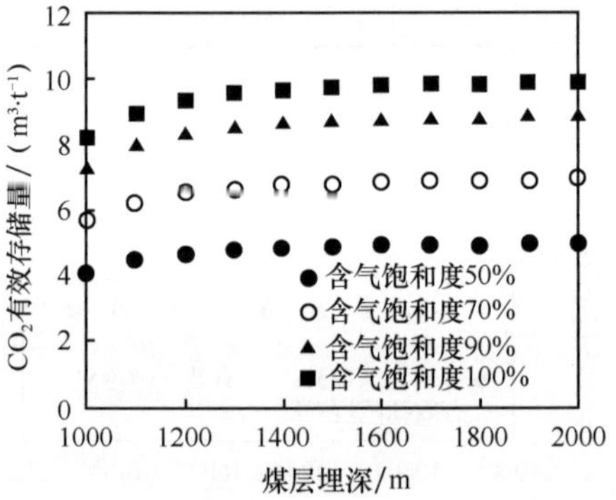

图 2　不同含气饱和度游离态 CO_2 有效存储容量对比

3 结 论

1）煤储层游离态 CO_2 存储容量受有效孔隙度、含气饱和度、地层温度、地层压力及气体压缩因子等共同作用的影响。

2）基于沁水盆地相关地质参数推导了游离态 CO_2 理论存储容量与有效存储容量计算公式，随有效孔隙度与含气饱和度增加，CO_2 存储容量以埋深 1400 m 为界，小于此值增加较快，大于此值增加缓慢。

3）有效孔隙度为 5%时，游离态 CO_2 理论存储容量可达近 10 m^3/t，在以煤层为地质体开展 CO_2 存储能力评价时应当予以重视。

参考文献

傅雪海，彭金宁. 2007. 铁法长焰煤储层煤层气三级渗流数值模拟[J]. 煤炭学报，32（5）：494～498.

贾秉义，晋香兰，李建武，等. 2015. 低煤级煤储层游离气含量计算——以准噶尔盆地东南缘为例[J]. 煤田地质与勘探，43（2）：33～36.

李延钧，刘欢，刘家霞，等. 2011. 页岩气地质选区及资源潜力评价方法[J]. 西南石油大学学报（自然科学版），33（2）：28～34.

林玉祥，栾伟娜，韩继雷，等. 2015. 沁水盆地砂岩游离气成藏主控因素分析[J]. 天然气地球科学，26（10）：1873～1882.

刘延锋，李小春，白冰. 2005. 中国 CO_2 煤层储存容量初步评价[J]. 岩石力学与工程学报，24（16）：2947～2952.

聂海宽，张金川. 2012. 页岩气聚集条件及含气量计算——以四川盆地及其周缘下古生界为例[J]. 地质学报，86（2）：349～361.

屈绍忠，林建东. 2013. 浅谈煤层气与游离气共同开发新思路[J]. 中国煤炭地质，25（2）：64～70.

伊向艺，邱小龙，卢渊，等. 2014. 煤中游离甲烷气含量的模拟试验[J]. 煤田地质与勘探，（1）：28～30.

于洪观，姜仁霞，王盼盼，等. 2013. 基于不同状态方程压缩因子的煤吸附 CO_2 等温线的比较[J]. 煤炭学报，38（8）：1411～1417.

张新民，韩保山，李建武. 2006. 褐煤煤层气储集特征及气含量确定方法[J]. 煤田地质与勘探，34（3）：28～31.

张作清，孙建孟，龚劲松，等. 2015. 页岩气储层含气量计算模型研究[J]. 岩性油气藏，27（6）：5～14.

赵金洲，沈骋，任岚，等. 2017. 页岩储层不同赋存状态气体含气量定量预测——以四川盆地焦石坝页岩气田为例[J]. 天然气工业，37（4）：27～33.

郑得文，张君峰，孙广伯，等. 2008. 煤层气资源储量评估基础参数研究[J]. 中国石油勘探，13（3）：1～4.

Bachu S, Bonijoly D, Bradshaw J, et al. 2007. CO_2 storage capacity estimation: Methodology and gaps[J]. International Journal of Greenhouse Gas Control, 1(4): 430～443.

Bergen F V, Pagnier H J M, Meer L G H V D, et al. 2003. Development of a Field Experiment of CO_2 Storage in Coal Seams in the Upper Silesian Basin of Poland (Recopol) [C]// Greenhouse Gas Control Technologies - 6th International Conference, 569～574.

Bustin R M., Clarkson C R. 1999. Free gas storage in matrix porosity: A potentially significant coalbed resource in low rank coals[J]. International Coalbed Methane Symposium, 197～214.

Forum C S L. 2007. Estimation of CO_2 Storage Capacity in Geological Media: Phase II Report[R]. CSLF, 20～26.

Hendriks C, Graus W, Bergen F V. 2004. Global carbon dioxide storage potential and costs[R]. ECOFYS, 20～23.

Pratt T, Mavor M, Debruyn R. 1999. Coal Gas Resource and Production Potential of Subbituminous Coal in the Powder River Basin[J]. Coal Seam Gas, 195～204.

White C M, Smith D H, Jones K L, et al. 2005. Sequestration of carbon dioxide in coal with enhanced coalbed methane recovery - A review[J]. Energy & Fuels, 19(3): 659～724.

Zhao X, Liao X, He L. 2016. The evaluation methods for CO_2 storage in coal beds, in China[J]. Journal of the Energy Institute, 89(3): 389～399.

大方地区羊场区块煤层气地质特征及储量估算

徐 韵[1,2] 吴 圣[1,2] 沈家宁[1,2] 方晓刚[1,2]

（1. 贵州省天然气能源投资股份有限公司 贵州贵阳 550081；
2. 贵州省非常规天然气勘探开发利用工程研究中心 贵州贵阳 550081）

摘 要： 基于大方地区羊场区块煤层气勘探的地质成果，对研究区构造背景、煤层气展布特征、煤阶、煤储层特征方面进行了分析，结合含气性、渗透性及等温吸附特征等，对该区煤层气储量进行了估算。结果表明，区内煤层含气量较高，平均为 15m^3/t，煤体结构较好，储层压力高，煤层气储量为 31.5 亿 m^3，1.58 亿 m^3/km^2，适合进行煤层气开发。并优选出区块的中部为煤层气有利开发区。

关键词： 煤层气 地质特征 储量估算 含气面积 羊场区块

CBM Geological Features and Reserve Estimation in Yangchang Block, Dafang Area

Xu Yun[1,2] Wu Sheng[1,2] Shen Jianing[1,2] Fang Xiaogang[1,2]

(1. Guizhou Natural Gas Energy Investment Co.Ltd, Guiyang, Guizhou, 550081 China;
2. Guizhou Unconventional Gas R&D Center, Guiyang, Guizhou, 550081 China)

Abstract: Based on coal geological and CBM well acquired geological results in Yangchang block, Dafang area, tectonic setting, coal seam extending characteristics, coal rank and coal reservoir property were analyzed. Combined with gas-bearing, permeability and the characteristics of adsorption, the CBM resources and reserves was estimated. The results has shown that the coal seam have high methane content in the area with average 15 m^3/t, coal mass structure relatively integrated, high reservoir pressure, total resource 3.15 billion m^3, resource abundance is 158 million m^3/km^2, on the whole is propitious to CBM exploitation. Middle area

---

作者简介：徐韵，女，1989 年生，湖北荆州人，硕士，中级工程师，主要从事煤层气地质研究。E-mail：xuyun@swgas.com.cn。

was selected as favorable areas to exploit CBM.

Keywords: CBM; geological features; reserve estimation; gas bearing area; Yangchang block

羊场区块位于贵州省毕节市大方县羊场镇，区块含煤面积 194km^2，区块煤田钻孔较多，但前人还未对该区进行过煤层气勘探工作，本文主要根据 1 口煤层气参数井及煤田钻孔，对区块煤层气地质特征进行分析及储量估算。

1 煤层气地质特征

1.1 构造特征

在构造位置上，该区块位于上扬子陆块黔北隆起遵义断拱大方背斜东翼、黄泥塘向斜西翼东段，区域内背斜、向斜轴向整体呈北东方向延伸（徐彬彬等，2003；秦勇等，2012；窦新钊，2012）。区块整体呈一宽缓单斜构造，地层走向呈北东—南西向，倾向南东，倾角一般 10° 左右，区块东部发育羊场坝逆断层，走向北东—南西，倾向 100° ～150°，倾角 45° ～70°，断距 40～250m。

1.2 地层及含煤层特征

根据钻井岩性特征，区块自下而上发育中二叠统茅口组（P_2m）、上二叠统龙潭组（P_3l）、长兴组（P_3c）、下三叠统茅草铺组（T_1m）、中三叠统关岭组（T_2g）。

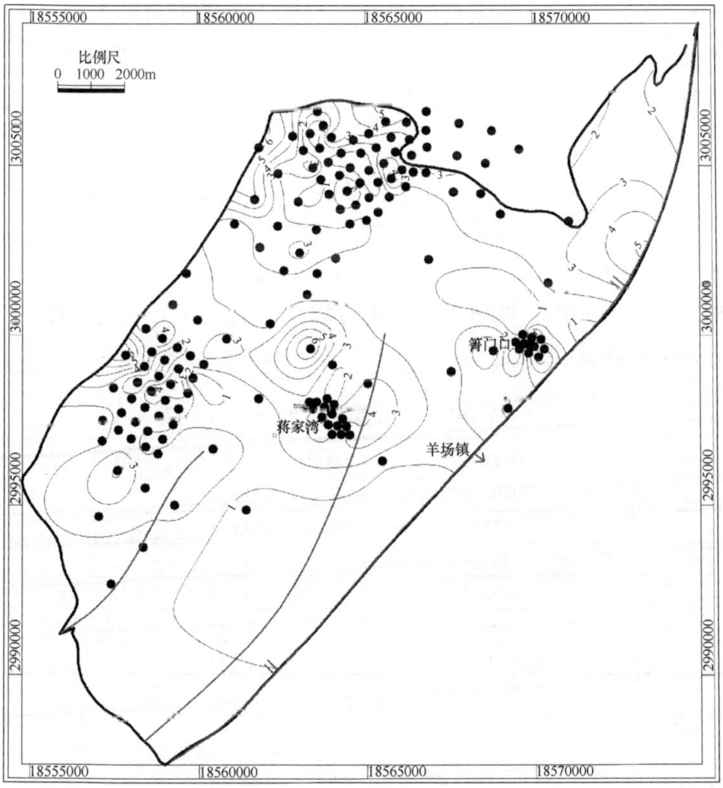

图 1 羊场区块 6 中煤层厚度（m）等值线图

区块内龙潭组为主要含煤地层，地层厚度约 150～190m，平均 174m，发育煤层 31～33 层，含煤层总厚平均 22.77m，含煤层地层埋深小于 1500m，一般小于 1000m，含可采及局部可采煤层 7 层，编号为 $6_{中}$、$6_{下}$、$7^{\#}$、$10^{\#}$、$14^{\#}$、$26^{\#}$、$33^{\#}$及 $34^{\#}$，其中，全区可采煤层有 $6_{中}$煤层，局部可采煤层有 $6_{下}$、$10^{\#}$、$14^{\#}$及 $26^{\#}$煤层（表 1）。

表 1　羊场区块煤层发育特征表

煤层编号	间距/m	全层厚度/m	可采情况	结构复杂程度	稳定程度
P_3c					
	$\frac{17.98\sim23.2}{20.69}$				
$6_{中}$		$\frac{0.89\sim7.06}{2.9}$	全区可采	简单	较稳定
	$\frac{1.8\sim5.76}{4.08}$				
$6_{下}$		$\frac{0\sim4.07}{1.24}$	局部可采	简单	较稳定
	$\frac{6.6\sim15.32}{10.34}$				
7		$\frac{0.32\sim1.41}{0.88}$	零星可采	简单	较稳定
	$\frac{9.2\sim19.16}{14.47}$				
10		$\frac{0.35\sim2.08}{1.01}$	局部可采	简单	较稳定
	$\frac{8\sim27.51}{15.03}$				
14		$\frac{0.75\sim1.96}{1.15}$	局部可采	简单	较稳定
	$\frac{29\sim60.6}{45.92}$				
26		$\frac{0.4\sim1.7}{1.1}$	局部可采	简单	较稳定
	$\frac{20.95\sim34.06}{27.24}$				
33		$\frac{0.5\sim2.49}{1.28}$	大部可采	中等	较稳定
	$\frac{2.1\sim13.12}{6.64}$				
34		$\frac{0.5\sim2.99}{0.97}$	局部可采	中等	较稳定

从全区分布的主力煤层 $6_{中}$厚度平面图上看出（图 1），羊场区块煤层厚度呈现规律性分布，具有中间厚、两端薄的特点，最厚的地方分布在区块的北段，厚度达 7.06m。

1.3　煤质

通过钻井及分析化验显示，煤层以半暗煤-半亮煤为主，大多数为块状，少量粉状。显微组分以镜质组为主，含量分布在 69.65%～77.79%，表明生气潜力较大（苏现波等，2009），镜质组反射率分布在 2.94%～3.42%，以无烟煤为主。主力煤层 $6_{中}$煤的灰分产率为 13.75%～20.77%，平均 16.9%，属于低-中灰分煤；挥发分分布在 6.64%～7.74%，平均为 7.1%，属于低挥发分煤（表 2）。

表 2　羊场区块 $6_{中}$煤层工业分析分布表

井名	水分/%	灰分/%	挥发分/%
802	0.96	19.99	7.74
803	1.35	13.75	7.44
J001	2.2	13.93	6.41
J004	0.53	15.16	7.95
D2	1.94	17.89	6.44
D201	2.16	20.77	6.95

2　储层特征

2.1　主力煤层含气量

根据岩心含气性分析测试，区块 $6_{中}$煤层含气量均在 $8m^3/t$ 以上，最大为 $22.52m^3/t$，最小为 0.03m³/t，平均 15m³/t，整体上看（图 2），含气量呈现中部较高、南北较低的特征，含气量最低处分布在区块的左端，即埋深较浅的地方，说明含气量在一定程度上，有随埋深增加而增加的趋势。

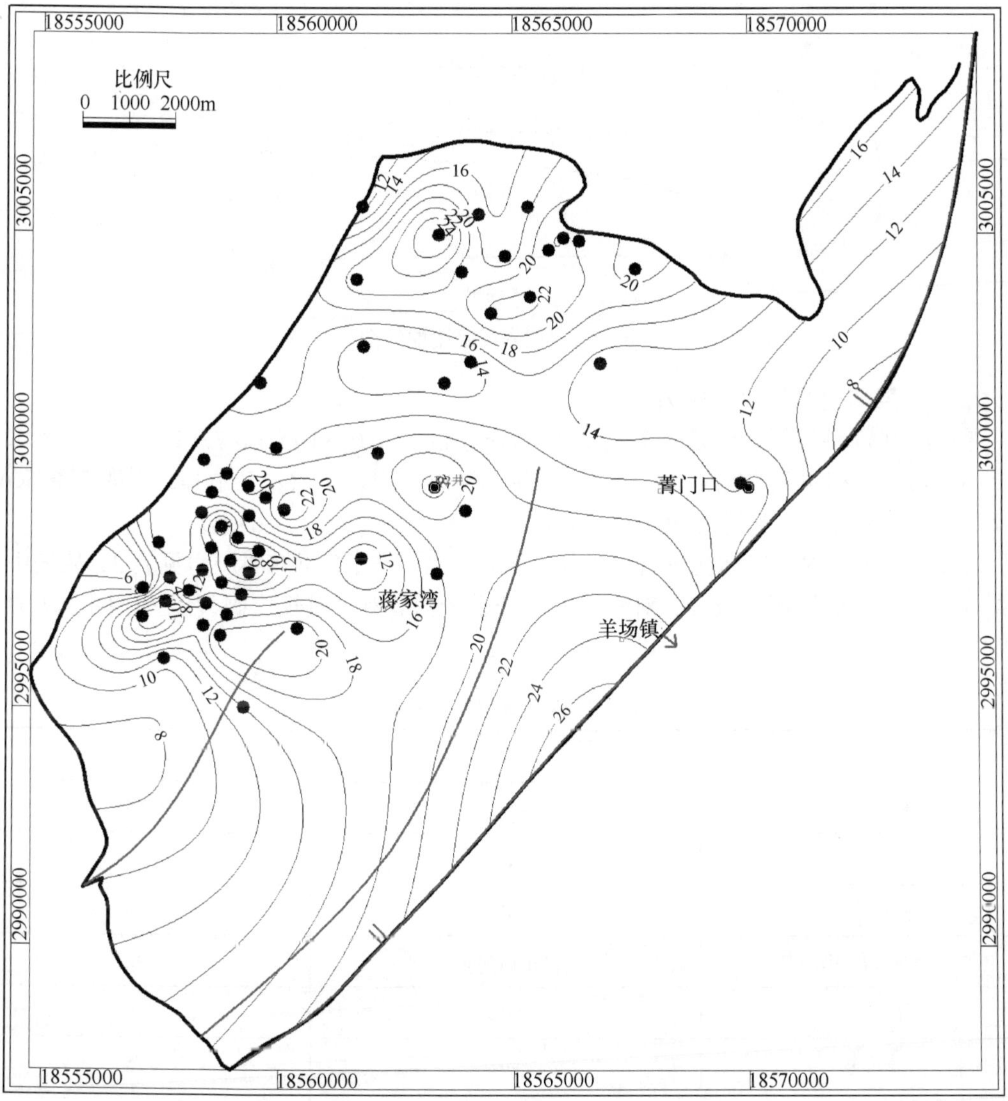

图 2　区块 6 中含气量（m³/t）平面分布图

2.2　煤层气吸附特征

研究表明，煤层吸附过程与解析过程是可逆的（苏现波等，2009），即煤层吸附特征可反映解吸特征，煤层吸附可反映煤层含气量、含气饱和度、临界解吸压力及采收率等。本区通过煤层气井实验表明（图 3），羊场区块主力煤层 6 中煤层空气干燥基 Langmuir 体积为 22.641g/cm³，Langmuir 压力为 0.947MPa，含气饱和度 94%。表明本区吸附能力较强，兰氏压力中等，预计临界解吸压力为 4.16MPa，通过 D2 井排采获得实际临界解吸压力为 4.37MPa，解吸压力较高。

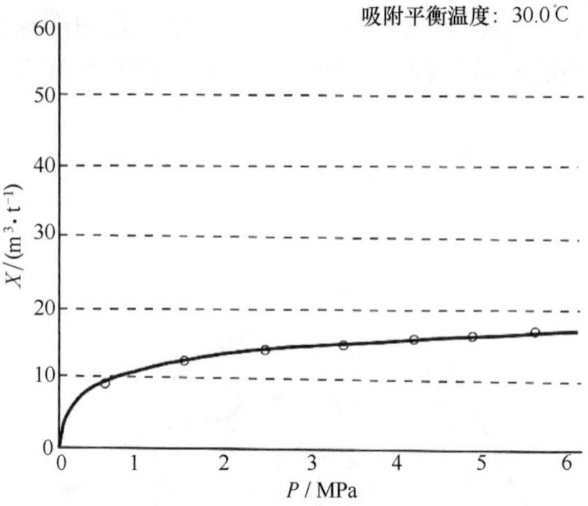

图 3　6 中煤层等温吸附曲线图

2.3　煤层渗透性与储层压力

通过测井资料显示，渗透率较低，大部分分布在 0.01×10^{-3}～$0.77\times10^{-3}\mu m^{-3}$，平均为 $0.33\times10^{-3}\mu m^{-3}$。区内煤体结构多为块煤，少量碎裂煤，割理裂隙发育中等，割理 5 条/5cm，为煤层气的运移提供了通道（唐书恒，2001）。

通过对勘查区内煤田钻孔进行原地压力测试，获得 6 中煤层储层压力见表 3，从表中可以看出，6 中煤层储层压力较高，对煤层气的开采较为有利，且煤层破裂压力、闭合压力均较高。

表 3　6 中煤层储层压力参数表

参数	单位	6 中煤层
测试点深度	m	910.66
煤层中部深度	m	934.93
测试点压力	MPa	12.06
储层压力梯度	MPa/100m	1.32
储层压力	MPa	12.34
渗透率	mD	0.75
表皮系数		−3.53
调查半径	m	11
储层温度	℃	37.6
破裂压力梯度	MPa/100m	1.6
破裂压力	MPa	14.92
地应力梯度	MPa/100m	1.44
闭合压力	MPa	13.42

3 储量估算

3.1 体积参数确定

通过本区 D2 井煤层气开发特征显示，该区块煤层气开发层系以 6 $_{中}$、6 $_{下}$、7$^{\#}$及 10$^{\#}$为主，煤层变化较小，分布较稳定，主要分布在龙潭组上段（上煤组）。区块以各单层大于 0.8m 统计，空气干燥基含气量确定为平均值 15m^3/t，以埋深分布在 400～1000m、上煤组厚度大于 6m 对区块进行含气面积划分（图 4）（赵庆波等，1999），含气面积为 20km^2，其中，上煤组平均厚度为 7m。煤岩视密度为 1.5m^3/t。

根据 D2 井 6 $_{下}$煤层等温吸附曲线（陈春琳等，2005），其煤层空气干燥基 Langmuir 体积为 22.641g/cm^3，Langmuir 压力为 0.947MPa，当废弃压力 P=0.7MPa 时，含气量为：9.02 m^3/t，计算其采收率为 52.5%。

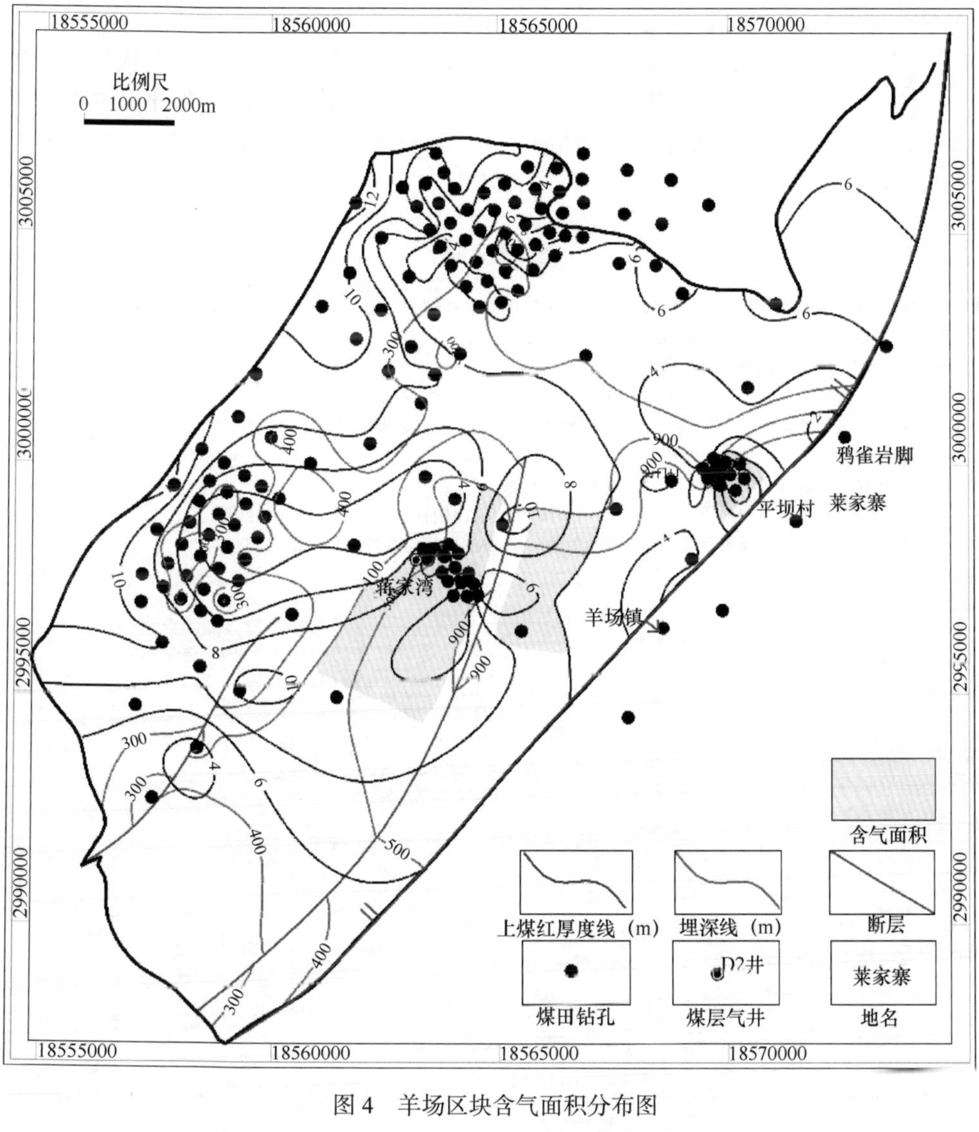

图 4 羊场区块含气面积分布图

3.2 煤层气储量评价

本区采用体积法估算区内有利区煤层气控制储量（贺天才等，2007；倪小明等，2010），经过上述综合评价羊场区块含气面积为 $20km^2$，煤层气地质储量为 $31.5\times10^4m^3$，煤层气平均资源丰度为 $1.58\times10^4m^3/km^2$，可采储量为 $16.54\times10^4m^3$。

综上所述，羊场区块煤层气控制储量为 $31.5\times10^4m^3$，储量丰度为 $1.58\times10^4m^3/km^2$，D2 井单井产气量大于 $1000m^3$，埋深大部分分布在 400～1000m 之间，具有中型储量、中等储量丰度、产量中等、埋深适中的特征。

4 结 论

1）研究区整体构造地质条件简单，整体为向东南方向倾的单斜，中部煤层厚度较大，变质程度较高，主要为无烟煤，属于中灰分-低挥发分煤，镜质组含量高，为煤层气的生气奠定了基础。区内煤层气含气量较高，现有勘探煤层气平均为 $15m^3/t$，煤层渗透较低，但由于裂隙及割理发育，为煤层气运移创造了条件。

2）综合地质因素分析，优选出区块中部为有利含气面积，可作为有利煤层气开发区。煤层气储量计算结果表明，煤层气地质储量为 $31.5\times10^4m^3$，煤层气平均资源丰度为 $1.58\times10^4m^3/km^2$，可采储量为 $16.54\times10^4m^3$。具有中型储量、中等储量丰度、产量中等、埋深适中的特征。

参考文献

陈春琳，林大杨．2005．等温吸附曲线方法在煤层气可采资源量估算中的应用[J]．中国矿业大学学报，34（5）：679～672．
窦新钊．2012．黔西地区构造演化及其对煤层气成藏的控制[D]．徐州：中国矿业大学出版社．
贺天才，秦勇．2007．煤层气勘探与开发利用技术[M]．徐州：中国矿业大学出版社．
倪小明，苏现波，张小东．2010．煤层气开发地质学[M]．北京：化学工业出版社．
秦勇，高第．2012．贵州省煤层气资源潜力预测与评价[M]．徐州：中国矿业大学出版社．
苏现波，林晓英．2009．煤层气地质学[M]．北京：煤炭工业出版社．
唐书恒．2001．煤储层渗透性影响因素探讨[J]．中国煤田地质，1（2）：28～30，86．
徐彬彬，何明德．2003．贵州煤田地质[M]．徐州：中国矿业大学出版社．
赵庆波，张公明．1999．煤层气评价重要参数及选区原则[J]．石油勘探与开发，26（2）：23～26．

川南煤田煤层气有利区预测与应用

赵文峰[1,3]　尹中山[2]　肖建新[2]　李跃成[1,3]　黄　继[2]　熊建龙[1,4]　龙　潇[1]

（1．四川省煤田地质工程勘察设计研究院　四川成都　610072；

2．四川省煤田地质局　四川成都　610072；

3．成都理工大学地球科学学院　四川成都　610059；

4．四川省煤矿瓦斯（煤层气）工程研究中心　四川成都　610072）

摘　要： 根据川南煤田煤层气赋存特征，结合现行规程规范，选择了符合本区地质特征的有利区评价参数。针对本区煤层多、厚度薄、间距小、单层评价潜力有限，提出了"首要参数一票否决+多层次模糊评价体系+多层空间叠加"作为有利区评价方法。通过实例应用，分煤层对大村区块有利区进行了预测和综合评价排序，多层空间叠加优选出的Ⅰ类有利区可作为近期勘探开发的目标区，Ⅱ、Ⅲ类有利区可作为中远期煤层气勘探开发的对象。选区结果与取得的勘探试验成果吻合度较高，评价方法应用及其验证效果较好，可以推广应用到川南煤田其他矿区。

关键词： 煤层气　有利区　评价　川南煤田

Prediction and Application of CBM Favorable Area in South of Sichuan Coalfield

Zhao Wenfeng[1,3]　Yin Zhongshan[2]　Xiao Jianxin[2]　Li Yuecheng[1,3]　Huang Ji[2]
Xiong Jianlong[1,4]　Long Xiao[1]

(1. Sichuan Institute of Coal Field Geological Engineering Exploration and Designing, Chengdu 610072, China;

2. Sichuan Bureau of Coal Geological, Chengdu 610072, China;

3. College of Earth Sciences,Chengdu University of Technology, Chengdu 610059, China;

4. The Engineering Research Center of Sichuan for Coal Mine Methane(CBM), Chengdu 610072, China)

Abstract: According to the occurrence characteristics of CBM in the south of Sichuan

作者简介：赵文峰，男，1986 年生，四川开江人，工程师，在职研究生，主要从事煤层气（瓦斯）地质勘查评价与应用方面的研究。电话：13880294939，E-mail：zwf1_11@163.com。

coalfield and the current relevant regulations and standards, the favorable area evaluation parameters are selected. Aiming at the fact that there are many seams, thin thickness,small spacing and single layer evaluation potential in this area, the "primary parameter one-vote-down + multi-level fuzzy evaluation system + multi-layer space superposition" method is proposed as a favorable area evaluation method. Through practical application, the prediction and comprehensive evaluation of the favorable area of Dacun block are made by the divided coal seam. Class Ⅰ favorable area selected by multi-layer space superposition can be regarded as the target area for the recent exploration and development, Class Ⅱ and Ⅲ favorable areas can be used as the targets for the exploration and exploitation of CBM in middle and long term. The results show good agreement with the experimental results obtained, and the application of the evaluation method and its verification results are good, and it can be extended to others mining area in the South Sichuan coalfield.

Keywords: CBM; favorable area; evaluation; south of Sichuan coalfield

川南煤田位于四川省泸州、宜宾两市境内，主要包括芙蓉、筠连和古叙三个矿区，为四川省煤炭、煤层气最为富集的地区。据 2011 年《四川省瓦斯地质图》研究成果，川南煤田埋深 2000m 以浅二叠系煤层气资源量合计为 $4451\times10^8m^3$，储量丰度 $1\times10^8m^3/km^2$ 以上。其中，芙蓉矿区为 $1210\times10^8m^3$，筠连矿区为 $1316\times10^8m^3$，古叙矿区为 $1925\times10^8m^3$。

目前在煤层气选区中应用的方法有多层次模糊数学法、层次分析法、灰色理论法和蒙特卡罗法等。煤层气勘探开发选区评价是一个由多因素影响且具有非确定性的模糊综合评价问题，而多层次模糊数学的方法对于这种难于直接定量的问题具有较大的优势，并在沁水盆地、鄂尔多斯盆地东缘、阜新、新疆等地煤层气勘探开发的突破中得到了广泛的应用，取得了良好的效果（王勃，2013；李贵红，2015；贾巍，2009；尹淮新等，2009）。邵龙义等（2015）根据我国煤层气成藏的资源条件、生储条件、保存条件以及开发基础条件 4 个方面，通过多层次模糊数学的方法，建立了中国煤层气战略接替区评价指标体系，优选出川南煤田是近期可以进行煤层气勘探和试验开发的目标区。近年来，区内大村区块率先取得煤层气地面抽采突破（尹中山等，2012），沐爱区块已建成 2 亿方煤层气产能，芙蓉、震东、河坝、大寨、石宝亦部署了少量煤层气参数井进行参数测试。如今，川南煤田煤层气勘探开发方兴未艾。虽已有选区成果为煤层气勘探开发指明了大的方向，但由于参数有限且代表性不强，其指导意义差强人意。通过勘探试验发现，矿区或井间煤储层的地质条件及物性参数并不完全相同，单井产量差异较大，开发甜点不甚明朗。以往的区域评价无法精确指导煤层气勘探开发工程部署，寻找甜点区成为煤层气勘探开发的重中之重。为了积极推动四川省煤层气产业发展，加速川南煤田勘探开发进程，根据行业规范，结合研究区地质特征，选取符合本区煤层气地质特征的评价指标参数，建立本区地质选区评价体系，对于高效、有序开发具有非常重要的意义。

1 地质特征与评价指标选择

1.1 地质特征

综合分析以往煤炭、煤层气勘探资料，本区煤层气地质有如下主要特征：

（1）煤层层数多、厚度薄，累计厚度大

芙蓉矿区发育 C_5、B_2、B_3 及 B_4 四套主力煤层，可采煤层总厚度 1.75～6.18m，可采系数 1.19%～4.79%；筠连矿区发育 C_2、C_3、C_7 及 C_8 四套主力煤层，可采煤层总厚度 3.30～7.10m，可采系数 2.33%～5.21%；古叙矿区发育 C_{13}、C_{14}、C_{16}、C_{17}、C_{23}、C_{24} 及 C_{25} 七套主力煤层，可采煤层总厚度 7.44%～9.95%，可采系数 6.08%～7.12%。

（2）可采煤层含气量高，资源量大，但单层资源丰度低

研究区煤层变质程度高，煤类单一，为无烟煤三号，吸附量大，含气量高，从目前勘探成果与认识来看，筠连、芙蓉矿区煤层含气量 5～28m^3/t，平均含气量约为 14m^3/t，含气梯度及压力梯度相近，具备典型的多层统一含气系统特征；而古叙矿区煤层含气量 3～32m^3/t，平均含气量约为 16m^3/t，煤系底部 C_{25} 煤层距离茅口组平均 3m 左右，其含气量分布受茅口组水文地质条件影响极其不均衡，除了该煤层，其他煤层具备多层统一含气系统特征。

（3）构造条件较复杂

川南煤田处于叙永-筠连叠加褶皱带，为背、向斜叠加构造，构造应力集中带煤岩挤压变形强烈，其余地段煤体结构保存较完好。筠连、芙蓉矿区背向斜相对宽缓，构造变形强度小，但与国内外煤层气勘探开发成功地区相比较，地层倾角仍然偏大。

（4）保存条件较好

目的层龙潭组/宣威组上覆下三叠统飞仙关组砂、泥岩互层，厚度 390～530m，纵向上起到良好的封盖作用；煤系地层岩性以砂、泥岩为主，煤层顶板多为砂质泥岩和泥岩，泥质结构、胶结良好、裂隙不发育，煤层底板为灰黑色泥岩和黏土岩，胶结良好，裂隙不发育，地层本身封闭性能较好。除了古叙矿区 C_{25} 煤层距离含水层较近外，芙蓉、筠连矿区的煤层距离强含水层较远，在无大的断层导通的情况下，保存条件良好。

（5）发育多种煤体结构类型，渗透率普遍偏低

芙蓉、筠连矿区煤体结构类型以原生、碎裂结构煤层为主，古叙矿区煤体结构类型以碎裂、碎粒结构煤层为主。整个川南煤田煤层渗透率普遍偏低，集中于 0.001～0.1mD 之间，渗透率随着深度增加而呈指数降低。

（6）储层压力条件良好

在未受到其他地质因素影响的条件下，储层压力正常，具有良好的储层压力条件。

1.2 评价参数选择

在借鉴前人研究成果的基础上（邵龙义等，2015；冉茂云等，2007），根据本区煤层气富集主控关键因素，结合《煤层气地质选区评价方法》（NB/T10013—2014）附录 C 中高煤阶选区评价参数及分级，在遵循全面、独立、简单、实用、通用性 5 个原则的前提下，从区域地质、资源地质、技术可采性、经济可采性四个方面考虑，选择的主要评价参数如下：

1）区域地质：包括煤层埋深、构造和水文地质条件，为地质因素中重要的控气因素。根据煤田勘查钻井、测井、岩心编录和水文观测等资料确定。

2）资源地质：包括煤层厚度和含气量。一定厚度的煤层是煤层气生成与赋存的物质基础，本区单煤层薄，资源丰度低，针对单层的煤层气地面开采很难获得经济产量，多层

分压合采为提高单井产量的必然途径。煤层厚度根据煤田勘查钻井、测井确定；含气量根据现场与实验室解吸测试数据确定，含气量越高，煤层气地质条件越优越，为评价指标选择首要参数。

3）技术可采性：包括含气饱和度、临储比、渗透率、煤体结构和有效应力。含气饱和度越高，临储比越大，煤储层用于解吸的气体含量就越大，单井产量就越高。含气饱和度、临储比依据实测含气量与储层压力、等温吸附曲线求出；渗透率、有效应力根据注入/压降试井数据确定；煤体结构根据煤田勘查钻井取心岩性描述、煤心照片和测井曲线解释确定，它决定着渗透率和可改造性，为评价指标选择首要参数。

4）经济可采性：地理环境。川南地区地势陡而山体高差较大，交通条件整体较差，在选区时应考虑地理环境相对较好的地区。

与国内煤层气开发成功的地区相比，本区单一煤层厚度薄客观存在，而高含气量可以在一定程度上弥补这一缺陷，这与新疆低煤阶煤层厚度大含气低同样可以获得工业气流具有相似之处，针对本区而言，在煤层展布稳定区域寻找含气量较高、煤体结构完整的区域，对煤层气的勘探开发作用重大。

2　有利区评价方法

2.1　首要参数一票否决

煤层气开发有利区块优选的目的是确定含气富集区和高渗透区，据此确定的评价首要参数有：含气量和煤体结构，属于众多因素中的决定因素，具有一票否决的作用。根据目前开发成果及煤层气资源量起算标准，针对高阶无烟煤，含气量起算下限为 $8m^3/t$，单煤层综合评价之前首先对含气量 $<8m^3/t$ 和碎粒/糜棱煤结构区进行一票否决。

2.2　多层次模糊综合评价体系

对没有被一票否决的区域，再采用多层模糊综合评价体系进行评价。

2.2.1　评价模型建立

通过前述评价指标的选择分析，认为区域地质、资源地质、技术可采性、经济可采性构成有利区评价的一级控制指标，每个一级控制指标下细化多个二级控制指标，以此对评价系统划分层次，建立多层次结构模型（图 1）。

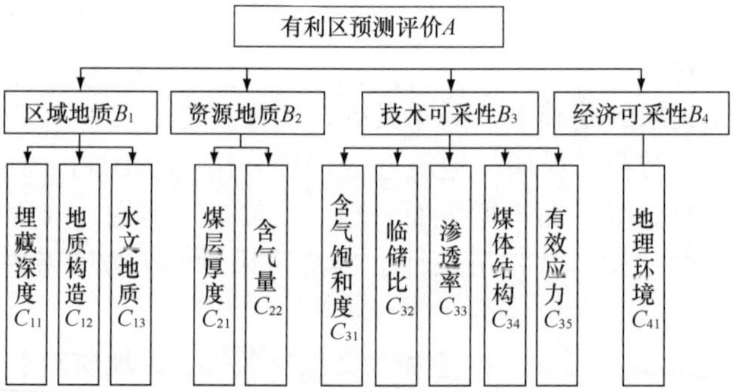

图 1　有利区评价模型

2.2.2　权重系数的确定

为了能定量确定各指标的权重，需要建立同层次指标间的判别矩阵。对于同层次指标的两两比较，重要性标度按照表 1 取值，用 X_{ij} 表示两指标重要性比值，其中 X_{ij} 与 X_{ji} 互为倒数。利用 Matlab 软件，计算出判别矩阵的最大特征根（λ_{max}）及其对应的特征向量（W），得到各指标的权重系数（表 2）。

为保证计算结果的可信度和相对准确性，必须对判别矩阵作一致性检验。采用 T. L. Saaty 提出的用一致性指标 CI 与同阶平均随机一致性指标 RI 的比值，即随机一致性比率 CR 来判别矩阵的一致性。其中：$CI=（\lambda_{max}-n）/n-1$，$CR=CI/RI$，n 为矩阵的阶数，RI 的值为 0.52（3 阶矩阵）、0.89（4 阶矩阵）和 1.12（5 阶矩阵）（邵龙义等，2008）。如果 $CR<10\%$，则认为判别矩阵具有可接受的不一致性，如果 $CR>10\%$，则需要重新赋值和修正计算，直至一致性通过为止。

按上述方法求得研究区综合评价各个参数权重（表 3）。

表 1　判断矩阵的标度及其含义

X_i:X_j 的重要性	极重要	很重要	稍微重要	两者相当	稍不重要	不重要	极不重要
X_{ij}	≥3	2～3	1～2	1	1/2～1	1/2～1/3	≤1/3

（据邵龙义等，2008）

表 2　各层次评价指标判断矩阵及特征向量

	评价指标及矩阵						特征向量	最大特征根	随机一致性比率
A～B	A	A_1	A_2	A_3	A_4		W_B	λ_{max}	CR
	A_1	1.00	0.74	0.38	4.00		0.19	4.006	0.20%
	A_2	1.35	1.00	0.50	5.00		0.26		
	A_3	2.65	2.00	1.00	10.00		0.50		
	A_4	0.25	0.20	0.10	1.00		0.05		
B_1～C_1	B_1	C_{11}	C_{12}	C_{13}			W_{C1}		
	C_{11}	1.00	0.71	0.71			0.05	2.996	0.38%
	C_{12}	1.40	1.00	1.00			0.07		
	C_{13}	1.40	1.00	1.00			0.07		
B_2～C_2	B_2	C_{21}	C_{22}				W_{C2}		
	C_{21}	1.00	0.91				0.12	2.000	0
	C_{22}	1.10	1.00				0.14		
B_3～C_3	B_3	C_{31}	C_{32}	C_{33}	C_{34}	C_{35}	W_{C3}		
	C_{31}	1.00	1.00	1.00	0.83	1.25	0.10	4.998	0.04%
	C_{32}	1.00	1.00	1.00	0.83	1.25	0.10		
	C_{33}	1.00	1.00	1.00	0.83	1.25	0.10		
	C_{34}	1.20	1.20	1.20	1.00	1.50	0.12		
	C_{35}	0.80	0.80	0.80	0.67	1.00	0.08		

表 3　各层次评价指标权重排序表

一级指标	权重	二级指标	权重
区域地质 B_1	0.19	煤层埋深 C_{11}	0.05
		构造 C_{12}	0.07
		水文条件 C_{13}	0.07
资源地质 B_2	0.26	煤层厚度 C_{21}	0.12
		含气量 C_{22}	0.14
技术可采性 B_3	0.50	含气饱和度 C_{31}	0.10
		临储比 C_{32}	0.10
		渗透率 C_{33}	0.10
		煤体结构 C_{34}	0.12
		有效地应力 C_{35}	0.08
经济可采性 B_4	0.05	地理环境 C_{41}	0.05

2.2.3　隶属度函数的确定

各项指标的相对重要性系数采用模糊数学方法进行处理，通过建立各项指标的隶属函数，确定各项指标的隶属度。由于不同的参数其单位不同，值域大小不同。为提高指标值的量化水平，采用中性指标处理函数（邵龙义等，2015）、分段线性函数、定义函数把原始指标值转换成（0～1）型数据。本次评价对能够定量的指标采用中性指标函数和分段线性函数的方法，如煤层埋深采用中性指标函数赋值，含气量、煤厚、渗透率、含气饱和度等采用分段线性函数进行赋值。

（1）中性指标函数

即中间指标值对于评价目标层的贡献最大，深度以 H 表示，埋藏深度的理想值取 500～800m。

$$C_{11}=\begin{cases}\dfrac{\max\{H_i\}-H}{\max\{H_i\}-800}, & H>800\\ 1, & 500\leqslant H\geqslant 800\\ \dfrac{H-\min\{H_i\}}{500-\min\{H_i\}}, & H<500\end{cases}$$

（2）分段线性函数

如含气量用 G 表示，建立如下隶属度：

$$C_{22}=\begin{cases}0, & G<8\\ (G-8)/7, & 8=G<15\\ 1, & 8=G<15\end{cases}$$

对难于定量而只能定性的指标采用定义函数，如构造、煤体结构等，进行定性评判和赋值（表 4）。

表 4　定性评判及赋值表

隶属度	0.75～1.0	0.50～0.75	0.25～0.50	0～0.25
分类级别	有利	较有利	中等	不利

2.2.4 有利区等级的确定

评价等级采用对指标定性、分段定级，将评价结果划分为 4 类。第一类为有利地区（Ⅰ类区），单井综合评价系数大于 0.75；第二类为较有利地区（Ⅱ类区），单井综合评价系数在 0.60～0.75 之间；第三类为中等地区（Ⅲ类区），单井综合评价系数在 0.50～0.60 之间；第四类为不利地区（Ⅳ类区），单井综合评价系数<0.50。

根据计算的单井综合评价系数，编绘综合评价系数等值线。根据所取得的综合评价系数值及分区范围，按其大小和分类，划分单煤层有利区类型及范围。

2.3 多层空间叠加

由于研究区煤层多，各煤层参数有差异，以各煤层为评价单元，应用前述方法，根据所取得的综合评价系数值及分区等级，按其大小和分类，则可得出单煤层勘探开发条件差异及类型。单煤层综合评价分区空间叠加则可以得到区块综合叠加分区图，可作为煤层气勘探开发部署及选层的依据。

3 实例应用与效果探讨

3.1 大村区块实例

大村区块/井田位于川南煤田古叙矿区东部，煤炭资源/储量大，勘探程度高，煤层气资源丰富，是川南煤炭、煤层气富集的主要地区之一。区内出露地层由老至新依次为志留系、二叠系、三叠系及侏罗系，其中上二叠统龙潭组（P_3l）赋存煤炭、硫铁矿、煤层气等矿产，乃区内的主要含矿地层。区块总体为一向北东倾伏，向南西扬起的不对称向斜。地表断层较发育，但对煤层影响很小。可采煤层 7 层，其中全区可采 2 层（C_{17}、C_{25}），大部可采 4 层（C_{13}、C_{14}、C_{23}、C_{24}），局部可采 1 层（C_{16}），可采煤层平均总厚 9.29m，可采含煤系数 7.12%，煤层多厚度薄。煤层变质程度高，为无烟煤三号，平均含气量 18m³/t 以上。

根据区块现有探井所取得的参数，运用前面所述的评价方法，可以得到各煤层有利区分布范围，叠合各煤层有利区分布范围可知，1000m 以浅，大村区块西翼：Ⅰ类区主要分在 DCMT-3 井区附近，可动用 C_{14}、C_{17}、C_{23}、C_{24} 和 C_{25} 煤层资源，Ⅱ类区主要分布在 16～28 号勘探线之间区域，可动用 C_{14}、C_{17}、C_{23} 和 C_{24} 煤层资源，Ⅲ类区主要分布在 6～34 号勘探之间区域，可动用 C_{14}、C_{17}、C_{23} 和 C_{24} 煤层资源，合计各类有利区面积 20km^2，煤层气资源量 60×10^8m³；大村区块东翼无Ⅰ类区，Ⅱ类区主要分布在 53～62 号勘探线之间区域，可动用 C_{14}、C_{17}、C_{23} 和 C_{24} 煤层资源，Ⅲ类区主要分布在 53～67 号勘探之间区域，可动用 C_{14}、C_{17}、C_{23} 和 C_{24} 煤层资源，合计各类有利区面积 10km^2，煤层气资源量 25×10^8m³（图 2）。

Ⅰ类有利区（甜点区）是近期可以进行煤层气勘探试验和开发的目标区，Ⅱ、Ⅲ类区可作为中远期煤层气勘探开发的优选目标对象。

3.2 评价效果探讨

经过野外工作验证发现，选区结果与实际地质条件及取得的勘探试验成果吻合度较高，说明该评价方法能够较好地指导实际区块优选工作。

原 2007 年完成的石屏-大村井田煤层气储层研究与评价工作（冉茂云等，2007），从含气丰度、封盖性能、开采价值和产气性能四个方面建立了选区评价模型，将大村区块按埋

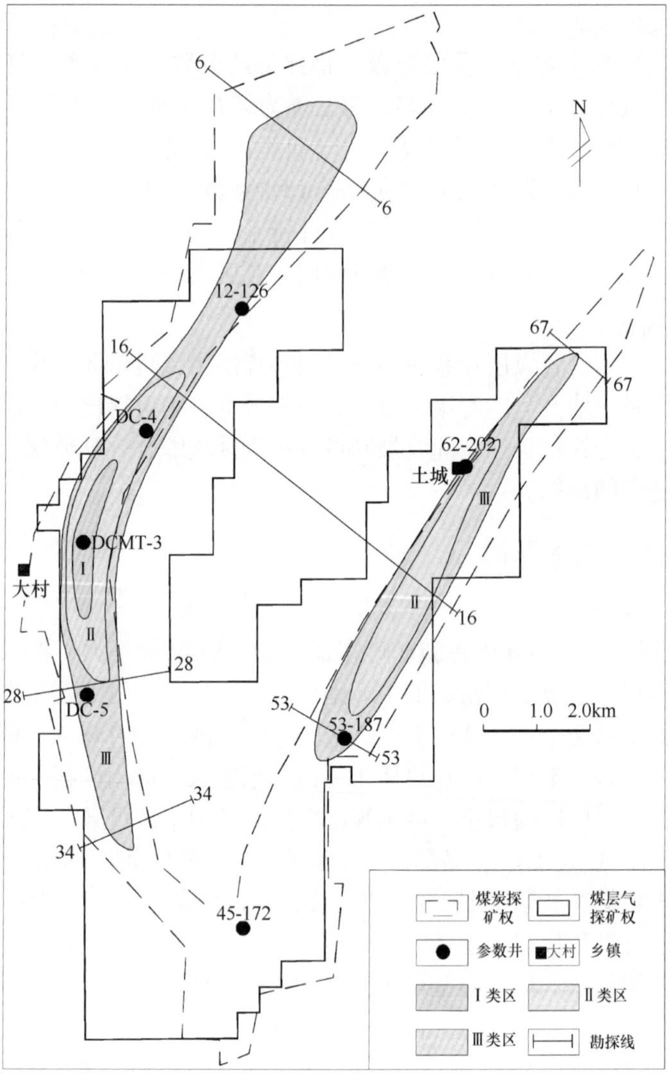

图2 有利区叠合示意图

藏深度划分为三个评价单元，评价单元内的评价指标参数采用平均值或预测值统一给定，综合评价得出埋深600～1000m为Ⅰ类区，埋深1000～1500m为Ⅱ类区，埋深160～600m为Ⅲ类区；本次评价结果Ⅰ类区在区块西翼与原评价结果大致重叠，但在区块东翼无Ⅰ类区。Ⅱ、Ⅲ类区评价结果差别较大。究其原因，一是本次评价层级更多，评价对象更小，评价参数更全，代表性更强。本次评价对象从单井→单煤层→区块，采用了大量单井钻井、录井、测井和化实验数据；二是评价方法差异。两次都采用了多层次模糊数学法，但本次在采用该方法之前运用了一票否决及之后的多层空间叠加。总体来看，本次评价结果更具有现实指导作用。

4 主要结论与探讨

1）根据川南煤田煤层气赋存特征，选择了11个指标作为有利区评价参数，提出了“首要参数一票否决+多层次模糊评价体系+多层空间叠加”作为有利区的评价方法。评价方法经过实例应用，可以方便地对多煤层进行系统、全面地评价和优选，现场验证效果较好。可以推广运用到川南煤田其他矿区。

2）川南筠连、芙蓉矿区背向斜相对宽缓，构造变形强度小，煤系为陆相/海陆过渡相沉积，煤层灰分高，煤体结构相对完整，割理、裂隙发育，煤层与围岩关系简单，可改造性强，单井试验产气量 200～5000m³/d。古叙矿区背向斜相对紧闭，构造变形强度稍强，煤系为海陆过渡相沉积，煤层灰分低，煤体结构相对破碎，煤层与围岩关系较复杂，可改造性稍弱，单井试验产气量 200～2000m³/d。相对于筠连、芙蓉矿区而言，古叙矿区煤层层数多，含煤系数高，煤层相对集中，含气量高，累加煤层气资源丰度高，可充分利用煤层组合优势实现煤层气井的高产和长期稳产；但是，古叙矿区煤体结构以碎裂、碎粒结构为主，在储层改造上较难以实现预期的裂缝长度，裂缝高度更加难以控制，当大规模压裂切穿煤层顶底板后，泥页岩、泥质粉砂岩等顶底板岩性对产气贡献有限。

3）鉴于南方地区煤层气开发突破及规模化试验的效果差异大，如何实现单井长期稳定的工业产量是极其现实的难题，再加上投资效益、生产成本关系，当务之急要寻找到Ⅰ、Ⅱ类有利区，为勘探开发部署提供依据。

4）在目前试验井少且为单直井的前提下，单井产量不甚理想，储层改造的规模，排采规律尚难以有效总结，当寻找到有利甜点后应开展小/大井组试采工程，通过形成整体面积降压和扩大解吸范围，以提高单井产量和采收率。在此基础之上，对煤层气规模化开发进行综合评价，深入研究总结煤层气开发的切实方案。

参考文献

王勃．2013．沁水盆地煤层气富集高产规律及有利区块预测评价[D]．徐州：中国矿业大学．

李贵红．2015．鄂尔多斯盆地东缘煤层气有利区块优选[J]．煤田地质与勘探，43（2）：28～32．

贾巍．2009．基于蒙特卡洛和多层次模糊数学算法的小草湖井田煤层气资源量评价[D]．乌鲁木齐：新疆大学．

尹淮新，谈红梅，坛俊颖，等．2009．新疆低煤阶煤层气勘探选区评价标准的探讨[J]．中国煤层气，6（6）：9～13．

邵龙义，侯海海，唐跃，等．2015．中国煤层气勘探开发战略接替区优选[J]．天然气工业，35（3）：4～6．

尹中山，肖建新，汪威．2012．四川古蔺 DCMT-3 井排采曲线特征及开发前景分析[J]．中国煤炭地质，13～16．

冉茂云，等．2007．川南煤田古叙矿区石屏一大村矿段煤层气储层研究与评价[R]．四川省煤田地质工程勘察设计研究院，78～100．

邵龙义，周俊，刘怀军，等．2008．煤层气勘探开发潜力的多层次模糊数学评价方法研究[C]．2008 年煤层气学术研讨会论文集．74～75．

神府区块煤储层孔隙特征及定量评价研究

朱学申　梁建设　柳迎红　王存武　吕玉民　郭广山　陈思路

（中海油研究总院 新能源研究中心　北京　100028）

摘　要：利用低温液氮吸附、X-CT 扫描和低场核磁共振方法，传统方法与新技术相结合，精细描述鄂尔多斯盆地东缘北段神府区块煤储层孔隙系统的发育特征，应用 AHP 模型实现了煤储层孔隙系统的定量评价。研究表明：①神府区块山西组 3#煤层、太原组 4+5#煤层和本溪组 8+9#煤层吸附曲线均为Ⅱ类反 S 形吸附曲线，存在微弱的滞后环，总孔体积与比表面积、平均孔直径呈正相关关系，随着平均孔直径增大，分形维数逐渐变小；储层发育相互平行的裂隙系统，但存在被矿物充填的现象；②核磁共振图谱主峰分布范围较广，反映储层孔隙系统复杂，储层可动流体孔隙度高于沁南地区，主要是煤阶较低、大中孔更发育的原因所致；③太原组 4+5#煤层和本溪组 8+9#煤层是本区进行煤层气勘探开发的首选目标层，但也存在储层非均质性强的特点。

关键词：神府区块　煤储层　孔隙系统　定量评价

The Characteristic and Quantitative Evaluation on the Pore System of Coal Reservoirs in Shenfu Block

Zhu Xueshen　Liang Jianshen　Liu Yinghong　Wang Cunwu　Lv Yumin
Guo Guangshan　Chen Silu

(CNOOC Research Institute　New Energy Research Center, Beijng 100028, China)

Abstract: Based on the low-temperature nitrogen adsorption, X-CT and NMR methods, the pore system characteristic of coal reservoirs in the Shenfu block of the northeast of Qrdos basin was described in detail, and the quantitative evaluation of the pore system was made with the AHP model. Some conclusions are proposed as follows. ① There are weak hystercsis loop in the adsorption-desorption isotherm of coal seams with class Ⅱ adsorption curve. The total pore

基金项目：中国海油科技攻关资助项目（YXKY-2015-ZY-08、CNOOC-KY-125ZDXM-00-ZY-01-15）。

作者简介：朱学申，男，1987 年生，硕士研究生，工程师，矿产普查与勘探，主要从事煤层气地质勘探与开发研究工作。电话：84520441，E-mail：zhuxsh3@cnooc.com.cn。

volume has a positive correlation with the specific surface area and the average pore diameter. With the increase of the average pore diameter, the fractal dimension becomes smaller. Parallel fracture systems with partial mineral filling develop in the coal reservoirs. ② The main peak distribution of nuclear magnetic resonance spectrum is wide, which indicates the complexity of reservoir pore system. The movable fluid porosity is higher than that in the south of Qinshui Basin, because the coal in this area has low maturity with the development of large and medium holes. ③ Coal seam No.4+5 in the Taiyuan formation and No. 8+9 in the Benxi Formation are the preferred layers for CBM exploration and development in the study area, but more attention should be paid on the reservoir heterogeneity.

Keywords: Shenfu block; coal reservoirs; pore system; quantitative evaluation

与常规天然气储层不同，煤层作为烃源岩和储层，是一种多孔介质，具有双重孔隙结构系统，包括孔隙和裂隙（孟召平等，2013；Tim，2013；李相方等，2014）。基于煤层孔隙的描述方法主要有两类：一类是观察描述的方法，以定性研究为主，在煤矿下或手标本利用肉眼进行宏观观察，或者利用光学显微镜和扫描电镜进行微观观察，确定煤储层孔隙发育的类型、连通性、充填性等（张慧，2001；张新民，2002；姚艳斌等，2006，2013；王琳琳，2014）；另一类是实验测试的方法，以定量研究为主，采用压汞法、低温液氮吸附法、氦孔隙度法等，定量评价煤储层孔隙大小、孔隙度及孔隙结构等（赵爱红等，1998；晋香兰等，2012；张松航等，2009；降文萍等，2016）。近年来，具有无损化、精细化和定量化特点的 X-CT 扫描和低场核磁共振技术在煤储层孔隙系统研究中十分活跃，能够精准描述了煤储层的孔隙发育程度、孔隙类型、矿物质的发育等，可以实现煤储层非均质性的三维重构（姚艳斌等，2010；陈同刚等，2012；宋晓夏等，2013；谢松彬等，2015）。

煤储层孔隙系统的发育程度、孔隙大小、孔隙类型和连通性，不仅影响煤的吸附能力，而且影响煤层气的解吸、扩散和渗流行为，进而影响煤层气的开发成效。笔者以鄂尔多斯盆地东缘北段石炭系—二叠系煤层为研究对象，利用低温液氮吸附、X-CT 扫描和低场核磁共振方法，传统方法与新技术相结合，精细描述煤储层孔隙系统的发育特征，定量评价煤储层孔隙系统。

1 样品采集与实验方法

本次研究的样品采集于鄂尔多斯盆地东缘北段神府地区的山西组 3#、太原组 4+5#和本溪组 8+9#煤层，煤层镜质组反射率在 0.8%～1.3%之间，将采集的样品按照国标《煤的工业分析方法》（GB/T212—2008），使用 5E-MAG6700II 型煤质工业分析仪测定煤岩空气干燥基下的工业组分（表 1）。结果表明，研究区煤层水分含量介于 0.78%～1.17%，平均为 0.93%；灰分产率介于 3.80%～11.08%，平均为 8.46%；挥发分含量介于 21.53%～30.16%，平均为 26.43%；固定碳含量介于 60.81%～73.50%，平均为 64.18%。按照相关标准（MT/T 561—2008；GB/T 15224.1—2010；MT/T 849—2000），研究区的煤属于特低灰-低灰、中等-中高固定碳、中等-中高挥发分含量的烟煤。

从采集的块煤样品上钻取 6 个直径 2.5cm、长度 5.0cm 的柱塞样品，用于煤储层孔隙系统评价的实验分析。选用 NOVA2200 型低温液氮吸附仪、MicroMR02 型核磁共振仪和 MicroXCT-400 型 CT 扫描仪，更好地认识煤储层孔隙系统的发育情况。

表 1　煤样工业分析数据表

编号	层位	煤层	深度/m	水分/%	灰分/%	挥发分/%	固定碳/%
X-1	山西组	3	2032.97	0.93	10.56	26.53	61.98
X-2		3	2071.40	0.78	8.25	30.16	60.81
X-3	太原组	4+5	1893.60	0.90	10.01	27.26	61.83
X-4		4+5	1790.57	0.86	7.05	28.65	63.44
X-5	本溪组	8+9	2221.50	0.95	11.08	24.46	63.51
X-6		8+9	2117.58	1.17	3.80	21.53	73.50

2　煤储层孔隙系统定量表征

2.1　基于低温液氮吸附的孔隙特征分析

由于氮分子性质稳定、分子直径小、安全无毒、来源广泛，并且在液氮的温度下进行不易发生化学吸附，所以低温液氮吸附法是目前用于测试煤层孔隙分析的重要方法，但是低温液氮吸附测试主要采用毛细凝聚理论计算孔径分布的规律（SY/T6154—1995），按照 Ходот（1961）提出的微孔（<10nm）、小孔（10～100nm）、中孔（100～1000nm）和大孔（>1000nm）的十进制孔隙分类系统，主要反映的是微小孔隙的发育情况。依据前人划分的 5 种等温吸附曲线类型（Pyun et al., 2004），三套煤层均属于类型Ⅱ的反 S 形吸附曲线（图 1），前半段上升缓慢，后半段急剧上升，脱附曲线与吸附曲线基本保持一致，存在微弱的滞后环，没有明显的拐点，反映孔隙系统连通性较差，主要是由一端封闭的不透气性孔构成（陈萍等，2001）。测试分析结果表明，煤层 BET 比表面积为 1.949～4.194m^2/g，平均为 2.825 m^2/g；总孔体积为 0.0068～0.0612mL/g，平均为 0.0102 mL/g；平均孔直径为 16.158～19.641nm，平均为 17.678nm（表 2），煤层比表面积与总孔体积具有很好的正相关线性关系，而平均孔直径与总孔体积具有一定的正相关幂函数关系（图 2）。

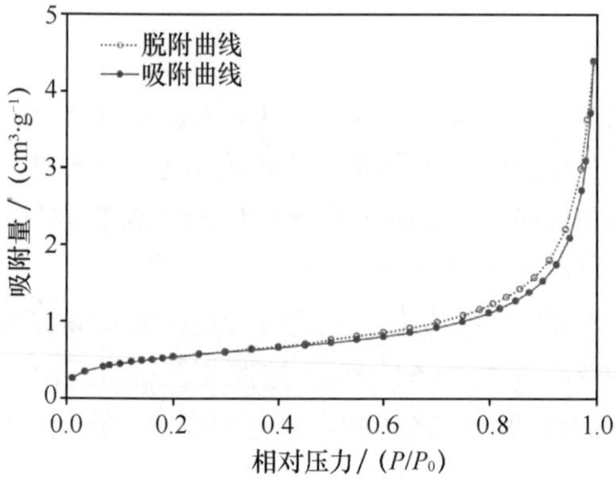

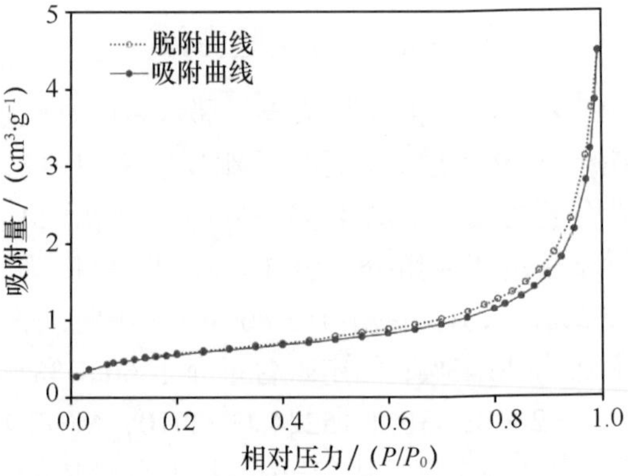

图 1　X-4（左）和 X-2（右）煤样低温液氮吸附和脱附曲线

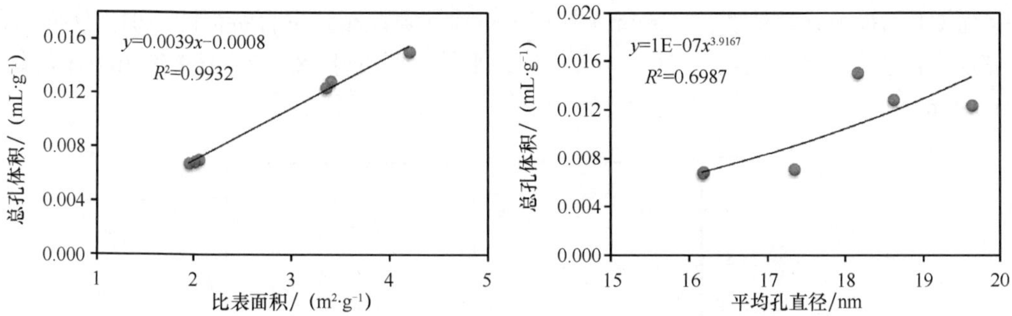

图 2　煤层比表面积、平均孔直径与总孔体积相关关系图

表 2　煤样低温液氮测试分析数据表

编号	比表面积/（$m^2 \cdot g^{-1}$）	总孔体积/（$mL \cdot g^{-1}$）	平均孔直径/nm	相对压力（P/P_0）：0.5～1		
				A	$D=3+A$	R^2
X-1	2.058	0.0071	17.333	−0.418	2.582	0.998
X-2	2.006	0.0069	16.169	−0.410	2.590	0.997
X-3	4.194	0.0151	18.159	−0.410	2.590	0.995
X-4	1.949	0.0068	16.158	−0.409	2.592	0.997
X-5	3.396	0.0129	18.608	−0.419	2.581	0.999
X-6	3.349	0.0124	19.641	−0.431	2.569	0.998

分形维数能够体现煤储层孔隙系统的复杂程度和差异性，是定量评价煤储层孔隙系统的重要参数之一。煤储层微小孔分形维数计算方法较多，采用 FHH 分形计算的方法，计算公式如下

$$\ln\left(\frac{V}{V_0}\right)=\alpha + A\left\{\ln\left[\ln\left(\frac{P_0}{P}\right)\right]\right\}$$

式中：V_0 为单分子层吸附气体的体积；V 为平衡压力 P 下吸附的气体体积；P_0 为气体吸附的饱和蒸气压。

在相对压力（P/P_0）大于 0.5 时，吸、脱附曲线出现差异，存在明显的滞后环，因此选用相对压力大于 0.5 时的测试数据，采用“$D=A+3$”的方法来计算分形维数（表 2）（姚艳斌等，2013；宋晓夏等，2013；侯海海，2015）。不同煤样 $\ln\left(\frac{V}{V_0}\right)$ 和 $\left[\ln\left(\frac{P_0}{P}\right)\right]$ 的双对数曲线呈现不同的斜率（A 值），反映不同的分形维数，其值大小介于 2.569～2.592 之间，随着平均孔直径增大，分形维数逐渐变小，孔隙结构的复杂程度也随之变弱（图 3）。

2.2　基于 CT 扫描的孔隙特征分析

利用 CT 扫描获得 983 张 980×1005 像素的二维灰度切片，灰色为基质，黑色为孔隙，高亮色代表岩石中高密度组分（如方解石、黄铁矿等矿物成分），将这些二维切片进行处理和叠加即可实现对煤样的三维构建。以 X-3 样品 CT 扫描三维重建为例（图 4），灰色代表煤基质，红色代表孔隙系统，黄色代表矿物成分，此样品发育两条平行的大裂隙，最初裂隙 a 和 b 为一条裂隙，后被矿物 C 充填阻塞了裂隙的导流能力，而裂隙 d 几乎被矿物完全充填而失去导流能力。前文已述，低温液氮吸附实验主要反映了煤储层微小孔隙的发育特征，而 CT 扫描（分辨精度：>0.6μm）补充了对大孔隙及裂隙发育特征的认识。分析表明，煤储层孔隙直径一般都小于 200μm（表 3），平均孔径介于 83.67～169.59μm，平均约为 114.33μm。

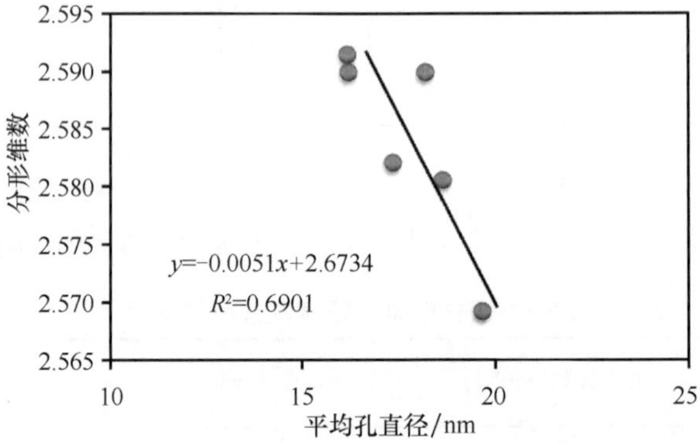

图 3　分形维数与平均孔直径相关关系图

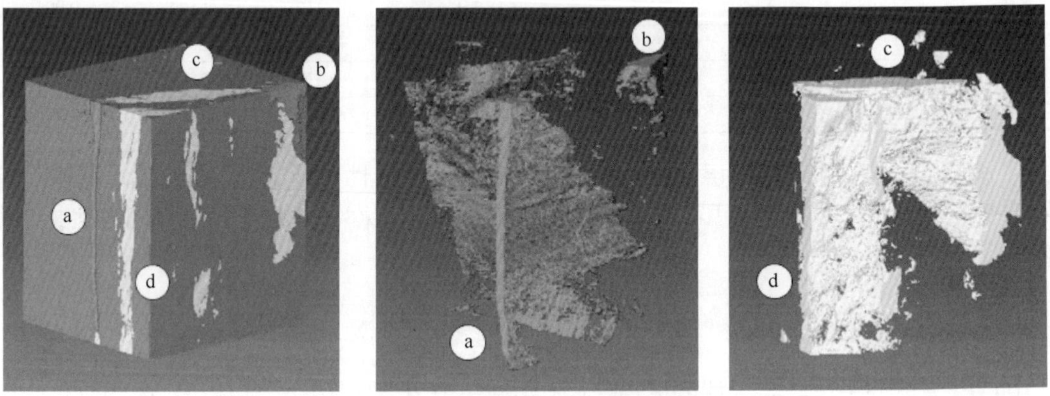

图 4　X-2 样品 CT 扫描三维重建图

表 3　煤样 CT 扫描孔隙参数统计表

编号	各孔隙直径段孔隙个数				孔隙总个数	平均孔径/μm
	0.6～100μm	100～200μm	200～300μm	>300μm		
X-1	8375	8699	1841	1029	29898	109.34
X-2	1885	2066	572	444	7608	139.68
X-3	3708	3278	426	300	9770	95.97
X-4	476	613	156	208	2210	169.59
X-5	1982	2079	160	116	5329	87.72
X-6	21603	23820	1821	1051	60062	83.67

2.3　基于核磁共振的孔隙特征分析

当饱和水煤样置于均匀分布的静磁场中，孔隙中流体的氢核（^1H）在一定频率的射频场中产生核磁共振；若撤掉此射频场，就可以获得氢核在孔隙中做弛豫运动幅度的信号，一般采用横向弛豫时间 T_2 来描述核磁共振信号衰减的快慢，以此来表明煤岩的孔隙特征（张松航等，2009）。从理论上分析，煤样饱和水的核磁共振图谱应存在三个峰，分别对应煤储层的微小孔、中大孔和裂隙系统，前人研究认为弛豫 T_2 时间分别在 0.5～2.5ms、20～50ms 和>100ms 左右（姚艳斌等，2010；陶树等，2012；邹明俊，2014）。在饱和水状态下 6 个样品的核磁共振图谱均呈现双峰形态，主峰位于 2ms、10ms、30ms、80ms、100ms 和 200ms 附近，主峰分布范围较广，孔隙系统复杂，储层非均质性较强，主要分以下 3 种情况（图 5）：①主峰分布在 2ms 附近，次峰分布在 30ms 附近，如 X-2 和 X-4 样品，主要发育微小孔，次为中大孔，且具有一定的连通性，裂隙不发育或发育较少；②主峰分布在 80ms 附近，次峰分在 2ms 附近，如 X-5 和 X-6 样品，主要发育中大孔，次为微小孔，发育少量裂隙；③主峰分布在 200ms 附近，如 X-3 和 X-1 样品，裂隙系统发育，并且大孔与裂隙连通性较好，但与微小孔之间的连通性较差。基于核磁测试的孔隙度结果，煤层核磁孔隙度介于 0.94%～4.35%，可动流体孔隙度介于 0.55%～3.78%，平均为 1.22%（表 4），略高于沁南高阶煤储层的 0.09%～0.91%的可动流体孔隙度（姚艳斌等，2010），这也与低煤阶大中孔更发育的认识相一致。

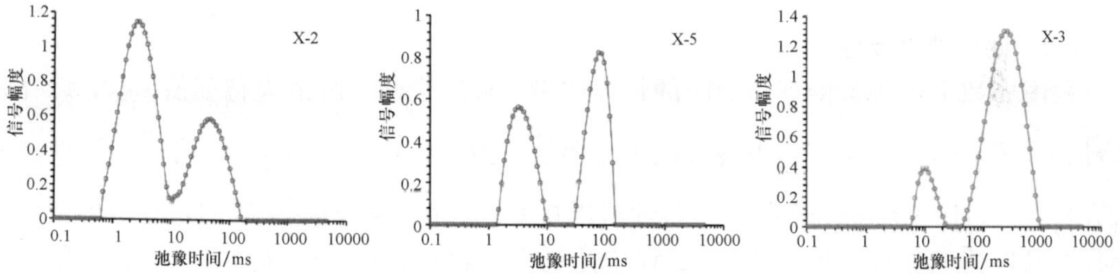

图 5　煤样饱和水状态下的核磁共振图谱

表 4　煤样孔隙特征核磁共振测试结果表

编号	核磁孔隙度/%	可动流体孔隙度/%	束缚水孔隙度/%
X-1	1.47	0.63	0.84
X-2	2.25	0.75	1.50
X-3	4.35	3.78	0.57
X-4	0.94	0.55	0.39
X-5	1.22	0.66	0.56
X-6	2.18	1.73	0.45

3　基于 AHP 模型的煤储层孔隙系统定量评价

3.1　构建 AHP 储层孔隙系统评价模型

AHP 理论分析方法可以把多种影响因素划分成相关联的有序层次，对相同层级的影响因素进行两两比较构建判断矩阵，可以实现定性与定量的条理清晰的多目标与多准则决策（马振海，2014；邓雪等，2012）。结合煤储层评孔隙系统评价的具体情况，把孔隙系统作为目标层，把反映煤储层吸附（扩散）能力、渗流能力和综合表征的参数作为准则层，X-1、X-2、X-3、X-4、X-5 和 X-6 作为评价的方案层，构建了煤储层孔隙系统评价的层次分析法的评价模型。按照建立判断矩阵、层次单排序及一致性检验、层次总排序及一致性检验的工作步骤，假如一致性检验不可接受，调整判断矩阵继续重复上述步骤，直至满意为止。

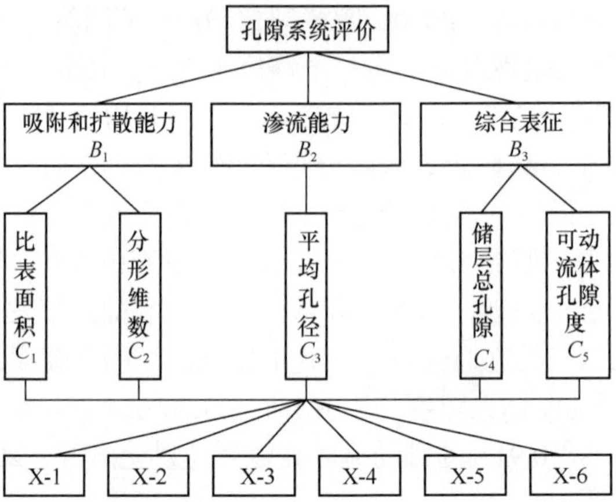

图 6　储层孔隙系统评价的 AHP 模型

3.2　评价结果及分析

利用算数平均法求得判断矩阵的特征向量，求取判断矩阵最大特征值 λ_{max}，计算一致性指标（ $CI=\dfrac{\lambda_{max}-n}{n-1}$ ），查表获取平均随机一致性指标（RI=1.12），可知一致性比率（CR）小于 0.10，则判断矩阵的一致性可以接受。运用判断矩阵求取的权重，可获得各个样品孔隙系统的评价值（表 5），评价值越大，越有利于煤层气的勘探开发。整体来看，太原组 4+5$^{\#}$煤层 X-3 样品和本溪组 8+9$^{\#}$煤层的 X-6 样品定量评价值较高，有利于煤层气的勘探开发，一方面比表面积大，反映储层对甲烷的吸附能力较强；另一方面，孔隙度和可动流体孔隙度较大，表明储层孔隙内流体的可流动能力较强。与此同时，也应看到 X-4 和 X-5 评价结果相对差一些，不同样品之间评价结果差异相对较大，反映煤储层的非均质性较强。

表 5　基于 AHP 模型的储层孔隙系统评价结果表

编号	X-1	X-2	X-3	X-4	X-5	X-6	λ_{max}	CI	CR
评价值	0.3761	0.4655	0.9382	0.3825	0.3632	0.5424	5.2101	0.0525	0.0469

4　结　论

1）神府区块山西组 3$^{\#}$煤层、太原组 4+5$^{\#}$煤层和本溪组 8+9$^{\#}$煤层吸附曲线均为Ⅱ类反 S 形吸附曲线，存在微弱的滞后环，总孔体积与比表面积、平均孔直径呈正相关关系，随着平均孔直径增大，分形维数逐渐变小，发育相互平行的裂隙系统，但存在被矿物充填的现象。

2）核磁共振图谱主峰分布范围较广，反映储层孔隙系统复杂，储层非均质性较强；储层可动流体孔隙度高于沁南地区，这主要是煤阶较低，大中孔更发育的原因所致。

3）基于 AHP 模型的煤储层孔隙系统定量评价结果表明，区内太原组 4+5$^{\#}$煤层和本溪组 8+9$^{\#}$煤层是进行煤层气勘探开发的首选目标，但也存在储层非均质性强的特点，建议加强煤储层非均质性评价，优先勘探开发有利煤储层发育区。

参考文献

陈萍，唐修义. 2001. 低温氮吸附法与煤中微孔隙特征的研究[J]. 煤炭学报，26（5）：552～556.

陈同刚，汤达祯，许浩，等. 2012. 基于X-CT技术的韩城示范区煤储层精细描述[J]. 高效地质学报，18（3）：505～510.

邓雪，李家铭，曾浩健，等. 2012. 层次分析法权重计算方法分析及应用研究[J]. 数学的实践与认识，42（7）：93～100.

侯海海. 2015. 柴达木盆地北缘侏罗系煤储层物性特征与综合评价[D]. 北京：中国矿业大学（北京）.

降文萍，张群，姜在炳，等. 2016. 构造煤孔隙结构对煤层气产气特征的影响[J]. 天然气地球科学，27（1）：173～179.

晋香兰，张培河，吴敏杰. 2012. 鄂尔多斯盆地低煤阶煤储层孔隙特征及地质意义[J]. 煤炭科学技术，40（10）：22～26.

李相方，蒲云超，孙长宇，等. 2014. 煤层气与页岩气吸附/解吸的理论再认识[J]. 石油学报，35（6）：1113～1129.

马振海. 2014. 基于层次灰色理论的江西丰城矿区[D]. 徐州：中国矿业大学，淮南：安徽理工大学，2012.

孟召平，刘翠丽，纪懿明. 2013. 煤层气/页岩气开发地质条件及其对比分析[J]. 煤炭学报，38（5）：728～736.

宋晓夏，唐跃刚，李伟，等. 2013. 基于显微CT的构造煤渗流孔精细表征[J]. 煤炭学报，38（3）：505～510.

宋晓夏，唐跃刚，李伟，等. 2013. 中梁山南矿构造煤吸附孔分形特征[J]. 煤炭学报，38（1）：134～139.

陶树，王延斌，汤达祯，等. 2012. 沁水盆地南部煤层孔隙-裂隙系统及其对渗透率的贡献[J]. 高校地质学报，18（3）：522～527.

王琳琳. 2014. 煤储层节理发育非均质性评价的构造动力学方法及其应用——以鄂东临汾地区为例[D]. 徐州：中国矿业大学.

谢松彬，姚艳斌，陈基瑜，等. 2015. 煤储层微小孔孔隙结构的低场核磁共振研究[J]. 煤炭学报，40（S1）：170～176.

姚艳斌，刘大锰，蔡益栋，等. 2010. 基于NMR和X-CT的煤的孔裂隙精细定量表征[J]. 中国科学，40（11）：1598～1607.

姚艳斌，刘大锰. 2006. 煤储层孔隙系统发育特征与煤层气可采性研究[J]. 煤炭科学技术，34（3）：64～68.

姚艳斌，刘大锰. 2013. 煤储层精细定量表征与综合评价模型[M]. 北京：地质出版社.

张慧. 2001. 煤孔隙的成因类型及其研究[J]. 煤炭学报，26（1）：40～44.

张松航，唐书恒，汤达祯，等. 2009. 鄂尔多斯盆地东缘煤储层渗流孔隙分形特征[J]. 中国矿业大学学报，38（5）：713～718.

张新民. 2002. 中国煤层气地质与资源评价[M]. 北京：科学出版社，1～61.

赵爱红，廖毅，唐修义，等. 1998. 煤的孔隙结构分形定量研究[J]. 煤炭学报，23（4）：439～442.

邹明俊. 2014. 三孔两渗煤层气产出建模及应用研究[D]. 徐州：中国矿业大学.

Pyun S I, Rhee C K. 2004. An investigation of Fractal Characteristics of Mesoporous Carbon Electrodes with Various Pore Structure [J]. Electrochimica Acta, 49:4171～4180.

Tim A. Moore. Coalbed Methane: A Review [J]. International Journal of Coal Geology, 2013, 38(5):728～736.

织金西部矿山煤层气地质评价参数的研究与应用

蔡　路[1]　全贵龙[1,2]　陈　华[1]　邓小虎[1]　陈　立[1]　周东东[1]　陈　坡[1,3]

（1. 贵州省地质矿产勘查开发局一一五地质大队　贵州贵阳　550000；
2. 织金县顺安瓦斯开发有限责任公司　贵州织金　552100；
3. 贵州精实技术服务有限公司　贵州贵阳　550000）

摘　要：基于织金西部矿山煤勘资料、地表填图资料及煤层气调查井等资料，对该区煤层气储层地质特征进行了总结，优选出煤厚、间距、煤岩煤质、含气量、煤体结构和水动力特征作为矿山煤层气地质评价的主参数，对阿弓向斜平桥矿区 PQT-1 井煤层气"分压合采"的层段组合进行评价。研究结果表明，C14 与 C16 煤是 PQT-1 井最有利煤层气开发组合；C17、C20、C23、C27 与 C30 组合为次有利组合；C32 煤煤体结构差，现阶段不适合煤层气开发。

关键词：织金西部　矿山　煤层气　地质评价参数

Research and Application of Geological Evaluation Parameters of CBM in West Zhijin, Guizhou Province

Cai Lu[1]　Quan Guilong[1,2]　Chen Hua[1]　Deng Xiaohu[1]　Chen Li[1]　Zhou Dongdong[1]　Chen Po[1,3]

（1. No. 115 Geological Party, Bureau of Geology and Mineral Exploration and Development of Guizhou Province, Guiyang 550000, China;
2. ShunAn CBM development Co., Ltd. in Zhijin, Zhijin 552100, China;
3. Guizhou Jingshi Technology Service Co. Ltd. Guiyang 550000, China）

Abstract: Based on the coal geological exploration data, the geological survey and the

---

基金项目：贵州省地质矿产勘查开发局青年地质科学研究项目（黔地矿科合（2016）42 号）；贵州省地质矿产勘查开发局重大地质科学研究项目（黔地矿科合（2016）01 号）；贵州省科技支撑计划社会攻关项目（黔科合[2016]支撑 2807）

作者简介：蔡路，男，1989 年生，湖北荆州人，硕士，助理工程师，主要从事煤层气地质与开发的研究工作。E-mail：421312423@qq.com。

CBM wells data, the geological characteristics of CBM reservoir have been summarized in the area. Taking special parameters into consideration, including the coal thickness, coal bed distribution, coal quality, gas content, coal structure and hydrodynamic characteristics, the CBM multi-layers for separate layer fracturing and commingled production were comprehensively evaluated in well PQT-1, Pingqiao Coal Mine, Agong syncline. The results show that the C14 and C16 coals were the most favorable layers; the combined layers, consisting of the C17, C20, C23, C27 and C30 coals, took the second place; the C32 coal obtained too poor structure to be developed for CBM at this stage.

Keywords: west of the Zhijin; coal mine; CBM; geological evaluation parameters

煤层气俗称瓦斯，它是以吸附态、游离态和溶解态赋存于煤层中的甲烷。开采煤层气，对改善矿山安全环境、减少温室气体排放、缓解能源供给压力具有重要意义。织金县境内蕴藏着丰富的煤及煤层气资源，全县共设煤炭探矿权 7 处，总面积 222km^2；煤炭采矿权 102 处，总面积 297km^2。初步估算该区煤层气平均资源丰度达到 1.42×10^{8}m^3/km^3（王国司等，2001），高于 1.12×10^{8}m^3/km^3 的全国平均水平（叶建平等，1999）。确定矿山煤层气地质评价参数，制定对应的开发方案，是现阶段急需解决的问题。煤层气选区评价方法经多年发展，已确定煤层气资源规模及丰度、煤层厚度、煤层含气量、含气饱和度、原始渗透率、地应力和水文条件等主要地质参数（王安明等，2017；李五忠等，2010；王一兵等，2006；张春鹏等，2016；晋香兰，2015）。目前织金县煤层气勘探开发处于起步阶段，对矿山煤层气地质评价方法尚不成熟。本文根据地表填图、煤勘、测试等资料探讨织金西部矿山煤层气地质评价参数，以期指导该区地质选区与开发方案的制定，实现矿山煤层气的开发突破。

1 区域地质背景

织金县处于织纳煤田的腹地，构造上位于黔中隆起内，南北为黔南坳陷和滇黔北坳陷所夹，西南与滇东隆起之间，被垭都-紫云断裂所走滑错断，东北接武陵坳陷（图 1）。黔中隆起的形成与演化经历了 4 个阶段，郁南运动期间形成水下隆起，都匀运动期间形成陆上隆起，广西运动、紫云运动、东吴运动期间与扬子陆块联合演化，印支运动、燕山运动、喜马拉雅运动期间整体抬升剥蚀期（戴传固等，2012；汤良杰等，2008；斯春松，2016）。织纳煤田主要含煤地层为上二叠统龙潭组，晚二叠世期间，扬子地台位于赤道附近，气候适宜、聚煤物质丰富（王钟堂，1990），河流相、三角洲相、潟湖-潮坪相及碳酸盐台地等均具备煤层聚集的环境条件。聚煤盆地形成后经历印支、燕山、喜山运动的构造改造，使盆地分解成众多山间断陷盆地及坳陷盆地，形成复杂的以逆冲断层和褶皱为主体的构造格局（窦新钊等，2012）。古近纪至今，印度板块、太平洋板块及欧亚板块相互作用下，研究区不断隆起，背斜轴部的煤系遭受剥蚀，但多数向斜和复向斜中的煤系得以保存。

受沉积构造因素的影响，研究区龙潭组为一套以煤、砂岩、粉砂岩、泥页岩及灰岩频繁互层的煤系地层。含煤地层厚 300～450m，含煤 35 层，煤层总厚 24.59～41.72m，平均 33m，可采煤层 6～17 层，可采总厚 9.42～23.35m（郭晨等，2017），与上覆二叠系飞仙关组及下伏峨眉山玄武岩组均呈假整合接触。由于背斜中的煤系遭受剥蚀，区内

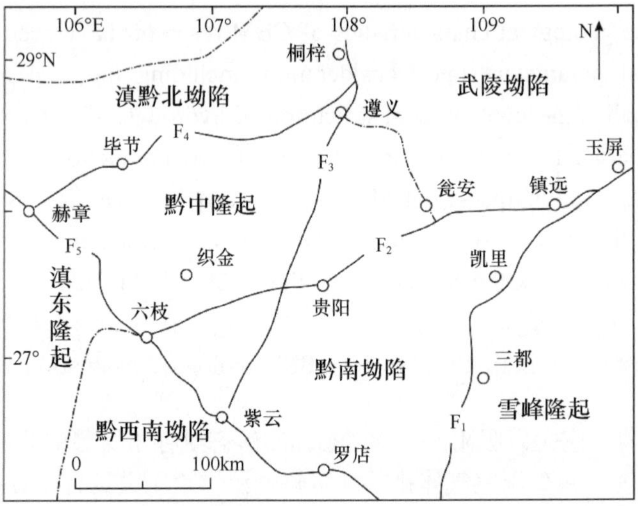

F1—三都断裂；F2—镇远-贵阳断裂；F3—遵义断裂；F4—赫章-遵义断裂；F5—垭都-紫云断裂

图 1　黔中隆起构造刚要图

（据邓新等，2010）

一级控煤构造为一些大型向斜、复向斜，一系列次一级的短轴式向斜、背斜则成为控煤构造的主体。

织金县境内一级控煤构造为比德-三塘复向斜聚煤区，含煤面积约 1000km^2。西缘与六盘水煤田相邻，北部与毕节北东向构造带相邻，东南缘外为黔南断陷。区内褶皱走向以北东和北西向为主，断层以北东向为主，主要包括比德、水公河、白泥箐、三塘、阿弓、珠藏、官寨等含煤次向斜（图 2）。

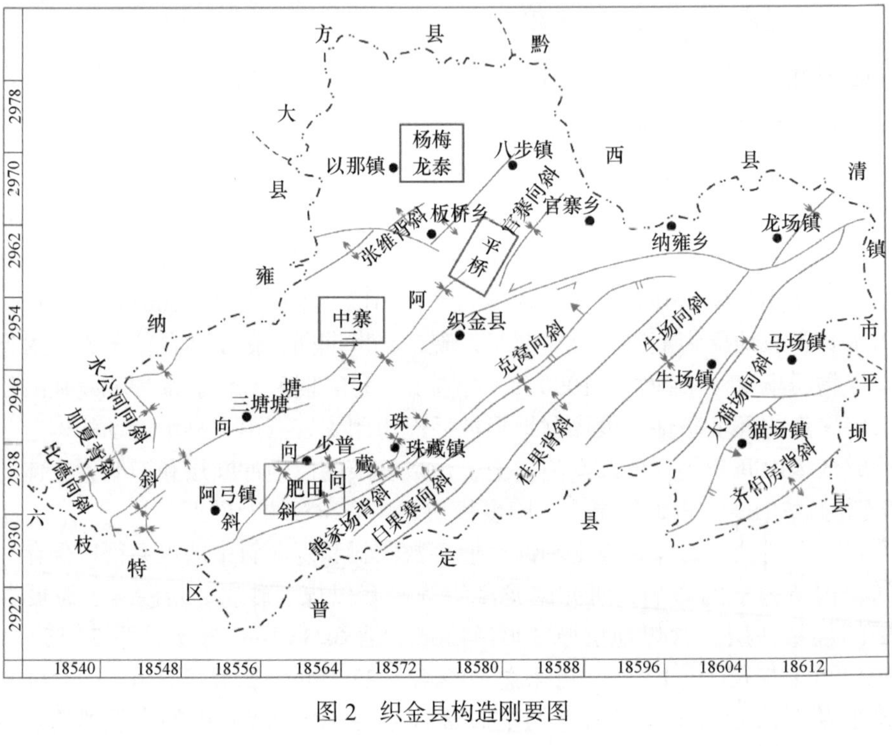

图 2　织金县构造刚要图

2 关键地质参数

2.1 煤厚与间距

煤勘钻孔岩心编录结果显示，织金西部煤层整体呈现“厚度薄、层数多、间距变化大”的特征。PQT-1 井为阿弓向斜平桥煤矿的煤层气参数井（图 2），自上而下钻遇第四系浮土、上三叠统飞仙关组、上二叠统大隆组、长兴组、上二叠统龙潭组。钻井过程总体顺畅，未见大型断层。结果显示，煤系地层总厚 239m，含煤 22 层，煤层累计厚度 23.59m；具有煤层气商业开发价值（单层厚度大于 1m）（孟召平等，2013）的煤层共 8 套，分别为 C14、C16、C17、C20、C23、C27、C30 和 C32，这 8 套煤的累计厚度为 15.87m（图 3）。

PQT-1 井单层厚度小于 1m 的煤层占 63.6%，其中，仅 C14 与 C16 的单层厚度大于 2m，占层位总数的 9.1%。由于单层煤厚较小的限制，独立开采某一煤层的难度较大。但 PQT-1 井 8 套主力煤层的间距较小，累计间距为 124.16m，平均间距 17.74m。其中，C16 与 C17 煤层间距最小，为 10.47m；C14 与 C16 煤层间距最大，为 29.09m。实际开发多采用“分压合采”的方式，弥补单层煤厚较小的劣势。

2.2 煤岩学特征

煤岩学特征是反映煤层成因的可靠标准，它是进行储层评价的基础工作。不同类型的显微组分具有不同的地化及力学特性。壳质组生烃能力最强，镜质组次之，惰质组最差。但镜质组脆度最大，更易破裂形成裂隙，是煤中裂隙的主要载体，这些裂隙可有效改善煤的渗透性能（刘贝等，2014）。煤中灰分主要来源于矿物质，在一定程度上可反映矿物的含量。矿物含量偏高会降低煤的吸附性能，影响煤层含气量。但它可以改善煤储层的力学性质，使其脆性增大，压裂过程中煤层更容易破碎形成明显的主缝，改善煤储层的水力压裂效果（陈杨等，2014）。

织金西部煤层的热演化程度较高，三塘向斜北西翼、阿弓向斜平桥矿区煤层 R_o 值均大于 3.0%，且纵向各煤层差异不大，均为无烟煤阶段。煤的显微组分以镜质组为主，惰质组其次，壳质组极少见。三塘向斜北西翼镜质组含量 74.07%～88.47%，平均 79.35%；惰质组含量 11.53%～25.86%，平均 20.66%。阿弓向斜平桥矿区镜质组含量 97.8%～98.2%，平均 98.0%，惰质组含量 1.8%～2.2%，平均 2.0%。PQT-1 井 7 套煤层的灰分产率为 6.43%～23.08%，平均值为 13.36%（图 4）。其中 C14、C23、C27 灰分产率小于 10%，为特低灰煤；C16、C30 灰分产率 10%～15%，为低灰煤；C17、C32 灰分产率 15%～25%，为中灰煤。C14、C23、C27 具有较好的吸附性能，C17、C32 在水力压裂过程中更易破裂形成主缝。

2.3 含气性特征

（1）现场解吸

PQT-1 井对 7 套煤层进行了 7 组样品的现场解吸工作，结合后期残余气、损失气的计算及气体成分分析，获得了这 7 组样品的解吸气量数据（表 1）。结果显示，煤样空气干燥基总含气量为 9.23～21.23 cm^3/g，其中 32#煤最高为 21.23 cm^3/g，14#煤最低为 9.23cm^3/g；空气干燥基甲烷含量为 8.76～20.32 cm^3/g，其中 32#煤最高为 20.32 cm^3/g，14#煤最低为 8.76 cm^3/g。分析认为，PQT-1 井的这 7 套煤层含气条件均良好。

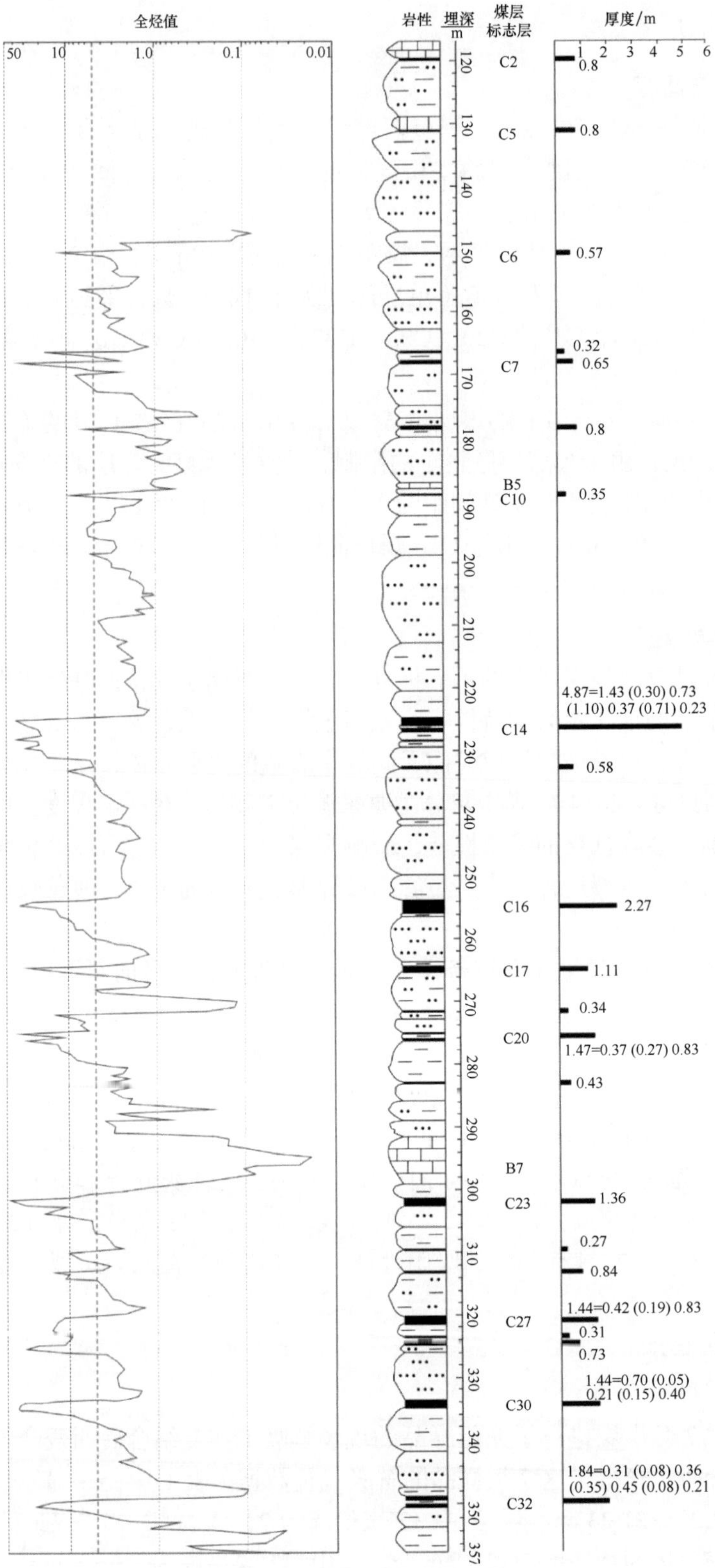

图 3　平桥矿区 PQT-1 井龙潭煤系综合柱状图

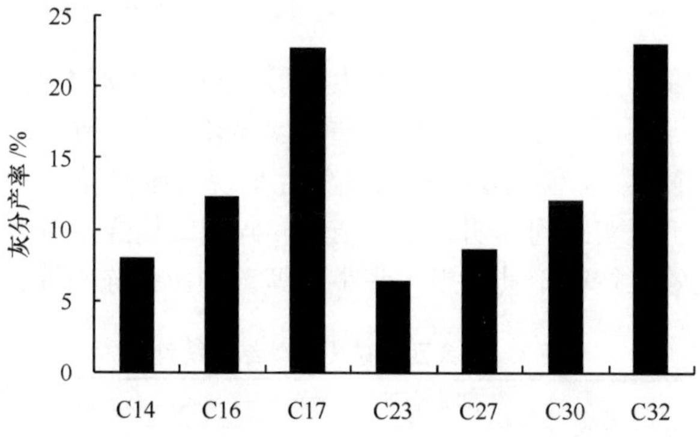

图 4　平桥矿区 PQT-1 井灰分产率直方图

表 1　平桥矿区 PQT-1 井现场解吸统计结果表

样品编号	煤层	干燥无灰基	
		总含气量/（$cm^3 \cdot g^{-1}$）	甲烷含量/（$cm^3 \cdot g^{-1}$）
PQT-1-W01	C14	9.23	8.76
PQT-1-W02	C16	10.05	9.32
PQT-1-W04	C17	12.71	9.62
PQT-1-G07	C23	14.82	13.53
PQT-1-G08	C27	13.16	12.56
PQT-1-G09	C30	16.78	16.39
PQT-1-G10	C32	21.23	20.32

（2）等温吸附

通过等温吸附试验，获得了 PQT-1 井 6 套煤层 6 组样品的实验数据（表 2），结果表明，干燥无灰基 Langmuir 体积 V_L 为 35.24～48.90 cm^3/g，平均 41.21 cm^3/g；干燥无灰基 Langmuir 压力 P_L 为 2.56～3.45MPa。经计算得到 6 组样品的临界解吸压力为 0.83～1.80MPa，平均值为 1.17MPa。C17 与 C30 的临界解吸压力高于平均值，表明这两层煤解吸潜力较大。计算得到 6 组样品的解吸压差为 1.16～2.02MPa，平均值为 1.49MPa。C14、C17、C23 与 C30 的解吸压差均低于平均值，表明这三层煤解吸时间较短，排采过程中产气时间较早。通过对 PQT-1 井临界解吸压力与解吸压差的分析可知，C17、C30 解吸潜力大、解吸时间短，最适合煤层气的开发；C14、C23 解吸时间短，较适合煤层气开发。

表 2　平桥矿区 PQT-1 井等温吸附统计结果图

样品编号	煤层	干燥无灰基		临界解吸压力/MPa	静水柱压力/MPa	压差/MPa
		V_L/（$cm^3 \cdot g^{-1}$）	P_L/MPa			
PQT-1-M01	C14	37.63	2.56	0.83	2.21	1.38
PQT-1-M02	C16	38.08	2.63	0.94	2.49	1.55
PQT-1-M03	C17	35.24	2.56	1.44	2.60	1.16
PQT-1-M04	C23	43.51	3.22	0.87	2.21	1.34
PQT-1-M05	C27	43.87	2.63	1.13	3.15	2.02
PQT-1-M06	C30	48.90	3.45	1.80	3.27	1.47

注：压差=静水柱压力−临界解吸压力。

2.4 煤体结构

原始沉积的煤层在构造应力的作用下发生变形或破裂，导致煤体结构发生改变。按遭受构造破坏的强弱，煤层可依次划分为原生结构、碎裂结构、碎粒结构和糜棱结构。煤体发生不同程度的构造破坏，会使储层物性及含气性呈现明显差异，影响煤层气井产气效果。沁水、延川南等地的工程实践均表明，原生结构和碎裂结构煤层气开发效果较好，碎粒结构和糜棱结构的开发效果往往不甚理想（张小东等，2017；陈刚等，2016）。

表 3　织金西部矿山煤体结构统计表

煤层	张维背斜	三塘向斜					阿弓向斜		珠藏向斜	
	杨梅龙泰	三坝	岩脚	马家田	宏达	四季春	平桥	文家坝	红梅	凤凰山
$2^{\#}$	Ⅲ-Ⅳ	Ⅰ-Ⅱ								
$5^{\#}$	Ⅰ-Ⅱ	Ⅰ-Ⅱ								
$6^{\#}$	Ⅲ-Ⅳ	Ⅲ		Ⅲ-Ⅳ				Ⅲ-Ⅳ	Ⅲ	
$7^{\#}$	Ⅱ-Ⅲ	Ⅰ				Ⅱ		Ⅱ-Ⅲ	Ⅰ	
$14^{\#}$	Ⅰ-Ⅱ	Ⅰ					Ⅰ	Ⅰ-Ⅱ		
$16^{\#}$	Ⅰ-Ⅱ	Ⅰ-Ⅱ	Ⅱ				Ⅰ	Ⅰ	Ⅰ	
$17^{\#}$									Ⅰ	
$20^{\#}$										
$21^{\#}$	Ⅰ		Ⅰ					Ⅰ-Ⅱ	Ⅰ	
$23^{\#}$			Ⅱ				Ⅰ		Ⅰ	
$27^{\#}$	Ⅰ-Ⅱ	Ⅰ					Ⅱ	Ⅰ	Ⅰ	Ⅲ
$30^{\#}$	Ⅰ-Ⅱ				Ⅱ		Ⅱ		Ⅰ	
$32^{\#}$	Ⅰ-Ⅱ	Ⅰ					Ⅲ-Ⅳ	Ⅱ	Ⅰ	
$35^{\#}$	Ⅰ-Ⅱ	Ⅰ								

注：Ⅰ—原生结构；Ⅱ—碎裂结构；Ⅲ—碎粒结构；Ⅳ—糜棱结构。

上二叠统龙潭煤系经历印支、燕山、喜马拉雅等多期构造运动，煤体结构在纵向及横向变化较大。织金西部厚度较大、分布稳定的煤层有 $6^{\#}$、$14^{\#}$、$16^{\#}$、$23^{\#}$、$27^{\#}$、$30^{\#}$、$32^{\#}$煤，矿井及钻孔煤体结构观测结果显示（表 3），龙潭组上段 $6^{\#}$煤遭受较大程度的构造破坏，以碎粒-糜棱结构为主，煤层气开发难度较大；$14^{\#}$、$16^{\#}$、$23^{\#}$、$27^{\#}$、$30^{\#}$煤保持情况相对完好，以原生-碎裂结构为主，对煤层气的开发有利；$32^{\#}$煤除阿弓向斜平桥矿区为碎粒-糜棱结构，在三塘向斜、珠藏向斜、张维背斜的其他区域均保持较完好。

2.5 水动力特征

煤层的富水性和到导水性决定排水降压的效果以及压力传播的特征（郭晨等，2014）。由于龙潭煤系上覆飞仙关一段与下伏峨眉山玄武岩均是良好隔水层，煤层气开发的水文地质因素主要取决于煤系地层本身的水动力条件。织纳煤田上二叠统煤系地层总体呈现“煤层层数多、富水性弱”的特征。向斜两翼的煤系地层出露区直接接受大气水补给，地下水顺层向深部流动，径流强度逐渐减弱，在向斜的轴部地下水汇集区形成滞留的承压水环境，对煤层气的保持十分有利。同时，含煤地层内部致密低渗岩层普遍发育，导致垂向上不同层段之间缺乏流体联系形成多套独立的压力-水动力系统，对煤层气井合层排采造成严重影响（葛燕燕等，2015）。前人通过分析珠藏向斜红梅井田含煤地层的流体压力状态与煤层渗流能力，认为 17#～30#煤层为煤层气最优开发层段，6#～16#煤层段次之，32#煤至底部最差（郭晨等，2015）。

3 应用实例分析

平桥矿区在织金县城以北 3km，构造上位于阿弓向斜与官寨寨向斜之间，整体为一近北东向的向斜构造。向斜走向长约 4.5km，平均宽约 2.2km，面积 14.02km^2。通过上述矿山煤层气地质评价参数的讨论与分析，对 PQT-1 井“分压合采”层位进行优选（表 4）。

C14 与 C16 煤埋深浅、厚度大、间距小、含气量适中、煤体结构良好、水动力条件相近；同时镜质组含量高，有利于煤中裂隙的发育；灰分产率较低，煤对甲烷的吸附能力较强；解吸压差较小，见气时间较快。综合分析认为，C14 与 C16 煤是 PQT-1 井最有利煤层气开发组合。C17、C20、C23、C27 与 C30 组合煤层层数多、厚度薄、间距较大，为次有利组合。C32 煤煤体结构差，现阶段不适合煤层气开发。

表 4 平桥矿区 PQT-1 井地质评价参数表

煤层	埋深/m	厚度/m	间距/m	煤体结构	灰分产率/%	解吸气量/（$cm^3 \cdot g^{-1}$）	临界解吸压力/MPa	压差/MPa	开发组合
C14	224.8	4.87	—	原生-碎裂	8.04	9.23	0.85	1.36	C14、C16
C16	253.9	2.27	29.1	原生-碎裂	12.32	10.05	0.94	1.55	
C17	264.3	1.11	10.4	原生-碎裂	22.82	12.71	1.44	1.16	C17、C20、C23、C27、C30
C20	274.9	1.47	10.6	原生-碎裂	—	—	—	—	
C23	301.4	1.36	26.5	原生-碎裂	6.43	14.82	0.87	1.34	
C27	320.3	1.44	18.9	原生-碎裂	8.7	13.16	1.13	2.02	
C30	333.6	1.44	13.3	原生-碎裂	12.14	16.78	3.27	1.47	
C32	349.0	1.84	15.4	碎裂-碎粒	23.08	21.23	—	—	C32

4 结 论

1）织金西部煤矿矿山数量多、分布面积广、煤层气资源量大。针对该区“层数多、厚度薄、间距变化大、水文地质条件复杂”的储层地质特征，优选出厚度、间距、煤岩煤质、含气量、煤体结构和水动力特征作为矿山煤层气地质评价的主参数。

2）根据选定的矿山煤层气地质评价主参数，对阿弓向斜北部平桥矿区 PQT-1 井进行“分压合采”层位组合优选工作。认为 C14 与 C16 煤是 PQT-1 井最有利煤层气开发组合。C17、C20、C23、C27 与 C30 组合煤层层数多、厚度薄、间距较大，为次有利组合。C32 煤煤体结构差，现阶段不适合煤层气开发。

参考文献

陈刚，胡宗全，苏坤，等. 2016. 鄂东南延川南深煤层煤体结构与产气量关系分析[J]. 煤炭科学技术，44（12）：107～112.
陈扬，姚艳斌，崔金榜，等. 2014. 郑庄区块煤储层水力压裂裂缝扩展地质因素分析[J]. 煤炭科学技术，42（7）：98～102.
戴传固，王敏，陈建书，等. 2012. 贵州构造运动特征及其地质意义[J]. 贵州地质，30（2）：119～124.
邓新，杨坤光，刘彦良，等. 2010. 黔中隆起性质及其构造演化[J]. 地学前缘，17（5）：79～89.
窦新钊，姜波，秦勇，等. 2012. 黔西地区构造演化及其对晚二叠世煤层的控制[J]. 煤炭科学技术，40（3）：109～114.
葛燕燕，傅雪海，李鑫，等. 2015. 贵州珠藏向斜煤系含水系统对煤层气赋存的影响[J]. 煤炭学报，40（2）：403～411.

郭晨，秦勇，韩冬. 2017. 黔西比德—三塘盆地煤层气井产出水离子动态及其对产能的指示[J]. 煤炭学报，42（3）：680～686.
郭晨，秦勇，卢玲玲. 2015. 黔西红梅井田煤层气有序开发的水文地质条件[J]. 地球科学进展，30（4）：456～464.
郭晨，秦勇，易同生，等. 2014. 黔西肥田区块地下水动力条件与煤层气有序开发[J]. 煤炭学报，39（1）：115～123.
晋香兰. 2015. 鄂尔多斯盆地侏罗系煤层含气性分析及地质意义[J]. 煤炭科学技术，43（7）：111～117.
李五忠，田文广，陈刚，等. 2010. 不同煤阶煤层气选区评价参数的研究与应用[J]. 天然气工业，30（6）：45～47.
刘贝，黄文辉，敖文华，等. 2014. 高阶煤的吸附性能及其影响因素—以沁水盆地柿庄区块为例[J]. 西安石油大学学报（自然科学版），29（5）：31～37.
孟召平，刘翠丽，纪懿明. 2013. 煤层气/页岩气开发地质条件及其对比分析[J]. 煤炭学报，38（5）：728～736.
斯春松，张润合，姚根顺，等. 2016. 黔北坳陷及周缘构造作用与油气保存条件研究[J]. 中国矿业大学学报，45（5）：1010～1021.
汤良杰，郭彤楼，田海芹，等. 2008. 黔中地区多期构造演化、差异变形与油气保存条件[J]. 地质学报，82（3）：298～307.
王安明，曹代勇，魏迎春. 2017. 煤层气选区评价方法探讨——以准噶尔盆地南缘为例[J]. 煤炭学报，42（4）：950～958.
王国司，刘诗荣，邬炳钊. 2001. 贵州西部煤层气资源勘探前景[J]. 天然气工业，21（6）：22～26.
王一兵，田文广，李五忠，等. 2006. 中国煤层气选区评价标准探讨[J]. 地质通报，25（9～10）：1104～1107.
王钟堂. 1990. 黔西煤田构造及其演化[J]. 中国煤田地质，2（3）：13～17.
叶建平，秦勇，林大扬. 1999. 中国煤层气资源[M]. 徐州：中国矿业大学出版社，37～58.
张春鹏，吴财芳，李腾，等. 2016. 主成分分析法在煤层气选区评价中的应用[J]. 煤炭科学技术，44（8）：137～142.
张小东，杜志刚，李朋朋. 2017. 不同煤体结构的高阶煤储层物性特征及煤层气产出机理[J]. 中国科学—地球科学，47（1）：72～81.

松藻矿区煤层气赋存特征及控气因素

郭东鑫[1,2,3]　张华莲[1,2,3]　吴国代[1,2,3]　王　晋[1,2,3]　张跃磊[1,2,3]

（1. 国土资源部页岩气资源勘查重点实验室（重庆地质矿产研究院）重庆400042；
2. 重庆市页岩气资源与勘查工程技术研究中心（重庆地质矿产研究院）重庆400042；
3. 煤炭资源与安全开采国家重点实验室重庆研究中心　重庆　400042）

摘　要：以重庆市国土房管局实施的“重庆市煤层气地面抽采技术研究与示范”项目为依托，结合矿区煤田勘探资料，对矿区煤层气地质背景、煤层气赋存特征和煤层气富集控制因素进行了系统分析评价，松藻矿区煤层气具有“一多一薄、两低两高”的地质特征，即煤层层数多、厚度薄、孔隙度低、渗透率低、变质程度高、煤层气富集程度高。这主要由于矿区具备有利于煤层气富集的煤质、构造、沉积环境及水文地质等条件。

关键词：松藻矿区　煤层气　赋存特征　控气因素

Occurrence characteristics and gas control factors of coalbed methane in Songzao mining area

GuoDongxin[1,2,3]　ZhangHualian[1,2,3]　Wu Guodai[1,2,3]　Wang Jin[1,2,3]　Zhang Yuelei[1,2,3]

(1. Key Laboratory of Shale Gas Exploration, Ministry of Land and Resources, Chongqing Institute of Geology and Mineral Resources, Chongqing 400042, China;
2. Chongqing Engineering Research Center for Shale Gas Resources and Exploration，Chongqing Institute of Geology and Mineral Resources Chongqing 400042, China;
3. Chongqing Research Center of State Key Laboratory of Coal Resources and Safe Mining, Chongqing 400042, China;)

Abstract: Based on the exploration data of coal field in the mining area, to rely on the project of “the research and demonstration of coalbed methane extraction technology and demonstration project of Chongqing Municipality” , this paper, based on the geological

基金项目：重庆市国土资源和房屋管理局科技计划项目（KJ-2017008）。

作者简介：郭东鑫，男，1984年生，硕士，毕业于中国地质大学（北京），现在重庆地质矿产研究院主要从事煤层气地质勘查方面的研究工作。地址：（400042）重庆市渝中区长江二路177-9号，电话：13012343538，E-mail：349731262@qq.com。

background, coalbed methane and coalbed methane enrichment control factors of coalbed methane in the mining area are systematically evaluated and evaluated, The coalbed methane of Songzao mining area has the geological characteristics of “one-more-one-thin, two-low-two-high”, that is, the number of coal layers is small, the thickness is low, the porosity is low, the permeability is low, the degree of metamorphism is high and the coalbed methane enrichment is high。This is mainly due to the mining area is conducive to coalbed methane enrichment of coal, tectonics, depositional environment and hydrogeology and other conditions。

Keywords: Songzao mining area; coalbed methane; occurrence characteristics; control gas factor

松藻矿区位于重庆市綦江区与贵州省桐梓县、习水县三县交界处，北距重庆市区 170km 左右，行政区划绝大部分属于綦江区，南西局部属于习水县。南北走向长约 39.5km，东西宽约 2.0～15.0km，面积约 235.5km^2。韩俊等（2007）曾对松藻矿区煤层气资源进行了评价，认为该区发育变质程度高的无烟煤，镜质组含量高，煤层气资源丰富、含气量高、可采性好，是重庆地区煤层气勘探开发的重点目标区之一。陈飞等（2011）通过矿区各煤层特征分析，该区煤层气含量一般在 17～20m^3/t，最高达到 29m^3/t，资源丰度达到为 1.71×10^{8}m^3/km^2。

本文依托重庆市国土房管局实施的“重庆市煤层气地面抽采技术研究与示范”项目，基于区内已实施的两口煤层气钻井（綦煤 1 井、綦煤 2 井），系统分析评价了矿区煤层气地质背景、煤层气赋存特征和煤层气富集控制因素，研究成果对于推动该区煤层气尽早实现商业化突破具有积极的推动作用。

1 煤层气赋存地质背景

松藻矿区位于扬子准地台内的上杨子台褶带与四川台坳两个二级大地构造单元的分界处（任纪舜等，1980）。松藻矿区位于川鄂湘黔隆起褶皱带中段西侧酒店垭背斜西翼，箭头垭背斜-桑木场背斜西翼发育的次级褶皱带上，在平面分布上形成向北东收敛，向南西撒开的放射状，具有娄山褶皱的特征，即背斜宽缓，向斜紧凑，褶曲波幅由东向西逐渐减弱，由东向西依次有两河口向斜、羊叉滩背斜、大木树向斜和鱼跳背斜形成向西突的“鼓包形构造”。这种特殊的构造形态，是不同方向应力共同作用致使煤系地层及上覆地层抬升，产生的复合和联合的结果。矿区北段为单斜构造，地层产状稳定，倾向 265°～300°，倾角为 20°～45°。

区域内以浅海相碳酸盐岩建造和碎屑岩建造为主，地层沉积由老到新为寒武系、奥陶系、志留系、二叠系（含煤地层）、三叠系、侏罗系，泥盆系和石炭系缺失。古生界主要出露于本区域的东部和东南部背斜轴部或近轴部；中生界分布于西部及东部和东南的向斜部分；新生界只发育有第四系，零星分布于河谷地带及岩溶洼地中。

矿区内龙潭组含水性极弱，视为隔水层，煤系上覆上二叠统长兴组和下伏中二叠统茅口组含水层缺乏水力联系，有利于煤层气资源的富集，是矿区内煤层气含量高的重要控制因素之一。

2 煤储层基本特征

2.1 含煤地层

矿区内含煤地层为上二叠统龙潭组，属海陆过渡相沉积，厚 57～107m，与上覆长兴组为整合接触，与下伏茅口组假整合接触。由灰至深灰色泥岩、砂质泥岩、粉砂岩及少量细砂岩、泥灰岩、石灰岩和铝质泥岩组成，含煤 10～12 层，发育 4 套主力煤层（M_{6-3}、M_{7-3}、M_8、M_{12}）（表 1），其中矿区南部可采和局部可采煤层各两层，M_{6-3}、M_{12}煤层为局部可采，M_{7-3}、M_8煤层全区可采。煤层总厚 4.01～9.88m，平均 7.58m，可采总厚 5.45m，含煤系数为 5.5%～13%，平均 10.2%。M_{6-3}、M_{7-3}、M_8煤层位于煤系中部，其层间距分别为 7.1m、6.6m，为近距离煤层群。M_{12}煤层位于煤系下部，至 M_8煤层间距为 22.6m。龙潭组的岩性、岩相及厚度均较稳定。

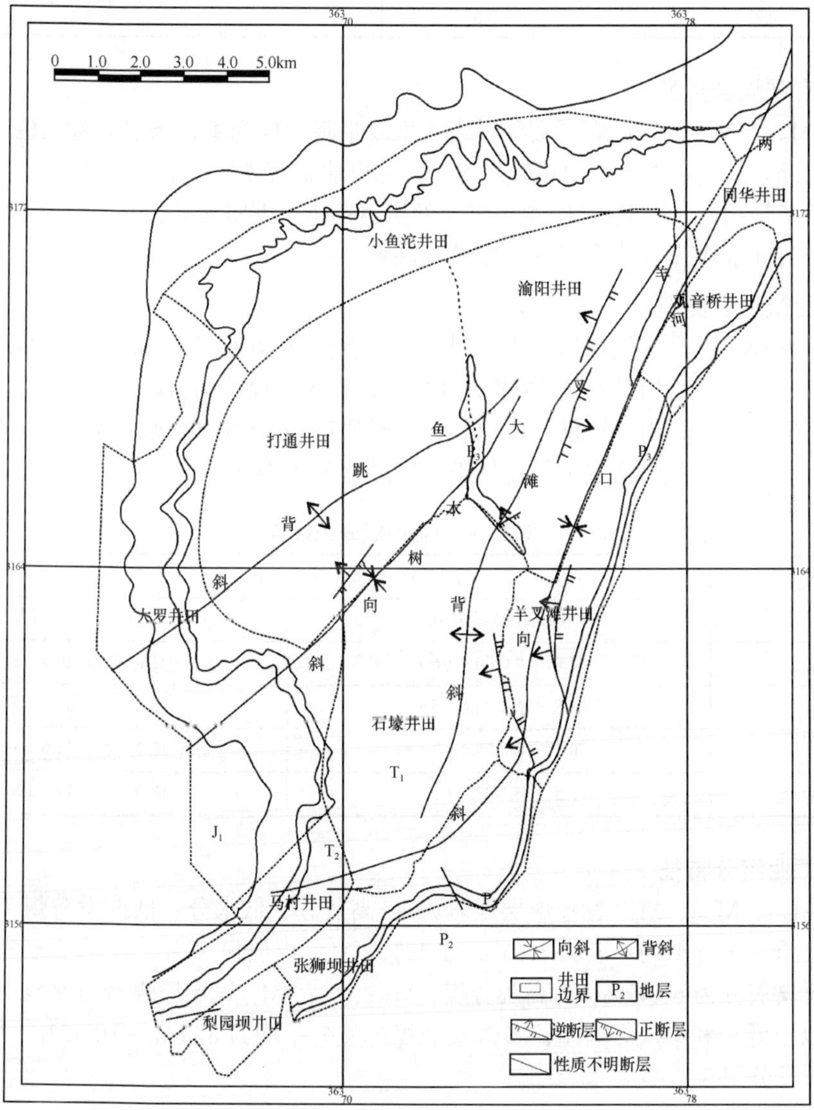

图 1 松藻矿区构造纲要略图

表 1　松藻矿区主力煤层特征一览表

煤层编号	厚度/m 最小～最大 平均	煤层间距/m	夹矸厚度/m 最小～最大 平均	顶底板岩性：顶板	顶底板岩性：底板	稳定性 可采性
M_{6-3}	0.1～1.17		0.03～0.24	泥岩、粉砂岩-砂质泥岩	泥岩、粉砂岩-砂质泥岩	不稳定 局部可采
	0.7	7.1	0.11			
M_{7-3}	0.71～1.62		0.01～0.57	泥岩、粉砂岩-砂质泥岩和细砂岩	泥岩、少量粉砂质泥岩	较稳定 全区可采
	1.11	6.6	0.26			
M_8	1.3～4.23		0.03～0.58	细砂岩、粉砂岩-砂质泥岩	泥岩，粉砂岩-砂质泥岩-细砂岩	稳定 全区可采
	2.75		0.24			
M_{12}	0.1～0.89	22.6	0.01～0.1	粉砂岩-砂质泥岩	粉砂岩-砂质泥岩	不稳定 局部可采
	0.72		0.05			

2.2　宏观煤岩类型

区内 M_{6-3}、M_{7-3}、M_{12} 煤层宏观煤岩类型以半暗型煤为主，条痕为灰黑色，似金属光泽，贝壳状断口，内、外生裂隙均较发育，偶见斑块状黄铁矿。M_8 煤层煤岩类型以半亮型煤为主，暗淡煤次之，有镜煤细-宽条带及丝炭透镜体，煤质松软，上部呈粉末状，下部呈碎块状，内外生裂隙发育，含黄铁矿结核和晶粒。

2.3　显微煤岩类型

根据矿区煤田钻孔煤层煤岩鉴定资料分析，有机显微组分平均 81.5%～88.0%，以 M_8 煤层为最高；无机显微组分平均 12.0%～18.5%，以 M_{12} 煤层为最高。在有机显微组分中，镜质组+半镜质组，平均占 61.0%～88.0%；半丝质组+丝质组 13.9%～39.0%，在无机组分中以黏土类为主，硫化物次之，氧化物类及碳酸盐类（表 2）。

表 2　有机显微组分统计表

煤层名称	有机显微组分/%（最小～最大/平均（点数）） 镜质组+半镜质组	有机显微组分/%（最小～最大/平均（点数）） 半丝质组+丝质组
M_{6-3}	61.0～79.0/70.1（6）	21.0～39.0/29.9（6）
M_{7-3}	61.8～76.4/70.6（5）	23.6～38.2/29.4（5）
M_8	70.2～88.0/78.4（7）	12.0～29.8/21.6（7）
M_{12}	78.5～86.1/82.4（5）	13.9～21.5/17.6（5）

2.4　工业组分特征

矿区 M_{6-3}、M_{7-3}、M_8、M_{12} 煤层煤岩为中-高灰分、低水分、低挥发分煤（表 3）。其中，各煤层原煤水分平均一般为 1.16%～2.42%，M_{6-3} 煤层最大为 2.42%，属于低水分煤；M_{6-3} 煤层原煤灰分为 68.42%，为高灰分煤，M_{7-3}、M_8、M_{12} 煤层原煤灰分平均为 14.04%～27.65%，以中低灰和中灰煤为主；各煤层原煤挥发分平均为 8.96%～10.44%，平均差别大不，为低挥发分煤。

表 3　煤岩工业分析成果表

煤层	水分/%	灰分/%	挥发分/%	真密度/（$g·cm^{-3}$）
M_{6-3}	2.42	68.42	9.82	2.33
M_{7-3}	1.36～1.64 1.5（2）	21.22～22.26 21.74（2）	8.93～8.98 8.96（2）	1.55～1.57 1.56（2）
M_8	1.2～1.38 1.29（2）	12.91～15.17 14.04（2）	8.37～10.12 9.25（2）	0.63～1.48 1.055（2）
M_{12}	1.12～1.19 1.16（2）	22.26～33.04 27.65（2）	9.16～11.71 10.44（2）	1.56～1.93 1.745（2）

2.5　煤岩变质阶段

矿区各可采煤层浮煤挥发分（V_{daf}）平均产率 8.85%～9.07%，有机碳（C_{daf}）平均含量 90.32%～90.53%，可燃基氢（H_{daf}）平均含量 3.65%～3.79%，镜质组平均反射率（R_{ran}）2.551%～2.563%，根据无烟煤变质阶段化指标，各煤层煤化程度属Ⅶ1 变质阶段，各煤层工业分类属无烟煤三号（Wy3）。

3　煤储层物性特征

3.1　压汞分析

对矿区 M_{7-3}、M_8、M_{12}煤样进行压汞实验，分析煤储层孔隙分布范围（表 4）。其中各煤层孔容范围为 0.0199～0.026cm^3/g，M_{7-3} 煤层最大。M_{7-3} 煤层的孔喉半径以 0.00～0.025μm，占 45.79%；平均孔直径为 15.9～38.4nm（图 2）。

表 4　煤岩压汞数据表

煤层	密度/（$g·cm^{-3}$）	孔容/（$cm^3·g^{-1}$）	平均孔直径/nm	孔隙度/%	中值压力/MPa	中值半径/nm
M_{7-3}	1.53	0.026	24.6	3.99	16.19	38.5
M_8	1.43	0.0205	15.9	2.94	72.93	8.6
M_{12}	1.47	0.02	17.4	2.94	59.15	10.5

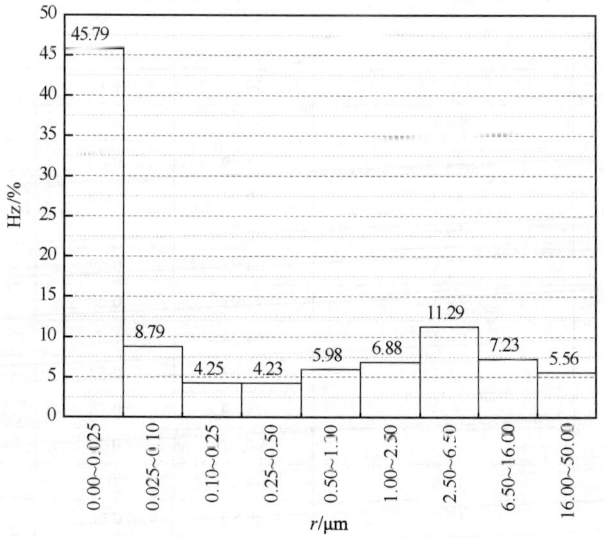

图 2　M_{7-3}煤层压汞孔喉分布直方图

3.2 孔渗特征分析

根据綦煤1井部分煤层煤岩孔渗实验测试及测井解释成果（表5），綦煤1井孔隙度测井解释范围为2.75%～7.09%，实验测试范围为2.36%～3.57%，孔隙度总体偏小；渗透率测井解释范围为0.01×10^{-3}～$0.115\times10^{-3}\mu m^2$，实验测试范围为$0.022\times10^{-3}$～$0.652\times10^{-3}\mu m^2$，总体较小。综上，矿区煤储层属于低孔隙度、低渗透率储层。

表5 煤岩孔隙度、渗透率数据表

煤层	孔隙度/%		渗透率/$10^{-3}\mu m^2$	
	测井解释	测试	测井解释	测试
M_{6-3}	5.68	—	0.051	—
M_{7-3}	6.43	1.69～3.8 2.36（5）	0.079	0.0045～0.0603 0.022（5）
M_8	7.09	2.00～5.87 3.57（10）	0.115	0.0262～1.1462 0.652（10）
M_{12}	4.71	—	0.029	—

4 含气性及控气因素

4.1 含气性

通过对矿区煤田勘探孔及煤层气钻井各煤层含量测试分析（表6），M_{6-3}煤层平均含气量为10.26m^3/t；M_{7-3}煤层含气量为19.62～21.92m^3/t，平均为20.84m^3/t；M_8煤层含气量为8.26～27.92 m^3/t，平均为17.81m^3/t；M_{12}煤层含气量为23.12m^3/t

矿区煤层气解析成分均以甲烷为主，解吸气甲烷浓度为 89.71%～99.41%；C_{2+}含量0.09%～0.13%，少量CO_2及N_2，其中CO_2气体含量一般0.16%～1.83%，N_2气体含量一般小于9.54%。

表6 矿区煤层气（瓦斯）实测含量及解析成分表

煤层	钻孔	煤层气（瓦斯）含量/（$m^3\cdot t^{-1}$）	煤层气（瓦斯）组分/%			
			CH_4	CO_2	N_2	C_2-C_8
M_{6-3}	打4	12.3	97.53	0.67	0.58	0.5
	綦煤1井	8.22	96.21	1.12	2.56	0.11
	平均	10.26	96.87	0.89	1.57	0.31
M_{7-3}	打4	20.98	97.96	0.53	0.82	0.51
	打5	21.92	96.64	0.29	1.98	0.96
	綦煤1井	19.62	89.71	0.65	9.54	0.1
	平均	20.84	94.77	0.49	4.11	0.52
M_8	打1	19.57	97.91	0.68	1.91	0.87
	打2	21.35	94.24	1.83	3.05	0.52
	打4	18.32	97.37	0.64	0.77	0.54
	打5	8.26	95.69	0.28	2.94	0.92
	打6	11.43	96.47	0.16	3.02	0.09
	綦煤1井	27.92	99.41	0.5	/	0.09
	平均	17.81	96.85	0.68	2.33	0.5
M_{12}	綦煤1井	23.12	99.03	0.48	0.35	0.13

4.2 控气因素

煤层气富集的必要前提是生成、储集、封盖、运移、聚集、保存六方面条件极其动态发展过程的有利配置，是构造因素控制之下诸多地质因素耦合作用的结果（安鸿涛，2014）。研究认为，松藻矿区煤层气富集的主要控制因素有以下四个方面。

（1）煤化作用

煤化程度是控制气体生成量和组分的主要因素。同等条件下，随变质程度的增高，煤层气的生成量和储存量（含气量）增高（杨明基等，2011）。松藻矿区主力煤层均为无烟煤，煤化程度高，甲烷成分一般在89%以上，煤层气含量大于8.26m^3/t，最高达329.92 m^3/t。

（2）沉积环境控制作用

沉积环境控制着聚煤特征、含煤岩系的岩性、岩相组成及其空间组合，并在很大程度上决定着煤储层物性和盖层围岩特征，通过围岩透气性能影响着煤层气的保存条件（杨明基等，2011；秦勇等，2000），是影响煤层气聚集与保存的基础地质条件。

矿区龙潭组自下而上可分为五段，其中一、三、五段为含煤段，二、四段为灰岩段；主要发育海陆过渡相（潟湖-海湾-潮坪）及浅海碳酸盐沉积，聚煤区以障壁海岸沉积环境为主，形成的南桐潮坪对煤储层的封盖能力较强（高彩霞等，2012；向晓军等，2011）。受沉积作用控制，龙潭组煤层顶底板主要为具有封盖能力较强的海湾-潮坪-沼泽/泥炭相泥岩或粉砂质泥岩。近煤层的泥岩、砂质泥岩、粉砂岩、页岩，以片状、鳞片状黏土矿物为主，结构致密，一般粒径小于0.005 mm，孔隙率平均1.4%，孔径以小孔为主，小于100nm 的平均占65.3%，孔容为0.0114～0.0172 cm^3/g，平均0.0146 cm^3/g，而煤的微孔容为0.0159～0.0322 cm^3/g，平均0.0239cm^3/g，几乎是煤层顶底板孔容的两倍，因此透气性极差，是良好的封闭层；次近煤层的细砂岩、粉砂岩，以微晶或细屑颗粒为主，粒径为0.25～0.005m，面孔隙率平均1.9%，原生及次生孔隙多被黏土矿物充填，也是较好的不透气层；远离煤层的各种灰岩，晶间孔隙、裂隙较发育，面孔隙率平均3.1%，由于其远离煤层及顶底板，对瓦斯逸散的影响不大，从而形成了一个良好的封闭体系（李恒乐等，2015）。因此，龙潭组沉积环境控制下的具有较强封盖能力的围岩条件，是造就该组煤层气富集的基础地质条件。

（3）构造作用

不同类型地质构造在形成过程中构造应力场及其内部应力分布状况的不同，均会导致煤层气保存条件出现差异，进而不同程度低影响煤储层的含气性（刘大锰等，2014）。一般来说，在褶皱强烈地带或紧密结合部位，如向斜的轴部附近、背斜的倾伏端等，含气量大，煤层气（瓦斯）富集程度高。矿区鱼跳背斜倾伏端走向转弯部位的9-4号钻孔，M_8煤层仅厚0.33 m，埋深也仅有296 m，但煤层气（瓦斯）含量却高达34.90 m^3/t。究其原因，该区煤层的硬度较软弱，在地质运动中容易发生变形，同时该煤层又处于鱼跳背斜倾伏端地层走向转弯部位，煤体结构被破坏的更为严重，煤层的孔裂隙结构破坏，影响了煤层气（瓦斯）气体的运移通道，从而使得含气性增加，造成煤层气（瓦斯）含量富集。

（4）水文地质作用

松藻矿区内主要含水层为石灰岩岩溶裂隙含水层，自上而下可划分出一个强含水层、4个中等含水层、4个隔水层，含水层和隔水层纵向上相互叠置。嘉陵江组四段、五段、六段（T_1j^{4-5}）为强含水层；嘉陵江组一段、二段（T_1j^{1-2}），玉龙山组二段、三段（T_1y^{2-3}），长兴组（P_3c）、茅口组（P_2m）为中等含水层；嘉陵江组三段（T_1j^3），飞仙关组一段、二段（T_1f^{1-2}），玉龙山组一段（T_1y^1）、龙潭组（P_3l）为隔水层（表 7）。

表 7　松藻矿区含水层与隔水层简表

序号	地层代号	平均厚度/m	含水层类型	含水性质	主要岩性	水质类型
1	T_1j^{4-5}	505	强含水层	岩溶裂隙承压含水层	石灰岩白云岩	$HCO_3^-+SO_4^{2-}-Ca^{2+}+Mg^{2+}$
2	T_1j^3	36	隔水层	—	钙质泥岩泥岩	
3	T_1j^{1-2}	110	中等含水层	岩溶裂隙承压含水层	石灰岩	$HCO_3^- - Ca^{2+}+Mg^{2+}$
4	T_1f^{1-2}	178	隔水层	—	钙质泥岩泥岩	
5	T_1y^{2-3}	86	中等含水层	岩溶裂隙承压含水层	泥质灰岩石灰岩	$HCO_3^- - Ca^{2+}+Mg^{2+}$
6	T_1y^1	41	隔水层	—	钙质泥岩泥质灰岩	
7	P_3c	51	弱含水层	岩溶裂隙承压含水层	石灰岩	$HCO_3^- - Ca^{2+}$， $HCO_3^- + SO_4^{2-}-K^++Na^++Ca^{2+}$
8	P_3l	74	隔水层	—	碎屑岩、煤层	
9	P_2m	>100	弱含水层	岩溶裂隙承压含水层	石灰岩	$HCO_3^- -K^++Na^++Ca^{2+}$ $Cl^- + HCO_3^- + K^++Na^++Ca^{2+}$

由表 8 可见，不同的含水层显示不同的水化学特征，上部强含水层（T_1j^{4-5}），中等含水层 T_1j^{1-2}、T_1y^{2-3} 水质类型为 $HCO_3^-+SO_4^{2-}-Ca^{2+}+Mg^{2+}$、$HCO_3^- - Ca^{2+}+Mg^{2+}$型，下部中等含水层 P_3c、P_2m 水质类型为 $HCO_3^- - Ca^{2+}$，$HCO_3^- + SO_4^{2-}-K^++Na^++Ca^{2+}$、$HCO_3^- -K^++Na^++Ca^{2+}$、$Cl^- + HCO_3^- + K^++Na^++Ca^{2+}$型。水质类型的不同反映了含水层水动力条件的差异，上部含水层水径流条件较好，受大气降水、地表水补给较强，水质类型与大气降水相似，通常为 $HCO_3^- - Ca^{2+}$型，且氧化性较强，易溶解碳酸盐中的 SO_4^{2-}、Ca^{2+}、Mg^{2+}，同时易溶性的 K^+、Na^+、Cl^- 被溶滤带走；相对于上部含水层，下部含水层缺失 Mg^{2+}，但富含 K^+、Na^+、Cl^-等易溶型成分，反映地下水动力径流条件减弱，含水系统较为封闭。所以整个区域在纵向上有多套盖层叠加形成多层封闭。在横向上有封闭的负向构造圈闭及可能的封堵性的断层，盆地水动力自成系统，使煤储层中煤层气保存良好，煤层气富集程度高。

5　结论

1）松藻矿区煤层区域分布稳定，煤层层数多，含煤 10～12 层，发育 4 套主力煤层（M_{6-3}、M_{7-3}、M_8、M_{12}）；厚度薄，煤层总厚 4.01～9.88m，平均 7.58m，含煤系数为 5.5%～13%，平均 10.2%，；

2）矿区煤储层属于低孔隙度、低渗透率储层，孔隙度为 2.36%～3.57%，渗透率为 0.022×10^{-3}～$0.652\times10^{-3}\mu m^2$；煤级以无烟煤为主，煤岩显微组分以镜质组含量最高，煤中灰分、挥发分、硫分含量中等，煤层孔隙度较高，孔径结构以微、小孔为主，这些因素都有利于煤层气的富集。

3）矿区龙潭组主要发育海陆过渡相（潟湖-海湾-潮坪）及浅海碳酸盐沉积，煤层顶底板主要为具有封盖能力较强的海湾-潮坪-沼泽/泥炭相泥岩或粉砂质泥岩，对煤层气起到了很好的区域性封盖保存作用。

4）构造上，矿区具有娄山褶皱的特征，即背斜宽缓，向斜紧凑，褶曲波幅由东向西逐渐减弱，由东向西依次有两河口向斜、羊叉滩背斜、大木树向斜和鱼跳背斜形成向西突的“鼓包形构造”。在褶皱强烈地带或紧密结合部位，如向斜的轴部附近、背斜的倾伏端等，含气量大，煤层气（瓦斯）富集程度高。

5）松藻矿区内主要含水层为石灰岩岩溶裂隙含水层，自上而下可划分出 1 个强含水层、4 个中等含水层、4 个隔水层，含水层和隔水层纵向上相互叠置，龙潭组为隔水层，使煤层气保存良好。

参考文献

安鸿涛. 2014. 龙湾井田 3 号煤层煤层气赋存的地质控制因素[J]. 煤炭科学技术，42（2）：41～43.

陈飞，程军，姚光华，等. 2011. 重庆地区煤层气资源开发模式研究[J]. 煤炭开采，16（1）：28～31.

高彩霞，向晓军，李长林，等. 2012. 重庆地区晚二叠世煤系层序地层与聚煤作用[J]. 煤田地质与勘探，40（4）：20～24.

韩俊，邓光明，朱长生，等. 2007. 重庆松藻矿区煤层气资源评价[C]//煤层气勘探开发理论与实践.

李恒乐，曹运兴，秦勇，等. 2015. 重庆煤矿区瓦斯赋存特征及地质控制因素[J]. 煤田地质与勘探，43（2）：1～7.

刘大锰，李俊乾. 2014. 我国煤层气分布赋存主控地质因素与富集模式[J]. 煤炭科学技术，42（6）：19～24.

秦勇，傅雪海，岳巍，等. 沉积体系与煤层气储盖特征之关系探讨[J]. 古地理学报，2000，2（1）：77～84.

任纪舜,等. 1980. 中国大地构造及其演化[M]. 北京：科学出版社.

向晓军，程军，蒙丽，等. 2011. 重庆市晚二叠世含煤地层聚煤特征[J]. 中国煤炭地质，23（8）：38～42.

杨明显，李大华，陈飞. 2011. 重庆地区二叠系上统龙潭组/吴家坪组煤变质规律及其对煤层含气量的影响[J]. 中国煤炭地质，23（11）：27～30.

基于动静态数据相结合的煤层气有利储层预测研究——以沁水盆地柿庄南区块为例

郭广山　柳迎红　王存武　吕玉民　邢力仁

（中海油研究总院新能源研究中心　北京　100027）

摘　要：为克服煤层气有利区评价中参数难以取全、取准的问题，综合利用参数井、开发井的测井、压裂及生产等动静态数据，建立含气量、渗透率、临储比、煤体结构和煤岩特征的五要素评价模型，采用多层次模糊数学方法预测有利储层的分布。研究结果表明：区块Ⅰ类储层主要集中在中部地区，沿北北东向呈条带状分布，Ⅲ类储层则分布于北部和南部地区，其他地区为Ⅱ类区。生产动态分析显示74%的高产气井和60%的中产气井集中分布在Ⅰ类煤储层有利评价区；17%高产气井和35%的中产气井分布在Ⅱ类煤储层有利评价区。

关键词：煤层气　有利储层　动静态　柿庄南　沁水盆地

CBM Favorable Reservoir Prediction Base on the Combination of Static and Dynamic Data-Shizhuangnan Block, Qinshui Basin

Guo Guangshan　Liu Yinghong　Wang Cunwu　Lv Yumin　Xing Liren

(New Energy Research Center，CNOOC Research Institute，Beijing100027，China)

Abstract：To overcome the difficult to get completion on CBM favorable reservoir evaluation, utilization ameter wells, logging development wells, fracturing and production, and other static and dynamic data to establish five elements of evaluation model of the gas content, permeability, temporary storage ratio, coal structure and characteristics of coal. Predicting the distribution of favorable reservoir by the way of multi-level fuzzy method. Research indicates: Type Ⅰ reservoirs are mainly concentrated in the central region and along the strip to the NNE;

作者简介：郭广山，男，1982年生，硕士，工程师，2008年毕业于中国地质大学（北京），专业为矿产普查与勘探，现从事非常规油气地质方面的研究工作。电话：84525326，E-mail:guogsh2@cnooc.com.cn

Type Ⅲ reservoirs are located in the northern and southern regions; other area is Type Ⅱ. Dynamic analysis showed that 74% of the production of high-yield wells and 60% of gas production concentrated in Class I favorable coal reservoir evaluation area; 17% and 35% of high-yield gas wells located in the middle class Ⅱ coal reservoirs favorable appraisal district.

Keywords: coalbed mathane; favorable reservoir; static and dynamic; Shizhuangnan block; Qinshui basin

寻找煤层气富集高产有利区是煤层气高效勘探开发的核心目标。然而，受取心成本、成功率等因素影响，无法保障每口井每一层位上都能取全所需的评价参数（如因成本缘故仅在部分探井的部分层位测试试井渗透率、煤层取心成功率低而造成含气量测试可靠性差），给煤层气有利区评价工作带来了极大的困难，因此，急需寻找有效的方法开展煤层气有利区评价。对煤层气富集高产评价，国内外学者已进行了深入的研究，并取得了较好的评价效果。然而，针对区块评价参数不足的情况，如何有效地开展煤层气富集高产有利区评价仍未得到充分重视和深入研究。本文以沁水盆地柿庄南区块为研究对象，在前人研究成果基础上，充分利用柿庄南区块已有测井资料、压裂数据、生产数据及其煤储层参数测试资料，建立了五要素快速评价模型，开展有利区多参数综合评价，并通过该区生产动态进行了验证分析。

1 研究区概况

柿庄南区块位于沁水盆地南端，是我国煤层气勘探程度较高的区块之一，区块面积 388km^2，煤层气探明储量为 534×10^{8}m^3，具备较好的煤层气勘探开发潜力。主力含煤层系为二叠系山西组和石炭系太原组，山西组 3 号煤层为主要开发层系，具有“一高一低三中”的特点，即：热演化程度高、孔渗条件低、含气量中等、含气饱和度中等和临储比中等（傅雪海等，2001；王明寿等，2006）。

2 煤层气地质条件

2.1 煤地质特征

煤层气与煤同生共体，且以吸附态赋存于煤的基质表面。煤地质特征是煤层气有利储层基本控制要素。煤地质评价主要关注煤层稳定性、煤体结构及煤层结构和煤岩煤质特征，评价参数主要为煤层厚度、煤层结构、煤体结构和灰分产率等。其中煤层厚度、煤层结构及煤体结构是气体吸附的载体空间，灰分产率的高低则决定载体空间的质量好坏，直接关系煤层气有利储层的资源基础。

（1）煤层厚度

煤层厚度与平面稳定性展布特征共同决定储集空间性能。厚度越大，稳定性越好，储集空间越有利于气体赋存。煤层厚度及稳定性主要受到成煤环境影响（刘之的等，2015）。利用煤岩特征测井响应特征，划分出 3 号煤层不同测井响应变化范围，对煤层厚度进行精细划分，精度小于 0.02m。

此次选取的测井参数为 GR、DEN、CNL、RT 和 AC 五个测井参数。3 号煤层表现出“两低三高”测井响应特征，即低伽马、低密度、高中子、高声波时差、高电阻率。3 号煤层测井响应值变化范围：GR 介于 12.32～34.38API 之间，DEN 介于 1.27～1.42g/cm^3 之间，CNL 介于 40.7～46.6p.u 之间，RT 介于 2659.6～20020Ω·m 之间，AC 介于 383～429.7/us/m 之间。

3 号煤层位于山西组中上部，距下石盒子组底部骆驼脖子砂岩 20～30m 左右。利用测井响应特征刻画每口井 3 号煤厚度。研究表明，研究区 3 号煤层全区稳定发育，厚度大，分布范围主要介于 5.0～7.0m 之间，平均 6.01m，平面上绝大部分地区厚度在 6.0m 以上，为气体赋存提供较好的储集空间（图 1a）。

（2）煤层结构

煤层结构直接影响到煤层三维储集空间结构的优劣。一般来说，煤层结构评价指标是夹矸发育的层数、夹矸的厚度和夹矸所占煤层厚度的比率（刘之的等，2015；金泽亮等，2013）。

3 号煤层的夹矸主要以泥岩为主，表现出高伽马、高声波时差、高中子、低电阻和中高密度的测井响应特征。研究发现 3 号煤层的中下部发育一套较稳定连续发育、厚度较小的泥岩夹矸，局部发育两套夹矸或不发育。

3 号煤层夹矸总厚度在 0.2～0.8m 之间，平均厚度 0.45m，夹矸比率在 4%～10%之间。平面上整体呈现夹矸较薄分布特征，局部出现“蜂窝状”夹矸较厚的特征，主要分布在区块北部（图 1b）。

（3）煤体结构

煤体结构指煤层在地质历史演化过程中经受各种地质作用后所表现出的结构特征，一般可分为原生结构煤、碎裂煤、碎粒煤和糜棱煤。煤体结构对煤层含气量、渗透率、产气量及煤粉运移都会产生显著影响。煤体破碎程度增大时，吸附空间破坏程度越高，同时造成大量煤粉产出，降低煤储层渗流条件，排采过程中大量煤粉滞留在煤储层中，导致排水降压不畅，进而影响产气情况。

目前，利用测井信息开展煤体结构的划分是行之有效的方法之一。对于柿庄南区块而言，反映煤体结构最敏感的测井曲线是深侧向电阻率和自然伽马。原生结构煤电阻率幅值较高，随着煤体破碎程度增加，煤中自由基浓度升高，小分子含量增加，煤中的导电网络变发达，导电离子在电场作用下更加自由地迁移，使电阻率幅值减小；原生结构煤灰分产率相对较低，自然伽马幅值低，随着灰分产率的升高，自然伽马幅值增大，煤体则更易于发生破碎（龙王寅等，1999；孟召平等，2015；汤友谊等，2015）。

基于测井信息，开展柿庄南区块煤体结构的识别与划分，分析不同煤体结构类型所占比率与煤层气产能之间的相互关系。研究表明，区块主要以原生结构煤为主，碎裂结构和碎粒结构次之。评价不同煤体结构对产气量影响发现：原生结构煤所占比率与平均产气量具有较好的正相关关系，比值介于 40%～70%之间时，煤层气产量显示出较好的表现；当比值处于 40%以下时，产气效果较差。研究区中部原生结构煤比率处于 40%～80%之间，具有较好的煤体结构特征（图 1c），是煤层气产量提升的重要潜力区。

（4）灰分

煤的组成成分相对复杂，研究过程中通常将煤的组成简化成纯煤、灰分和水分三部分。水分含量一般较小，灰分产率的高低直接决定煤岩纯度，进而影响甲烷气体吸附空间的质量好坏。

灰分产率一般是通过煤层气参数井煤样实验室测试得出。灰分产率主要受到成煤环境的影响，在平面和纵向上灰分均具有一定的非均质性，因此，仅仅利用参数井测试数据很难精细评价灰分变化特征。此次以测井体积模型法为基础，结合概率模型法，配合一定数量的实验室分析资料建立灰分产率参数最优解释模型（刘之的等，2013；徐刚等，2010）。研究表明，区块整体表现出“中-低灰”特征，灰分产率介于 12%～18%之间，平均含量 15.0%。平面上，局部发育灰分产率 15%以上的区域，主要分布在西南角、中部和东北角，其他的区域含量均小于 15%（图 1d）。

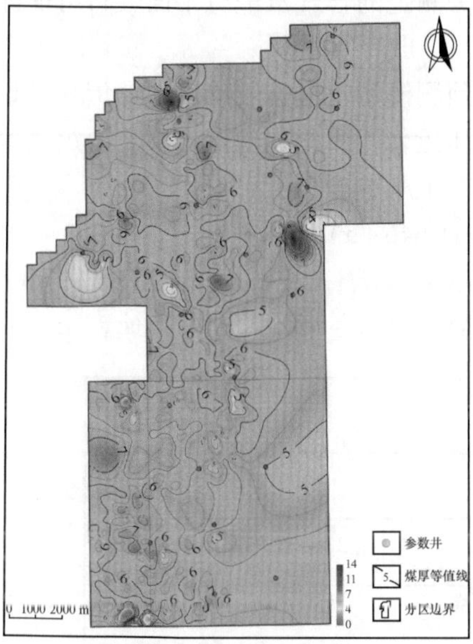

a　3号煤层厚度（m）分布图

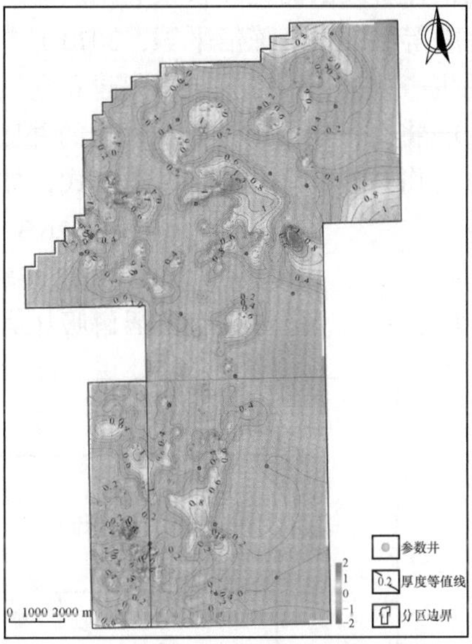

b　3号煤层夹矸厚度（m）分布图

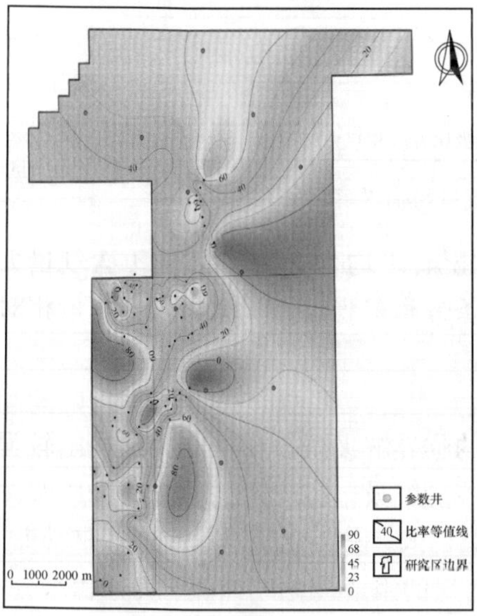

c　3号煤层原生结构比率（%）分布图

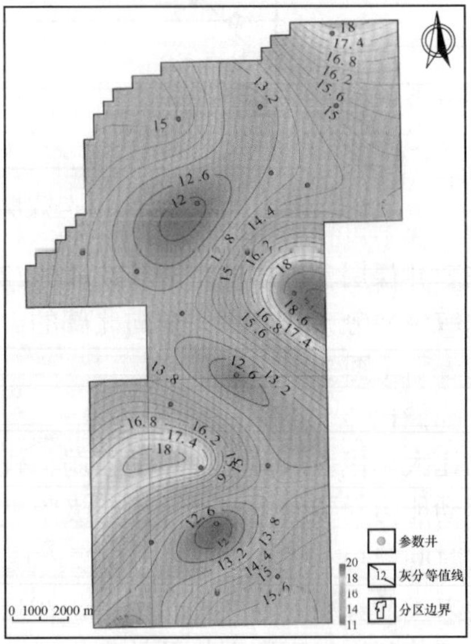

d　3号煤层灰分产率（%）分布图

图 1　柿庄南区块 3 号煤地质特征分布图

2.2 吸附特征

煤对甲烷的吸附能力决定了煤层气在煤储层中的赋存状态和储集能力，同时也控制着煤层气的产出过程。吸附特征评价主要是吸附量、吸附能力和解吸能力的大小，其评价参数主要包括含气量、含气饱和度、兰氏体积、兰氏压力、解吸时间、临界解吸压力和临储比。此次主要利用生产数据建立含气量和临储比预测模型对其精细评价。

（1）含气量

煤层含气量是煤层有利储层预测重要参数之一。目前评价中使用的含气量主要通过参数井现场快速解吸法测定。仅仅利用快速解吸法测定的含气量进行平面分布特征评价难度较大（赵毅等，2011；陈信平等，2013）。

利用生产数据，结合兰氏方程建立含气量预测模型，能够较准确地评价含气量分布特征（图 2）。将生产数据中开始产气时的井底流压近似等于临界解吸压力，通过兰氏方程建立含气量与临界解吸压力关系计算公式，如公式 1 所示：

$$y = 26.323x / (1.646 + x) \quad (1)$$

$$R^2=0.8684$$

式中：y 为含气量，m^3/t；x 为临界解吸压力，MPa。

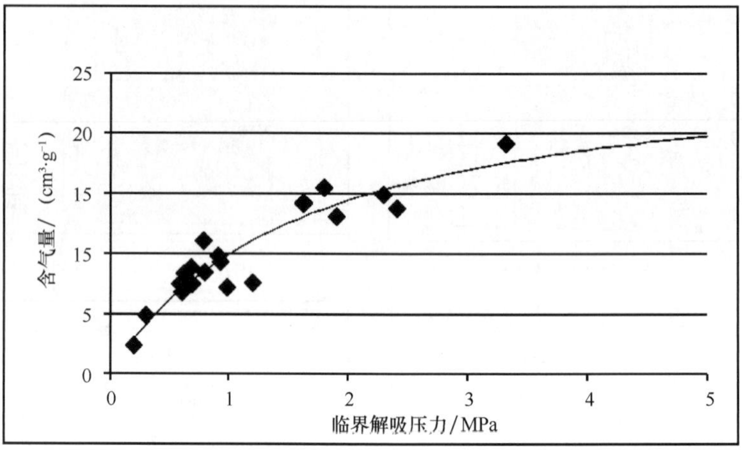

图 2　柿庄南区块 3 号煤层含气量与临界解吸压力关系图

区块 3 号煤层含气量主要分布在 4.0～24.0m^3/t，平均 11.8 m^3/t。平面上含气量大于 12.0 m^3/t 的区域主要分布在由西南角向北部的中间条带和东北角，其他部分含气量相对较低，小于 12.0 m^3/t（图 3a）。

（2）临储比

临储比大小代表煤储层能量的强弱，较高的临界解吸压力和临储比反映出较强的地层能量和驱动能力。临储比越大，说明吸附气越容易解吸，实现产气所需的降压幅度越小，所需要的时间越短；临界解吸压力与废弃压力值越大，说明地层能量越强，驱动能力越强，解吸量越大，开发潜力越大（孔锐等，2012）。

此次评价利用生产数据将开始产气时井底流压近似等于临界解吸压力，进一步计算临储比绘制平面分布图（如图 3b）可以看出：3 号煤层临储比主要分布在 0.2～0.8 之间，平均 0.6，整体较高；临储比大于 0.6 的高值区主要分布在区块中部和东北角。低值区主要分布在区块东南角和西北角，一般低于 0.3。

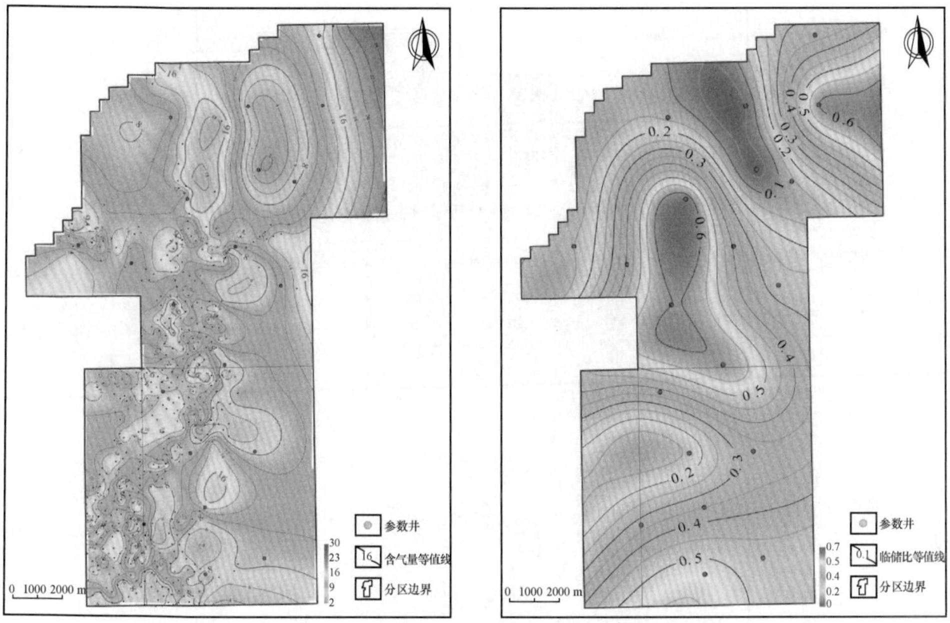

a　3号煤层含气量（m³/t）分布图　　　b　3号煤层临储比分布图

图 3　柿庄南区块 3 号煤层吸附特征分布图

2.3　物性特征

煤储层物性大小决定煤储层渗流条件。煤储层物件主要参数是煤层孔隙度和渗透率。煤层渗透率主要是通过注入/压降试井法计算煤层渗透率，但是一直以来渗透率的测定难度相对较大，加之煤储层低渗特征，造成现场测试的渗透率明显偏低，无法有效指导现场的生产（连承波等，2005，2008；孟召平等，2013）。

利用压裂数据计算地应力，建立地应力与渗透率的关系公式评价渗透率特征。水力压裂法是确定地应力常用的方法之一。根据地面垂直钻孔水力压裂测量地应力方法可知，闭合压力即为最小水平主应力。建立最小水平主应力与渗透率关系公式如下：

$$y = 9.0936e^{-0.264x} \quad (2)$$

$$R^2=0.6433$$

式中：y 为渗透率，mD；x 为最小水平主应力，MPa。

区块 3 号煤层渗透率整体呈现“由东南向西北”逐渐减小的趋势（图 4）。渗透率主要分布在 0.1～1.0mD 之间，平均 0.56mD，属于低渗煤储层。东南角渗透率最大，大于 1.0mD，随着向西北角埋深逐渐增加，地应力逐渐增强，渗透率降低到 0.1mD 以下。

3　有利储层分布区预测

3.1　评价方法及参数

寻找煤层气富集高产有利区是煤层气勘探开发的核心目标。通过对区内煤层气勘探开发有利区进行优选评价，查明有利区的分布区域，对干下步排采制度管理、提产措施井位建议具有重要的现实指导意义（刘大猛等，2008）。

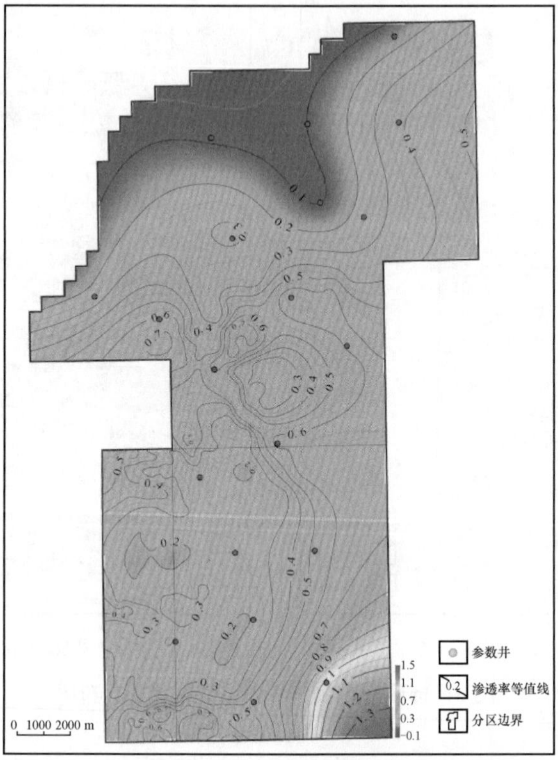

图 4　柿庄南区块 3 号煤层渗透率（mD）分布图

然而，上述煤层各参数评价可以确定单参数的有利区分布范围，但难以综合各参数来划分确定煤层气勘探开发有利区。多层次模糊综合评价是进行有利区综合客观评价的有效方法。目前，该方法已大量应用于油气资源战略选区评价，包括勘探早期的全国煤层气资源战略选区工作。基于上述研究，本次选取含气量、渗透率、临储比、煤体结构和煤岩特征五个主控要素进行有利区综合评价，其中煤岩特征包括煤层厚度、夹矸厚度和灰分产率；构建五要素三层次的模糊数学评价模型（表 1）。参照煤层气地质选区评价方法，结合柿庄南区块东部高煤阶煤层气地质特征，确定评价模型各评价参数的权重。

表 1　柿庄南区块煤储层有利区评价模型

评价参数		权重	Ⅰ	Ⅱ	Ⅲ
含气量/（$m^3 \cdot t^{-1}$）		0.25	≥15	8～15	<8
渗透率/mD		0.25	≥1	0.1～1	<0.1
临储比		0.20	≥0.6	0.4～0.6	<0.4
煤体结构		0.15	原生-碎裂	碎裂-碎粒	碎粒-糜棱
煤岩特征	煤层厚度/m	0.03	≥6	4～6	<4
	夹矸厚度/m	0.06	≤0.5	0.5～1	>1
	灰分产率/%	0.06	≤15	15～25	>25

3.2 评价结果及验证分析

评价结果显示，柿庄南区块 3 号煤层的Ⅰ类储层主要集中在中部地区，沿北北东向呈条带状分布，Ⅲ类储层则分布于北部和南部地区，其他地区为Ⅱ类区（图 5）。

为了验证评价结果，本文对柿庄南区块的煤层气试采动态与煤储层有利区评价结果进行了验证分析。从产气效果看，74%的高产气井和 60%的中产气井集中分布在Ⅰ类煤储层有利评价区；17%高产气井和 35%的中产气井分布在Ⅱ类煤储层有利评价区（图 6）。中高产气井的分布特征显示煤层气井的产气效果与煤储层有利区评价结果具有很好的吻合性。此外，统计发现约 33%的低产气井分布在Ⅰ类煤储层。对于这些煤层气井应加强排采管理和压裂效果分析，以寻找低产原因，为提产稳产提供建议与措施。

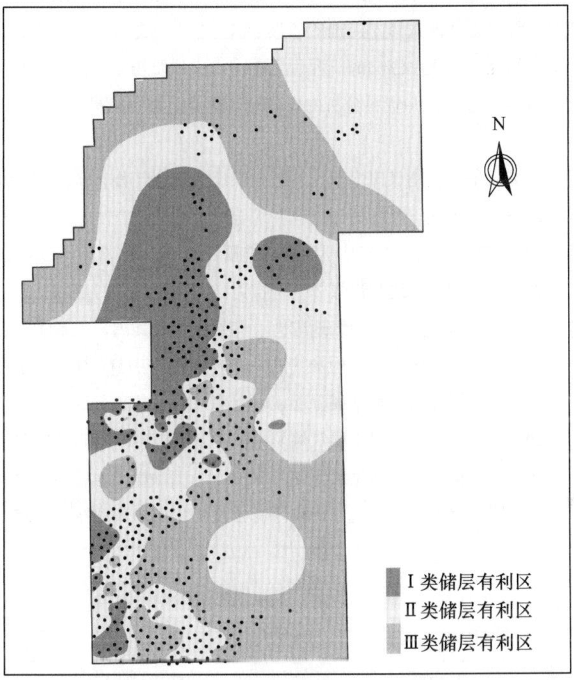

图 5　柿庄南区块 3 号煤储层有利区预测成果图

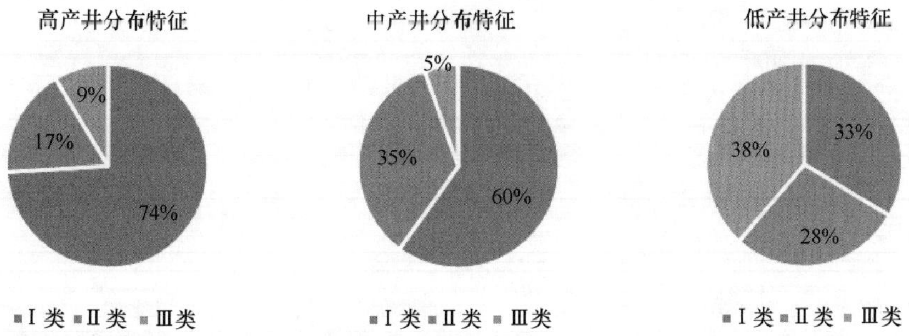

图 6　柿庄南区块煤储层有利区内产能特征分析图

4　结论

为克服煤层气有利区评价中参数难以取全、取准的问题，采用多层次模糊综合评价方法，选取含气量、渗透率、临储比、煤体结构和煤岩特征五个主控因素进行了煤层气有利区综合评价，构建五要素三层次的模糊数学评价模型。评价结果表明：区块 3 号煤层的Ⅰ类储层主要集中在中部地区，沿北北东向呈条带状分布，Ⅲ类储层则分布于北部和南部地区，其他地区为Ⅱ类区。生产动态分析显示 74%的高产气井和 60%的中产气井集中分布在Ⅰ类煤储层有利评价区；17%高产气井和 35%的中产气井分布在Ⅱ类煤储层有利评价区。

参考文献

陈信平，霍全明，林建东，等. 2013. 煤层气储层含气量与其弹性参数之间的关系[J]. 地球物理学报，56（8）：2838～2848.

傅雪海，秦勇，李贵中，等. 2001. 沁水盆地中-南部煤储层渗透率主控因素分析[J]. 煤田地质与勘探，29（3）：16～19.

金泽亮，薛海飞，高海滨，等. 2013. 煤层气储层测井评价技术及应用[J]. 煤田地质与勘探，41（2）：43～45.

孔锐，张哨楠. 2012. 煤层气储层评价方法的选择[J]. 地质通报，31（4）：586～593.

连承波，李汉林，2005. 地应力对煤储层渗透率影响的机理研究[J]. 煤田地质与勘探，33（2）：30～32.

连承波，钟建华，赵永军，等. 2008. 基于试井资料分析的煤储层渗透率定量预测模型[J]. 辽宁工程技术大学学报（自然科学版），27（4）：481～484.

刘大猛，姚艳斌，刘志华，等. 2008. 华北安鹤煤田煤储层特征与煤层气有利区分布[J]. 现代地质，22（5）：787～793.

刘之的，杨秀春，陈彩红，等. 2013. 鄂东气田煤层气储层测井综合评价方法研究[J]. 测井技术，37（3）：289～293.

刘之的，赵靖舟，时保宏，等. 2015. 煤层气储层“三品质”测井定量评价方法研究[J]. 天然气地球科学，26（5）：966～978.

龙王寅，朱文伟，徐静，等. 1999. 利用测井曲线判识煤体结构探讨[J] . 中国煤田地质，11（3）：64～69.

孟召平，蓝强，刘翠丽，等. 2013. 鄂尔多斯盆地东南缘地应力、储层压力及其耦合关系[J]. 煤炭学报，38（1）：122～128.

孟召平，刘姗姗，王保玉，等. 2015. 晋城矿区煤体结构及其测井响应特征研究[J]. 煤炭科学技术，43（2）：58～63.

汤友谊，孙四清，郭纯，等. 2005. 不同煤体结构类型煤分层视电阻率值的测试[J]. 煤炭科学技术，33（3）：70～73.

王明寿，汤达祯，魏永佩，等. 2006. 沁水盆地北端煤层气储层特征及富集机制[J]. 石油实验地质，28（5）：440～444.

徐刚，杜文凤，冀超辉，等. 2010. 基于证据理论的煤层气储层评价方法[J]. 煤田地质与勘探，38（4）：30～37.

赵毅，毛志强，孙伟，等. 2011. 煤层气储层非常规测井资料评价方法研究[J]. 测井技术，35（5）：441～446.

准噶尔盆地南缘西山窑组与八道湾组煤层气成藏富集条件对比研究

侯海海[1] 邵龙义[1] 唐 跃[2] 赵 升[1] 袁 远[2] 李雅楠[1] 张家强[2]

（1. 中国矿业大学（北京）地球科学与测绘工程学院 北京 100083；
2. 中国地质调查局油气资源调查中心 北京 100029）

摘 要：准噶尔盆地南缘（准南）侏罗系八道湾组和西山窑组煤层气资源丰富，是我国中低煤阶煤层气勘探的重要地区。准南东部针对八道湾组煤层气的勘探开发已经取得一定成效，部分区块已经实现商业化开采，但准南西部针对西山窑组煤层气的勘探则进展相对缓慢，因此有必要对准南西山窑组与八道湾组煤层气成藏富集条件对比研究。受成煤期古气候和沉积环境的影响，八道湾组煤层具有较高的镜质组含量，而西山窑组则具有明显高的惰质组含量；受控于煤级的影响，准南八道湾组煤的微孔含量和比表面积要高于西山窑组，另外煤储层构造裂隙数量明显高于内生裂隙，且裂隙发育密度与煤层所处的构造位置关系密切；基于煤岩、煤厚、盖层、水文地质条件分析，整体上八道组煤的含气量高于西山窑组，但西山窑组煤层的盖层条件要优于八道湾组。以乌鲁木齐河西区为例，提出了对冲-褶皱型煤层气成藏富集模式，认为以逆断层封堵的单斜、浅部中和面以下的向斜斜坡带及深部背斜轴部地带是准南地区西山窑组潜在的煤层气富集区。

关键词：中低煤阶 阜康 成藏模式 水文地质 勘探方向

Comparative Study of CBM Accumulation Conditions Between the Xishanyao Formation and the Baidaowan Formation in the Southern Junggar Basin

Hou Haihai[1] Shao Longyi[1] Tang Yue[2] Zhao Sheng[1] Yuan Yuan[2] Li Yanan[1] Zhang Jiaqiang[2]

(1. School of Earth Sciences and Surveying Engineering, China University of Mining and Technology(Beijing), Beijing 100083,China;
2. Center of Oil&Gas Resource Survey, CGS, Beijing 100029, China)

Abstract: The southern Junggar Basin has abundant coalbed methane (CBM) resources in

作者简介：侯海海，男，1986 年生，博士后，主要研究方向为煤层气地质理论及应用。电话：13683180245，E-mail：houmensihai@163.com。

邵龙义，男，1964 年生，教授，博士生导师，从事煤田地质学研究。E-mail：shaoL@cumtb.edu.cn

the strata of the Jurassic Badaowan and Xishanyao formations, which is one of the most important areas for middle-low ranked CBM exploration in China. A breakthrough development has been achieved for the CBM explorative process in the Badaowan formation, however, a relatively slow process has been performed in the Xishanyao formation. Therefore, it's necessary to investigate the differences of CBM enrichment conditions between these two formations. Influenced greatly by paleoclimate and sedimentary environment during the coal-accumulative period, the coals in the Badaowan formation have relatively high vitrinite contents, whereas obvious great inertinite contents are existed in the coals form the Xishanyao formation. Due to various coal ranks, the micropore contents and specific surface area of coals in the Badaowan formation are relatively higher than those in the Xishanyao formation. It is found that the density of the deformed fractures in the coal reservoirs is more developed than that of the endogenous fractures, and the develop of the deformed fracture is closely related with the structural locations of the coals. Based on the analyses of coal maceral, coal thickness, sealing and hydrogeological conditions, as a whole, the gas contents of the coals from the Badaowan formation is higher than that in the Xishanyao formation. Taking the western Urumqi River for an example, ramp-fold structure for CBM accumulation model has been proposed, and the zones of the monocline sealed by reverse fault, the shallow slop zone in syncline and the deep axis in anticline are the potential CMB enrichment areas in the Jurassic Xishanyao coals, southern Junggar Basin.

Keywords: Middle-low rank; Fukang; CBM enrichment model; hydrogeological analysis; explorative prospects

中国西北地区侏罗系低煤阶煤层气资源丰富，是国家煤层气开发利用“十三五”规划中要求取得勘探突破的重点区域[1]。准噶尔盆地南缘（准南）作为主要的调查区之一，其埋深在 1500m 以浅的煤层气地质资源量为 $9548.54\times10^8m^3$（杨起等，2005），煤层气勘探开发主要层位位于下侏罗统八道湾组和中侏罗统西山窑组（邵龙义等，2015）。经过十多年的煤层气勘探开发，各相关单位已在准南地区施工了百余口煤层气参数井和生产试验井，其中针对八道湾组煤层的钻井数量占绝大多数，主要分布在乌鲁木齐河东矿区和阜康白杨河矿区等准南东部地区，其中个别垂直井日产量可高达 $1.7\times10^4m^3$，稳产在 7000 m^3/d 左右，部分区块已实现商业化开采（杨曙光等，2010；王生维等，2014；伏海蛟等，2015）。而针对西山窑组煤层的勘探程度则较低，所施工的钻井数量也较少，目前主要位于玛纳斯河、呼图壁河、硫磺沟和乌鲁木齐河西等准南西部地区（唐跃等，2016）。

虽然针对西山窑组煤层气的勘探已有部分工作基础，也取得了一些成果，包括对厚煤层的圈定、富集模式的分析和开发工艺的探讨等（李勇等，2016；Fu et al.，2016；周三栋等，2015；刘伟超等，2013），但是单井排采目前还未取得理想效果。准南八道湾组煤层，特别是已经取得单井产量突破的阜康白杨河矿区和乌鲁木齐河西等广大区域隶属于同一构造带，在煤层产状、煤层形成沉积环境、煤成气成藏条件和开发地质条件等方面具有可以类别和借鉴的可能。为此，本文拟通过对准噶尔盆地南缘西山窑组与八道湾组煤层气成藏富集条件对比研究，以期为准噶尔盆地南西部地区西山窑组煤层气的勘探开发提供支撑。

1 区域地质概况

准南构造位置地处准噶尔盆地与天山造山带的结合部位，历经多期构造，特别是新生代喜马拉雅运动使得天山北缘山前强烈褶皱并伴生一系列大型逆冲断裂（汪新伟等，2007；陈书平等，2007）。整体上准南地区由南向北发育了三排近东西向延展的构造带（图 1），其中第一排构造带为山前断褶带，也是目前煤层气勘探开发的主要地区，覆盖地层主要为二叠系、三叠系和侏罗系；第二排和第三排构造带多为新生界覆盖的隐蔽构造，是石油勘探的重点地区（管树巍等，2012）。准南东部由于乌鲁木齐-米泉断裂和博格达山的影响，褶皱带轴部逐渐转为北东向，局部可见平移断层。

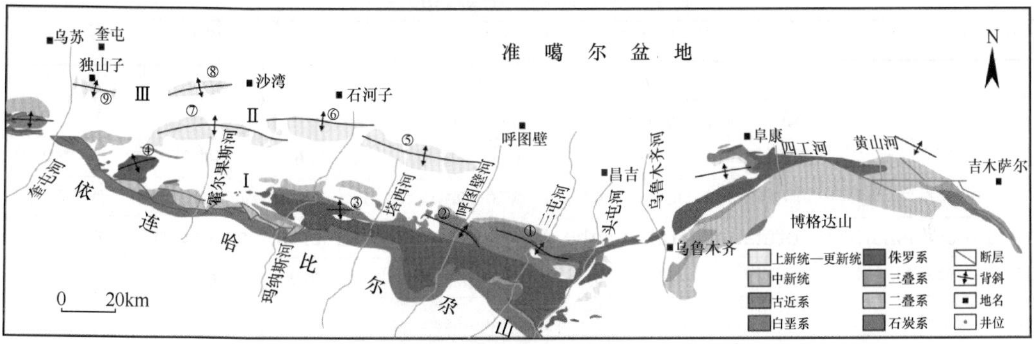

图 1 准噶尔盆地南缘构造地质简图

（据管树巍等，2012，有修改）

①喀拉扎—昌吉背斜；②齐古背斜；③清水河背斜；④南安集海背斜；⑤吐谷鲁背斜；⑥玛纳斯背斜；⑦霍尔果斯背斜；⑧安集海背斜；⑨独山子背斜。Ⅰ—构造带

准南侏罗系含煤地层从下至上依次包括下侏罗统八道湾组、三工河组和中侏罗西山窑组，其中含煤性以八道湾组和西山窑组为主，三工河组含煤性较差，基本无可采煤层。基于盆地基底沉降、沉积物供给和可容空间变化速率的分析，八道湾组厚煤层主要分布在下段和上段下部，而西山窑组厚煤层主要分布在其底部（刘豪等，2002），整体上八道湾组下段煤层形成于湖侵沼泽，而八道湾上段和西山窑组煤层则形成于湖退沼泽（胡平等，2006）。平面上，准南八道湾组富煤带位于阜康-水西沟一带，煤层厚度一般介于 15～55m 之间，而西山窑组富煤带则展布玛纳斯-乌鲁木齐之间，煤层厚度一般介于 19～34m 之间。由于古气候和成煤期古构造的影响，八道湾组和西山窑组煤系地层的沉积环境存在明显差异，前者以冲积扇、扇三角洲、河流相为主，后者则以三角洲和滨浅湖为主（何志平等，2004；姜科庆等，2010）。

2 煤层气成藏条件对比

煤层气的成藏富集条件一般包括生、储、盖、运、聚、保等要素，其中生、储条件控制着煤层气的资源潜力，而盖层和保存条件则决定着后期煤层气富集的差异性（王勃等，2009）。因此，煤层气富集区的形成与煤系沉积环境、构造特征和水文地质条件密不可分，关键是寻求三者的有利匹配区域。

2.1 煤层气生气条件

（1）煤变质程度

煤变质在很大程度上决定了煤层最终的生烃能力，通常将煤的变质类型划分为深成变质作用、岩浆变质作用和动力变质作用，其中深成变质作用是准南侏罗系煤化作用的主要类型。因此下侏罗统八道湾组煤的镜质体反射率值整体上要明显高于中统西山窑组煤（表1），且八道湾组煤的变质程度略成东高西低之势，而西山窑组的煤级分布则较为均匀。从煤类的角度来归类，八道湾组的煤主要为气煤，少量达到肥煤，而西山窑组煤则主要为长焰煤，少量达到气煤。

表1 准南煤田显微煤岩组分特征

地点		煤层层位	镜质体反射率/%	镜质组/%	惰质组/%	壳质组/%	矿物/%
东部	大黄山	八道湾组	0.67	75.8	20.8	3.2	0.2
	阜康三工河	西山窑组	0.46～0.77	35.7～56.2	23.3～57.2	1.0～29.0	2.8～12.4
	阜康白杨河	八道湾组	0.65～0.85	81.0～94.0	2.0～14.0	极少量	< 5.0
中部	铁厂沟	八道湾组	0.62～0.79	83.0～92.0	3.7～11.2	< 1.5	< 11.8
	铁厂沟	西山窑组	0.55～0.64	48.2～64.8	27.2～45.8	< 1.2	< 7.0
	硫磺沟	八道湾组	0.71～0.80	75.8～88.4	10.0～20.0	< 5.0	< 10.0
	硫磺沟	西山窑组	0.47～0.54	24.6～64.9	13.6～61.1	< 3.4	< 15.6
西部	呼图壁	西山窑组	0.47～0.65	17.2～42.6	48.2～78.2	< 1.6	< 11.8
	玛纳斯	西山窑组	0.58～0.72	45.4～84.2	17.4～49.6	< 6.0	< 8.5
	石河子	八道湾组	0.62～0.78	82.4～94.8	1.9～10.5	< 5.5	< 7.4

（据唐跃等，2016；罗磊等，2015；谢相军等，2016）

（2）煤岩特征

区域上，准南煤田八道湾组和西山窑组煤的显微组分均以镜质组为主，惰质组次之，壳质组和矿物少量发育为特征（表1）。但值得注意的是，西山窑组煤的惰质组含量要明显高于八道湾组煤，甚至部分地区西山窑组煤的惰质组含量要高于其自身的镜质组含量。由于显微组分的差异，准南八道组煤的宏观煤岩类型以光亮型和半光亮型为主，而西山窑组煤则以半光亮型和半暗淡型为主。分析认为古气候和成煤环境的变化是造成八道湾组和西山窑组煤岩差异的主要原因，一方面，中侏罗世古大气 CO_2 浓度与早侏罗世相比呈持续增高趋势（Berner，2006），因此西山窑组成煤期古气候变得相对干热化，从而产生较高的丝质体含量（Scott et al.，2007）；另一方面，整体上八道湾组下段煤层形成于湖侵沼泽，西山窑组下段煤层则形成于湖退沼泽，因此西山窑组成煤期沼泽的覆水深度相对较浅，同样有利于丝炭化作用的发生。根据上述煤变质程度和煤岩特征综合分析，认为准南八道湾煤的生气条件整体上优于西山窑组。

2.2 煤储层条件

（1）孔隙特征

孔隙发育及结构特征是影响煤层气赋存和产出的重要影响因素，由于不同实验方法和计算模型均可以影响到煤储层孔隙结构参数的数值，因此采用相同的实验是进行孔隙参数对比研究的基础。本论文借鉴前人在阜康矿区中八道湾组和西山窑组煤的孔隙结构参数（李月云等，2017），通过类比方法分析准南八道湾组和西山窑组煤储层孔隙结构的差异性。结果表明，阜康矿区煤储层孔隙以小孔和微孔占主要比例，且八道湾组煤的微孔含量和比表面积要高于西山窑组，（表2），分析认为这种孔隙变化特征主要受控于煤级的影响。

表2 准南阜康矿区八道组煤和西山窑组煤的孔隙结构对比[24]

采样地点	采样层位	$R_{o,max}$/%	孔容/$cm^3 \cdot g^{-1}$	比表面积/$m^2 \cdot g^{-1}$	不同孔径孔容所占比例/%			
					大孔	中孔	小孔	微孔
阜康矿区	西山窑组	0.46	0.054	8.426	10.27	8.22	43.15	38.36
		0.67	0.061	10.812	8.08	18.56	43.23	30.13
	八道湾组	0.68	0.069	24.548	7.30	19.69	25.64	47.37
		0.69	0.069	25.449	5.67	22.52	28.19	43.62
		0.52	0.050	22.670	8.72	8.03	27.06	56.19
		0.51	0.045	22.918	3.58	6.92	30.31	59.19
		0.69	0.044	23.867	4.40	6.02	29.86	59.72

（据李月云等，2017）

（2）裂隙特征

煤储层裂隙由内生裂隙和构造裂隙组成，由于准南地区侏罗系煤层大部分处于低变质阶段，内生裂隙相对不发育，且构造位置处于山前断褶带，因此煤储层构造裂隙数量占绝对比例。通过资料调研（李臣臣等，2015），平面上，准南乌苏、沙湾和阜康等地区是煤储层裂隙发育的高值区，其中沙湾煤样的显微裂隙密度可达1557条/（$9cm^2$）；垂向上，八道湾组煤储层裂隙密度与西山窑组裂隙密度相当，影响煤储层裂隙发育特征应该与煤层所处的构造位置关系密切，同时通过裂隙发育情况可以进一步指示区域构造和煤体结构发育特征。

2.3 盖层条件

对于低煤阶煤层气成藏而言，煤层形成后的底板岩性及厚度是影响煤层含气性的重要因素（桑树勋等，2002）。对于准南地区侏罗系沉积体系分析可知，三屯河以西地区西山窑组煤层的直接或间接顶板为厚层湖湘泥岩，对于三屯河至乌鲁木齐河之间而言，西山窑组煤层的直接或间接顶板则为辫状河三角洲平原中薄层泥岩和粉砂岩，同时乌鲁木齐河以东八道湾组煤层则为扇三角洲平原的中厚层粉砂岩和细砂岩。另外，据统计八道湾组粗碎屑岩占比55.4%，且主要集中八道湾组下部，而西山窑组的粗碎屑岩占比则降低为41.6%。因此，区域上西山窑组煤层的盖层条件最好，八道湾组上段煤层盖层条件次之，八道湾组下部煤层盖层条件相对较差。但八道湾组煤层上部存在一个以细碎屑岩为主的区域盖层——三工河组，结合各含煤岩系的煤层厚度和生气条件，整体上八道湾煤的含气量要高于西山窑组。据前人在准南施工煤层气井测试结果表明，八道湾组煤的含气量一般介于6～15m^3/t之间，平均在7～8m^3/t左右（谢相军等；2016），而西山窑组煤的含气量一般介于3～11m^3/t之间，平均在4～6m^3/t左右（唐跃等，2016）。

2.4 水文地质条件

通过对准南八道湾组和西山窑组煤层水的各离子浓度分析（图2），准南八道湾组煤层水中的K+Na、Ca和Mg平均离子浓度分别为66.96%、20.02%和13.02%，西山窑组煤层水中相应的阳离子平均浓度分别为77.14%、13.28%和9.58%；八道湾组和西山窑组煤层水中的阴离子浓度相当，且 $HCO_3+CO_3>SO_4>Cl$。整体上，八道湾组的水质类型主要为 Na.Ca-HCO_3. SO_4，而西山窑组的水质类型则以 Na.Ca- HCO_3.SO_4 为主，因此八道湾组中的煤层水矿化度平均值（2768mL/g）要低于西山窑组的（3266mL/g）。分析认为西山窑组中煤层水由于具有较高的矿化度，因此更有利于煤层气的富集；而八道湾组由于具有较低的矿化度，则更有利于形成生物成因气藏。

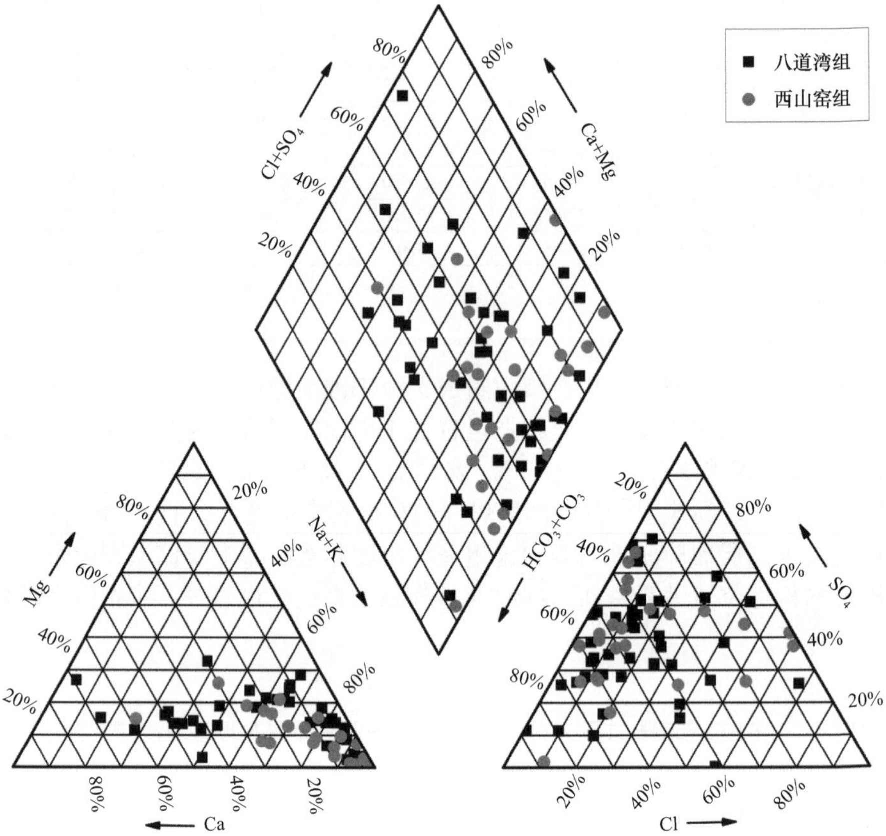

图 2　准南侏罗系八道湾组和西山窑组地下水主要离子 Piper 图

3　煤层气成藏模式

以构造条件为主导，辅助水文地质条件和岩性分布特征，前人对准南地区侏罗系八道湾组和西山窑组煤层气的成藏模式主要归纳为以下三类：①单斜模式；②宽缓褶皱模式；③逆冲叠瓦式模式（伏海蛟等，2015；李勇等，2016）。事实上，在乌鲁木齐河西勘探区还存在另一种煤层气成藏模式，即对冲构造引的褶皱型煤层气富集模式。由于乌鲁木齐河西区南部桌子山存在水系补给，因此在西山窑组的浅部地区易形成生物甲烷气，同时桌子山背斜轴部的相对构造高点以及头屯河向斜的斜坡带易形成煤层气的富集区（图 3）。中国地质调查局油气资源调查中心于 2015～2016 年期间在该区域施工了 WXC-1 和 WXC-2 两口煤层气参数井，目的层位均为中侏罗统西山窑组，钻孔位置分别位于西山逆断层的上升盘和头屯河向斜的轴部区域。含气量测试结果显示：WXC-1 煤层最大含气量为 11.34m^3/t，而 WXC-2 煤层最大含气量只有 5.0m^3/t，一方面表明虽然西山窑组煤层在生气和储层条件方面比八道湾组煤层相对较差，但依然存在局部的富集区；另一方面也证实以断层封堵深部自吸附区域煤的含气量要优于向斜轴部地带，建议该区域未来的煤层气勘探可以尝试在浅部中和面以下的向斜斜坡带和深部八道湾组背斜轴部地带开展。

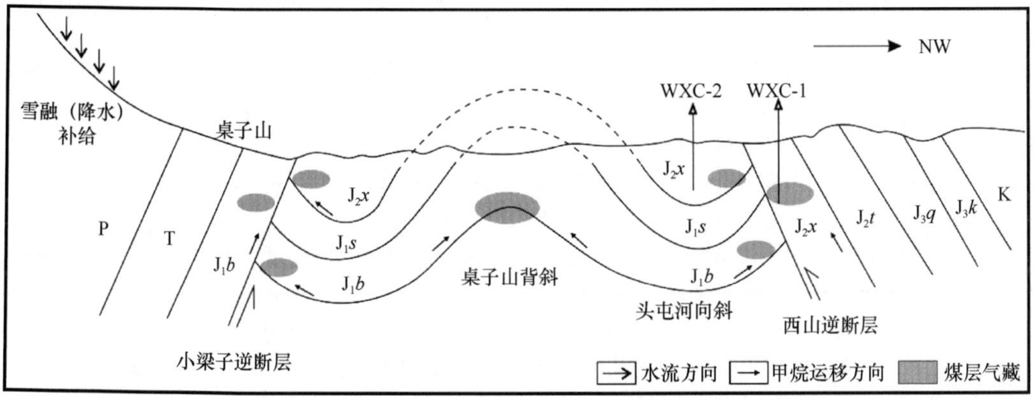

图 3　准南乌鲁木齐河西区对冲-褶皱型煤层气成藏富集模式

4　结论

1）准南地区八道湾组下段、上段下部和西山窑组下底部煤层为煤层气勘探的主要目的层位。八道湾组煤主要为气煤，少量达到肥煤，宏观煤岩类型以光亮型和半光亮型为主；西山窑组煤则主要为长焰煤，少量达到气煤，宏观煤岩类型以半光亮型和半暗淡型为主，且煤的惰质组含量明显高于八道湾组。分析认为古气候和成煤环境的变化是造成八道湾组和西山窑组煤岩差异的主要原因。

2）受控于煤级的影响，准南八道湾组煤的微孔含量和比表面积要高于西山窑组。准南煤储层构造裂隙数量明显高于内生裂隙，其中乌苏、沙湾和阜康等地区是煤储层裂隙发育的高值区，另外影响煤储层裂隙发育特征应该与煤层所处的构造位置关系密切，同时通过裂隙发育情况可以进一步指示区域构造和煤体结构发育特征。

3）区域上西山窑组煤层的盖层条件最好，八道湾组上段煤层盖层条件次之，八道湾组下段煤层盖层条件相对较差，八道湾组的水质类型主要为 Na.Ca- HCO_3. SO_4，而西山窑组的水质类型则以 Na.Ca- HCO_3. SO_4 为主，八道湾组中的煤层水矿化度平均值（2768mL/g）低于西山窑组（3266mL/g）。

4）基于准南地区构造和水文地质条件，在前人研究的基础上，以乌鲁木齐河西区为例，提出了对冲-褶皱型煤层气成藏富集模式，并对该区域未来煤层气的勘探方向进行了预测。

参考文献

陈书平，漆家福，于福生，等．2007．准噶尔盆地南缘构造变形特征及其主控因素[J]．地质学报，81（2）：151～157.

伏海蛟，汤达祯，许浩，等．2015．准南中段煤层气富集条件及成藏模式研究[J]．煤炭科学技术，43（9）：94～98.

管树巍，陈竹新，方世虎．2012．准噶尔盆地南缘油气勘探的 3 个潜在领域——来自构造模型的论证[J]．石油勘探与开发，39（1）：37～44.

何志平，邵龙义，康永尚，等．2004．准噶尔盆地侏罗系八道湾组聚煤作用控制因素分析[J]．沉积学报，22（3）：449～454.

胡平，徐恒，李新兵，等. 2006. 准噶尔盆地东部侏罗纪含煤岩系沉积环境及基准面旋回划分[J]. 沉积学报，24（3）：378～386.
姜科庆，田继军，汪立今，等. 2010. 准噶尔盆地南缘西山窑组沉积特征及聚煤规律分析[J]. 现代地质，24（6）：1204～1212.
李臣臣，刘大锰，蔡益栋，等. 2015. 新疆准南地区煤储层显微裂隙特征及矿物控因分析[J]. 煤炭科学技术，43（12）：144～151.
李勇，曹代勇，魏迎春，等. 2016. 准噶尔盆地南缘中低煤阶煤层气富集成藏规律[J]. 石油学报，37（12）：1472～1482.
李月云，江林华，张大伟，等. 2017. 阜康矿区煤的孔隙与裂隙特征[J]. 煤田地质与勘探，（2）：80～84.
刘豪，王英民，王媛. 2002. 浅析准噶尔盆地侏罗系煤层在层序地层中的意义[J]. 沉积学报，20（2）：197～202.
刘伟超，张峋峰，白春旺. 2013. 昌试1井煤层气掏穴井施工工艺[J]. 中州煤炭，（8）：68～71.
罗磊，汤达祯，陶树，等. 2015. 准东地区煤层气富集区预测及主控因素研究[J]. 煤炭科学技术，43（9）：122～128.
桑树勋，秦勇，范炳恒，等. 2002. 层序地层学在陆相盆地煤层气资源评价中的应用研究[J]. 煤炭学报，27（2）：113～118.
邵龙义，侯海海，唐跃，等. 2015. 中国煤层气勘探开发战略接替区优选[J]. 天然气工业，35（3）：1～11.
唐跃，袁远，张家强，等. 2016. 新疆准南煤层气战略选区调查项目实施方案[R]. 中国地质调查局油气资源调查中心.
汪新伟，汪新文，马永生. 2007. 准噶尔盆地南缘褶皱-冲断带的构造变换带特征[J]. 石油与天然气地质， 28（3）：345～354.
王勃，李景明，张义，等. 2009. 中国低煤阶煤层气地质特征[J]. 石油勘探与开发，36（1）：30～34.
王生维，王峰明，侯光久，等. 2014. 新疆阜康白杨河矿区急倾斜煤层的煤层气开发井型[J]. 煤炭学报，39（9）：1914～1918.
谢相军，张军，张洲，等. 2016. 新疆阜康白杨河矿区煤层气藏特征及开采技术对策[J]. 煤矿安全，47（5）：81～84.
杨起，刘大锰，黄文辉，等. 2005. 中国西北煤层气地质与资源综合评价[M]. 北京：地质出版社.
杨曙光，周梓欣，秦大鹏，等. 2010. 新疆阜康市阜试1井煤层气产气分析及小井网布设建议[J]. 中国西部科技，09（26）：3～4.
周三栋，刘大锰，孙邵华，等. 2015. 准噶尔盆地南缘硫磺沟煤层气富集主控地质因素及有利区优选[J]. 现代地质，（1）：179～189.
Berner，R A. 2006, Geocarbsulf: a combined model for Phanerozoic atmospheric O_2 and CO_2[J]. Geochimica et Cosmochimica Acta，70: 5653～5664.
Fu H, Tang D, Xu H, et al. 2016. Geological characteristics and CBM Exploration potential evaluation: A case study in the middle of the southern Junggar Basin, NW China[J]. Journal of Natural Gas Science & Engineering, 30:557～570.
Scott A C, Glasspool I J. 2007, Observations and experiments on the origin and formation of inertinite group macerals[J]. International Journal of Coal Geology, 70(1-3):53～66.

中国含煤盆地煤岩力学性质及其影响因素分析

田博凡[1]　康永尚[1,2]　姜杉钰[1]　张　兵[3,4]　顾娇杨[3,4]　郭明强[3,4]

（1．中国石油大学（北京）地球科学学院　北京　102249；
2．油气资源与探测国家重点实验室　北京　102249；
3．中海石油（中国）有限公司非常规油气分公司　北京100011；
4．中联煤层气有限责任公司　北京100011）

摘　要：基于全国不同地区多个煤岩样品的力学参数数据，分析了煤岩力学参数分布特征以及力学参数间的回归关系，重点从煤阶、物质组成、流体介质方面研究了煤岩力学性质的主控因素。结果表明：煤岩抗拉强度、抗压强度、杨氏模量三者相关性较强，呈现幂乘拟合关系。但是煤岩力学参数分布范围较广，不同地区差异较大，受到煤阶、镜质组、灰分、水分含量的综合影响。其中，煤阶升高，煤岩强度和杨氏模量呈现“U”形变化趋势，水分、灰分和镜质组含量的增加使得煤岩强度、杨氏模量降低，但是灰分、水分影响程度相对较弱。综合以上研究成果，将对煤岩压裂效果模拟和压裂施工优化设计提供参考。

关键词：煤岩　力学性质　影响因素

Coal Mechanical Properties and their Influencing Factors in Sedimentary Basins in China

Tian Bo-fan[1]　Kang Yongshang[1,2]　Jiang Shanyu[1]　Zhang Bing[3,4]
Gu Jiaoyang[3,4]　Guo Mingqiang[3,4]

(1.College of Geosciences, China University of Petroleum (Beijing), Beijing 102249, China;
2. State Key Laboratory of Petroleum Resources and Prospecting, Beijing 102249, China;
3. CNOOC China Limited, Unconventional Oil & Gas Branch, Beijing 100011, China;
4. China United Coalbed Methane Corporation, Ltd., Beijing 100011, China)

Abstract: Based on the mechanical parameters of many coal samples in different regions,

---

基金项目：国家科技重大专项（2016ZX05044）资助。

作者简介：田博凡，女，1993 年生，陕西西安人，硕士研究生，主要从事煤层气勘探开发地质工程方面的研究工作。E-mail：476079068@qq.com

康永尚，男，1964 年生，河南登封人，教授，博士，主要从事非常规油气勘探开发地质工程以及海外油气项目储量和价值评估的教学和研究工作。E-mail:kangysh@sina.com the distribution characteristics of mechanical parameters and the regression relationship between mechanical parameters are analyzed. The main controlling factors of mechanical properties of coal is studied from coal rank, material composition and fluid medium. The results show that there is a strong relation between tensile strength, compressive strength and young modulus of coal. However, the distribution of mechanical parameters of coal is wide, and the difference is obvious in different regions, which is influenced by coal rank, vitrinite, ash and moisture content. Among them, strength and young modulus of coal presents a "U" trend with the coal rank rises. The increase of moisture, ash and vitrinite content makes the strength and young modulus decrease, but the impact of ash and moisture is relatively weak. Based on the above research results, this paper will provide reference for the simulation of coal fracturing effect and the optimization design of fracturing construction.

Keywords: coal; mechanical properties; influencing factors

岩石的力学性质是指岩石在各种静力、动力作用下所表现的性质，主要指岩石的变形与强度特性，其中变形特性主要由杨氏模量和泊松比两个参数反映，而强度特性则主要通过抗压强度和抗拉强度反映。与其他岩石相比，煤岩的力学性质具有其特殊性，总体表现为低强度、低杨氏模量和高泊松比的特点（周维垣，1990；朱宝存等，2009）。煤岩的力学性质在一定程度上影响压裂缝的形态、方向以及延伸规模（李同林等，2000；朱宝存等，2009），因而煤岩力学性质的研究已成为煤储层可压裂性研究的重要组成部分，相关力学性质参数的测试也为煤岩三维应力状态分析、压裂效果模拟和压裂施工优化设计提供必要的原始参数。

前人研究已表明，煤岩力学性质主要受两方面因素的影响，一是煤岩赋存环境，二是煤岩自身特征（Enever et al.，1997；Rocchi et al，2004）。前者包括煤岩所处的温度、围压等环境因素。一般认为煤岩的强度和杨氏模量，随温度的升高而降低，随侧压的增大而增大，泊松比受侧压影响较小（姜波等，1998；孟召平等，2002；任晓龙等，2017）。后者包括煤岩的煤阶、水分含量、矿物质类型和含量、显微组分含量及煤体结构等。不同矿区煤样的试验均表明：煤岩强度和杨氏模量随含水量的增加而减小（郭怀广等，2013；闫立宏等，2002；刘忠锋等，2010），随镜质组含量的增加而减小（颜青，2014；李俊乾等，2016）。另外，通常认为在相同的温压条件下，煤阶越高，煤的结构就越紧密，强度就越大（汤达桢等，2010）。但傅雪海等（2002）实验研究表明，在各种介质条件下，煤岩抗压强度和杨氏模量与煤阶关系不甚密切，但瘦煤抗压强度和杨氏模量相对最低。对于煤岩力学性质随煤阶的具体变化仍难以刻画。

从目前煤岩力学性质及其影响因素的研究状况来看，前人研究多集中于某一含煤盆地或区块，尚缺乏对我国不同煤阶区煤岩力学性质及其影响因素的系统性认识，而且针对煤阶、显微组分、工业组分等因素对煤岩力学性质的影响也存在一定的争议，仍需进行深入的分析和探讨。因此，本文通过系统的资料整理分析，基于我国不同煤阶区煤岩的力学性质测试和工业分析和煤质测试资料，首先探讨了煤岩的力学特征，进而分析了煤阶、镜质组、灰分、水分含量对煤岩力学性质的影响，以期为煤层气井水力压裂优化提供指导。

1 资料整理和分析方法

为研究煤岩力学性质特征以及力学性质影响因素，统计了沁水盆地、宁武盆地、鸡西盆地、鄂尔多斯盆地、青海宁缠矿区卡洼掌煤矿、新疆大黄山豫新煤矿、山西大同甘庄煤矿、汾西曙光煤矿、山西保德扒楼沟煤矿、孙家沟煤矿等全国各地 158 个煤岩样品的力学参数数据（含变化区间）及 $R_{o,max}$、镜质组、灰分、水分含量数据（含变化区间），列出了数据统计表（表 1）。表 1 给出了 20 个矿区/煤矿各参数的变化区间和平均值。

岩体在地下自然状态下，受多向应力影响，包括垂向应力（上覆压力）及有效围压（水平方向应力与岩石孔隙流体压力之差），处于三轴应力状态。自 1911 年 Von. Karman 首创三轴压缩实验以来，岩石的常规三轴压缩实验得到了长足的发展，如今常规三轴压缩实验一直是人们认识岩石在复杂应力状态下力学性质的主要手段，也是建立强度理论的主要实验依据。因此，为了准确反映真实条件下煤岩的强度和变形特征，本次研究所用抗压强度、杨氏模量、泊松比数据均为三轴压缩试验结果。

煤的抗拉强度测试通常分为两大类：一类是直接拉伸法，也就是单轴拉伸试验；另一类是间接测定法，包括巴西劈裂法、弯曲试验法和压入试验法。巴西劈裂法试件状态符合理论分析，能够较准确地按照公式计算抗拉强度，并且完成试验比较简单，测试结果最为接近直接拉伸法，因此，国内外一般采用巴西劈裂法测定抗拉强度（李先炜，1983；孙广忠，1983）。本次研究所用抗拉强度数据全部源自巴西劈裂试验。

另外，灰分和水分含量数据均源自煤质工业分析，$R_{o,max}$ 皆为根据《煤的镜质体反射率显微镜测定方法》（GB/T 6948—2008）的测试结果，镜质组含量皆为根据《煤的显微组分组和矿物测定方法》（GB/T 8899—2008）的测试结果。

依据表 1 资料，本文首先分析煤岩力学性质特征，在此基础上，从煤阶、煤岩物质组成和流体介质三方面，分析了煤岩力学性质的主控因素。

2 煤岩力学性质特征

2.1 煤岩力学参数分布特征

根据数据统计结果，做出煤岩力学参数频率分布直方图（图 1）。数据表明，煤岩力学参数变化区间较大。抗压强度主要分布范围是 0～30MPa，抗拉强度主要分布范围是 0～1.5MPa，远远小于抗压强度，杨氏模量主要分布范围是 0～8GPa，特别是 1～2GPa，达到了近 40%，泊松比主要分布范围是 0.15～0.4。

煤岩由有机质、无机质和孔-裂隙系统组成，是一个极其复杂的非均质、不连续、各向异性双重孔隙介质。因此，即使同一区域同一层位煤岩力学性质仍有较大差异。另一方面，不同地区煤岩赋存环境、自身特征差异较大，造成煤岩力学参数变化区间大。

2.2 煤岩力学参数之间相关关系分析

傅雪海（2007）初步分析了弹性模量和抗压强度的关系，认为两者具有较好的一致性，抗压强度大的煤样，其弹性模量也大。为了进一步分析煤岩力学参数之间关系，编绘图 2

表1 中国含煤盆地煤级、煤质和煤岩力学参数统计表

编号	区块/煤矿	煤层	$R_{o,max}$/%	抗压强度/MPa	抗拉强度/MPa	杨氏模量/GPa	泊松比	灰分/%	镜质组/%	水分/%
1	沁水盆地寺河矿	二叠系山西组 3#	3.69～4.25（3.97）	43.81～112.78（78.295）	0.677～1.78（1.188）	6.05～10.99（8.52）	0.399～0.623（0.511）	5.71	59.3～96.8（88.1）	1.94
		石炭系太原组 15#		7.16～25.31（15.87）	0.32～1.15（0.72）	0.55～2.08（1.26）				
2	沁水盆地郑庄区块	二叠系山西组 3#	3.55～3.98（3.756）	2.51～28.45（16.735）	0.09～1.2（0.645）	5.6～13.2（9.4）	0.22～0.26（0.28）	8.85～26.29（13.17）	53.9～92.3（70.8）	0.71～1.91（1.38）
		石炭系太原组 15#				0.43～2.46（1.445）	0.27～0.33（0.31）			
3	沁水盆地柿庄区块	二叠系山西组 3#	1.807～5.058（3.4325）		1.38	6.4	0.3			
4	沁水盆地南部	二叠系山西组 3#	1.96～2.32（2.14）	2.51～20.91（11.1）	0.09～0.93（0.48）	0.21～1.63（0.91）	0.28～0.33（0.31）	9.26～18.5（13.88）	67.19～76.1（71.645）	0.53～1.62（1.08）
		石炭系太原组 15#	1.97～3.24（2.51）	7.16～25.31（15.87）	0.32～1.15（0.72）	0.55～2.08（1.26）	0.27～0.33（0.31）	5.74～15.96（13.88）	70.72～85.1（77.91）	0.5～0.92（0.71）
5	河南安鹤煤田	二叠系山西组 1#	1.7～2.9（2.3）	6.8～13.6（10.3）	0.29～0.75（0.56）	0.39～2.80（1.14）	0.14～0.37（0.26）	3.08～12.49（6.9）	61.5～78.3（72.94）	0.38～2.68（0.89）
6	山西大同甘庄煤矿	二叠系山西组 8#		26.51	1.51	3.01	0.28			
		石炭系太原组 11#		8.42	0.95	3.09	0.28	11.66	26.5	7.25
7	沁水盆地樊庄区块	二叠系山西组 3#	3.7	2.51～28.45（16.735）	0.09～1.2（0.645）	2～12.9（7.45）	0.21～0.24（0.23）	8～35（11）	65.7～96.8（81.25）	4
		石炭系太原组 15#	3.8				0.32			
8	宁武盆地	二叠系山西组 4#	0.96～1.23（1.1）	19.60～20.90（20.33）	0.93～1.20（1.077）	3.98～7.36（5.15）	0.20～0.37（0.29）	14.2～22.7（18.45）	50	1.91
		石炭系太原组 9#	0.88～1.40（1.14）	26.62～27.91（27.34）	1.22～1.36（1.22）	3.08～6.81（4.75）	0.21～0.36（0.3）	4.2～22.2（13.2）	25～82.4（53.7）	
9	汾西矿区曙光煤矿			0.96～2.98（2.02）		0.18～1.17（0.37）	0.21～0.44（0.36）			
10	保德扒楼沟煤矿			46.2～52.2（49.2）		2.33～2.81（2.57）	0.313～0.324（0.319）			
11	保德孙家沟煤矿			10.5～17.3（13.9）		1.32～1.58（1.45）	0.388～0.412（0.4）			

续表

编号	区块/煤矿	煤层	$R_{o,max}$/%	抗压强度/MPa	抗拉强度/MPa	杨氏模量/GPa	泊松比	灰分/%	镜质组/%	水分/%
12	鄂尔多斯盆地柳林区块	二叠系山西组 4#	1.2～1.8（1.5）	4.8～12.3（8.5）	0.12～0.3（0.23）	0.70～1.72（1.1）	0.18～0.42（0.32）			
		二叠系山西组 5#		4.2～15.0（9.6）	0.25～0.81（0.42）	0.25～3.19（1.68）	0.11～0.34（0.23）	17.17～43.52（27.83）		0.62～0.95（0.83）
		石炭系太原组 8#		5.0～14.3（9.6）	0.15～0.46（0.3）	0.58～1.44（0.98）	0.11～0.42（0.29）	13.3～20.9（17.1）	72.97	0.31～2.12（1.22）
13	鸡西盆地梨树镇坳陷	白垩纪城子河组 23#	0.86～1.14（1）	7.24～20.63（13.93）	1.16～1.24（1.19）	0.99～1.61（1.26）	0.25～0.28（0.27）	17～34（25.5）		
14	攀枝花矿区	三叠系大荞地组 14#	0.65～1.89（1.27）			3	0.42	7.28～38.67（20.2）	16.46～22.34（18.97）	0.34～1.75（0.59）
15	新疆大黄山豫新煤矿			15.64～28.32（20.32）	0.97～1.43（1.17）	9.86～16.7（13.03）	0.22～0.39（0.32）			
				6.12～9.62（8.1）	0.51～0.93（0.86）	1.11～1.77（1.65）	0.24～0.43（0.35）			
16	宁缠矿区卡洼掌煤矿	石炭系羊虎沟组 3#		3.92	0.41	1.105	0.26			
17	鄂尔多斯盆地东胜煤田祁连塔煤矿	侏罗系直罗组 1#	0.631	31.47～31.6（31.54）	0.78～0.85（0.81）	1.99～2.33（2.16）		5.37～22.21（10.38）	65.4	6.08～11.56（9.74）
		侏罗系延安组 2#	0.631	9.41～30.69（22.32）	0.85～1.43（1.1）	1.38～1.94（1.72）		2.44～14.09（7.44）	65.4	1.49～12.32（7.56）
		侏罗系延安组 3#	0.519～0.555（0.537）	20.37～28.21（25.25）	0.52～1.83（1.18）	1.58～2.60（2.1）		2.48～22.0（7.16）	43.3～78.6（60.4）	2.34～12.41（8.34）
18	鄂尔多斯盆地神东矿区	侏罗系延安组 1～2#	0.44～0.55（0.49）	19.64～25.02（22.33）	1.50～1.87（1.68）	1.67～1.85（1.76）	0.22～0.26（0.24）	7.02	30.7～53.2（36.6）	10.56
		侏罗系延安组 2～2#	0.50～0.60（0.55）	18.91～31.81（24.75）	0.77～1.58（1.17）	1.77～2.17（1.99）	0.24～0.32（0.28）		35.9～71.1（57.3）	
19	鸡西盆地张晨矿区	白垩纪城子河组 3#	0.244～0.378（0.311）	21.42～46.84（31.95）	0.24～3.28（0.48）	1.56～3.78（2.59）	0.227～0.429（0.325）		26.71～85.4（50.02）	
20	鸡西矿区			19.41～46.84（32.73）		0.98～3.71（2.67）	0.311～0.429（0.326）			

注：( ) 内为平均值。

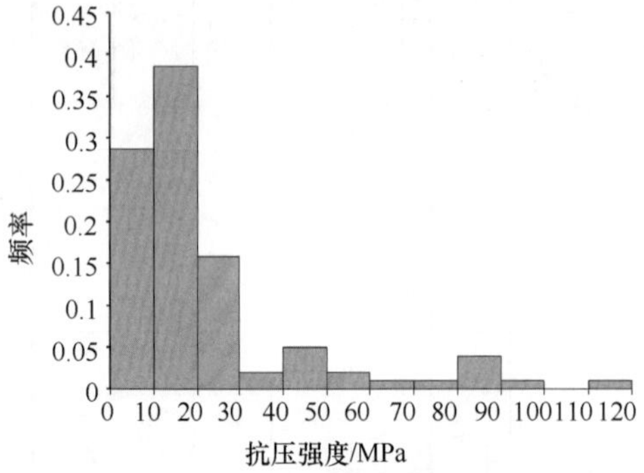

a 煤岩抗压强度分布直方图

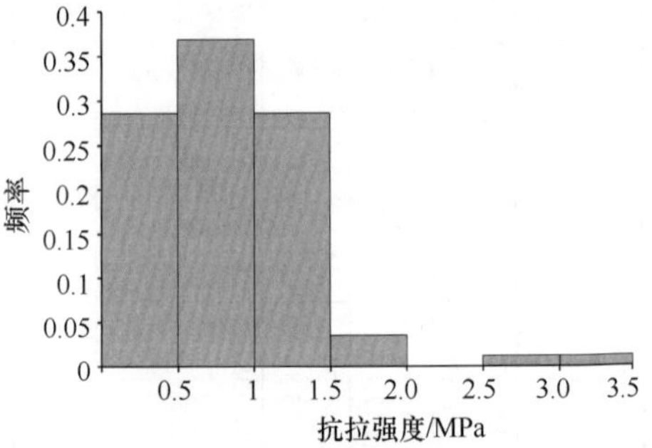

b 煤岩抗拉强度分布直方图

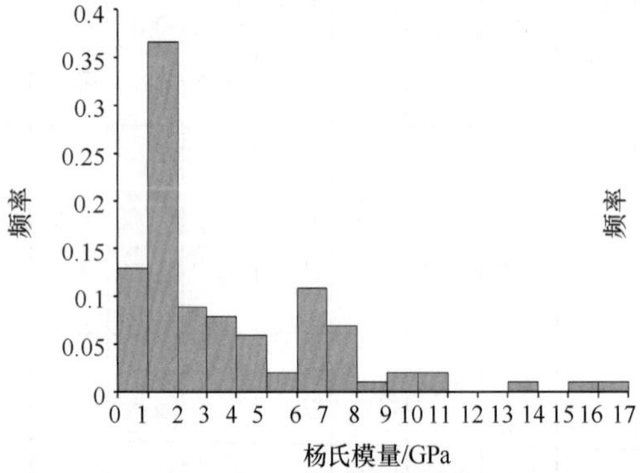

c 煤岩杨氏模量分布直方图

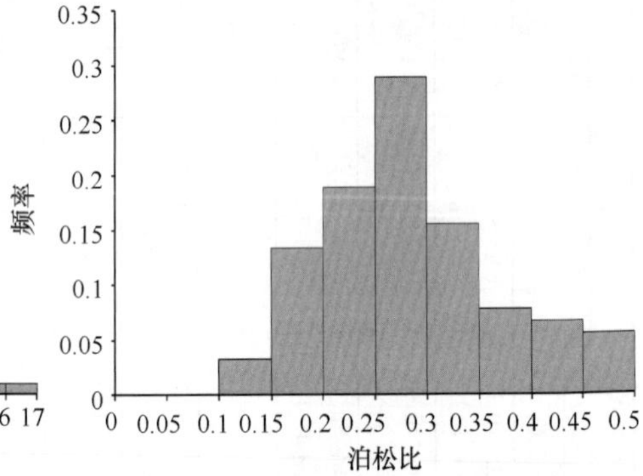

d 煤岩泊松比分布直方图

图 1 煤岩力学性质频率分布直方图

所示散点图，不难发现：抗压强度、抗拉强度、杨氏模量三者之间具有良好的相关关系，一个参数增加，另外两个参数随之增加（图 2a、2b、2c）。泊松比则在 0.15～0.4 之间波动，均值为 0.3，与其它参数之间基本没有相关性（图 2d）。

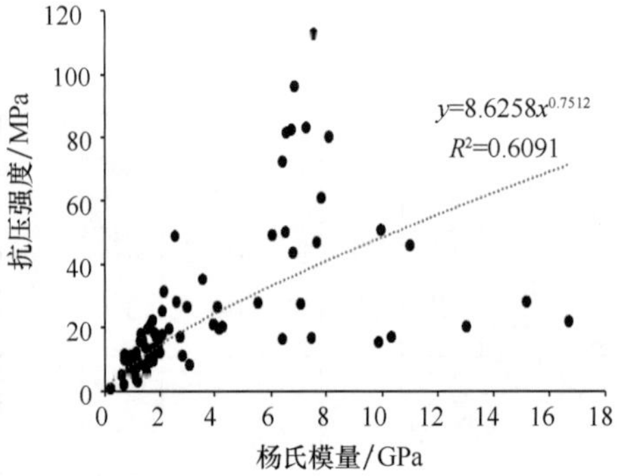

a 煤岩抗压强度与杨氏模量关系图

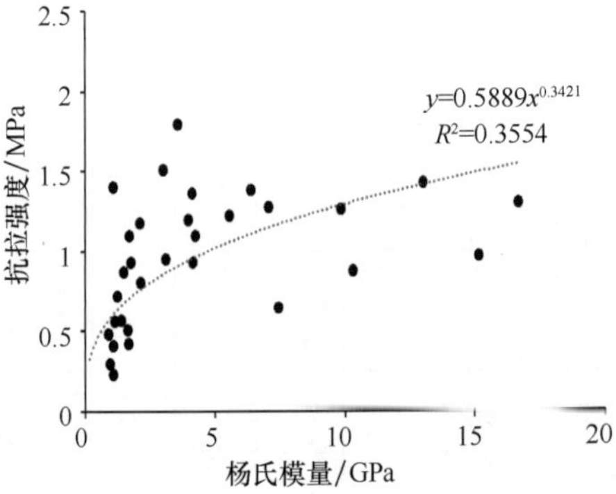

b 煤岩抗拉强度与杨氏模量关系图

图 2 煤岩力学参数关系图

运用线性函数、对数函数、多项式函数、乘幂函数和指数函数五种拟合方法建立以上参数之间拟合关系（表 2）得到抗压强度、抗拉强度、杨氏模量三者之间幂乘关系最优，

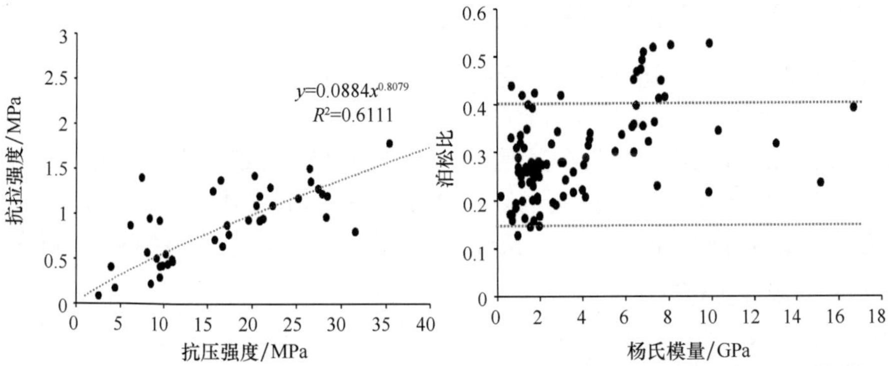

c 煤岩抗拉强度与抗压强度关系图　　d 煤岩泊松比与杨氏模量关系图

图 2　煤岩力学参数关系图（续）

并且抗拉强度与抗压强度相关性最大，抗压强度与杨氏模量次之，抗拉强度与杨氏模量相关性最小。

表 2　煤岩力学参数拟合结果

a　煤岩抗压强度与杨氏模量拟合结果

拟合方法	拟合曲线	相关性系数
线性	$y=3.5575x+11.009$	0.2922
对数	$y=16.692\ln(x)+9.0297$	0.4183
多项式	$y=-0.7384x^2+13.136x-4.9698$	0.5513
幂乘	$y=8.6258x^{0.751}$	0.6091
指数	$y=9.9024e^{0.1462x}$	0.355

b　煤岩抗拉强度与杨氏模量拟合结果

拟合方法	拟合曲线	相关性系数
线性	$y=0.0376x+0.7891$	0.1681
对数	$y=0.2547\ln(x)+0.6757$	0.32
多项式	$y=-0.0076x^2+0.1544x+0.5566$	0.2984
幂乘	$y=0.5889x^{0.3421}$	0.3554
指数	$y=0.686e^{0.0505x}$	0.1861

c　煤岩抗拉强度与抗压强度拟合结果

拟合方法	拟合曲线	相关性系数
线性	$y=0.0357x+0.286$	0.5357
对数	$y=0.3106e^{0.0533x}$	0.5037
多项式	$y=\ 0.0005x^2+0.0538x+0.1622$	0.5433
幂乘	$y=0.0884x^{0.807}$	0.6111
指数	$y=0.3106e^{0.0533x}$	0.5037

3 煤岩力学性质主控因素分析

煤岩在煤化作用与构造运动过程中发育不同尺度的孔隙、外生裂隙、割理等，组成复杂的孔-裂隙系统网络，对煤岩强度和变形特性产生重要影响。一方面，煤岩外生裂隙、割理发育使得煤岩强度和杨氏模量具有强烈的各向异性；另一方面，煤岩外生裂隙、割理越发育，煤岩强度和杨氏模量越小（李同林等，2000；李玉伟，2014；李俊乾等，2016）。因为割理发育主要受到煤阶控制，因此本文首先就煤岩力学性质与煤阶关系展开讨论。

3.1 煤岩力学性质与煤阶关系

煤的镜质组最大反射率（$R_{o,max}$）是表征煤阶的重要指标，据表 1，做出煤岩力学参数与 $R_{o,max}$ 关系散点图（图 3）。

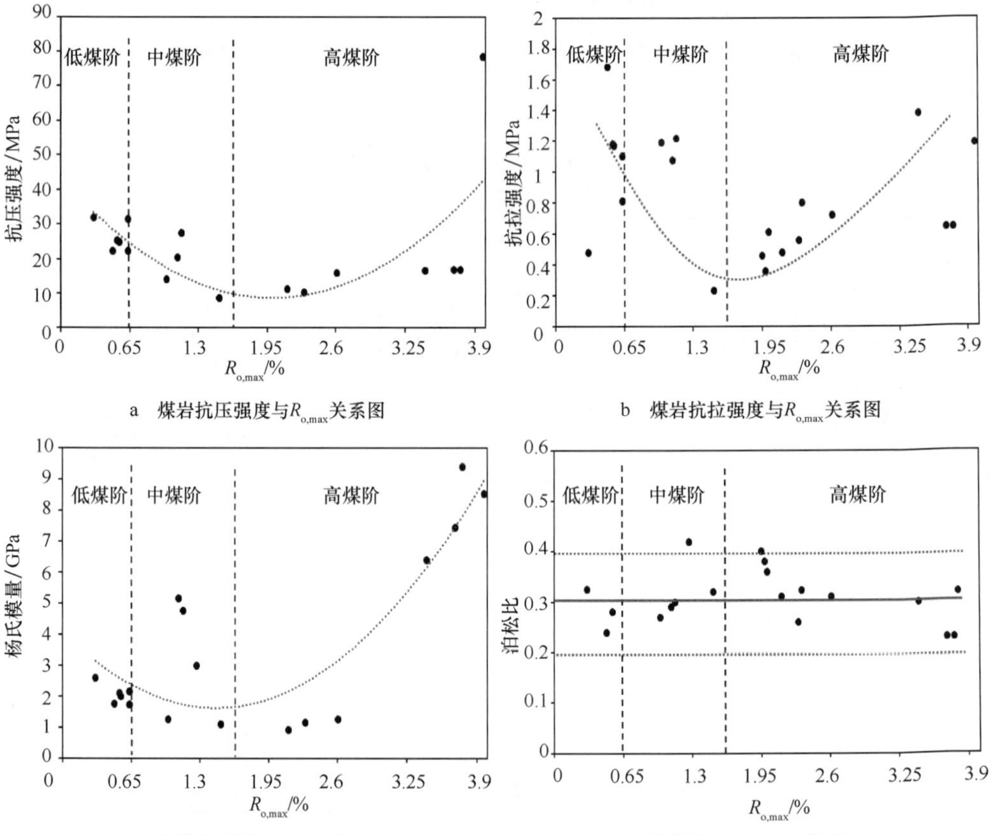

a 煤岩抗压强度与$R_{o,max}$关系图 b 煤岩抗拉强度与$R_{o,max}$关系图

c 煤岩杨氏模量与$R_{o,max}$关系图 d 煤岩泊松比与$R_{o,max}$关系图

图 3 煤岩力学参数随 $R_{o,max}$ 变化关系图

抗压强度的分布范围是 3.92～78.295MPa（图 3a）。在 0.3%≤$R_{o,max}$≤1.95%时呈下降趋势，在 1.95%≤$R_{o,max}$时呈上升趋势，表现出明显的“U”字形变化规律。整体来看，在 0.3%≤$R_{o,max}$≤1.95%时的递减速率高于在 1.95%≤$R_{o,max}$时的递增速率。

抗拉强度的分布范围是 0.23～1.79MPa（图 3b）。在 0.3%≤$R_{o,max}$≤1.5%时呈下降趋势，在 1.5%≤$R_{o,max}$时呈上升趋势，同样表现出明显的“U”字形变化规律。整体来看，在 0.3%≤$R_{o,max}$≤1.5%时的递减速率高于在 1.5%≤$R_{o,max}$时的递增速率，变化特点与抗压强度一致。

杨氏模量的分布范围是 0.91～13.03GPa（图 3c）。在 0.3%≤$R_{o,max}$≤1.95%时呈下降趋势，在 1.95%≤$R_{o,max}$时呈上升趋势，同样表现出明显的“U”字形变化规律，但在 0.3%≤$R_{o,max}$≤1.95%时的递减速率小于在 1.95%≤$R_{o,max}$时的递增速率，说明煤岩成熟到一定阶段之后，杨氏模量会随着 $R_{o,max}$ 的增加而增加地越来越快。

泊松比在 0.2～0.4 之间变化，均值为 0.3（图 3d），随着 $R_{o,max}$ 增加，没有明显的变化规律，可以认为泊松比不受煤阶影响。

总体来看，煤岩强度和杨氏模量均随煤的成熟表现出明显的“U”形变化规律。这种现象与煤岩割理发育密切相关。通常褐煤的割理不甚发育，演化到烟煤时割理发育，割理系统在高挥发分烟煤 A 到低挥发分烟煤达到最大。即在中煤阶范围，煤的强度变低，容易碎裂或是变形。随着煤岩进一步成熟到无烟煤，割理关闭（Rogers et al.，2007），同样呈现“U”形变化规律。因此推测，煤阶通过控制割理发育影响煤岩力学性质。

3.2 煤岩力学性质与煤岩物质组成关系

不考虑煤岩孔-裂隙系统的情况下，煤基质块由有机显微组分和无机矿物质混合而成。有机显微组分又可分镜质组、壳质组和惰质组，其中镜质组、惰质组最为常见。无机矿物质主要包括%类、硫化物类、碳酸盐类、氧化硅类等矿物（傅雪海等，2007）。不同物质组成之间性质差异较大，因此煤质对煤岩力学性质的影响亦不容忽视。

一般认为，镜质组、惰质组含量具有负相关关系，考虑镜质组含量数据齐全，分析其与煤岩力学性质关系发现（图 4）：煤岩抗压强度、抗拉强度、杨氏模量都随镜质组含量的

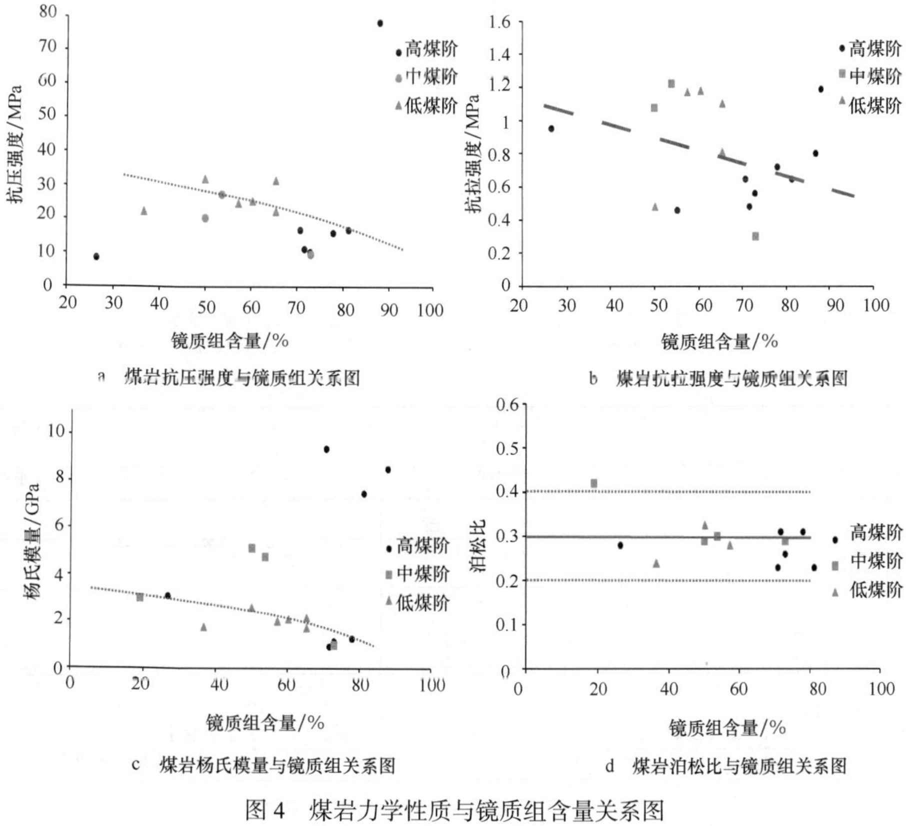

a 煤岩抗压强度与镜质组关系图　b 煤岩抗拉强度与镜质组关系图

c 煤岩杨氏模量与镜质组关系图　d 煤岩泊松比与镜质组关系图

图 4 煤岩力学性质与镜质组含量关系图

增加而减小，泊松比在 0.2～0.4 之间变化，均值为 0.3，基本不受镜质组含量影响。图 4 中，个别镜质组含量很高的样品表出现了高的强度和杨氏模量，可能与这些样品处于高煤阶，割理不甚发育且具有低水分、低灰分有关。由于镜质组分子结构单元的芳香度、缩合环数及缩合度指数均比惰质组低（陈洪博等，2006），结构差异使得镜质组分子结构稳定性较差，抵抗变形能力较差，因而其含量越高，煤岩整体强度越低，惰质组反之。另外，一方面，煤岩中的镜质组本身密度较小、性脆易碎（陈家良等，2004）；另一方面，镜质组致密、均匀、块体大，利于煤中微裂隙和割理的形成和延伸（秦勇等，1999；姚艳斌等，2010），而内生割理和外生裂隙发育程度是控制煤岩强度的主控因素，裂隙越发育，煤岩强度和弹性模量越小（孟召平等，2001）。因此，基于以上三个因素，可以认为镜质组含量越高，煤岩强度和弹性模量越低，惰质组具有相反的作用，这与前人认识一致。

将煤在 815℃的条件下完全燃烧后所得的残渣作为煤的灰分，残渣占煤样质量的百分数，称为煤的灰分产率，可以作为煤中无机矿物质的近似含量（李春柱等，1989；傅雪海等，2007）。图 5 显示煤岩抗压强度、抗拉强度、杨氏模量都随灰分含量的增加而减小，泊松比在 0.2～0.4 之间变化，均值为 0.3，同样认为基本不受灰分含量影响。本次研究成果与前人相比存在一定出入，例如颜青（2014）通过比德-三塘盆地织纳煤田煤样单轴压缩实验发现，煤的灰分产率与煤岩抗压强度和弹性模量具有正相关性；李俊乾等（2016）实验研究表明，中高阶煤灰分含量越多，弹性模量越大。这可能由实验条件（前人所用数据来

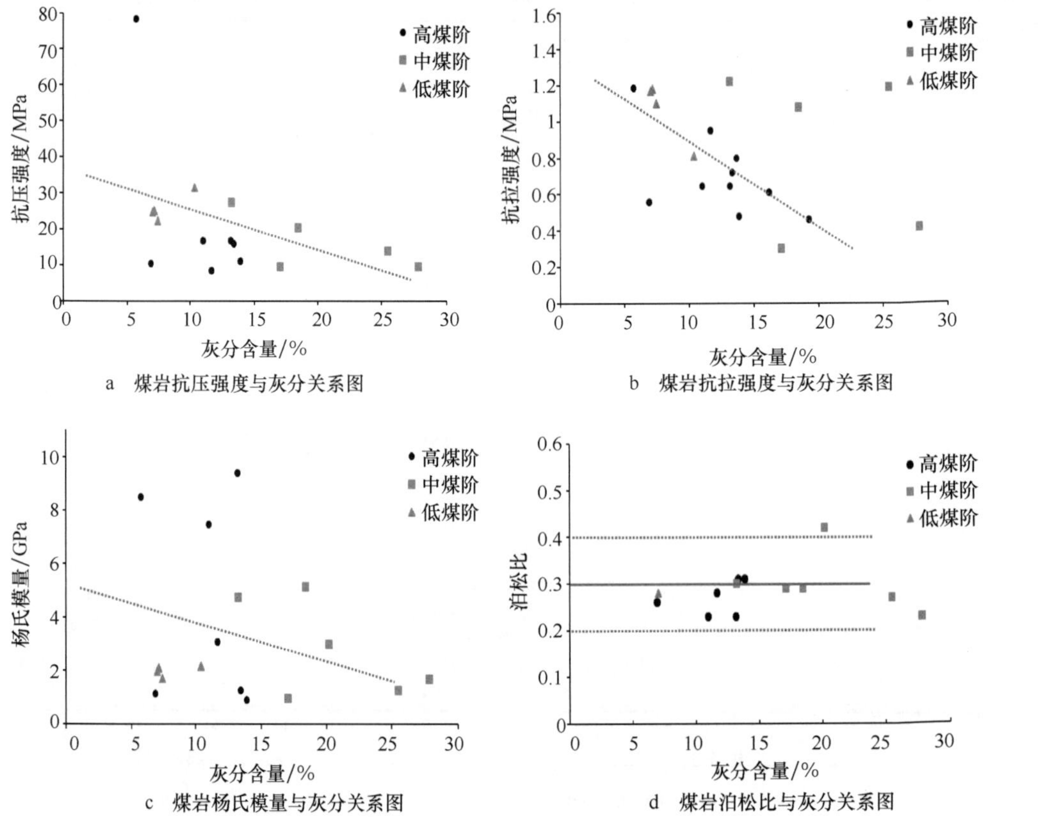

图 5　煤岩力学性质与灰分含量关系图

自于岩石单轴压缩实验，本次研究所用数据来自于岩石三轴压缩试验）、煤岩性质（本次研究所用煤岩成熟度跨度大、性质复杂）等差异造成。另外，前人研究数据同样显示出较大的离散性，可能说明灰分与力学性质本身相关性较小。

3.3 煤岩力学性质与流体介质关系

除了煤基质块，煤储层系还包括气相、液相（水、油）两相流体介质。气相介质（煤层气）主要以吸附形式赋存于煤基质颗粒表面，另有少量以游离气、吸收气、溶解气形式存在（傅雪海等，2007）。前人（梁冰等，1995；尹光志等，2010）研究表明，由于气体分子的吸附作用，煤体颗粒间的相互作用减弱，导致煤岩强度和弹性模量均随瓦斯压力的增大而降低。相对于煤层气体，水分子具有更强的吸附能力，水分含量对煤岩力学性质的影响是十分显著的（闫立宏等，2002）。

煤中水分包括裂隙、大孔隙中的自由水，显微裂缝、微孔隙中的束缚水及与煤中矿物质结合的化合水（傅雪海等，2007）。煤质工业分析测试所测即为自由水。研究（图6）显示煤岩杨氏模量随水分含量的增加而急剧减小，但是强度数据离散性较强，抗压强度具有轻微下降趋势，抗拉强度变化规律不甚明显。推测由于水分影响不大，所以整体上抗压强度、抗拉强度和杨氏模量之间仍呈幂乘正相关。泊松比在0.2～0.4之间变化，均值为0.3，同样认为不受水分含量影响。造成上述现象原因有三：①煤岩孔、裂隙中的水分削弱了煤体颗粒间的分子联系，使煤的强度降低；②煤岩孔、裂隙中的水分产生的孔隙压力可以抵

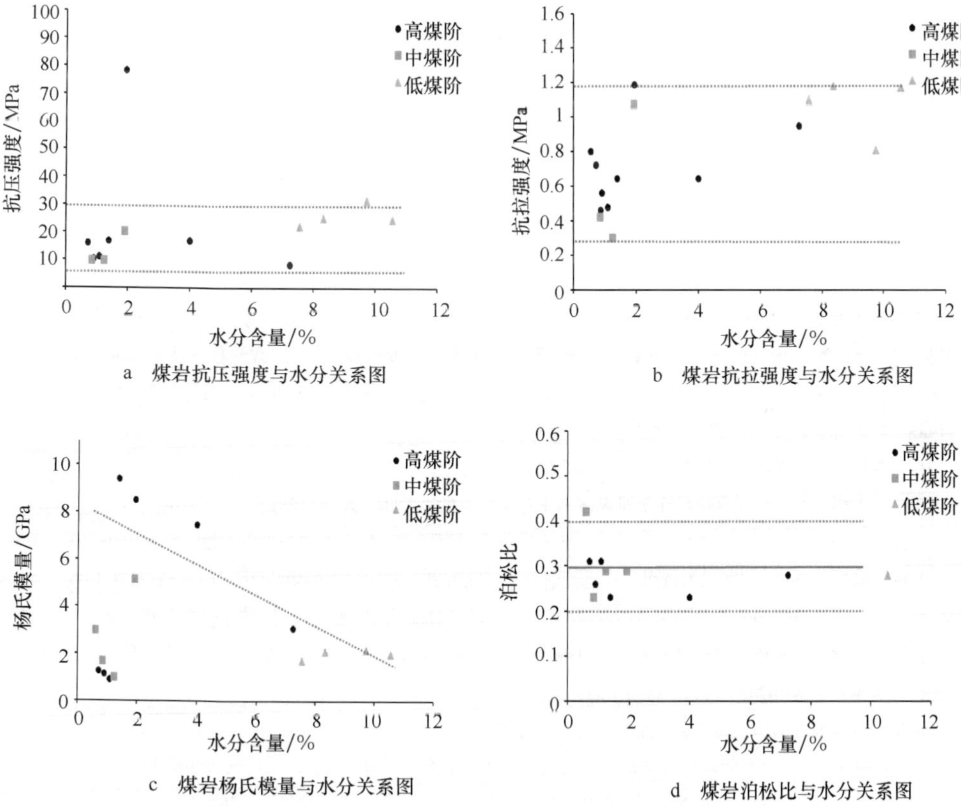

a 煤岩抗压强度与水分关系图

b 煤岩抗拉强度与水分关系图

c 煤岩杨氏模量与水分关系图

d 煤岩泊松比与水分关系图

图6 煤岩力学性质与水分含量关系图

消部分煤岩所受有效应力，使得煤岩的弹性屈服极限降低，易于塑性变形，同时降低煤岩的抗剪强度，使其易于发生剪切破坏，强度降低（朱宝存等，2009）；③大量自由水的存在可能溶蚀孔、裂隙中的胶结充填物，降低煤岩内聚力，使其强度降低。

4 结论

本文通过我国含煤盆地 20 个矿区/煤矿煤岩力学性质与煤阶、煤质关系的系统分析得到以下结论：

1）不同含煤盆地煤岩力学参数分布范围较大，具有明显的地区差异性。但总体表现为低强度、低杨氏模量、高泊松比的力学特性，并且抗拉强度、抗压强度、杨氏模量三者呈幂乘正相关。

2）煤岩自身特征的不同造成煤岩力学性质异较大，具体表现为：煤岩强度和杨氏模量随煤阶的升高呈现“U”形变化规律。另外，不同物质组成呈现出力学性质差异性，煤岩强度和杨氏模量随水分、灰分和镜质组含量的增加而降低，但灰分、水分含量影响程度相对弱于镜质组含量。

3）研究过程存在一些离散点，一方面由于煤岩本身是一个极其复杂的非均质、不连续、各向异性双重孔隙介质；另一方面由于影响煤岩力学性质的因素较多。因此，如何形成一套完整的煤岩力学性质评价系统对以后的研究和工程应用都有重要意义。

参考文献

陈洪博，李文华，姜英，等. 2006. 神东煤显微组分与基本结构特征研究[J]. 煤炭转化，29（01）：6～10.

陈家良，邵振杰，秦勇. 2004. 能源地质学[M]. 江苏：中国矿业大学出版社.

傅雪海，秦勇，姜波，等. 2002. 多相介质煤岩体力学实验研究[J]. 高校地质学报，8（4）：446～452.

傅雪海，秦勇，韦重韬. 2007. 煤层气地质学[M]. 徐州：中国矿业大学出版社，24～28+130.

郭怀广，仇海生. 2013. 水分对阳泉 3#煤力学性质影响研究[J]. 煤矿安全，44（2）：12～15.

姜波，秦勇，金法礼. 1997. 煤变形的高温高压实验研究[J]. 煤炭学报，22（01）：82～86.

梁冰，章梦涛，潘一山，等. 1995. 瓦斯对煤的力学性质及力学响应影响的试验研究[J]. 岩土工程学报，（05）：12～18.

李春柱，谢克昌，凌大奇，张振桴. 1989. 煤中矿物质含量的求取和测定的研究[J]. 煤炭分析及利用，（01）：5～10.

李俊乾，刘大锰，卢双舫，等. 2016. 中高煤阶煤岩弹性模量及其影响因素试验研究[J]. 煤炭科学技术，44（01）：102～108.

李同林，乌效鸣，屠厚泽. 2000. 煤岩力学性质测试分析与应用[J]. 地质与勘探，（02）：85～88.

李先炜. 1983. 岩块力学性质[M]. 北京：煤炭工业出版社.

李玉伟. 2014. 割理煤岩力学特性与压裂起裂机理研究[D]. 大庆：东北石油大学.

刘忠锋，康天合，鲁伟，等. 2010. 煤层注水对煤体力学特性影响的试验[J]. 煤炭科学技术，38（01）：17～19.

孟召平，彭苏萍，傅继彤. 2002. 含煤岩系岩石力学性质控制因素探讨[J]. 岩石力学与工程学报，21（01）：102～106.

孟召平，彭苏萍，黎洪. 2001. 正断层附近煤的物理力学性质变化及其对矿压分布的影响[J]. 煤炭学报，26（06）：561～566.

秦勇，傅雪海，叶建平，等. 1999. 中国煤储层岩石物理学因素控气特征及机理[J]. 中国矿业大学学报，28（1）：14～19.

任晓龙，秦新展，张晓云. 2017. 工程温度下煤岩单轴力学特性研究及分析[J]. 煤矿安全，48（01）：157～159+163.

孙广忠. 1983. 岩体力学基础[M]. 北京：科学出版社.

汤达祯，王维生，金振奎. 2010. 煤储层物性控制机理及有利储层预测方法[M]. 北京：科技出版社，158～159.

尹光志，王振，张东明. 2010. 有效围压为零条件下瓦斯对煤体力学性质影响的实验[J]. 重庆大学学报，33（11）：129～133.

闫立宏，吴基文，刘小红. 2002. 水对煤的力学性质影响试验研究[J]. 建井技术，23（3）：30～32.

颜青. 2014. 比德-三塘盆地煤与岩石力学性质及煤层压裂可改造性[D]. 徐州：中国矿业大学.

姚艳斌，刘大锰，汤达祯，等. 2010. 沁水盆地煤储层微裂隙发育的煤岩学控制机理[J]. 中国矿业大学学报，39（1）：6～13.
朱宝存，唐书恒，张佳赞. 2009. 煤岩与顶底板岩石力学性质及对煤储层压裂的影响[J]. 煤炭学报，（06）：756～760.
周维垣. 1990. 高等岩石力学[M]. 北京：水利电力出版社.

Enever J R E, Henning A. 1997. The relationship between permeability and effective stress for Australian coal and its implications with respect to coalbed methane exploration and reservoir modelling[C].Proceedings of the International Coalbed Methane Symposium. [S.l.]:[s.n.], 13～22.

Rudy E.Rogers, Kumar Ramurthy, Gary Rodvelt, Mike Mullen. 2007. Coalbed Methane: Principles and Practices[M].Hardcover, 118.

Rocchi V, Sammomds P P, Kilburn C R J. Fracturing of etean and vesuvian rocks at high temperatures and low pressure[J].Journal of Volcanology and Geothermal Research, 132(8):137～158.

毕节市岔河区块煤储层特征分析及有利区评价

李臣臣[1]　董　磊[1]　陈基瑜[2]　沈家宁[2]　李　雁[1]　冉富强[2]　吴　圣[1]

（1．贵州省天然气能源投资股份有限公司　贵州贵阳　550000；
2．六盘水非常规天然气开发利用技术研究中心　贵州六盘水　553000）

摘　要： 基于煤炭地质勘查，对岔河向斜南翼煤储层特征及有利区进行了研究。分析认为：该区块主力煤层 6#煤层厚度较大，平均为 5.92m；煤层气组分以 CH_4 为主，煤层气含气量平均为 20.48cm³/t，煤层含气潜力较大。6#煤层煤厚、含气量分布特征受次级构造影响很大。选取煤层单层厚度及埋深、含气量三项指标，初步圈定了煤层气有利勘探区，其中，一类有利区面积为 38.63km²，二类有利区面积为 36.44km²，煤层气资源量 $122.7\times10^8m^3$，资源丰度为 $1.63\times10^8m^3/km^2$。

关键词： 煤质特征　含气性　岔河向斜

Coal Reservoir Features and Favorable Exploration Area Evaluation in Chahe Block of Bijie

LI Chenchen[1]　Dong Lei[1]　CHEN Jiyu[2]　Shen Jianing[2]　LI Yan[1]
Ran Fuqiang[2]　Wu Sheng[1]

(1. Guizhou Province Natural Gas Engineering Technology Research Institute Co., Ltd.,Guiyang 550081, China;
2. Liupanshui Unconventional Natural Gas Development and utilization Technology Research Center,Liupanshui 553000, China)

Abstract: Based on coal geological exploration, studies on coal reservoir features and favorable exploration area of were carried out. The analysis considered that the principal 6# coal seam is rather thick in ChaHe block with an average of 5.92m. The average CBM content of the

---

作者简介：李臣臣，女，1990 年生，硕士研究生，主要从事煤及煤层气地质评价工作。

principal coal seams is 20.45 cm^3/t, which dominated by CBM. The different structural positions of Chahe Syncline have a great influence on the distribution characteristics of coal thickness and the gas content of $6^{\#}$ coal seam. On the bases of comprehensive analysis, the CBM favorable exploration areas were preliminarily delineated. Among them, the acreage of the most favorable and the second favorable area respectively is 38.63km^2 and 36.44km^2. The amount of coalbed gas resources is 122.70×10^8 m^3, and the resource abundance is 1.63 million m^3/km^2.

Keywords: coal reservoir; gas-bearing potential; Chahe Basin

贵州素有“西南煤海”之称，煤炭资源丰富，埋深 2000 m 以浅的煤层气资源量达 3.06×10^{12} m^3，居全国第二，仅次于山西。但贵州省主要含煤地层形成于晚二叠世龙潭期，具有鲜明的煤层气地质条件特点（一弱、两多、三高、四大）。目前，独特的煤层气地质条件使国内外主流煤层气开发井型模式在本省的多数试验均以失败告终，工程有效性和地质适应性难以适配（徐宏杰等，2016；秦勇等，2012）。加强煤层气地质条件与勘探开发战略研究，是贵州省煤层气勘探开发工作刻不容缓的任务。

岔河向斜位于贵州省毕节市七星关区岔河镇和大方县文阁乡，区内含煤面积约 404km^2，工作区集中于岔河向斜南翼面积约 182km^2。岔河向斜南翼呈不规则长条带展布，长约 34km，宽 3～9km，面积约 181.9km^2，煤田地质勘查程度较高，共布置地质钻孔 131 个，但煤层气的勘探刚刚起步，因此本文根据区内煤田地质勘查资料，对区块煤储层特征进行了研究，以期为该区煤层气勘探开发提供依据。

1 地质背景

1.1 构造特征

本区位于杨子板块川滇黔盆地，黔北断拱内，属黔中隆起之西端一部分。从中奥陶世至中晚石炭世隆起为陆，缺失沉积，仅早石炭世在东部山王庙至卸煤台一带有沉积。晚古生代晚期至中生代早期接受沉积后，中生代晚期的白垩纪、新近系-古近纪又一次上升为陆，缺失沉积（熊孟辉等，2006）。区内现今构造形迹主要定形于燕山运动。区内褶皱都以北北东向为主，极少部分近南北向，其断层近东西向（图 1a）。

勘查区位于维新背斜北西翼，阴底向斜的东南翼，总体为一单斜构造，呈一走向北东—南西向，倾向北西的带状分布。受区域构造的影响，区内中部发育次一级褶曲——木来向斜和木来背斜。木来向斜地层倾角相对较大，北翼一般为 20° 左右，南翼地层一般倾角 20°～35°；木来背斜两翼地层倾角较小，一般为 10°～20° 左右。西部断层较发育（图 1b）。

1.2 地层发育特征

区内钻孔揭示的地层主要为中二叠统茅口组（P_1m）、龙潭组（P_2l）、长兴组（P_2c）、下三叠统飞仙关组（T_1f）、永宁镇组（T_1y_n）等。本区含煤地层为中二叠统龙潭组（P_2l），厚 195～242m，平均厚度 216m，与下伏地层呈假整合接触。主要由浅灰色、灰色及深灰色，薄至中厚层状细砂岩、粉砂岩、泥质粉砂岩、粉砂质泥岩、泥岩、炭质泥岩、煤层组成（图 1c）。

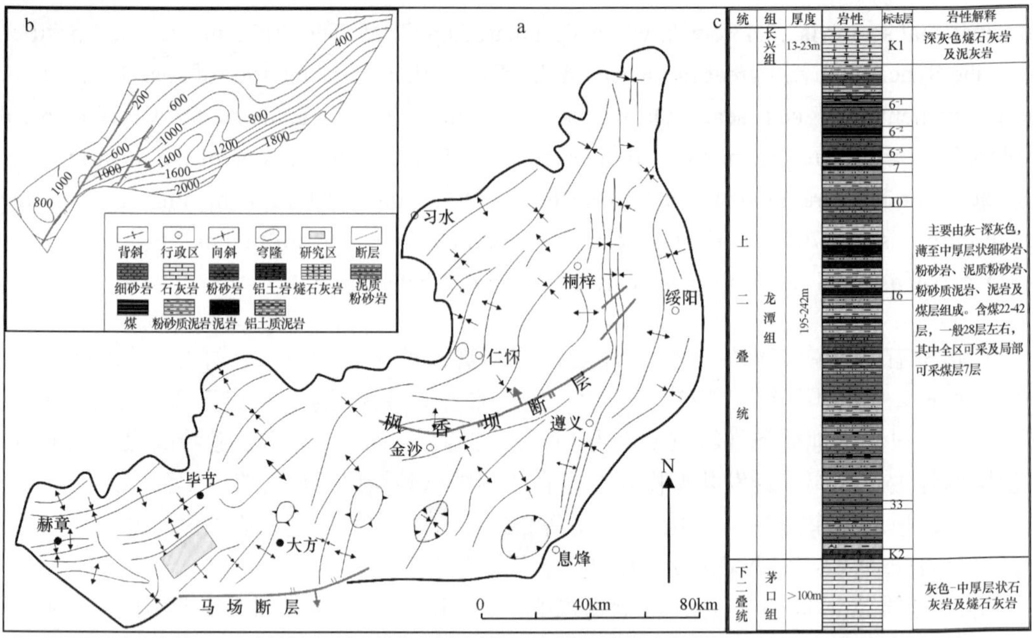

图 1　岔河向斜区域构造纲要图

1.3　煤层发育特征

龙潭组含煤层一般 22～42 层，含煤总厚平均 16.27～26.67m，平均 20.84m，含煤系数 10.8%，可采煤层 7 层，其中全区可采煤层有 6^{-2} 号煤一层，局部可采煤层有 6^{-1}、6^{-2}、7、10、16、33 号煤层 6 层，另有零星可采煤层 23、26、35 号 3 层。上煤组 6 号煤层是岔河向斜煤层气勘探开发目标层段，其埋深较浅，在 38.88～847.73m 之间，平均为 416m。6 号煤层总厚度分布在 0.46～14.28m 之间（图 2），平均值 5.91m。

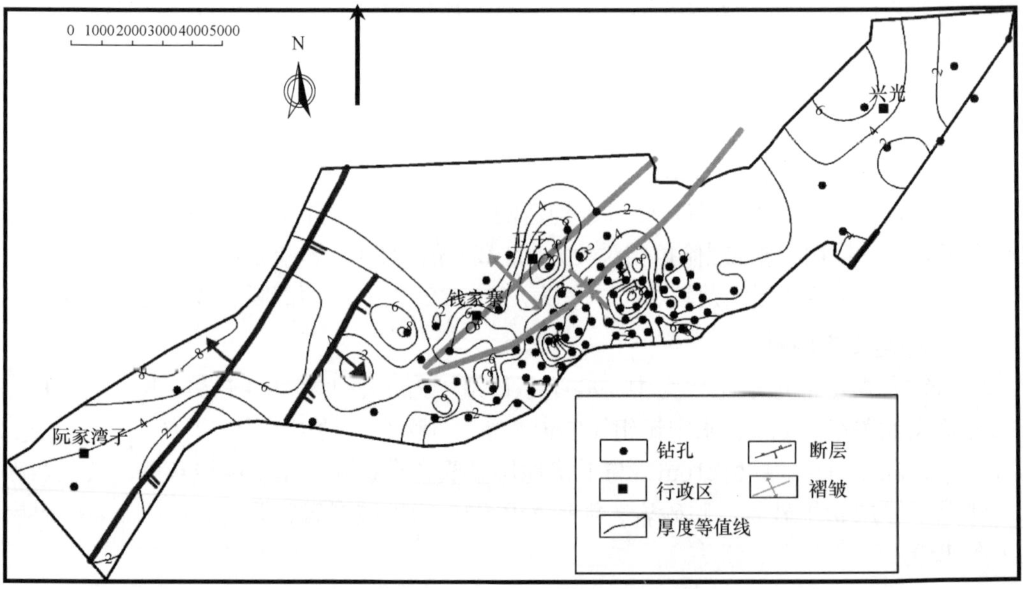

图 2　研究区 6 号煤层埋深特征图

平面上，研究区北部属于缓倾斜区域在上覆地层压力下，煤层发生塑性流变，在倾斜地层底部煤层加厚。而在研究区中部，在水平挤压力作用下，煤层形成褶皱的同时，由于褶曲两翼受力大于轴部，煤层由压力大的地方向压力小的地方发生塑性流动，造成背、向斜轴部煤层增厚，两翼煤层变薄，甚至形成了串珠状煤层。在研究区下部受滑褶穿刺体和逆断层影响，出现了煤层的挤压聚集、逆掩重叠，使煤厚明显增大，形成局部富煤带（刘程等，2008；李建松等，2009）。

2　研究区 6#煤储层特征

2.1　物理性质

以块状为主，碎块状、粉粒状次之；大多数煤层性脆，结构主要为细—中条带状，少量线理状和宽条带状结构；玻璃光泽为主，沥青光泽次之，少量油脂光泽；参差状、阶梯状断口；内生和外生裂隙较发育，充填网格状、脉状方解石，含少量结核状、透镜状黄铁矿。

2.2　煤岩特征

2.2.1　宏观煤岩特征

煤岩成分以亮煤为主，暗煤次之，少量镜煤和丝炭，镜煤呈细条带状、线理状，亮煤、暗煤呈中条带状、宽条带状，少量为似层状，丝炭呈透镜状。

2.2.2　显微煤岩特征

镜知组最大反射率 $R_{o,max}$ 为 2.91%～3.53%，平均 3.07%。有机显微组分为镜质组和丝质组。其中，镜质组含量平均 78.86%，以无结构镜质体为主，次为结构镜质体。丝质组含气量平均 21.14%，普遍为木镜丝质体、木镜半丝质体。无机组分以土类物质为主，方解石、石英次之，少量黄铁矿（图 3）。

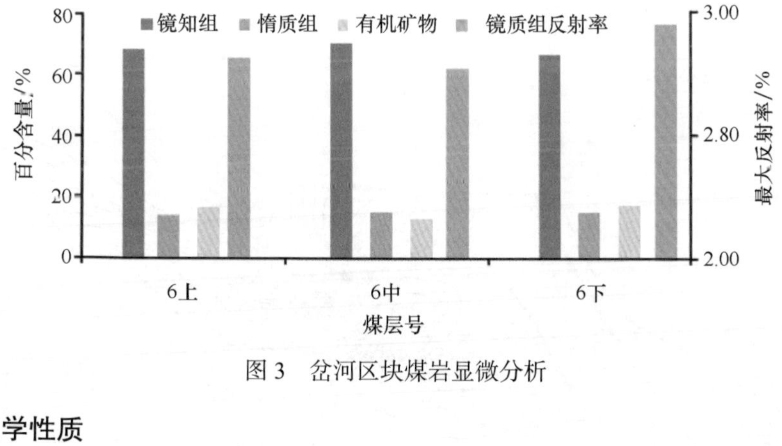

图 3　岔河区块煤岩显微分析

2.3　化学性质

原煤水分最低 1.81%，最高 2.37%，平均 2.07%。全区各煤层灰分平均值为 23.15%，属中灰分煤（MA）。原煤全硫算术平均值为 1.00%，属低硫分煤（LS）。原煤挥发分最低为 7.09%，最高为 8.51%，平均为 7.73%（表 1）。

表 1　研究区煤质特征分析表

煤号	工业分析			
	水分 最小值/最大值 平均值	灰分 最小值/最大值 平均值	挥发分 最小值/最大值 平均值	硫分 最小值/最大值 平均值
	%			
6^{-1}	0.64～4.13 1.81	11.08～34.72 25.38	6.51～11.91 8.51	0.87～3.87 2.26
6^{-2}	0.55～3.73 2.21	14.52～30.26 24.34	7.19～9.89 8.38	0.28～3.39 1.35
6^{-3}	1.09～3.52 2.37	14.91～36.41 26.56	6.62～10.26 8.91	0.31～1.31 0.83
全区平均	1.81～2.37 2.07	18.54～27.5 23.15	7.09～8.51 7.73	0.48～2.26 1.00

3　研究区 6#煤储层含气性分析

3.1　煤层气成分

对研究 6#煤层中煤层气成分分析结果显示，各煤层煤层气组成成分基本相同，甲烷为主要成分 99.84%～73.09%，平均含量接近 95%。其次为氮气与二氧化碳。此外，还含少量的氧气、氢气、乙烷、丙烷及其他成分。

3.2　含气量特征

经采样测试分析，研究区 6#煤层中平均含气量为 $20.48m^3/t$。其中 6^{-2} 煤层平均含气量最高为 $21.23m^3/t$；6^{-3} 煤层平均含气量为 $19.31m^3/t$；按照煤储层含气量划分等级标准（刘军等，2015）：贫气<$4m^3/t$；含气 4～$8m^3/t$；富气>8～$12m^3/t$；极富气>$12m^3/t$，6 号煤层均属于极富气煤储层。研究区煤层含气量普遍较高，但受次级构造影响出现“两边低中间高”现象，具体分析如下（图 4）：

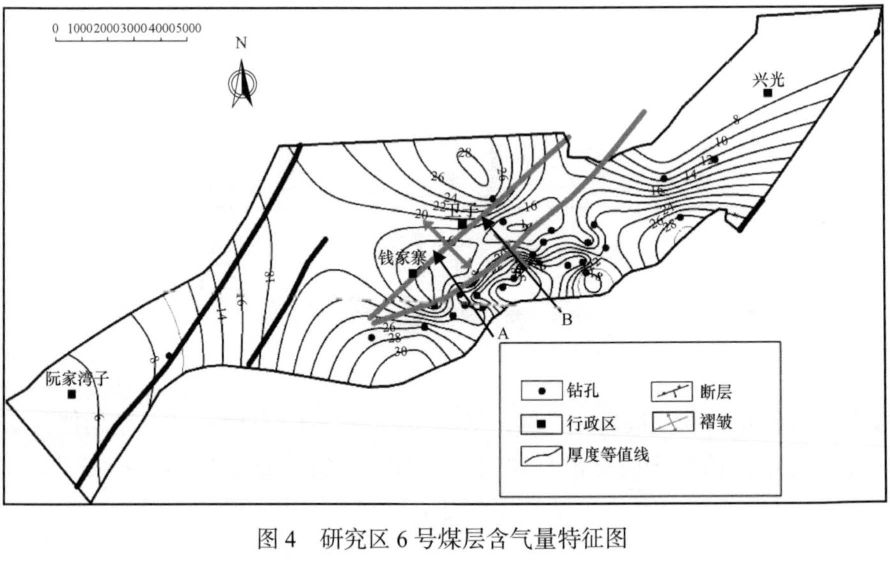

图 4　研究区 6 号煤层含气量特征图

研究区中部次级皱褶中存在多个背、向斜易于形成低渗带，可进一步减缓地层水流动，利于维持地层压力，使煤层气富集成藏，但在次级背斜核部及核部与翼部的转换带出现相对低含气量带。选取两条南东—北西向剖面，分析剖面上 6 号煤层不同部位钻孔的含气量资料，结果表明：第一条剖面从向斜一翼到背斜一翼，6 号煤层含气量有 22.67m³/t 先升高到 28.35m³/t 再降低到 15.72m³/t，第二条剖面从向斜近核部到背斜两翼，6 号煤层含气量有 30.96m³/t 先降低到 14.78m³/t 再升高到 25.97m³/t（图 5）。这是因为在背斜轴部区域，以张性作用为主，形成脆性变形煤，含气量低；在向斜核部，以挤压应力为主，形成韧性变形煤，含气量最高；在向斜/背斜翼部，煤岩多以脆性、韧性叠加变形为主，含气量相对降低（张松航等，2006；宋岩等，2013）。

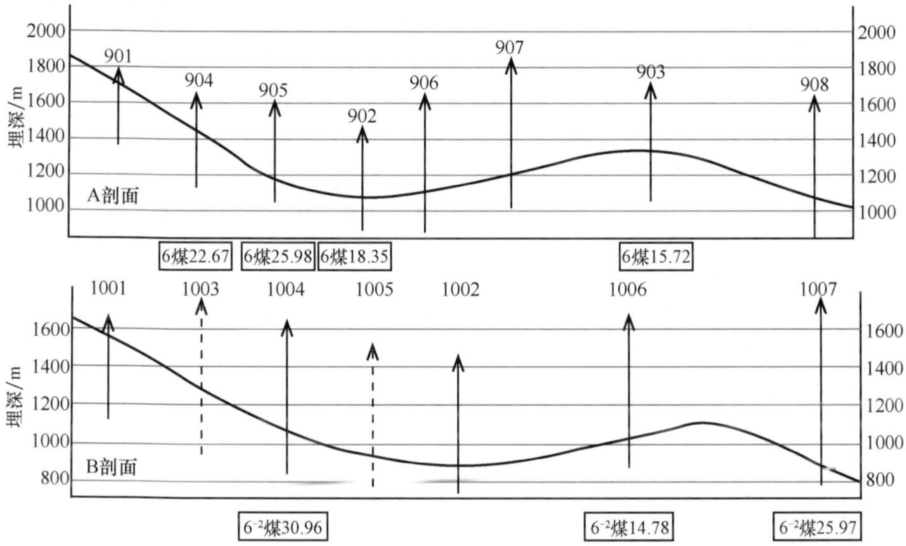

图 5　岔河向斜 6#煤层不同构造部位含气量变化趋势

而在下部断层发育区，大型断层发育大量裂缝产生导气带，加速了煤层气的逸散，不利于煤层气富集，另外导水断层的发育，沟通了煤层与下伏含水层，在地下水运动过程中，地下水携带煤层中气体运移而逸散，也不利于煤层气富集。

4　研究区有利区评价

煤层气产量受多种因素综合影响，煤层厚度、含气量、吸附常数、煤层压力、渗透率、煤体结构、临界解吸压力等，但总的来说，厚度、含气量决定了煤层气的资源潜力，而渗透率决定煤层气产出的难易（万玉金等，2005；王红岩等，2002）。研究区是煤层气勘探新区，区内无试井资料，渗透率分布不明。在煤层气资源潜力评价中，一般认为煤岩渗透率具有随埋深增加而减少，含气量随埋深增加而增加，因此存在一个含气量和渗透率的优势耦合区域，在这个区域里煤层气富集和高产（宋岩等，2016）。岔河向斜总体为一单斜构造，其含气量变化趋势与斜坡带富集高产模式一致，埋深 900m 以深煤储层仅为含气储层，而埋深 400m 以浅为甲烷风化带（图 6），因此认为工区优势耦合区域埋深范围在 400～900 之间。

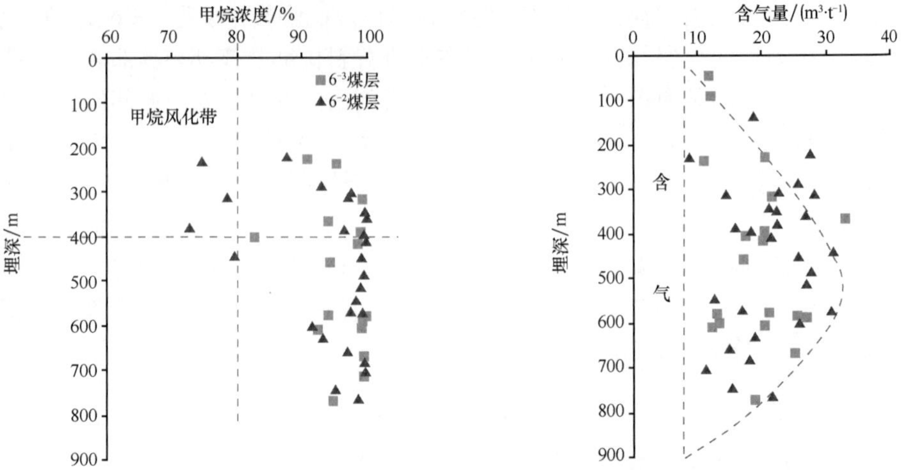

图 6　6#煤层甲烷浓度、含气量与埋深关系散点图

综上所述，基于可采煤层埋深、厚度、气量 3 个地质参数（表 2），综合评价出工区有利区面积为 75.07km^2，其中，一类有利区面积为 38.63km^2，二类有利区面积为 36.44km^2（图 7）。

表 2　岔河向斜煤层气选区有利区评价指标

评价项目		取值	评价
资源参数	煤层厚度/m	>6	I
		4～6	II
	含气量/m^3·t^{-1}	>15	I
		8～15	II
地质参数	煤层埋深/m	400～900	I
		>900 或<400	II

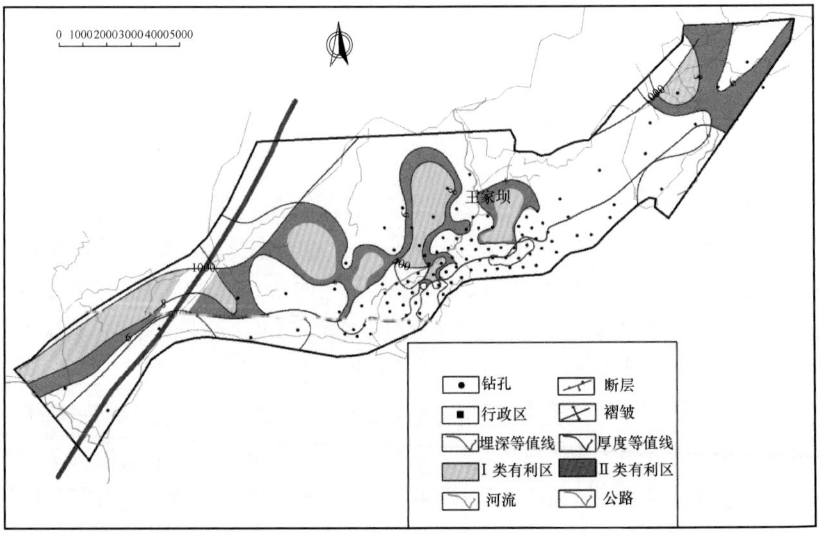

图 7　岔河区块有利区预测

5 资源量估算

根据体积法估算工区煤层气资源量(Cai et al，2011)，岔河向斜有利区面积为 75.07km²，煤层气资源量 122.7×10⁸m³，资源丰度为 1.63×10⁸m³/km²；其中一类有利区面积为 38.63km²，煤层气资源量 68.70×10⁸m³，资源丰度为 1.78×10⁸m³/km²；二类有利区面积为 36.44km²，煤层气资源量 54×10⁸m³，资源丰度为 1.48×10⁸m³/km²（表 3）。

表 3 岔河向斜有利区煤层气资源情况表

有利区	面积/km^2	煤厚/m	含气量/（$m^3 \cdot t^{-1}$）	煤层气资源量/10^8m^3	平均资源丰度/（$10^8m^3 \cdot km^{-2}$）	可采储量/10^8m^3	备注
Ⅰ类	38.63	6	19	68.7	1.78	27.5	可采储量以 40%计
Ⅱ类	36.44	5	19	54	1.48	21.6	

6 结论

岔河区块主力煤层厚度较大且煤层含气量较高，煤层气资源丰富。区块内煤层宏观煤岩类型以半暗煤为主，其次为半亮煤。煤岩显微组分中，镜质组含量较高，惰质组含量其次，煤层气吸附空间较大。根据 6#煤层厚度和埋深圈定了煤层气有利勘探区，其中，一类有利区面积为 38.63km²，二类有利区面积为 36.44km²，根据体积法估算工区煤层气资源量，煤层气资源量 122.7×10⁸m³，资源丰度为 1.63×10⁸m³/km²；研究表明区块具有一定的有利勘探面积，资源量较为丰富，适合进一步开展煤层气勘探工作。

参考文献

徐宏杰，桑树勋，杨景芬，等．2016．贵州省煤层气勘探开发现状与展望[J]．煤炭科学技术，44（2）：189～196.

熊孟辉，秦勇，易同生．2006．贵州晚二叠世含煤地层沉积格局及其构造控制[J]．中国矿业大学学报，35（6）：778～782.

刘程，李向东，杨守国．2008．地质构造对煤层厚度的影响研究[J]．煤矿安全，39（5）：14～16.

李建松，刘冲，韩建光．2009．煤层厚度变化的地质成因分析[J]．煤矿现代化，（2）：27～28.

刘军，孙骁骁．2015．青龙矿区 C1 煤层煤质特征研究[J]．煤炭技术，34（6）：124～126.

张松航，汤达祯，李丹梅，等．2006．鄂尔多斯盆地西缘复杂断块区构造控气作用[J]．中国煤层气，3（1）：28～46.

宋岩，柳少波，琚宜文等．2013．含气量和渗透率耦合作用对高丰度煤层气富集区的控制[J]．石油学报，34（3）：417～426.

万玉金，曹雯．2005．煤层气单井产量影响因素分析[J]．天然气工业．25（1）：124～127.

王红岩，刘洪林，张建博．2002．煤层气高产富集主控因素及预测方法[C]// 21 世纪中国煤层气产业发展与展望研讨会.

秦勇，高弟．2012．贵州省煤层气资源潜力预测与评价[M]．徐州：中国矿业大学出版社，9～35.

宋岩，柳少波，马行陟等．2016．中高煤阶煤层气富集高产区形成模式与地质评价方法[J]．地学前缘，23（3）：1～9.

Cai Y D, Liu D M, Y B, et al. 2011. Geological controls on prediction of coalbed methane of No. 3 coal seam in Southern Qinshui Basin, North China[J]. Int. J. Coal Geol. (8):101～112.

构造斜坡部位煤层气直井储层空间形态研究

李镇坊[1,2]　罗金辉[1,2]　杨文霞[1]

（1．中国矿业大学资源与地球科学学院　江苏徐州　221116

2．中国矿业大学煤层气资源与成藏过程教育部重点实验室　江苏徐州　221116）

摘　要：构造斜坡是指受区域构造运动或局部构造隆升作用形成的、上部以剥蚀为主，下部沉积埋藏的斜坡区，是含油气盆地中一类非常重要的构造单元，也是大型岩性地层圈闭形成与分布的主要场所。在沁水盆地潘庄区块煤层气开发示范区内选取潘庄西区构造斜坡部位作为研究区，以斜坡内分布的生产井作为研究对象，结合研究区的坡度分布情况，使用数值模拟方法研究了构造斜坡不同部位对单井排采储层空间形态的影响。研究表明：在研究区内向斜中部产气量高于同一构造斜坡其他部位产气量，相同构造部位坡度越大产气量越高，相同构造部位且坡度带相同的区域，煤层底板标高越高产气量越大。

关键词：潘庄区块　构造斜坡　数值模拟　空间形态　坡度分析

Study the Spatial Pattern of Vertical Wells in Slope Structure of Coalbed Methane Reservoir

Li Zhenfang[1]　Luo Jinhui[1,2]　Yang Wenxia[1]

(1. School of Resources and Geosciences, China University of Mining and Technology, Xuzhou 221116, China;

2. Key Laboratory of Coalbed Methane Resources and Reservoir Formation Process, Ministry of Education, China University of Mining and Technology, Xuzhou 221008, China)

Abstract: Slope structure refers to the slope area which formed by the regional tectonic movement or the tectonic uplift somewhere. The upper of it is given priority to with denudation, the lower sedimentary burial. It is a very important kind of in oil and gas basin tectonic units

---

作者简介：李镇坊，女，1992 年生，研究生，中国矿业大学资源与地球科学学院，江苏省徐州市中国矿业大学文昌校区，221116，联系电话：13160275909，E-mail: lzf_hua@cumt.edu.cn。

作者简介：罗金辉（1983—），男，陕西安康人，博士，讲师，中国矿业大学资源与地球科学学院，研究方向数学地质、煤层气数值模拟，E-mail: luojh0520@cumt.edu.cn。

which located in between uplift and depression, and the main formation and distribution places of large lithologic stratigraphic trap. The west riding of Panzhuang block is selected as the research area of this paper which is located in the CBM develop demonstration area of Panzhuang block in Qinshui Basin. In this paper, the production wells in the slopes are used as the research objects. Combined with the slope distribution of the study area, the influence of different parts of the structural slope on the spatial morphology of single well drainage is studied by numerical simulation. The research result shows that the morphology of central syncline in the study zone gas production rate is higher than other parts of the gas production; at the same tectonic position, the slope is higher, the gas production rate is higher; the same tectonic position and slope belt of the same area, the greater the coal floor elevation, the high volume is larger.

Keywords: Panzhuang block; slope structure; numerical simulation; space form; analysis of slope

引　言

沁水盆地是目前全国勘探程度最高，率先实现商业化开发的煤层气田。随着科研人员对沁水盆地的研究不断深入，大量的研究成果对进一步的研究具有重要的指导意义。Zhao 等（2005）根据气藏区域的范围提出了煤层气新的划分标准。Wang 等（2005）建立了煤层储层模拟的物理模型，为煤层气的吸附、解析、渗流和运移过程模拟提供了实验平台。Sa 等（2006）在宏观和微观的观测中，发现煤中存在有流体压力导致的特殊的裂隙。连承波等（2005）从微观角度研究了地应力对煤储层渗透性影响的机理。罗金辉（2012）以沁水盆地潘庄区块为研究区，提出煤储层的 PEBI 网格剖分方法。戚宇（2015）对潘庄区块的煤层气开发进行了动态评价；彭金宇对该区域的煤层气解析特征进行了系统的研究；郭晨等（2011）做了井网优化与产能预测方面的研究。

对煤层气的排采形态研究国内外普遍采用储藏数值模拟的方法。沁水盆地的地质构造类型相对简单，对地质构造与煤层气产能关系的研究相对较少。本文采集该区潘庄区块主要储层地质因素和主要储层参数，通过数值模拟，在确定储层敏感参数后，在单井空间形态模型和储层地质模型的基础上，结合 GIS 技术，对构造斜坡部位在直井开发时储层空间形态的变化情况进行了研究。为分析构造情况对煤储层产能的影响、在不同构造条件的布井方案的设计和后期煤层气地面开发提供了一定的参考依据。

1　地质背景

沁水盆地位于吕梁隆起带东侧、太行复背斜西侧、五台山隆起带以南、中条隆起带以北，是古生界基底的基础上形成的盆地，其现今的构造面貌为一个近南北向的大型复式向斜，因为受多种地质条件的影响，如斜坡构造、顶底板岩性及水动力等条件的影响，使同一区块内煤层的含气性及煤层气产能等分布不尽相同（刘世奇等，2013；Meng et al.，2009，2011；梁宏斌等，2012；Ni et al.，2008；彭龙仕等，2014）。潘庄区块位于沁水盆地南部向西北倾的斜坡带上，构造主要以褶皱为主，断层稀少，褶皱为宽缓的背斜和向斜。周缘被挤压性断裂褶皱带所围限，煤层气在区内向斜马蹄形缓坡带富集。区域内部构造简单，发育逆掩断层和一系列东西向和北东向宽缓次级褶曲，地层产状平缓；地下水径流条件弱；

煤储层孔渗性较好，优于全国平均水平，含气量和含气饱和度高，有利于煤层气富集成藏、开发。

区域内稳定发育的主要煤层是3号、9号和15号煤层。其中3号煤层位于山西组下部，煤层稳定、厚度大，平均为6.11m，厚度变化范围小，且全区可采，是研究区域主要可采煤层，也是煤层气勘探开发的主要目标煤层。

2 研究方法

2.1 坡度划分

原始数据为3#煤层底板标高等值线、煤厚等值线、埋深等值线等。数据预处理后，使用ArcGIS软件将底板等高线进行加密，建立TIN模型，得到煤储层的底板高程图。潘庄西区各煤层气井的底板高程值为：PZC-03（297m），PZC-04（382m），PZC-05（339m），PZC-06（301m）。PZC-04、PZC-05、PZC-06位于刘家腰向斜的左翼即西高东低的斜坡上，PZC-03位于刘家腰向斜的右翼同时也位于马庄背斜的左翼即东高西低的斜坡上，设以280m为基线来划分斜坡部位，高程每上升50m划分一个斜坡等级，则PZC-04位于斜坡上部，PZC-05位于斜坡中部，PZC-03、PZC-06位于斜坡下部。

根据《水土保持综合治理规划通则》GB（T15772—1995）对地形坡度级别的规定对坡度进行分级，坡度分级标准为：微缓坡为小于5°，较缓坡为5°～8°，缓坡为8°～15°，较陡坡为15°～25°，陡坡为25°～35°，急陡坡为大于35°。以研究区的底板等高线为依据，将TIN转换为栅格，在栅格表面进行坡度提取，因潘庄西区的坡度微缓坡分布区域较广，根据此情况对潘庄西区的坡度分级标准进行了轻微调整，将潘庄西区坡度重分类为5级，分别为：微缓坡0～2°，2°～5°；较缓坡5°～8°；缓坡8°～10°，10°～15°；图1为潘庄西区煤储层坡度分布图。

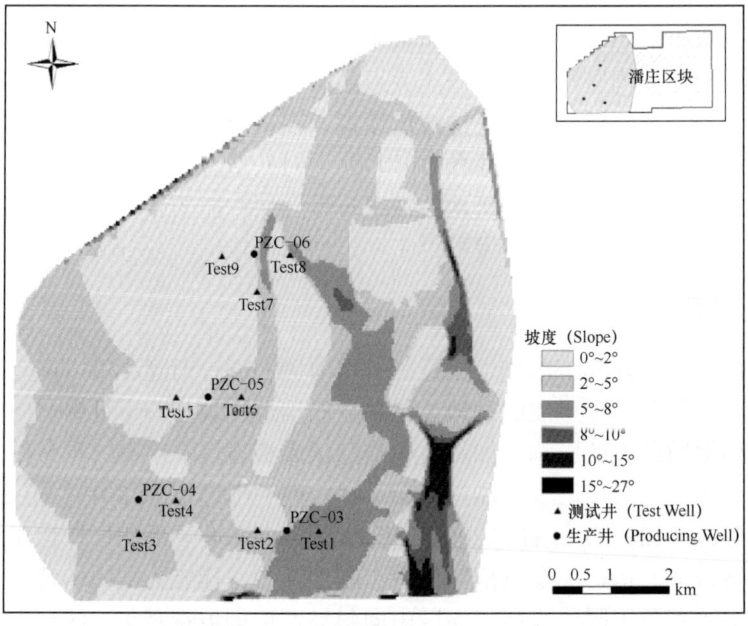

图1　潘庄区块3号煤储层坡度分布及布井情况图

从坡度分布图上可以看出，各潘庄西区煤层气井的坡度分布情况：PZC-04、PZC-05、PZC-06 井均在 0～5° 的微缓斜坡上，PZC-03 井在 5° ～8° 的较缓斜坡上；其中 PZC-06 井与 PZC-03 井位于 0～5° 与 5° ～8° 的过渡带上。

2.2 布井方案

以现有的研究区底板标高等值线、埋深等值线以及煤厚等值线数据基础，运用 COMET3 数值模拟软件建立研究区的地质构造模型，根据研究区各煤层气井所在构造部位及坡度分布情况设计布井方案。

1）根据研究区的底板标高情况以及坡度划分情况，对潘庄西区煤层气井所在区域的地质构造及坡度分布情况进行总结（表 1），PZC-03 井位于向斜右翼下部的较缓斜坡上，PZC-04 井位于向斜左翼上部的微缓坡上，PZC-05 位于向斜左翼中部的微缓坡上，PZC-06 井位于向斜左翼下部的微缓坡上。

表 1　参数井的地质构造与坡度分布情况表

井名	底板高程/m	坡度带	坡度值	地质构造
PZC-03	297	2°～5°，5°～8°	5.78°	向斜右翼背斜左翼下部
PZC-04	382	2°～5°	2.90°	向斜左翼上部
PZC-05	339	0～2°	1.92°	向斜左翼中部
PZC-06	301	2°～5°，5°～8°	5.00°	向斜左翼下部

2）在此基础上，依据戚宇（2015）对井网优化的研究总结，确定了 500m 为布井最佳井距。在四口生产井周围相距 500m 处进行布井设计，分析地质构造和坡度对煤层气产能的影响特点。

3）按上述思想进行布井方案设计（表 2，图 1）。布井方案进行了 4 口生产井单独布井的模拟实验，其中 PZC-03、PZC-04、PZC-06 井布井区为试验布井区，在同处于微缓坡的 3 口井，即 PZC-04、PZC-05 和 PZC-06 中抽取 PZC-05 井设为验证布井区。其具体布井情况为：

PZC-03 井区，东部、西部 500m 处布井

Test1 井：PZC-03 井东部 500m，与 03 井位于不同的高程带，相同的坡度带；

Test2 井：PZC-03 井西部 500m，与 03 井位于相同的高程带，不同的坡度带。

PZC-04 井区，南部、东部 500m 处布井

Test3 井：PZC-04 井南部 500m，与 04 井位于相同的高程带，相同的坡度带；

Test4 井：PZC-04 井东部 500m，与 04 井位于不同的高程带，相同的坡度带。

PZC-05 井区，东部、西部 500m 处布井

Test5 井：PZC-05 井西部 500m，与 05 井位于相同的高程带，不同的坡度带；

Test6 井：PZC-05 井东部 500m，与 05 井位于不同的高程带，相同的坡度带。

PZC-06 井区，东部、南部、西部 500m 处布井

Test7 井：PZC-06 井南部 500m，与 06 井位于相同的高程带，不同的坡度带；

Test8 井：PZC-06 井东部 500m，与 06 井位于相同的高程带，相同的坡度带；

Test9 井：PZC-06 井西部 500m，与 06 井位于相同的高程带，不同的坡度带。

其中，Test7 井位于坡度小于 06 井的坡度过渡地带，Test9 位于坡度小于 06 井的较缓坡度带。

表 2　布井方案表

布井位置	井名	底板高程/m	坡度		构造	与参数井的关系
			坡度带	坡度值		
PZC-03	Test1	345	5°～8°	5.26°	向斜右翼上部	同坡度带
	Test2	300	0～5°	0	向斜右翼下部	同高程带
PZC-04	Test3	378	2°～5°	3.07°	向斜左翼上部	同高程带，同坡度带
	Test4	338	2°～5°	2.38°	向斜左翼中部	同坡度带
PZC-05	Test5	346	0～5°	2.73°	向斜左翼中部	同高程带
	Test6	315	0～5°	1.25°	向斜左翼下部	同坡度带
PZC-06	Test7	300	2°～5°	2.57°	向斜左翼下部	同高程带
	Test8	281	0～5°	5°	向斜左翼下部	同坡度带
	Test9	306	0～5°	1°	向斜左翼下部	同高程带

3　数值模拟

根据表 2 的布井方案对 4 口井进行单井范围内布井数值模拟，分析构造斜坡不同部位产气情况，其中网格间距为 50m。按照布井方案在 PZC-04 井南部、东部两个部位 500m 出插入 Test3 与 Test4 两口试验井，在 PZC-05 井东部、西部两个部位 500m 处插入 Test5 与 Test6 两口试验井，在产量最高的 PZC-06 井东部、西部、南部 3 个部位 500m 处分别插入 Test7，Test8 与 Test9 3 口试验井，进行数值模拟并进行数值模拟评价计算。

3.1　试验模拟

分析对 PZC-03 号井和两口试验井 Test3，Test4 的模拟结果，得到 3 口井产气情况产气量情况为 PZC-03> Test2> Test1。Test1 井向斜右翼上部，与 03 井位于不同的高程带相同的坡度带，产气量 PZC-03> Test1，可知向斜下部产气量高于向斜上部产气量；Test2 井位于向斜右翼下部，与 03 井位于相同的高程带不同的坡度带，Test2 的坡度小于 PZC-03，产气量 PZC-03> Test2，可知在 PZC-03 井区坡度大的区域产气量高于坡度较缓区域产气量。

在 PZC-04 井南部、东部两个部位 500m 出插入 Test3 与 Test4 两口试验井，进行数值模拟并进行数值模拟评价计算，得到储层压力变化图（图 2）和产气量图（图 3）。由图可知，PZC-04 井区的产能情况为：Test4>PZC-04> Test3。潘庄区块煤层气分布为西、北高于东、南，中部高与周围，Test3 井位于 04 井南部，与 04 井位于相同的高程带，相同的坡度带，产气量 PZC-04> Test3，可知在其他地质构造相同的条件下影响煤层气产能最大的是含气量；Test4 井位于向斜左翼中部，与 04 井位于不同的高程带，相同的坡度带，产气量 Test4>PZC-04，可知向斜中部产气量高于向斜上部产气量。

由 PZC-06 井的模拟结果得出：井区的产能情况为：Test9>PZC-06> Test7> Test8。PZC-06 井周围 Test7，Test8，Test9 3 口井中，Test7 井与 Test9 井均位于向斜左翼下部，与 06 井位于相同的高程带不同的坡度带，但 Test7 井位于坡度小于 06 井的坡度过渡地带，Test9 位于坡度小于 06 井的较缓坡度带，产气量 PZC-06> Test9> Test7，由 06 井与 Test7 井可知，坡度高的坡度过渡带产气量高于坡度小的坡度过渡带产气量，由 06 井与 Test9 井可知坡度高的区域产气量高，由 Test9 与 Test7 可知坡度相差无几的微缓坡与较缓坡产气量微缓坡高些；Test8 井同样位于向斜左翼下部，与 06 井位于相同的坡度带，06 井高程略高于 Test8 井，产气量 PZC-06> Test8，可知高程高的区域产气量高即向斜中部比向斜下部产气量高。PZC-06 井与 PZC-03 井均为坡度等级交界部位即坡度过渡带上且从地质构造看两口井处均有次级褶皱发育情况，在与试验井的对比中可以看出坡度过渡带的产气量要高于其他坡度区域的产气量。

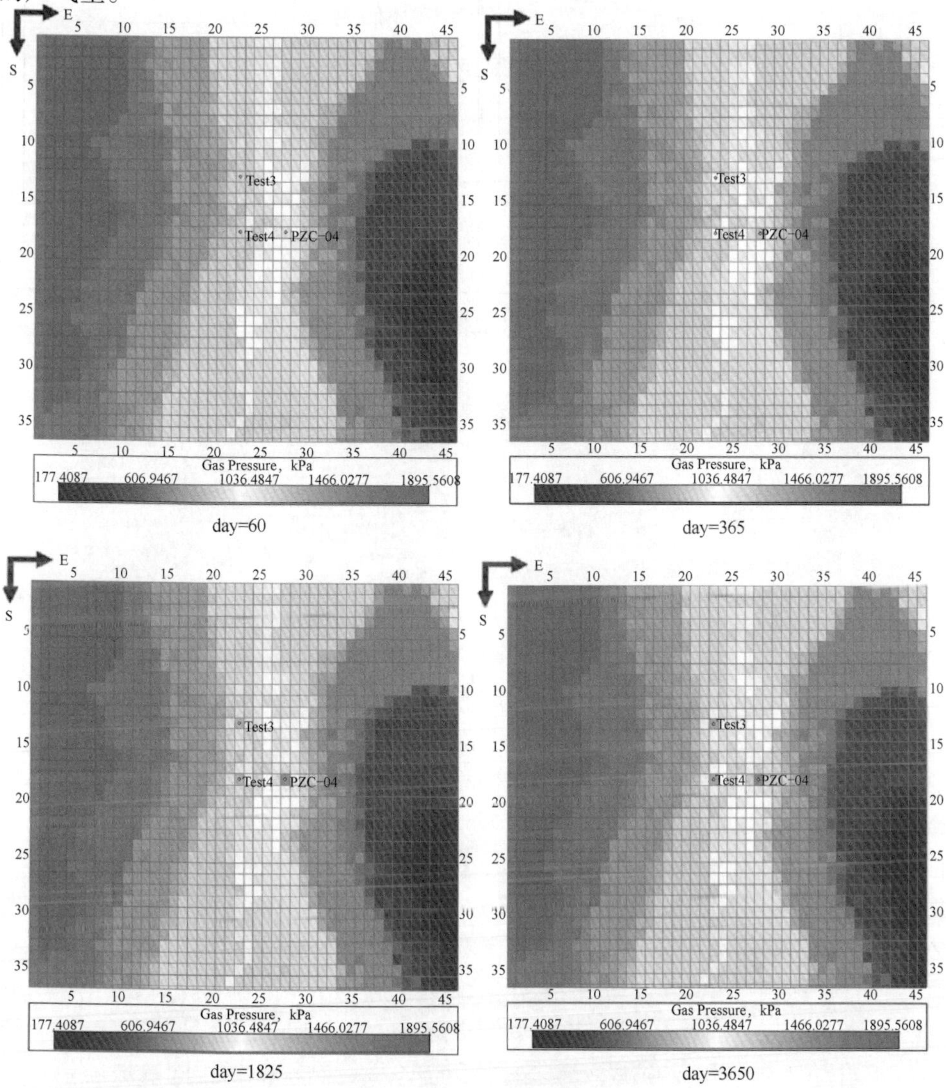

图 2　PZC-04 井区试验井储层压力变化图

3.2　验证模拟

以 PZC-05 井作为验证井，在井东部、西部两个部位 500m 处插入 Test5 与 Test6 两口试验井进行数值模拟，进行与实验井一样的模拟计算（图 4，图 5）。由图 5 可知，PZC-05 井区的产能情况为：Test5>PZC-05> Test6。Test5 井位于向斜左翼中部，与 05 井位于相同的高程带不同的坡度带，Test5 井的坡度大于 05 井的坡度，产气量 Test5>PZC-05，可知在 0～5° 的较缓坡区，坡度较陡处产气量高于坡度较缓处的产气量；Test6 井位于向斜左翼下部，与 05 井位于不同的高程带相同的坡度带，产气量 PZC-05> Test6，可知在向斜中部产气量高于向斜下部产气量。

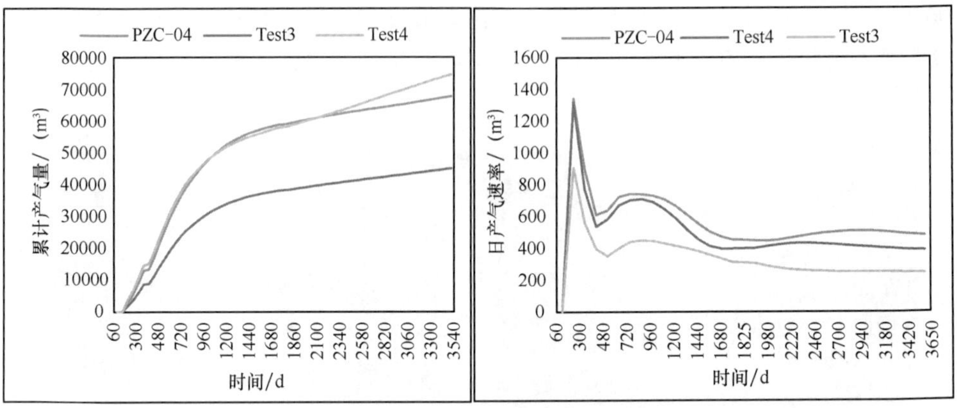

图 3　PZC-04 井区试验井储层压力变化图

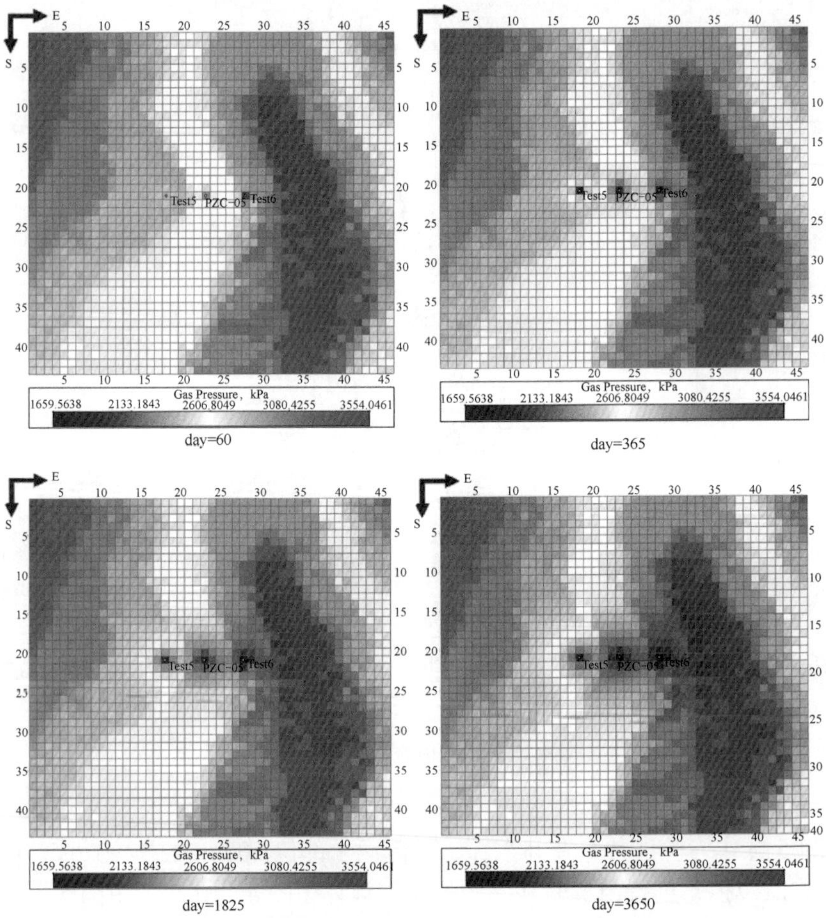

图 4　PZC-05 井区试验井储层压力变化图

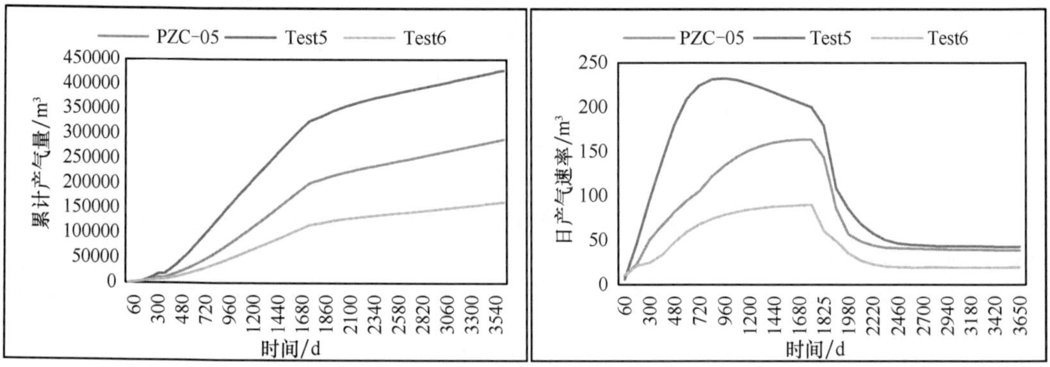

图 5　PZC-05 井区试验井模拟结果图

通过布置试验井对产气量情况的对比可知，在研究区内向斜中部产气量高于其他部位产气量；相同构造部位坡度越大产气量越高；相同构造部位且坡度带相同的区域，高程值越高产气量越大。

4　结论

依据研究区储层坡度分布模型、排采井位置分布现状，在构造斜坡不同部位布井分析构造斜坡对产能的影响。从布井方案的数值模拟结果得知，在研究区内向斜中部产气量高于其他部位产气量；相同构造部位坡度越大产气量越高；相同构造部位且坡度带相同的区域，高程越高产气量越高，高程增高煤储层含水量减少，初始产气时间较早，相同的地质构造情况，坡度变大煤层气井所掌控的煤储层体积也将变大，含气量相对越多，故产气量高于坡度小的区域。

5　致谢

感谢国家自然科学基金青年基金（41402291）和国家科技重大专项（2016ZX05044002-003）的资助。

参考文献

郭晨，秦勇，韦重韬. 2011. 潘庄区块煤层气井网优化设计与产能预测[J]. 煤炭科学技术，39（8）：104～106.

连承波，李汉林. 2005. 地应力对煤储层渗透性影响的机理研究[J]. 煤田地质与勘探，33（2）：30～32.

梁宏斌，张璐，刘建军，等. 2012. 沁水盆地樊庄区块构造对煤层气富集的控制作用[J]. 山东科技大学学报：自然科学版，31（1）：672～3767.

刘世奇，桑树勋，李梦溪，等. 2013. 樊庄区块煤层气井产能差异的关键地质影响因素及其控制机理[J]. 煤炭学报，38（2）：279～283.

罗金辉. 2012. 煤层气运移 LBM 模型与井间干扰模拟研究[D]. 徐州：中国矿业大学.

彭龙仕，乔兰，龚敏，等. 2014. 煤层气井多层合采产能影响因素[J]. 煤炭学报，39（10）：2060～2067.

戚宇. 2015. 潘庄某区块某气田开发动态评价[C].

中华人民共和国国家质量监督检验检疫总局. 1996. 水土保持综合治理规划通则[Z].

Meng Zhaoping, Tian Yongdong, Li Guofu.2009.Rela-tionship between permeability of coal reservoirs and in-situ stress in southern Qinshuibasinand its controlling mechanism [J]. Progress in Natural Science, 9(10) : 1142-1148.

Meng Zhaoping, Zhang Jincai, Wang Rui. In situ stress. 2011. pore pressure and stress-dependent permeability in the southern Qinshui basin [J]. International Journal of Rock Mechanics & Mining Sciences, (8): 122～131.

Ni Xiaoming, Wang Yanbin, Jie Mingxun, et al. 2008.Stress's influence in different tectonic positions on fracturing interstitial morphology[J]. Journal of China Coal Society, 33(5) : 505～508.

Su Xianbo, lin Xiaoying, Zhao Mengju, et al.2006. Prediction on coal adsorption capacity under reservoir conditions [J]. Natural Gas Industry, 2006, 26(8): 34～36.

Wang Hongyan, Liu Honglin, Sun Yu, et al.2005. Study on the stress sensibility of reservoir porosity [J]. Petroleum Geology & Experiment, 2005, 27(I):194～197.

Zhao Jingzhou, Shi Baohong.2005. Discussion on the division of coalbed methane-enriched units in China[J]. Natural Gas Industry, 2005, 25(1): 22～25.

织纳煤田比德区块煤储层含气量特征及主控因素分析

张莎莎[1,2]　吴财芳[1,2]　王　博[1,2]　党广兴[①,2]

（1．中国矿业大学煤层气资源与成藏过程教育部重点实验室　江苏徐州221008；
2．中国矿业大学　资源与地球科学学院　江苏徐州　221116）

摘　要：煤层含气量是煤层气资源评价及地质选区的重要依据。基于织纳煤田比德区块现有地质资料和数据，分析了煤层含气量分布特征，揭示了该区主要控气地质因素。结果表明：区内煤层含气量整体较高，分布特征总体上表现为向斜控气，具有“轴部高、两翼低，中间高，两边低”的特点。研究认为，在诸多地质影响因素中，地质构造、煤层埋深、水文地质特征是控气的主要地质因素，煤层含气量在向斜轴部较高，随煤层埋深增加而增大，且区域水文地质条件普遍简单，有利于煤层气的保存。

关键词：比德区块　煤层气　含气量　控气因素

CBM Resources and Main Controlling Factor Analysis in Bide syncline, Zhina Coalfield

Zhang Shasha[1,2]　Wu Caifang[1,2]　Wang Bo[1,2] Dang Guangxing[1,2]

(1. Key Lab of Coal Bed Methane Resources and Deposit Process，China University of Mining and Technology，Xuzhou 221008，China;
2. School of Resources and Geosciences，China University of Mining and Technology，Xuzhou 221116，China)

Abstract: Coal seam gas content is an important basis for coalbed methane resource evaluation and geological selection. Based on the existing geological data of Bide block, Zhina coal field, analyzed the distribution characteristics of gas content, and revealed the main geological factors of gas control in this area. The results show that the gas content in this area is high and the

作者简介：张莎莎，女，硕士研究生，中国矿业大学，江苏省徐州市泉山区金山街道中国矿业大学国家大学科技园，221008，Tel：18705203604，E-mail：zhsha88@163.com。

distribution characteristics are generally syncline controlled gas, which has the characteristics of "high shaft height, low wings, middle height and low sides". It is concluded that the geological structure, coal seam depth and hydrogeological characteristics are the main geological factors of gas control in many geological factors. The gas content of coal seam is higher in the synclined axis and increases with the depth of coal seam, and the area hydrogeological conditions are generally simple and conducive to the preservation of coalbed methane.

Keywords: Bide block; CBM; CBM content; controlling factor

0 引言

贵州省煤炭资源量大，煤层气资源丰富，是中国南方最大的煤炭生产基地和煤层气资源富集区（刘怡军等，2017）。织纳煤田构造相对简单，可采煤层层数多，煤层结构一般保存完好，储层含气量高，资源丰度较大，是贵州煤层气主要富集区之一（高弟等，2009；李腾等，2011）。由于煤储层含气量特征与主控因素分析具有特种重要的战略意义，近年来受到人们高度重视，相继展开了针对性的研究，并取得了卓越的成果。前人在对沁水盆地煤层含气量特征及影响因素研究中，认为其控制因素主要为地质构造、沉积环境、水文地质条件、煤层埋深和顶底板泥岩厚度（魏书宏等，2003；傅雪海等，2007；金英等，2010；王勃，2013；孟贵希等，2013；Huang et al.，2014；Wang et al.，2014；邓志宇等，2016；杨克兵等，2016）；在对织纳煤田煤层含气量特征及影响因素研究中，认为其控制因素主要为煤层埋深、地质构造、水文地质条件、煤岩组分、煤化程度和煤厚（姜玮等，2011；王聪等，2011；崔彬，2016；刘甲等，2017）。比德区块是织纳煤田的重要组成部分，已有的关于比德区块的研究主要集中在煤储层特征（刘怡军等，2017；孙昌花等，2015；王蒙等，2014；周龙刚等，2012；黄文等，2013）、煤层群含气系统（杨兆彪等，2011a，2011b；郭晨，2015；郭晨等，2017）等方面，而对其煤储层含气性特征及控制因素研究较少。本文在前人研究工作的基础上，分析了比德区块 6 号、32 号煤层含气量展布规律，从地质构造、煤层埋深、煤厚、煤质、水文地质条件等方面，揭示了主要控气地质因素，以期为该区煤层气勘探开发提供依据。

1 地质背景

织纳煤田位于贵州省中西部，比德区块是织纳煤田内重要赋煤单元之一，长约 50km，宽约 10km，面积约 500km^2（黄文等，2013）。比德区块区域上位于上扬子准地台（I 级）上扬子台褶带（II 级）黔中早古拱断褶束（III 级），受水城-紫云及贵阳-镇远断裂影响呈一拱褶复式向斜，主要包括比德、三塘、岩脚、阿弓等次级向斜。褶皱轴向多为 NW 向和 NE 向，断层走向多为北东向（图 1）。

该区出露地层由老至新主要有中二叠统茅口组、上二叠统峨眉山玄武岩组、龙潭组、长兴组、下三叠统飞仙关组、永宁镇组及第四系。含煤地层主要为龙潭组，沉积于海陆交互环境，沉积旋回显著发育，煤层层数众多，为一套碎屑岩夹碳酸盐岩含煤沉积。龙潭组平均厚 340m，含煤 3～54 层，一般 30 余层，含煤总厚 25～55m，平均 39m，含煤系数为 11.7%。可采煤层 8～12 层，发育最好的有 2、5、6、32 号，可采煤层总平均厚度大于 10m。煤级主要为贫煤和瘦煤，显微组分以镜质组为主，宏观煤岩组分以半亮煤为主，煤体结构总体保存完好。6 号和 32 号煤层特征见表 1。

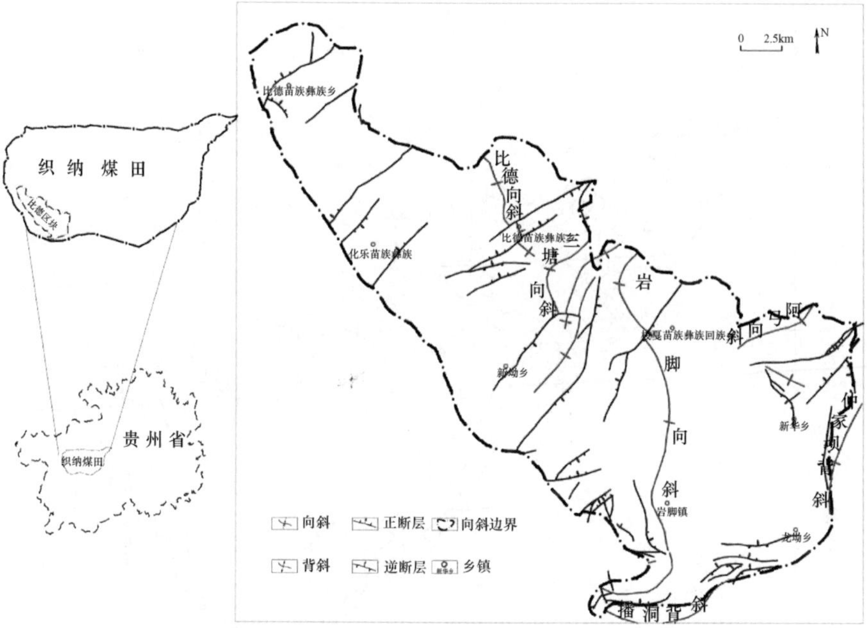

图 1 比德区块构造纲要图

表 1 比德区块 6 号、32 号煤层特征表

煤层	埋深/m	厚度/m	结构	顶板岩性	底板岩性	显微煤岩组分/%	
						镜质组	惰质组
6 号	34.89～936m 443.14	0.59～13.99 4.19	较简单	泥岩、泥质粉砂岩	粉砂质泥岩、细砂岩	64.11	15.51
32 号	29.23～151.75 577.76	0.30～6.09 2.10	复杂	粉砂质泥岩、泥质粉砂岩	泥岩、泥质粉砂岩、粉砂岩	65.45	16.41

2 主要煤层含气量分布特征

比德区块煤层气勘探区主要集中在比德向斜西北部比德勘探区、化乐勘探区、黑塘勘探区与岩脚向斜东部新华勘探区。煤层气主要成分为甲烷（CH_4）和重烃（C_2H_6），含气量为可燃气体含量。甲烷成分浓度 1.3%～99.80%，平均为 69.56%；氮气成分浓度 0.23%～83.9%，平均为 28.94%；重烃成分一般小于 1.00%。主要煤储层甲烷（CH_4）+重烃（C_2H_6）含量为 1.16～37.35m^3/t，平均 12.94m^3/t（黄文等，2013）。其中 6 号煤层含气量为 1.16～31.92m^3/t，平均 14.22m^3/t；32 号煤层含气量为 4.63～37.35m^3/t，平均 15.15m^3/t。二者均属富甲烷煤层。

研究区主要煤层含气量分布规律总体表现为“轴部高、两翼低，中间高，两边低”的特点（图 2，图 3）。其中，6 号煤层含气量总体分布规律表现为比德向斜、三塘向斜、岩脚向斜核部含气量较高，研究区西北部及南部边界含气量较低；32 号煤层含气量平面分布整体规律表现为比德向斜、三塘向斜、岩脚向斜核部含气量较高，南部普遍低于北部，与 6 号煤层含气量分布特征存在一定差异。6 号煤层与 32 号煤层间距约 250m，分析认为此差异性主要源自于埋深，同时也受构造、水文等条件的影响。

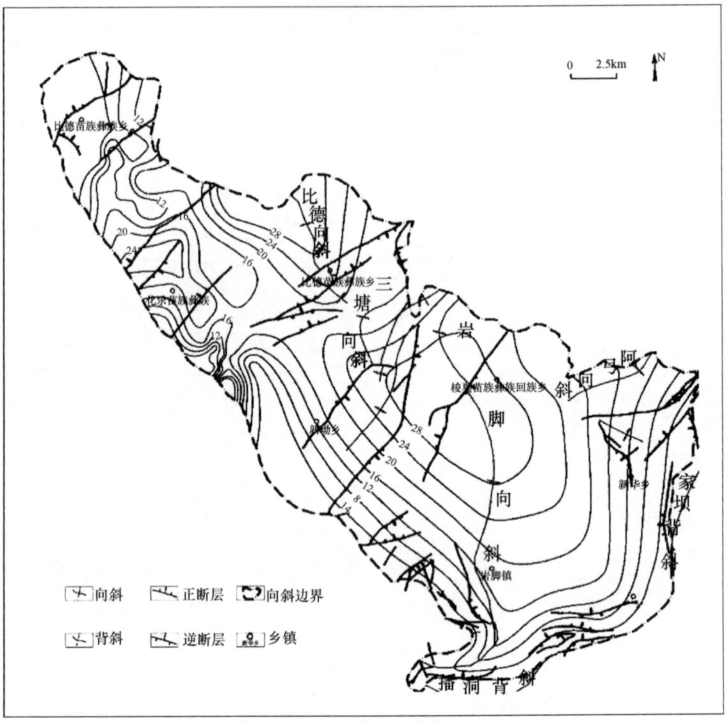

图 2　比德区块 6 号煤层含气量等值线图

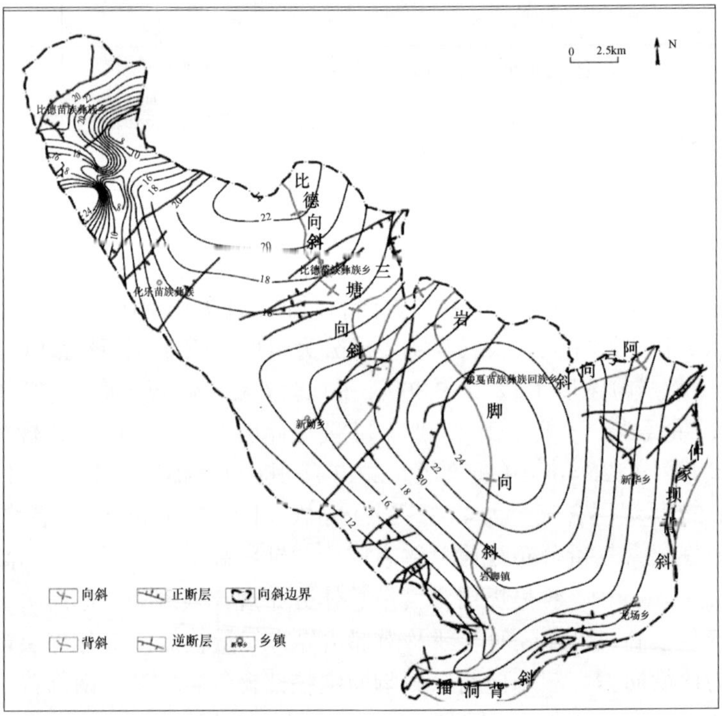

图 3　比德区块 32 号煤层含气量等值线图

3 含气量主控因素分析

3.1 地质构造

煤层气成藏受多种地质因素共同作用，而构造是所有控制因素中最重要、最根本的因素，它不仅控制着含煤盆地及含煤地层的形成和演化，而且控制着煤层气生成、聚集和产出（方爱民等，2005）。向斜的两翼和轴部中和面以上是有利于煤层气封存和聚集的部位，特别是向斜的轴部是煤层含气量高异常区（方爱民等，2005；李贵中等，2005；王国玲等，2009）。理论和实践研究表明，织纳煤田煤层气富集总体上具有向斜控气的构造特征（秦勇等，2012；洪愿进等，2015）。此外，断层对煤层气成藏的影响是多方面的，主要体现在断层的封闭性上，张性断层有利于煤层气的逸散，不利于煤层气的保存；压性断层有利于煤层气保存（方爱民等，2005；王国玲等，2009；秦勇等，2012；洪愿进等，2015；刘大锰等，2014）。

研究区内主要发育有比德向斜、三塘向斜、岩脚向斜，煤层含气量由翼部向向斜轴部增加，表现出向斜控气的特征（图2，图3），因向斜轴部为应力集中的高压区，此处煤层埋深大，只产生少量开放性裂隙，释放部分应力，是有利于煤层气封存和聚集的部位；研究区内断层多为正断层，尤其是南部边界正断层较为发育，断层面附近由于构造应力释放形成低压区，导致煤层气大量逸散，且南部边界受杜家坝背斜和播洞背斜的影响，在拉张应力作用下，靠近背斜轴部，煤层及顶板封闭性差，煤层气易于运移逸散，导致煤层含气量总体较低。

3.2 煤层埋深

煤层上覆盖层有效厚度对煤储层含气量具有一定的影响（李腾，2011）。大量资料表明：在瓦斯风化带以下一定深度范围内，同一煤层的含气量随埋深增大而增加，其原因是随着埋深加大，煤体吸附能力增强；同时煤层上覆地层封闭性变好，对煤层气的封存比较有利（王怀勐等，2011）。

比德向斜北西部化乐勘探区煤层含气量具有随煤层埋深增加而增大的趋势，6 号煤层与 32 号煤层埋深与含气量均具有正相关关系（图 4），表明煤层上覆地层有效厚度越大，封盖性越强，煤层含气量越高。

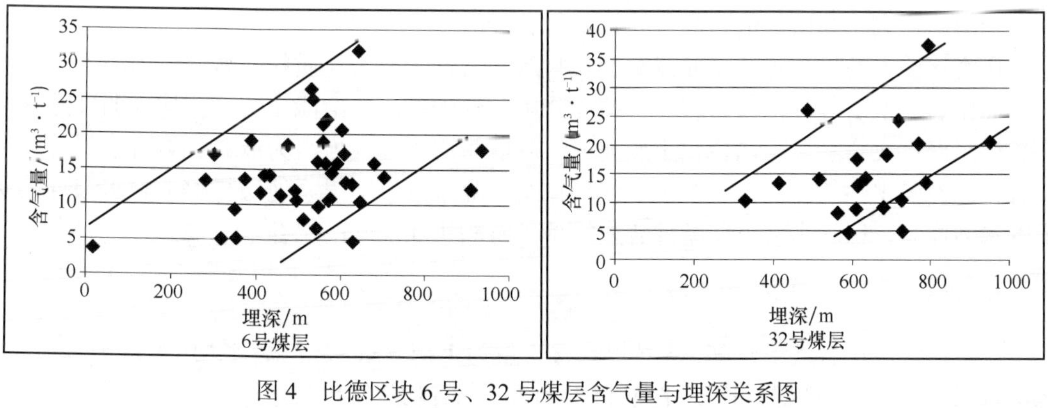

图 4 比德区块 6 号、32 号煤层含气量与埋深关系图

3.3 煤厚

煤层厚度及其变化对含气量有较大影响，表现在煤层厚度直接影响煤层气的生成量，同时厚煤带可以为煤层气提供良好的储集场所。在同一构造稳定区域，煤层含气量一般会

随着煤层厚度而呈现明显的正相关变化（邓志宇等，2016）。

由于控气地质因素的复杂性，比德区块 6 号和 32 号煤层厚度及其含气性之间并无明显的因果联系，而是呈现出平躺的“V”字形关系（图 5），其转折点对应的含气量在 15m^3/t 左右。

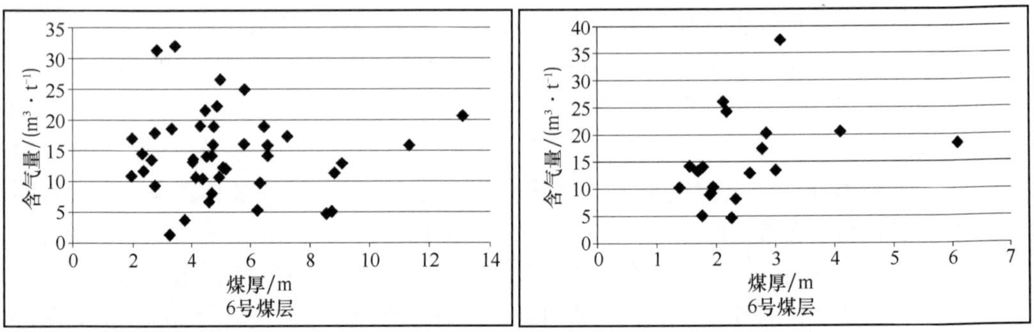

图 5　比德区块 6 号、32 号煤层含气量与煤厚关系图

3.4　煤质

Gunther（1965）指出，灰分无益于气体的吸附，气体只吸附在有机质或纯煤上。由于矿物质不吸附气体却占据了煤层的空间，因此它导致了含气量的减少。也即煤中灰分的增加会使煤层含气量减小。挥发分和水分对煤层的吸附性能具有破坏作用（王赛英，2011）。

如图 6 所示，从煤质参数分析，随着水分、灰分、挥发分及硫分的增高，煤层含气量变化较大，比德区块煤层含气量与煤质之间相关性不明显。由此得出，煤质不是控制比德区块煤层含气量的因素。

3.5　水文地质条件

水文地质条件是影响煤层气赋存的一个重要因素。对煤层气赋存和运移影响很大，对煤层气的开采至关重要。通常水文地质条件控气具有双重性：地下水的滞流区对煤层有较好的封闭作用，有利于煤层气的富集；而在地下水排泄区，由于地下水流动性强，促使煤层气逸散，不利于煤层气的富集（叶建平等，2001）。

研究区晚二叠世含煤岩系龙潭组及长兴组，岩性主要为泥质粉砂岩、粉砂质泥岩、泥岩，而砂岩和灰岩等刚性岩石较少，接受降雨补给和越流补给能力较差，均为弱裂隙含水层；煤系底部发育一层灰白色铝土质泥岩，基底峨眉山玄武岩组为极弱裂隙含水层，厚度较大，相对隔水性能较好，可视为下伏茅口组的隔水层。即煤系地层与上下含水层均无明显的水力联系，区域水文地质条件普遍简单，有利于煤层气的保存。

4　结论

比德区块煤层含气量较高，6 号煤层含气量为 1.16～31.92m^3/t，平均 14.22m^3/t，32 号煤层含气量为 4.63～37.35m^3/t，平均 15.15m^3/t。二者均为富甲烷煤层。

主要煤层含气量分布规律总体表现为“轴部高、两翼低，中间高，两边低”的典型向斜控气特点。6 号煤层与 32 号煤层含气量分布特征总体较类似，但局部有一定差异，分析认为差异性主要源自于埋深。

比德区块主要控气地质因素为地质构造、煤层埋深和水文地质条件。区块内向斜轴部煤层含气量高，两翼低，且含气量随埋深的增加而增大；向斜轴部易形成滞流承压水，具封堵作用，同时普遍简单的区域水文地质条件，为煤层气保存提供了有利条件。

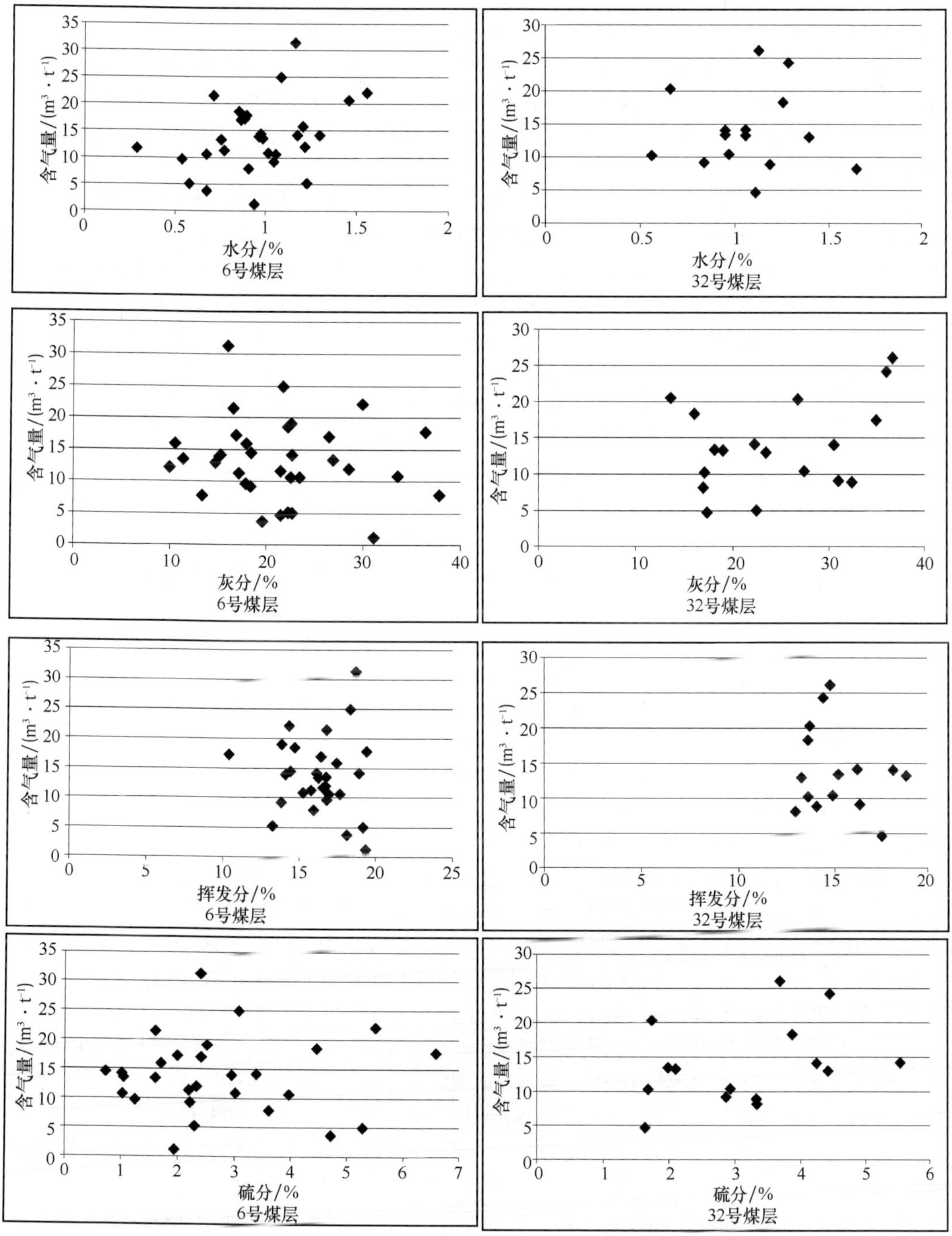

图6　比德区块6号、32号煤层含气量与煤质参数关系图

参考文献

崔彬. 2016. 织金区块煤层气井产能差异主控地质因素分析[J]. 煤炭技术，35（11）：115～117.

邓志宇，刘羽欣，王力，等. 2016. 沁水盆地沁源地区煤层含气量分布规律及控气地质因素分析[J]. 中国煤层气，（1）：18～22.

方爱民，侯泉林，琚宜文，等. 2005. 不同层次构造活动对煤层气成藏的控制作用[J]. 中国煤田地质，17（4）：15～20.

傅雪海，秦勇，韦重韬，等. 2007. 沁水盆地水文地质条件对煤层含气量的控制作用[C]. 煤层气勘探开发理论与实践.

高弟，秦勇，易同生. 2009. 论贵州煤层气地质特点与勘探开发战略[J]. 中国煤炭地质，（03）：20～23.

郭晨，夏玉成，卢玲玲，等. 2017. 黔西比德-三塘盆地多层叠置独立含煤层气系统发育规律与控制机理[J]. 天然气地球科学，（04）：622～632.

郭晨. 2015. 黔西比德-三塘盆地独立叠置含煤层气系统垂向分布与煤储层吸附—渗流特征[J]. 天然气地球科学，（01）：168～179.

洪愿进，唐长根. 2015. 贵州省织金县文家坝一矿煤层气资源及主要控气因素分析[J]. 中国煤炭地质，（06）：22～25.

黄文，徐宏杰，张孟江，等. 2013. 贵州省织纳煤田比德向斜煤储层物性特征及煤层气资源前景[J]. 中国煤层气，（04）：8～12.

姜玮，吴财芳，姜伟，等. 2011. 黔西织纳煤田戴家田井田控气地质因素研究[J]. 煤炭工程，1（6）：79～81.

金英，赵永军. 2010. 沁水盆地影响煤层含气量的地质因素探讨[J]. 西部探矿工程，22（12）：55～58.

李贵中，王红岩，吴立新，等. 2005. 煤层气向斜控气论[J]. 天然气工业，25（1）：26～28.

李腾，吴财芳，潘磊. 2011. 织纳煤田煤层含气量分布规律及其地质控制因素研究[C]. 煤层气学术研讨会.

李腾. 2011. 影响煤层气富集的地质因素[J]. 煤矿现代化，（01）：108～110.

刘大锰，李俊乾. 2014. 我国煤层气分布赋存主控地质因素与富集模式[J]. 煤炭科学技术，（06），19-24.

刘大锰，姚艳斌，蔡益栋，等. 2010. 华北石炭系—二叠系煤的孔渗特征及主控因素[J]. 现代地质，24（6）：1198～1203.

刘甲，张孟江，黄文，等. 2017. 贵州省织纳矿区煤层含气性及地质控制因素分析[J]. 西部探矿工程，（03）：104～108.

刘贻军，曾祥洲，胡刚，等. 2017. 贵州煤层气储层特征及勘探开发技术对策——以比德-三塘盆地为例[J]. 煤田地质与勘探，（01）：71～74.

孟贵希，赵景辉，贺小黑，等. 2013. 沁水盆地和顺区块 15 号煤层含气量及其控制因素[J]. 油气藏评价与开发，（2）：66～70.

秦勇，高弟. 2012. 贵州省煤层气资源潜力预测与评价[M]. 徐州：中国矿业大学出版社.

孙昌花，唐书恒，闫凯. 2015. 比德-三塘盆地比德区块煤储层特征及有利勘探区评价[J]. 中国煤炭地质，（11）：14～17.

王勃. 2013. 沁水盆地煤层气富集高产规律及有利区块预测评价[D]. 徐州：中国矿业大学.

王聪，吴财芳，欧正，等. 2011. 黔西织纳煤田少普矿区 16 号煤煤层气富集的地质控制因素[J]. 煤炭学报，（9）：1486～1489.

王国玲，秦勇. 2009. 煤储层含气性特征及其地质动力学控制因素[J]. 中国煤炭地质，（02）：18～23.

王怀勐，朱炎铭，李伍，等. 2011. 煤层气赋存的两大地质控制因素[J]. 煤炭学报，（07）：1129～1134.

王蒙，吴财芳. 2014. 比德—三塘盆地多煤层条件下煤储层吸附解吸特征研究[J]. 煤炭工程，（03）：118～121.

王赛英. 2011. 鄂尔多斯盆地延川南地区煤储层特征研究[D]，成都：成都理工大学.

魏书宏，韩少明. 2003. 沁水煤田南部煤层气构造控气特征研究[J]. 煤田地质与勘探，31（3）：30～31.

杨克兵，王海潮，王君，等. 2016. 沁南盆地成庄区块高煤阶煤层气高产主控因素[J]. 天然气勘探与开发，39（4）：1～4.

杨兆彪，秦勇，高弟. 2011a. 黔西比德-三塘盆地煤层群发育特征及其控气特殊性[J]. 煤炭学报，（04）：593～597.

杨兆彪，秦勇，高弟. 2011b. 黔西比德-三塘盆地煤层群含气系统类型及其形成机理[J]. 中国矿业大学学报，（02）：215～220.

叶建平，武强，王子和. 2001. 水文地质条件对煤层气赋存的控制作用[J]. 煤炭学报，（05）：459～462.

周龙刚，吴财芳. 2012. 黔西比德-三塘盆地主采煤层孔隙特征[J]. 煤炭学报，（11）：1878～1884.

Huang X, Zhao P, Dong Z, et al. 2014. Main controlling factors of cbm reservoiring and its mode in qinshui basin[J]. Coal Geology of China.

Wang X H, Wang Y B, Fan J J et al. 2014. Analysis of coalbed methane (cbm) enrichment and main controlling factors in southern junggar basin[J]. Advanced Materials Research, 848: 251～254.

基于 X-ray CT 扫描的高阶煤孔隙发育特征

方辉煌[1] 桑树勋[1] 刘世奇[2] 杜 艺[1] 王 甜[1] 王 鹤[1]

（1. 中国矿业大学 资源与地球科学学院 煤层气资源与成藏过程教育部重点实验室，
江苏 徐州 221116；
2. 中国矿业大学 低碳能源研究院 江苏省煤基CO_2捕集与地质存储重点实验室，
江苏 徐州 221116）

摘 要：煤样微观孔隙结构是煤层气开发和CO_2-ECBM 的关注重点，但有机质孔隙与无机矿物孔隙的分别提取及定量分析却鲜有研究。对沁南盆地高阶煤煤样进行了微米焦点 X-ray CT 扫描，以三维可视化重构为基础分别提取了有机质孔隙、无机矿物孔隙；分别对孔隙含量、形态、三维结构、孔径及连通性特征进行了分析。研究表明：较高体积比例及较好均质性的有机质及无机矿物为储层骨架，较低体积比例及较差均质性的孔隙则依附于储层骨架而发育，且其含量、形态、三维结构及其孔径分布特征受控于有机质及无机矿物；伯方及余吾矿煤样孔隙形态以椭圆形为主，有机质孔隙空间分布较为紧密、均质性较好、孔径较大、具椭球体及不规则形状，无机矿物孔隙空间分布较为孤立，均质性较差，孔径较小，以微小的椭球体及扁条体为主；伯方矿煤样较高的 R_o 值使其孔隙度较余吾矿高，且孔隙数量随着孔径的增大而减少；有机质孔隙的数量、体积及表面积等均较无机矿物孔隙发育。

关键词：孔隙特征 孔隙连通性 X-ray CT 扫描 有机质孔隙 无机矿物孔隙 沁南盆地

Developmental characteristics of pores in high-rank coals based on micro-focus X-ray computed tomography

Fang Huihuang [1], Sang Shuxun [1], Liu Shiqi [2], Du Yi [1], Wang Tian [1], Wang He [1]

(1. Key Laboratory of Coalbed Methane Resources and Reservoir Formation Process, Ministry of Education, School of Resources and Geosciences, China University of Mining and Technology, Xuzhou 221116, China; 2. Key Laboratory of Coal-based CO_2 Capture and Geological Storage, Jiangsu Province, Low Carbon Energy Institute, China University of Mining and Technology, Xuzhou 221116, China)

Abstract: Micro-pore structures in coal sample are important in coalbed methane

基金项目：国家自然科学基金项目（项目编号：41330638，41272154）
通讯作者：桑树勋，男，1967 年生，教授、博导，研究方向：煤与油气地质。E-mail:shxsang@cumt.edu.cn
第一作者：方辉煌，男，1990 年生，在读博士生，研究方向：地质学。E-mail:fanghuihuang@cumt.edu.cn

development and CO_2 geological storage-enhanced CBM recovery, however, few studies were carried out on the separate extraction and quantitative analysis of pores in inorganic mineral and organic matter. Two high-rank coal samples in the southern Qinshui Basin were scanned by the micro-focus X-ray Computed Tomography, and pores in IM and OM are separately extracted based on three dimensional visualization reconstruction. Characteristics of content, morphology, 3D structure and pore size of pores were analyzed respectively. The results show that the higher volume ratio and better homogeneity of OM and IM make itself as the reservoir skeleton, the pore with lower volume ratio and poor connectivity develops in the way of attaching to the reservoir skeleton, and the content, morphology, 3D structure and pore size distribution of which are controlled by OM and IM. The pore morphology in the Bofang and Yuwu samples is mainly ellipse. In terms of pores in OM, space distribution is relatively tight, homogeneity is good, pore size is larger and morphology is mainly ellipsoid and irregular, whileas, pores in IM, space distribution is relatively isolated, heterogeneity is poor, pore size is small and morphology is primarily micro-ellipsoid and flat strip. Porosity in the Bofang sample with higher R_o is higher than that of the Yuwu sample, and the number of pores decreases with the increase of pore size. Number, volume and surface area of pore in OM are higher than that of pores in IM.

Keywords: Pore characteristics; pore connectivity; X-ray CT; pore in OM; pore in IM; southern Qinshui Basin

1 引言

煤储层由有机质、无机矿物及孔裂隙组成（Moore，2012；Ramandi et al.，2016），因作为 CO_2-ECBM（CO_2 Geological Storage-Enhanced Coal Bed Methane Recovery）的载体受到进一步的研究（Liu et al.，2016；Wang et al.，2016a）。其中，孔隙作为 CO_2-ECBM 过程中 CO_2 储集的主要场所及 CH_4 产出的重要通道而备受研究者的关注（Vishal et al.，2015）。因此，研究孔隙结构对研究 CO_2-ECBM 过程至关重要（Liu et al.，2014）。

煤储层孔隙可进一步分为有机质孔隙及无机矿物孔隙（Mastalerz et al.，2008；Yu et al.，2012；Liu et al.，2015a）。有机质孔隙分布于有机质中且与干酪根成熟度有关（Ramandi et al.，2016），无机矿物孔隙分布于无机矿物中且与应力分布有较大相关性（Ramandi et al.，2016）。定量化识别、表征两类孔隙对于研究 CO_2-ECBM 过程十分重要（Wang et al.，2015；Busch and Gensterblum，2011）。前人的研究主要是基于直接的观测进行定性及半定量评价（Chen et al.，2015；Zhou et al.，2016），而对于孔隙间的定量化对比鲜有研究。

吸附法与压汞法是研究煤储层孔隙结构较常规的方法（Liu et al.，2016；Zhao et al.，2016a；Zhang et al.，2016；Feng et al.，2016），虽可进行孔径分布的定性及定量研究（Liu et al.，2015b；Li et al.，2016），但无法对煤储层的孔隙结构及其连通性进行三维可视化重构及定量化表征；以电镜为基础的较为新颖方法，如聚焦离子束扫描电子显微镜等（Kutchko et al.，2013；Liu et al.，2017），虽可成功用于煤样孔隙结构的观察，但观测面积较小而易忽略储层的异质性。

X-ray CT 技术是一种非破坏性的三维成像技术（Gerami et al.，2016；Garbout et al.，

2013），近年来被逐渐引入地质领域且得到了广泛应用（Wang et al.，2016a；Wildenschild and Sheppard，2013）。以 X-ray CT 图像为基础，前人主要进行煤岩演化及其孔裂隙发育研究（Wolf et al.，2008；Heriawan and Koike，2015），循环荷载条件下煤岩渗透率演化研究（Cai et al.，2011），煤岩异质性及孔裂隙、矿物的空间分布研究（Yao et al.，2009a，2009b）。然而，关于煤储层有机质孔隙、无机矿物孔隙的统一提取、对比分析及其连通性研究却少有尝试。

沁水盆地南部为中国首个 CO_2-ECBM 微型先导性试验场所（Wang et al.，2016b），且深部煤层（山西组 3#煤层）是封存 CO_2 的主要层位，其孔隙结构发育特征对中国 CO_2-ECBM 工程实施具有重大意义。对沁水盆地南部高阶煤煤样进行了微米焦点 X-ray CT 扫描，以三维可视化重构为基础分别提取了有机质孔隙、无机矿物孔隙；分别对孔隙含量、形态、三维结构、孔径分布及连通性特征进行了分析。X-ray CT 技术对于煤样孔隙结构的分别提取与定量研究意义重大，对沁水盆地南部 CO_2-ECBM 工程具有十分重要的意义。

2 研究区概况

2.1 构造特征

沁水盆地位于山西省东南部，是华北克拉通盆地在古生代晚期演化形成的中生代盆地。盆地内所有含煤地层经历了同样的构造演化过程：太古宙—古元古代构造基底形成阶段，中元古代—早二叠世含煤盆地泥炭堆积阶段及侏罗纪以来的构造抬升剥蚀阶段（Zhao et al.，2016b）。由于受三叠纪印支运动及侏罗—白垩纪燕山运动抬升、剥蚀影响，沁水盆地发育成为一个沿沁水-沁源-榆社呈 NNE—SSW 向展布的大型复向斜盆地，其东部被太行山脉，西部被霍山山脉，南部被中条山山脉，北部被五台山山脉所包围（Cai et al.，2011；Li et al.，2016）。

2.2 区域地质特征

沁水盆地南部总体构造形态为马蹄形斜坡带，地层倾角平缓（Liu et al.，2017）。断层相对不发育，主要发育有寺头断层以及与之伴生的次级正断层组成的弧形断裂带，多呈 NE—SW 向展布（Zhao et al.，2016b；图 1）。低缓、平行褶皱普遍发育，展布方向以 NNE—SSW、近 N—S 向为主（Zhao et al.，2016b；图 1），主要形成于侏罗—白垩纪燕山运动 NW—SE 向的挤压应力环境（Hu et al.，2007；Meng et al.，2011）。

2.3 地层特征

受构造运动影响，沁水盆地主要在石炭—二叠纪接受沉积。地层主要有石炭统本溪组（C_2b）与太原组（C_3t）；二叠统山西组（P_1s）、下石盒子组（P_1x）、上石盒子组（P_2s）与石千峰组（P_2sh）。其中，太原组与山西组是主要的含煤地层（Zou et al.，2010；Liu et al.，2014，2015a）。山西组 3 号煤层与太原组 15 号煤层为研究区主要探勘、采掘煤层，其厚度较大、分布稳定，是煤层气勘探的主要目标层。

本次研究以山西组 3#煤层为主要研究对象。山西组厚 37～72m，由砂岩、粉砂岩、泥岩和煤所组成，为河流相沉积（Liu et al.，2014，2015a）。山西组 3 号煤层为埋深 472.34～478.7m、厚度 5～8m 的单煤层，是中国煤层气勘探开发的主要目标（图 2）。

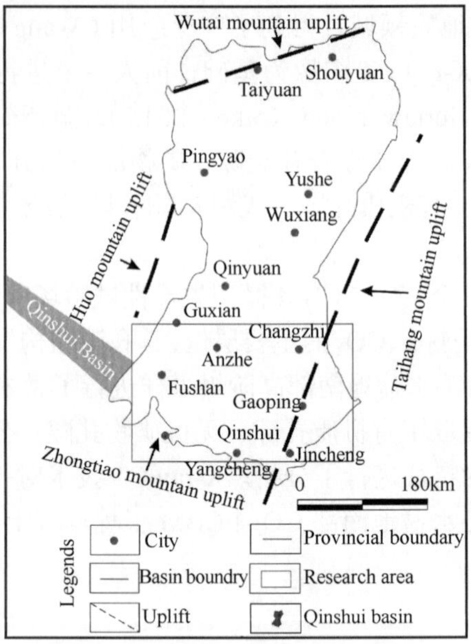

图 1　沁南盆地主要构造线及采样点分布

（改自 Cai et al.，2011）

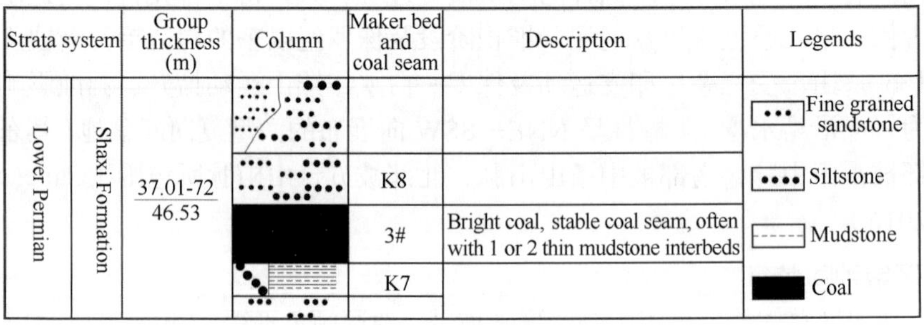

图 2　沁南盆地山西组沉积序列

（改自 Cai et al.，2011）

3　煤样及方法

3.1　煤样

论文选取沁水盆地南部山西组 3#煤层 2 块煤样开展研究。其中，伯方矿（晋城地区）煤样为无烟煤，余吾矿（长治地区）煤样为贫煤（图 1）。煤样的采集、保存、运输均按国家标准（GB/T 19222-2003 和 GB/T 16773-2008）执行（Zhong et al.，2003）。对煤样进行了密封处理以避免被氧化。煤样的基本工业分析及元素分析见表 1。

表 1　山西组 3#煤层基本工业分析及元素分析

采样地点	$R_{o,max}$/%	工业分析/wt.%				元素分析/%			
		M_{ad}	A_{ad}	V_{daf}	FC_{daf}	O_{daf}	C_{daf}	H_{daf}	N_{daf}
伯方矿	2.83	2.05	9.40	9.86	81.67	2.42	91.82	3.85	1.06
余吾矿	2.19	1.10	11.98	13.44	76.19	2.44	91.73	4.12	2.44

注：wt.%，质量百分比；$R_{o,max}$，平均最大镜质组反射率；M，水分含量；A，为灰分含量；V，为挥发分含量；FC，为固定碳含量；O，氧含量；C，碳含量；H，氢含量；N，氮含量；“*ad*”，空气干燥基；“*daf*”，干燥无灰基。

3.2 实验原理及参数设置

X-ray CT 扫描是通过计算机图像重建，使指定层面上不同密度的材料信息以高分辨率的数字图像显示出来（Yao et al.，2009b；Wang et al.，2016b）。在 X 射线穿透物质的过程中，其强度呈指数关系衰减，物质的密度是由物质对于 X 射线的衰减系数来体现，不同物质对 X 射线的吸收系数不同，在 X 射线穿透被检测物体时，它的光强遵循 Lambert–Beer 定律（Fernandes et al.，2016）：

$$I = I_0 \exp(-\mu_m \rho \chi) \quad (1)$$

其中，I 为 X 射线穿透物体前的光强，I_0 为 X 射线穿透物体后的光强，μ_m 为被检测物体单位质量的吸收系数，在一般情况下 μ_m 只与入射 X 射线波长有关；ρ 为物质密度；χ 为入射 X 射线的穿透长度（Fernandes et al.，2016）。

本次研究采用卡尔蔡司公司推出的 CT 扫描仪（Xradia 510 Versa），是一种高分辨率 X 射线数字岩心分析系统。采用的 CT 扫描仪成像参数见表 2。基于此可获得煤样高分辨率、非破坏性二维 CT 切片。

表 2　X-ray CT 仪器的扫描参数和规格

参数	煤样/mm	视场/mm	体素分辨率/μm	电压/功率（kV/W）	扫描速度（mm/s）	扫描操作	X 射线线束
规格	Φ2.0×2.0	Φ1×1	1	180/15	175	螺旋系统	锥束

3.3 图像分割方法

基于煤样于二维 CT 切片的灰度差异并结合三维可视化软件（Avizo9.0.1）可实现储层有机质、无机矿物、孔隙的分别提取及三维可视化表征，并可进一步提取无机矿物孔隙及有机质孔隙。其中，Guo et al.（2015）和 Sun et al.（2017）对阈值范围的选取方法进行了详细的论述。图像分割操作流程如下：

（1）基于灰度阈值分别提取孔隙、有机质、无机矿物（Guo et al.，2015）。假定孔隙、有机质及无机矿物的灰度范围分别为 a:[a_1, a_2]、b:[b_1, b_2]及 c:[c_1, c_2]；灰度值 $a_2<b_1$ 且 $b_2<c_1$，则说明孔隙、有机质、无机矿物间没有叠合部分；孔隙、有机质、无机矿物、煤样体积分别为 V_{Pore}、V_{OM}、V_{IM}、V_{Coal}。则，$V_{Coal}=V_{Pore}+V_{OM}+V_{IM}$。

（2）为了提取无机矿物孔隙，需对无机矿物进行填充处理（图 3；Guo et al.，2015）。对无机矿物颗粒的内部进行填充处理可消除孤立的极小颗粒；对无机矿物颗粒的外部进行填充处理可连接所有的无机矿物。假定填充处理后的无机矿物体积为 $V_{IM\text{-}Filled}$。

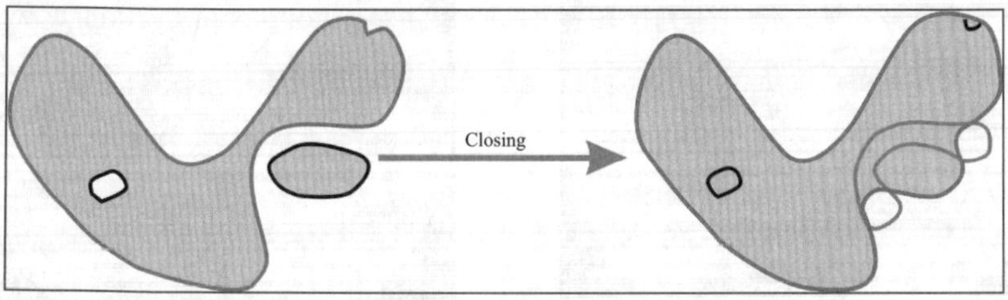

图 3　灰度图像填充处理效应

（3）基于灰度值 a 可在填充处理后的无机矿物中提取出无机矿物孔隙，体积为 $V_{Pore\ in\ IM}$；

在煤样 V_{Coal} 中减去 $V_{IM-Filled}$ 则为有机质体积 V_{OM}；以有机质体积 V_{OM} 为基础，基于灰度值 a 可在有机质中提取出有机质孔隙，体积为 $V_{Pore\ in\ OM}$。则，$V_{Pore}=V_{Pore\ in\ IM}+V_{Pore\ in\ OM}$。

（4）对有机质孔隙、无机矿物孔隙进行连通性处理，可获得有机质连通孔隙及无机矿物连通孔隙。

3.4 代表性体积单元

考虑计算机的内存容量及计算运行速度，引入代表性体积单元（REV，Representative Elementary Volume）概念（Harpreet，2017），即能够有效表征岩心宏观物理特性的最小岩心单元体（Yuan et al.，2016）。小于 REV 尺度获得的岩石物性波动明显，而大于 REV 尺度岩石物性趋于稳定。通过分析孔隙度随岩心数字图像尺寸的变化规律可获取表征单元体尺寸大小（Vik et al.，2013）。统计结果发现，当单元体尺寸大于 500×500×500 体素时，两块岩心的孔隙度趋于稳定（图 4），故选择 500×500×500 来表征 REV 的尺寸大小。

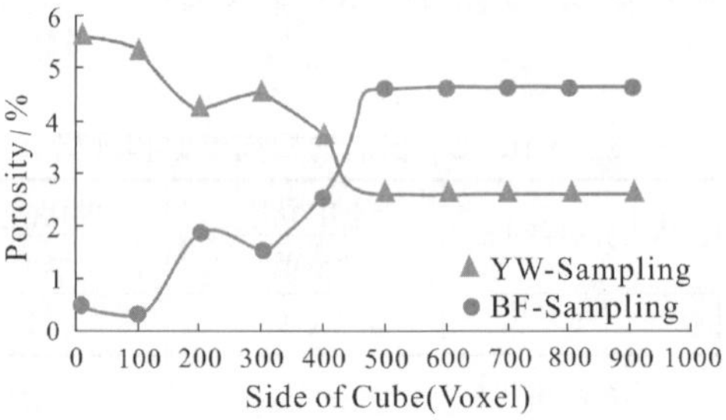

图 4 数字岩心代表性体积单元分析

4 结果及讨论

本次研究将孔隙按等效球体进行统计分析（Guo et al.，2015）。

4.1 孔隙含量特征

扫描区域内，黑色为孔隙，灰色为有机质，白色为无机矿物；伯方矿煤样无机矿物较余吾矿发育，但余吾矿煤样有机质较伯方矿发育（图 5）。其中，白色区域有亮、暗之分，表明煤样中存在密度不一的不同矿物；煤样中，有机质孔隙较无机矿物孔隙得到了更好的发育（图 5）。

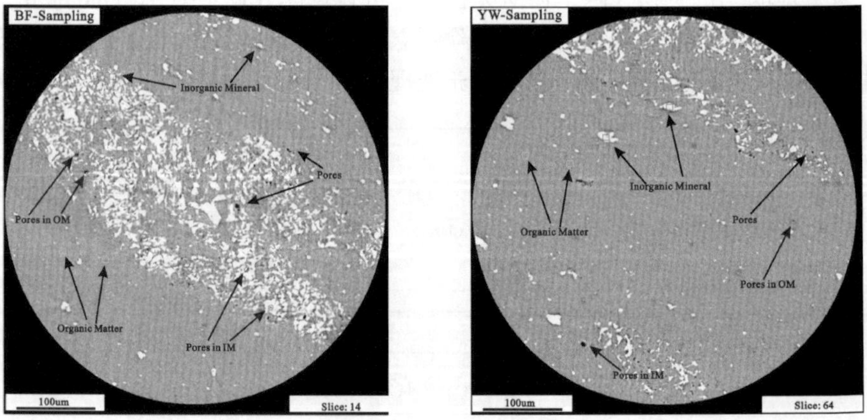

图 5 煤储层二维 CT 切片（黑色为孔隙，灰色为有机质，白色为无机矿物）

表 3 对孔隙、有机质、无机矿物及孔径大小进行了统计分析：伯方矿煤样孔隙及无机矿物较余吾矿发育，与图 5 所示一致；伯方矿及余吾矿煤样孔隙的孔隙度分别为 4.66%、2.56%（表 3），与气测（He）孔隙度差别不大（伯方：顺层 6.890%，垂直 5.411%；余吾：顺层 5.739%，垂直 4.591%），二者间的差异主要在于 He 更易进入孔径较小的孔隙，而这部分孔径较小的孔隙因分辨率原因未识别在内；煤样有机质体积（87.17%；92.12%）及无机矿物体积（8.17%；5.32%）与室内测试数据也具有较好的一致性（Liu et al.，2017）。说明了本次研究所用 X-ray CT 扫描的合理性及统计数据的有效性。

表 3　扫描煤样统计数据

煤样	孔隙体积/μm^3	有机质体积/μm^3	无机矿物体积/μm^3	孔隙半径/μm
伯方矿	7015180	131275000	12310100	0.62-35.23
余吾矿	3853180	138740024	8007076	0.62-26.10

4.2　孔隙形态特征

图 7 为煤样典型区域局部放大图，较好地展示了煤样的孔隙形态特征。可测量孔隙直径分别为 1.39～3.31μm 及 1.47～3.97μm。孔隙形态以椭圆形为主，不规则的多边形较小，且伴随有部分近圆形（图 6），其中，有机质孔隙以椭球体及不规则形状为主，无机矿物孔隙以椭球体及扁条体为主。煤样的不同区域，孔隙形态有所差异（图 6）。

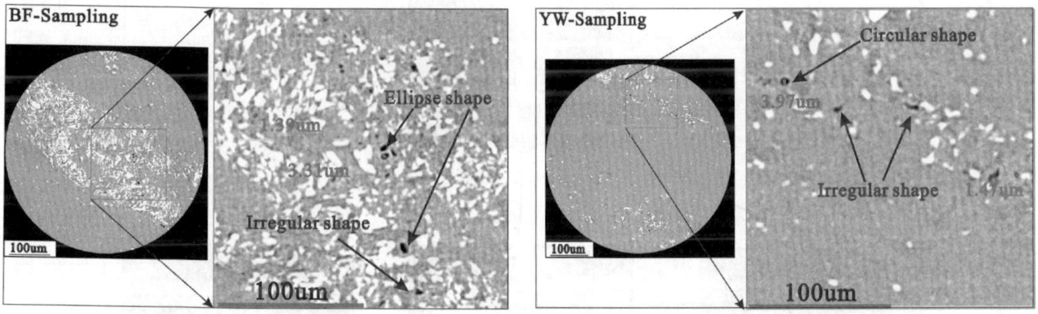

图 6　样品二维切片及其局部区域放大图

孔隙横纵比为孔隙的最短半径与最长半径之比，其值介于 0～1 之间，可定量描述孔隙间的形态差异。依据孔隙横纵比的大小，孔隙形态有近圆形（0.75～1）、椭圆形（0.15～0.75）及多边形（<0.15）之分（Zhu et al.，2010）。图 7 为伯方及余吾矿孔隙横纵比分布图：伯方及余吾矿煤样椭圆形、近圆形及多边形形态孔隙分别占总孔隙数量的 94.6%、1.2%、4.2%及 92.7%、2.4%及 4.9%，与二维 CT 切片关于孔隙形态的观测结果一致；虽然伯方及余吾矿煤样都以椭圆形形态孔隙最发育，但伯方矿近圆形及多边形形态孔隙较余吾矿发育（图 8）。规则或不规则的近圆形和椭圆形未充填孔隙成群出现，利于煤层气的储集和运移。

4.3　孔隙三维结构特征

煤样三维可视化可表征孔隙、有机质及无机矿物的分布特征（图 8），尤其是有机质孔隙、无机矿物孔隙（图 9）在微米尺度上的孔隙结构特征：

有机质占据煤样主体，具有较好的均质性；无机矿物比例相对较低，均质性虽总体较好，但较有机质相对较差；孔隙所占比例最低，孔径差异较大，均质性最差（图 8）。其中，有机质孔隙空间分布较为紧密、均质性较好，无机矿物孔隙空间分布较为孤立、均质性较差（图 9a-b）。

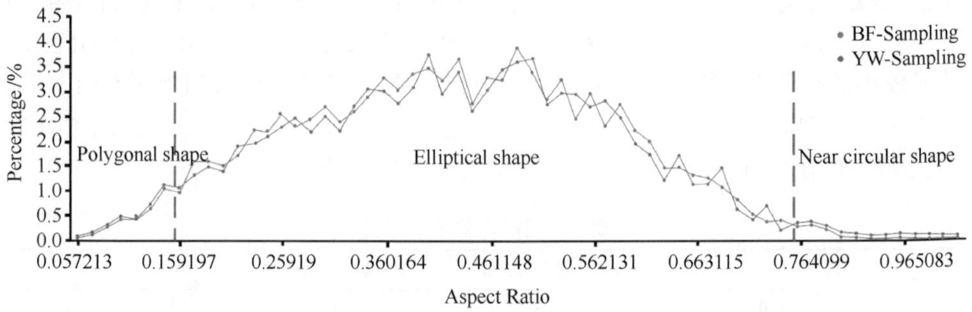

图 7　煤岩孔隙横纵比

煤样的三维结构可视化可表征有机质、无机矿物及孔隙的伴生发育。有机质及无机矿物主要充当骨架（固体支撑格架）作用，孔隙依附于骨架而存在（图 8）。因此，孔隙载体（有机质与无机矿物）控制着孔隙的含量、形态、三维结构及其孔径分布与连通性。

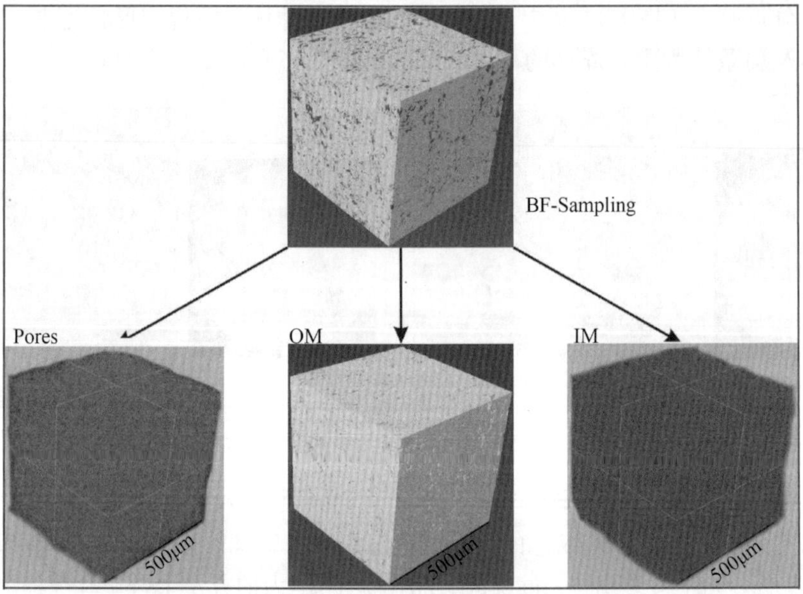

图 8　分割图像的三维可视化

（pores 表示孔隙，OM 表示有机质，IM 表示无机矿物）

4.4　孔径分布特征

煤样有机质孔隙及无机矿物孔隙的孔隙参数（数量、体积、孔径）如表 4 所示。伯方及余吾矿煤样有机质孔隙数量分别占据孔隙总数量的 99.73%与 95.93%，体积分别占据总体积的 99.97%与 98.00%，且平均孔隙半径也较无机矿物孔隙大。尽管煤样孔隙度由有机质孔隙与无机矿物孔隙共同决定，但基于统计数据可知（表 4）：相对于有机质孔隙的数量、体积比例，无机矿物孔隙对孔隙度的影响较低，甚至可忽略不计。

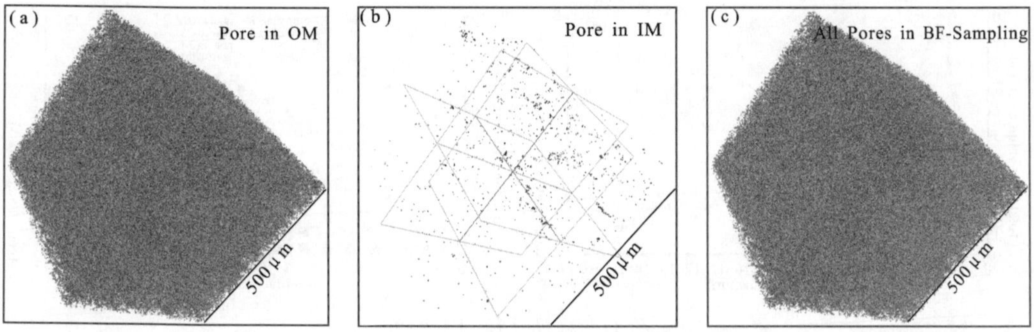

图 9 煤储层三维孔隙结构

a—有机质孔隙；b—无机矿物孔隙；c—煤储层总孔隙

表 4 不同介质孔隙参数统计

煤样	孔隙数量		孔隙体积/μm³		孔隙半径/μm	
	有机质孔隙	无机孔隙	有机质孔隙	无机孔隙	有机质孔隙	无机孔隙
伯方矿	380184	1048	7013075	2015	0.62-36.22	0.62-3.00
余吾矿	258609	10963	3776116	77064	0.62-27.10	0.62-8.00

（1）孔径-数量

伯方矿及余吾矿煤样孔隙数量随着孔径的增大而变小，且同一孔径下伯方矿煤样孔隙数量较余吾矿多（图 10a）；同一孔径条件下，煤样的有机质孔隙皆比无机矿物孔隙数量多（图 10b）。当孔隙半径大于 16μm 时，孔隙数量于每个孔径范围内少于 10（图 10）。孔径大于 16μm 的孔隙，由于其数量较少，孔隙体积、表面积等参数不具有统计意义，因此，只将孔径 0～16μm 的孔隙进行孔径分布特征探讨（图 11，图 12）。

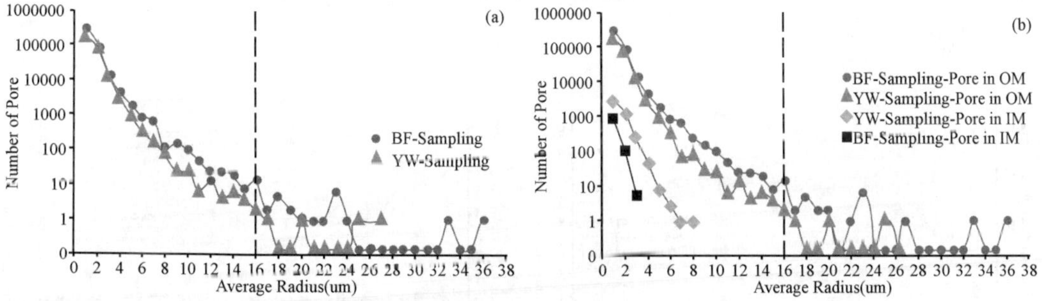

图 10 样品孔隙-数量分布

a—伯方及余吾矿样品；b—有机质及无机矿物孔隙

（2）孔径-体积

煤样孔隙半径约 2μm 时，伯方矿与余吾矿孔隙体积均达最大值，约（9～9.5）$\times 10^5 \mu m^3$；以 2μm 孔径为界，当孔隙半径介于 0～2μm 时，孔隙体积快速增长，当孔径大于 2μm 时，孔隙体积快速减少；累计孔体积随孔径增大不断增加，0～5μm 孔径范围内增幅较大，大于 5μm 孔径时逐渐变小；相同孔径范围内，伯方矿孔隙体积均高于余吾矿孔隙体积（图 11a）。当孔隙半径大于 2μm 时，伯方矿与余吾矿累计孔隙体积分别占孔隙总体积的 81.90%与 68.47%，表明孔径较大的孔隙对孔隙体积的贡献率较大，利于煤层气的扩散、渗流。

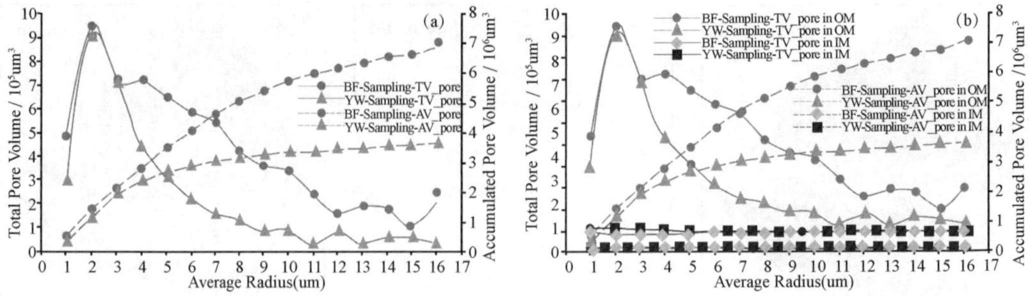

图 11　样品孔径-体积分布

a—伯方及余吾矿样品；b—有机质及无机矿物孔隙

伯方及余吾矿有机质孔隙体积变化规律与总孔隙体积变化规律类似（图 11b）。余吾矿无机矿物孔隙体积在孔隙半径为 2.8μm 时达最大值，小于 2.8μm 时，孔隙体积快速增加，大于 2.8μm 时，孔隙体积快速减少；伯方矿无机矿物孔隙体积随孔径增大而逐渐减少（图 11b）。伯方矿及余吾矿无机矿物孔隙的孔隙总体积分别止于 3μm 与 8μm，表明在无机矿物中，伯方矿大于 3μm 及余吾矿大于 8μm 的孔隙是不存在的。

（3）孔径-表面积

与孔隙体积的分布规律类似，当孔径为 2μm 时，伯方矿及余吾矿煤样孔隙表面积均最大，且相同孔径范围内，伯方矿孔隙表面积比余吾矿大；累计表面积在 0～5μm 孔径范围内增幅较大，大于 5μm 时增幅逐渐变小（图 12a）。在所有的孔径范围内，有机质较无机矿物对孔隙表面积的影响较大，且有机质孔隙的表面积分布规律与总孔隙的表面积分布规律类似（图 12）；在有机质中，孔径为 2μm 左右的孔隙对表面积的贡献度最大，而在无机矿物中，孔径为 2.8μm 左右的孔隙对表面积的贡献度最大（图 12b）。随着孔径范围越来越大，孔隙表面积越来越小，表明小孔径孔隙对孔隙表面积的贡献度较大，而大孔径孔隙对孔隙表面积的贡献度较小。

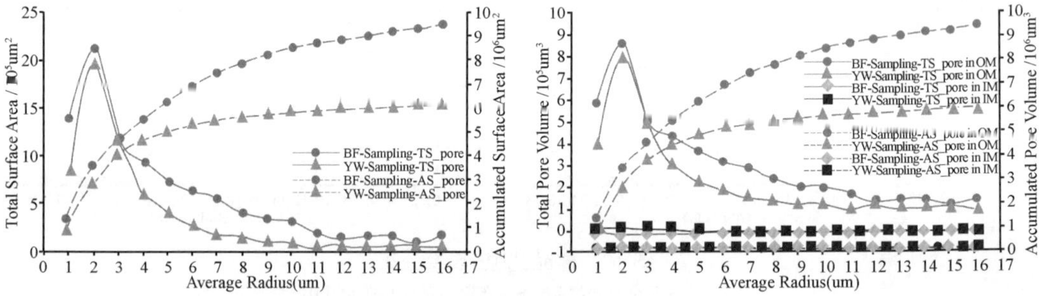

图 12　样品孔径-表面积分布

a—伯方及余吾矿样品；b—有机质及无机矿物孔隙

5　结论

对沁水盆地南部高阶煤煤样进行了微米焦点 X-ray CT 扫描，以三维可视化重构为基础分别提取了有机质孔隙、无机矿物孔隙；分别对孔隙含量、形态、三维结构、孔径分布及连通性特征进行了分析。主要结论如下：

（1）较高的体积比例及较好的均质性使有机质及无机矿物成为储层的骨架；孔隙所占

比例较低，均质性较差，依附于储层骨架而发育，且其含量、形态、三维结构及其孔径分布受控于有机质及无机矿物。

（2）伯方及余吾矿煤样孔隙形态以椭圆形为主。有机质孔隙空间分布较为紧密，均质性较好，孔径较大，具椭球体及不规则形状。无机矿物孔隙空间分布较为孤立，均质性较差，孔径较小，以微小的椭球体及扁条体为主。

（3）伯方矿煤样较高的 R_o 值使其孔隙度较余吾矿高，且孔隙数量随着孔径的增大而减少；有机质孔隙的数量、体积及表面积等均较无机矿物孔隙发育。相对于有机质孔隙的数量、体积比例，无机矿物孔隙对孔隙度的影响较低，甚至可忽略不计。

致　谢

感谢英国 Heriot-Watt 大学和山东省科学院海洋仪器仪表研究所提供的技术支持；感谢中国矿业大学博士研究生王恬，硕士研究生刘书培、欧阳雄、张琨、孙家广对样品采集以及试验测试所做的工作；感谢中石油华北油田山西煤层气分公司与长治煤层气项目部对论文工作提供的支持！

参考文献

Busch, A., Gensterblum,Y., 2011. CBM and CO_2-ECBM related sorption processes in coal: A review. International Journal of Coal Geology. 87, 49～71.

Cai, Y.D., Liu, D.M., Yao, Y.B., Li, J.Q., Qiu, Y.K., 2011. Geological controls on prediction of coalbed methane of No.3 coal seam in Southern Qinshui Basin, North China. International Journal of Coal Geology. 88, 101～112.

Chen, Y., Tang, D.Z., Xu, H., Tao, S., Li, S., Yang, G.H., Yu, J.J., 2015. Pore and fracture characteristics of different rank coals in the eastern margin of the Ordos Basin, China. Journal of Natural Gas Science & Engineering. 26, 1264～1277.

Feng, Z.C., Zhou, D., Zhao, Y.S., Cai, T.T., 2016. Study on microstructural changes of coal after methane adsorption. Journal of Natural Gas Science and Engineering. 30, 28～37.

Fernandes, J.S., Appoloni, C.R., Fernandes, C.P., 2016. Accuracy evaluation of an X-ray microtomography system. Micron. 85, 34～38.

Garbout, A., Munkholm, L.J., Hansen, S.B., 2013. Temporal dynamics for soil aggregates determined using X-ray CT scanning. Geoderma. 204-205, 15～22.

Gerami, A., Mostaghimi, P., Armstrong, R.T., Zamani, A., Warkiani, M.E., 2016. A microfluidic framework for studying relative permeability in coal. International Journal of Coal Geology. 159, 183～193.

Guo, X.J., Shen, Y.H., He, S.L., 2015. Quantitative pore characterization and the relationship between pore distributions and organic matter in shale based on Nano-CT image analysis: A case study for a lacustrine shale reservoir in the Triassic Chang 7 member, Ordos Basin, China. Journal of Natural Gas Science and Engineering. 27, 1630～1640.

Harpreet, S., 2017. Representative Elementary Volume (REV) in spatio-temporal domain: A method to find REV for dynamic pores. Journal of Earth Science. 28, 391～403.

Heriawan, M.N., Koike, K., 2015. Coal quality related to microfractures identified by CT image analysis. International Journal of Coal Geology. 140, 97～110.

Hu, G., Li, J., Ma, C., Li, Z., Zhang, M., Zhou, Q., 2007. Characteristics and implications of the carbon isotope fractionation of desorbed coalbed methane in Qinshui coalbed methane field, China. Earth Science Frontiers. 14, 267～272.

Kutchko, B.G., Goodman, A.L., Rosenbaum, E., Natesakhawat, S., Wagner, K., 2013. Characterization of coal before and after supercritical CO_2 exposure via feature relocation using field-emission scanning electron microscopy. Fuel. 107, 777～786.

Li, Z.T., Liu, D.M., Cai, Y.D., Yao, Y.B., Wang, H., 2016. Pore structure and compressibility of coal matrix with elevated temperatures by mercury intrusion porosimetry. Energy Exploration & Exploitation. 33, 809～826.

Liu, C.J., Wang, G.X., Sang, S.X., Gilani, W., Rudolph, V., 2015b. Fractal analysis in pore structure of coal under conditions of CO_2 sequestration process. Fuel, 139, 125～132.

Liu, S.Q., Sang, S.X., Liu, H.H., Zhu, Q.P., 2015a. Growth characteristics and genetic types of pores and fractures in a high-rank coal reservoir of the southern Qinshui basin. Ore Geology Reviews. 64, 140～151.

Liu, S.Q., Sang, S.X., Wang, G., Ma, J.S., Wang, X., Wang, W.F., Du, Y., Wang, T., 2017. FIB-SEM and X-ray CT characterization of interconnected pores in high-rank coal formed from regional metamorphism. Journal of Petroleum Science and Engineering. 148, 21～31.

Liu, S.Q., Sang, S.X., Zhu, Q.P., Liu, H.H., Gao, H.F., 2014. Structure and production fluid flow pattern of post-fracturing high-rank coal reservoir in Southern Qinshui Basin. Journal of Central South University. 21, 3970～3982.

Liu, X.Q., He, X., Qiu, N.X., Yang, X., Tian, Z.Y., Li, M.J., Xue, Y., 2016. Molecular simulation of CH_4, CO_2, H_2O and N_2 molecules adsorption on heterogeneous surface models of coal. Applied Surface Science. 389, 894～905.

Mastalerz, M., Drobniak, A., Strąpoć, D., Solano Acosta, W., Rupp, J., 2008. Variations in pore characteristics in high volatile bituminous coals: implications for coal bed gas content. International Journal of Coal Geology. 76, 205～216.

Meng, Z., Zhang, J., Wang, R., 2011. In-situ stress, pore pressure and stress-dependent permeability in the Southern Qinshui Basin. International Journal of Rock Mechanics & Mining Sciences. 48, 122～131.

Moore, T.A., 2012. Coalbed methane: a review. International Journal of Coal Geology. 101, 36～81.

Ramandi, H.L., Mostaghimi, P., Armstrong, R.T., Saadatfar, M., Pinczewski, W.V., 2016. Porosity and permeability characterization of coal: a micro-computed tomography study. International Journal of Coal Geology. 154–155, 57～68.

Sun, H., Yao, Jun., Cao, Y.C., Fan, D.Y., Zhang, L., 2017. Characterization of gas transport behaviors in shale gas and tight gas reservoirs by digital rock analysis. International Journal of Heat and Mass Transfer. 104, 227～239.

Vik, B., Bastesen, E., Skauge, A., 2013. Evaluation of representative elementary volume for a vuggy carbonate rock-Part: Porosity, permeability, and dispersivity. Journal of Petroleum Science and Engineering. 112, 36～47.

Viljoen, J., Campbell, Q.P., le Roux, M., De Beer, F., 2015. An analysis of the slow compression breakage of coal using microfocus X-ray computed tomography. Journal International Journal of Coal Preparation and Utilization. 35, 1～13.

Vishal, V., Singh, T.N., Ranjith, P.G., 2015. Influence of sorption time in CO_2-ECBM process in Indian coals using coupled numerical simulation. Fuel. 139, 51～58.

Wang, J.M., Guo, L.L., Bai, Z.K., Yang L.L., 2016a. Using computed tomography (CT) images and multi-fractal theory to quantify the pore distribution of reconstructed soils during ecological restoration in opencast coal-mine. Ecological Engineering. 92, 148～157.

Wang, Q.Q., Zhang, D.F., Wang, H.H., Jiang, W.P., Wu, X.P., Yang, J., Huo, P 2015. Influence of CO_2 exposure on high-pressure methane and CO_2 adsorption on various rank coals: Implications for CO_2 sequestration in coal seams. Energy & Fuels. 29, 3785 3795.

Wang, T., Sang, S.X., Liu, S.Q., Du,Y., 2016b. Occurrence and genesis of minerals and their influences on pores and fractures in the high-rank coals. Energy Exploration & Exploitation. 34, 899～914.

Wildenschild, D., Sheppard, A.P., 2013. X-ray imaging and analysis techniques for quantifying pore-scale structure and processes in subsurface porous medium systems. Advances in Water Resources. 51, 217～246.

Wolf, K.H.A.A., Bergen, F.V., Ephraim, R., Pagnier, H., 2008. Determination of the cleat angle distribution of the RECOPOL coal seams, using CT-scans and image analysis on drilling cuttings and coal blocks. International Journal of Coal Geology. 73, 259～272.

Yao, Y.B., Liu, D.M., Che, Y., Tang, D.Z., Tang, S.H., Huan, W.H., 2009b. Non-destructive characterization of coal samples from China using microfocus X-ray computed tomography. International Journal of Coal Geology. 80, 113～123.

Yao, Y.B., Liu, D.M., Tang, D.Z., Tang, S.H., Huang, W.H., 2009a. Fractal characterization of seepage-pores of coals from China: an investigation on permeability of coals. Computer & Geosciences 35, 1159～1166.

Yu, Y.M., Liang, W.G., Hu, Y.Q., Meng, Q.R., 2012. Study of micro-pores development in lean coal with temperature. International

Journal of Rock Mechanics & Mining Sciences. 51, 91～96.

Yuan, C., Chareyre, B., Darve, F., 2016. Pore-scale simulations of drainage in granular materials: Finite size effects and the representative elementary volume. Advances in Water Resources. 95, 109～124.

Zhang, X.Q., Wang, K., Wang, A., Gong, P.L., 2016. Analysis of internal pore structure of coal by micro-computed tomography and mercury injection. International Journal of Oil, Gas and Coal Technology. 12, 38～50.

Zhao, J.L., Xu, H., Tang, D.Z., Mathews, J.P., Li, S., Tao, S., 2016a. A comparative evaluation of coal specific surface area by CO_2 and N_2 adsorption and its influence on CH_4 adsorption capacity at different pore sizes. Fuel. 183, 420～431.

Zhao, X.Z., Liu, S.Q., Sang, S.X., Pan, Z.J., Zhao, W.X., Yang, Y.H., Hu, Q.J., Yang, Y.L., 2016b. Characteristics and generation mechanisms of coal fines in coalbed methane wells in the southern Qinshui Basin, China. Journal of Natural Gas Science and Engineering. 34, 849～863.

Zhong, L.W., Chen, P.Y., Ren, D.Y., 2003. China national standards: Sampling of coal petrology (GB/T 19222-2003). Standards Press of China, Beijing.

Zhou, G., Zhang, Q., Bai, R.N., Ni, G.H., 2016. Characterization of Coal Micro-Pore Structure and Simulation on the Seepage Rules of Low-Pressure Water Based on CT Scanning Data. Minerals, 6, 78.

Zhu, H.Y., Li, D.H., Zhang, D.X., Wu, B.C., Chen, Y.Y., 2010. Morphology of void in carbon fiber reinforced epoxy composite laminates. Materials Science and Technology. 18, 657～661.

Zou, M.J., Wei, C.T., Pan, H.Y., Sesay, K.S., Cao, J., 2010. Productivity of coalbed methane wells in southern of Qinshui Basin. International Journal of Mining Science and Technology. 20, 0765～0769.

淮南潘集煤矿外围（深部）影响煤层气赋存的地质因素分析

吴　桁

（淮南矿业集团通防地质部，安徽 淮南 232001）

摘　要：利用潘集煤矿外围勘查区勘探钻孔及煤样测试资料，结合潘集煤矿采掘实见资料，对影响煤层气赋存的地质构造、煤层顶底板、煤层埋深、煤变质程度等地质因素逐一分析，结合周边矿井生产实测资料，预测深部煤层气赋存及分布规律，为煤层气预测提供理论依据。

关键词：深部　煤层气赋存　地质因素　分析

Analysis on Geological Factors Affecting Gas of Periphery(Deep) in Panji coal mine, Huainan

WU Heng

（Department of Ventilation and Geology,Huainan Mining(Group) Co.,Ltd,Huainan,Anhui, 232001）

Abstract： Making use of exploratory boring and coal sample test data of Periphery(Deep) in Panji coal mine, Combined with the real data in Panji coal mine, analysed the geological factors one by one, such as the geological structure, the seam roof and floor, the buried depth and the metamorphic degree, and combined with the production data of surrounding mine for prediction of occurrence and distributing disciplinarian, This provides the oretical basis for the work of coalbed gas forecast.

Keywords: Deep; coalbed gas occurrence;geological factors;analyse

1　概况

1.1　地理位置

潘集煤矿外围（深部）主要位于淮南市潘集区和凤台县境内，东北部位于蚌埠市怀远

作者简介：吴桁，1962 年生，男，安徽省宿松人，1983 年毕业于淮南矿业学院地质系，硕士，高级工程师，现为淮南矿业集团通防地质部副部长，多年从事矿山地质测量及管理工作。联系方式：18096438891;1211571765@qq.com

县境内，该区域煤炭资源丰富，是淮南矿区最重要的接替资源，经查明区块内煤炭资源量 47.92×10^8t，规模达特大型，范围具体为：北部及西部以朱集东、潘二、潘一、潘三、丁集煤矿的深部矿井边界为界，东部及南部以 13-1 煤层-1500m 水平地面投影线及谢桥向斜轴为界（图 1）。

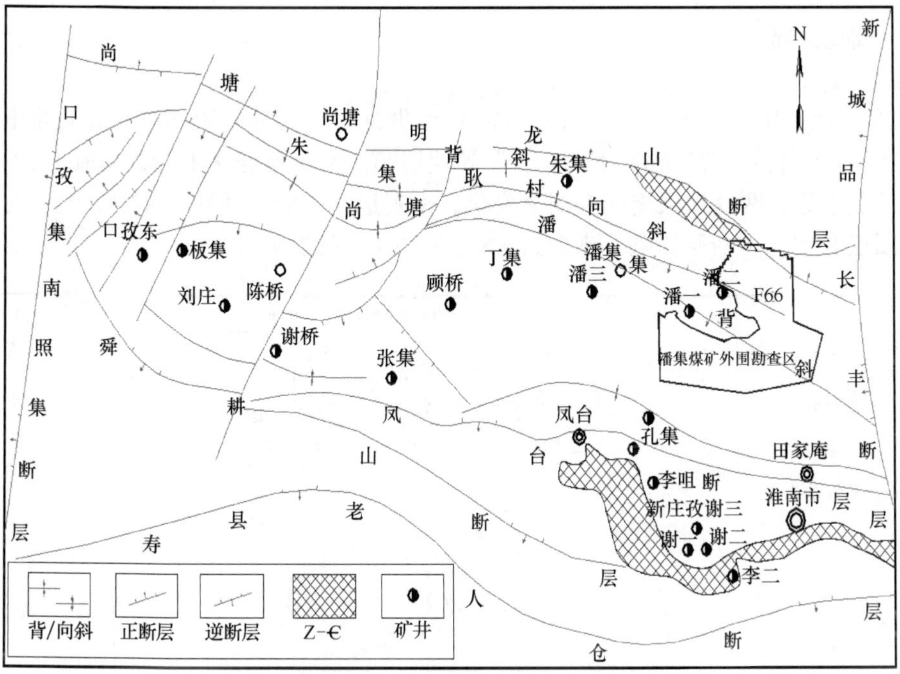

图 1　淮南矿区构造纲要图

（据安徽省煤田地质局勘查研究院，2016）

1.2　地质概况

潘集煤矿外围（深部）为新生界松散层所覆盖的全隐蔽井田，含煤地层主要为石炭系上统太原组和二叠系山西组与上、下石盒子组。其中石炭系上统太原组含煤极不稳定，无开采价值；二叠系山西组与上、下石盒子组为井田主要含煤地层，厚度 880～970m，含可定名煤层达 34 层。

（1）山西组（P_1s）：第一含煤段，地层厚度平均 68m，含可采煤层两层，即 1、3 煤层，平均总厚 7.0m，均为较稳定煤层。

（2）下石盒子组（P_1xs）：第二含煤段，地层厚度平均 132m，含可采煤层 8 层，即 4-1、4-2、5-1、5-2、6-1、7-1、7-2、8 煤层，平均总厚 13.1m，均为较稳定煤层。

（3）上石盒子组（P_2ss）：第三～七含煤段，地层厚度平均 740m，含可采煤层 21 层，即 10～26 煤层，平均总厚 17.3m。其中主采 11-2、13-1 煤层，平均总厚 7.28m，均为稳定煤层。

1.3　煤层气分布特征

本区煤系地层均被新近系、第四系覆盖，煤层气封闭条件较好，逸散较困难，造成了本区域内煤层气压力大、含量大、突出危险性强。

根据邻近潘一矿、潘三矿矿井各主采煤层采掘情况分析，煤层气含量分布主要受煤层埋藏深度（即距基岩面深度）、地质构造以及煤层顶板盖层所控制。总的来讲，埋深浅、构造复杂、裂隙发育及煤层顶板致密区域的煤层气含量较小。反之，较大。

2 影响煤层气赋存的地质因素

2.1 地质构造

2.1.1 断层

本区位于淮南煤田复向斜的东段，陈桥-潘集背斜转折端的深部，北起明龙山断层，南连谢桥-古沟向斜。背斜轴向 NWW，两翼地层倾角平缓且变化不大，一般为 5°～15°，仅在转折端附近，两翼地层走向有明显变化，南翼地层走向近 EW—NWW 向，北翼地层受 F66 断层和明龙山断层影响，走向近 SN，如图 1、图 2 所示。

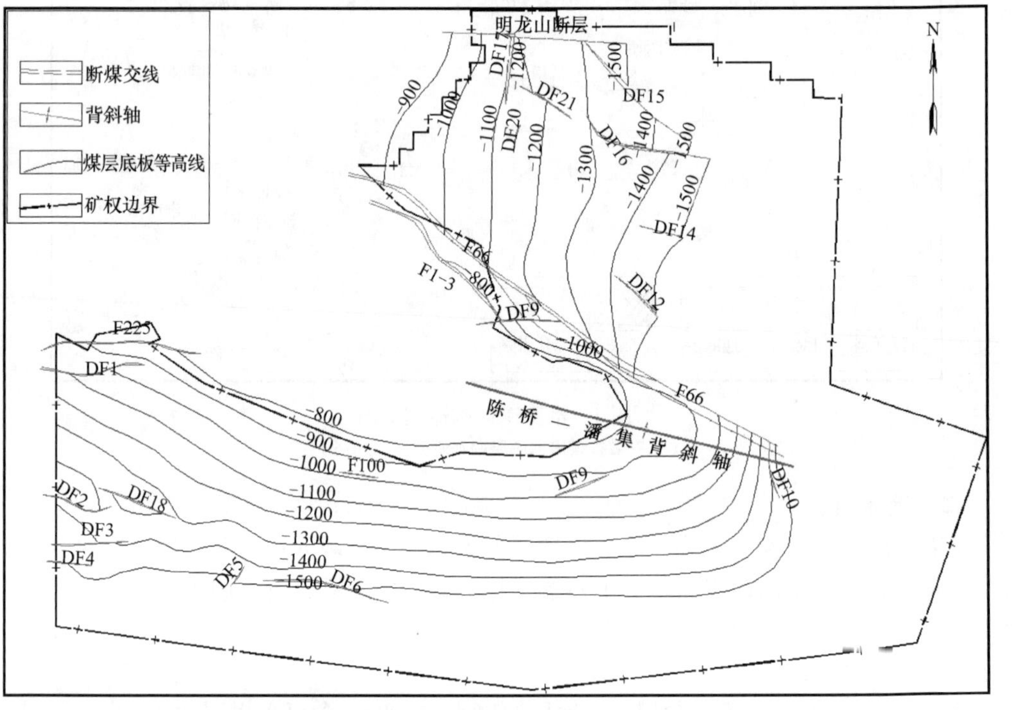

图 2　潘集煤矿外围（深部）13-1 煤层底板等高线图

（据安徽省煤田地质局勘查研究院，2016）

区内构造以断裂构造为主，根据二维地震及钻探揭露成果，结合区域构造规律，全区共发育断层 29 条，正断层 24 条，逆断层 5 条。断层走向主要呈 NW、EW 向，其中明龙山断层、F66 断层是影响区内构造划分的大型断裂构造。

F66 逆断层下盘煤层产状平坦，且受逆断层封闭遮挡作用，煤层气逸散困难，利于保存；F66 断层上盘位于潘集背斜北翼转折端，煤层倾角 17°～24°，煤层气含量相对于下盘要低。

2.1.2 褶曲

封闭的背斜有利于煤层气的储存，是良好的储气构造或称圈闭构造，如果背斜顶部裂隙较密集发育，成为煤层气气体逸散运移的通道，常出现背斜轴部的含气性往往较差，而向两翼和倾伏端方向含气性变好，例如潘二矿西四采区上部处于潘集背斜轴部，18428 下顺槽底板巷在-560m 标高处 8 煤层煤层气含量为 3.7m³/t，而相邻的潘一矿位于潘集背斜南翼，其 11518 上风巷高抽巷在-560m 标高处 8 煤层煤层气含量为 5.3m³/t；大型的向斜盆地构造，向斜内地层一般较平缓，其煤层气排放条件往往是比较困难的，例如潘三矿董岗郢向斜轴部 13-1 煤层在-715m 标高煤层气含量为 9.5～10.5m³/t，而在向斜两翼同标高的 13-1 煤层煤层气含量约 6m³/t。因此，向斜轴部、背斜鞍部、鼻状构造的倾斜端及“S”型背斜转折端一般为煤层气富集区。

本区位于陈桥-潘集背斜的转折端与倾伏区（如图 2），煤层气保存条件较好，煤层气含量较高。

2.1.3 岩浆岩

结合矿区地质背景，岩浆岩发育区断裂构造发育，煤层气含量一般较小，变化幅度不明显，可能是大部分煤层气已逸散，例如潘一矿西南及南部 3 煤层大面积为岩浆岩发育区，发育区内 4 个煤层测试点标高自-850m～-970m，3 煤层煤层气含量为 4.16～5.46m³/t；发育区外 2 个煤层测试点标高分别为-551.9m、-788m，3 煤层煤层气含量为 7.15、12.9m³/t。

区内有 7 个钻孔揭露有岩浆岩，侵入层位为 1、3 煤层，主要分布在陈桥-潘集背斜两翼的西北边缘。故岩浆岩对于本区煤层气的赋存影响较小。

2.2 煤层顶底板岩性

围岩条件直接影响煤层气赋存量的大小，决定了煤层顶底板岩性及其透气性的强弱，顶板岩层越疏松、颗粒及孔隙度越大，越利于煤层气运移逸散，例如潘二矿 11123 工作面里段煤层顶板为厚层中细砂岩直覆，工作面外段煤层直接顶板为泥岩，在 11124 底抽巷分别对里段、外段取样测验，在-470m 标高，煤层顶板为砂岩的测试点，3 煤层煤层气含量为 6.1m³/t，顶板为泥岩的测试点，3 煤层煤层气含量高达 10m³/t。

淮南煤田煤系是海陆交替相含煤系，由浅海相、过渡相和陆相组成，聚煤古地理环境属滨海平原型，岩性和岩相在横向上比较稳定，沉积物粒度通常较细，煤层层位也比较稳定。因此，原始沉积环境决定了其围岩透气性低的特点。通过对本区勘查钻孔揭露的主采煤层顶板 50m、底板 30m 范围岩性的统计（表 1），可以看出本区煤层顶底板以泥岩为主，透气性差，利于煤层气保存。

表 1 本区主采煤层顶板 50m、底板 30m 范围泥、砂岩所占比例统计表

序号	煤层	顶板泥岩/%	顶板砂岩/%	底板泥岩/%	底板砂岩/%
1	13-1	73.4	16.2	68.6	13.3
2	11-2	66.3	16	57.52	30
3	8	65.8	19.4	70.5	13.3
7	4-1	60	21.1	60.5	22.3
8	3	50	36.9	73.4	12

2.3 煤的变质程度

煤化作用过程中会不断地产生煤层气，煤化程度越高，生成的煤层气量越多。即在其他因素恒定的条件下，煤的变质程度越高，煤层煤层气含量越大。

煤的变质程度不仅影响煤层气的生成量，还在很大程度上决定着煤对煤层气的吸附能力。在成煤初期，褐煤的结构疏松，孔隙率大，煤层气分子能渗入煤体内部，因而褐煤具有很强的吸附能力，但该阶段煤层气生成量较少，且不易保存，煤中实际所含的煤层气量是很小的。随着煤的进一步变质，在高温、高压作用下，煤体内部因干馏作用而生成许多微孔隙，在无烟煤时内表面积达到最大，与之相应，煤的吸附能力最强。当由无烟煤向超无烟煤过渡时，微孔收缩并减少，煤的吸附煤层气能力急剧减小，到石墨时吸附煤层气能力消失。

根据钻孔煤层煤样显微组分测定（表 2），本区煤层镜质组平均最大反射率介于 0.7%～1.00%之间，煤的变质程度范围属于低变质—中变质，一般为气煤和 1/3 焦煤阶段，有利于煤层气的生成，且煤的吸附能力也较强，所以本区煤层的煤层气含量相对较高。

表 2　潘集煤矿外围勘查钻孔煤层煤样显微组分测定情况表

煤层	镜质组反射率/%	镜质组/%	惰质组/%	壳质组/%	粘土类/%	硫化物/%
13-1	0.81	73.02	15.91	5.73	5.28	0.27
11-2	0.80	80.04	10.78	7.10	2.05	0.20
8	0.89	82.50	11.02	3.58	2.90	0
7-1	1.00	85.28	8.27	5.82	0.63	0
6-1	0.85	89.14	6.36	2.65	1.85	0
4-1	0.98	86.97	9.25	2.54	1.24	0
3	0.83	82.13	7.14	9.52	1.05	0.48

2.4　煤层埋深

在煤层气风化带以下，煤层气含量与煤层埋藏深度有很大关系。一般而言，煤层埋藏深度的增加不仅会因地应力增高而使煤层和围岩的透气性降低，而且煤层气向地表运移的距离也增大，这两者的变化均朝着有利于封存煤层气，而不利于放散煤层气方向发展。

根据勘探钻孔煤样测试资料，结合本区周边的潘一、潘二矿井下煤层气实测资料，以 13-1、8 煤层为例，煤层气含量与埋深关系如图 3、图 4。从图中可以看出，在一定深度范围内，煤层气含量随着埋藏深度的增加而增大，但随着煤层气压力增加，煤与岩石中游离煤层气量所占的比例增大，同时，煤中的吸附煤层气逐渐趋于饱和。当埋藏深度继续增大时，煤层气含量增加的幅度将会减缓。

本区煤层埋深在 800m 以下，煤层埋深是影响煤层气赋存最重要因素之一。

2.5　煤系地层含水性

潘集煤矿二叠系地层的富水性低，单位涌水量一般小于 0.1L/s·m，渗透系数小于 1.13m /d，吨煤排水量一般在 1m^3/t 左右，煤层含水量 1.5%左右。由此说明煤系地层内的地下水较闭塞，流动缓慢，因此，由地下水活动带走的煤层气量较少。

本区基岩含水层因南北两翼逆冲断层（阜凤断层与明龙山断层）的阻水作用，切断了裸露区的水源补给，构成了封闭型水文地质单元，地下水基本处于停滞状态。因此，本区煤系地层内的各含水层相对较闭塞，流动缓慢，地下水活动对煤层气影响较小。

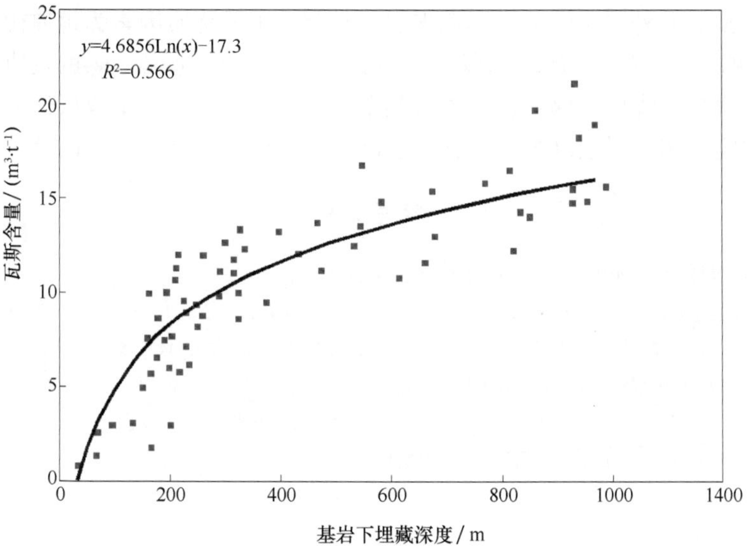

图 3　13-1 煤层煤层气含量与煤层埋深关系图

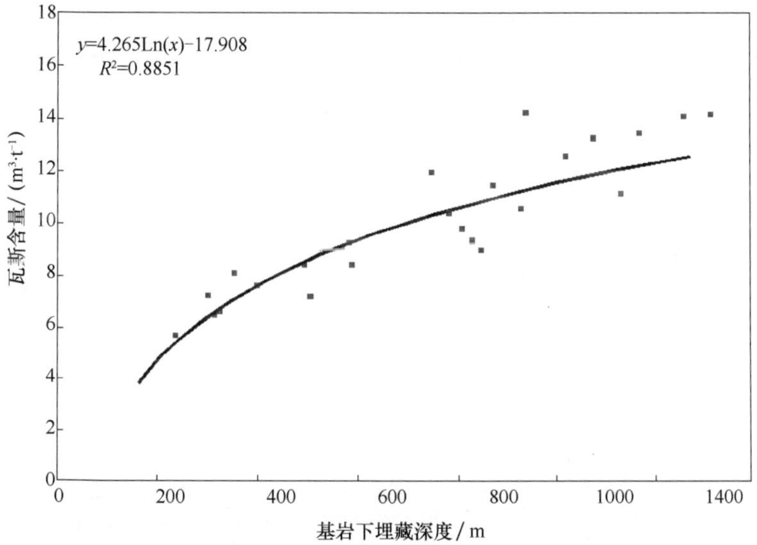

图 4　8 煤层煤层气含量与煤层埋深关系图

3　结论

本区控制构造格局的主要是 F66 逆断层，下盘煤层产状平坦，且受逆断层封闭遮挡作用，煤层煤层气逸散困难，利于保存，上盘位于陈桥-潘集背斜的转折端与倾伏区，煤层气保存条件较好；煤层顶底板以泥岩为主，透气性差，利于煤层气保存；煤层埋深在 800m 以下，煤层气含量随着埋藏深度的增加而增大；煤层镜质组平均最大反射率介于 0.7%～1.00%之间，煤的变质程度范围属于低变质-中变质，一般为气煤和 1/3 焦煤阶段，有利于煤层气的生成。

因此，潘集煤矿外围（深部）影响煤层气赋存的主要地质因素为地质构造（主要为断层和褶曲）、煤层顶底板、煤层埋深以及煤的变质程度。煤层埋深、煤的变质决定煤层气的生成，煤层顶底板为煤层气保存创造了有利条件，地质构造决定了煤层气的运移方向。上述因素共同决定了本区煤层高煤层气含量、高煤层气压力及高地应力的特征。

参考文献

安徽理工大学地球与环境学院．2010．淮南矿区煤层气地质研究报告[R]．36～39.

安徽省煤田地质局勘查研究院．2016．淮南煤田潘集煤矿外围煤炭普查中期报告[R]．17～23，30～32，89～90.

郭建中．2012．瓦斯赋存规律的控制因素[J]．山西煤炭管理干部学院学报，25（5）：44～45.

徐德金，胡宝林．2009．影响煤层瓦斯赋存规律的地质要素分析[J]．中州煤炭，2：20～22.

张子敏，张玉贵．2006．瓦斯地质规律与煤层气预测[M]．北京：煤炭工业出版社，77～82.

张子敏．2009．瓦斯地质学[M]．徐州：中国矿业大学出版社，5.

开发开采

煤层气井排采策略数值模拟研究

冯汝勇　柳迎红　廖　夏　杨凯雷　徐兵祥　杜希瑶　刘　佳

（中海油研究总院　北京　100028）

摘　要：煤层气作为吸附气赋存于煤层中，需通过排水降压的方式，由吸附态转换为游离态进行开采。同时，由于煤层具有较强的应力敏感性，使得排水降压直接影响煤层气的开采效果。通过对煤层气井排水降压采气进行数值模拟，表明当临界解吸压力较低时，见气前排水速度不宜过快。见气后，由于应力敏感对储层的影响减弱，可根据储层的产气能力，增大压差产气，使产气量快速达到峰值。

关键词：煤层气　排采策略　应力敏感　数值模拟

Simulation Research of Coalbed Methane Production Strategy

Feng Ruyong　Liu Yinghong　Liao Xia　Yang Kailei　Xu Bingxiang　Du Xiyao　Liu Jia

(CNOOC Research Institute, Beijing 100027)

Abstract: Coalbed methane is stored in coal seam as adsorption. Coalbed gas can flow through adsorption switching free by producing water from coal seam dropping down reservoir pressure. The production strategy is very important to gas production, because the high stress sensitivity of coal. Through simulation of production strategy, the pressure dropdown speed should be slow before gas producing when critical desorption pressure is low. After that, the speed can be faster, because the influence of stress is weak.

Keywords: coalbed methane; production strategy; stress sensitivity; simulation

煤岩的有机质含量通常在 50%以上（李增学等，2007），甚至高达 90%，作为多孔有机质母岩，对甲烷等有机气体具有很强的吸附特性（李传亮等，2013），因此，煤层气多以吸附态赋存于煤层中，一般可占煤层气总量的 70%～95%（郑得文等，2008；Silva et al. 2012；Aminian et al. 2009）。表征煤层气吸附特征的方程有 D-A（Dubinin-Astakhov）方程、BET（Brunauer-Emmett-Teller）模型、Langmuir 方程等方式，目前业界多采用 Langmuir 单分子层吸附理论描述煤层气在煤层中的吸附和解吸过程（张群等，2013；欧成华等，2013），见

作者简介：冯汝勇，男，油气田开发与开采高级工程师，中海油研究总院新能源研究中心页岩气研究室，地址：北京市朝阳区太阳宫南街 6 号院中海油大厦，邮编：100028。电话：010-84522165。E-mail: fengry@cnooc.com.cn。

式（1）和图 1。

$$V = \frac{PV_L}{P + P_L} \tag{1}$$

式中：V 为煤层气的吸附量，m^3/t；P 为储层压力，MPa；V_L 为朗氏体积，m^3/t；P_L 为郎氏压力，MPa。

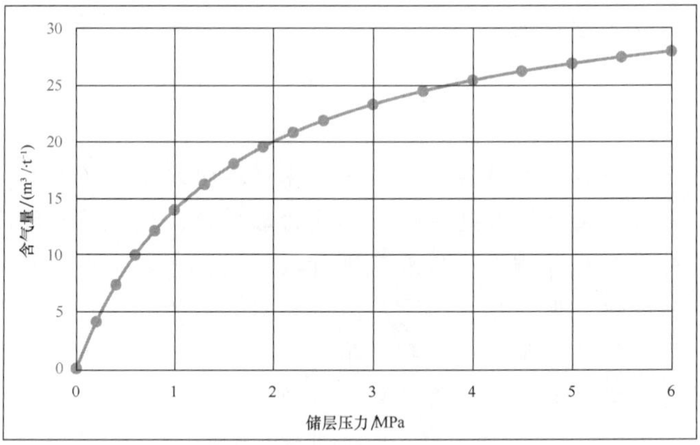

图 1　煤层气等温吸附曲线

由于煤层气的赋存特点，也决定了煤层气的开采方式：排水-降压-采气（李传亮等，2011），不同的排采控制方式决定了煤层气的开采效果。因此，煤层气开采过程中如何进行排采、采用什么样的策略进行排采就非常重要了。

1　煤层气井排采

煤层气开发过程中，煤层的孔隙度和渗透率对有效应力具有较强的应力敏感性（康永尚等，2008；杨胜来等，2006），因此对于不同的煤层在不同的排采阶段需要制定不同的压力降低速度。排采阶段的划分方式分为三段式（郭大立等，2012；马歆宁等，2014）、四段式（饶孟余等，2010）、五段式（李梦溪等，2012）、六段式（柳迎红等，2015）等，目的是通过对煤层气开发过程的排采阶段划分，制定不同阶段的排采制度，对煤层气井进行精细化排采。

表征煤岩渗透率与有效应力关系的公式（孟维等，2015）为：

$$K_i / K_0 = e^{-aP} \tag{2}$$

式中：K_i 为当前储层压力下渗透率，mD；K_0 为原始压力下渗透率，mD；a 为应力敏感性系数，MPa^{-1}；P 为储层压力，MPa。

储层的渗透率随有效应力的增大呈指数式递减，也就是在煤层气开采的前期，岩石的应力敏感对储层物性的影响最大（王红岩等 2005；Palmer et al.，1996）。在同一地区，不同的临界解吸压力就决定了见气前后压降速度的快慢，也决定了见气的早晚。

2　煤层气数值模拟

为了研究不同应力敏感性岩石采用不同的排采速度对产量的影响，建立了煤层气开采数值模拟模型，采用 Eclipse 软件 CBM 模块进行了研究分析。

2.1　地质模型

网格数：33×33×2=1250；

网格 x、y 方向尺寸：2～50m；
网格 Z 方向尺寸：3.7m；
网格面积：600m×600m；
裂缝长度：140m；
割理渗透率：0.33mD；
人工裂缝导流能力：578mD×m；
储层压力：3.0MPa；
临界解吸压力：1.5MPa；
含气量：10.5m^3/t。

2.2 应力敏感曲线

根据应力敏感方程式（2）。不同的有效应力增加幅度下，对渗透率的伤害是不同的。煤岩驱替试验表明，驱替压差较小时，对渗透率的伤害几乎可以忽略，而当驱替压差较大时，煤岩渗透率伤害达 73%（樊彬等，2010）。数值模拟模型中根据不同的压降速度，选取不同的应力敏感曲线参数（表 1，图 2）。

表 1 应力敏感曲线参数表

方案	应力敏感性系数/MPa^{-1}	见气时应力敏感损害率/%
1	0.61	60
2	0.81	70
3	1.07	80
4	1.53	90

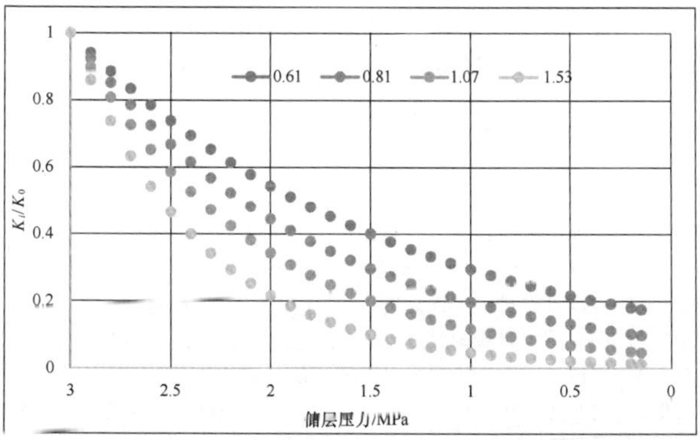

图 2 不同应力敏感系数时的渗透率比值随储层压力变化曲线

表 2 方案主要参数对比表

方案	见气前压降 m·d^{-1}	见气天数 d	见气前累产水 m^3	见气后压降 m·d^{-1}	高峰日产气 m^3·d^{-1}	见气到高峰时间 d	产气 5 年累产 10^{4}m^3	产气 10 年累产 10^{4}m^3
1	1	150	192.8	10	2163	14	74.9	122.4
2	3	50	103.7	10	1514	14	59.6	94.6
3	10	15	44.5	10	974	14	44.4	70.0
4	150	1	5.5	10	471	14	26.9	42.5

2.3 方案设计及结果对比

为了对比排采速度对产量的影响，设计了 4 个方案（表 2），见气前压降速度分别为

150m/d、10m/d、3m/d 和 1m/d，对应的应力敏感损害率是 90%、80%、70%、60%。

从方案对比的结果看，随着见气前压降速度的增加，见气天数缩短，见气前累产水减少。在相同的见气后压降情况下，高峰日产气由 2163m^3/d 降低到 471m^3/d，相同产气时间内累计产量也大幅度下降（图 3）。

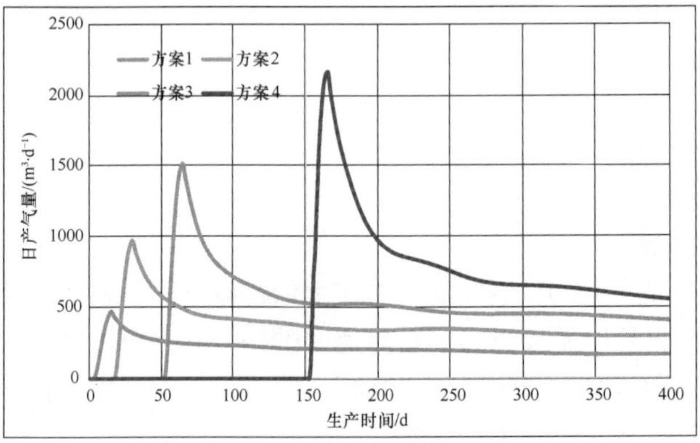

图 3　不同排采策略对应的日产气曲线

从应力敏感曲线（图 2）可见，当储层压力降低到 1.5MPa 后，储层应力对渗透率的曲线趋于平缓，影响变小。

3　结论

在煤层气开发过程中，排采制度受到煤岩较强应力敏感性影响。对于储层压力低、临界解吸压力低的情况下，见气前的排采策略应根据煤岩的应力敏感性进行制定，在合适的见气时间、即经济性要求下，应采用较低的压降速度。而见气后，由于应力敏感对储层的影响减弱，可根据储层的产气能力，增大压差产气。

参考文献

樊彬，秦义，崔金榜，等. 2010. 压降速度对煤层气井产量的影响分析[J]. 中国煤层气，7（6）：20～23.
郭人立，贡玉军，李曙光，等. 2012. 煤层气排采工艺技术研究和展望[J]. 西南石油大学学报（自然科学版），34（2）：91～98.
康永尚，邓泽，刘洪林. 2008. 我国煤层气井排采工作制度探讨[J]. 天然气地球科学，19（3）：423～426.
李传亮，彭朝阳，朱苏阳. 2013. 煤层气其实是吸附气[J]. 岩性油气藏，25（2）：112～115、122.
李传亮，彭朝阳. 2011. 煤层气的开采机理研究[J]. 岩性油气藏，23（4）：9～11.
李梦溪，张聪，张绍雄，等. 2012. 沁水盆地樊庄区块煤层气直井排采特点[J]. 中国煤层气，9（3）：3～7.
李增学，魏久传，刘莹. 2007. 煤地质学[M]. 北京：地质出版社，1～15.
柳迎红，房茂军，廖夏. 2015. 煤层气排采阶段划分及排采制度制定[J]. 洁净煤技术，21（3）：121～124，128.
马歆宁. 2014. 柿庄南区块煤层气井排采阶段管理[J]. 中国煤层气，11（6）：11～15.
孟雅，李治平. 2015. 覆压下煤的孔渗性实验及其应力敏感性研究[J]. 煤炭学报，40（1）：154～159.
欧成华，李士伦，杜律芬，等. 2003. 煤层气吸附机理研究的发展与展望[J]. 西南石油学院学报，2（5）：34～37.
饶孟余，江舒华. 2010. 煤层气井排采技术分析[J]. 中国煤层气，7（1）：22～25.
王红岩，刘洪林，赵庆波，等. 2005. 煤层气富集成藏规律[M]. 北京：石油工业出版社，54～67.
杨胜来，杨思松，高旺来. 2006. 应力敏感及液锁对煤层气储层伤害程度实验研究[J]. 天然气工业，26（3）：90～92.
张群，桑树勋，钟玲文，等. 2013. 煤层吸附特征及储气机理[M]. 北京：科学出版社，6～11.
郑得文，张君峰，孙广伯，等. 2008. 煤层气资源储量评估基础参数研究[J]. 中国石油勘探，13（3）：1～4、26.
Aminian K，Ameri S. 2009. Predicting production performance of CBM reservoirs[J]. Journal of Natural Gas Science & Engineering，1（1-2）：25～30.
Palmer I D，Metcalfe R S，Yee D，et al. 1996. 煤层甲烷储层评价及生产技术[M]. 徐州：中国矿业大学出版社，22～25.
Silva PNKD，Ranjith PG，Choi SK. 2012. A study of methodologies for CO_2 storage capacity estimation of coal[J]. Fuel，91（1）：1～15.

灰岩含水性煤系地层水文单元划分及排采响应模式——以柳林区块太原组煤系地层为例

高丽军[1]　许　浩[2]　逄建东[1]　潘新志[1]

（1．中海油能源发展股份有限公司工程技术分公司　天津　滨海新区　300457；
2．中国地质大学（北京）煤层气国家工程中心煤储层实验室　能源学院　北京100083）

摘　要：灰岩含水是制约偏海相煤系地层煤层气开发的重要因素。以鄂尔多斯盆地柳林区块太原组煤层为例，在分析实际生产数据基础上，将太原组煤层与顶板灰岩含水层作为整体，结合煤层气井产水量，从煤储层参数、煤层埋深、顶板灰岩测井反演等方面综合探讨影响柳林地区太原组煤层气产能的水文特征及富水趋势。结果表明：煤层气开发过程中，太原组煤层产水量的高低与8号煤层顶板灰岩裂隙发育程度有直接关系，且与灰岩水层相连通的煤储层具有低压低温特点；测井方面，太原组8号煤层高产水区对应的顶板灰岩裂隙较发育，具有高声波时差、高伽马值的响应特征；选取最高泥质含量参数预测顶板灰岩裂隙发育程度，结合储层压力、煤层埋深等参数，8号煤层的顶板灰岩含水层划分为Ⅰ、Ⅱ、Ⅲ型区域，其中Ⅰ型区强富水、强径流，水力运移逸散作用显著，高产水严重制约煤层气开发，Ⅱ和Ⅲ型区富水相对较弱、弱径流，有利于煤层气开发。

关键词：柳林地区　煤层气　测井反演　灰岩含水层　水文单元

Hydrological Unit and Drainage Model of Coal Measure Strata with Limestone Containing Water
——Taking the Coal Measures Strata of Taiyuan Formation in Liulin Block for Example

GAO Li jun[1]　Xu Hao[2]　Pang Jiandong[1]　Pan Xinzhi[1]

(1. CNOOC EnerTech—Drilling&Production Co.U, Tianjin, 300457; 2. Coal Reservoir Laboratory of National Engineering Research Center of Coalbed Methane Development & Utilization; China University of Geosciences (Beijing), Beijing100083, China)

Abstract: Limestone aquifer is an important factor restricting the development of coalbed

作者简介：高丽军，男，工程师，就职于中海油能源发展股份有限公司工程技术分公司非常规研究院，主要从事煤层气勘探开发研究，E-mail：gaolj8@cnooc.com.cn，电话：15332008157。

methane in partial marine coal measures.Taking the coal seam of Taiyuan formation in Liulin block, Ordos Basin as an example, based on the actual producing data, treated coal seam of Taiyuan group and roof limestone aquifer as a whole, combined water yield of coalbed gas well, this paper analyzed hydrogeological characteristics and the water trend of coal measure strata of Taiyuan group in Liulin from the aspects of coal reservoir pressure, buried depth, log interpretation. The results show that the water yield of Taiyuan formation has a direct relationship with No. 8 coal seam roof limestone fracture, and the coal seam communicated with limestone aquifer has characteristics of low pressure and low temperature. From the aspect of logging, limestone of Taiyuan formation corresponding the high water yield always developed fracture impossible, has response characteristics of high acoustic travel time, high gamma. Further used the highest shale bulk volume to predict the degree of roof limestone fracture, combined with the reservoir pressure, buried depth of No. 8 coal seam, No. 8 coal seam roof limestone aquifer was divided into Ⅰ, Ⅱ, Ⅲ types region, which type I area with hydrodynamic active, strong water-rich caused hydraulic migration-escape heavily and seriously restrict the development of coalbed methane. On the contrary, due to the characteristics of relatively weak water and weak runoff, type Ⅱ, Ⅲ area are conducive to the coalbed methane development.

Keywords: Liulin area; coalbed methane; log inversion; limestone aquifer; hydrological unit

1 概述

随着我国煤层气的持续勘探开发，前期相对稳产高产的煤层气老区增储扩能任务日益紧迫，例如潘庄、寺河、潘河、成庄、樊庄等区块；部分产能相对低下的区块，采用多层合采优化开发层系以求达产增产，包括韩城、柳林、延川南、三交、寿阳等项目。增储扩能以及达产增产过程中，开发新煤层是最现实以及直接的方式，且新煤层的开发逐渐由偏陆相沉积的含煤层系向偏海相沉积的含煤层系过渡，例如鄂尔多斯盆地、沁水盆地由二叠系山西组煤系地层煤层气的开发不断向石炭系太原组煤系地层煤层气的勘探开发推进。但是以海相沉积为主的煤系地层往往发育灰岩，灰岩含水预测是制约海相沉积煤系地层煤层气开发的重要因素之一，例如鄂尔多斯盆地河东煤田中部的柳林国家煤层气重点示范区，在开发过程中，研究区独特的水文地质条件导致太原组煤层产水量较大，严重制约煤层气开发利用，深入分析太原组煤层水文特征及其影响因素对后期太原组煤层气的开发具有重要意义（池卫国，1998；任光军等，2008；张文忠等，2011；许浩等，2012）。鉴于此，本文选取柳林区块太原组煤系地层为研究目标，将太原组 8 号煤层与顶板灰岩含水层作为整体，重点分析太原组煤层顶板灰岩含水层对煤储层试井参数的影响，灰岩层段测井曲线特征、提取预测灰岩富水程度的测井参数。综合测井参数和地质参数划分灰岩含水性煤系地层水文单元，并结合 8 号煤储层参数及典型气井产水量提出各水文单元相对应的排采响应模式。以期为柳林区块太原组煤层气的勘探开发提供地质依据，同时为灰岩含水性煤系地层的前期勘探开发提供借鉴。

2　区域概况及气井产水分析

柳林示范区南邻石楼北区块，北邻三交区块，面积约 194.42km^2，构造上位于鄂尔多斯盆地东缘离石鼻状构造南翼，总体为一向西或西南倾斜的单斜构造。区内断层较少，仅在区块北部发育由聚财塔南北正断层组成的地堑及其派生的小型断层（图 1）。区内共发育煤层 14 层，其中石炭系上统太原组（8+9）、10 号煤层和下二叠统山西组 3、4、5 号煤层为该区主力煤层气储层（要惠芳，2004；苏复义等，2004；黄晓明等，2010）。

区内地层总体向西倾斜，为单斜蓄水构造。有六套主要含水层系：中奥陶统石灰岩岩溶裂隙含水层组、上石炭统太原组灰岩岩溶裂隙含水组、下二叠统山西组砂岩裂隙含水层组、二叠系上、下石盒子组和石千峰组砂岩裂隙含水层组、三叠系砂岩裂隙含水层组与新近系、古近系、第四系砂砾石孔隙含水层。其中与煤层气开发相关的水层主要为上石炭统太原组灰岩岩溶裂隙含水层系和下二叠统山西组砂岩裂隙含水层系。其中太原组灰岩含水层富水性较强，水位高程 791～815 m，水型多为 $NaHCO_3$ 或 NaCl 型，矿化度 1190～3210 mg/L，前人对柳林水文进行了相关研究（高宝玉等，2008；张文忠等，2011）提出围岩含水层是煤层水的主要来源，其中太原组灰岩含水层是影响柳林乃至河东地区 8+9 号煤层煤层气生产的水文地质因素。

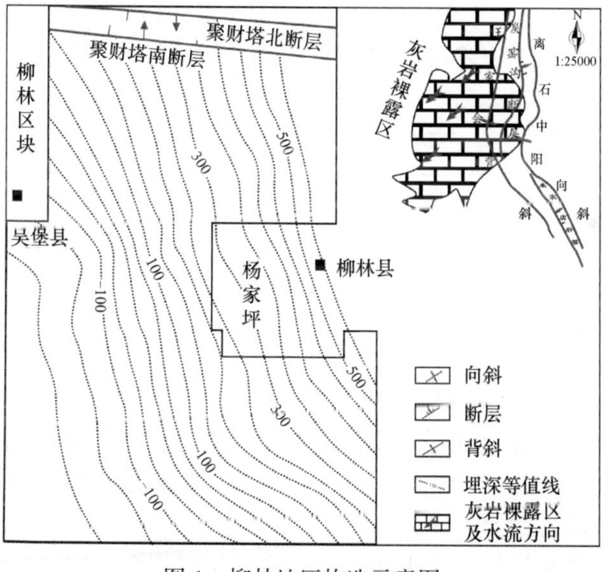

图 1　柳林地区构造示意图

（据许浩等，2012；高宝玉等，2008）

统计以太原组煤层为开发层位的煤层气井在排采初期的产水量（图 2），得出研究区太原组煤层产水量南北差异较大，北中部地区煤层气井产水量较大，且持续高产水时间较长，南部局部地区产水量较少，且产水持续时间较短。其中北中井投产时间为 2007 年到 2008 年期间，从投产到排采 200d 左右的时间内，大部分气井的平均日产水量可达 100m^3 左右，严重制约了煤层气的开发，因此后期对北中部地区太原组 8 号煤层进行封堵，气井关井处理。南部地区气井投产时间为 2011 年到 2012 年期间，对太原组 8 号煤层进行压裂排采，从投产到排采 100d 左右的时间内，煤层气井平均日产水量相对较小，基本上小于 20m^3。

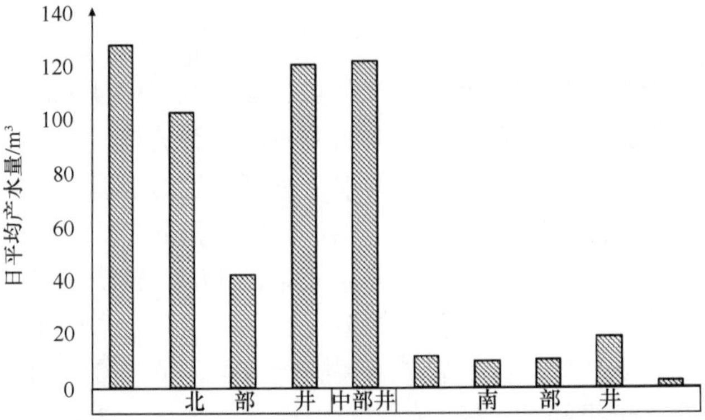

图 2　柳林地区煤层气井（太原组为产层）产水量对比

（注：示范区以杨家坪为中部区划界，以北为北部区，以南为南部区）

进一步对比邻区气井产出水以及区域灰岩水矿化度测试结果（表 1），得出气井产水量与灰岩含水层矿化度接近，且太原组 8 号煤层直接顶板发育一套灰岩，因此确定太原组 8 号煤层顶部的灰岩为含水层，且平面富水差异较大，导致南北不同区域煤层气井产水量差异较大。

表 1　柳林地区产出水矿化度

井号	矿化度/mg·L^{-1}	资料来源
柳 1 井	2662	2008 年 1 月中原水分析报告
石炭系灰岩灰岩水	1190～3210	煤田地质勘探报告
UNDP 煤层水	4737	华北石油地质局煤柳 5 井排采总结报告
柳南 8 井	4451.52	水样测试分析
柳南 9 井	6751.46	水样测试分析

3　灰岩含水性响应参数研究

3.1　煤储层与灰岩含水性响应特征

天然裂缝或者压裂易导致煤层与顶板灰岩含水层沟通，受灰岩含水层的影响煤储层参数可能有一定差异（Su et al.，2003）。选取受含水层影响程度不同的煤储层对比，探讨煤储层与灰岩含水性的响应关系。

结合前人研究，柳林区块山西组 3+4 号煤层顶板砂岩含水层中富水性较弱，生产过程中煤层受顶板砂岩含水层影响较小，煤层参数基本反映了原始储层特征。太原组煤层顶板灰岩含水层在早白垩纪与地表淡水发生了连通，富水性较强（高宝玉，2008），对下覆的 8+9 号煤层的影响较大。因此本文选取山西组煤层参数为参考标准，对比分析太原组煤储层受顶板灰岩含水层的影响后储层变化特征。

基于实际生产井产水特征，对比排水阶段不同产水量气井的煤储层压力、煤层温度随煤层埋深变化曲线（图 3），得出：太原组低产水井（产气前排水阶段平均日产水量小于 20m^3）对应的煤储层压力与山西组煤层压力变化规律基本一致，而高产水井（产气前排水阶段平均日产水量大于 20m^3）的储层压力变化趋势较差，储层压力相比同深度的拟合压力有所降低；低产水气井的煤层埋深与储层温度呈较好线性关系，太原组高产水井的煤储层温度则表现异常，对应的太原组煤层温度相对同深度的拟合温度减小。即高产水井的煤层往往具有低压低温特征，煤储层压力及其温度相对同深度的理论拟合值降低。分析认为其可能是太原组高产水井对应的 8 号煤层与顶板灰岩水层相互连通，外界流体破坏煤层原始封闭环境，一方面，外界流体降低煤储层温度，另一方面，外界流体流动导致煤层气气体逸散，进而降低煤储层压力。因此煤储层的低温低压区往往与煤层顶底板含水层富水性有一定响应关系，即 8 号煤层趋于低压区的顶板灰岩层极有可能强富水，趋于正常压力区的煤层顶板灰岩层为弱富水。

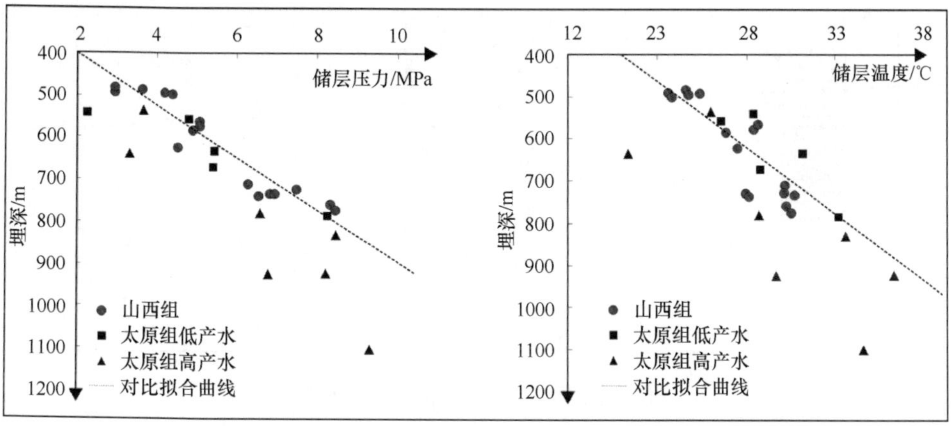

图 3　太原组煤层储层参数与埋深关系图

3.2　灰岩含水层测井曲线特征

结合煤层气井实际排采资料选取高产水和低产水的典型气井，分析 8 号煤层顶板灰岩测井曲线特征，探讨富水程度不同灰岩层的测井响应特征。

L1 井分布于北部地区为日平均产水量达 127.58m^3/d 的高产水井，其测井曲线为典型高产水测井曲线（图 4）。测井响应特征为：自然电位曲线呈明显负异常；补偿中子值相对

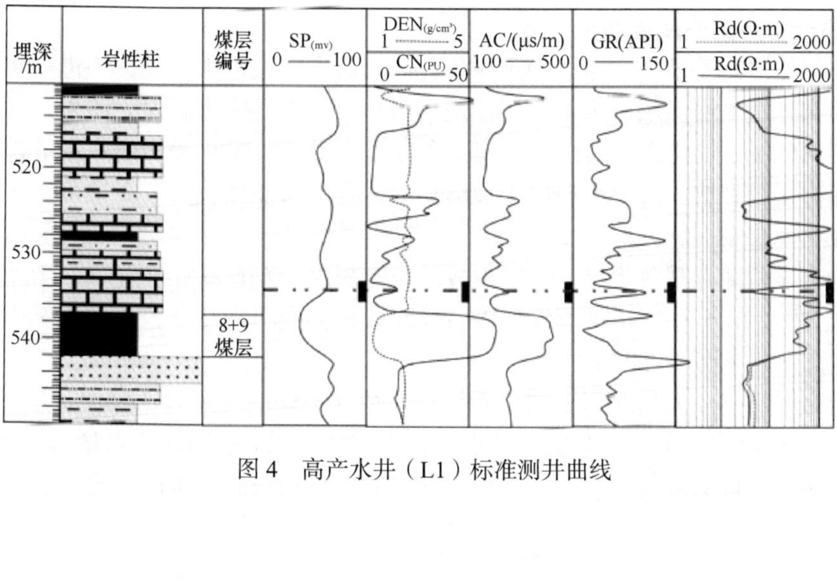

图 4　高产水井（L1）标准测井曲线

增大；高自然伽马值；煤层气井采用清水压裂，深、浅双侧向电阻率的大小差异性较小。L7 井分布于南部地区，日产水量较少，其测井曲线为典型低产水测井曲线（图 5）。测井响应特征为：自然电位曲线基本稳定；中子值相对较小；声波时差值较低，未出现异常高值；低自然伽马值；深浅侧向电阻率较高且相对稳定。

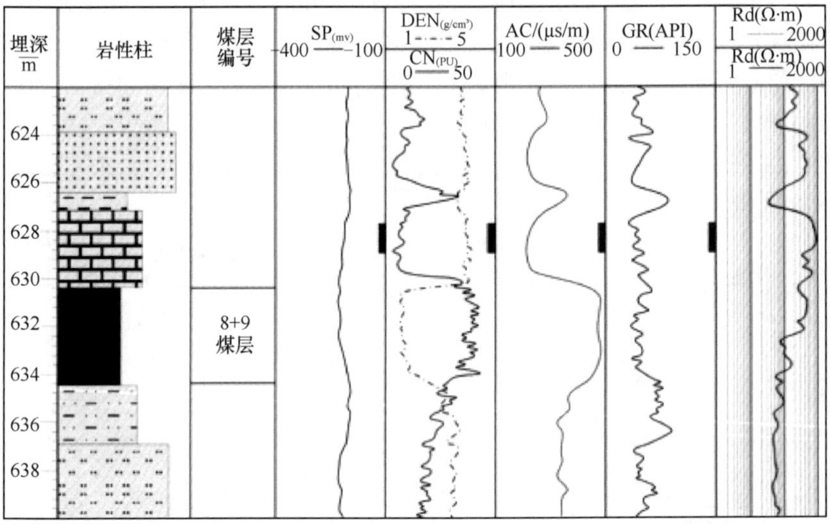

图 5　低产水井（L7）标准测井曲线

高产水井和低产水井典型测井曲线特征明显不同，其中高产水煤层气井对应的 8 号煤层顶板灰岩往往具有“三高一低”特征：高声波时差、高伽马值、高中子值、低电阻率。该特征往往反应灰岩裂缝发育，当灰岩裂缝渗滤性较好，则裂缝具有较高的含水量，相应含氢量也增高，出现高中子值，同时裂缝的发育破坏了地层的致密性和均一性，声波时差曲线易出现周波跳跃，从而呈现较高值（罗利等，2001；邓模等，2009）。因此推测顶板灰岩裂隙是太原组 8 号煤层产水量的主控地质因素，顶板灰岩裂隙发育，含水层易与煤层相连通，导致煤层高产水。

3.3　高产水井测井反演参数分析

测井曲线的形态特征尚无法准确预测研究区灰岩含水层富水情况，为进一步验证顶板灰岩裂隙是太原组 8 号煤层产水量的主控地质因素，以断层距离属性为约束条件，依次建立断层距离属性场、裂缝强度属性三维模型参数场（图 6），结果表明研究区北部受断层影响较大，应力得以释放，其煤系地层中裂缝相对发育的可能性较大；而南部地区受断层影响较小，煤系地层中裂缝相对不发育。

灰岩岩石显微薄片观测得出，煤层顶板的庙沟灰岩中发育部分裂缝（图 7a）和溶蚀孔隙（图 7b、图 7c），其中古溶蚀裂缝或者古风化裂缝内充填物复杂，主要以黏土和黑色有机质为主（图 7d、图 7e、图 7f）。

针对受断层影响较大的北部区域，选取 L4 和 L5 井煤层气井对比分析，其中两口井均对太原组 8+9 号煤进行了压裂开发，产水量较大，其中 L4 平均日产水量 40～50m^3/d，5 井为 150 m^3/d，分析认为其产水量主要来至 8 号煤层顶板灰岩含水层。进一步对比两者的测井曲线（图 8、图 9）得出：两者顶板灰岩层伽马测井曲线都具有异常高值，电阻率曲线也相对较低，但 L5 井的伽马测井曲线值相对 L4 井较高，且对应的深浅侧向电阻率值较小，反映出高产水井产水量越大，顶板灰岩层的伽马曲线异常值越高，其主要由两方面原因造成：一方面，如前期显微照片所示，8 号煤层顶板灰岩主要为庙沟灰岩，形成于半深水的沉积环境（景秀春等，2005；王丽君，2005；杨明慧等，2008），灰岩为泥晶结构，含丰富的生物碎屑，后期受到大气淡水淋滤，可溶成分被溶蚀，泥质物质残留，灰岩溶蚀程度越高其残留的泥质含量越高，溶蚀裂隙越发育，越易于沟通 8 号煤层，导致煤层产水量增大。另一方面，高产井煤层顶板为灰岩裂缝层段，与地下水沟通，水体相对活跃，导致水中溶解的放射性元素被离析并沉积在裂缝周围的壁上，放射性元素相对富集，从而使得煤层产水量高值区灰岩伽马曲线呈高值。

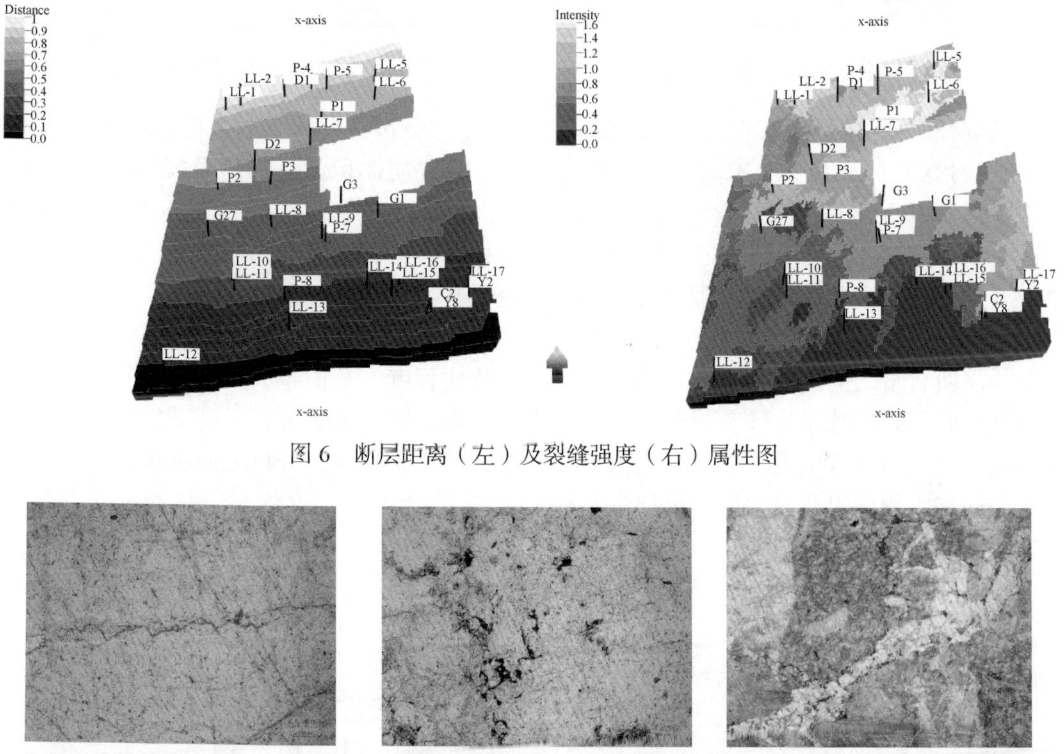

图 6　断层距离（左）及裂缝强度（右）属性图

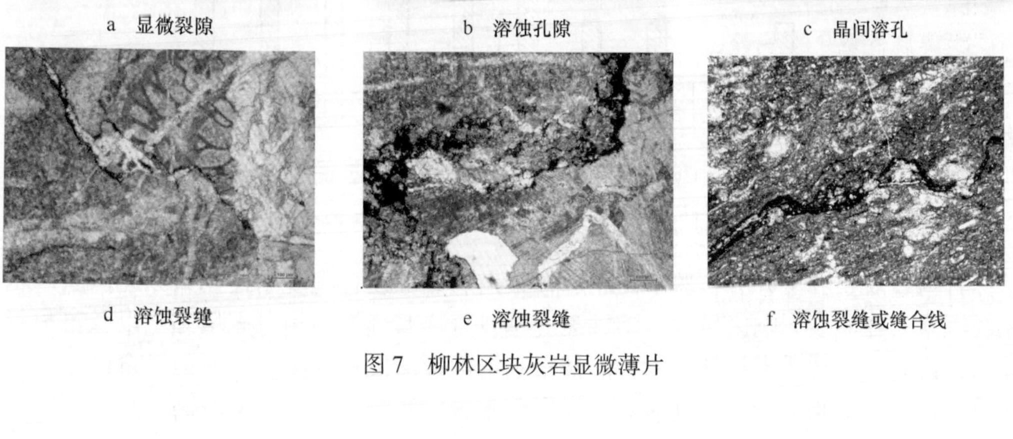

a　显微裂隙　　b　溶蚀孔隙　　c　晶间溶孔

d　溶蚀裂缝　　e　溶蚀裂缝　　f　溶蚀裂缝或缝合线

图 7　柳林区块灰岩显微薄片

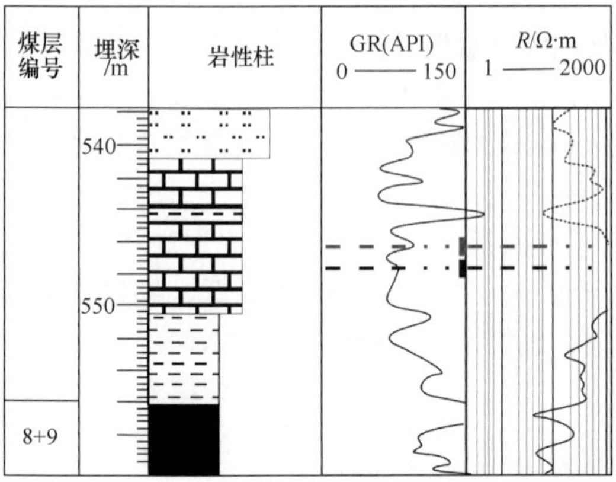

图 8　高产水井 L4 测井曲线

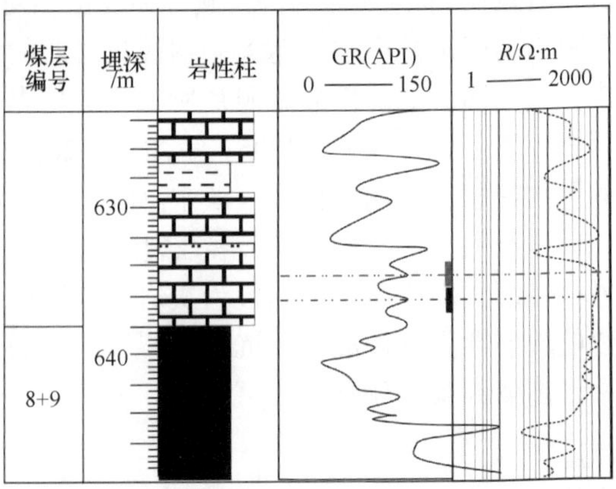

图 9　高产水井 L5 井测井曲线

选取 8 号煤层顶板灰岩含水层的泥质体积含量参数进行反演（尉中良，2005），其中泥质含量指数 $I_{GR}=(GR-GR_{min})/(GR_{max}-GR_{min})$，泥质体积含量：$V_{sh}=(2^{GCUR\times IGR}-1)/(2^{GCUR}-1)$，由于太原组灰岩含水层为石炭纪的老地层，取希尔其指数 GCUR=2，通过对比 8 号煤层顶板灰岩泥质体积含量（图 10），得出顶板灰岩的泥质含量与 8 号煤层产水量相关性较好，高产水区灰岩的平均泥质含量与最大泥质含量相对低产水区都较高，且高产水区平均泥质含量与最大泥质含量之间差值相对低产水区较大。除此而外，灰岩最大泥质含量与平均泥质含量之间的差值往往反映灰岩层的非均质程度，差值越大，说明灰岩的非均值性越强，而灰岩裂隙是导致灰岩非均质程度主要因素，其差值越大指示裂隙发育的可能性也越大，因此本文选取泥质含量最大值评估灰岩裂隙发育程度，分析太原组煤层顶板灰岩含水层的富水程度以及对太原组煤层影响程度。

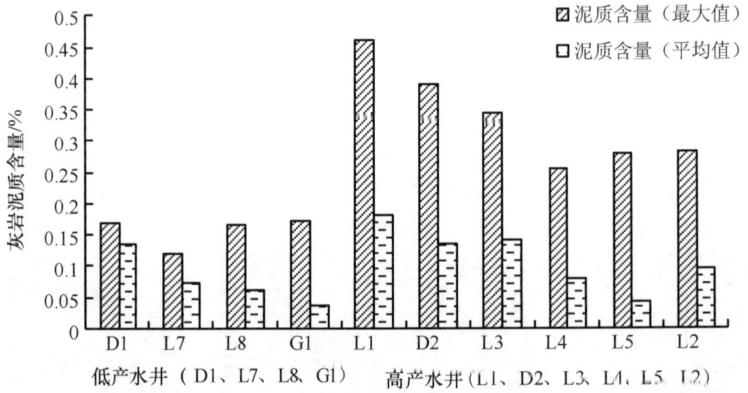

图 10　柳林地区 8+9 号煤层顶板灰岩泥质体积含量对比

综合薄片观察和测井分析验证，得出顶板灰岩裂隙发育程度是控制太原组煤层产水量的主要因素。在断裂影响区域内，溶蚀裂缝越发育，其缝隙中相对充填黏土以及富集发射性元素，因此灰岩泥质含量往往能够间接指示溶蚀裂隙发育程度，在断裂发育区，可以选取泥质含量参数刻画灰岩富水度对 8 号煤层产水量的影响，泥质含量越高，灰岩裂隙越发育，8 号煤层越易于沟通，产水量越高。

4 水文单元预测及排采响应模式的建立

基于灰岩含水性响应参数的研究，研究区太原组煤储层压力、灰岩泥质含量与太原组产水量具有相关性，其中煤储层地温低压异常区往往指示顶板灰岩含水异常；灰岩测井曲线以及泥质体积参数可以间接指示顶板灰岩层的裂缝发育程度，泥质含量高值区为 8 号煤层顶板灰岩发育裂缝，则 8 号煤层受顶板灰岩含水层影响较大，易导致生产过程中煤层气井产水量也较大。基于以上分析，本文在断层构造主导裂缝发育条件下，进行构造分区，同时结合单井生产特征、煤储层压力以及顶板灰岩泥质含量参数，将太原组煤层及顶板灰岩作为整体进行水文单元划分，具体划分为Ⅰ、Ⅱ、Ⅲ型。其中Ⅰ型区主要分布于聚财塔断层附近以及中北部构造低洼区，断层区易导致灰岩含水层与 8 号煤层相连通、地势低洼区的灰岩易受地下水影响形成溶蚀孔洞，二者都易导致顶板灰岩含水层与煤层沟通；Ⅱ型区主要为南部背斜斜坡带，地势相对较高，灰岩受地下水影响较小，灰岩致密，富水性较弱，对 8 号煤层影响较少；Ⅲ型区主要分布西部深埋区，随着深度增加，灰岩受地下水影响减小，逐渐形成地下水滞留区（图 11）。各水文单元具体特征见表 2。

Ⅰ型为高产水径流区，位于研究区东北部地区，该区构造特征相对特殊，以构造低洼区为划分界线，进一步将其划分出Ⅰ型水动力活跃区和Ⅰ型断层控水区。Ⅰ型水动力活跃区位于埋深低洼区与斜坡高点区之间，其灰岩泥质含量较高、煤储层压力较低，说明该区灰岩含水层溶蚀裂隙发育，富水性较强，水动力活跃，除此而外，沿着该区北东—西南向，为泥质含量高值区，且地势低洼，因此预测该区局部发育北东—西南向的优势泄水通道。结合沿北东—西南方向依次分布的 L5、L1、L2 井，三井的平均日产水量都在 120m^3/d 左右，其也反映了以上预测，位于优势泄水通道附近的煤层气井平均日产水量相对较高。Ⅰ型断层控水区位于西南的局部地区，其泥质含量较低，储层压力趋于正常，说明该区顶板灰岩裂隙不发育，灰岩水对 8 号煤层的影响有所降低，水动力较弱，但是由于该区与聚财塔南断层相邻，断裂带附近岩石的力学强度降低，渗透性及导水性增强，从而造成顶底板灰岩含水层与煤层相沟通（王丽君，2010），煤层产水量相对Ⅰ型水动力活跃区虽然有所降低，但总体产水较高。Ⅰ型高产水径流区排采气井主要为“高产水-低产气”的响应模式，受灰岩含水层影响较大，不利于煤层气的开发。一方面，灰岩含水层与 8 号煤水力沟通，煤储层压力降低，使煤层气解吸，易发生水力运移逸散作用，导致煤层气含气量降低；一方面，灰岩含水层对 8 号煤层水补给能力较强，导致煤层涌水量过高，煤层难以排水降压形成有效的压降漏斗，导致气井长期高产水低产气。

Ⅱ型为低产水径流区，位于研究区东南部，以构造斜坡高点区为划分界线，该区太原组煤储层压力基本正常，泥质含量最高值较低，说明太原组 8 号煤层顶板灰岩层裂隙不发育，煤层受灰岩含水层影响较小，区域富水性较弱且水动力较弱。柳林地区产出水矿化度统计分析结果（表 1）也反映了以上预测，位于Ⅱ型地区的煤层气井产出水的矿化度与煤层水相似，说明 8 号煤层受顶板灰岩含水层的影响较小。在煤层厚度一致的条件下，Ⅱ型低产水径流区排采气井主要为“低产水-中高产气，见气快”的响应模式，分析认为该区顶板灰岩致密，对煤层封盖较好，且灰岩与煤层层段总体低富水，8 号煤层经短期排水降压易形成压降漏斗，利于煤层气的解吸，气井相对低产水高产气。

Ⅲ型弱径流区—滞流区，位于研究区西南深部地区，当太原组煤层埋深标高达-150m以深，类似于柳林南部吉县地区埋深于 900m 煤层形成水动力弱径流区—滞留区（田文广等，2012），其顶板灰岩的泥质含量指数相对较低，煤储层压力梯度正常。分析认为该区顶板灰岩裂隙随着埋深增大不发育，煤层受顶板灰岩含水层的影响较小，且随着深度增加，形成弱径流区—滞留区，煤层水的水动力强度减弱，因此深部煤储层压力受流体影响减小，基本趋于正常。北东—西南方向依次分布的 L5、L1、L2 井煤层压力以及 C6 井产水量也反映了以上预测，三口井的压力梯度从 5.29mpa/km、6.95 mpa/km、8.51 mpa/km 逐渐上升，煤储层从低压逐渐趋于正常，C6 井产水量降为 $20m^3/d$，说明灰岩水对煤层的影响依次降低，随着埋深增加，水动力活跃区逐渐转变为滞留区，其煤储层压力趋于正常，产水量降低。在煤层厚度一致的条件下，Ⅲ型弱径流区—滞流区排采气井主要为“中产水-中高产气，见气慢”的响应模式，相对有利于煤层气的开发。一方面，弱径流区到滞流区交替，水力运移逸散作用较弱，煤层含气量随着埋深逐渐增加。一方面，顶板灰岩对煤层补给水较弱，煤层水量仅为煤层水在深度低部位的汇集，经过一段时间的排水降压，煤层仍可形成有效压降漏斗，因此气井为中产水中高产气。

表 2　不同水文单元特征

水文单元划分		区内构造特征	水文单元特征	8 号煤层参数特征		顶板灰岩物性响应	
				温度	压力	电阻率	GR
Ⅰ型高产水径流区	Ⅰ型断层控水	断层发育	高产水，受断层影响较大	低-正常	低-正常	低	低
	Ⅰ型水动力活跃	地势低洼	高产水，受顶板灰岩含水层影响较大	低	低	低	高
Ⅱ型为低产水径流区		背斜斜坡	低产水，水动力弱	正常	正常	高	低
Ⅲ型弱径流区—滞流区		深部区	低产水，水动力弱	低-正常	低-正常	高	低

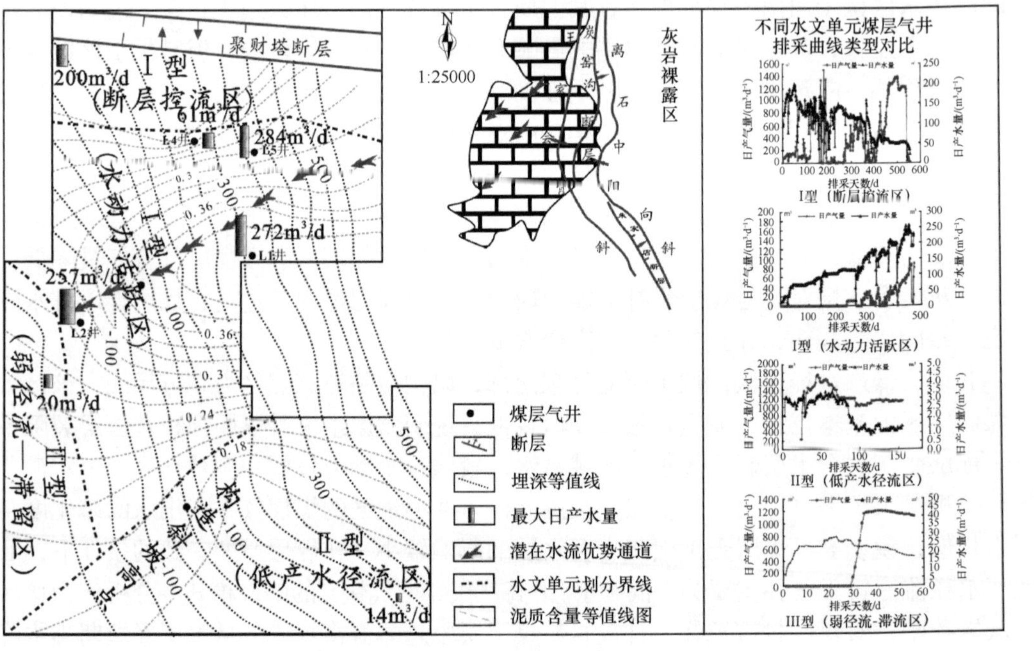

图 11　柳林地区水文趋势分布图

5 结论

1）研究区太原组 8 号煤层顶板灰岩含水层，总体产水趋势为北中部高产水、南部低产水。高产水区的顶板灰岩水层对太原组煤层产水量影响较大，产水高值区对应的 8 号煤的煤储层压力、温度较理论计算值降低，储层压力与温度可以指示煤层产水高低。

2）太原组高产水井对应的 8 号煤层顶板灰岩测井曲线具有高声波时差、高伽马值、高中子值、低电阻率的“三高一低”特征，其中伽马曲线能够较好反映灰岩裂隙发育程度，泥质体积含量高值区往往为灰岩裂隙发育区，且最高泥质含量参数可以定性指示灰岩裂隙发育程度，间接对太原组煤系地层的水文单元划分提供依据。

3）结合太原组煤储层压力、煤层埋深、含气量以及泥质含量参数，太原组灰岩含水层划分为Ⅰ、Ⅱ、Ⅲ型。Ⅰ型为高产水径流区，水文地质条件复杂，可细分为Ⅰ型水动力活跃区和Ⅰ型断层控流区，其太原组煤层易受灰岩含水层影响，排采气井表现为“高产水-低产气”的响应模式；Ⅱ型为低产水径流区，水文地质简单，受灰岩顶板含水层影响较小，煤层气相对富集，有利于煤层气开发。排采气井表现为“低产水-中高产气，见气快”的响应模式；Ⅲ型为弱径流—深部滞留区，排采气井表现为“中产水-中高产气，见气慢”的响应模式。3 种水文单元类型中Ⅰ型水动力活跃区，存在潜在的优势泄水通道，水动力较强，最不利于煤层气开发。

参考文献

池卫国．1998．柳林煤层气勘探开发试验区水文地质研究[J]．煤田地质与勘探，26（3）：35～37.

邓模，瞿国英，蔡忠贤．2009．常规测井方法识别碳酸盐岩储层裂缝[J]．地质学刊，33（1）：75～78.

高宝玉，梁永平，王维泰．2008．柳林泉域岩溶水特点与地质背景条件分析[J]．中国岩溶，27（3）：209～214.

黄晓明，林亮，王赞维．2010．山西柳林地区煤系地层对比特征[J]．中国煤层气，7（3）：3～7.

景秀春，王训练，张海军，等．2005．山西柳林成家庄剖面太原组碳酸盐岩沉积相的特征及其意义[J]．地质通报，24（10-11）：1060～1068.

罗利，胡培毅，周政英．2001．碳酸盐岩裂缝测井识别方法[J]．石油学报，22（3）：32～35.

任光军，王莉，娄剑青．2008．柳林地区水文地质特征及其对煤层气生产井的影响[A]．2008 年煤层气学术研讨会论文集[C]．378～389.

苏复义，蔡云飞．2004．数值模拟技术在柳林煤层气试验区的应用[J]．天然气工业，24（5）：95～96.

田文广，汤达祯，孙斌，等．2012．鄂尔多斯盆地东缘含煤地层水动力条件及其控气作用[J]．高校地质学报，18（3）：433～437.

王丽君．2010．沙曲煤矿三维地质模型及矿坑涌水量预测[D]．石家庄：石家庄经济学院.

尉中良，邹长春．2005．地球物理测井[M]．北京：地质出版社，83～89.

许浩，汤达祯，郭本广，等．2012．柳林地区煤层气井排采过程中产水特征及影响因素[J]．煤炭学报，37（9）：1581～1585.

杨明慧，刘池洋，兰朝利，等．2008．鄂尔多斯盆地东北缘晚古生代陆表海含煤岩系层序地层研究[J]．沉积学报，26（6）：1005～1012.

要惠芳．2004．山西省柳林县杨家坪煤层气储集层物性及勘探开发潜力[J]．石油勘探与开发，34（5）：548～556.

张文忠，周尚忠，孟尚志，等．2011．山西省柳林区块水文地质条件及其对煤层气富集成藏的影响[A]．煤层气学术研讨会论文集[C]．90～97.

Su Xianbo, Zhang Liping, Zhang Ruilin. 2003. The abnormal pressure regimeof the Pennsylvanian No.8 coalbed methane reservoir in Liulin-Wupu District, Eastern Ordos Basin, China[J]. International Journal of Coal Geology, 53.227～239.

黔西织纳煤田上二叠统煤系页岩气与煤层气共采潜力

郭 晨[1] 秦 勇[2] 李昊隆[1] 马东民[1] 方世跃[1] 陈 跃[1]

（1．西安科技大学地质与环境学院 陕西西安 710054；

2．中国矿业大学煤层气资源与成藏过程教育部重点实验室 江苏徐州 221116）

摘 要： 黔西地区上二叠统为海陆交互相含煤沉积，发育薄-中厚煤层群，蕴藏着丰富的煤层气与页岩气资源。本文基于黔西织纳煤田勘探钻孔资料，揭示煤系泥页岩和烃源岩的展布规律，识别煤层与泥岩层的典型组合模式，并预测煤层气与页岩气的共采有利区。上二叠统煤系泥页岩厚度整体介于60～240m，其分布宏观上受构造形态控制，即织纳煤田周缘主干断裂的方位决定着泥页岩空间展布格局，在此基础上，沉积相带决定了泥岩的有利发育区，即西部的三角洲分流间湾、中部的泻湖-潮坪体系有利于泥页岩发育。煤系烃源岩总厚10～60m，整体呈现出北东向展布、西厚东薄的特点，西部的三角洲平原相区和中部的泻湖-潮坪相区更有利于煤系烃源岩的发育，东部海水影响强烈，发育碳酸盐台地，不利于碳质泥岩和煤层的形成。识别出5类煤层与泥岩的叠置模式，龙潭组的14-16、16-21和23-27号煤层段煤层与泥岩频繁叠置且配置有利，是共探共采的有利层位。选择TOC和烃源岩厚度两个关键指标，将织纳煤田划分为3个区，页岩气与煤层气共探共采宜依次从Ⅰ、Ⅱ、Ⅲ类区展开。

关键词： 黔西 织纳煤田 页岩气 煤层气 共探共采

The co-mining Potential of Shale Gas and Coalbed Methane in the Upper Permian Coal Series, Zhina coalfield, Western Guizhou

Guo Chen[1] Li Haolong[1] Qin Yong[2] Ma Dongmin[1] Fang Shiyue[1] Chen Yue[1]

(1. College of Geology and Environment, Xi'an University of Science and Technology, Shaanxi Xi'an 710054, China;

2. Key Laboratory of CBM Resources and Reservoir Formation Process, Ministry of Education, China University of Mining and Technology, Jiangsu Xuzhou 221116, China)

Abstract: coal-bearing strata is well developed in the Upper Permian in western Guizhou

---

基金项目：国家科技重大专项（2016ZX05044）、西安科技大学博士启动金项目（2016QDJ028）和西安科技大学科研培育基金项目（201718）资助。

作者简介：郭晨，男，1988年生，山西晋城人，博士，讲师，从事煤层气及非常规油气地质教学与研究工作，E-mail: makaay_@126.com。

with marine and continental transitional facies. Thin and medium coal groups are well developed in the coal-bearing strata, with abundant coal and coalbed methane (CBM) resources. Base on the coal exploration borehole data in Zhina coalfield, western Guizhou, the distribution of shale and source rocks in coal series is revealed, and the vertical combination mode of coalbed and shale is recognized, and the favorable areas for the co-exploration and co-mining of CBM and shale gas is predicted. The thickness of shales in coal series is 60-240m, controlled by the structural forms at macro-scale: the marginal faults of Zhina coalfield determine the shale distribution pattern. On this basis, sedimentary facies further determines the favorable shale development zones. The facies of interdistributary bay of delta in the West and lagoon and tidal flat in the Middle are favorable for shale deposition. The source rocks thickness in coal series is 10-60m, characterized by NE spreading trend and thicker in the West and thinner in the East. The delta plain and lagoon and tidal flat facies are favorable for source rocks development. The carbonate platform facies in the East is not favorable for the deposition of carbonaceous mudstone and coalbed. 5 types of superposition mode of coalbed and mudstone is recognized, and the No. 14-16, 16-21 and 23-27 coal groups are the favorable intervals for the co-exploration and co-mining of CBM and shale gas, with the frequent superposition of coalbed and shale. The TOC and source rock thickness are selected as two key parameters to predict the favorable zones for the co-exploration and co-mining of CBM and shale gas, with which the Zhina coalfield is divided into three partitions (Ⅰ, Ⅱ and Ⅲ), and the co-exploration and co-mining of CBM and shale gas should be conduted in serial order of Ⅰ, Ⅱ and Ⅲ.

Keywords: western Guizhou; Zhina coalfield; shale gas; coalbed methane; co-exploration and co-mining

煤系地层沉积旋回频繁且有机质丰富，具有多源、多储、多盖的典型特点（曹代勇等，2014，2016），岩性粒度偏细，具有良好的自封盖性（易同生等，2016），不同类型岩层相互间生储盖组合关系及角色多样（秦勇等，2014，2016），在此基础上叠置发育煤层气、页岩气与致密砂岩气藏，被称为煤系“三气”，是非常规天然气的重要组成部分，其共探共采对于增储提产意义重大，因此日益受到我国煤层气产业界与学术界的重视。目前，我国在鄂尔多斯盆地东缘已取得煤层气与砂岩气共采的突破，昭示了其广阔前景（叶建平等，2016）。贵州省上二叠统为我国南方著名的海陆交互相多煤层煤系，煤与煤层气资源极为丰富，同时泥页岩广泛发育且有机质聚集条件有利，具备煤系页岩气的成藏条件。笔者前期针对黔西煤层气地质条件已开展过较深入的研究（郭晨等，2014，2015，2016），样品制备过程中发现泥岩、砂岩样品喷气的现象屡见不鲜，暗示煤系除煤层气外，还赋存有丰富的页岩气与砂岩气资源，煤系“三气”共探共采的前景可观。为此，本文以黔西织纳煤田为研究对象，查明上二叠统煤系泥页岩和烃源岩的展布特点及其与煤层的组合关系，揭示页岩气成藏潜力并预测共探共采有利区与有利层，为本区煤系气勘探开发提供参考。

1 织纳煤田地质概况

织纳煤田是贵州省三大煤田之一，也是我国南方最重要的无烟煤赋存区，位于贵州省中-西部，大地构造单元上位于扬子板块（Ⅰ）川滇黔盆地（Ⅱ）黔北断拱（Ⅲ）的西南部。西缘为北西向紫云-六盘水断裂，北部为近东西向六盘水-瓮安断裂，东南缘以北东向师宗-贵阳断裂为限，东部还存在近北南向的遵义-惠水断裂，织纳煤田处于周缘四条主干断裂交叉而形成的三角地带之中（图 1）。煤田内部构造显著受到了周缘断裂的控制，主构造方向以北西和北东向为主，西部以北西为主，中、东部以北东为主，东缘局部发育北南向构造，分布零星，西北部多见近东西向构造（图 2）。

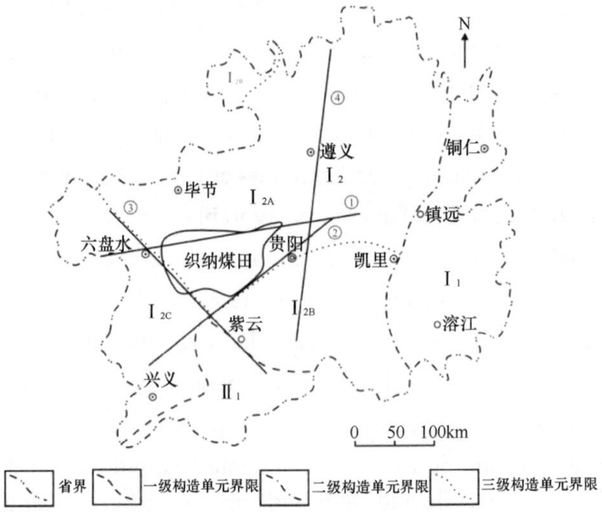

图 1 贵州省构造单元分区略图

Ⅰ—扬子板块；Ⅱ—华南板块；Ⅰ1—雪峰隆起；Ⅰ2—川滇黔盆地；Ⅱ1—右江褶皱带；Ⅰ2A—黔北断拱；Ⅰ2B—黔南断陷；Ⅰ2C—六盘水断陷；Ⅰ2D—四川盆缘坳陷；① 六盘水-瓮安断裂；② 师宗-贵阳断裂；③ 六盘水-紫云断裂；④ 遵义-惠水断裂

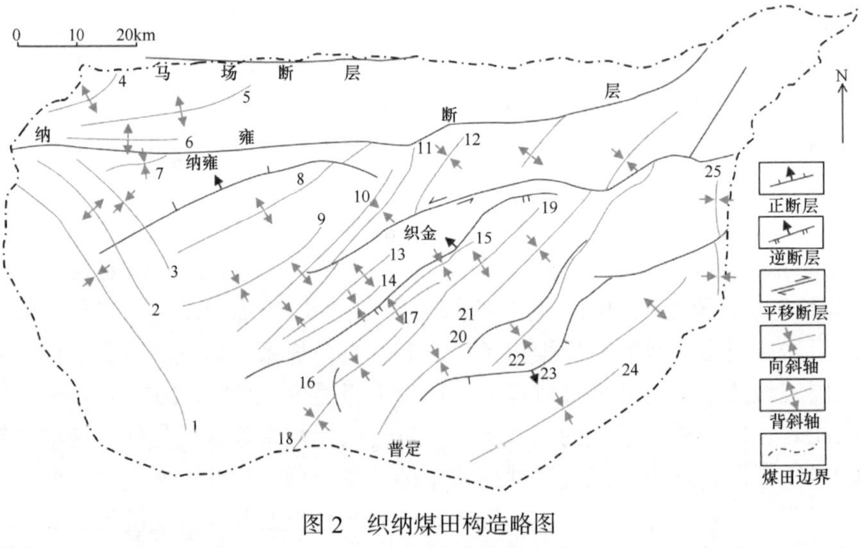

图 2 织纳煤田构造略图

1—比德向斜；2—加戛背斜；3—水公河向斜；4—五指山背斜；5—以支塘向斜；6—勺坐背斜；7—白泥箐向斜；8—张维背斜；9—三塘盆地；10—后寨背斜；11—阿弓向斜；12—关寨向斜；13—地贵背斜；14—珠藏向斜；15—克窝向斜；16—熊家场背斜；17—白果寨向斜；18—梅子关背斜；19—桂果背斜；20—补郎向斜；21—牛场向斜；22—大猫场向斜；23—齐伯房背斜；24—蔡官向斜；25—站街向斜

织纳煤田构造格局定型于燕山期，在早燕山期东-西向挤压应力下，一系列北西向褶皱和断裂在煤田西部断裂带附近形成，随后，主应力方向转变为南东-北西，导致了北东向断层和褶皱在煤田中部和东部形成，此时织纳煤田构造格局初步形成。晚燕山期，北东向构造发生左行剪切，形成S型构造。晚燕山期和喜马拉雅期构造运动表现出对前期构造的继承性发展（金军等，2010；唐显贵，2012）。本区向斜开阔，背斜紧密，且背斜剥蚀严重、常被断层破坏，晚二叠世煤层多赋存于向斜中，具有典型的向斜控煤、控气特点。

区内出露地层主要包括中二叠统茅口组，上二叠统峨眉山玄武岩组、龙潭组、长兴组，下三叠统飞仙关组、永宁镇组及第四系。其中龙潭组和长兴组为本区主要含煤地层，龙潭组沉积于泻湖-潮坪-三角洲体系，长兴组形成于碳酸盐潮坪-碳酸盐台地环境。上二叠统含煤地层厚300～450m，含煤35层，煤层总厚24～41m，平均33m，可采煤层6～17层，可采总厚 9～23m，与上覆三叠系飞仙关组以及下伏峨眉山玄武岩组均呈假整合接触。煤级以无烟煤为主，煤田西缘比德向斜发育贫、瘦煤。镜质组是主要显微煤岩组分，含量普遍在80%以上，惰质组次之，壳质组罕见。织纳煤田煤层气平均含量12 m^3/t，地质资源量为4618×10^8 m^3，资源丰度1.28×10^8 m^3/km^2，高于全国平均水平。上二叠统煤系埋深普遍浅于1000m，瓦斯风化带深度100m左右，煤体结构总体保存完好，十分有利于煤层气以及煤系气的勘探开发。

2 织纳煤田煤系泥页岩展布

首先分地层单元（龙潭组下段、龙潭组上段、长兴组）来揭示泥页岩的发育特点。龙潭组下段整体泥岩比较发育，厚度在10～70m，等值线在煤田西部呈北西向展布，中部和东部呈北东向，北部呈东西向展布，与周缘主干断裂方位高度吻合，说明构造格架控制了煤系泥页岩的宏观展布。西北部和中南部存在两个厚度 40m 以上的高值带，西北部高值带呈近东西向，中南部高值带呈北东向展布。在构造控制的基础上，结合沉积相展布（葛运华等，2011），三角洲的分流间湾（西北部）和障壁岛后泻湖-潮坪（中南部）环境是形成泥页岩的有利相带。东部的碳酸盐台地以及西缘主断裂附近的分流河道相不利于泥页岩的沉积，泥页岩厚度较低。龙潭组上段泥页岩厚度介于20～70m，分布与下段相似，即在西部呈北西向展布、中部和东部呈北东向，仍体现了构造对泥岩展布的控制（图3a，图3b，图3c）。龙潭晚期研究区发生了显著海退，三角洲体系向东扩展，成为主导相区，泻湖-潮坪发育于东部，碳酸盐台地消失，有利于泥页岩沉积的相带扩大，同样存在西北部和中南部两个泥页岩富集区。长兴组发生了晚二叠世最大规模的海侵，海水向西超覆，碳酸盐台地体系在东部广泛发育，三角洲和泻湖-潮坪体系向西收缩，泥页岩厚度介于0～60m，具有显著的西厚东薄的分布特点。

上二叠统煤系泥页岩厚度整体介于 60～240m，其分布宏观上受构造形态控制，即织纳煤田周缘主干断裂决定着泥页岩空间展布格局（图 3d）。在此基础上，沉积体系决定了泥岩的聚集条件和空间分异：平面上，西部的三角洲分流间湾、中部的泻湖-潮坪体系有利于泥页岩发育，东部的碳酸盐台地和西缘的分流河道不利于泥页岩发育；垂向上，龙潭晚期广泛发育的三角洲平原环境最有利于泥页岩形成，龙潭早期的泻湖-潮坪体系次之，长兴期的碳酸盐台地体系最差。

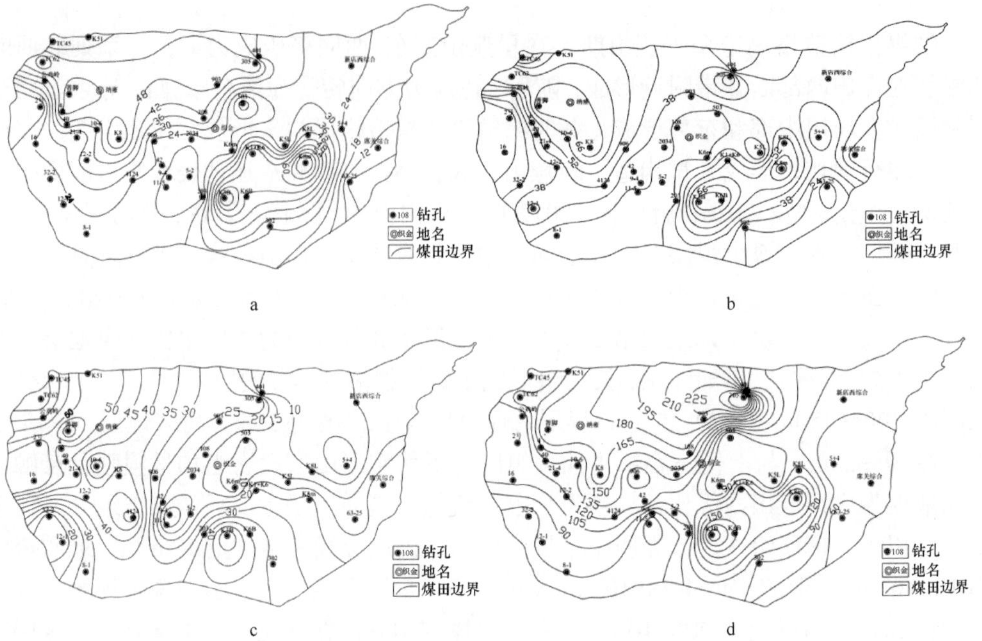

图 3　织纳煤田上二叠统煤系泥页岩厚度展布

a—龙潭组下段；b—龙潭组上段；c—长兴组；d—含煤地层总

3　织纳煤田煤系烃源岩展布

煤系的主要烃源岩为炭质泥岩和煤层，以Ⅲ型干酪根为主（曹代勇等，2016），本文统计了上二叠统碳质泥岩和煤层的总厚度，并绘制等值线图，以揭示煤系烃源岩的展布特征和发育规律（图 4）。

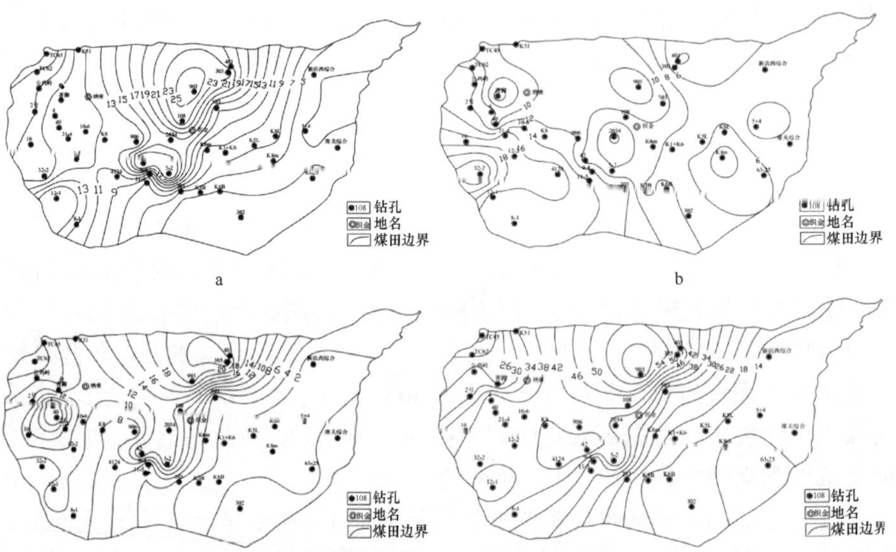

图 4　织纳煤田上二叠统煤系烃源岩厚度展布

a—龙潭组下段；b—龙潭组上段；c—长兴组；d—含煤地层总

纵观各地层单元的烃源岩展布，龙潭组下段与长兴组的烃源岩展布特征相似，均呈现北部最厚，东南部最薄，中、西部居中的特点。龙潭组上段烃源岩分布与其他两个地层单元差异较大，与区域海退导致的沉积环境的显著改变有关，表现为由西向东烃源岩发育程度逐渐减弱（图 4a，图 4b，图 4c）。上二叠统煤系烃源岩总厚 10～60m，整体呈北东向展布、西厚东薄的特点，西部的三角洲相区和中部的泻湖潮坪相区更有利于煤系烃源岩的发育（图 4d）。在此基础上叠加了北部的烃源岩富集中心，推测与北部东西向断裂的存在有关，同时该区也位于三角洲体系与泻湖-潮坪体系的过渡地带，为烃源岩形成的有利相区。织纳煤田中部和西部烃源岩发育程度良好，具有强大的生烃潜力；东部海水影响强烈，不利于碳质泥岩和煤层的形成。织纳煤田炭质泥岩分布范围广泛，常在三角洲以及泻湖-潮坪环境下形成的泥炭沼泽中作为煤层的顶底板或夹层产出，海陆过度的沉积环境对煤系优质烃源岩的发育十分有利。

4 煤层与泥岩的垂向组合特点

煤系中煤层的直接顶底板多为泥页岩或细粒碎屑岩，垂向上煤层与细碎屑岩频繁叠置，为煤层气与页岩气的共生、共探与共采提供了有利条件。基于织纳煤田典型钻孔柱状的岩性分析，识别出 5 类具有代表性的煤层与泥岩层的垂向组合模式（图 5）：

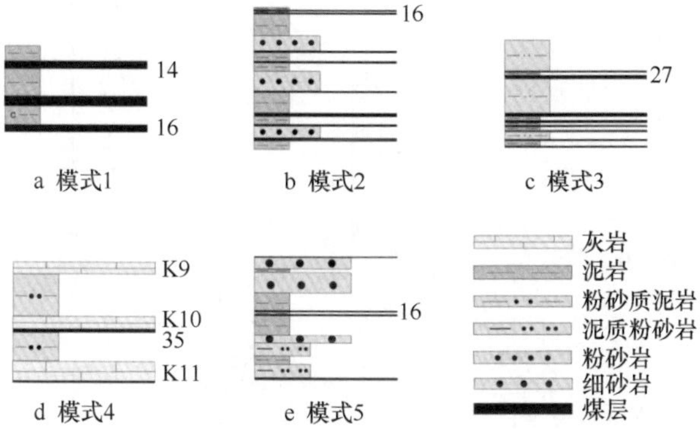

图 5 煤层和泥岩的垂向组合模式

模式 1：为煤层与泥岩（炭质泥岩）互层型，多形成于三角洲体系，这种组合模式下有机质含量丰富，内幕封盖条件良好，煤层气与页岩气具有优越的生气条件和保存条件，共探共采潜力巨大；这类模式主要发育于煤田中部泻湖-潮坪相区的 14-16 号煤层段，西部三角洲相区的 6-7 号和 32-35 号煤层段（图 5a）。

模式 2：为煤层+泥岩+粉砂岩频繁互层型，粉砂岩的存在有利于提高泥页岩储层的脆性，进而促进压裂改造；这类模式在泻湖-潮坪相区中分布较为广泛，代表了泻湖相和潮坪相的频繁叠置，以煤田中部中寨勘探区的龙潭组上段 16-21 号煤层段、龙潭组下段 23-27 号煤层段和长兴组 6-8 号煤层段为典型（图 5b）。

模式 3：为薄煤层+泥岩+粉砂质泥岩互层型，煤层与泥岩层均非常薄，频繁叠置，反映动荡的沉积水体条件，多形成于泻湖-潮坪体系，内幕封盖性能优越；主要发育于龙潭组下段的 27 号煤周围、33-35 号煤层段，以及中部开田冲勘探区长兴组的 2 5 号煤层段（图 5c）。

模式 4：为煤层+灰岩+粉砂质泥岩互层型，发育于中、东部地区的长兴组上部（1-5号煤）和龙潭组下段下部（32-35 号煤）。多形成于碳酸盐潮坪体系，持续海水作用下形成多套灰岩，若发育岩溶裂隙，水动力条件较强，将对气藏造成破坏；同时有机质含量有限，不利于页岩气藏形成（图 5d）。

模式 5：为薄煤层+泥质粉砂岩+泥岩+细砂岩互层型，陆源碎屑供应较充足，粒度整体偏粗，煤层较薄，砂岩的存在不利于煤层气和页岩气的保存，但可能形成砂岩气藏。该模式主要形成于三角洲体系，主要发育于龙潭组上段的 7-10 号煤和 12-17 号煤层段，区域上主要发育于西部的三角洲相区，中部泻湖-潮坪相区也可见（图 5e）。

从煤层气与页岩气资源条件与可采性的角度，以上 5 种模式由好到差的排序为：模式 1、模式 2、模式 3、模式 5 和模式 4，其中模式 5 具有较好的煤系三气共探共采潜力。龙潭组的 14-16、16-21 和 23-27 号煤层段煤层与泥岩频繁叠置且配置有利，是共探共采的有利层位。

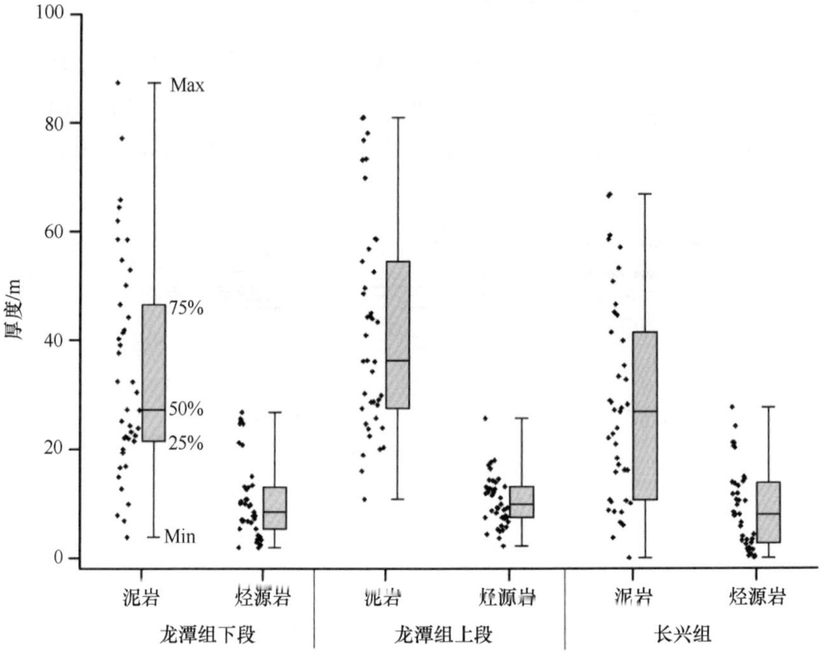

图 6　煤系各地层单元泥岩与烃源岩厚度统计

图 6 显示，泥岩在龙潭组上段最发育，平均 42.10m，其次为龙潭组下段，平均 34.35m，长兴组相对较差，平均 28.17m。烃源岩厚度龙潭组下段平均 10.39m，上段平均 10.53m，长兴组平均 9.01m，仍然体现出龙潭组上段最发育，长兴组发育程度最差的趋势，但差异幅度很小，不同地层单元间的生烃能力可能相近。

5　煤层气与页岩气共探共采有利区预测

选择煤层气与页岩气共探共采的有利区块，一般须具备 2 个前提条件：①煤层气、页岩气地质资料相对丰富，已通过一定的地质手段获取了相关的地质参数。织纳煤田煤炭地质、煤层气地质的研究已经非常深入，页岩气地质研究处于起步阶段，本文正是在此背景下基于基础钻孔资料进行的初步探索，就勘探现状来说，织纳煤田具有在上二叠统含煤地层实施煤层气与页岩气共探共采的先决条件，并以龙潭组为优势层位；②该区域的煤层气和页岩气同时具有足够大的资源潜力，一般认为煤层含气量是表征煤层气资源潜力的关键参数，而表征页岩气资源潜力的主要指标为有机碳质量分数（TOC）、镜质体反射率（R_o）、有机质类型和泥页岩厚度，另外埋深、构造复杂程度以及地形条件等也是有利区优选需要考虑的重要方面。织纳煤田上二叠统煤系泥页岩干酪根类型以Ⅲ型为主，反射率普遍在2.0以上，达到过成熟阶段。煤系泥页岩有机碳含量也普遍在1.0%以上，绝大部分地区超过2.0%（高为等，2014），有效烃源岩厚度为10～60m，中、西部普遍在30m以上（图7a），煤层厚度和泥页岩厚度都相当可观，煤层气和页岩气成藏潜力大，具有较好的共探共采前景。

进一步选择TOC和烃源岩厚度两个关键指标，将织纳煤田划分为3个区：Ⅰ类区：有机碳>5%，烃源岩厚度20～60m，过成熟；Ⅱ类区：有机碳2%～5%，烃源岩厚度10～40m，过成熟；Ⅲ类区：有机碳<2%，烃源岩厚度0～40m，过成熟。本区煤系页岩气勘探开发以及页岩气与煤层气共探共采宜依次从Ⅰ、Ⅱ、Ⅲ类区展开（图7b）。

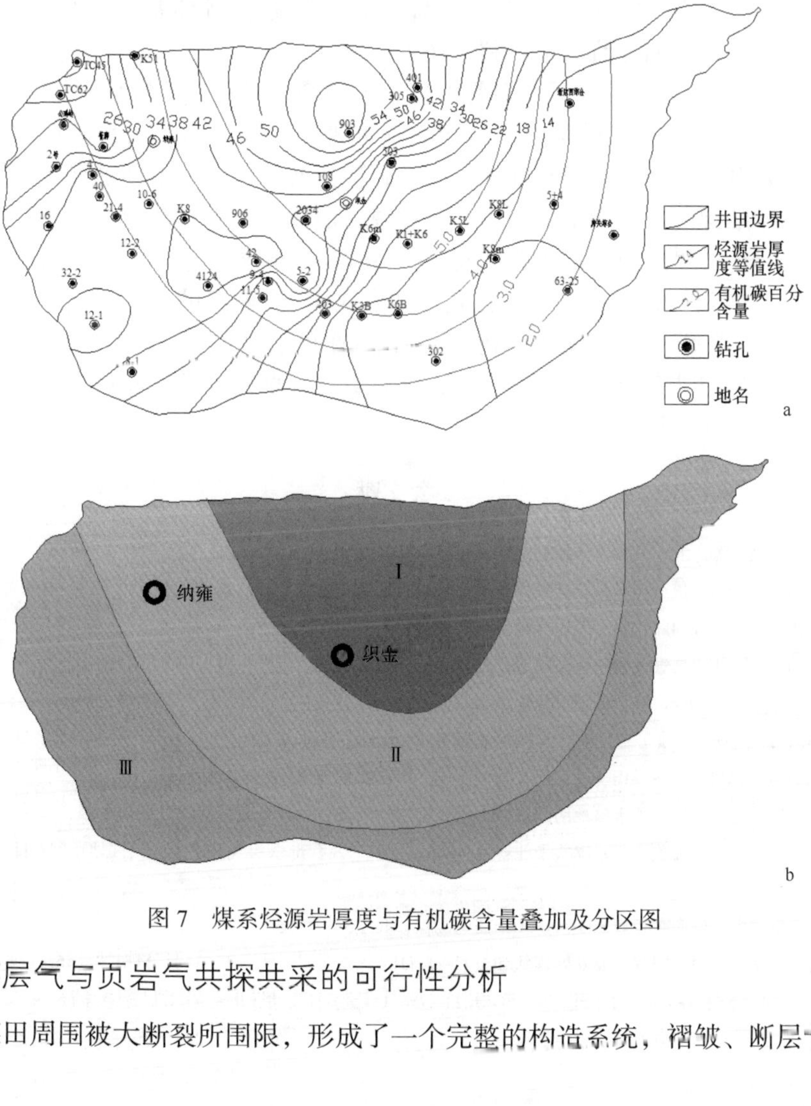

图7　煤系烃源岩厚度与有机碳含量叠加及分区图

6　煤层气与页岩气共探共采的可行性分析

织纳煤田周围被大断裂所围限，形成了一个完整的构造系统，褶皱、断层十分发育，强构造应力作用下有利于裂缝的形成。而泥页岩属于低孔低渗的储集岩，裂缝可极大改善页岩气的储集和产出条件，对该区页岩气开发有良好的促进作用，但关于本区泥页岩裂缝的发育规模、规律及主控地质因素还需开展更加深入的研究。

织纳煤田上二叠统发育薄-中厚煤层群，并含有多段富有机质泥页岩，煤层气藏与页岩气藏近距离叠置，可采取单井“分层压裂+合层排采”或者“合层压裂+合层排采”的开发模式，共同开采两种气藏。但不同类型储层隶属不同的压力系统并具有不同的力学性质，排采过程中的层间流体干扰和压裂过程中的裂缝扩展，构成煤层气与页岩气能否高效共采的关键因素。在勘探阶段，应在充分调查煤层与泥页岩分布特点、煤层气与页岩气资源潜力的基础上，做好产层优选、有利区预测以及递进开发方案设计等工作。

7 结论

1）织纳煤田上二叠统煤系泥页岩厚度整体介于60～240m，其分布宏观上受构造形态控制，周缘主干断裂决定着泥页岩空间展布格局，在此基础上，沉积相带决定了泥岩的聚集条件，即西部的三角洲分流间湾、中部的障壁岛后泻湖-潮坪体系有利于泥页岩发育，东部的碳酸盐台地和西缘的分流河道不利于泥页岩发育。

2）炭质泥岩和煤层构成煤系主要烃源岩，上二叠统煤系烃源岩总厚 10～60m，整体呈现出北东向展布、西厚东薄的特点，西部的三角洲相区和中部的泻湖-潮坪相区更有利于煤系烃源岩的发育，东部海水影响强烈，发育碳酸盐台地体系，不利于碳质泥岩和煤层的形成。龙潭晚期陆源碎屑影响增强，不利于烃源岩形成，龙潭早期最有利于烃源岩发育。

3）识别出 5 类煤层与泥岩的叠置模式，从煤层气与页岩气资源条件的角度，由好到差依次为：模式 1、模式 2、模式 3、模式 5 和模式 4。龙潭组的 14-16、16-21 和 23-27 号煤层段煤层与泥岩频繁叠置且配置有利，是共探共采的有利层位。选择 TOC 和烃源岩厚度两个关键指标，将织纳煤田划分为 3 个区，煤系页岩气勘探开发以及页岩气与煤层气共探共采宜依次从Ⅰ、Ⅱ、Ⅲ类区展开。

参考文献

曹代勇，刘亢，刘金城，等. 2016. 鄂尔多斯盆地西缘煤系非常规气共生组合特征[J]. 煤炭学报，41（2）：277～285.

曹代勇，姚征，李靖. 2014. 煤系非常规天然气评价研究现状与发展趋势[J]. 煤炭科学技术，42（1）：89～92，105.

高为，田维江，秦文，等. 2014. 贵州省煤层气与页岩气共探共采的地质优选[J]. 断块油气田，21（1）：36～38.

郭晨，卢玲玲. 2016. 黔西煤层气成藏特性空间分异及其对开发的启示[J]. 煤炭学报，41（8）：2006～2016.

郭晨，秦勇，易同生，等. 2014. 黔西肥田区块地下水动力条件与煤层气有序开发[J]. 煤炭学报，39（1）：115～123.

郭晨. 2015. 黔西比德-三塘盆地独立叠置含煤层气系统垂向分布与煤储层吸附-渗流特征[J]. 天然气地球科学，26（1）：168～179.

金军，唐显贵. 2010. 贵州省织纳煤田构造特征及其成因[J]. 中国煤炭地质，22（3）：8～12.

秦勇，梁建设，申建，等. 2014. 沁水盆地南部致密砂岩和页岩的气测显示与气藏类型[J]. 煤炭学报，39（8）：1559～1565.

秦勇，申建，沈玉林. 2016. 叠置含气系统共采兼容性-煤系“三气”及深部煤层气开采中的共性地质问题[J]. 煤炭学报，41（1）：14-23.

唐显贵. 2012. 贵州省煤炭资源赋存规律[J]. 煤田地质与勘探，40（5）：1～5.

叶建平，陆小霞. 2016. 我国煤层气产业发展现状和技术进展[J]. 煤炭科学技术，44（1）：24～28，46.

易同生，周效志，金军. 2016. 黔西松河井田龙潭煤系煤层群-致密气成藏特征及共探共采技术[J]. 煤炭学报，41（1）：212～220.

裂缝对煤岩声波传播特性的影响研究

侯连浪　刘向君*　梁利喜　谢　斌　孙正财

（西南石油大学　油气藏地质及开发工程国家重点实验室　四川成都　610500）

摘　要：为研究裂缝对煤岩声波传播特性的影响，利用自主研发的多频超声波测试仪测量煤岩样的纵波波速，并使用 UltraScope 软件采集接收探头声波波形，对不同裂缝角度煤岩样的纵波波速、声波衰减系数及频谱特征进行研究。研究结果表明：超声波在煤样中传播过程中孔裂隙及频率对波速的影响存在耦合现象，当孔隙度较小时，频率对波速的影响大于孔隙度，此时煤岩样波速在一定范围内随着频率的增大而增大，当孔隙度较大时，孔隙度对波速的影响大于频率，波速随着孔隙度的增大而减小；随着煤岩样裂缝角度的增大，阻碍声波传播的裂缝横截面积增大，消耗的声波能量增多，声波衰减系数增大；随着裂缝角度的增大，声波时域波形的尾部叠加信号增强，频域上谱峰数有所减少，谱峰震荡减弱，主频处带宽更窄，主频振幅更大。研究裂缝对煤岩声波传播特性的影响，拓宽了声波预测煤样岩心信息的方法，对煤储层结构特征预测及评价具有重要意义。

关键词：煤岩　裂缝　声波　衰减系数　频谱分析

Study of effects of cracks on acoustic propagation characteristics of coal and rock

Hou Lianlang , Liu Xiangjun iang, Liang Lixi , Xie Bin, Sun Zhengcai

(State Key Laboratory of Oil and Reservoir Geology and Exploitation, Southwest Petroleum University, Chengdu 610500, China)

Abstract: To study the influence of fracture on the propagation characteristics of coal of acoustic wave, the software UltraScope is used to receive the acoustic waveform of the receiving probe, the longitudinal wave velocity, acoustic attenuation coefficient and spectral characteristics of the coal samples with different fracture angles are studied, and the longitudinal wave velocity,

---

基金项目：国家科技重大专项“大型油气田及煤层气开发”资助项目（2016ZX05044004-001）。

作者简介：侯连浪，男，1993 年生，西南石油大学在读硕士研究生，研究方向为工程测井。地址：四川省成都市新都区西南石油大学国重 B308 室。E-mail:houlianlang@163.com。

acoustic attenuation coefficient and spectral characteristics of the coal samples with different fracture angles are studied. The results show that in the process of propagation in coal samples, the coupling of hole, crack and frequency has influence on the wave velocity. When the porosity is small, the effect of frequency on the wave velocity is greater than that of porosity. At this time, the wave velocity of the rock sample increases with the increase of frequency within limits. When the porosity is large, the influence of porosity on the wave velocity is greater than that of frequency, and the wave velocity decreases with the increase of porosity. With the increase of the fracture angle of the coal rock sample, the cross section area of the propagation of the acoustic wave, which is hindering the propagation of the acoustic wave, increases, the acoustic energy consumed increases and the attenuation coefficient increases. With the increase of the crack angle, the tail superposition signal of the time domain waveform of the acoustic wave is enhanced, the number of spectrum peaks in the frequency domain are decreased, and the spectral peak oscillations are weakened, the bandwidth at the main frequency is narrower, and the main frequency amplitude is greater. The study of the influence of cracks on the acoustic propagation characteristics of coal broadens the method for predicting the core information of coal samples by acoustic wave. It is of great significance to predict and evaluate the structural characteristics of coal reservoirs.

Keywords: coal; crack; acoustic wave; attenuation coefficient; frequency spectrum analysis

煤层气是世界上已经进行商业开发的很重要的非常规天然气资源，同时也是一种清洁、高效的能源。我国的煤层气资源储量巨大，如何高效开发煤层气资源的问题亟待解决。声波在储层中的传播特性是分析储层孔裂隙结构特征及地层流体分布特征的有效手段，研究裂缝对煤岩声波传播特性的影响，对煤层气勘探开发过程中正确认识煤储层岩石结构有重要意义。声波在煤储层中的传播受到多种因素的影响，国内外学者对此进行了大量卓有成效的研究。温度、压力、水饱和等影响因素对深层煤矿床煤样纵横波速度有较为明显的影响（汤红伟等，2009）。煤体结构对煤样波速的影响方面，不同方位下进行煤的波速测试会得到不同的波速特征，但以往的研究往往局限在垂直层理方向与平行层理方向（郭德勇等，1998）。煤结构复杂，裂隙发育，裂隙的存在对弹性波的波速与衰减两大重要性质都有很大的影响，这会导致地震波波速降低及衰减增强（Andrew et al.，1996；贺振华等，2001）。仅从波速已经较难正确反映出其真实的孔裂隙发育情况。因此，有专家学者将煤样声波波形频谱分析与波速分析相结合，从煤体破碎程度与声波主频的关系入手来研究煤的部分结构特征（李建楼等，2009）。具体针对煤岩发育的裂隙，有专家学者对裂隙角度对纵横波的衰减作用进行了研究（赵群等，2006），也有学者把超声波动力学特性的实验室测试和理论分析相结合分析了超声波主频值与衰减之间的关系以及煤样受载荷后的声波衰减规律（李满贵，2015），但并未更进一步考虑煤岩裂隙的声波频谱特征。本文对取自滇东老厂地区的 3 号煤层的煤样开展了不同频率下超声波透射实验，对不同频率下煤岩样孔隙度与波速的关系进行了分析，并采用傅里叶变换对所采集的声波波形进行从时域到频域的转换，研究了裂缝对声波的衰减系数及频谱特征的影响。

1 煤岩样品制备与实验设备

1.1 煤岩样品制备

本实验样品取自滇东老厂地区 3 号煤层，采样地点为井下采煤工作面或掘进工作面新揭露的煤层。采用线切割方式进行制样，由于煤块结构破碎，制样成功率不高。采用千分尺进行长度直径的多次测量并取其平均值，并用 FA2204B 电子天平进行样品称重，最后统计每块岩样裂缝产状，图 1 所示为裂缝角度测量示意图，α 为裂缝角度，其值为裂缝面与岩芯轴向的夹角。本文所涉及煤岩样的基础参数如表 1 所示。

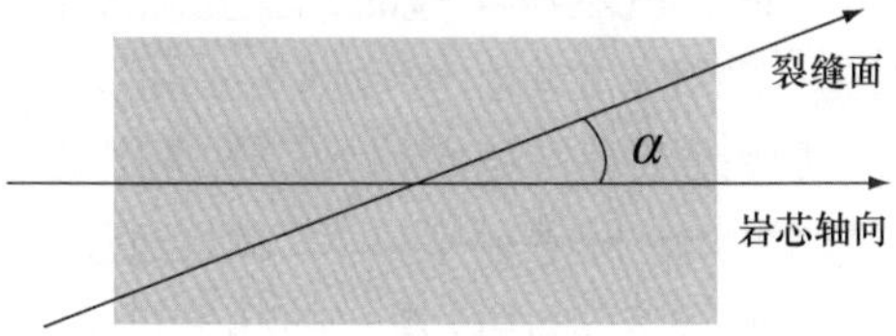

图 1 裂缝角度测量示意图

表 1 煤岩样基础参数

样品编号	长度/mm	直径/mm	裂缝角度/（°）
LC3-16-1	50.17	25.56	15
LC3-16-2	50.06	25.6	6
LC3-16-3	50.07	25.56	0
LC3-16-4	49.99	24.92	5
LC3-16-5	50.11	25.55	23
LC3-16-6	50.16	25.26	35
LC3-16-7	49.97	25	10
LC3-16-8	50.13	25.85	15
LC3-16-9	50.1	25.04	20
LC3-16-14	20.06	25.53	30
LC3-16-17	19.96	25.59	60
LC3-16-18	20.05	25.53	45
LC3-16-19	19.81	25.52	10
LC3-16-23	19.75	25.42	85
LC3-16-27	19.85	25.46	20

1.2 煤岩样超声波及孔隙度测试

本次试验超声波测试设备为西南石油大学“油气藏地质及开发工程”国家重点实验室自行研制的多频超声波测试仪。考虑到煤岩样受压易碎，设定恒定轴压为 0.3MPa。试验采用纵波 4 个不同频率（25kHz、50kHz、100kHz、260kHz）。首先将岩样利用夹持器夹持在发射探头与接收探头中间，发射探头所发射的固定频率超声波脉冲穿过岩样被接收探头接收，并将波形显示在示波器上，通过调节示波器可读出透射波首波到时，同时可通过 UltraScope 软件从示波器上采集接收端声波波形。本次实验孔隙度测量设备为 HKGP-3 型致密岩芯气体渗透率孔隙度测定仪。

2 实验结果分析讨论

2.1 孔隙度对声波速度的影响

声波在孔裂隙发育的介质中会沿着最佳的传播路径传播，在孔裂隙处会发生声波的反射折射等现象（梁利喜等，2015）。对于砂泥岩，人们普遍认为岩石波速与孔隙度有着较好的负相关关系（史谞等，2001；陈祖安等，2000）。图 2 所示为纵波频率分别为 25kHz、50kHz、100kHz、260kHz 时，不同孔隙度煤岩样的超声波波速曲线。观察图 2 关系曲线及线性拟合所得方程可知，纵波波速随着孔隙度的增加都呈现出先减小后增大的趋势，不同的只是先减小后增大的转折点位置不同，就本次实验的几个孔隙度点而言，当频率为 100kHz、100kHz 时，其转折点出现在孔隙度 6.67%，当频率为 25kHz、50kHz 时，其转折点出现在孔隙度 2.33%，频率越小，其转折点有左移的趋势。图 2 中的方程为不同频率下波速与孔隙度进行线性拟合所得，对比可知，随着频率增大，拟合直线的斜率的绝对值逐渐变小，表明波速对孔隙度变化的敏感性变差，其负相关的相关性逐渐变差，当频率继续增大到 260kHz 时，波速与孔隙度的相关关系显示为弱的正相关关系，这与我们的普遍认识是不相符的，分析认为此时波速受频率及其他因素影响严重。

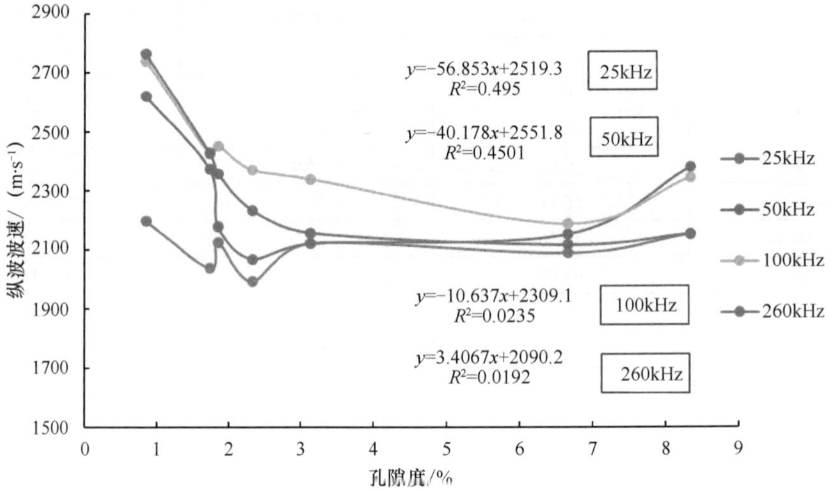

图 2 煤岩样孔隙度与纵波速度关系

图 3 所示为不同孔隙度下纵波波速与频率的关系。观察图 3 关系曲线及线性拟合所得方程可知，整体上当频率从 25kHz 变化到 100kHz 时，波速增加较快，此状态下声波发生频散现象较为严重，波速受频率影响较大，当频率大于 100kHz 时，波速受频率影响较小。图 3 中的方程为不同孔隙度下波速与频率进行线性拟合所得，对比几个方程可知，当孔隙度较小时（0.85%、1.74%、1.86%、2.33%、3.15%），随着孔隙度的逐渐增大，所拟合直线的斜率的绝对值逐渐减小，这表明此状态下波速对频率变化的敏感性变差，当孔隙度继续增大（6.67%、8.34%）时，波速与频率呈现出弱的相关性。波速与频率呈正相关的现象和声波通过岩石传播时总是会发生衰减的现象有着密切的关联（Wang et al.，1990）。而本实验结果部分符合该结论，分析认为此时波速受孔隙度及其他因素影响严重。

综合图 2、图 3 分析认为，超声波在煤样中传播的过程中孔裂隙及频率对波速的影响存在耦合的现象，当孔隙度较小时，频率对波速的影响大于孔隙度，此时煤岩样波速随着频率的增大而增大，当孔隙度较大时，孔隙度对波速的影响大于频率，波速随着孔隙度的增大而减小，当孔隙度与频率在一定范围内时，孔隙度与频率对波速的影响相互叠加，是波速随着孔隙度及声波频率的变化规律不明显的重要影响因素。

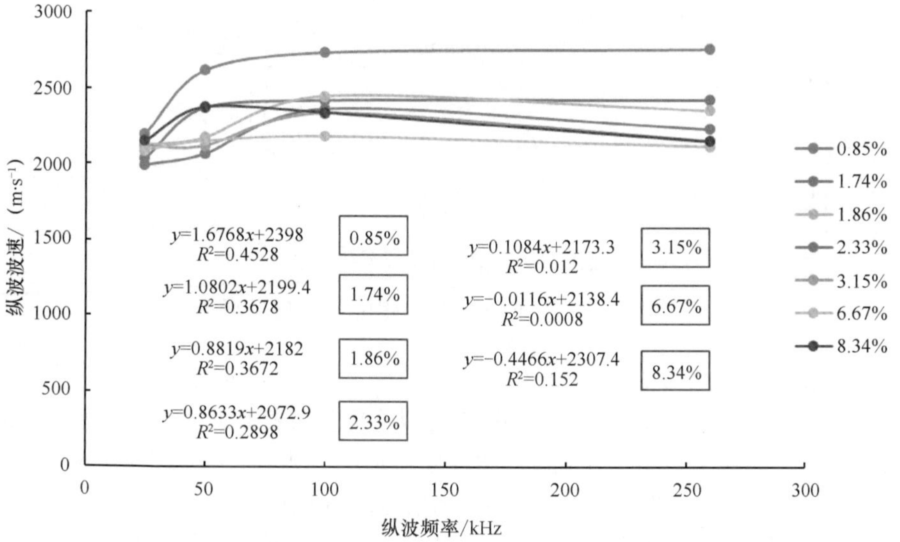

图 3　煤岩样纵波频率与速度关系

2.2　裂缝对声波衰减系数的影响

1）超声波衰减系数测试理论：声波在介质中传播时存在衰减现象，而衰减系数是用来度量声波在介质中振动或波动能量的非弹性衰减率的物理量。实验室测定岩样的声波衰减系数有长短岩样对比法、标准样品对比法以及信号对比法。由于长短岩样对比法需要对比两块岩样的长度，标准样品对比法需要将长度与标准铝块相同的岩样与标准铝块进行首波峰值幅度的对比，两种方法都易引入实验误差，因此，本次研究采用信号对比法。分别测量并记录岩样和探头对接时的首波峰值幅度。按公式（1）即可计算被测岩样的声波衰减系数：

$$\alpha = \left(\ln A_0 - \ln A\right) / L \tag{1}$$

式中：A_0，A 分别为探头对接和岩样的声波幅度，V；L 表示岩样的长度，m。

2）裂缝角度对衰减系数的影响分析：图 4 所示分别为频率为 50kHz、100kHz、260kHz 时的裂缝角度与声波衰减系数的关系图。从图 4 中可以看出，声波衰减系数与裂缝角度呈正相关关系，且相关性较好。裂缝角度的增加，使得其阻碍声波传播的裂缝横截面积增大，被反射回煤岩样顶端的信号越来越强，因此，使超声波散射的能量增多，穿透的能量减小，导致了岩芯的衰减系数增大（陈乔等，2012）。整体来看，当频率为 50kHz 时，衰减系数最小值为 59.73dB/m，衰减系数最大值为 508.12 dB/m，当频率为 100kHz 时，衰减系数最小值为 74.86dB/m，衰减系数最大值为 367.08 dB/m，当频率为 250kHz 时，衰减系数最小值为 111.98dB/m，衰减系数最大值为 328.70 dB/m，衰减系数较大，说明本次研究所用煤样对声波有着较强的衰减作用。另外，对比图 4a、图 4b、图 4c 的线性拟合方程可以发现，随着声波发射频率的增大，直线的斜率逐渐减小，表明随着发射频率的增大，衰减系数对裂缝角度变化的敏感性有所下降。声波的频率越高，其衰减就越强，裂缝的存在所引起的声波的反射折射等现象就会减弱，这就不难解释随着频率的增大衰减系数对裂缝角度变化的敏感性下降的现象了。

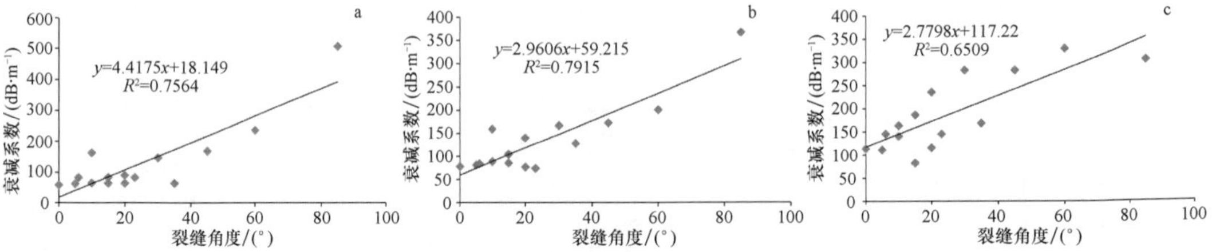

图 4　裂缝角度与衰减系数关系

a—频率为 50kHz；b—频率为 100kHz；c—频率为 260kHz

2.3　裂缝对频谱特征的影响分析

煤岩样 LC3-16-2、LC3-16-6、LC3-16-17 的裂缝角度如表 1 所示。图 5 所示为 3 块煤岩样在 100kHz 下的时域波形图、频域波形图及煤样照片。对比图 5（a-1）、（b-1）、（c-1）可知，随着裂缝角度的增大，时域波形尾部的叠加信号逐渐增大，对比图 5（a-2）、（b-2）、（c-2）可知，煤岩样 LC3-16-2 的频谱图谱峰较多，谱峰震荡相对较强，主频处带宽较宽，反映出岩样内部结构比 LC3-16-6、LC3-16-17 复杂，存在多条传播速度差别不大的“最佳”传播路径，但其对高频信号的过滤能力相对较低。煤岩样 LC3-16-6 的频谱图谱峰相对 LC3-16-2 少，谱峰震荡相对 LC3-16-2 变弱，主频处带宽较窄，其主频幅度高于 LC3-16-2，表明其内部结构相对 LC3-16-2 简单，主要传播路径较为单一。煤岩样 LC3-16-17 的频谱图谱峰相对最少，谱峰震荡最弱，主频处带宽最窄，其主频幅度最高，表明其内部结构相对前两块煤岩样更简单，其主要传播路径最为单一。煤岩样 LC3-16-2、LC3-16-6、LC3-16-17 都是从同一块大煤样上制样所得，其裂缝面的粗糙程度相近，随着裂缝角度越大，裂缝的贯穿长度越小，裂缝面的面积越小，裂缝的存在对声波传播路径的影响越小，所以裂缝角度较大的煤岩样的声波

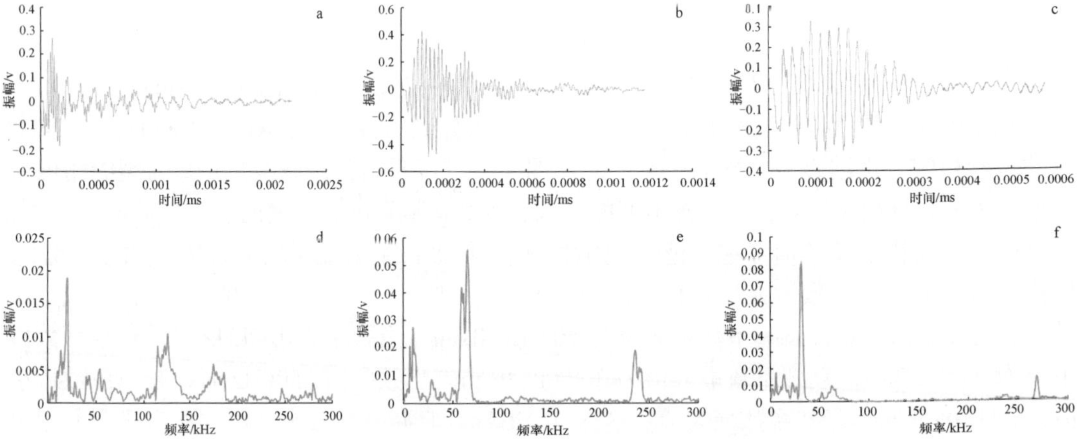

图 5　100kHz 下煤岩样时域及频域波形图

图 5　100kHz 下煤岩样时域及频域波形图（续）

a—煤岩样 LC3-16-2 时域波形图；b—煤岩样 LC3-16-6 时域波形图；c—煤岩样 LC3-16-17 时域波形图；d—煤岩样 LC3-16-2 频域波形图；e—煤岩样 LC3-16-6 频域波形图；f—煤岩样 LC3-16-17 频域波形图；g—煤岩样 LC3-16-2 照片；h—煤岩样 LC3-16-6 照片；i—煤岩样 LC3-16-17 照片

传播路径就相对简单，在其频谱图上表现为谱峰更少，主频处带宽更窄，主频振幅更高。在实际应用中，可以综合超声波时域及频域的以上特征来预测岩样内部裂缝的发育情况。根据透射波的主频衰减或主频与某标准块的差值可以进一步定量研究裂缝的形态。

3　结论

1）超声波在煤样中传播的过程中孔裂隙及频率对波速的影响存在耦合的现象，当孔隙度较小时，频率对波速的影响大于孔隙度，此时煤岩样波速在一定范围内随着频率的增大而增大，当孔隙度较大时，孔隙度对波速的影响大于频率，波速随着孔隙度的增大而减小，当孔隙度与频率在一定范围内时，孔隙度与频率对波速的影响相互叠加，是波速随着孔隙度及声波频率的变化规律不明显的重要影响因素。

2）声波随着煤岩样裂缝角度的增大，阻碍声波传播的裂缝横截面积增大，消耗的声波能量增多，衰减系数增大。

3）随着裂缝角度的增大，声波时域波形的尾部叠加信号增强，频域上谱峰数有所减少，谱峰震荡减弱，主频处带宽更窄，主频振幅更大。在实际应用中，可以综合超声波时域及频域的以上特征来预测岩样内部裂缝的发育情况。

参考文献

陈乔，刘向君，梁利喜，等．2012．裂缝模型声波衰减系数的数值模拟[J]．地球物理学报，(06)：2044～2052.

陈祖安，伍向阳．2009．砂岩孔隙度和含泥量与波速关系的模型[J]．地球物理学进展，(01)：78～82.

郭德勇，韩德馨，冯志亮．1998．围压下构造煤的波速特征实验研究[J]．煤炭科学技术，(04)：22～24.

贺振华，李亚林，张帆，等．2001．定向裂缝对地震波速度和振幅影响的比较——实验结果分析[J]．物探化探计算技术，(01)：1～5.

李建楼，严家平．2009．频谱分析技术在煤体结构探测中的应用[J]．煤炭科学技术，(08)：120～123.

李满贵．2015．受载煤体超声波动力学特征研究[D]．焦作：河南理工大学.

梁利喜，周龙涛，刘向君，等．2015．孔洞结构对超声波衰减特性的影响研究[J]．岩石力学与工程学报．(S1)：3208～3214.

史謌，杨东全．2001．岩石波速和孔隙度、泥质含量之间的关系研究[J]．北京大学学报（自然科学版），(03)：379～384.

汤红伟，程建远，王世东．2009．深层煤矿床的煤岩样物性测试结果与分析[J]．中国煤炭，(09)：75～78.

赵群，郝守玲．2006．煤样的超声速度和衰减各向异性测试实例[J]．地球物理学进展，(02)：531～534.

Andrew Shatilo, Sondergeld Carl, Rai Chand, et al. 1996. Relationship between ultrasonic P wave attenuation and porosity, permeability and clay content in sandstone of Glenn Pool Oilfield[C].

Wang Z，Nur A. 1990. Dispersion analysis of acoustic velocities in rocks[J]. Journal of the Acoustical Society of America. 87（6）: 2384～2395.

连续油管水力喷射环空压裂技术在贵州多薄煤层的应用

胡　刚[1]　李启国[2]　李玉魁[1]　曾祥洲[1]　王少雷[1]　李特社[1]　王理国[1]　唐兆青[1]

（1．贵州天然气能源投资股份有限公司　贵州贵阳　550081；
2．北京泰坦通源天然气资源技术有限公司　北京　100013）

摘　要：连续油管水力喷射压裂是解决我国纵向多层压裂难题的有效手段。针对贵州西北地区煤储层地质条件和开发难点，本文详细地阐述了在遵义和大方地区三口煤层气直井首次采用连续油管分段压裂技术的应用情况。通过对层位优选、施工设计优化、施工效果等方面进行分析研究，结果表明，连续油管水力喷射环空压裂技术对多薄煤层的精确改造取得了明显的效果，为贵州煤层气井压裂改造探寻了一种高效的多层分压技术。

关键词：贵州　煤层气　连续油管　压裂

Application of Coiled tubing Water Jet Perforating Annulus Fracturing Technology in Multiple thin coal seam of Guizhou

Hu Gang[1]　Li Qiguo[2]　Li Yukui[1]　Zeng Xiangzhou[1]　Wang Shaolei[1]　Li Teshe[1]
Wang Liguo[1]　Tang Zhaoqing[1]

(1. Guizhou Natural Gas Energy Investment Co., Ltd, Guiyang 550081, China,
2. Titan Gas Technology Holdings Ltd; Beijing 100013，China)

Abstract: Coiled tubing water jet fracturing is the effective measure to solve the longitudinal multilayer fracturing problem.In view of the northwest of guizhou coal reservoir geological condition and development difficulties, this paper expounds in detail three CBM vertical Wells used in the application of coiled tubing staged fracturing technologyin Zunyi and Dafang of Guizhou.Through the analysis of the formation optimization, design optimization of construction, construction effect and so on, the results show that the coiled tubing water jet

---

作者简介：胡刚，男，1988 年生，四川资中人，汉族，硕士研究生，目前从事煤层气压裂改造技术研究和应用，压裂工程师。通讯地址：贵阳市观山湖区林城西路 8 号摩根中心写字楼 A 栋 17 楼，E-mail:hugang@swgas.com.cn，电话：15882080767。

perforating annulus fracturing technology to the thin coal seam obtained obvious effect, for the coalbed methane well fracturing in Guizhousearching for a highly efficient technology to the multilayer differential fracturing.

Keywords: Guizhou; coalbed methane; coiled tubing; hydraulic fracturing

贵州省煤层气资源非常丰富，含煤面积约 $7\times10^4km^2$（占全省面积约 40%），煤炭和煤层气资源都位列我国南方各省之首。其中西北地区煤层气资源量最为丰富。根据国土资源部（2006 年）进行的新一轮全国煤层气资源评价结果表明，贵州西部和北部地区煤层气地质资源量为 $2.23\times10^{12}m^3$，占整个中国南方煤层气地质资源总量的 49.94%；可采资源量为 $0.86\times10^{12}m^3$，平均可采率 38.44%（徐宏杰等，2016）。

但是贵州煤层气地质条件和储层条件总体较差，其特点非常明显，表现为“两多、两大、两低、四高”的特点。有利条件表现为：“一多、一大、三高”的特点，即煤层多、累计厚度大（20m 以上）、含气量高（一般大于 $15m^3/t$）、资源丰度高（一般大于 $2\times10^8m^3/km^2$）、临储比高（一般 0.8 以上）。不利条件表现为：“一多、一大、一高、两低”的特点，即断层多、煤层跨度大（300m 左右）、地应力高、渗透性低、含水性低（刘贻军等，2017）。

贵州独特的地质条件和煤层特征给贵州煤层气储层改造带来了极大的挑战。对于多薄煤层，传统的大排量笼统压裂方式不能保证各煤层的充分改造，降低了煤层产气贡献率。本文详细地论述了连续油管水力喷射环空分段压裂技术首次在黔西北地区的应用情况，通过与传统笼统压裂方式的效果对比和参数分析，论证了该技术在贵州煤层气开采中的应用效果。

1 压裂改造技术难点

1.1 贵州煤层地质特点

1）贵州龙潭组煤系地层埋深一般在 500～1000m，煤层层数多 10～40 层，单层薄，遵义和毕节地区一般以 1～1.5m 为主，六盘水多以 1～8m 居多，煤层累计厚度大，含煤井段长 100～200m；

2）单煤层连续稳定性差，厚煤层局部发育，变化快；

3）煤层含水性弱；

4）地应力变化较大，区域分布呈现：遵义>大方>六盘水；

5）压力系数较高：0.8～1.2；

6）多层组合开发类型多变；

7）煤层割理和物性变化大；

8）临界解吸压力 1.56～6.98MPa、临储比 0.83～0.17，差异性较大；

9）煤岩结构种类多，且复杂，原生结构-碎裂煤和碎裂-碎粒煤居多，局部层系发育碎粒-糜棱煤，如图 1 所示。

糜棱煤	碎粒结构	碎裂结构	块状结构

图 1 贵州煤层不同煤体结构图

通过总结 14 口煤层气预探井煤岩分析测试结果，可以初步认识贵州西北地区煤岩力学性质、工业组分、临界解吸压力等特点。如表 1 所示。

表 1　贵州西北地区煤岩特性统计

煤岩特征参数 / 区域	含气量 $m^3 \cdot t^{-1}$	灰分 %	挥发分 %	黏土含量 %	杨氏模量 MPa	泊松比	润湿角 °	临界解吸压力 MPa
毕节	19	33.6	5.8	6.9	1288.6	0.213	N/A	4.09
遵义	25	26.71	6.1	7.2	2297.4	0.295	27.6	2.95
六盘水比德	17	22.5	10.2	9.46	2667.5	0.183	19.8	5.57
平均	20.33	27.6	7.37	7.85	2084.5	0.23	23.7	4.20

1.2　压裂改造技术难点

针对上述煤层地质特点和储层特点，贵州煤储层增产改造面临着几个方面的技术难点。

1）煤层层数多，单层厚度薄，累计厚度大，层间距不均，造成多煤层整体改造困难。同时，需要防止层间干扰，需要优选层位和合理的分层改造技术，提高煤层气资源利用效率。

2）煤层发育天然裂缝，压裂时易产生多裂缝和复合裂缝，造成压裂液严重滤失，影响裂缝向远端延伸。同时，引起煤层孔隙的堵塞和基质的膨胀，降低煤储层的渗透率，影响造缝效果。

3）煤储层的杨氏模量低、泊松比大，压裂时易形成短、宽裂缝，降低煤层解吸面积。

4）由于煤层质软，压裂时易产生煤粉，导致排采易出现卡泵等现象，影响排采连续性，导致低产或废井。

5）部分地区出现高应力区域，导致压后地应力集中，煤层出现垮塌、压实以及套管变形等现象，降低压裂效果，提高了排采难度。

2　连续油管水力喷射环空压裂技术

笼统（合层）压裂方式针对性较差，不能保证多个煤层同时得到充分的改造，导致煤层解吸面积受限，影响产量。桥塞分段压裂技术具有针对性，但是时效性比较差，严重影响工程进度。在充分的技术调研和论证的基础上，引进了连续油管水力喷射环空压裂技术，在大方和遵义地区的三口直井进行了试验性地应用，并取得了明显的效果。

连续油管带底封分段压裂技术可实现起下一次管串对多个层段进行逐层喷砂射孔与逐层压裂施工联作，避免了放喷、通洗井等重复作业，提高了改造效果，缩短了工程周期。

该工艺首先通过喷砂射孔射开套管，然后通过油套环空注入压裂液，压裂液通过套管射开的孔道进入地层。喷砂射孔是利用伯努利原理，通过喷嘴的节流，将高压射孔液转化为高速射孔液对套管进行喷射冲蚀。井下工具串包括了喷枪、套管接箍定位器、丢手、封隔器、循环阀等，如图 2 所示。

连续油管水力喷射环空分段压裂工艺技术简要流程如下：

步骤一：连续油管带接箍定位器、水力喷射器进入待压层段的最底层，坐封封隔器（缓慢上提连续油管（CT），利用接箍定位器产生的悬重变化结合连续油管自带计数器准确定位），并在连续油管做好标记，如此进行全井校深作业；

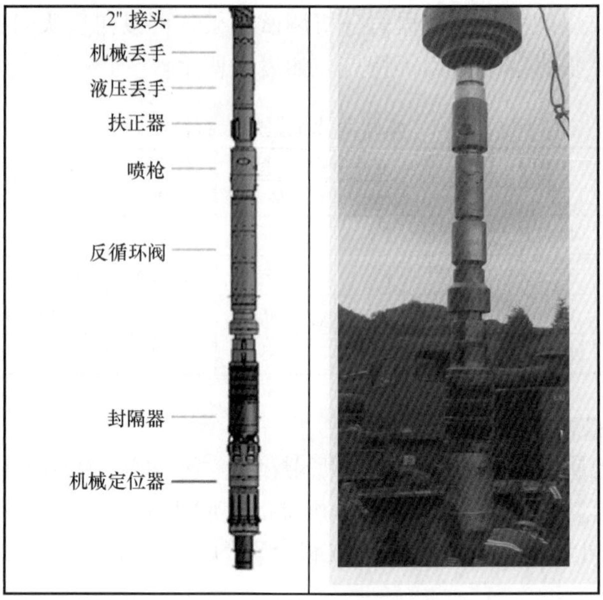

图 2　井下工具串示意图

步骤二：连续油管正循环替换油管内压井液为压裂液基液，进行射孔作业，替出环空内射孔砂，进行第一层套管压裂施工；

步骤三：封隔器解封，上提连续油管至下一井段预定位置，封隔器坐封，连续油管验封，射孔作业，进行第二层套管环空压裂施工；

步骤四：重复步骤三依次进行上层环空压裂施工；

步骤五：起出 CT 卸下相关工具；

步骤六：冲砂、排液、测试、生产。

连续油管分段压裂技术正好弥补了合层压裂和可捞式桥塞分段压裂技术的缺点，使得多煤层改造更具针对性，施工周期大大缩短。具体优势如表 2 所述。

表 2　连续油管分段压裂技术优势

序号	特点	优势
1	压裂级数多	利用封隔器的多次上提下放坐封解封达到不限次数压裂的目的
2	施工简单	无需单独清洗井底积砂：不需要投球，压后井筒清洁
3	针对性强	可以有选择的压开预定层位
4	高效施工	可以带压上提工具，转层时间短；施工快速、高效
5	实时监测	可通过油管串实时监测井底压力

但是该技术在煤层气井应用也存在以下风险：

1）煤层较薄，存在射孔误差，可能射在煤层以外，射孔过程中应尽量保证射孔位置的准确性，减少误差；

2）由于煤层滤失较大，施工排量受限，易砂堵，应时刻注意施工压力的变化，及时调整施工参数防止砂堵发生。

为了确保施工顺利，通过优化方案，采用更加科学的手段来降低风险。首先，射孔前通过套管接箍定位器进行反复校深、定位，然后在施工结束后进行磁定位测井，检验射孔准确度；射孔液采用高黏度的胍胶射孔液，确保射孔孔眼通畅，防止压裂初期出现砂堵。

3 应用实例

3.1 选井

针对贵州煤层的地质条件和煤层分布特征，想要达到一定规模的开采以及对各煤层的认识,需要多层压裂改造,形成多煤层合采。但是由于主力煤层之间间隔较大,最小为5.2m,各煤层物性、力学性质相近，采用常规水力压裂技术进行多层合压时，难以实现整体改造效果。

遵义和大方两个区块的煤层层数 10～24 层，煤系厚度 60～200m，单层厚度 0.4～3.25m，体现出多而薄的特点。针对大方地区的大 2 井、遵义地区枫 2 井、遵 1 井首次采用连续油管水力喷射环空压裂技术进行先导性试验。

3.2 选层

1）录井：气测显示好，岩心含气量高的层段；

2）测井：测井响应明显，厚度大、煤质好的主力煤层；

3）固井：煤层及顶底板固井质量满足压裂施工条件；

4）煤质：煤质好，煤体结构完整，避开粉煤；

5）层间干扰：多层合采尽量减少层间干扰，压裂井段控制在 100m 之内。

根据以上原则优选了三口井压裂目的层，各井具体层位物性参数和电测结果分别如表3～表 5 所示。

表 3　大 2 井压裂目的煤层电测显示

	压裂井段 m	层厚 m	电阻率 Ω·m	声波时差 $\mu s \cdot m^{-1}$	自然伽马 API	孔隙度 %	吨煤含气量 $m^3 \cdot t^{-1}$	体积密度 $g \cdot cm^{-3}$
第一段	541.2～542.5	1.3	179	413.67	43.44	2.81	12.45	1.49
第二段	531.8～532.7	0.9	9.5	427.96	76.08	2.16	8.87	1.72
第二段	523.5～525.4	1.9	106.6	459.84	53.14	3.74	12.64	1.42
第四段	501.1～502.2	1.1	208.3	411.14	23.54	2.79	12.06	1.52
第五段	482.9～486.1	3.2	93.2	449.70	41.63	3.16	12.15	1.46
	累计厚度 8.4							

表 4　枫 2 井压裂目的煤层电测显示

	压裂井段 m	层厚 m	电阻率 Ω·m	声波时差 $\mu s \cdot m^{-1}$	自然伽马 API	孔隙度 %	吨煤含气量 $m^3 \cdot t^{-1}$	体积密度 $g \cdot cm^{-3}$
第一段	691.6～692.7	1.1	51	119	134	1.7	17.4	1.86
第二段	666.1～667.8	1.7	275	119	51	3.6	21.6	1.47
第三段	642.2～643.4	1.2	97	121	60	1.1	21	1.56
	累计厚度　4.0							

表 5　遵 1 井压裂目的煤层电测显示

	压裂井段 m	层厚 m	电阻率 Ω·m	声波时差 μs·m^{-1}	自然伽马 API	孔隙度 %	吨煤含气量 m^3·t^{-1}	体积密度 g·cm^{-3}
第一段	949.6～951.5	1.9	113.1	141.4	55	4.61	15.81	1.25
第二段	942.1～944.4	2.3	17.2	23.4	48	4.47	15.19	1.28
第三段	932.5～934.0	1.5	69.3	24.2	70.8	2.65	11.91	1.53
	累计厚度 5.7							

3.3　压裂液、支撑剂优选

（1）压裂液和射孔液的选择

考虑到直井喷砂射孔存在沉砂的风险，为降低泵送摩阻和提升液体携砂能力，射孔液采用压裂基液，要求黏度 40～50mPa·s，胍胶浓度为 0.4%，单独配置。每次喷砂顶替液量为 8～15m³。

射孔液（胍胶）：0.4%胍胶+2.0%KCl+0.2%助排剂+清水。

为了防止煤层污染及降低施工压力，采用活性水压裂，活性水应添加助排剂使其表面张力小于等于 26mN/m。

压裂液（活性水）：2.0%KCL +0.2%助排剂+0.05%杀菌剂+清水

（2）磨料和支撑剂的选择

喷砂磨料选择 40/70 目的石英砂，视密度是 1.55g/cm^3，在清水中的自由沉降速度为 V_1=0.33m/s。在射孔排量 0.8m^3/min 时，流速 V_2=9.02m/s。因 $V_2 >> 2V_1$，可有效阻止其下沉。

三口井埋藏浅，采用石英砂作为压裂支撑剂。前置液及射孔采用 40/70 目（0.212～0.425mm）石英砂，用作射孔或前置液降低滤，也能降低初期射孔孔眼摩阻。主压裂用 20/40 目（0.425～0.85mm）石英砂。40/70 目和 20/40 目使用占比为 1∶2。

3.4　施工设计参数

大 2 井产层套管采用 $5^1/_2$″的套管固井完井，内径为 121.36mm，喷砂射孔采用 2″（外径 50.8mm）的连续油管。考虑携砂液对连续油管的冲蚀，在保证工具性能的前提下尽量提高排量以降低砂堵风险，$6_下$#煤层排量为 4～6m^3/min，其他层设计施工排量为 6.0～8.0m^3/min。同理，枫 2 井和遵 1 井各层段排量设计为 6.0～8.0m^3/min。其余施工参数设计如表 6 至表 8 所示。

表 6　大 2 井压裂设计参数表

	射孔液量 m^3	射孔砂量 kg	前置液 m^3	携砂液 m^3	加砂量 m^3	加砂强度 kg·m^{-1}	平均砂比 %	排量 m^3·min^{-1}
第一段	25	1100	155	175	18.3	14.07	10.5	6～8
第二段	25	1100	205	250	26.2	11.15	10.5	7～8
第三段	25	1100	155	197	20.0	10.81	10.1	6～8
第四段	25	1100	135	150	15.1	13.13	10.1	6～8
第五段	25	1100	235	250	20.4	6.28	8.1	4～6
总计	125	5500	885	1022	100			

表 7　枫 2 井压裂设计参数表

	射孔液量 m^3	射孔砂量 kg	前置液 m^3	携砂液 m^3	加砂量 m^3	加砂强度 $kg·m^{-1}$	平均砂比 %	排量 $m^3·min^{-1}$
第一段	25	1100	137	115	13.1	11.9	10.1	6～8
第二段	25	1100	185	148	20.8	11.6	11.6	6～8
第三段	25	1100	137	120	13.4	11.2	9.9	6～8
总计	75	3300	459	383	47.3			

表 8　遵 1 井压裂设计参数表

	射孔液量 m^3	射孔砂量 kg	前置液 m^3	携砂液 m^3	加砂量 m^3	加砂强度 $kg·m^{-1}$	平均砂比 %	排量 $m^3·min^{-1}$
第一段	25	1100	175.0	140.0	20.0	10.5	10.0	6～8
第二段	25	1100	255.0	190	28.0	12.2	11.5	6～8
第三段	25	1100	175	140.0	20.0	13.33	10.0	6～8
总计	75	3300	605	470	68			

3.5　施工效果分析

（1）射孔误差分析

对于小于 1m 的薄煤层进行水力喷砂射孔，其射孔位置的准确性是最为担心的。尤其是大 2 井的各个目标煤层都很薄，厚度最小为 0.9m。

通过深入研究连续油管水力喷射深度误差相关因素，得出以下几点误差来源：①8m/min 速度上提时由于工具端震动传递及人员判断产生延时：1～4s，实际深度比示深会小；②油管伸缩误差，上提下放过程中，注入头、滚筒和井筒中油管均有伸缩误差，实际深度比示深度小；③工具串坐封过程中由上提状态改为完全坐封状态产生误差，实际工具位置比示深小。根据上述误差计算最终结果误差为-0.6～-1.5m，在实际操作中需要多下入连续油管 0.6m，以修正误差至 0～-0.9m。

压后通过磁定位测井结果判断，各层射孔位置基本都处于煤层内，少数在煤层边界，但不影响压裂中裂缝的形成。表明，该技术在薄层压裂中射孔准确度能够得以保证。

表 9　压后射孔位置测试结果　　单位：m

井号	大 2 井					枫 2 井			遵 1 井		
段数	一	二	三	四	五	一	二	三	一	二	三
设计射孔深度	485.2	501.6	525.0	529.9	541.8	643.0	667.0	692.1	933.2	943.2	950.6
CCL 测试射孔深度	485.5	502.0	525.4	529.7	541.7	642.9	666.4	691.6	933.2	943.1	949.8
射孔深度误差	+0.3	+0.4	+0.4	−0.2	−0.1	−0.1	−0.6	−0.5	0	+0.1	+0.8

从表中可以看出，射孔误差总体控制在±0.6m 以内，控制了射孔失败的风险，达到了预期效果。

（2）放溢流数据分析

放溢流规程中流量控制在 0.3～0.5m^3/h，压力降幅控制在 1MPa/24h 以内，以不吐砂和煤粉为原则，并用针型阀配合油嘴使用的方案进行连续放喷。三口井累计溢流量变化曲线如图 3 所示。

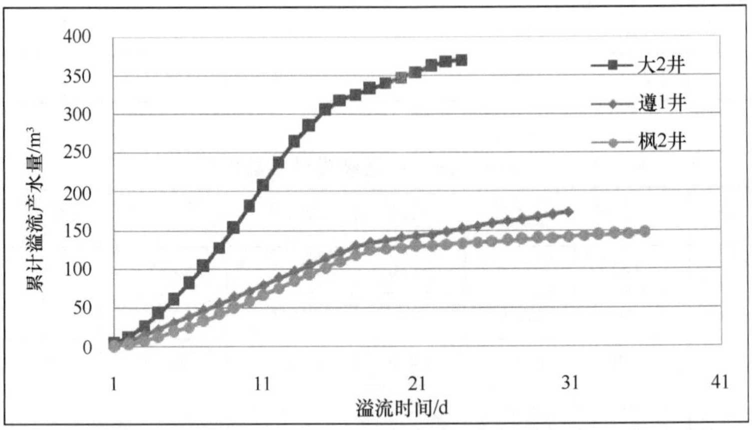

图 3　大 2 井、枫 2 井、遵 1 井累计溢流量曲线图

大 2 井累计放溢流 24d，总溢流量 369m^3，溢流返排率 16.87%；枫 2 井累计放溢流 36d，总溢流量 146m^3，溢流返排率 12.90%；遵 1 井累计放溢流 31d，总溢流量 173m^3，溢流返排率 14.65%。通过 8 口预探井的返排率进行对比分析（图 4），初步认为，采用该技术后放溢流返排率有所上升，判断煤层的沟通和压力扩散效果较好。

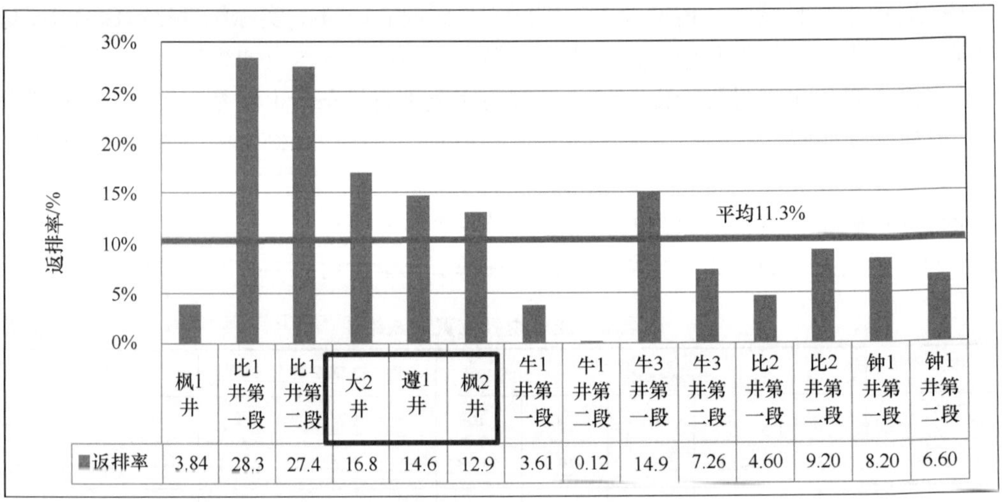

图 4　8 口预探井压后溢流返排率统计

（3）压裂施工数据

2015 年采用连续油管分段压裂技术累计完成了三口井煤层气直井，11 段压裂施工。施工过程中连续油管工具、设备性能良好，连续油管设备运转正常。各项施工参数满足施工设计要求，部分施工参数如表 10 所示。

表 10　施工参数统计

	大 2 井					枫 2 井			遵 1 井		
	一	二	三	四	五	一	二	三	一	二	三
排量/(m^3/min)	6.7	6.3	7.0	6.0	6.5	6.0	6.1	6.1	6.0	6.4	6.0
施工压力/MPa	28	29.1	33.8	32.7	32.6	32.3	38.4	34.6	37.7	35.7	37.5
总液量/m^3	454	515	400	327	518	338	482	282	340	477	354
砂量/m^3	19.3	27.0	20.8	16.0	22.1	19.3	27.3	19.3	14.2	21.7	14.1
最高砂比/%	12.1	13.1	15.0	10.2	8.1	14.1	12.1	12.1	14.0	12.0	12.0

（4）施工压力分析

煤层割理和微裂隙的发育，使得压裂裂缝的几何尺寸与常规砂岩层形成的人工裂缝存在巨大的差异，并且煤层滤失严重，裂缝延伸长度非常有限。这都是制约煤储层压裂改造的最大挑战。下面通过计算各段压后瞬时停泵压力（ISIP）来分析裂缝基本形态。如图 5 所示，11 段压裂的瞬时停泵压力梯度均高于 0.023MPa/m，部分高达 0.045MPa/m，已经高出地层垂直应力梯度，意味着裂缝形态整体呈水平状态，或者“T”型、“I”型裂缝。这样的裂缝在延伸长度上受到很大限制，降低了煤层解吸面积，这是导致煤层气产量不能高产、稳产的重要因素之一。

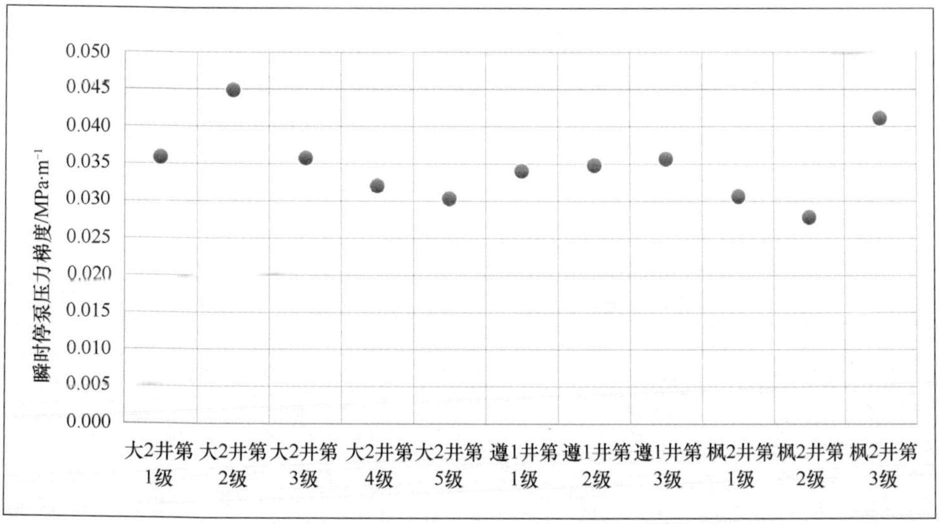

图 5　11 段煤层压裂施工瞬时停泵压力梯度

（5）产气效果

经过一段时间的排采，大 2 井获得了最高日产气量 1600m^3 的突破，累计排采 693d，累计产气量约 $52\times10^4m^3$。枫 2 井与枫 1 井比较，最高日产气量达到 1058m^3，稳产 4 个月，累计产气量约 $22\times10^4m^3$，由于口袋不足和后期排采影响等因素，目前产量出现下降。遵 1 井解吸压力为 1.56MPa，煤层含气饱和度较低，目前日产气量不足 200m^3，累计产水量

$901m^3$，推断该井出现水层越流补给，煤层解吸面积不足，造成单井产量较低。通过对比分析，该技术提高了试验井压裂改造效果。

4 结 论

1）贵州煤层气含气性好，煤层多，跨度大，单层厚度小，贫水，煤体结构复杂，既有开发利用的潜力又存在很大的改造挑战。必须通过不断的分析研究对比，充分了解贵州煤层气的本质及外部因素并采取相对应的对策，逐步形成适应于贵州煤层气压裂改造的技术体系。

2）对于多薄煤层，需要采用多层分压合采的方式进行开采，提高煤层动用程度，增加供气面积，实现经济开发价值。

3）连续油管水力喷射环空压裂技术的先导性试验应用取得了成功。该技术适应于贵州多薄煤层的压裂改造，提高了改造效果。较传统压裂方式，大大缩短了施工周期。

参考文献

刘贻军，曾祥洲，胡刚，等. 2017. 贵州煤层气储层特征及勘探开发技术对策——以比德—三塘地区为例[J]. 煤田地质与勘探，45（1）：71～74.

徐宏杰，桑树勋，杨景芬，等. 2016. 贵州省煤层气勘探开发现状与展望[J]. 煤炭科学技术，44（2）：1～7.

Lee KK, Chen JL. 2017. Application of Pin-point Sand Jet Perforating Annular Fracturing in Multiple Coal Seams Unleashing Clean Energy in Southwest China[C].

阜新矿区煤层气排采特征及管控措施研究与实践

贾耀惠　王　硕　罗海军　宫兴源　吉晓曦　白润飞

（中国石油长城钻探工程有限公司煤层气开发公司　辽宁盘锦　124010）

摘　要：阜新矿区煤层气开发区块地质条件相对复杂，构造破碎且岩浆岩发育，目前已进行了10余年的煤层气开发，大部分井已进入开发后期，基本形成了相对完整的排采周期。本文根据该区的地质特征与排采实践，结合煤层气产出机理，深入研究总结了该区煤层气井的“三期三阶段三类井”排采特征及“四控”排采管控措施，对于指导该区及其他地质特征相似区煤层气井位部署与有效开发具有重要的指导意义和参考价值。

关键词：阜新矿区　煤层气　排采特征　管控措施　研究　实践

Research and Practice of the CBM Drainage Gas Recovery Characteristics and Management Methods in Fuxin Mining Area

Jia Yaohui　Wang Shuo　Luo Haijun　Gong Xingyuan　Ji Xiaoxi　Bai Yunfei

(CBM Development Company of Greatwall Drilling Company, CNPC, Liaoning, 124010)

Abstract: The geological conditions of CBM developing area in Fuxin mining area are relatively complicated. Its structure is fractured and magmatic rocks developed. At present, the development of CBM has been carried out for more than ten years, and most of wells has entered into the later stage of development, which basically form a relatively complete production stage. According to the production practice and the geological characteristics and the production mechanism, the CBM drainage gas recovery characteristics and management methods are concluded as “Three periods, Three stages, Three styles” and “Four controllings”. The results of

作者简介：贾耀惠，男，1975 年生，副总地质师兼地质油藏科科长，高级工程师；现工作于中国石油长城钻探工程有限公司煤层气开发公司；辽宁盘锦市兴隆台区石油大街 76 号；E-mail:2401444647@qq.com。

this research have important guiding significance and reference value for directing well location and effective development of CBM in this area and other similar geological feature areas.

Keywords: Fuxin mining area; coalbed methane; drainage gas recovery characteristic; management method; research; practice.

阜新矿区煤层气开发区块位于阜新煤田中部，距辽宁省阜新市区南5km左右。

构造以褶皱为主，由于地层经受了多次的南北对扭挤压，不但形成了向斜和背斜构造，相继也产生了北西向和白垩纪末产生的北东向两组剪切应力断裂，切割了先期形成的向斜和背斜构造，此向斜构造为煤层气的储集创造了有利条件，煤岩层由于张应力作用，使割理、节理、微孔隙得以扩张，形成良好的煤层气储存空间。

自下而上钻遇的地层有中生界下白垩系沙海组 K_1sh、阜新组 K_1f、孙家湾组 K_1s、第四系 Q，其中阜新组为主要含煤层，由上至下分为水泉、孙家湾、中间、太平、高德 5 个煤层群，孙家湾、中间、太平 3 个煤层群为煤层气开发的主力煤层。含煤段为 500～1000m，煤层总厚度为 30～100m。煤类以长焰煤为主，深部有少量气煤，长焰煤平均水分为 6.28%，气煤平均水分为 4.78%。煤层含气量为 8.42～12.65m^3/t，含气饱和度为 85%～96%，渗透率（0.323～0.469）×$10^{-3}$$\mu m^2$，3 个主力煤层的临界解吸压力分别为孙家湾层 4.0MPa、中间层 6.0MPa、太平层 6.0MPa，解地比为 0.74～0.89，因此该区临界解吸压力高，利于煤层气的开采。

该区岩浆岩非常发育，为古近纪—新近纪第二期侵入的辉绿岩。岩浆的大规模侵入，给本区的煤层气富集带来了有利和不利两方面影响。有利影响是该区岩浆的大规模侵入活动，提高了煤的变质程度，从而大大促进了煤层气的生成。靠近岩浆岩体的煤层受到岩体的烘烤，使煤中有机质挥发，从而孔隙度增大。煤基质收缩，在煤层中产生收缩裂隙，因而使煤层的渗透率增大，尤其是天然焦发育区，柱状节理发育密集，渗透性及其优越。不利影响是当岩浆冷却成岩后，由于后期地壳运动和剥蚀作用，造成北部 $\beta3$、$\beta4$ 和 $\beta6$ 规模较大的岩墙出露地表或第四系，从而导致附近的煤层气通过岩墙与围岩的接解裂隙带发生逸散，并给附近的煤层带来大量的外来水（图 1）。

长城钻探煤层气开发公司在煤炭未采区共完钻煤层气开发井 32 口，投产 32 口，目前开井 21 口，日产气 2.5×$10^4$$m^3$，累计产气约 8300×$10^4$$m^3$。

1 排采特征

阜新矿区经过十余年的煤层气开采，大部分煤层气井已进入开发后期，基本完成了相对完整的排采周期，排采特征明显，总体表现为“三期三阶段”，“三期”即排水期、憋压期和生产期，“三阶段”即生产期产气量上升阶段、稳产阶段和下降阶段。但由于各井产水量不同，其排采特征又存在着差异，因此按照产水量大小，将其分为高产水、中产水、低产水“三类井”，研究其生产期排采特征的差异。

1.1 排水期

从煤层气井开始排水到井口见套压前这一时期。排水期前期地层压力大于临界解吸压力，排出水中仅有极少量的游离气和溶解气；随不断的排水，当地层压力低于临界解吸压力后煤层气开始发生解吸、扩散和渗流，但绝大部分游离气尚未到达井口。井口表现为只

产水、不产气、无套压，排出的液体主要为压裂液，水质有滑腻感并伴有泡沫，由于液体内带有煤屑所以浑浊发黑。排水期一般 3～56d，平均 17d。

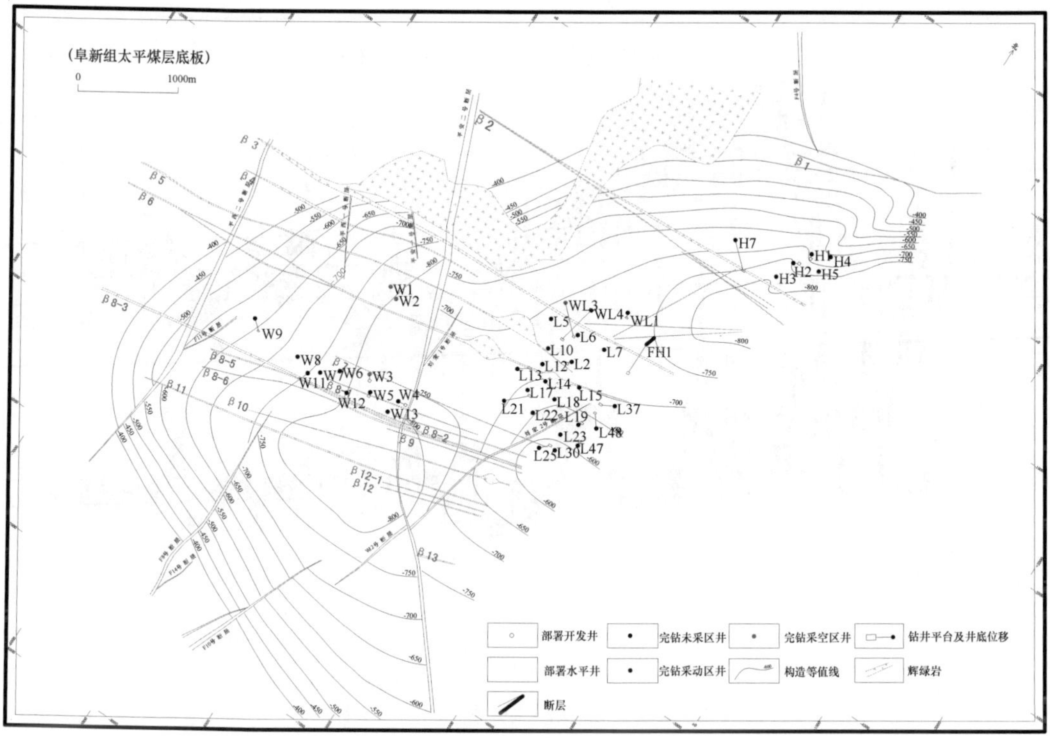

图 1　阜新矿区煤层气开发井位图

1.2　憋压期

从煤储层中的游离气到达井口产生套压到开始放气生产这一时期。憋压初期由于降压范围小且降压幅度低，煤储层供气能力有限，所以产出气量较少且部分气随井口排出水而排出，井口表现为套压较低，即使放气生产也不能连续稳定产气，且套压下降迅速；随进一步排采，降压范围不断扩大和降压幅度进一步降低，煤储层供气能力不断增大，井口表现为套压不断上升。憋压后期套压上升逐渐变慢，说明此时煤储层应已具备连续产气能力，准备开始放气生产。憋压期一般为 5～60d，平均 20d，一般憋压期的套压越高则煤储层供气能力越强，产气量越高。憋压的目的一是为了使井口压力能够满足集输系统的输气压力，二是为了了解产气能力，便于生产期的精细排采管控。

1.3　生产期

（1）总体排采特征

从结束憋压开始生产到递减至废弃产量关井这一时期。为研究阜新矿区煤层气井的整体生产特征，通过对正常生产井生产数据进行对齐后叠加平均的方法，得到叠加后生产曲线图（图 2），从图中可以看出，产气量经历了上升、稳产、下降的 3 个阶段。

上升阶段：憋压结束开始生产，随进一步排采，压降范围不断扩大，降压幅度进一步降低，煤储层中解吸出的气量越来越大，气相渗透率逐渐升高，水相渗透率逐渐降低，煤储层中更多的气体解吸后涌向井口，水的供给能力则随含水饱和度及水相渗透率的降低而减弱，井口表现为在保持套压基本稳定条件下气量快速上升至 1500m³/d，产水量由初期30m³/d 快速下降至 15m³/d，此阶段平均时间约为 1a。

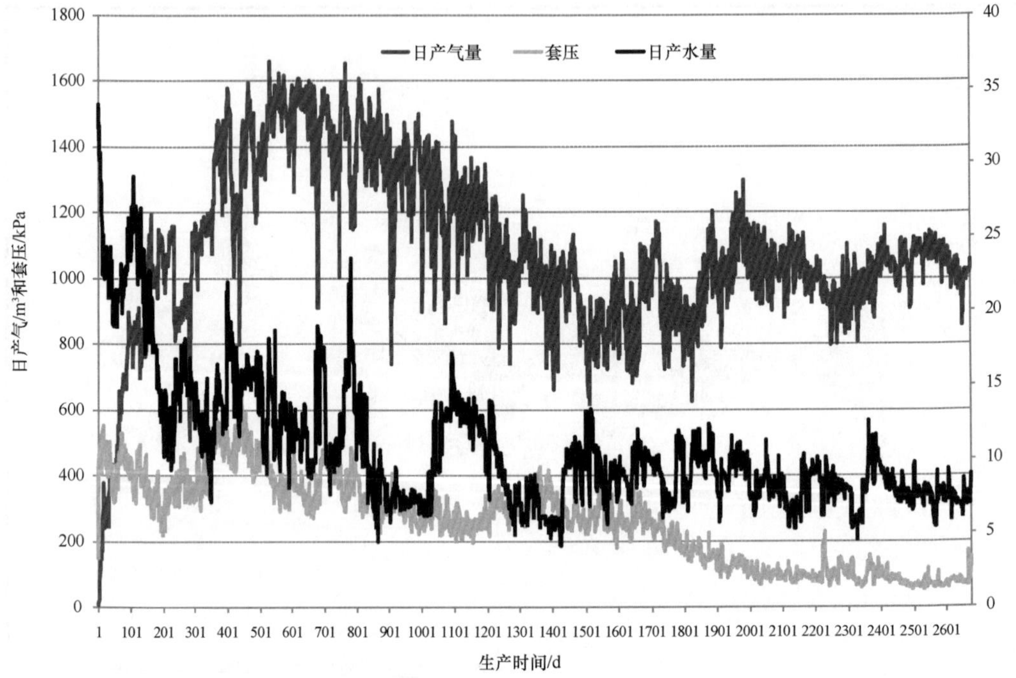

图 2　阜新矿区煤层气井叠加生产曲线图

稳产阶段：此阶段中，煤层气在煤储层中解吸、扩散、渗流的供给速度与井口产量处于动态平衡状态，煤储层中水的供给能力随进一步排采持续降低，井口表现为在保持套压基本稳定条件下产气量相对平稳，基本稳定在 1500m³/d，产水量进一步下降，由 15m³/d 下降至 7m³/d，此阶段平均时间约为 1.5a。

下降阶段：此阶段压降范围已基本稳定，煤储层的供给能力逐渐缓慢减弱，水的供给能力也逐渐减弱，但因供给水量已处于较低水平，因此减弱趋势不明显，井口表现为产气量呈递减趋势，开始下降速度快，之后逐渐变慢，大部分井符合指数递减或调和递减，产水量基本稳定在 6 m³/d 左右，此阶段时间较长，一般为 10a 以上，目前阜新矿区煤层气井大部分已进入下降阶段 9a 以上。

（2）“三类井”排采特征的差异

根据阜新矿区煤层气井的开发实际，不同部位的井产水量有较大差异。北部 β3、β4 和 β6 岩墙规模较大，出露地表或第四系，给附近的煤层带来大量的外来水，因此位于这些岩墙附近的井产水量较高；β7～β12 岩墙规模相对较小，为封闭岩墙，因此这些岩墙之间的井产水量较低；位于 β6～β7 岩墙之间的井为由不封闭岩墙向封闭岩墙的过渡区，产水量中等。对比研究发现，不同产水量井生产阶段总体排采特征相同，均经历了上升、稳产、下降三个阶段，但其排采特征又存在着差异，根据生产期上升阶段产水量，将阜新矿区煤层气井分为高产水、中产水、低产水三类井，研究其生产期不同的排采特征。三类井分类标准为：

高产水井：平均日产水量 > 25m³/d；

中产水井：10m³/d < 平均日产水量 < 25m³/d；

低产水井：平均日产水量 < 10m³/d。

三类井三阶段生产时间对比分析：从表 1 和图 3 可以看出，高产水井上升阶段时间最长，平均 3.7a，中产水井其次，低产水井最短，平均 0.7a 即可达到产气高峰，分析原因认为由于煤层中水量越大，地层降压越慢，降压范围扩大也越慢，达到产气高峰就越慢。中产水井稳产阶段时间最长，高产水井与低产水井时间相近且较短，分析原因认为若水量适中，随不断排采，压降范围持续扩大和地层压力持续降低，煤层气不断解吸并涌向井筒；若水量过小，煤层压降有限，因此稳产阶段时间较短；若水量过大，则含气饱和度较低，因此稳产时间较短。

表 1　三类井生产情况表

类别	生产阶段	平均生产时间 a	产气量		产水量	
			平均日产 m³	累产 ×10⁴m³	平均日产 m³	累产 m³
高产水井	上升阶段	3.7	900	121	33.7	45436
	稳产阶段	1.5	2781	152	27.1	14823
	下降阶段	3.9	1582	225	20.3	28841
	小计	9.1		499		89099
中产水井	上升阶段	1.8	1887	124	15.3	9647
	稳产阶段	5.3	3231	625	7.1	12842
	下降阶段	1.5	3324	182	4.2	2402
	小计	8.6		931		24891
低产水井	上升阶段	0.7	2164	43	7.8	2152
	稳产阶段	1.2	3935	167	2.7	1028
	下降阶段	6.4	2222	353	1.3	3284
	小计	8.3		563		6463

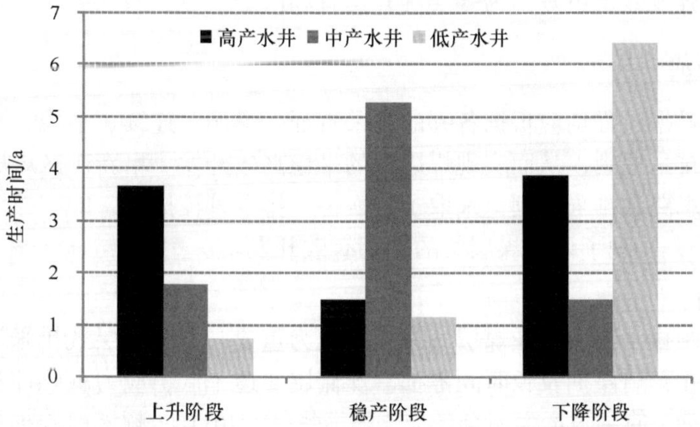

图 3　三类井三阶段生产时间对比图

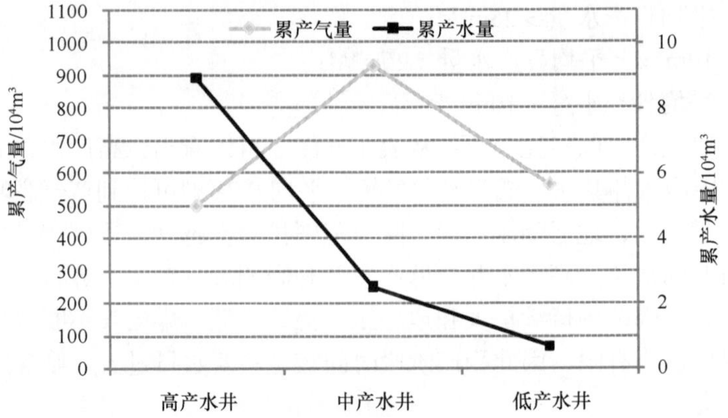

图 4　三类井三阶段产量对比图

三类井产气量对比分析：从表 1 和图 4 可以看出，中产水井累产气量最高，平均单井累产气量已达 $900\times10^4m^3$以上，低产水井其次，平均单井累产气量为 $563\times10^4m^3$，高产水井较低产水井稍低，平均单井累产气量为 $499\times10^4m^3$，分析认为若煤层中水量适中，含气饱和度较高，且随不断排采地层压力降低速度较快，煤层气可以较快速充分解吸，因此累产气高；若水量过小，煤层压降有限，煤层气解吸不充分；若水量过大，则含气饱和度相对较低，且压降速度慢导致产出速度慢，因此目前累产气最低，但最终采气量应高于低产水井，低于中产水井，因为从表 1 可以看出，低产水井已进入下降阶段 6.4a，高产水井进入下降阶段 3.9a，中产水井进入下降阶段 1.5a，中产水井已产气量最高且待生产年限也最长，低产水井比高产水井累产气量多 $64\times10^4m^3$，但高产水井进入下降阶段比低产水井晚 2.5a，因此其待生产时间也应比低产水井长相应的年限，按照平均单井产气量 $1000m^3/d$ 计算，高产水井剩余可采气量将比低产水井至少高 $90\times10^4m^3$以上。

三类井产水量对比分析：从表 1 和图 4 可以看出，目前高产水井累产水量最高，低产水井累产水量最低，根据目前的日产水量情况，最终累产水量也将是高产水井最高，其次为中产水井，低产水井最低。

通过以上对比分析可以得出，煤层中水量适中更有利于煤层气的开发，其稳产期更长，累产气量更高，开发效果更好，为煤层气开发有利区。

2　管控措施

煤层气整个排采过程均应根据各井的排采特征，遵循“连续、平稳、缓慢”的排采思路，坚持精细化排采原则，从而实现煤层气的平稳高效开发。阜新矿区煤层气井排采始终坚持了以上排采思路和排采原则，采取了“四控”排采管控措施，即“控液面、控气量、控套压、控砂面”，实现了该区煤层气的长期有效开发。

2.1　控液面

控液面即控制排水速度，在煤层气排采中尤为重要。整个煤层气排采过程要避免排采强度过大，避免频繁启停抽及长时间停抽。煤储层渗透率低，应力敏感性强，排采强度过大易引起煤层激动，使裂隙产生闭合效应（郭春华等，2011）；频繁启停抽易激动煤层而使煤粉增加，增加的煤粉可堵塞裂隙，降低渗透率，同时煤灰进入井筒后会影响泵效、造成泵卡或掩埋生产管柱事故；长时间停抽可造成煤储层内煤灰沉淀而堵塞裂隙，同时可对煤储层微裂隙造成气锁效应，影响煤层气的产出。

对于低产水井和中产水井，投产初期水量较大，可根据产液量情况选用合适的泵型及冲次抽排，当日产水量降低至较小水平时，宜采取“小泵径、低冲次”小排量抽采，以实现平稳、连续、缓慢排采的原则，同时节约电费等成本支出。Lx1 井为低产水井，该井进入稳产阶段后日产水便降至 1m³左右，因此采用了 ϕ38mm、冲次 2 次/min 的工作制度进行抽采，目前该井已生产 9a 以上，累产气 372×10^4m³（图 5）。

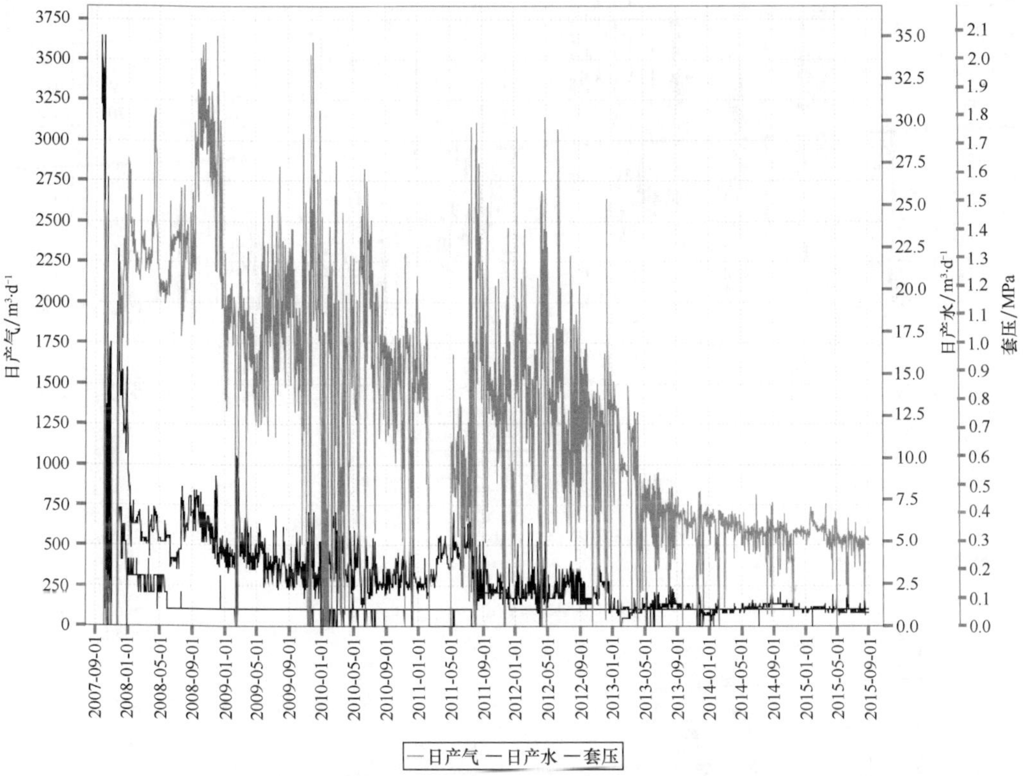

图 5　阜新矿区 Lx1 井生产曲线

对于高产水井，其地下水供给充足，因此煤储层降压速度慢，气产量上升阶段可达 3.7a。为提高产气量，加快采气速度，在遵循平稳、连续、缓慢降液面原则基础上，应逐步采用“大泵径、高冲次”大排量抽排。Lx2 井为一口典型的高产水井，初期采用了 ϕ57mm 泵排采，平均日产水 60m³/d，排采 3a 仍无工业气流，后期逐步采用了 ϕ70mm 泵大排量抽排，日产水量 80m³/d，产气量逐渐上升至 4000m³/d（图 6），目前该井已累产气 375×10^4m³。

随排采时间的延长，尤其低产水井和中产水井进入生产期产量下降阶段中后期煤层水的供给量小于地面排采水量时，液面将下降至泵深附近，地面产水量出现间出现象。为了降低生产压差，提高产气量，此时可采取降液面措施，增加泵的下入深度，将泵深下至生产层或生产层之下。目前阜新矿区大部分低产水井和中产水井均已把泵深降至生产层或生产层之下，从而延缓了产量递减。Lx3 为一口中产水井，2012 年 1 月加深泵后产量由原来的 1500 m³/d 上升至 3700m³/d，目前已累产气 876×10^4m³（图 7）。

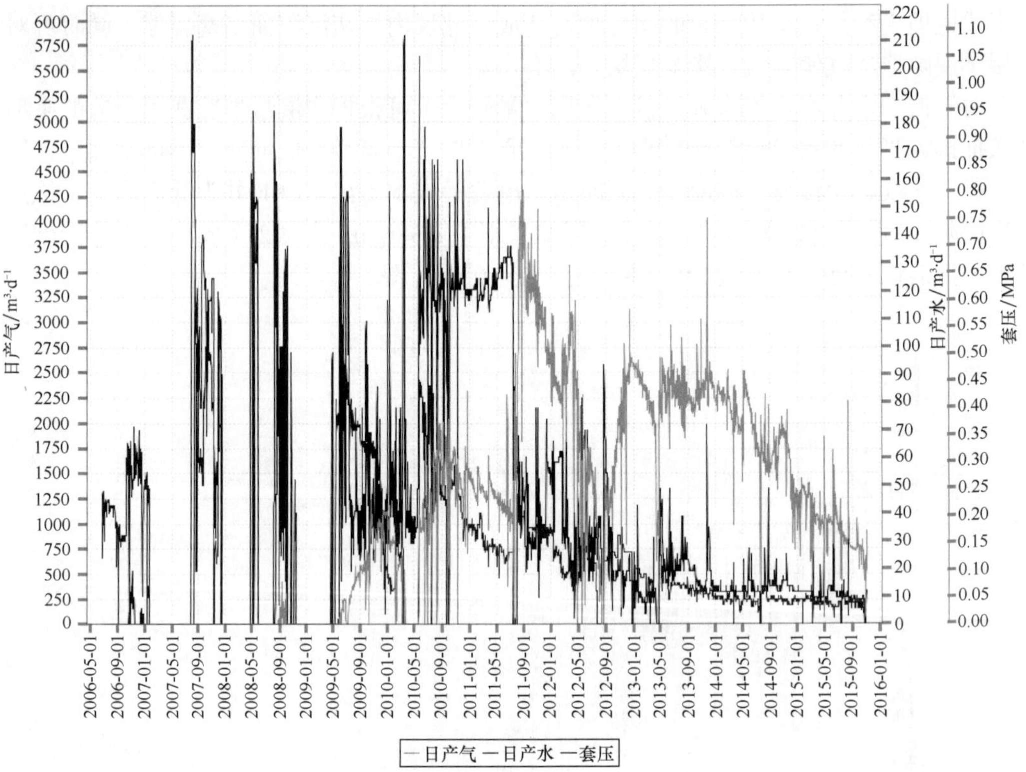

图 6　阜新矿区 Lx2 井生产曲线

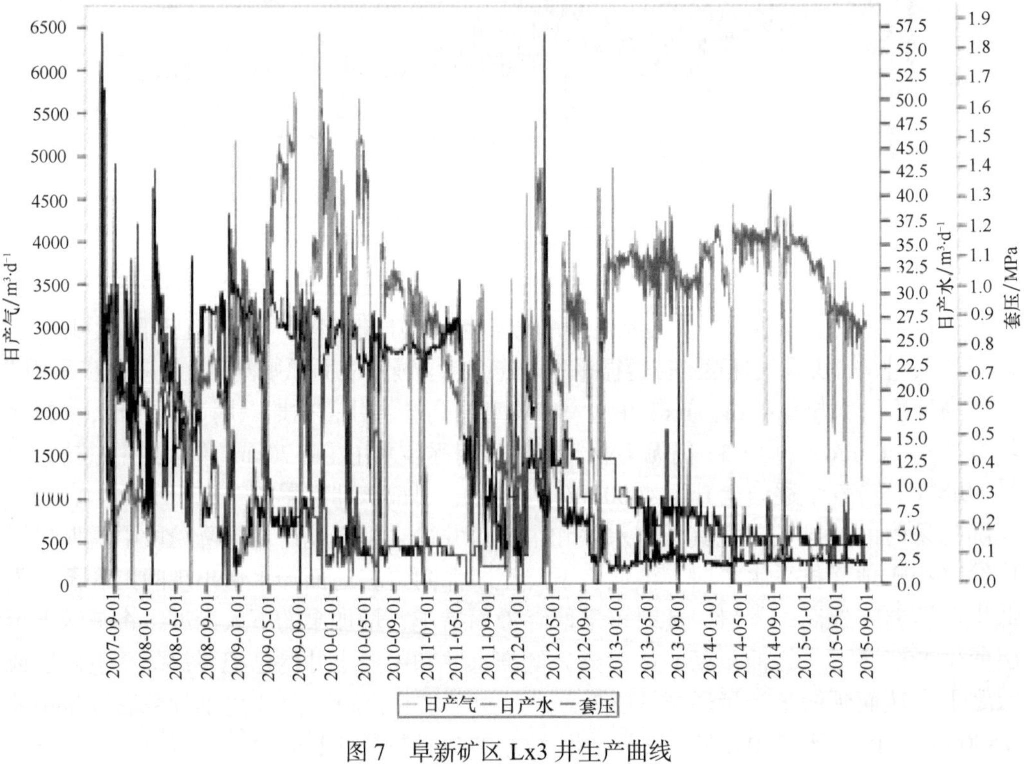

图 7　阜新矿区 Lx3 井生产曲线

2.2 控气量

主要为憋压后放气要平衡，逐步提高产气量，即使提高产量时套压不变，也不可放气速度过快，防止激动煤层。阜新矿区的 Lx4 井因憋压后放气速度过快导致激动煤层而出大量煤粉，堵塞了近井地带渗流通道，造成不能正常连续产气，之后采用了水力喷射径向钻孔解堵，才使该井恢复正常生产，该井稳产期日产气量达到 5000m³/d（图 8）。

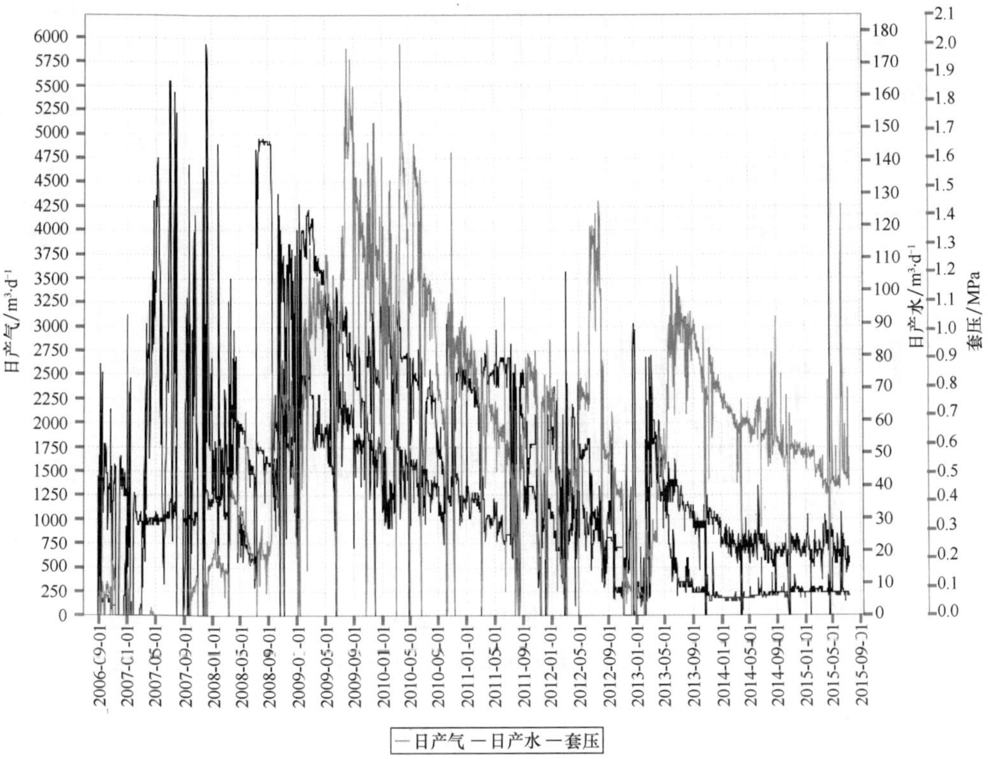

图 8 阜新矿区 Lx4 井生产曲线

2.3 控套压

憋压期关闭套管闸门，当套压逐步上升并稳定在一定值时开始打开套管闸门放气进入生产期，当套压开始下降时，说明地下供气能力开始小于放气速度，此时要控制套压缓慢下降，当套压逐渐下降至集输压力附近时采取定压生产，以满足集输压力要求，又能发挥煤层气井产气能力。当煤层气井进入生产期产量下降阶段中后期时，大部分井产量已下降至较低水平，为增大井底生产压差，应采取降低集输管网压力的措施，为降套压提供条件。长城钻探煤层气开发公司为解决单井产量递减快但套压为满足输气压力无法进一步降低而增加产量的矛盾，于 2012 年 5 月在集输系统终端安装了负压抽排装置，降低集输系统压力，从而实现了降低煤层气井生产压差的目的，使区块平均单井日产气量由原来的 800m³/d 上升至 1200 m³/d（图 2），并保持了较长时间稳产。

2.4 控砂面

从排水期开始就要根据产水量、液面和产出水中砂及煤粉的含量等摸索每口井合理的检泵周期，尤其对于产出水中砂及煤粉含量较多井更要注意及时检泵探砂面，对砂面过高井要及时捞砂，既要防止出砂和煤粉埋生产层，影响排采效果，又要防止砂埋管柱造成卡管柱事故。Lx5 井为一口易出砂和出煤粉井，该井正常生产时日产气量 1500m³/d，2013 年 1 月份该井因捞砂不及时导致砂埋管柱，最后因作业不成功而关井（图 9）。

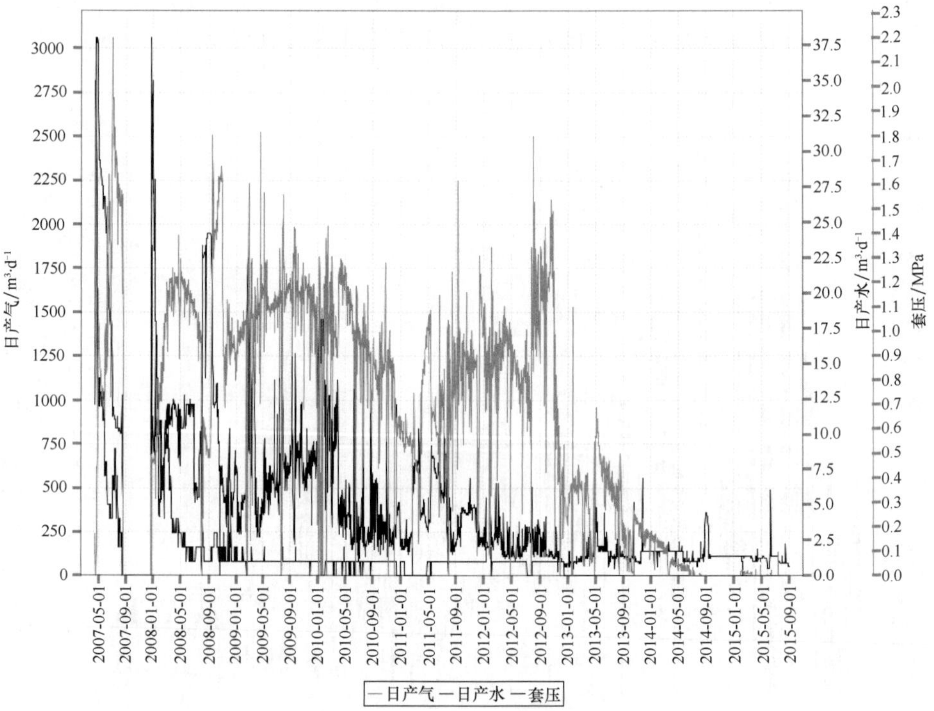

图 9　阜新矿区 Lx5 井生产曲线

3　结　论

1. 阜新矿区煤层气井排采特征总体表现为“三期三阶段”，“三期”即排水期、憋压期和生产期，“三阶段”即生产期产气量表现为上升、稳产和下降 3 个阶段。明确煤层气井所处排采时期与生产阶段，以便采取相应管控措施。

2. 煤层气井生产期总体排采特征相同，但由于各井产水量不同，“三类井”（即高产水井、中产水井和低产水井）在各阶段生产时间、产气量和产水量等方面的排采特征又存在着差异。煤层中水量适中更有利于煤层气的开发，其稳产期更长，累产气量更高，开发效果更好，为煤层气开发有利区。

3. 在阜新矿区煤层气开发实践中，遵循了“连续、平稳、缓慢”的排采思路，针对“三类井”不同的排采特征，坚持精细化排采原则，摸索总结了“四控”排采管控措施，即“控液面、控气量、控套压、控砂面”，实现了该区煤层气的长期有效开发。

此研究成果对该区块及其他地质特征相似区块煤层气井位部署与有效开发具有重要的指导意义和参考价值。

参考文献

郭春华，周文，孙晗森，等. 2011. 考虑应力敏感性的煤层气井排采特征[J]. 煤田地质与勘探，39（5）：27～30.

煤层气排采过程中储层压降动态变化及实例分析

李　瑞[1]　王生维[1,2]　吕帅锋[1]

（1．中国地质大学（武汉）资源学院　湖北武汉　430074；
2．晋煤集团国家能源煤与煤层气共采技术重点实验室　山西晋城　048006）

摘　要：为进一步认识煤层气排采过程中储层压降传递规律，在产水单相流阶段压力扰动范围动态变化以及产气阶段气体解吸范围动态变化研究的基础上，建立了不饱和煤层气藏以及饱和煤层气藏储层压降传递数学模型，并以山西沁水盆地典型煤层气开发井为例，分析总结了煤层气排采过程中储层压降在时间与空间上的变化规律。结果表明，排采边界的确定是平均储层压力计算的前提，排采过程中不同范围内的平均储层压力变化规律不同。在产水单相流阶段，平均储层压力随着排采时间的增加呈直线下降；进入产气阶段以后，平均储层压力的变化趋势与井底流压变化趋势十分相似，均表现为先快速下降而后逐渐变慢，而气体解吸半径则表现为先快速增加而后缓慢增加。在空间上，压降梯度在井筒附近最大，并随着与井筒距离的增大而逐渐变小。

关键词：煤层气　储层压降　动态变化　实例分析

Dynamic variations and field case analysis of reservoir pressure depletion during coalbed methane production

Li Rui[1]　Wang Shengwei[1,2]　Lyu Shuaifeng[1]

(1. Faculty of Earth Resources, China University of Geosciences, Wuhan　430074, China;
2. Key Laboratory of National Energy Coal and Coalbed Methane Joint Mining Technology, Jincheng 048006, China)

Abstract: In order to furthcrunderstand the dynamic principles of reservoir pressure

作者简介：李瑞，男，1989 年生，博士，主要从事煤层气藏地质及煤层气开发相关研究工作。地址：湖北省武汉市洪山区鲁磨路 388 号中国地质大学资源学院煤工系。邮编．430074。电话：13387618102，E-mail: ruilicug@163.com。

depletion during coalbed methane production, based on the study on the propagation of pressure perturbation area and gas desorption area in the stage of above and below the critical desorption pressure respectively, a novel mathematical approach was proposed to characterize the dynamic behavior of reservoir pressure.Furthermore, the variation principles of reservoir pressure depletion with time and space were analyzed and summarized based on a field case in the southern Qinshui Basin, Shanxi Province. The results showed that the definition of drainage boundary is the precondition to characterize the average reservoir pressure as different area has different average reservoir pressure. In the single-phase water production stage, the average reservoir pressure decreases linearly with the constant water production rate while in the gas production stage, there is similar variation behavior between the average reservoir pressure and bottom-hole pressure, both showing a fast to slow pattern. Meanwhile, the radius of gas desorption area increases fast in the beginning and ranges slowly and slowly. In the spacial dimension, with the location further away from the wellbore, the pressure gradient progressively decreases more and more.

Keywords: coalbed methane; reservoir pressure depletion; dynamic variation; case analysis

与常规天然气的赋存状态及开发方式有着根本的区别，煤岩具有非常强烈的吸附特性，在煤储层当中 80%以上的煤层气以吸附状态存在于煤基质孔隙中。在煤层气藏开发过程中，一般需要通过排水将煤储层压力降低至临界解吸压力以下才能诱导吸附态的煤层气解吸并从井筒中产出（宋岩等，2011；邹才能等，2015）。因此，煤储层压降传递规律及动态变化与常规油气储层有存在较大差异。煤储层压力是影响煤层气排采过程中流体运移，储层有效渗透率，有效解吸范围，井间干扰以及多层合排层间干扰的关键因素，对煤层气采收率影响极大（Gash，1991；倪小明等，2010；Lyu et al., 2012；邵长金等，2012；李国彪等，2012）。掌握排采过程中储层压降规律及其对煤层气产出的影响可为制定井筒液位与井底流体调控制度，维持合理的生产压差，实现煤层气井精细化排采管理以及煤层气的高产、稳产提供理论依据。

对于煤层气产气过程中煤储层压力传递特征及动态变化的研究，国内外有部分相关报道。然而，过去关于储层压降传递特征的研究仍有一些局限：①国外关于储层压降的计算主要针对饱和煤层气藏，即煤层气投产一开始就有气体产出，而我国煤层气藏绝大多数为不饱和煤层气藏，关于不饱和煤层气藏储层压降传递数学模型的研究较少；②目前的储层压降动态模型主要针对封闭性边界条件，而对于其他不同边界条件下的储层压降传递计算模型的研究报道较少；③数值模拟对储层压降动态变化计算的研究需要获得大量储层与流体参数，如相对渗透率曲线、有效孔隙度、裂隙开度等，这些参数在实际过程中很难获取。总之，目前对煤储层压力传递过程及动态变化规律的认识程度还无法满足我国大规模勘探开发煤层气资源的需求，有必要对我国煤层气藏地质条件下的储层压降传递过程，动态变化规律及其对煤层气产出的影响开展更深入的探讨。作者在产水单相流阶段压力扰动范围动态变化以及产气阶段气体解吸范围动态变化研究的基础上，建立了不饱和煤层气藏以及饱和煤层气藏储层压降传递数学模型，并以山西沁水盆地典型煤层气开发井为例，分析总结了煤层气排采过程中储层压降在时间与空间上的变化规律。

1 排采过程中的储层压降定量表征

1.1 排采中储层压降动态变化理论过程

实践表明，沁水盆地绝大多数煤层气藏为不饱和煤层气藏，即煤储层临界解吸压力明显低于原始储层压力。图 1 展示了不饱和煤层气藏煤层气排采过程中的储层压降传递模型，尽管实际中煤储层非均质且储层压力传递与平面分布并非圆形，但为了便于理解和定量分析储层压降过程，可以将储层压降传递与分布等效为圆形。图 1 中圆形白色区域为井筒，绿色区域为压力扰动范围，紫色区域为气体解吸范围，褐色区域为原始状态下的煤层。为方便构建储层压降模型，可将煤层气排采大致分为两个阶段，包括产水单相流阶段以及产气产水两相流阶段。产水单相流阶段，储层压力高于临界解吸压力，因此，只有单相水流产出，而没有气体产出。此阶段，由于水的不断产出，压力扰动范围逐渐扩大（图 1a）。当井底流压降低至临界解吸压力以下时，储层中吸附的气体开始逐渐解吸变成自由态气体，井筒周围开始形成气体解吸区域（图 1b），且该区域随着储层压力的下降逐渐向远端扩大，地面表现为既产水又产气。同时，该过程中压力扰动范围也会进一步扩大（图 1c）。

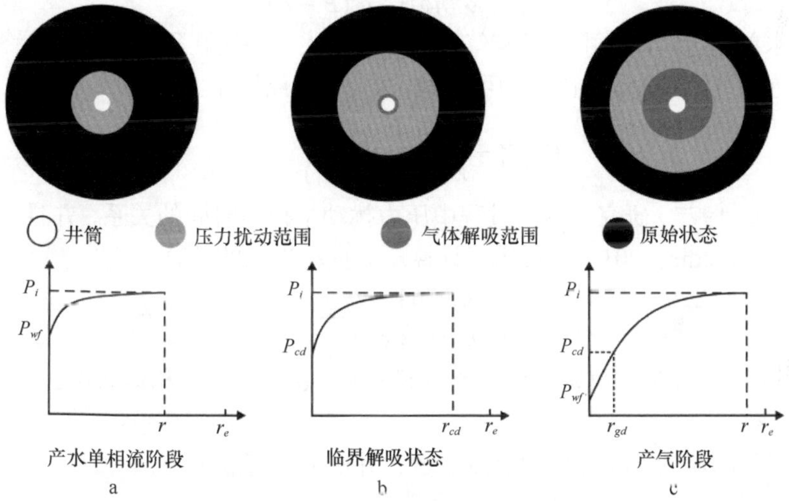

图 1 排采过程中储层压降传递理论模型

对于不饱和煤层气藏，基于产水单相流阶段压力扰动范围动态变化以及产气阶段气体解吸范围动态变化规律，分别构建了单相水流阶段以及产气产水两相流阶段储层压降传递动态模型。该模型基于以下假设条件：

1）储层水平且空间上均质；

2）储层厚度一致；

3）排采前储层内饱和水；

4）排采过程中，储层温度不变。

1.2 产水单相流阶段储层压降

根据水的物质平衡方程，储层中的总含水量为排采过程中储层内剩余含水量与产出水总量的和。即：

$$W_p = W_i - W_r \tag{1}$$

扩展开来，可表示为：

$$W_p = \pi r^2 h\phi_i S_{w_i}\left[1 + c_w(P_i - P)\right] - \pi r^2 h\phi S_w \tag{2}$$

式中：W_p为总产水量，m^3；W_i为原始储层含水量，m^3；W_r为储层剩余含水量，m^3；r为储层半径，m；h为煤层厚度，m；ϕ为煤孔隙度，小数；ϕ_i为初始储层孔隙度，小数；S_w为储层含水饱和度，小数；S_{wi}为初始储层含水饱和度，小数；c_w为水压缩系数，MPa^{-1}；P为平均储层压力，MPa；P_i为原始储层压力，MPa。

煤岩具有可压缩性，因此排采过程中随着有效应力的增加，煤孔隙度会发生变化，孔隙度与储层压力的关系可表示为：

$$\phi = \phi_i\left[1 - c_f(P_i - P)\right] \tag{3}$$

式中：c_f为煤岩割裂压缩系数，MPa^{-1}。

综合式（2）和式（3），可求得储层含水饱和度：

$$S_w = \frac{\pi r^2 h\phi_i S_{wi}\left[1 + c_w(P_i - P)\right] - W_p}{\pi r^2 h\phi_i[1 - c_f(P_i - P)]} \tag{4}$$

对于产水单相流阶段，由于没有气体产出，因此，储层孔裂隙系统中始终饱和水，即该阶段含水饱和度始终为1。因此，可由式（4）解得储层压力：

$$P = P_i - \frac{W_p}{\pi r^2 h\phi_i(c_f + c_w)} \tag{5}$$

Earlougher（1977）研究了排采过程中压力扰动半径与时间的关系，并且定义了一个无量纲参数方程（Seidle，2011），可用于计算压力扰动半径的计算。

$$r^2 = \frac{0.0864K_w t}{\pi\phi\mu_w(c_f + c_w)t_{DA}} \tag{6}$$

式中：t_{DA}为无量纲时间，约为0.1；t为排采时间，d；K_w为水相渗透率，mD；μ_w水的动力黏度，mPa·s。

根据储层径向流动方程并考虑表皮系数，井底流压可表示为：

$$P_{wf} = P_i - \frac{1.842\mu_w q_w}{hK_w}\frac{1}{2}(\ln\frac{r^2}{r_w{}^2} - 1.5 + 2s) \tag{7}$$

式中：q_w为日产水量，m^3/；r_w为井筒半径，m；P_{wf}为井底流压，MPa；s为表皮系数，无量纲。

因此，某一排采时刻的储层压力分布可表示为：

$$P_x = P_{wf} + \frac{P_i - P_{wf}}{\ln\frac{r^2}{r_w{}^2} - 1.5 + 2s}(\ln\frac{r_x{}^2}{r_w{}^2} - 1.5 + 2s) \tag{8}$$

式中：r_x为到井筒的任意距离，m；P_x为r_x处的储层压力，MPa。该方程可以用于计算排采过程中储层压力在空间上的变化。

如前文所述，当井底流压降低至临界解吸压力的时候，储层中的气体开始从煤基质孔隙表面解吸。在此临界条件下，综合式（6）和式（7），可以得到日产水量与产水单相流阶段时间的关系：

$$P_{cd}=P_i-\frac{1.842\mu_w q_w}{hK_w}\frac{1}{2}(\ln\frac{0.0864K_w t_{cd}}{\pi\phi\mu_w(c_f+c_w)r_w{}^2 t_{DA}}-1.5+2s) \quad (9)$$

式中：P_{cd}为临界解吸压力，MPa；t_{cd}为产水单相流阶段时间，d。

将 t_{cd} 代入式（6），产水单相流阶段结束时的压力扰动半径可表示为：

$$r_{cd}^2=\frac{0.0864K_w t_{cd}}{\pi\phi\mu_w(c_f+c_w)t_{DA}} \quad (10)$$

通过以上方程可求得产水单相流阶段储层压力随着时间和空间的变化，然而，对于该阶段平均储层压力的计算，则需要定义储层范围，因为不同储层范围下的平均储层压力是不同的。在该计算模型中，选用产水单相流阶段结束时的压力扰动半径作为储层范围。因此，该阶段平均储层压力随着排采时间的变化可表示为：

$$P=P_i-\frac{W_p}{\pi r_{cd}^2 h\phi_i(c_f+c_w)} \quad (11)$$

1.3 产气阶段储层压降

当气体连续不断地从井筒产出时，煤层气排采进入产水产气阶段。根据气体物质平衡方程，地面总产气量为原始储层含气总量与储层中剩余含气总量的差值，即：

$$G_p=G_i-G_r \quad (12)$$

式中：G_p为地面总产气量，m^3；G_i为原始储层含气总量，m^3；G_r为储层剩余含气总量 m^3。

由 Langmuir 等温吸附方程可知，储层含气量随着储层压力的变化而变化，因此，排采过程中随着储层压力在空间上的变化，含气量在空间上也相应发生变化（图 2）。式（12）可表示为：

$$G_p=\pi r_{gd}^2 h\rho V_i-2\int_{r_w}^{r_{gd}}\pi rh\rho V dr \quad (13)$$

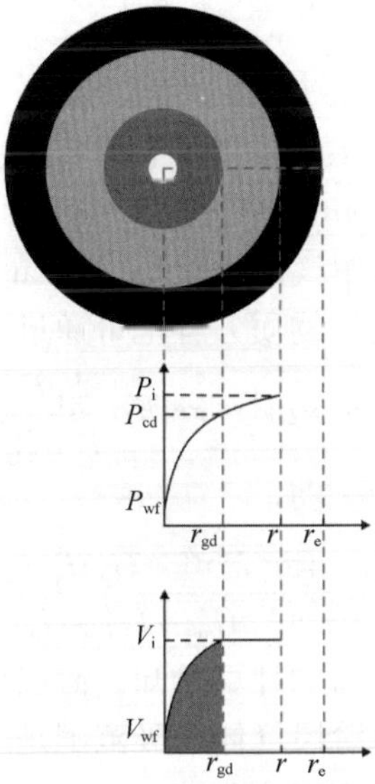

图 2　产气阶段含气量分布示意图

式中：r_{gd}为气体解吸半径，m；V_i为初始储层含气量，m^3/t；V为储层含气量，m^3/t；ρ为煤密度，t/m^3。

Langmuir 等温吸附方程可表示为：

$$V=\frac{V_{\mathrm{L}}P}{P+P_{\mathrm{L}}} \tag{14}$$

式中：V_{L} 为 Langmuir 体积，m^3/t；P_{L} 为 Langmuir 压力，MPa。

将式（14）代入式（13），可得到：

$$\frac{G_{\mathrm{P}}}{\pi h\rho}=r_{\mathrm{gd}}^2V_{\mathrm{i}}-2\int_{r_{\mathrm{w}}}^{r_{\mathrm{gd}}}\frac{V_{\mathrm{L}}P}{P+P_{\mathrm{L}}}rdr \tag{15}$$

根据储层径向流动规律，井底流压可表示为：

$$P_{\mathrm{wf}}=P_{\mathrm{cd}}-\frac{1.842\mu_{\mathrm{w}}q_{\mathrm{w}}}{hK_{\mathrm{w}}}\frac{1}{2}(\ln\frac{r_{\mathrm{gd}}^2}{r_{\mathrm{w}}^2}-1.5+2s) \tag{16}$$

类似于产水单相流阶段储层压力分布公式，该阶段某一时刻储层压力分布可表示为：

$$P_{\mathrm{x}}=P_{\mathrm{wf}}+\frac{P_{\mathrm{cd}}-P_{\mathrm{wf}}}{\ln\frac{r^2}{r_{\mathrm{w}}^2}-1.5+2s}(\ln\frac{r_{\mathrm{x}}^2}{r_{\mathrm{w}}^2}-1.5+2s) \tag{17}$$

将式（17）代入式（15），并对式（15）进行积分可得：

$$\frac{G_{\mathrm{P}}}{\pi h\rho}=r_{\mathrm{gd}}^2(V_{\mathrm{i}}-V_{\mathrm{L}})+\frac{2V_{\mathrm{L}}P_{\mathrm{L}}}{2b-a}r_{\mathrm{gd}}^{2-\frac{a}{b}} \tag{18}$$

$$a=\frac{P_{\mathrm{cd}}-P_{\mathrm{wf}}}{\ln\frac{r_{\mathrm{gd}}}{r_{\mathrm{w}}}-0.75+s}$$

$$b=P_{\mathrm{wf}}+P_{\mathrm{L}}-\frac{P_{\mathrm{cd}}-P_{\mathrm{wf}}}{\ln\frac{r_{\mathrm{gd}}}{r_{\mathrm{w}}}-0.75+s}(\ln r_{\mathrm{w}}+0.75-s)$$

由上式可知气体解吸半径可表示为：

$$r_{\mathrm{gd}}^2=\frac{G_{\mathrm{P}}}{\pi h\rho}\frac{1}{b(V_{\mathrm{i}}-V_{\mathrm{L}})+V_{\mathrm{L}}P_{\mathrm{L}}} \tag{19}$$

通过迭代法，可解得排采过程中气体解吸半径（Xu et al., 2013；徐兵祥等，2013）。忽略储层裂隙系统中的气体体积，气体物质方程也可通过下式表示：

$$G_{\mathrm{P}}=\pi r^2h\rho V_{\mathrm{i}}-\pi r^2h\rho\frac{V_{\mathrm{L}}P}{P+P_{\mathrm{L}}} \tag{20}$$

该式可用于计算平均储层压力，即：

$$P=\frac{(\pi r^2h\rho V_{\mathrm{i}}-G_{\mathrm{P}})P_{\mathrm{L}}}{\pi r^2h\rho(V_{\mathrm{L}}-V_{\mathrm{i}})+G_{\mathrm{P}}} \tag{21}$$

由产水单相流阶段平均储层压力的计算可知，储层半径的定义将极大影响平均储层压力的计算值，由于产气产水两相流阶段气体解吸范围是逐渐增加的且只有在气体解吸范围之内才能应用 Langmuir 等温吸附方程才适用。因此，在该阶段，用气体解吸范围来定义储层范围，尽管气体解吸范围是不断变化，但这并不会影响平均储层压力的计算。

$$P=\frac{(\pi r_{gd}^2 h\rho V_i - G_P)P_L}{\pi r_{gd}^2 h\rho(V_L - V_i)+G_P} \tag{22}$$

由此可知，基于压力扰动范围动态变化以及气体解吸范围动态变化规律，通过代入储层基本地质参数以及煤层气排采参数，可分别求得不饱和煤层气藏排采单相水流阶段以及产气阶段储层压力随着时间和空间的动态变化。平均储层压力的计算主要由气水物质平衡方程解得，而排采边界的确定对于平均储层压力的计算至关重要，因为不同范围的平均储层压力截然不同。在本研究中，产水单相流阶段平均储层压力计算模型中，排采范围由压力扰动范围定义；当储层压力下降至临界解吸压力以下后，排采范围则由解吸范围定义。排采过程中，不同时间储层压力的分布以及不同空间位置，储层压力随着时间的变化则主要由径向流动方程确定。

2　实例分析

沁水盆地南部煤层气资源量约为 3.28×10^{12} m^3（Su et al., 2005; Cai et al., 2011; Liu et al., 2015）。山西省沁水盆地作为我国煤层气勘探开发的热点地区，是我国煤层气勘探开发投入工程量最多、研究程度最高的地区，其煤层气的商业开发推动着整个中国煤层气产业的发展（叶建平等，2009；秦勇等，2012）。另外，该地区多年来煤层气的勘探开发也积累了大量的地质及生产资料，也为本研究的开展提供了丰富的数据。

QN-1 井作为沁水盆地南部晋城矿区煤层气藏排采典型井，其基本参数如表 1 所示，目标煤层为 $3^{\#}$煤。该井截至 2015 年 8 月已产气超过 1200d，投产过程中该井累计产气量为 4368262 m^3，平均日产气量为 3472 m^3，如图 3 所示。该井投产 31d 后开始产气，之后进入产气阶段。以煤层气井开始连续产气为界限，可将该井煤层气排采划分为两个阶段，分别为产水单相流阶段和产气阶段。下面将分别从两个阶段讨论不饱和煤层气藏排采过程中储层压降在时间和空间上的动态变化特征，并与现有的 tank-type 模型计算结果进行对比分析。

表 1　QN-1 井储层基本参数

参数	数值	单位
h	6.13	m
r_w	0.07	m
Φ_i	0.0419	小数
T	297.81	K
K_w	5.00	mD
P_i	4.33	MPa
P_{cd}	3.355	MPa
P_L	1.90	MPa
V_L	33.05	m^3/t
V_i	21.10	m^3/t
ρ	1.47	t/m^3
μ_w	0.91	MPa·s
c_w	4.35×10^{-4}	MPa^{-1}
c_f	0.06	MPa^{-1}

注：c_f值来源于李俊乾等，2013。

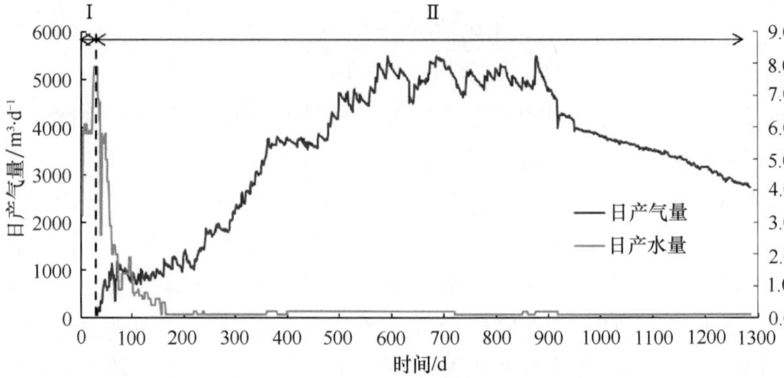

图 3　QN-1 井日产气量与日产水量曲线

I —产水单相流阶段；II—产气阶段

2.1　产水单相流阶段

产水单相流阶段储层压力高于临界解吸压力。将表 1 中储层基本参数及 QN-1 井生产数据代入 2.2 节计算模型，可计算储层压力动态变化。日产水量对产水单相流阶段的时间有着决定性影响。由图 4 可知，保持产水单相流阶段日产水量不变，则产水单相流阶段的时间与日产水量呈指数关系，随着日产水量的下降，该阶段持续的时间的增加幅度越来越大。即日产水量越小，日产水量对产水单相流阶段时间的影响越大。这同时也表明，日产水量越小时，储层到达临界解吸压力之前累计产水量越大。本研究中，取 2.8 m^3/t 为日产水量。通过计算，得出该井产水单相流阶段时间为 92d，且当井底流压下降至临界解吸压力的时候，压力扰动半径扩大到 234.31 m。平均储层压力从 4.330 MPa 下降到 4.234 MPa，下降幅度为 0.096 MPa；井底流压则从 4.330 MPa 下降至 3.355 MPa，其日均下降约 10.65 kPa。因此，该阶段储层压力的变化明显小于井底流压变化。分析认为，这主要是因为该阶段压力扰动半径从 0 增加到 234.31 m，压力扰动半径的增加速率远远高于平均储层压力的下降速率；另外，该过程中总产水量为 257.6 m^3，仅占总含水量的 0.58%，产水量引起的压降幅度过小。若以产水单相流阶段末期压力扰动半径（234.31 m）为储层排采边界，则从图 5 中不难看出，平均储层压力呈直线下降。

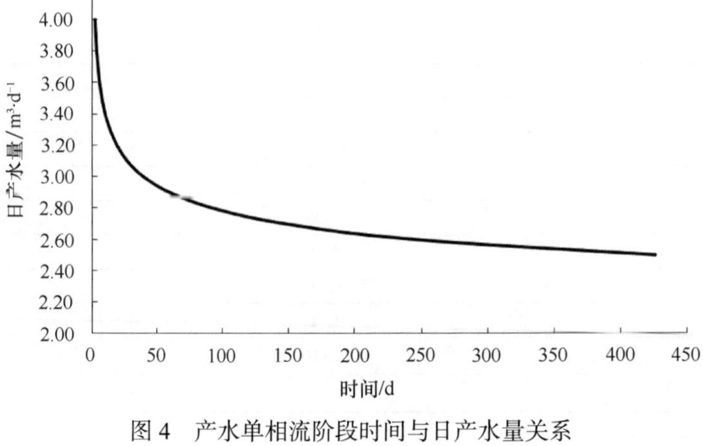

图 4　产水单相流阶段时间与日产水量关系

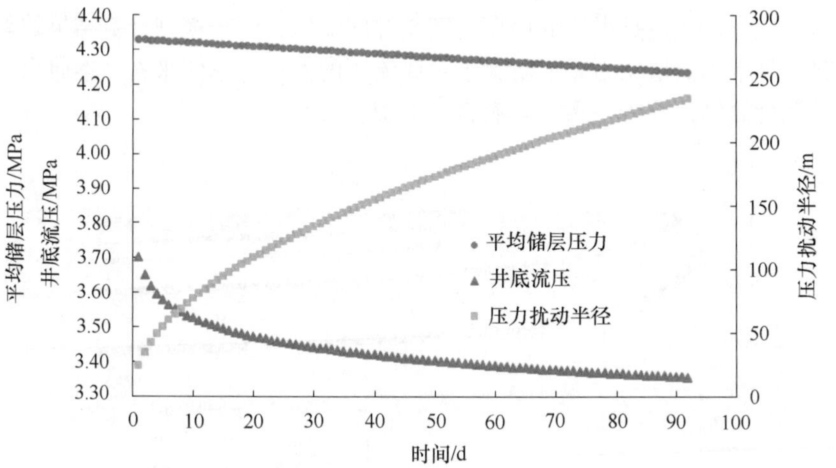

图 5　平均储层压力、压力扰动半径及井底流压变化

图 6 展示了不同排采时间点储层压力空间分布特征。可以看出，井筒附近的压力损失明显大于远离井筒位置的压力损失，且随着与井筒距离的逐渐增加，压力梯度变得越来越小。如图 7 所示，对于储层空间任意位置，储层压力变化先快后慢，且离井筒越远，储层压力下降幅度越小。

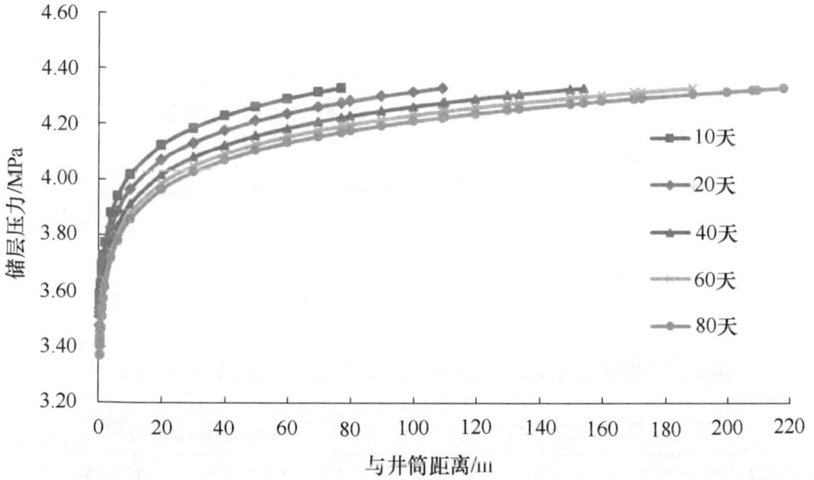

图 6　不同时间储层压力分布

为了验证本研究提出的储层压力计算模型的合理性，利用现有计算模型与本研究计算结果进行了对比研究。图 8 展示了产水单相流阶段，利用 tank-type 模型计算获得的平均储层压力与井底流压变化。Tank-type 模型是基于达西流拟稳态方程以及由 Z^*表示的物质平衡方程建立起来的。在该模型中，利用日产气、产水量，累计产气、产水量，气、水饱和度以及压力等七个参数来表征储层压降特征。将 QN-1 井生产数据以及储层基本参数（表 1）代入 tank-type 模型，可以得到产水单相流阶段平均储层压力以及井底流压随着时间的变化，如表 2 所示。通过 tank-type 模型计算得到的产水单相流阶段时间为 68d，比本模型计算得到的 92d 少 24d。尽管如此，对于平均储层压力以及井底流压的变化趋势却十分接近，

如图 8 所示。此外，无论是平均储层压力还是井底流压，两个模型计算结果的差值都呈微弱增大趋势，且平均储层压力差值要大于井底流压的差值。总体来看，本研究计算结果与 tank-type 模型计算结果较为一致，具有良好的拟合关系。

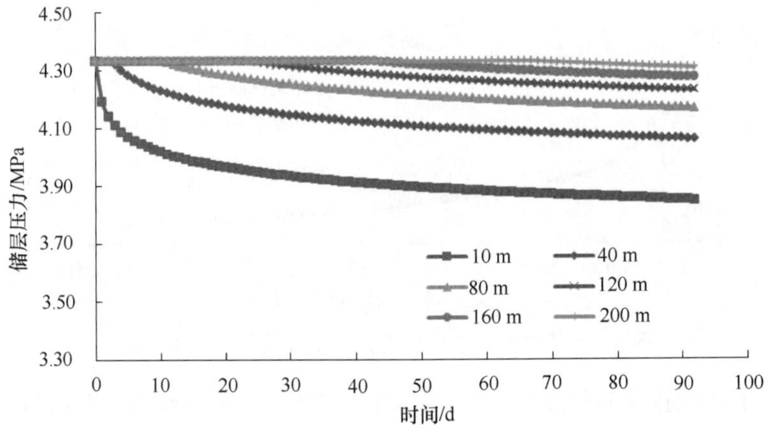

图 7　储层不同位置储层压力变化

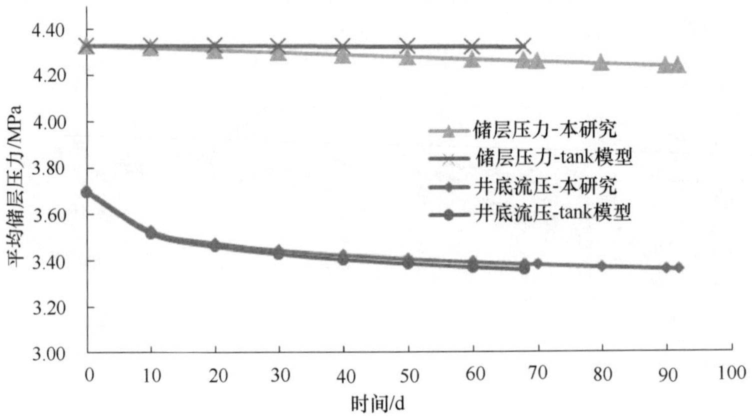

图 8　平均储层压力与井底流压计算结果与 tanke-type 模型对比

表 2　平均储层压力、压力扰动半径以及井底流压计算结果

时间 d	压力扰动半径 m	平均储层压力（本研究） MPa	井底流压（本研究） MPa	平均储层压力（tank 模型） MPa	井底流压（tank 模型） MPa
10	77.25	4.329	3.525	4.329	3.513
20	109.25	4.329	3.472	4.327	3.457
30	133.80	4.328	3.441	4.326	3.424
40	154.50	4.327	3.419	4.324	3.401
50	172.74	4.326	3.402	4.323	3.382
60	189.22	4.326	3.388	4.321	3.366
68	201.44	4.259	3.378	4.320	3.355
70	204.38	4.324	3.376		
80	218.49	4.324	3.366		
90	231.75	4.323	3.357		
92	234.31	4.323	3.355		

2.2 产气阶段

当井底流压下降至临界解吸压力的时候，井筒周围煤层内吸附态的甲烷气开始解吸成游离态并源源不断地向井筒运移，气体解吸范围不断延伸，扩大。以月为单位，以气体解吸半径为排采边界，将每个月平均日产气量、平均日产水量以及平均井底流压等生产参数及储层基本参数代入 2.3 节计算模型，可得产气阶段的储层压降变化。该阶段气体解吸半径增加至 110 m 左右，且产气初期气体解吸半径增加较快，而后逐渐变慢。这主要是因为产气早期，产气量快速增加而气体解吸范围却较小，因此产气量的快速增加依赖于气体解吸范围的迅速增大，而随着排采进行，尽管产气量达到峰值并维持不变，但此时气体解吸范围已经很大，因此，气体解吸范围的增加幅度也会逐步变小。该过程中，平均储层压力从 3.355 MPa 下降至 0.660 MPa，下降了 2.695 MPa；井底流压从 3.355 MPa 下降至 0.140 MPa，下降幅度为 3.215 MPa（表 3）。从平均储层压力与井底流压的变化曲线可以看出，两者有着非常相似的变化规律，都是由快速下降到缓慢下降，甚至在某些具体的时间点上两者的起伏都较为一致。这表明井底流压对储层压力的控制作用十分明显，储层压力的传递和下降直接受井底流压的影响。因此，排采过程中井底流压的调控显得尤为重要，必须严格控制井筒液位以及井底流压的下降才能保证储层压力的合理传递，这也是煤层气稳产、高产的必要前提。

表 3 排采中平均储层压力、井底流压、压力扰动半径、气体解吸半径变化

排采阶段	参数	初始值	最终值	变化量
Ⅰ	压力扰动半径/m	0	234.31	234.31
	平均储层压力/MPa	4.33	4.234	0.096
	井底流压/MPa	4.33	3.355	0.975
Ⅱ	气体解吸半径/m	0	110.77	110.77
	平均储层压力/MPa	3.355	0.660	2.695
	井底流压/MPa	3.355	0.140	3.215

注：Ⅰ表示产水单相流阶段；Ⅱ表示产气阶段。

此外，产气过程中煤层含气量的变化可通过 Langmuir 方程直接求出，如图 9 所示，煤层含气量的变化趋势与储层压力变化趋势一致，但在该过程中含气量下降了 59.6%，而储层压力则下降了 80.3%，含气量的下降速率要小于储层压力的下降速率。

从图 10 可以看出，越接近井筒，该位置储层压力的变化曲线越接近井底流压的变化。产气阶段，储层压力随着时间和空间的变化与产水单相流阶段储层压力的变化规律相似，如图 10、图 11 所示。

为了验证本模型的合理性，将本研究所得结果与 tank-type 模型计算结果进行了对比研究。图 12 所示为两个模型计算得到的平均储层压力变化曲线。从图中可知，本研究计算得出的平均储层压力要高于 tank-type 模型计算结果，且随着排采时间的增加，差别越来越小，30 个月之后只有 0.15 MPa 左右，储层压力趋于一致。总体来看，本模型计算结果与 tank-type 模型具有较好的拟合关系，这也表明了该模型的合理性。

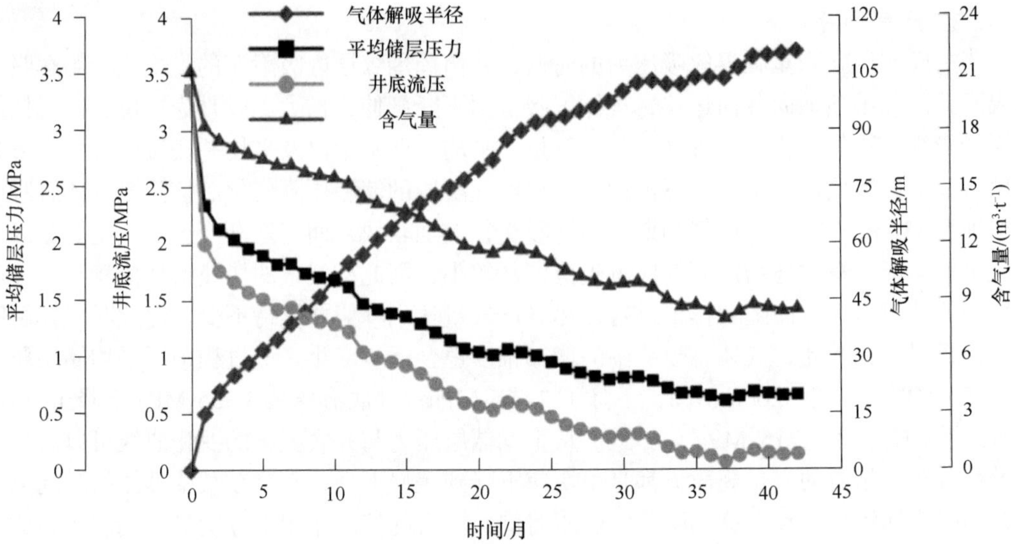

图 9　平均储层压力、气体解吸半径以及井底流压变化

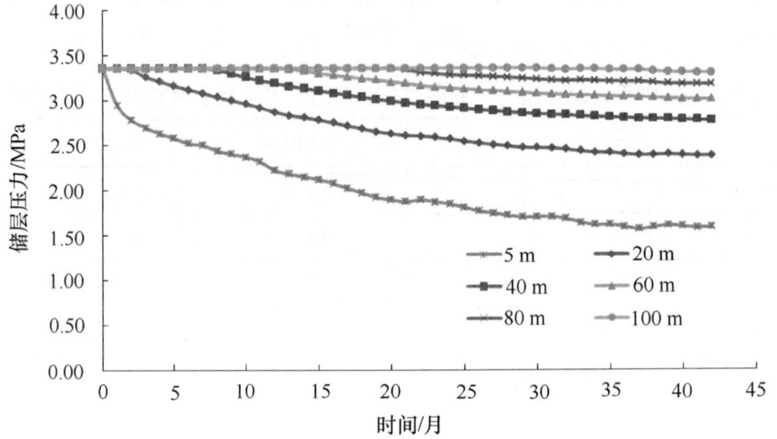

图 10　储层不同位置储层压力变化

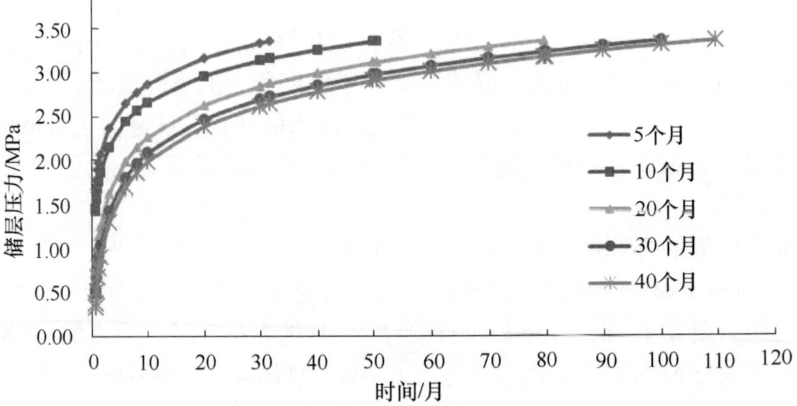

图 11　不同时间储层压力分布

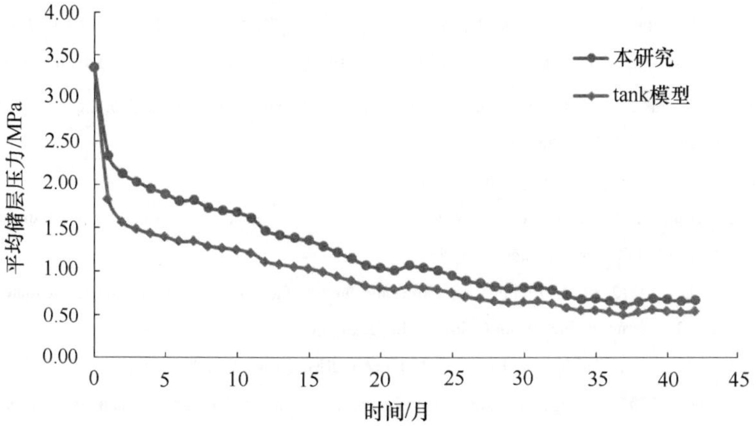

图 12 平均储层压力计算结果与 tank-type 模型对比

3 结 论

1）排采边界的确定是平均储层压力计算的前提，排采过程中不同范围内的平均储层压力变化规律不同。

2）产水单相流阶段，平均储层压力随着排采时间的增加呈直线下降，该阶段持续的时间与日产水量呈指数关系，且随着日产水量的下降，该阶段持续的时间的增加幅度越来越大。产气阶段，气体解吸范围先快速增加，而后缓慢增加；平均储层压力的变化趋势与井底流压变化趋势十分相似，均表现为先快速下降而后逐渐变慢。在空间上，储层压降梯度在井筒附近最大，并随着与井筒距离的增大而逐渐变小，离井筒越近的位置储层压力变化特征与井底流压变化规律越相似。

3）结合煤储层基本地质参数以及煤层气排采生产数据，利用构建的数学模型可以实现对煤层气排采生产过程中储层压降、气体解吸范围、压力扰动范围等参数的动态变化的量化表征，以便及时掌握煤层气井排采现状；同时可为制定适应不同地质条件下的煤层气排采压降调控制度提供理论参考依据。

4 致 谢

本研究在国家科技重大专项课题（2011ZX05034-002，2016ZX05067001-007）以及山西省煤基重点科技攻关项目（MQ2014-06）资助下完成。

参考文献

李国彪，李国富．2012．煤层气井单层与合层排采异同点及主控因素[J]．煤炭学报，37（8）：1354～1358．

李俊乾，刘大锰，姚艳斌，等，2013．煤岩割理压缩系数及其影响因素实验分析[C]．2013 全国煤层气学术研讨会．中国杭州．145～153．

倪小明，苏现波，李广生，2010．樊庄地区 3#和 15#煤层合层排采的可行性研究[J]．天然气地球科学，21（1）：144～149．

秦勇，袁亮，胡千庭，等，2012．我国煤层气勘探与开发技术现状及发展方向[J]．煤炭科学技术，40（10）：1～6．

邵长金，邢立坤，李相方，等，2012．煤层气藏多层合采的影响因素分析[J]．中国煤层气，9（3）：8～12．

宋岩，柳少波，赵孟军，等，2011．煤层气与常规天然气成藏机理的差异性[J]．天然气工业，31（2）：47～53．

徐兵祥，李相方，杜希瑶，等，2013．煤层气井解吸区预测模型研究[J]．中国矿业大学学报，42（3）：421～427．

叶建平，彭小妹，张小朋. 2009. 山西沁水盆地煤层气勘探方向和开发建议[J]. 中国煤层气，6（3）：7～11.

邹才能，杨智，朱如凯，等，2015. 中国非常规油气勘探开发与理论技术进展[J]. 地质学报，89（6）：979～1005.

Cai YD, Liu DM, Yao YB, et al. 2011. Geological controls on prediction of coalbed methane of No. 3 coal seam in Southern Qinshui Basin, North China [J]. Int. J. Coal Geol., 88:101～112.

Gash BW. 1991. Measurement of "rock properties" in coal for coalbed methane production [C].

Liu SQ, Sang SX, Liu HH, et al. 2015. Growth characteristics and genetic types of pores and fractures in a high-rank coal reservoir of the southern Qinshui basin [J]. Ore Geol. Rev.,64:140～151.

Lyu YM, Tang DZ, Xu H, et al. 2012. Production characteristics and the key factors in high-rank coalbed methane fields: a case study on the Fanzhuang Block, Southern Qinshui Basin, China [J]. Int. J. Coal Geol., 96-97:93～108.

Seidle J. 2011. Fundamentals of Coalbed Methane Reservoir Engineering[M]. Tulsa: PennWell Books, 247～253.

Su XB, Lin XY, Liu SB, et al. 2005. Geology of coalbed methane reservoirs in the Southeast Qinshui Basin of China [J]. Int. J. Coal Geol.,62:197～210.

Xu BX, Li XF, Xu HB, et al. 2013. A simplified model for desorption area prediction in coalbed methane reservoir[C]. In: SPE Asia Pacific Oil and Gas Conference and Exhibition, 22～24.

煤层气压裂直井产能预测模型研究

刘　佳　柳迎红　杨凯雷　冯汝勇

（中海油研究总院　北京　100027）

摘　要：基于渗流力学理论，结合煤层气吸附解吸特性，建立适用于煤层气井稳产期时渗流数学模型，通过保角变换对其进行求解，得到煤层气压裂直井产能预测方程。以SN区块某高产区为原型建立典型模型，对比油藏数值模拟软件和产能预测方程计算结果的差异性，并通过该方程对高产区内33口排采井稳产期产气量进行计算，理论计算结果与实际产气量误差最小控制在3%以内，对比结果表明，产能预测方程可快速准确预测煤层气井产量。通过该模型分别对渗透率、厚度、临界解吸压力以及井底流压进行影响因素分析，结果表明，低临界解吸压力导致产气时地层能量不足，气体膨胀能量较弱，压力下降困难，严重影响气井产量；降低井底流压可有效提高煤层气井产能，且当井底流压较高时，降低井底流压可获得较大的产气量增量，并建议选取井底流压大于1.5MPa的煤层气井进行加深泵挂措施。

关键词：煤层气　产能预测　临界解吸压力　井底流压　加深泵挂

The study of productivity prediction model of coal-bed Gas wells in stable stage

Liu Jia　Liu Yinghong　Yang Kailei　Feng Ruyong

(CNOOC Research Institute, Beijing 100028)

Abstract: Based on the percolation mechanics theory, combined with coalbed methane adsorption desorption characteristics, establishing suitable for coalbed methane well production plateau percolation mathematical model, introducing the pressure function to solve the coalbed gas well productivity prediction equation is obtained. Establishing the typical model by a high

---

基金项目：柿庄南区块煤层气储层精细评价与稳控排采制度研究基金资助项目（项目编号）：CNOOC-KY 125 ZDXM 00 ZY 01 15。

作者简介：刘佳，男，1988年生，湖北荆州人，工程师，主要从事油气田开发和油藏数值模拟研究。地址：北京市朝阳区太阳宫南街6号院中海油大厦，邮政编码：100010。E-mail:liujiaoil@126.com。电话：010-84524860。

production areas in Shizhuang south coalbed methane block, and contrast of reservoir numerical simulation software and the productivity prediction equations of the differences between the calculation results, and through the equation for high yield area of 33 high rank Wells production plateau for the computation of gas production theoretical calculation result and the actual gas production minimum error control within 5%, 26% on average, the comparison results show that the productivity prediction equations can accurately predict coalbed methane well production. Respectively by the model of permeability, thickness, critical desorption pressure and bottom hole flowing pressure influence factors analysis, the results show that the low critical desorption pressure lead to gas formation energy is insufficient, and gas expansion energy is weak, and the pressure drop is difficult, seriously affect the gas well production; Lower bottom hole flowing pressure can effectively improve coalbed gas well productivity, and when bottom hole flowing pressure is higher, the lower bottom hole flowing pressure can obtain larger gas production increment, and suggested to choose bottom hole flowing pressure is greater than 1.5 MPa of CBM Wells measures to deepen the pump.

Keyword: coal bed gas; production prediction; critical desorption pressure; bottom hole pressure; Deepening pump hang

煤层气由于大部分以吸附态形式存在，开采煤层气的主要方法通过降压开采进行，煤层气在成藏机理、赋存状态、分布规律和勘探开发方式等方面有别于常规天然气（周世宁等，1965；张遂安等，2014；Smith et al., 1984）。2011～2015 年期间，我国加快建设沁水盆地和鄂尔多斯东缘两个产业化基地，全国新增探明地质储量 3504.1×$10^8$$m^3$，累计探明地质储量达 6292.7×$10^8$$m^3$。但从煤层气产量上看，单井产量偏低的问题非常突出（刘世奇等，2013；杨恒林等，2014），2015 年煤层气年产量 171×$10^8$$m^3$，完成规划目标的 57%；地面产量 44.25×$10^8$$m^3$，仅为规划目标的 28%（陈振宏等，2009）。煤层气井单井产量预测对于煤层气开发有重要的意义，影响煤层气单井产量的主要因素包括渗透率、孔隙度、吸附能力、含气量、临界解吸压力、相对渗透率等几个方面（邵先杰等，2013；万金玉等，2005；叶建平等，1999；娄剑青，2004；郭继圣等，2017），对于新投产井，可帮助决策人员进行选井选层以及单井产能预测，对于老井，产能预测可用于判断目前产量是否正常或是否已达到产气高峰，并指导现场进行工作制度调整。故如何有效预测煤层气井产能，有效计算煤层气井理论排采曲线成为煤层气开发的重要课题。

目前对于煤层气井产能预测的研究尚不深入，付玉等（2003）、杨满平等（2011）、孟召平等（2014）基于渗流力学理论研究了考虑人工裂缝和应力敏感时的煤层气井产能，通过计算不同生产压差下的煤层气井产能，明确了煤层气开发需要制定合理的生产压差和严格控制排采强度。但这些模型均将煤层气作为常规储层对待，没有考虑煤层气储层的吸附解吸性质。吴晓东等（2004）综合考虑煤层甲烷的解吸附、扩散、渗流 3 个过程，采用数值方法对煤层气井产能进行预测。吕玉明等（2011）采用现代人工智能理论和数理统计理论，建立了煤层气井动态产能拟合和预测的时间序列 BP 神经网络模型，该模型能很好地拟合煤层气井的生产历史，并能准确定量预测。邓英尔等（2005）系统分析和总结了煤层渗透性、煤层与围岩组合方式等对煤层气产量的影响，用灰色模型预测了煤层气产量的变化规律。徐兵祥等（2011）引入典型曲线-无因次产量与时间的关系曲线法，建立了不同兰氏压力下无因次产量与实践的关系式，提出煤层气井典型曲线产能预测方法。但以上两种方法均属于经验公式，并未从渗流机理上考虑。本文基于渗流力学理论，结合煤层气吸附解吸特性，建立适用于煤层气井稳产期时渗流数学模型，引入压力函数对其进行求解，得到煤层气井产能预测方程，对煤层气的高效开发具有一定的指导作用。

1 模型建立

假设在均值、等温、等厚圆形地层中，中心一口煤层气井在小的时间步下以定产量生产，此时认为达到稳定渗流状态，故可以将该压裂直径简化为如下数学问题，如图 1 所示，长度为 $2L$ 的裂缝井，设地层厚度为 h，渗透率为 K，流体黏度 μ，供给边界压力为 p_e，裂缝井底压力为 p_w。为求解以上问题，采取保角变换方法。

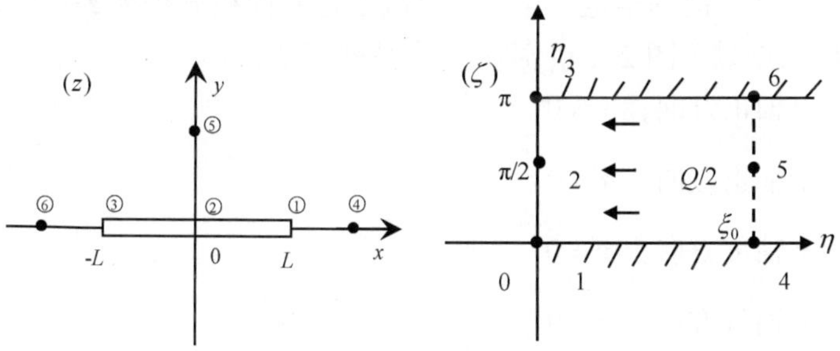

图 1　两分支裂缝井流动问题

取变换函数：

$$z = L\mathrm{ch}\zeta \tag{1}$$

把 $z = x + iy$，$\zeta = \xi + i\eta$ 代入式（1）得：

$$x + iy = L\mathrm{ch}(\xi + i\eta) = L(\mathrm{ch}\xi\cos\eta + i\mathrm{sh}\xi\sin\eta) \tag{2}$$

对应关系为：

$$\begin{cases} x = L\mathrm{ch}\xi\cos\eta \\ y = L\mathrm{sh}\xi\sin\eta \end{cases} \tag{3}$$

根据式（3）可得到 ζ 与 z 平面一些特殊点的映射：

	ζ 平面	z 平面	
1	$\xi = 0, \eta = 0$	$x = L, y = 0$	①
2	$\xi = 0, \eta = \dfrac{\pi}{2}$	$x = 0, y = 0$	②
3	$\xi = 0, \eta = \pi$	$x = -L, y = 0$	③
4	$\xi = \xi_0, \eta = 0$	$x = L\mathrm{ch}\xi_0, y = 0$	④
5	$\xi = \xi_0, \eta = \dfrac{\pi}{2}$	$x = 0, y = L\mathrm{sh}\xi_0$	⑤
6	$\xi = \xi_0, \eta = \pi$	$x = -L\mathrm{ch}\xi_0, y = 0$	⑥

即通过变换函数 $z = L\mathrm{ch}\zeta$，把 z 平面上半平面地层变换为 ζ 平面带宽为 π 的半无限大地层（ξ 轴右边），长度为 $2L$ 的裂缝井变为宽度为 π 的排液坑道。同理可以得到把 z 平面

下半平面地层变换为ζ平面带宽为π的半无限大地层（ξ轴左边）。即z平面裂缝井流动变换为ζ平面单向流动。

由式（3）可得到：

$$\frac{x^2}{L^2\text{ch}^2\xi}+\frac{y^2}{L^2\text{sh}^2\xi}=\cos^2\eta+\sin^2\eta=1 \tag{4}$$

为长轴为$a=L\text{ch}\xi$，短轴为$b=L\text{sh}\xi$的椭圆方程。在ζ平面给定一个u值即给定一条等势线，故上式为z平面的等势线方程。当u值较大时，即远离排液坑道，$a\approx b$，z平面等势椭圆变为等势圆。

由式（4）还可以得到：

$$\frac{x^2}{L^2\cos^2\eta}-\frac{y^2}{L^2\sin^2\eta}=\frac{a^2-b^2}{L^2}=1 \tag{5}$$

在ζ平面给定一个v值即给定一条流线，故上述双曲线方程为z平面的流线方程。

同理当v取特殊点时（图2），上述方程有特殊流线：

$\eta=0$　　x轴正方向，$y=0$

$\eta=\dfrac{\pi}{2}$　　y轴正方向，$x=0$

$\eta=\pi$　　x轴负方向，$y=0$

$\eta=\dfrac{3\pi}{2}$　　y轴负方向，$x=0$

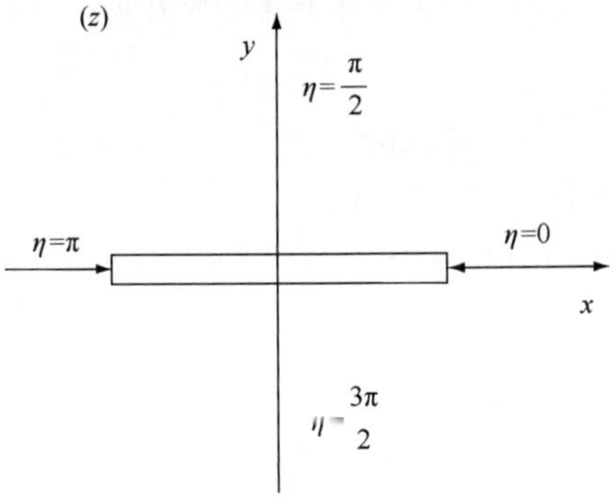

图2　两分支裂缝井特殊流线对应的v位置

下面求裂缝井产量：

当ξ_0较大时（对应z平面半径为r_e的圆）

$$\text{ch}\xi_0\approx\text{sh}\xi_0\approx\frac{1}{2}e^{\xi_0} \tag{6}$$

等势线方程：

$$\frac{x^2}{L^2\text{ch}^2\xi_0}+\frac{y^2}{L^2\text{sh}^2\xi_0}=1,\quad x^2+y^2=r_e^2=L^2(\frac{1}{2}e^{\xi_0})^2 \tag{7}$$

所以：

$$\xi_0=\ln\frac{2r_e}{L} \tag{8}$$

在z平面上，为一维驱替渗流模型，该模型产量方程为：

$$Q=\frac{T_a}{zP_aT_f}\frac{\pi Kh(P_e^2-P_w^2)}{4\mu\xi_0} \tag{9}$$

将式（8）代入式（9）得：

$$Q=\frac{T_a}{zP_aT_f}\frac{\pi Kh(P_e^2-P_w^2)}{4\mu\ln\frac{2r_e}{L}} \tag{10}$$

式中：h 为地层厚度；L 为裂缝半长；K 为割理渗透率；Q 为标准状况下气井产气量；μ 为气体黏度；T_a 为标准状况下温度；T_f 为地层温度；P_a 为标准状况下压力；z 为压缩因子。

由于该数学模型中边界压力 P_e 选取为临界解吸压力，解吸范围还未扩展到井距范围，此时煤层气井解吸范围不断扩展，不断有解吸气补充，产气量相对稳定，故该产能预测模型适用于预测煤层气井稳产阶段产气量。

2 模型验证

为验证产能预测模型的适用性，本文选取实际区块进行对比模拟。由于 SN 区块东南部目前排采时间较长，排采制度控制相对稳定，本文以该区块为例，分别从数值模拟和实际排采数据角度出发，与产能预测模型计算结果对比，说明该产能预测模型的合理性。

首先对比产能预测模型与商业数值模拟软件结果差异性，通过统计目标区块现有排采井地质参数，其中厚度、孔隙度、初始压力等均为实测值，渗透率、含气量、临界解吸压力等为根据生产数据计算值，对以上参数取平均，建立适用于目标区块的典型煤层气地质模型，设计基础模型参数如下表所示。基于此模型参数，分别采用产能模型和数值模拟软件预测煤层气井产气量。

目标区块典型模型参数表

井控面积	300m×300m	厚度	6m
渗透率	$1\times10^{-3}\mu m^2$	孔隙度	5.82%
含气量	$17.2m^3/t$	初始压力	6.0MPa
临界解吸压力	2.2MPa	井底压力	0.2MPa

通过商业数值模拟软件对以上地质模型进行模拟，其中排采制度在排水降压阶段控制在动液面下降速度为 3m/d，即井底流压控制在 0.03MPa/d 的下降速度，见气后动液面下降速度变缓为 0.1m/d。模拟结果如图 3 所示，该煤层气井在经历排水降压阶段、产量上升阶段后，进入稳产期，且稳产期时产气量在 $1350m^3/d$ 左右。

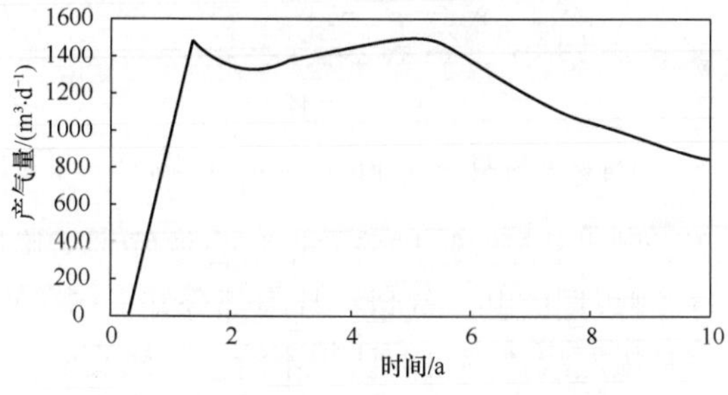

图 3　目标区产气曲线数值模拟结果

利用产能预测模型计算相同地质参数条件下的煤层气产量，由公式（9）可知，地质参数确定后，煤层气井产气量主要与解吸半径相关，解吸半径越大，日产气量越小，这是由于解吸半径越大，相同产水量所分摊到每个网格的压降越小，解吸气越少，但从计算结果中可以看到，产气量减小幅度较小，基本保持在稳产阶段。

为了方便对比，取解吸半径为 70m 时的日产气量，结果表明，理论模型计算得到的稳产期产气量在 1400m^3/d 左右，与数值模拟结果误差在合理范围以内，认为推导得到的产能预测模型与数值模拟吻合较好（图 4）。

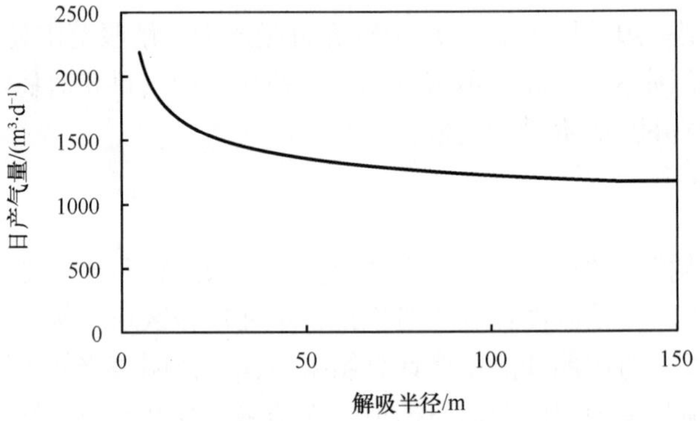

图 4　目标区煤层气单井产能理论计算结果

此外，选取 SN 区块排采制度稳定、生产时率高、已见气的井 33 口进行单井产量计算。计算参数均根据实际井测试资料选取，其中黏度取 0.013mPa·s，井径取 0.1m，渗透率根据煤层气井试井解释取 0.25～3.74mD 之间，煤层厚度根据每口井实际测试资料取值，临界解吸压力与井底压力取实际生产数据。其中临界解吸压力即为见气时的井底流压。计算结果如图 5 所示。

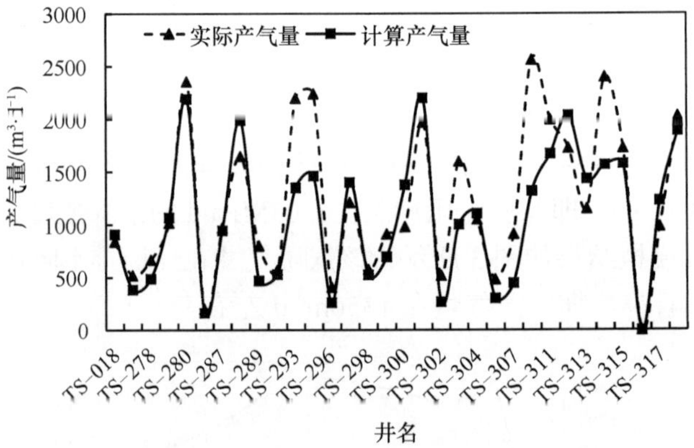

图 5　目标区实际排采井理论产气量与实际产气量对比

结果表明，85%的井预测结果与实际排采数据吻合较好，平均误差在 10%，最小误差可达 3%以内，可以用于预测煤层气井产气量。其中部分井（15%）产气量预测较差，主要原因认为有两个方面，一是煤层渗透率目前认识不清，无法真实刻画地下渗透率；二是井底流压测量存在一定误差。

3 产能影响因素分析

基于产能预测模型，分别对煤层渗透率、煤层厚度、临界解吸压力、井底流压进行产能影响因素分析，如图 6，图 7 所示。

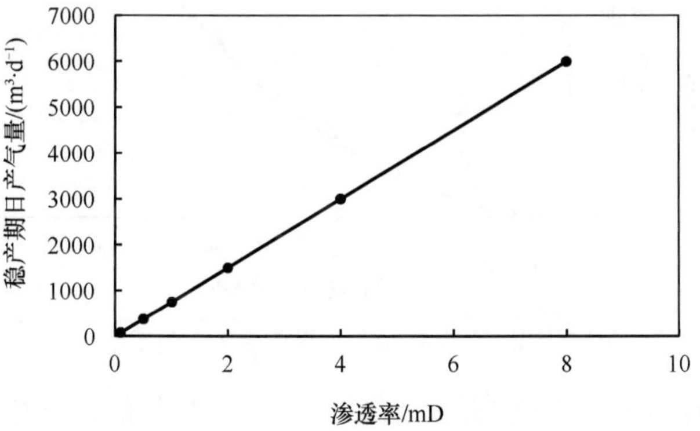

图 6 煤层气井产量与渗透率关系曲线

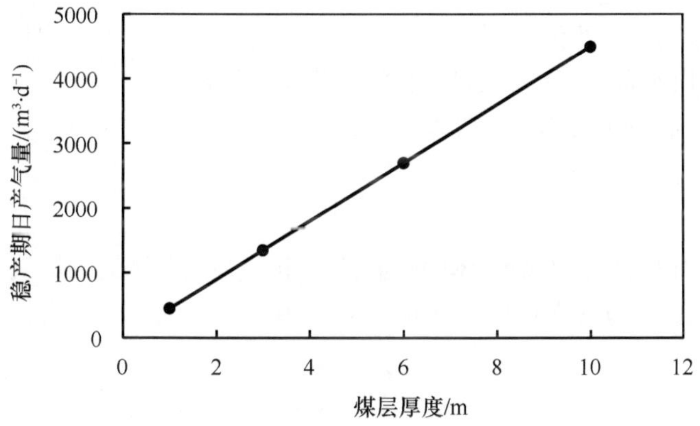

图 7 煤层气井产量与煤层厚度关系曲线

结果表明，煤层气井产气量均随煤层渗透率、厚度、临界解吸压力增加而增大。其中渗透率、煤层厚度与产气量呈线性关系。

临界解吸压力与产气量呈幂函数关系，即随着临界解吸压力增加，日产气量增加。将式（10）对 Pi 求导，得到煤层气井产量增加幅度与临界解吸压力的关系。

$$Q' = \frac{\pi Kh}{\mu}\frac{T_a}{P_a\bar{z}T_f}\frac{2P_eP_e'}{\ln\frac{r_e}{r_w}} \tag{11}$$

从关系式（11）可知，临界解吸压力越大，斜率越大，产量增加幅度增大，日产气量越大（图 8）。特别是对于煤层气，由于只有压力低于临界解吸压力后吸附气才能解吸形成自由气，当临界解吸压力较小时，煤层气井产气时地层压力处在临界解吸压力附近，此时将面临地层能量不足、产气量低的生产问题。

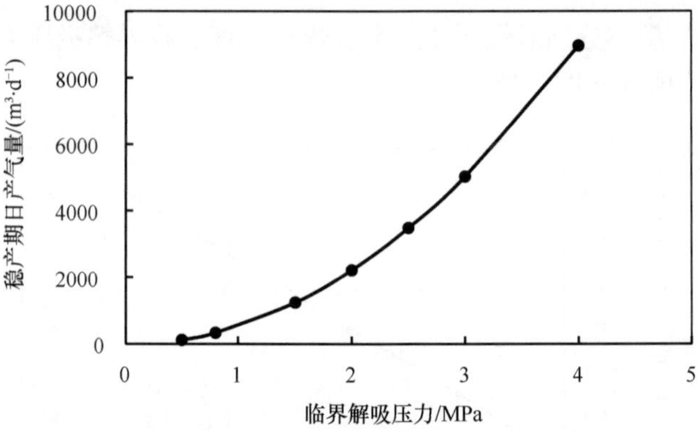

图 8　煤层气井产量与临界解吸压力关系曲线

对于煤层气这种利用天然能量开发的储层，即通过气体的弹性能量以及岩石的压缩性进行生产。弹性驱的驱动力主要来源于煤层气藏本身岩石和流体由于压力降低而产生的弹性膨胀能。根据物质平衡原理，当压力降低时所引起的岩石孔隙及气体的膨胀作用，将流体从割理挤到井底。因此，在某一地层压力下降期间从地层采出的气量和水量，应当等于油藏所储集的气体和储层的弹性膨胀量（此处不考虑水的弹性能），即：

采出气量+采出水量=气体膨胀量+孔隙体积的减少量

其中气体膨胀量（地面体积）可表示为：

$$Q_{pz} = \frac{Ah\phi S_g C_g \Delta p}{B_g} \tag{12}$$

式中：B_g为气体体积系数，表征气体的膨胀能，定义为一定量的天然气在油气层条件（某一 P、T）下的体积 V_R 与其在地面标准状态下（20℃，0.1MPa）所占体积之比。即：

$$B_g = \frac{V_R}{V_{sc}} \tag{13}$$

式中：V_{sc} 为一定量天然气在标准状况下的体积，m^3；V_R 为一定量天然气在油气层条件下的体积，m^3。

B_g与压力的关系如图 9 所示，即随着压力减小，气体体积系数增加，膨胀能量减弱。根据式（12）可知，在相同压差下气体的膨胀体积减小，进而导致产气量降低。

另一方面，当临界解吸压力本身较低时，地层压力进一步降低难度较大，即式（12）中 Δp 减小，导致产气量降低。

但以上 3 个参数（渗透率、煤层厚度、临界解吸压力）均属于煤层自身属性，通过现有工艺技术进行改变而达到增产的目的有一定困难，人工压裂技术虽然能一定程度增加渗透率，但仅限于煤层气井附近，而二次压裂不仅会增加成本，且风险较高，故投产后煤层渗透率调整可能性不大。所以井底流压成为煤层气井增产稳产调控的重要参数之一，降低井底流压可提高煤层气井产气量，现场通常采用加深泵挂的方法进一步降低井底流压。

计算结果表明，煤层气井产气量随井底流压降低而增加，且增加幅度越来越小。即当井底流压较大时，降低井底流压可获得较大的产气量增量（图 9）。

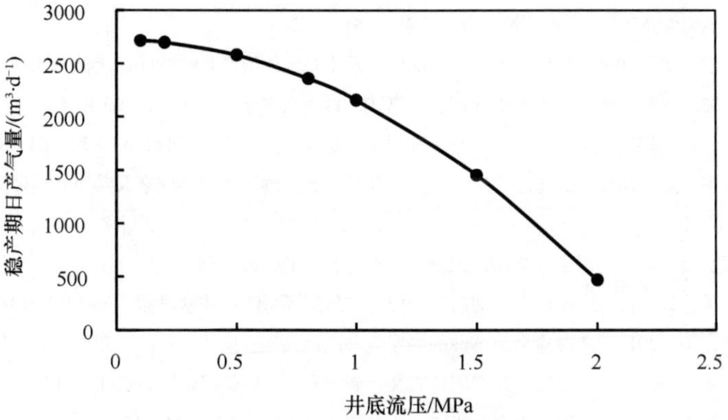

图 9　煤层气井产量与井底流压关系曲线

目前 SN 东南部已有若干口排采井进行了加深泵挂作业，作业后日产气量均有一定程度的增加，图 10 为作业前井底流压与作业后产量增长倍数的对比图，结果表明作业前井底流压越大，产量增长倍数越大，与上述理论研究结果相同，且对于目标区，为了得到较好的增产效果，建议选取加深泵挂前井底流压大于 1.5MPa 的煤层气井。

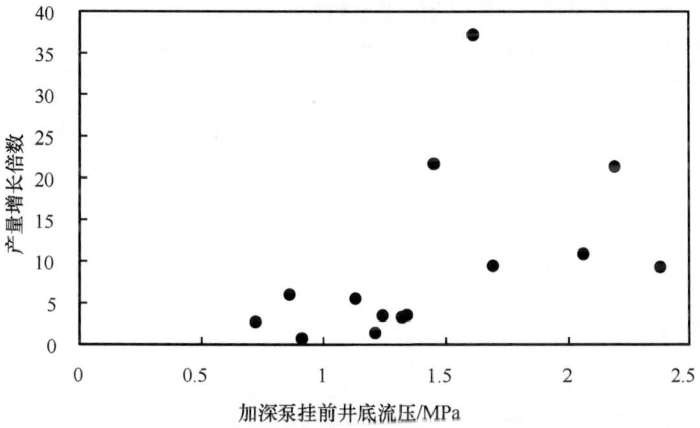

图 10　目标区排采井加深泵挂前井底流压与产量增长倍数关系曲线

4　结　论

1）基于经典渗流力学理论，结合煤层气特殊排采规律，建立煤层气稳产气阶段产能预测模型。

2）基于 SN 区块东南部地质参数，利用产能预测模型计算稳产期产气量，并与数值模拟方法和实际生产数据对比，结果表明，该产能预测模型具有较好的适用性。

3）利用产能预测模型对渗透率、煤层厚度、临界解吸压力和井底流压进行影响因素分析，为煤层气井投产前合理选井选层以及投产后增产稳产提供理论依据。

参考文献

陈振宏，王一兵，杨焦生，等．2009．影响煤层气井产量的关键因素分析——以沁水盆地南部樊庄区块为例[J]．石油学报，30（3）：409～412．

程林松. 2011. 高等渗流力学[M]. 北京：石油工业出版社，151～162.
邓英尔，黄润秋，郭大浩，等. 2005. 煤层气产量的影响因素及不稳定渗流产量预测[J]. 天然气工业，25（1）：117～119.
付玉，郭肖，龙华. 2003. 煤层气储层压裂水平井产能计算[J]. 西南石油学院学报，25（3）：44～46.
郭继圣，张宝优. 2017. 我国煤层气（煤矿瓦斯）开发利用现状及展望[J]. 煤炭工程，49（3）：83～86.
刘世奇，桑树勋，李梦溪，等. 2013. 樊庄区块煤层气井产能差异的关键地质影响因素及其控制机理[J]. 煤炭学报，38（2）：277～283.
娄剑青. 2004. 影响煤层气井产量的因素分析[J]. 天然气工业，24（4）：62～64.
吕玉民，汤达祯，李治平，等. 2011. 煤层气井动态产能拟合与预测模型[J]. 煤炭学报，36（9）：1482～1484.
孟召平，张纪星，刘贺，等. 2014. 考虑应力敏感性的煤层气井产能模型及应用分析[J]. 煤炭学报，39（4）：593～599.
邵先杰，王彩凤，汤达祯，等. 2013. 煤层气井产能模式及控制因素——以韩城地区为例[J]. 煤炭学报，38（2）：271～276.
万金玉，曹雯. 2005. 煤层气单井产量影响因素分析[J]. 天然气工业，25（1）：124～126.
吴晓东，王国强，李安启，等. 2004. 煤层气井产能预测研究[J]. 天然气工业，24（8）：82～84.
徐兵祥，李相方，胡小虎，等. 2011. 煤层气典型曲线产能预测方法[J]. 中国矿业大学学报，40（5）：743～746.
杨恒林，汪伟英，田中兰. 2014. 煤层气储层损害机理及应对措施[J]. 煤炭学报，39（S1）：158～163.
杨满平，王刚，许胜洋，等. 2011. 考虑应力敏感性的煤层气稳定流动气井产能方程[J]. 天然气地球科学，22（2）：347～350.
叶建平，史保生，张春才. 1999. 中国煤储层渗透性及其主要影响因素[J]. 煤炭学报，24（2）：118～122.
张遂安，曹立虎，杜彩霞. 2014. 煤层气井产气机理及排采控压控粉研究[J]. 煤炭学报，39（9）：1927～1931.
周世宁，孙辑正. 1965. 煤层瓦斯流动理论及其应用[J]. 煤炭学报，2（1）：24～37.
Smith D M, Williams F L. 1984. Diffusional effects in the recovery of methane from coalbeds. SPE, 529～535.

沁水盆地 SY–D 区煤层气井高产水影响因素分析

吕玉民　柳迎红　王存武　郭广山　朱学申

（中海油研究总院新能源研究中心　北京　100028）

摘　要：为揭示沁水盆地 SY-D 区块煤层气井产水异常高的主控因素，本文对该区的区域水文地质条件、煤层与顶底板及其含水层岩性组合关系以及不同压裂工艺对煤层气井产水特征的影响进行了系统分析，揭示了导致 SY-D 区块煤层气井高产水的地质风险和工程风险，并提出了相应的规避措施。研究结果表明：压裂施工排量过大（>7m^3/min），沟通煤层附近的含水层，是导致煤层气井高产水的直接原因；煤系地层中邻近煤层所发育的高角度裂缝性含水砂岩层是导致煤层气井高产水的关键地质风险。此外，顶底板岩性厚度以及区域水文地质条件也是造成该区煤层气井高产水的重要因素。因此，降低压裂施工排量、规避围岩中的高角度裂缝性含水层、选择厚层的顶底板泥岩发育区是降低煤层气井高产水的重要手段。

关键词：煤层气　高产水　地质　工程

Discussion of geological and engineering controls on high water production of CBM wells: a case of Shouyang D block

Lv Yumin　Liu Yinghong　Wang Cunwu　Guo Guangshan　Zhu Xueshen

(New energy research center, CNOOC Research Institute, Beijing 100028)

Abstract: In order to reveal the controlling factors causing high water production of coalbed methane (CBM) wells in Shouyang block, Qinshui basin, this paper makes a systematic analysis of the impact of regional hydrogeological conditions, lithological association of coal seams and roofs and floors as well as aquifers, and fracturing techniques on water production of

作者简介：吕玉民，男，1985 年生，博士，主要从事非常规油气地质与开发研究。E-mail:yale1210@163.com。电话：010-84520440。

CBM wells, summarizes the geological risk and engineering risk leading to high water production, and finally brings in measures to avoid those risks. Results shows that too high fracturing pumping rate is the immediate cause of high water production of CBM wells due to hydraulic connection between coal seams and aquifers, and high angle fractured aquifers nearby coal reservoirs in coal measure strata is the critical geological risk causing high water production of CBM wells. Additionally, unfavorable lithological association and regional hydrogeological conditions are the important factors causing high water production of CBM wells. Therefore, decreasing fracturing pumping rate, avoiding high angle fractured aquifers, and choosing coal seams which develops thick argillaceous roof and floors are the important measures to limit water production of CBM wells.

Keyword: coalbed methane; high water production; geological; engineering

排水降压是煤层气开发的主要开发手段。一般来说，煤层排水越多，越有利于煤储层降压，产气效果也往往越明显。然而，在实际开发过程中，经常出现一些煤层气井长时间大量产水，但其产气效果非常差，甚至不产气，严重影响煤层气井的开发效益。因此，加强煤层气井高产水的因素分析对提高煤层气井开发效益、降低风险具有重要现实意义。

目前，国内外学者对煤层气井高产水影响因素分析研究相对较少（马凤峰，1998；李清等，2013），更多地研究水文地质条件对煤层气富集成藏的影响（叶建平，2002；杨永田，2007；刘洪林等，2006；田冲等，2012；王明明，1998；吴鲜等，2011；叶建平等，2001）。本文以沁水盆地 SY-D 区块为研究对象，为揭示该区煤层气井高产水的地质与工程因素，对该区的区域水文地质条件、煤层与顶底板及其含水层岩性组合关系以及不同压裂工艺下的煤层气井产水特征进行了系统分析，探讨了导致 SY-D 区块煤层气井高产水的地质风险和工程风险，并提出了相应的规避措施，为该区煤层气井避免高产水提供地质指导和工程依据。

1 研究区概况及其产水特征

研究区位于沁水盆地西北部的 SY-D 区。构造较为简单，为东西走向的南倾单斜构造，发育一些次级褶曲和断裂。区内地层平缓，倾角一般在 10° 左右。该区发育多套煤层，其中山西组的 3 号煤层和太原组的 9 号、15 号煤层是煤层气开发的主要目的层。

目前，SY-D 区有 100 多口煤层气井，其中进入排采约 87 口。截至 2014 年底，区内大部分煤层气井已累计排采 2 年以上。生产排采显示该区煤层气井产水普遍偏高：平均产水量 2.60～127.36m^3/d，平均为 31.23m^3/d（图 1）。其中约 60%的煤层气井平均产水量达到 20m^3/d 以上，单井累计产水量最大已超过 $5\times10^4m^3$。

与沁水盆地其他煤层气成熟/较成熟开发区相比，SY-D 区块具有典型的高产水特征。如图 1 所示，沁水盆地南部的樊庄、潘庄、郑庄、柿庄南和柿庄北区块煤层气井产水普遍较低，其平均产水量分别为 3.31m^3/d、4.35m^3/d、4.66m^3/d、4.38m^3/d 和 4.45m^3/d。对比可以看出 SY-D 区块煤层气井单井日产水量约为沁水盆地南部各煤层气区块的 8～10 倍（图 1）。由此对比显示 SY-D 区块煤层气井产水量明显高于盆内其他煤层气开发区，属于高产水煤层气田。

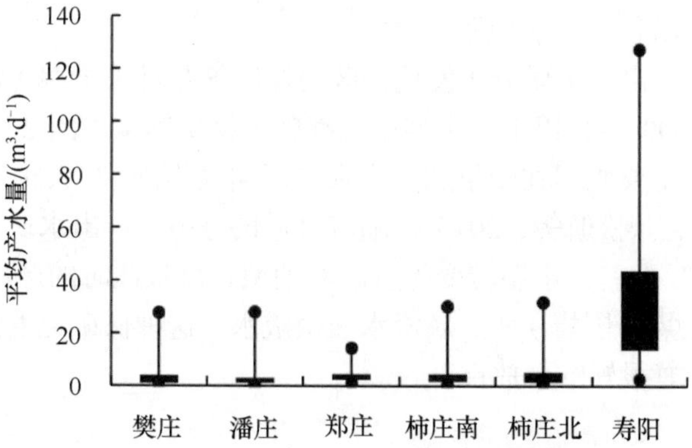

图1　不同区块煤层气井平均产水对比图

SY-D区块北部煤层气井产水量存在明显的平面差异。区内局部区域出现一个明显的高产水特征，其平均产水高达100m^3/d以上。此外，该区井间产水差异更为突出，区内单井最大产水量达到433m^3/d，而最小仅有2.60m^3/d，相差数百倍。

2　高产水地质风险分析

为揭示SY-D区块北部煤层气井高产水特征，首先开展地质分析，主要从区域水文地质条件和岩性组合关系入手，探讨SY-D区块产水高的地质因素及风险。

2.1　区域水文地质条件

（1）区域水文地质概况

SY-D区块位于沁水盆地北缘低山丘陵区，地形北高南低、西高东低。研究区为典型的黄土丘陵地貌，地表侵蚀切割剧烈，地表水系随地形形态发育。研究区西部和北部的中高山地区为该区地下水的重要补给区。水文地质分区属于阳泉、寿阳丘陵盆地水文区，隶属于娘子关泉泉域。娘子关泉泉域面积7217 km^2，多年平均流量10.93m^3/s，是中国北方最大的泉域，地下水资源丰富（傅晓鸣等，2013；郝永红等，2003）。

（2）区域含水层特征

娘子关泉岩溶水系统的区域性含水层主要是石炭、二叠系裂隙性砂岩、岩溶含水层和奥陶系岩溶含水层（表1），其中石炭系、二叠系裂隙砂岩含水层及裂隙岩溶含水层是距离煤层近且易存在水力联系的主要含水层（郝永红等，2003；池卫国，1998）。

表1　区域性含水层特征

类型	层位	岩性	赋存空间	pH	水型	矿化度 mg·L^{-1}
松散孔隙含水层	N+O	砂砾岩	孔隙	7.2～7.6	Na_2SO_4 $NaHCO_3$	430～600
裂隙含水层	T C—P	砂岩 砂岩、页岩 煤	裂隙 裂隙 割理、裂隙	7.6～9.4	$NaHCO_3$ $NaHCO_3$	700~1100
裂隙岩溶含水层	C_3t O_2m	灰岩 灰岩	裂隙、孔洞 裂隙、孔洞	8.0～9.1 7.3～8.6	$NaHCO_3$ $NaHCO_3$ Na_2SO_4	800～1500 500~1400

（3）区域水动力场和水化学特征

通过对煤层气井产出水水质分析发现：区内煤层气井排采早期，煤层气井产出水矿化度较高，基本都在2000mg/L以上，水型也大都属于氯化钙型（图2）。造成排采早期矿化度较高且水型异常的主要原因在于早期产出水受压裂液/钻井液（加 2%KCl）污染较为严重（李忠城等，2011；张松航等，2015）。随着排采的进行，产出水矿化度呈幂指数下降且普遍稳定在1000mg/L左右，水型转变为重碳酸钠型，反映此时的产出水受压裂液/钻井液污染较小，为地层（煤层/围岩）水，属淡水—微咸水。这种低矿化度特征显示该区地下水补给径流速度快，具有很好的开放性。

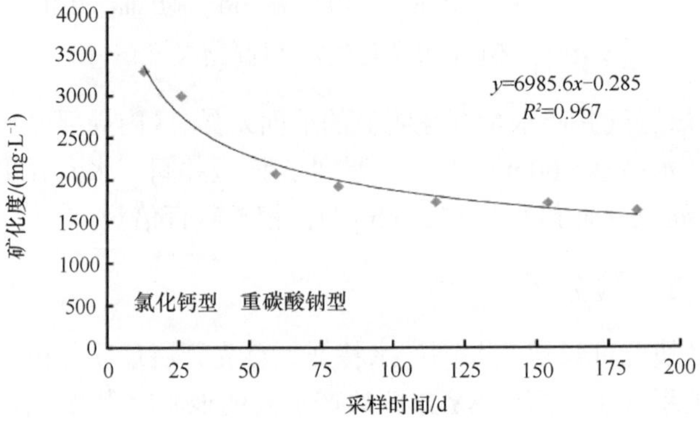

图2　SY04井排采水水质特征

2.2　岩性组合关系分析

（1）顶底板岩性厚度

3#、9#煤层顶底板岩性主要为泥岩，局部区域为砂质泥岩，总的来说，具有较好的岩性特征；而15#煤层顶底板岩性明显具有多样性，不仅发育泥岩、砂质泥岩，还在南部发育砂岩和灰岩。

顶底板厚度显示3#煤层顶底板在SY-D区中部—北部以及西南部厚度较大，达到10m以上，但其他区域顶底板厚度较薄；9#煤层顶底板厚度略大于3#煤层，厚度普遍大于8m，具有较好的隔挡性；15#煤层顶底板厚度普遍较薄，绝大部分区域顶底板厚度小于6m，因此，其顶底板被压穿的风险较大（图3）。

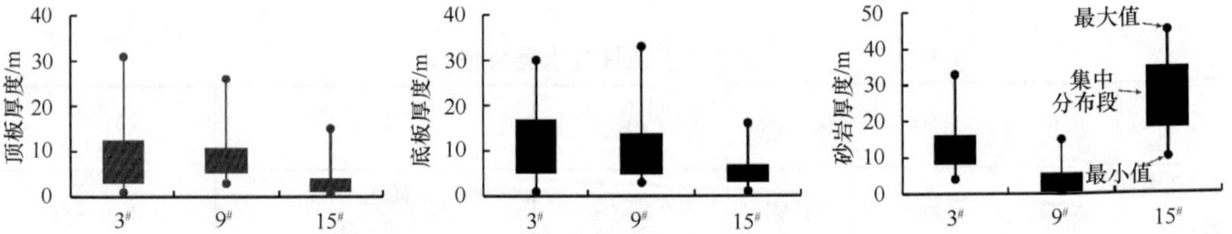

图3　煤层顶底板及其围岩砂岩厚度图

对比发现15#煤层底板岩性较差且厚度较薄，必然造成其隔挡性差、被压穿的风险大；而3#和9#煤层底板岩性厚度大体相当，隔挡性较好、被压穿的风险较低。

（2）煤系地层中砂岩层特征

通过对主力煤层上下50m范围内的砂岩进行研究，发现3#煤层围岩中发育的砂岩厚度变化较大，其中厚度较大的集中在南部，达到 20m 以上，北部砂岩厚度较薄；$9^\#$煤层围岩中发育的砂岩厚度总体较薄，大部分区域厚度不足 5m；$15^\#$煤层围岩中的砂岩厚度明显大于 $3^\#$和 $9^\#$围岩中的砂岩，厚度普遍高于 20m，局部达到 40m 以上。

由此可知，$15^\#$煤层上下围岩中的砂岩非常发育且厚度最大，而其他两套煤层围岩的砂岩总体偏薄。因此，一旦沟通 $15^\#$煤层上下围岩中的含水层，必然引发煤层气井高产水风险。

（3）邻近含水层特征

测井解释资料和取芯照片显示主力煤层上下围岩中发育诸多高角度裂缝型含水砂岩层。以 SY01 井为例，$3^\#$煤层上部 3m 附近发育 8m 厚的高角度裂缝型含水砂岩，其孔隙度约 8%左右（图 4）。$15^\#$煤层围岩中同样发育高角度裂缝型含水砂岩层，尤其是下部 5m 处发育 8m 厚的含水砂岩层。这种高角度的构造裂缝形成过程中能切穿砂岩层，也极有可能切穿砂岩层附近的泥岩与煤层，造成煤层与含水砂岩层沟通，引发煤层高含水与气井高产水。

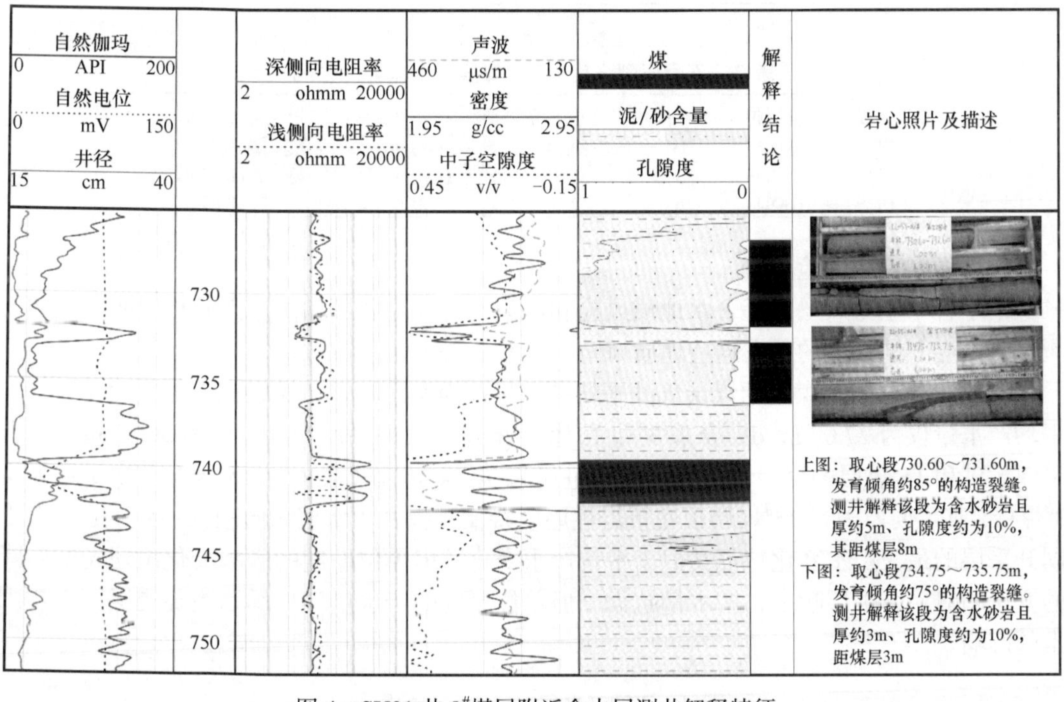

图 4　SY01 井 $3^\#$煤层附近含水层测井解释特征

3　高产水工程风险分析

（1）压裂强度风险分析

压裂改造是煤层气开发过程中必不可少的改造措施。目前，SY-D 区块煤储层改造措施主要为清水压裂。

压前评估显示该区压裂施工排量与缝高成正比。压前评估显示区内施工排量大于 $6m^3/min$ 所形成的缝高平均为 21.1m；施工排量在 $4m^3/min$ 左右所形成的缝高仅为 9.2m。SY-D 区块煤层气压裂排量主要有约 7.5 m^3/min、6.0 m^3/min 和 3.8 m^3/min 3 种方式，分别定义为强、中、弱 3 种压裂强度。研究发现压裂强度与气井产水呈正相关，即压裂强度越大，煤层气井平均产水、最大产水以及单位厚度产水均增大（表 2）。压裂强度大的产水量基本是压裂强度较弱的 2～3 倍，尤其是单位厚度的产水差异。分析认为压裂强度过大极易压裂煤层及其顶底板，导致煤层沟通围岩中的含水砂岩层，造成气井高产水。

考虑到 SY-D 区块煤层气开发层系多，同时重点开展单采 15#的煤层气井在不同压裂强度下的产水差异分析。结果显示总体上压裂强度越弱，产水越少，但压裂强度由强降低到中等时，煤层气井的产水量并没有发生太大的变化（表 3），表明对于压裂 15#煤层来说中等强度（6.0 m^3/min）的水力压裂效果与大强度的压裂效果基本相当，即中等强度地压裂也非常容易压穿煤层，导致煤层沟通围岩中的含水砂岩层，进而造成气井高产水。

表 2　不同压裂强度对产水差异的影响

压裂强度	统计数	平均产水量	最大产水平均值	单位厚度产水量
强	72	32.81	76.30	6.44
中等	8	30.34	55.50	5.77
弱	6	12.34	21.07	2.89

表 3　不同压裂强度对 15#煤层产水差异的影响

压裂强度	开采层位	统计数	平均产水量	最大产水平均值	单位厚度产水量
强	NO15	25	30.07	58.40	7.15
中等	NO15	3	31.64	58.73	6.85
弱	NO15	6	12.34	21.07	2.89

（2）压裂选层风险分析

由于各个主力煤层附近含水地质风险和压裂沟通风险各不相同，因此相同或相似的压裂过程中会不同程度的诱发这些地质风险。

对比发现单采 3#煤层的煤层气井平均产水量仅为 12.96 m^3/d，单采 15#煤层的煤层气井平均产水量仅为 27.08 m^3/d，合采 3#和 15#煤层的煤层气井平均产水量仅为 36.83 m^3/d，合采 3#、9#和 15#煤层的煤层气井平均产水量仅为 37.34 m^3/d（表 4）。15#煤层产水量远大于 3#煤层，其主要原因是 15#煤层顶底板岩性厚度特征及围岩含水层风险较大所致。总体上不同开采层的最大产水变化特征类似于平均产水变化，但单位厚度的产水变化出现先增后降的变化趋势。合采层越多，产水量越大，但单位厚度的产水量却降低，主要受层间干扰因素的影响。

表 4　不同开采层对产水差异的影响

开采层位	统计数	平均产水量	最大产水平均值	单位厚度产水量
NO3	3	12.96	30.57	4.23
NO15	34	27.08	51.84	6.37
NO3_NO15	15	36.83	70.43	7.01
NO3_NO9_NO15	21	37.34	102.70	5.03

4　结论认识

1）不同于沁水盆地其他区块，SY-D 区煤层气井产水异常高且存在明显的平面产水差异和井间产水差异。

2）煤系地层中邻近煤层所发育的高角度裂缝性含水砂岩层是导致煤层气井高产水的关键地质风险，同时 15#煤层顶底板岩性多变且厚度较薄以及区域性活跃的水文地质特征也是导致高产水的重要地质风险。

3）压裂施工排量过大是导致该区煤层气井高产水的直接原因。压裂施工排量过大（>7m^3/min），沟通煤层附近的含水层，造成煤层气井高产水，其产水量约为低排量压裂井的 2～3 倍。

因此，降低压裂施工排量、规避围岩中的高角度裂缝性含水层、选择厚层的顶底板泥岩发育区是降低煤层气井高产水的重要手段。

参考文献

池卫国. 1998. 沁水盆地煤层气的水文地质控制作用[J]. 石油勘探与开发，25（3）：15～18.

傅晓鸣，郝永红，范永辉，等. 2013. 极端降水对娘子关泉流量的补给研究[J]. 中国岩溶，32（2）：140～147.

郝永红，黄登宇，刘洁，等. 2003. 娘子关泉域降水补给的时滞研究[J]. 中国岩溶，22（2）：92～95.

李清，赵兴龙，谢先平，等. 2013. 延川南区块煤层气井高产水成因分析及排采对策[J]. 石油钻探技术，41（6）：95～99.

李忠城，唐书恒，王晓锋，等. 2011. 沁水盆地煤层气井产出水化学特征与产能关系研究[J]. 中国矿业大学学报，40（3）：424～429.

刘洪林，李景明，王红岩，等. 2006. 水动力对煤层气成藏的差异性研究[J]. 天然气工业，26（3）：35～37.

马凤山，李尚儒，蔡祖煌. 1998. 煤层气开发的水文地质问题[J]. 水文地质工程地质，25（3）：20～22.

田冲，汤达祯，周志军，等. 2012. 彬长矿区水文地质特征及其对煤层气的控制作用[J]. 煤田地质与勘探，40（1）：43～46.

王明明，卢晓霞，金慧，等. 1998. 华北地区石炭系—二叠系煤层气富集区水文地质特征[J]. 石油实验地质，20（4）：385～393.

吴鲜，廖聪，叶玉娟，等. 2011. 水文地质条件对煤层气富集的影响[J]. 重庆科技学院学报：自然科学版，13（5）：78～81.

杨永田. 2007. 河东煤田三交区块水文地质条件与控气特征[J]. 中国煤田地质，19（3）：30～33.

叶建平，武强，王子和. 2001. 水文地质条件对煤层气赋存的控制作用[J]. 煤炭学报，26（5）：459～462.

叶建平. 2002. 水文地质条件对煤层气产能的控制机理与预测评价研究[D]. 北京：中国矿业大学.

张松航，唐书恒，李忠城，等. 2015. 煤层气井产出水化学特征及变化规律——以沁水盆地柿庄南区块为例[J]. 中国矿业大学学报，44（2）：292～299.

沁水盆地中东部地区煤层气页岩气储层地质条件研究及共采有利区预测

苏育飞　屈晓荣　张庆辉　黄　婷　魏子聪

（山西省煤炭地质勘查研究院　山西太原　030006）

摘　要：煤系地层中赋存有大量的煤层气、页岩气及致密砂岩气等多种非常规天然气资源，将其作为一个整体进行共探共采，是节约勘探成本，提高资源综合利用的有效途径。本文以沁水盆地中东部榆社—武乡地区为研究对象，通过对其赋存的煤层气、页岩气储层地质条件的研究，采用层次分析和模糊数学评价相结合的方法，运用层次分析法计算各影响因素指标的权重，模糊数学评价法评价各影响因素的配置，对本区煤层气和页岩气共采有利区进行了预测和评价，为研究区下一步的勘探开发工作部署提供了有力的地质依据。

关键词：煤层气　页岩气　层次分析法　模糊数学评价法　共采区

Study on Geological Conditions of CBM Shale Gas Reservoir for Co - mining in Middle East area of Qinshui Basin

Su Yufei　Qu Xiaorong　Zhang Qinghui　Huang Ting　Wei Zicong

(Shanxi Research Institute Investigation and Research Institute　Taiyuan　030006)

Abstract: There are a lot of unconventional natural gas resources in coal measure strata, such as CBM, shale gas and tight sandstone gas, etc. as a whole, it is an effective way to save exploration cost and improve the comprehensive utilization of resources. This paper takes Yushe - Wuxiang area in middle east of Qinshui basin as the research object, through the study of its occurrence CBM and shale gas reservoir geological conditions, using analytic hierarchy process and fuzzy mathematical evaluation method, using analytic hierarchy process to calculate the

---

项目来源：2014 年度山西省煤基重点科技攻关项目-煤层气、页岩气资源潜力综合评价及共探共采选区研究，项目编号 MQ2014-02。

作者简介：苏育飞，男，1985 年生，山西晋城人，硕士，工程师，主要从事页岩气、煤层气、煤炭相关地质及工作。通信地址：山西省太原市晋阳街 170 号汇锱磁材大厦。联系电话：13485308410。E-mail：281967976@qq.com。

weight of each influencing factors index, fuzzy mathematical evaluation method to evaluate the allocation of influencing factors, prediction and evaluation of the favorable area of CBM and shale gas in this area, and provide a strong geological basis for the next step of exploration and development.

Keywords: coalbed methane; shale gas; analytic hierarchy process; fuzzy mathematics evaluation method; co - mining area

近年来，对煤系地层中赋存的煤层气、页岩气及致密砂岩气进行共探共采受到了国内外的高度重视，部分地区已经进行了先导性实验（申建等，2014；Papendick et al., 2011）。沁水煤田作为我国主要的煤层气勘探开发示范区，目前，对其进行的勘查工作也从前期的单一煤层气勘查研究逐渐向煤层气、页岩气等煤系非常规天然气的综合勘查发展（秦勇等，2014；侯晓伟等，2010；苏育飞，2016）。研究区位于山西省沁水煤田中部的榆社县和武乡县境内，区内已进行了二维地震、钻探及采样测试等勘查工作，本文通过分析所取得的地质资料，对区内赋存的煤层气、页岩气储层地质条件进行研究，采用层次分析和模糊数学评价相结合的方法，对本区煤层气和页岩气的共采有利区进行预测和评价，为指导后续的勘查工作奠定了坚实的基础。

研究区地层总体为一走向北东、倾向北西的单斜构造，倾角 3°～10°，区内中北部较南部基岩出露广泛，从老至新出露有上二叠统上石盒子组（P_2s）及石千峰组（P_2sh），下三叠统刘家沟组（T_1l）及和尚沟组（T_1h），中三叠统二马营组（T_2er），地势西高东低、北高南低。下二叠统山西组和上石炭统太原组是区内的主要含煤地层，也是区内的主要含气地层。

1　煤层气地质条件

1.1　主采煤层、煤质、煤岩

区内主要含煤地层为下二叠统山西组和上石炭统太原组，共含煤 24 层，自上而下有编号的煤层为 1、$1_{下}$、$2_{上}$、2、$2_{下}$、$3_{上}$、3、$3_{下}$、4、5、6、7、8_{-1}、8_{-2}、$9_{上}$、9、10、11、12、13、14、$15_{上}$、15、16 号煤层。其中 1～4 号煤层产于山西组，5～16 号煤层产于太原组。含煤地层总厚 178.19m，煤层总厚 17.34m，含煤系数 9.73%，可采煤层厚度 13.38m，可采含煤系数 7.5%。其中山西组含煤系数 9.55%，可采含煤系数 7.06%；太原组含煤系数 9.82%，可采含煤系数 7.72%。3、8_{-1}、15 号煤层为本区主要可采煤层，3 号煤层位于山西组中部，厚度 0.39～2.75m，平均厚 1.25m，属大部可采的稳定煤层；8_{-1} 号煤层位于太原组上部，厚度 0.20～2.13m，平均厚 0.85m，属大部可采的较稳定煤层；15 号煤层位于太原组下部，厚度 1.12～6.44m，平均厚 14.58m，属全区可采的较稳定煤层（表 1）。主要为高发热量～特高发热量的贫煤（PM）和无烟煤（WY），煤变质程度高。

以原生结构煤为主，宏观煤岩类型为半亮煤，煤岩成分由镜煤、亮煤、暗煤和丝炭组成。断口为阶梯状、参差状，煤的结构以细条带状和线理状为主，层状构造，裂隙不发育。颜色为黑色，条痕色为黑色，具有玻璃、金刚光泽。煤层显微组分以镜质组为主，次为惰质组。无机组分以黏土类为主，少量硫化铁类，无矿基镜质组为 52.8%～99.1%，惰质组为 0.9%～47.2%，壳质组为 0，显微煤岩类型属于微镜煤-微镜惰煤（表 2）。

表 1　主要可采煤层情况一览表

地层单位	煤层号	煤层厚度/m	煤层间距/m	结构 含夹矸层数	稳定性	可采性
山西组	3	0.39～2.75 1.25	47.04～74.25 60.18	简单～较简单 0～1	稳定	大部可采
太原组	8_{-1}	0.20～2.13 0.85		简单～较复杂 0～2	较稳定	大部可采
	15	1.12～6.44 4.58	58.49～93.42 70.04	较简单～复杂 1～3	较稳定	全区可采

表 2　主要可采煤层显微组分定量统计表

煤层		有机组分/%				无机组分/%				反射率 $R_o$max/%	备注
		镜质组 V	惰质组 I	壳质组 E	小计	黏土类 CM	硫化铁类 SM	其他 OM	小计		
主要可采煤层	3	59.1～76.4 69.63(3)	23.6～40.9 30.36(3)		100					2.42～3.07 2.69(3)	无矿基
		56～71.7 66.3(3)	22～38.8 28.9(3)		93.2～97.6 95.2(3)	2.4～6.8 4.8(3)			2.4～6.8 4.8(3)		含矿基
	8_{-1}	60.3～79.6 68.6(2)	23.1～39.7 62.8(2)		100					2.02～2.94 2.48(2)	无矿基
		57.2～72 64.6(2)	21.6～37.6 29.6(2)		93.6～94.8 94.2(2)	4～6.4 5.2(2)	1.2(1)		6.4～5.2 5.8(2)		含矿基
	15	62.9～82.7 72.66(7)	17.3～37.1 27.34(7)		100					2.24～3.04 2.68(7)	无矿基
		60.6～76.4 68.13(7)	16.0～35.8 25.73(7)		92～96.4 93.86(7)	3.2～7.2 4.7(7)	0.4～3.6 1.49(7)		3.6～8.0 6.3(7)		含矿基

1.2　煤层吸附性

通过对本区 4 口井进行等温吸附实验，3 号煤层的兰氏体积为 26.13～32.89cm³/g，平均 29.51 cm³/g，兰氏压力 1.96～2.41 MPa，平均 2.19 MPa；15 号煤层的兰氏体积为 13.31～37.69 cm³/g，平均为 28.68 cm³/g，兰氏压力为 1.15～2.31 MPa，平均 1.85 MPa。其中 YW-4 井 15 号煤层吸附能力低于其他井的数据，一方面与煤变质程度略低有关；另一方面该样品灰分高达 48.56%，影响了测试结果（表 3）。

表 3　等温吸附数据表

井号	3 号煤层（空气干燥基）		15 号煤层（空气干燥基）	
	兰氏体积/ ($cm^3 \cdot g^{-1}$)	兰氏压力/ MPa	兰氏体积/ ($cm^3 \cdot g^{-1}$)	兰氏压力/ MPa
YW-1	32.89	1.96	37.69	2.31
YW-2	26.13	2.41	27.90	2.03
YW-3	—	—	35.83	1.91
YW-4	—	—	13.31	1.15

对比寿阳、潞安矿区以往煤层气井等温吸附资料（王明寿等，2006），本区煤层吸附特征与寿阳地区资料较为吻合，略低于潞安地区。总体上本区煤层吸附能力较强，饱和吸附量高，存储空间大（图 1）。

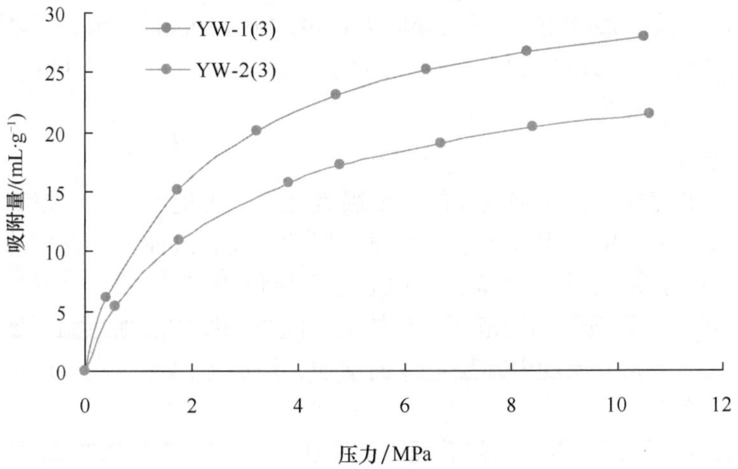

图 1　3 号煤层等温吸附曲线

1.3　煤层含气性

煤层含气量测试按照《煤层气含量测定方法》（GB/T19559—2008）进行区内主要可采煤层的煤层含气量较大：$3_{上}$号、3 号煤层含气量为 12.21～20.72m^3/t，平均 16.48 m^3/t；8_{-1}号、8_{-2}号煤层含气量为 3.24～14.31m^3/t，平均 8.89 m^3/t；15 号煤层含气量为 7.51～26.35m^3/t，平均 16.90m^3/t，详见表 4。井深较大的 YW-1 和 YW-2 两口井的煤层含气量普遍较高。

表 4　煤层气井各主采煤层含气量测试结果汇总表

井号	煤层	止煤深度/m	煤层厚度/m	煤层结构/m	空气干燥基含气量/(m^3·t^{-1})
YW-1	3	1450.05	1.35	1.35	20.72
	8_{-1}	1488.76	1.10	1.10	9.30
	15	1577.44	6.30	4.83(0.12)0.82(0.13)0.40	18.38～21.76 20.45(5)
YW-2	3	1298.44	1.25	1.25	14.50～15.04 14.77(2)
	12	1374.24	0.75	0.75	24.42
	15	1415.30	5.23	5.23	9.11～26.35 19.51(6)
YW-3	3	973.56	1.59	0.84(0.24)0.51	14.96
	15	1104.01	4.40	3.82(0.22)0.36	14.70～20.51 17.80(4)
YW-4	2	642.75	0.90	0.90	18.39
	8_{-1}	714.93	0.83	0.83	4.85
	8_{-2}	720.90	1.05	1.00	12.77～14.31 13.54(2)
	15	792.25	5.00	4.20(0.40)0.40	7.51～13.59 9.52(5)

1.4　渗透率及压力

YW 2 井进行了注入/压降试井工作，3 号煤渗透率达到 5.8561mD，渗透性较好，属高渗储层，储层压力为 11.668MPa，压力梯度为 0.899 MPa·100m^{-1}，为欠压储层；15 号煤层煤层渗透性较差仅为 0.0133 mD，为低渗储层，储层压力为 12.730MPa，压力梯度为 0.901MPa·100m^{-1}，同样为欠压储层。

1.5 储层温度

温度是控制甲烷气体生成和运移的重要因素之一，古地温场主要控制甲烷的生成和聚集，现代地温场主要影响甲烷的运移和煤储层的物性，进而影响储层的生产特性。区内每口井均进行了系统连续测温，本区地温梯度介于 1.81～2.16℃/100m，平均 1.98℃/100m，属于正常地温梯度范围。总体上，随着深度增加地层温度逐渐升高，地层温度与埋深呈线性关系，但随着地层埋深的增加，地层地温梯度先是逐渐减小，到煤系地层又有所增加趋势。

分析有两方面的原因，首先，随着埋深的增加，上覆地层压力增大，下伏岩石由于压实作用致密性增大，岩石热导率增大，地温梯度随之减小，随埋深的继续增加，地温梯度趋于一致；其次，在沉积岩中，以砂岩的热导率最高，泥岩及页岩次之，煤的热导率最低。因此，不同的岩性表现出不同的地温梯度值，煤系比非煤系岩石地温梯度增高，如 YW-1 井地温梯度介于 1.62～2.33℃/100m，平均 1.81℃/100m，但是煤系地层地温梯度达到 1.93℃/100m。

1.6 煤层气资源量

采用地质块段法（体积法）对本区的煤层气资源量进行了估算，全区共获得煤层气资源量 2414.56×10^{8}m^3，其中 3 号煤层资源量为 459.92×10^{8}m^3，占总量的 19.05%；8 号煤层资源量为 136.44×10^{8}m^3，占总量的 5.65%；15 号煤层资源量为 1818.20×10^{8}m^3，占总量的 75.30%。

按煤层埋深来看，埋深<900m、900～1200m、1200～1500m、>1500m 煤层气资源量分别为 48.49×10^{8}m^3、93.87×10^{8}m^3、813.66×10^{8}m^3、1458.54×10^{8}m^3，分别占总量的 2.01%、3.89%、33.70%、60.40%。

2 页岩气地质条件

区内的有机泥页岩和煤层赋存层位一样，位于下二叠统山西组和石炭系上统太原组。累计厚度可达 115.92～184.95m，埋深处于 1500m 以上的区域，约占总区的 2/3。北美页岩气开发较为成功的地区页岩埋藏深度也是处于 1000～3500m 之间（肖贤明等，2013），由此可见，本区页岩埋藏深度对页岩气成藏是有利的。本次选取了发育稳定的下石盒子组底界 K_8 砂岩、3 号煤层、K_4 石灰岩、K_2 石灰岩、15 号煤层、铁铝岩段作为层段界限，将页岩层系划分为 4 个目标层段进行分析研究。

2.1 有机地化特征

由于石炭系—二叠系泥页岩成熟度较高，本次研究主要采用有机岩石学评价方法进行有机质类型评价。干酪根显微组分统计结果表明，区内泥页岩显微组分包括了镜质组、惰质组和壳质组，以镜质组含量最高，平均在 88.9%，惰质组含量次之，壳质组含量较低，基本小于 1%，*TI* 指数在−59～−88 之间，表明本区泥页岩有机质类型主要为Ⅲ型干酪根。一般来说，相较于其他显微组分，镜质组更有利于生气（苏育飞等，2016）。

页岩中的有机碳（TOC）是单位质量岩石中有机质的含量，是评价烃源岩生烃能力的重要参数。在其他条件相近的前提下，TOC 含量越高，生烃潜力越大，且气体储集能力越大，越有利于页岩气富集。TOC 测试分析表明：泥页岩 TOC 含量总体分布于 0.10%～24.97%之间，平均为 2.03%（表 5）。从频率分布上来看，富有机质泥页岩有机碳含量频率呈单峰状分布，主峰位于 1%～4%之间，其中 TOC<0.5%的占 14%，介于 0.5%～1%的占 21%，介于 1%～2%的占 39%，介于 2%～4%的占 19%，介于 4%～12%的占 4%，TOC>12%的占 3%（图 2）。整体上来看，大部分泥页岩 TOC>1.0%（占 64.78%），具有较好的生烃潜力。

表 5　TOC 统计表 (%)

井号 \ 层段	Y1	Y2	Y3	Y4	小计
YW-1	0.32～11.4 1.98（18）	0.27～20.52 3.88（23）	1.14～2.29 1.69（4）	0.51～14.31 3.64（7）	0.27～20.52 3.02（52）
YW-2	0.19～8.74 1.88（22）	0.21～9.46 1.96（28）	0.93～2.45 1.69（4）	0.28～2.29 1.40（8）	0.19～9.46 1.84（62）
YW-3	1.83～1.88 1.86（2）	0.45～16.22 2.82（17）	0.63～3.03 1.47（6）	0.44～3.14 1.34（12）	0.44～16.22 2.07（37）
YW-4	0.51～3.97 2.35（3）	0.55～4.38 1.79（15）	1.77～2.47 2.05（3）	0.62～3.43 1.34（5）	0.51～4.38 1.85（26）
小计	0.19～24.97 2.47(46)	0.21～20.52 2.64(83)	0.63～3.03 1.68(17)	0.28～14.31 1.86(32)	0.19～24.97 2.36（178）

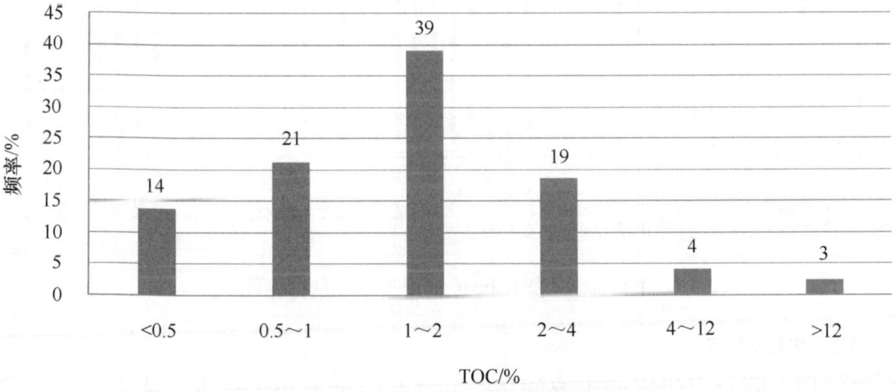

图 2　有机碳分布频率图

烃源岩有机质成熟度是衡量烃源岩实际生烃能力的重要指标之一，是评价烃源岩生烃量及资源前景的主要依据。本区泥页岩镜质组反射率一般介于 1.86%～2.86%，平均为 2.35%。根据晚期生油理论，当 1.3%<R_o<2.0%时为热裂解生凝析油阶段，以石油和干酪根裂解生成凝析油为主，并伴有正常原油伴生气产出；当 R_o>2.0%时为生干气阶段，以大量生成甲烷为主。可见本区烃源岩均处于热裂解生凝析油阶段或生干气阶段，R_o>2.0%的占 86%。

2.2 矿物组成特征

页岩气的生产速度依赖于裂缝的发育程度，而裂缝发育程度取决于页岩的矿物组成，故页岩的矿物组成在很大程度上影响页岩气的产能。脆性矿物含量是影响页岩基质孔隙和微裂缝发育程度、压裂改造方式的重要因素。根据 X 射线衍射（XRD）测试结果，本区泥页岩中常见的矿物成分共有 9 种，包括：黏土矿物、石英、钾长石、斜长石、白云石、菱铁矿、黄铁矿、石膏、浊沸石（图 3），黏土矿物含量平均为 51%，主要介于 50%～60%之间，占矿物成分的半数，其次为石英含量，均值为 44%，主要介于 40%～50%之间；其他矿物仅少数样品测得，所占比重不大，一般在 10%以下。总体看来，本区主要脆性矿物石英含量平均为 44%，一般在 30%以上，页岩脆性指数尚可（Jarvie et al., 2007），具有良好的可压裂性和开采潜力。

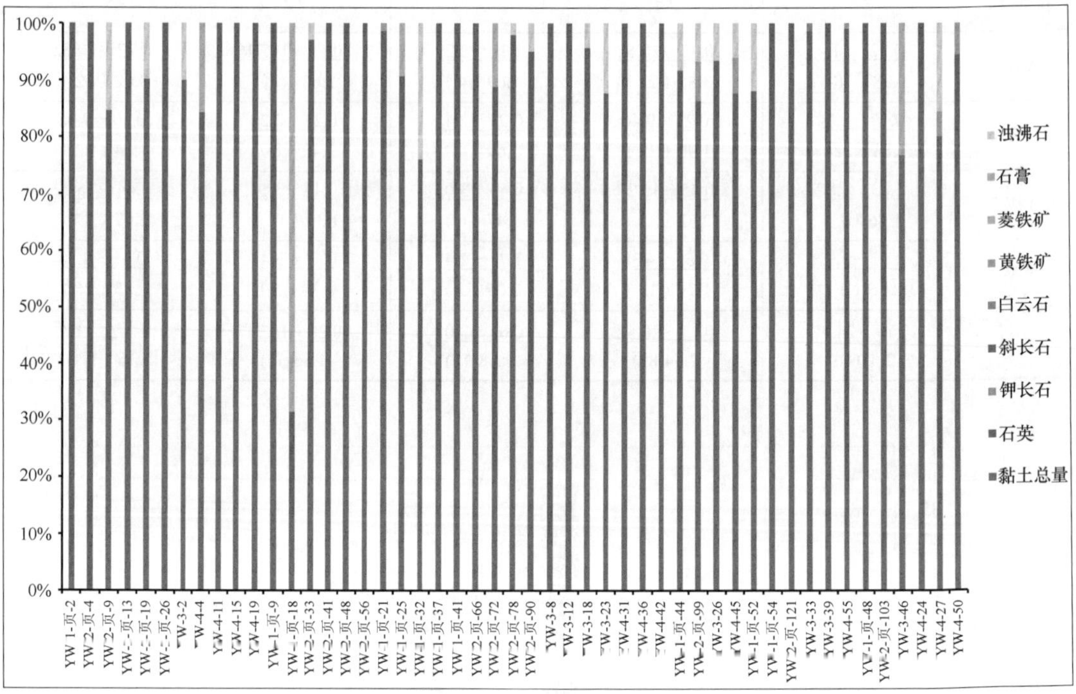

图 3　泥页岩 X 衍射全岩矿物含量分布图

2.3 孔隙结构特征

泥页岩储层孔隙是页岩气的重要储集空间。孔隙特征很大程度上决定了页岩气储集性能：孔容、孔比表面积的大小是判断储气空间的重要参数；孔隙的形态特征决定了单孔之间的连通性，决定了储气场所和气体运移通道之间的联系。

本次泥页岩孔隙结构研究主要通过高压压汞试验进行分析，从表 6 可以看出，本区目标层段泥页岩比孔容介于 0.0025～0.1365 cm^3/g，平均值为 0.0184 cm^3/g。其中，Y1 层段泥页岩比孔容平均值为 0.0091cm^3/g，Y2 层段泥页岩比孔容平均值为 0.0192cm^3/g，Y3 层段泥页岩比孔容平均可达 0.0537cm^3/g，Y4 层段泥页岩比孔容平均值为 0.0114cm^3/g。从平均值来看，Y1 层段泥页岩比孔容最小，Y3 层段最大。泥页岩孔隙度介于 0.67%～26.57%，变化范围较大。Y3 层段平均孔隙度最大，为 11.21%，Y1、Y2、Y4 层段平均孔隙度较小且差别不大，分别为 2.38%、4.43%、2.83%。比孔容的变化和孔隙度的变化趋势是一致的。比表面积 Y1 层段平均值最大，为 1.14m²/g，随埋藏深度增大而逐渐变小，Y2、Y3、Y4 层段平均值分别为 0.90m²/g、0.55m²/g、0.56m²/g。平均孔径变化和比表面积变化呈现出相反的趋势。

表 6　泥页岩压汞实验结果参数表

参数	孔隙度/%	比孔容/($cm^3 \cdot g^{-1}$)	比表面积/($cm^2 \cdot g^{-1}$)	平均孔径/nm
Y1	1.66～3.22 2.38(6)	0.0056～0.0130 0.0091(6)	0.14～2.02 1.14(6)	20～201 57.48(6)
Y2	1.67～15.01 4.43(14)	0.0064～0.0706 0.0192(14)	0.06～2.31 0.90(14)	18.44～440.50 111.81(14)
Y3	2.47～26.57 11.21(4)	0.0098～0.1365 0.0537(4)	0.02～1.01 0.55(4)	126.1～6448 1823.5(4)
Y4	0.67～7.41 2.83(7)	0.0025～0.0315 0.0114(7)	0.002～2.43 0.56(7)	21.18～6662 2152.31(7)

2.4　页岩储层渗透率

本次采用了脉冲衰减渗透率仪对页岩渗透率值进行了测试。根据脉冲衰减渗透率仪实验测定的渗透率数据，本区泥页岩渗透率变化范围较大，垂直渗透率介于 0.00000516～0.0007584 mD 之间，平均 0.0002724mD，水平渗透率介于 0.1065～0.3025mD，平均 0.2045 mD，远远高于垂直渗透率，各层段泥页岩的渗透率值差异也较大，相差可达几个数量级。这可能与页岩的岩相有关。不同的岩相，形成不同的岩石组成，反映了不同沉积环境的变化，从而造成储集层物性参数的非均质性。砂质含量高，可能导致渗透率值较高；泥质含量高，胶结致密，则孔隙度较低，可能导致渗透率值较低。

另外，还对 YW-1 和 YW-2 井的 Y2 泥页岩层段进行了 DST 试井，该测试获得的渗透率是储层条件下流体在岩石孔隙中流动时的平均有效渗透率，结果显示：Y2 层段渗透率介于 0.0304～0.0623mD，平均 0.046mD，测试结果与实验室岩石样品测得的脉冲渗透率差别较大，二者原理不同，条件不同，测试结果不具可比性，但 DST 测试结果更接近实际情况，渗透率达到了我国南方海相页岩渗透率现场测试水平（陈尚斌等，2012）。

2.5　页岩气资源量

根据体积法，对 Y1、Y2、Y3、Y4 4 个目标页岩层段内，埋深大于 600m，TOC 不小于 1.0%、R_o 值不小于 0.7%，脆性矿物含量不小于 30%的页岩储层进行资源量计算。本次估算共获得页岩气资源总量 3040.95×10⁸m³。其中 Y1 层段页岩气资源量为 570.82×10⁸m³，占预测资源总量的 18.77%；Y2 层段为 1287.80×10⁸m³，占预测资源总量的 42.35%；Y3 层段为 327.25×10⁸m³，占预测资源总量的 10.76%；Y4 层段为 855.08×10⁸m³，占预测资源总量的 28.12%。

从埋藏深度来看，埋深在>1500m 范围的页岩气资源量比例最高，为 1698.99×10⁸m³，占预测资源总量的 55.87%，其次为 1000～1500m 范围，其页岩气资源量为 1275.38×10⁸m³，占预测资源总量的 41.94%；600～1000m 范围内页岩气资源量为 66.58×10⁸m³，占预测资源总量的 2.19%。

3 煤层气页岩气共采有利区预测

煤层气、页岩气富集规律的影响因素复杂，其产生的地质现象有些可以采用定量的方法来度量，有些则不能用定量的数值来表达，如果仅用简单的评价模型，往往很难比较系统中各因素之间的优劣次序，应选用综合评价法进行评价。本次对煤层气页岩气有利区优选采用层次分析和模糊数学评价相结合的方法，通过层次分析法计算各影响因素指标的权重，运用模糊评价法评价各影响因素的配置，最终对煤层气和页岩气富集共采有利区进行预测。

3.1 层次模型的建立

在本区煤层气和页岩气地质调解研究的基础上，总结认为生气潜力、储层物性及保存条件是控制煤层气富集高产的三大主控因素，而气源条件、保存条件及开发条件是控制页岩气富集高产的三大主控因素，每个主控制因素下包括多个次级控制因素，所建立的控制因素体系如图 4 所示。

3.2 各层次指标权重的确定

权重即重要性系数，它是指每个指标对总目标的贡献程度，反映了各指标在评价对象中价值地位的系数。科学合理地对各指标赋予重要性系数是评价煤层气及页岩气资源有利区的关键。在遵循客观性和评价主体的特殊性两大原则的基础上，通过对同层次指标的两两比较，并写成矩阵形式，构成判别矩阵；再利用 matlab 软件，快捷计算出判别矩阵的最大特征根 λ_{max} 及其对应的特征向量，得到指标层和准则层相邻层判断矩阵及相对重要性系数，即各指标的权重。

3.3 各层次指标权重的确定

利用指标层的各指标的重要性系数与准则层对应的重要性系数加权综合，得到指标层相对于目标层的权重（表 7）。基于勘探实际，本区选择以煤层气为首要勘探开发目标是较为合适的，因此综合权重计算后占比 0.75。

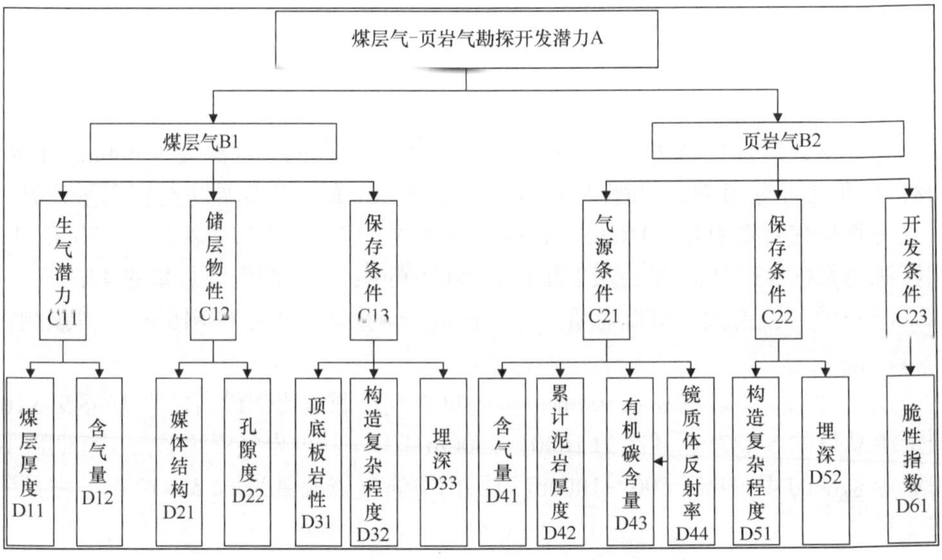

图 4 煤层气页岩气共采有利区优选指标体系

表 7　各层次总排序表

<table>
<tr><th></th><th colspan="2">权重</th><th>评价指标</th><th>权重</th><th>评价指标</th><th>权重</th></tr>
<tr><td rowspan="7">煤层气</td><td rowspan="7">0.75</td><td rowspan="2">$3^{\#}$(0.25)</td><td rowspan="2">生气潜力</td><td rowspan="2">0.47</td><td>煤层厚度</td><td>0.67</td></tr>
<tr><td>含气量</td><td>0.33</td></tr>
<tr><td rowspan="2">$8^{\#}$(0.15)</td><td rowspan="2">储层物性</td><td rowspan="2">0.16</td><td>煤体结构</td><td>0.25</td></tr>
<tr><td>孔隙度</td><td>0.75</td></tr>
<tr><td rowspan="3">$15^{\#}$(0.6)</td><td rowspan="3">保存条件</td><td rowspan="3">0.37</td><td>顶底板岩性</td><td>0.2</td></tr>
<tr><td>构造复杂程度</td><td>0.4</td></tr>
<tr><td>埋深</td><td>0.4</td></tr>
<tr><td rowspan="7">页岩气</td><td rowspan="7">0.25</td><td rowspan="2">Ⅰ(0.25)</td><td rowspan="4">气源条件</td><td rowspan="4">0.5</td><td>含气量</td><td>0.34</td></tr>
<tr><td>累计泥岩厚度</td><td>0.34</td></tr>
<tr><td rowspan="2">Ⅱ(0.5)</td><td>TOC</td><td>0.16</td></tr>
<tr><td>R_o</td><td>0.16</td></tr>
<tr><td>Ⅲ(0.1)</td><td rowspan="2">保存条件</td><td rowspan="2">0.37</td><td>构造复杂程度</td><td>0.5</td></tr>
<tr><td rowspan="2">Ⅳ(0.15)</td><td>埋深</td><td>0.5</td></tr>
<tr><td>开发条件</td><td>0.13</td><td>脆性指数</td><td>1</td></tr>
</table>

3.4　煤层气评价参数隶属函数与隶属度的确定

通过建立各项指标的隶属函数，确定每个选区各项指标的隶属度。根据各指标的性质，可以把它们分为定量指标和定性指标两类。定量指标采用分段线性函数的方法确定隶属度，如煤厚、煤层埋深、孔隙度等。分段线性函数是在定义域上先分段后线性拟合的隶属函数。研究实际问题时要根据问题的性质，结合实际经验，选择适当（即符合实际情况的分段和线性拟合）。对于难以定量的指标，如割理发育程度、盖层岩性、地质构造等，采用定性方法处理，即进行定性评价，分为较好、中等和较差 3 个层次，或者根据实际需要分更多层次，以便突出各属性区别。

（1）定量指标

1）煤层单层厚度（C11）：煤层是煤层气资源的物质基础，煤层厚度（m）的大小直接影响着煤层气储量及含气量。考虑到煤层不仅是储气层，同时也是生气层。其中，3 号煤厚 0.39～2.75m，平均厚度 1.25m；8_{-1} 号煤厚度全区差异较大，平均厚度在 0.85m 左右；15 号煤层厚度为 1.12～6.44m，平均厚度为 4.58m 左右。根据煤层厚度分布特征，并考虑煤层气开采效益，得出以下隶属函数：

$$y=\begin{cases}0.1 & x\leqslant 0.5\\ 0.4x-0.1 & 0.5<x\leqslant 2\\ 0.1x+0.5 & 2<x\leqslant 5\\ 1 & x>5\end{cases}$$

2）含气量（C12）：煤层气主要以吸附状态赋存在煤的微孔隙表面内，因此含气量（m^3/t）是煤储层储集性能的基本指标之一。其隶属度函数确定如下：

$$y=\begin{cases}0.1 & x\leqslant 8\\ 0.075x-0.5 & 8<x<20\\ 1 & x\geqslant 20\end{cases}$$

3）孔隙度（C22）：孔隙度的大小主要取决于大孔和中孔的多少，甲烷在煤层气开采深度范围内，孔隙中游离甲烷气随深度的增加而呈直线增加，据此建立隶属度函数如下：

$$y=\begin{cases}0 & x=0\\ 0.1x & 0<x\leqslant 10\%\\ 1 & x>10\%\end{cases}$$

4）埋深（C33）：煤层埋深对煤层气的开发与利用的影响是多方面的：煤层埋深太浅，煤中甲烷不易保存；埋藏过深，煤层的渗透性明显变小，不利于煤层气的开采。本区甲烷风化带位于300m左右，根据本区煤层埋深特征，确定其隶属度函数如下：

$$y=\begin{cases}0 & x\leqslant 300\\ (x-300)/700 & 300<x\leqslant 1000\\ (1300-0.8x)/500 & 1000<x\leqslant 1500\\ 0.2 & x>1500\end{cases}$$

（2）定性指标

本次煤层气有利区评价的定性指标包括媒体结构、顶底板岩性和构造条件三类。其中，构造复杂程度在一定程度上对煤层气的生成、聚集和保存都起着重要的影响，因而是煤层气有利区优选的重要指标之一；煤层直接顶板的岩性则会在很大程度上影响煤层气的储集效果；煤体结构对煤层气的吸附/解吸有很大程度的影响。这三个类型参数的隶属度见表8。

表8　煤层气定性指标隶属度表

煤体结构（C21）	顶板岩性（C31）	构造条件（C32）
原生结构煤（0.8）	以泥岩为主，裂缝不发育（0.8）	构造程度简单，断层褶皱较少发育（0.8）
碎裂、碎粒煤（0.5）	以粉砂岩、砂泥岩互层等为主，发育少量裂缝（0.5）	构造程度中等，断层褶皱一般发育（0.5）
糜棱煤（0.2）	以中、粗砂岩或灰岩为主，裂缝较发育（0.2）	构造程度较复杂，区内断层和褶皱发育（0.2）

3.5　页岩气评价参数隶属函数与隶属度的确定

（1）定量指标

1）泥页岩累计厚度（D42）：页岩沉积厚度是保证足够的有机质和储集空间的前提条件，页岩的厚度越大，越能增强其封盖能力，越有利于气体的保存。根据北美页岩气盆地勘探开发经验，页岩连续厚度至少15m以上，核心区厚度应高于30m，鉴于本区海陆过渡相页岩气特殊的地质条件，页岩层系垂向上岩性变化频繁，常与砂岩/灰岩互层，且单层厚度普遍较薄，一般不超过10m。因此本次泥岩累计厚度隶属度定为：

$$y=\begin{cases}0.2 & x\leqslant 15\\ 0.04x-0.4 & 15<x\leqslant 30\\ 0.01x+0.5 & 30<x\leqslant 50\\ 1 & x>50\end{cases}$$

2）TOC（D43）：有机质既是页岩气的生气母源，又是主要的吸附物质，直接影响着页岩气的成藏与富集。美国五大页岩气盆地有机碳含量主体为0.9%～3.58%，平均为2.87%。本区富有机质泥页岩 TOC 含量各层段差异较大，Y1 层段泥页岩 TOC 含量介于 0.19%～24.97%，Y2 层段 TOC 含量介于 0.21%～20.52%，Y3 层段 TOC 含量介于 0.63%～3.03%，Y4 层段 TOC 含量介于 0.28%～14.31%。对页岩气藏的研究发现，具有工业价值的页岩气有机碳含量一般不小于 2%。根据本区实际数据，确定的隶属度函数如下：

$$y=\begin{cases}0.1 & x\leqslant 0.5\% \\ 0.6x-0.2 & 0.5<x<2\% \\ 1 & x\geqslant 2\%\end{cases}$$

3）埋深（D52）：含气页岩的埋深不仅可以反映气藏的保存条件，而且还直接影响着后期的开采成本。目前北美地区已投入商业性开发的页岩气井普遍小于3500m，其中，美国页岩气商业开发深度超过了 3000m，加拿大页岩气开采深度一般为 120～5000m。研究发现当页岩储层埋深超过 1000m 时，盖层对页岩气藏的包括可达到很好的效果，当埋藏深度超过 1000m 时，储层含气量随埋深的增加有略微减小的趋势。同时考虑到本区目的层埋深主体为 500～2000m，因此，确定埋深隶属度函数确定如下：

$$y=\begin{cases}0.2 & x>2500\text{或}x\leqslant 1200 \\ 0.0006x-0.5 & 1200<x\leqslant 2500\end{cases}$$

4）脆性指数（D61）：目前美国商业开发的页岩气储层脆性矿物通常为 20%～75%（Daniel, 2007）。一般来说适合压裂开发的页岩中石英、长石等脆性矿物含量大于 40%，而黏土矿物含量小于 30%（马永生等，2005）。本区各层段泥页岩脆性指数大部分位于 30%以上，主体位于 40%～60%之间，因此，隶属度函数确定如下：

$$y=\begin{cases}0.2 & x\leqslant 0.3 \\ 4x-1 & 0.3<x<0.5 \\ 1 & x\geqslant 0.5\end{cases}$$

（2）定性指标

本区页岩气有利区评价的定性指标为构造复杂程度和镜质体反射率。其中，构造复杂程度隶属度划分标准同煤层气类似。美国五大页岩气盆地及我国南方海相页岩层系有机质类型属于 Ⅰ 型或Ⅲ型，利于成油，其页岩气主要来源于热成因气。而本区海陆过渡相页岩有机质类型多为Ⅲ型，不利于生油但生气门限较低，当有机质热演化程度到达低成熟阶段（$R_o>0.5\%$）就开始生气，当 R_o 达到 1.0%以上时，其生气量达到一定丰度，但成熟度 R_o 过高（>2.5%）时Ⅲ型干酪根就已过生气高峰。因此本次有机质成熟度 R_o 的标准如表 9 所示。

表 9　页岩气定性指标隶属度表

R_o（F14）	构造复杂程度（F21）
$R_o\geqslant 2.5\%$或 $R_o\leqslant 0.5$　（0.2）	构造程度简单，断层褶皱较少发育（0.8）
$0.5<R_o<1.2$　（0.5）	构造程度中等，断层褶皱一般发育（0.5）
$1.2<R_o<2.5$　（0.8）	构造程度较复杂，区内断层和褶皱发育（0.2）

3.6 多层次模糊数学模型的确定

确定各评价指标的权重及其相对应的隶属度之后，就需要对其进行综合评判。为了能较大程度接近实际，并体现出各个评价指标的真实影响，建立以下模型（表 10）进行有利区优选。

表 10 有利研究区优选多层次模糊数学评价模型

评价参数	权重	井 1		…	井 *n*	
		隶属度	分数	…	隶属度	分数
*C*11	*X*1	*Y*1	*X*1×*Y*1	…	*Z*1	*X*1×*Z*1
*C*12	*X*2	*Y*2	*X*2×*Y*2	…	*Z*2	*X*2×*Z*2
*C*13	*X*3	*Y*3	*X*3×*Y*3	…	*Z*3	*X*3×*Z*3
…	…	…	…	…	…	…
Cnn	*Xn*	*Yn*	*Xn*×*Yn*	…	*Zn*	*Xn*×*Zn*
综合评价指数		$S=\sum Xi\times Yi$		…	$S=\sum Xi\times Zi$	

3.7 有利区评价结果

本区页岩气和煤层气都具有富集潜力，鉴于主力煤层埋藏大多较深，而煤层和页岩层在空间上存在相互叠置的特点，总的资源量更为可观，建议采取以煤层气为主、页岩气为辅的勘探开发手段，多层的联合开发较单层开发深部煤层气更经济可行。根据评价结果，可将研究区分为三类（图 5）：第一类为有利区，综合评价指数大于 0.6；第二类为较有利区，综合评价指数在 0.5～0.6 之间；第三类为一般性研究区，综合评价指数小于 0.5。

评价结果显示，研究区北部 YW-1 井和中部 YW-2 井一带的评价分数高于 0.6，为煤层气-页岩气叠合有利核心区，面积约 334.93km^2；较有利区（分数 0.5～0.6）涵盖了研究区中北部大部分区域，总面积约 496.6 km^2。这两类区内页岩连续沉积，泥页岩累计厚度大，TOC 含量较高，且与煤层邻近的页岩含气量较高，利于进行煤层气-页岩气的合采。

4 结 论

1）区内主采煤层以原生结构煤为主，厚度较大，为高发热量～特高发热量的贫煤（PM）和无烟煤（WY），煤变质程度高。吸附能力较强，煤层气含气量较高，平均为 15.80m^3/t，3 号煤层属高渗储层，15 号煤层为低渗储层，都为欠压储层。全区共获得煤层气资源量 2414.56×10^{8}m^3，具备煤层气开发的基本条件。

2）区内泥页岩累计厚度大，埋深适中，有机质类型为Ⅲ型干酪根，TOC 值总体分布于 0.10%～24.97%之间，平均为 2.03%，镜质组反射率一般介于 1.86%～2.86%，平均为 2.35%，均处于热裂解生凝析油阶段或生干气阶段。矿物成分主要由黏土矿物和石英组成，主要脆性矿物石英含量平均为 44%，一般在 30%以上，页岩脆性指数尚可，具有良好的可压裂性和开采潜力。渗透率变化范围较大，垂直渗透率介于 0.00000516～0.0007584 mD 之间，平均 0.0002724mD，水平渗透率介于 0.1065～0.3025mD，平均 0.2045 mD，DST 试井显示 Y2 层段渗透率介于 0.0304～0.0623mD，平均 0.046mD，达到了我国南方海相页岩渗透率现场测试水平。全区共获得页岩气资源总量 $3040.95\times10^8m^3$，具备页岩气开发的基本条件。

3）采用层次分析和模糊数学评价相结合的方法，对本区煤层气和页岩气共采有利区进行了预测和评价，发现北部 YW-1 井和中部 YW-2 井一带为煤层气-页岩气叠合有利核心区，中北部大部分区域为较有利区，适合进行煤层气-页岩气的合采（图 5）。

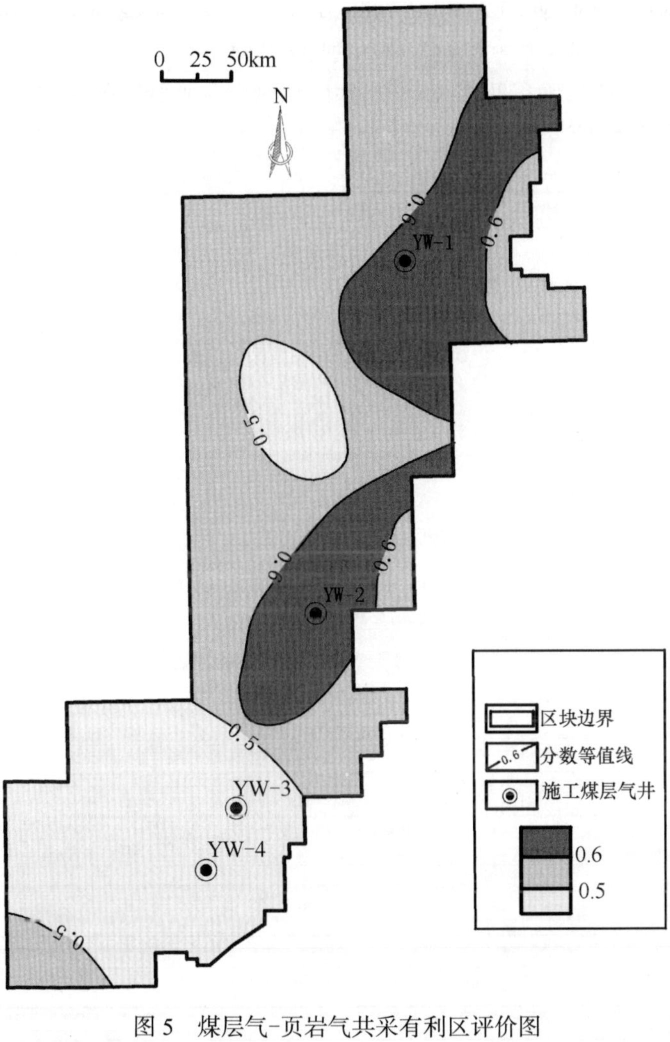

图 5 煤层气-页岩气共采有利区评价图

参考文献

陈尚斌，朱炎铭，王红岩，等. 2012. 川南龙马溪组页岩气储层纳米孔隙结构特征及其成藏意义[J]. 煤炭学报，(3)：438～444.

侯晓伟，朱炎铭，付常青，等. 2010. 沁水盆地压裂裂缝展布及对煤系“三气”共采的指示意义[J]. 中国矿业大学学报，12(2)：729～738.

马永生，郭旭升，郭彤楼，等. 2005. 四川盆地普光大型气田的发现与勘探启示[J]. 地质评论，51(4)：477～480.

秦勇，梁建设，申建，等. 2014. 沁水盆地南部致密砂岩和页岩的气测显示与成藏类型[J]. 煤炭学报，39(8)：109～114

申建，秦勇、傅雪海，等. 2014. 深部煤层气成藏条件特殊性及其临界深度探讨[J]. 天然气地球科学，25(9)：1470～1476.

苏育飞，张庆辉，魏子聪. 2016. 沁水盆地石炭系—二叠系页岩气资源潜力评价[J]. 中国煤炭地质，28（4）：27～34.

苏育飞. 2016. 山西省海陆过渡相煤系“三气”共探共采展望[J]. 中国煤层气，13（6）：7～11.

王明寿，王楚峰，魏永佩，等. 2006. 寿阳研究区煤层气勘探开发现状、地质特征及前景分析[A]. 2006 年煤层气学术研讨会.

肖贤明，宋之光，朱炎铭，等. 2013. 北美页岩气研究及对我国下古生界页岩气开发的启示[J]. 煤炭学报，38（5）：721～727.

Daniel K. 2007. Shale gas potential of the Lower Jurassic Gordondale Member, northeastern British Columbia, Canada[J]. Bulletin of Canadian Petroleum Geology, 55(1):51～75.

Jarvie D M, Hill R J, Ruble T E, et al. 2007. Unconventional shale-gas systems: The Mississippian Barnett Shale of north-central Texas as one mondel for thermogenic shale-gas assessment[J]. AAPG Bulletin，91(4): 475～499.

Papendick S L , Downs K R , Vo K D, et al. 2011. Biogenic methane potential for Surat Basin, Queensland coal seams[J]. International Journal of Coal Geology, 88(2): 123～134.

转角地区煤层气井压裂工艺技术

田智生[1,2]　刘小康[1]　杨　甫[2]

（1．陕西省一九四煤田地质有限公司　陕西铜川　727000；
2．国土资源部煤炭资源勘查与综合利用重点实验室　陕西西安　710021）

摘　要：为了对鄂尔多斯盆地南缘转角勘查区煤层气资源赋存情况及地面开发技术进行评价研究，为转角勘查区下一步煤层气资源开发利用奠定基础，陕西省煤田地质集团有限公司2015～2016年在转角勘查区实施了1口煤层气参数+试验井。为顺利完成压裂施工，针对该勘查区地质地层特点及目的煤层特性，在压裂技术方法的选择上，选用了光套管大泵量投球加砂方式，活性水压裂液，兰州产中粗粒石英砂为支撑剂，并对加砂强度、施工排量、压裂砂比、压裂液量、压裂限压等参数进行了合理优化，同时采用微地震裂缝监测技术监测压裂效果，合理控制压后井口放喷压力及液量。该压裂施工技术将对转角勘查区下一步煤层气资源勘探和开发利用提供借鉴。

关键词：煤层气　压裂液　支撑剂　加砂强度　施工限压

Corner Area Coal Bed Gas Well Compression Fracture Processing Technology

Tian Zhisheng[1,2]　Liu Xiaokang[1]　Yang Fu[2]

(1.Shaanxi Province 194 Coal Field Geology Limited Company,Tongchuan, Shaanxi 727000,China；
2. Laboratory of Coal Resources Comprehensive Utilization, Ministry of Land and Resources, Xi'an, Shaanxi 710021，China)

Abstract: In order to the Erdos basin south the reason corner investigation area coal bed

---

基金项目：陕西省工业科技攻关项目（2016GY-187）和国土资源部煤炭资源勘查与综合利用重点实验室自主项目（ZZ2015-2）。

作者简介：田智生（通讯作者），男，汉族，1966年生，高级工程师，地质钻探工程专业，长期从事煤层气、页岩气、盐井、地热井等钻探技术研究和管理工作。陕西省铜川市延安路82号，E-mail: tianzhisheng555@163.com。

刘小康，男，汉族，1969年生，副总经理，高级工程师，探矿工程专业，长期从事地质钻探技术研究和管理工作。陕西省铜川市延安路82号，E-mail: 70559066@qq.com。

杨甫，男，汉族，1986年生，工程师，西北大学地质学系盆地构造与非常规天然气博士研究生毕业，主要从事煤层气、页岩气、致密砂岩气等成藏理论及勘探开发技术研究。陕西省西安市文景路26号A，E-mail: yangpu666@163.com。

was mad the resources tax saves the situation and the ground development technology conducts the appraisal research, for the corner investigation area next step coal bed was mad the resources development use laid the foundation, the Shaanxi Province coal field geology group limited company 2015～2016 years implements 1 coal bed in the corner investigation area to be mad the parameter + test shaft. For completes the compression fracture construction smoothly, in view of this investigation area geology stratum characteristic and the goal coal bed characteristic, in the compression fracture technology method choice, selected the light drive pipe big pump duty to throw a ball adds the granulated substance way, the activated water breakdown fluid, Lanzhou produces the large grain quartz sand is the proppant, and to added the granulated substance intensity, the construction displacement, the compression fracture granulated substance compared to, parameters and so on compression fracture liquid volume, compression fracture limiting pressure has carried on the reasonable optimization, simultaneously used the microearthquake crack monitor technology monitor compression fracture effect, after controlled the pressing the well head to put reasonably spurts the pressure and the liquid volume.This compression fracture construction technology to the corner investigation area next step coal bed was mad the resource prospecting and the development use provide the model.

Keywords: coal bed gas; breakdown fluid; proppant; adds the granulated substance intensity; construction limiting pressure

陕西省黄陇侏罗纪煤田转角勘查区地处鄂尔多斯盆地南缘，煤、油、气资源共存，具有一定的煤层气开发潜力。为了对转角勘查区煤层气资源赋存情况及地面开发技术进行评价研究，为转角勘查区下一步煤层气资源开发奠定基础，陕西省煤田地质集团有限公司 2015～2016 年在转角勘查区实施了煤层气参数+试验井，共完成钻井 1 口，对区内煤层气赋存规律及地面开发技术进行综合研究。目的在于获取单井煤层产气量、产水量等基础数据，研究单井产能、煤层气资源开发潜力和市场前景，探索黄陇煤田转角勘查区煤与瓦斯共采及煤矿瓦斯预抽技术条件，评价黄陇煤田转角勘查区地面抽采煤层气及资源开发的可行性。

为了确保该项目顺利实施，陕西省煤田地质集团公司组织有关技术人员，对转角勘查区煤层气井压裂相关技术进行了综合分析研究，并提出了适应该地区地质地层和煤层特点的压裂技术方法。

1 钻遇地层及目标煤层特征

1.1 钻遇地层

本井钻遇地层自上而下依次为新生界第四系（Q）、下白垩统华池组（K_1h）、洛河组（K_1l）、宜君组（K_1y）、中侏罗统直罗组（J_2z）、延安组（J_2y）。

1.2 目标煤层特征

在转角勘查区含煤地层和煤层发育特征综合分析的基础上，结合钻遇目标层位，本次目标产层选择全区可采或大部可采、发育较稳定的 4-2 煤层作为目标层（表 1）。

产层描述：4-2 煤层，黑色，块状，以亮煤和半暗煤为主，夹有镜煤和暗煤条带，亮煤沥青光泽，阶梯状断口，内生裂隙发育，顺层裂隙 4cm，长岩心有 6 条，见垂直裂隙被方解石充填，含黄铁矿结核，结构：5.27（0.30）6.03，采长：4.96（0.30）5.75，夹矸为粉砂岩。

表 1　目标煤层数据表

目标层	测井		
	储层埋深/m	厚度/m	煤层结构
4-2 煤	527.05～538.70	11.65	5.35（0.30）6.00

煤层顶底板：4-2 煤层伪顶为粉砂质泥岩，厚度 2.10m，天然状态下抗压强度 7.21MPa，饱和抗压强度 1.69MPa，软化系数 0.23，孔隙率 4.10%，含水率 0.92%。4-2 煤层直接顶为细粒砂岩，井深 521.00～521.97m，厚度 0.97m，天然状态下抗压强度 25.72MPa，饱和抗压强度 18.35MPa，软化系数 0.71，孔隙率 3.03%，含水率 0.68%。

4-2 煤层伪底为炭质泥岩，井深 538.70～542.22m，厚度 3.52m，易碎，极软弱。4-2 煤层底板为紫杂色泥岩，井深 545.00～553.00m，厚度 8.00m，易风化破碎，遇水膨胀易变形。

目标产层顶底板岩石物性显示为粉砂质、炭质泥岩，含水性弱，渗透性差（表 2）。

表 2　目标层及其顶、底板物性解释分析表

解释分层		井段/m	视厚度/m	岩性	含水性	渗透性
煤层	顶板	525.55～527.05	2.1	粉砂质泥岩	弱	差
	4-2 煤	527.05～538.70	11.65	煤	弱	中
	底板	538.70～540.70	3.52	炭质泥岩	弱	差

据《参数井 4-2 煤层注入压降试井测试报告》数据显示，参数井 4-2 煤层渗透率为 0.35mD，储层压力 3.3MPa，渗透性相对较好（表 3）。

表 3　4-2 煤层试井分析结果

参数	数值	单位
储层压力（P_i）	3.30	MPa
储层压力梯度	6.40×10^{-3}	MPa/m
渗透率（K）	0.35	mD
表皮系数（S）	2.01	
调查半径（R_i）	6.88	m
储层温度（T）	24.52	℃
破裂压力（P_b）	7.12	MPa
破裂压力梯度	1.38×10^{-2}	MPa/m
闭合压力（P_c）	6.38	MPa
闭合压力梯度	1.24×10^{-2}	MPa/m

2　射孔

2.1　射孔原则

根据对参数井的井身质量数据、套管数据和固井数据进行分析，本次射孔主要是采用聚能射孔弹将套管、水泥环及压裂目标层射穿，以射孔孔眼作为煤层与井筒的连通通道。

2.2　射孔目标层

射孔作业射开目标产层 4-2 煤层，为了减小入井液对产层的伤害和污染，采用活性水作为射孔液，井筒液面至井口，采用电缆输送的方式，射孔作业只射开目标射孔段（避开套管接箍）。射孔质量验收标准为检查发射率达到95%为合格，否则重新补孔。

2.3 射孔数据

根据参数井4-2煤层段顶底板的固井质量情况，确定避射4-2煤层上部煤层段，优化射孔段528.7～538.7m（10m）；设计的射孔器材为102型射孔枪，装填127型射孔弹，以标准孔密度（16孔/m）按照初始相位角90°螺旋布孔对目标层进行射孔，射孔数据表见表4。

表4 4-2煤层射孔数据表

射孔层	储层埋深/m	厚度/m	射孔井段/m	射孔厚度/m	射孔数量	备注
4-2煤层	527.05～538.70	11.65	528.7～538.7	10	160	避射顶部煤层

3 压裂施工技术

3.1 压裂方式

通过对下侏罗统延安组4-2号煤层进行压裂改造，在目标层中建立石英砂支撑的人工裂缝，沟通煤层中的天然裂缝，增大储层流体流向井筒的渗流面积，提高单井产气量。4-2煤层采用活性水光套管注入，大排量投球加砂压裂工艺。

3.2 压裂液

目前煤层气井通常可供选用的压裂液可以分为四类，即活性水压裂液、泡沫压裂液、冻胶压裂液和清洁压裂液，四种压裂液的性能见表5。由于煤储层的独有特性，使得煤层气井压裂液与常规油气井压裂液存在着很大的差异，主要表现在三个方面。

1）由于煤岩的比表面积巨大，具有较强的吸附能力，要求压裂液同煤层及煤层流体配伍性极强，不发生不良的吸附和反应；

2）煤层割理发育，要求压裂液本身清洁，除配液用水应符合低渗层注入水水质要求外，压裂液破胶残渣也应较低，以避免对煤层孔隙的堵塞；

3）压裂液应满足煤岩层防膨、降滤、返排、降阻、携砂等要求。

表5 不同压裂液适应性

压裂液类型	携砂能力	造缝能力	地层伤害	成本	配液
活性水压裂液	弱 由于黏度低主要以排量传送支撑剂，输送距离短	弱 黏度低，改造规模受限制。裂缝的纵向延伸不易控制	低	低	配液工艺简单，不受温度限制
冻胶压裂液	强 通过流体黏度和流体排量来传送支撑剂，支撑剂传送距离远	强 黏度高，施工排量可控，对施工规模和裂缝延伸易控制	大	高	配液工艺较复杂，质量要求高
清洁压裂液	强 通过流体黏度和流体排量来传送支撑剂，支撑剂传送距离远	强 黏度高，施工排量可控，对施工规模和裂缝延伸易控制	较大	高	配液质量要求高，受环境温度限制
泡沫压裂液	强 通过流体黏度和流体排量来传送支撑剂，支撑剂传送距离远	强 黏度高，施工排量可控，对施工规模和裂缝延伸易控制	低	高	配液简单、施工复杂

针对4–2煤储层特点及压裂工艺的要求，对压裂液的添加剂、压裂液性能及经济成本进行优化，压裂液体系优选基本原则为：尽可能少地使用添加剂，特别是有机类添加剂，以减少对煤储层的伤害；与水源和储层的配伍性良好；滤失小，压裂液效率高，能造长缝；携砂能力强；摩阻低，稳定性良好；残渣低，容易返排；货源广，价格低。在满足施工条件下，主要考虑对煤层的低伤害性，选择低成本的活性水压裂液作为4–2煤层的压裂液比较合适。

考虑4–2煤层储层中常存在黏土矿物，当外来液体侵入时，会发生黏土的运移或膨胀，对煤储层造成伤害。因此压裂液中必须添加一定的黏土防膨剂。参考邻近区块铜川下石节煤矿煤层气开发试验JPC井组4–2煤膨胀性试验，选择两种应用较广泛的防膨剂KC1和S-1，用NP-02型泥页岩膨胀仪测定了不同浓度KC1和S-1水溶液对4–2煤层的线性膨胀量，实验结果见表6。从试验结果看，不同黏土稳定剂的防膨胀能力不同，KCl的防膨效果比较好，当KCl水溶液的浓度大于1.0%以后，防膨效果增长不是特别明显，因此铜川下石节煤矿煤层气开发试验JPC井组4–2煤层选择1.0%的KCl作为防膨剂能达到很好的防膨效果。因此，在借鉴邻近区块膨胀性实验基础上，综合考虑转角勘查区煤层气参数井4–2煤层的实际情况，压裂液选择1.0%的KCl作为防膨剂能满足防膨要求。

表6　铜川下石节煤矿煤层气开发试验JPC井组4–2煤层膨胀性实验结果

时间 min	煤与不同介质接触后的膨胀量								
	自来水	KCl水溶液/%				S-1水溶液/%			
		0.5	1.0	1.5	2.0	0.5	1.0	1.5	2.0
10	0.71	0.63	0.52	0.45	0.31	0.63	0.58	0.55	0.50
20	1.11	0.89	0.80	0.73	0.46	1.05	0.84	0.76	0.67
30	1.35	1.05	0.96	0.82	0.54	1.23	1.13	1.01	0.85
40	1.50	1.15	1.06	0.89	0.70	1.33	1.16	1.06	1.01
60	1.53	1.23	1.10	0.96	0.79	1.40	1.20	1.13	1.03
80	1.65	1.28	1.12	1.05	0.88	1.42	1.20	1.20	1.06
100	1.72	1.32	1.16	1.09	0.95	1.50	1.23	1.21	1.10
120	1.73	1.32	1.18	1.11	0.98	1.52	1.30	1.23	1.10
140	1.73	1.35	1.18	1.15	1.05	1.53	1.31	1.24	1.13

同时考虑压裂用水一般都是取自地表水，为防止细菌大量繁殖，在压裂液中需添加一定浓度的杀菌剂，一般浓度为0.05%左右。

综合考虑各种因素，认为活性水压裂液是黄陇煤田转角勘查区煤层气井压裂最好的压裂液。设计参数井4–2煤层活性水压裂液配方：清水+1%KCl+0.05% YT-1杀菌剂。

3.3　支撑剂

支撑剂的性能是影响支撑裂缝导流能力的重要因素之一。支撑剂粒径增大则强度降低，对破碎的敏感性就增强了，在压裂施工中沉降速度增大，要求的裂缝宽度增加，携带的难度相对就增大了，粒径太小则容易引起局部堵塞，降低储层渗透率。压裂用支撑剂可大致分为天然与人造两大类型，天然的以石英砂、核桃壳为代表，人造的以陶粒、树脂包层砂等为代表。一般说来比较理想的支撑剂应具有：①密度低，最好低于2.0g/cm^3；②能承受13.73MPa左右的闭合压力；③圆度应接近于1；④按体积计，价格应与石英砂相当。

考虑石英砂的强度和成本（表 7），根据参数井 4-2 煤层注入压降试井结果，4-2 煤层闭合压力 6.38Mpa，其闭合压力低于石英砂的承压范围，因此本次压裂对支撑剂的强度要求不高，从便于用清水压裂液输送的角度考虑，选择石英砂（兰州）作为压裂支撑剂，其强度完全符合目标储层压裂施工的要求，主要考虑中砂（20～40 目）和粗砂（16～20 目）。先泵入 20～40 目的中砂，后再采用 16～20 目的尾追粗砂，16～20 目支撑剂将使近井范围的裂缝具有较高的导流能力，设计中砂和粗砂的比例为 3∶1 左右。

表 7　兰州石英砂的物理化学性质

体积密度/(g·cm^{-1})	1.70	相对密度/(g·cm^{-1})	2.65
承压/MPa	20～34	孔隙度	30%～38%

支撑剂质量要求：

1）所使用的压裂砂粒度均匀、干净、无杂质。浊度、粒径符合率、破碎率等指标符合 SY/T 5108—2006《压裂支撑剂性能指标及测试推荐方法》。

2）压裂砂圆度≥0.8。

3）压裂砂球度≥0.8。

3.4　压裂参数优化

3.4.1　加砂强度优化

压裂规模对压裂施工效果非常重要，不同的压裂规模能形成不同的支撑缝长。因此，根据本地区的储层参数并结合不同的压裂方式，适当加大压裂规模，由于 4-2 煤层整体煤层厚度大，初步确定 4-2 煤层加砂规模为 6m^3/m。加砂强度数据见表 8。

表 8　4-2 煤层压裂加砂量强度数据表

压裂层位	储层埋深 m	厚度 m	射孔深度 m	射孔厚度 m	加砂量/m^3			加砂强度 m^3·m^{-1}
					20～40 目	16～20 目	总砂量	
4-2 煤层	527.05～538.70	11.65	528.7～538.7	10	52.4	17.5	69.9	6

注：中砂与粗砂比为 3:1。

3.4.2　施工排量优化

施工排量对裂缝参数影响很大，不同的施工排量形成不同的裂缝形态。根据本地区的储层参数，考虑到 4-2 煤层压裂层位厚度大，为满足裂缝长度和裂缝高度及便于携砂的要求考虑，设计压裂施工排量为 7～10m^3/min。

3.4.3　压裂砂比确定

为了提高压裂裂缝的支撑效果，提高裂缝的导流能力，必须具有一定浓度的砂比才能实现，因此，根据本地区的储层参数，考虑到该区 4-2 煤层渗透率和煤体结构相对较好的特点，确定 4-2 煤层压裂平均砂比为 15%左右。

3.4.4　压裂液量优化

前置液用于压开地层，具有造缝和降低储层温度的作用，为携砂液的进入准备裂缝空间。一般前置液比例为 20%～50%。对水力压裂来说，前置液量确定了在支撑剂达到端部前可以获得多少裂缝的穿透深度。一旦前置液耗尽，裂缝可能在不渗透层中继续延伸直至支撑剂在宽度窄的裂缝内桥塞。这样，泵注充分的前置液是关键，才能造出所需的缝长。

前置液量必须使裂缝保持足够的张开宽度，以便允许支撑剂进入。

另一方面，太多的前置液可能引起更多的伤害，特别是对于要求高裂缝导流能力的情况。泵注结束后，裂缝继续延伸，在裂缝的端部附近遗留下较大的未支撑缝。然而压后裂缝的残余塑性流动在裂缝内可能会发生，支撑剂将被携带至端部，并最终形成较差的支撑剂分布。压后裂缝的残余塑性流动直至裂缝闭合后才会停止，这时携砂液脱水并停止了延伸。

常规施工的理想工序是前置液耗尽时支撑剂达到裂缝端部，并且这时恰好达到所需的裂缝穿透深度。

Nolte（1986）认为，前置液比例与液体效率有关，其关系式如下：

$$f_{\text{pad}} \approx \frac{1-\eta}{1+\eta}$$

式中：η 为液体效率；f_{pad} 为前置液比例。

在对黄陇转角勘查区低渗储层特征分析的基础上，通过该区测试压裂获得对应的液体效率值在 38%～43%，优化计算前置液比例为 40%～45%。

携砂液有造缝和携砂进入裂缝的双重作用，它要求有较好的携砂能力和抗剪切能力。携砂液量由加砂量和砂比决定。

顶替液一般是将残留在井筒中的携砂液挤入裂缝当中，它是由井筒的进液管柱结构计算得来的。计算压裂施工压裂液量见表 9。

表 9　4-2 煤层压裂施工需要压裂液准备表

目标层	压裂液名称	用量	压裂液配方
4-2 煤层	前置液	400	清水+1%KCl+0.05% YT-1 杀菌剂
	携砂液及顶替液	550	
	合计	950	

3.4.5　施工限压值确定

据试井成果，区内 4-2 煤层闭合压力为 6.38MPa，闭合压力梯度为 1.24×10^{-2}MPa/m；破裂压力为 7.12MPa，破裂压力梯度为 1.38×10^{-2}MPa/m，根据施工排量、煤层埋深及套管直径等参数，计算的管路磨阻为 2～4MPa；根据施工排量和射孔参数计算的射孔磨阻为 1～2MPa；因此根据井口压力预测计算得到 4-2 煤层的破裂压力约为 13MPa，正常施工压力为 15MPa 以下。由于生产套管的钢级为 N80，其抗内压强度 53.4MPa。为满足压裂施工要求，设计本次施工限压值为 35MPa。

3.5　压裂施工工序

1）通井、刮削、实探人工井底，洗井并试压 35MPa 合格。

2）通洗井 24 小时后，全井段测基础井温曲线。

3）按射孔审批单对 4-2 煤层进行射孔。

4）按设计要求上压裂液大罐，备活性水压裂液。

5）安装 KY65/60 型压裂井口，四角用钢丝绳绷紧并用地锚固定。

6）摆车，连接高、低压管线（高压管线接双管线），地面高压管汇及井口试压 35MPa，稳压 3min，压降小于 0.5MPa，不渗漏为合格。

7）按设计泵注程序对 4-2 煤层进行测试压裂施工。

8）根据测试压裂结果调整施工泵注程序，对 4-2 煤层进行加砂压裂施工，其中采用投球压裂。

9）对 4-2 煤层采用微地震裂缝监测技术对压裂裂缝进行监测。

10）压后 2、4 小时各测 1 条井温曲线，测量井段目标层以上 100m 至遇阻位置。

11）停泵后通过指针式压力表观测井口压力，待井口压力下降到闭合压力以下 3～5MPa 时，用 3mm 油嘴或针形阀控制放喷，排出液体进排污池或排水沟。

12）待井口压力降到 0MPa 时，打开井口，进行捞砂、下泵作业。

3.6 泵注程序要求

本次压裂 4-2 煤层所采用的压裂施工泵注程序为：

1）注前置液：压裂层段破裂后，继续注入，产生足够长的裂缝，并且在前置液中加入浓度为 5%左右的 20～40 目中砂起到降虑失作用；

2）加中砂：砂比按照设计要求从 6%、10%、12%、14%逐渐提高到 17%；

3）加粗砂：中砂注完后，按照 18%、20%的砂比继续注入；

4）注顶替液：按设计要求顶替完毕再停泵。

运用压裂设计软件对参数井 4-2 煤层储层压裂施工泵注程序进行裂缝模拟计算，模拟计算结果如下（表 10；图 1）：

表 10　4-2 煤层压裂施工裂缝参数模拟结果表

目的层名称	4-2 煤层
裂缝长度/m	119.7
支撑缝长/m	105.3
裂缝总高度/m	26.8
裂缝顶部的深度/m	522.3
裂缝底部的深度/m	549.1

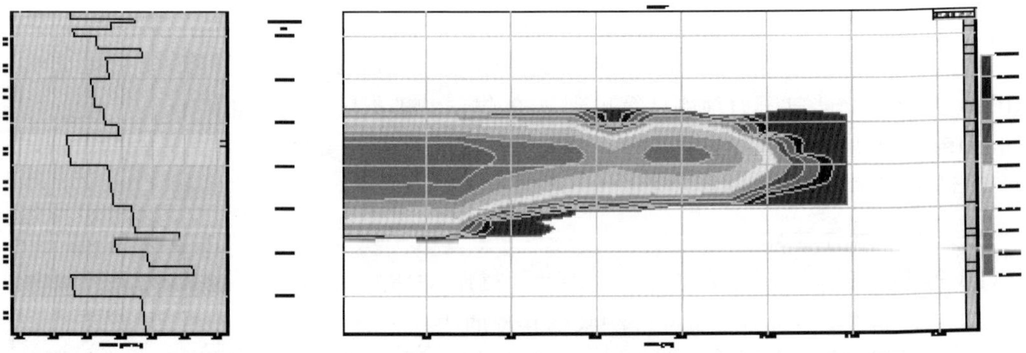

图 1　4-2 煤层压裂裂缝的模拟裂缝形态

3.7 裂缝监测

为了了解压裂形成裂缝的几何参数、修正后期的压裂工艺参数及为后期的煤层气开发部署提供依据，根据需求，本次压裂施工过程中可采用微地震裂缝监测技术监测压裂裂缝的长度和方位，同时对压裂目标层采用井温测井技术监测裂缝高度。

微地震监测原理：根据最小周向应力理论、摩尔-库仑理论、断裂力学准则等，分析岩层破裂形成机理，无论压裂还是注水都会诱发微地震。水力压裂时，在射孔位置，当迅速升高的井筒压力超过岩石强度，岩石遭到破坏，形成裂缝，裂缝扩展时，必将产生一系列向四周传播的微震波，微震波被布置在被监测井周围的 A、B、C、D……等监测分站接收到，根据各分站微震波的到时差，会形成一系列的方程组，反解这一系列方程组，就可确定微震震源位置，由微震震源的空间分布可以描述裂缝实时轮廓，进而给出裂缝的方位、长度、高度、产状及地应力方向等地层参数。监测原理如图 2 所示。

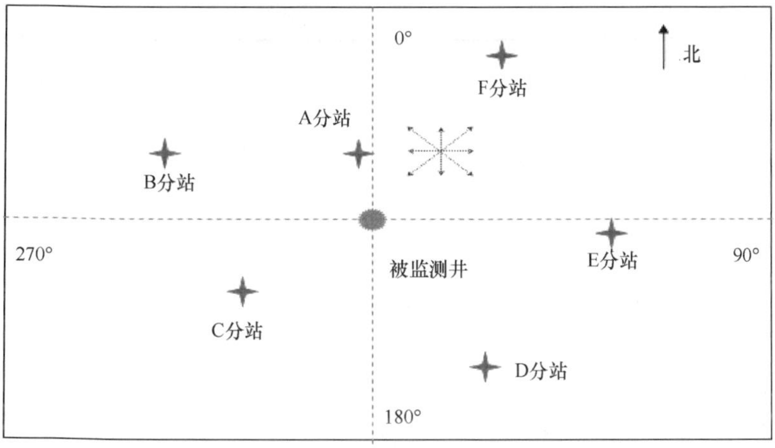

图 2　压裂井微地震裂缝实时监测技术原理图

3.8　压后放喷

本次压裂采用大液量注入工艺，应尽快返排。为了减少压裂液对储层造成污染，尽可能提高压裂液的返排率，因此停泵后通过指针式压力表观测井口压力，待井口压力低于裂缝闭合压力 3～5MPa 时，让裂缝充分闭合以后开始放喷。开始放喷流量控制在 5m^3/d 以内，之后随着压力的降低流量逐渐提高，及时把压裂液返排出地层，排出液体集中收集后进行处理。

3.9　压裂设备要求

根据本次压裂设计的排量和施工限压值，要求压裂设备能耐高压，并且能进行长时间连续压裂施工，因此，主压裂车选择 2000 型，计算压裂施工功率最大需 7280 水马力，泵注设备按 1.5 倍水马力准备，预计水马力 11000Hhp，因此需要 8 台主压裂车，混砂设备 1 台、仪表车 1 台，施工车辆及设备准备如下表 11 所示。

表 11　主要压裂设备需求表

名称	单位	规格	数量
主压车	台	2000 型	8
仪表车	台		1
混砂车	台		1

续表

名称	单位	规格	数量
管汇车	台		1
管线车	台		1
砂罐	个	$30m^3$	2
砂罐车	台		5
液罐	个	$45m^3$	30
液罐车	台	容积 $30m^3$	8
25t 吊车	台		1
井温测试设备	套	SK-3000 型	1

压裂施工时，现场设备布置如图 3。

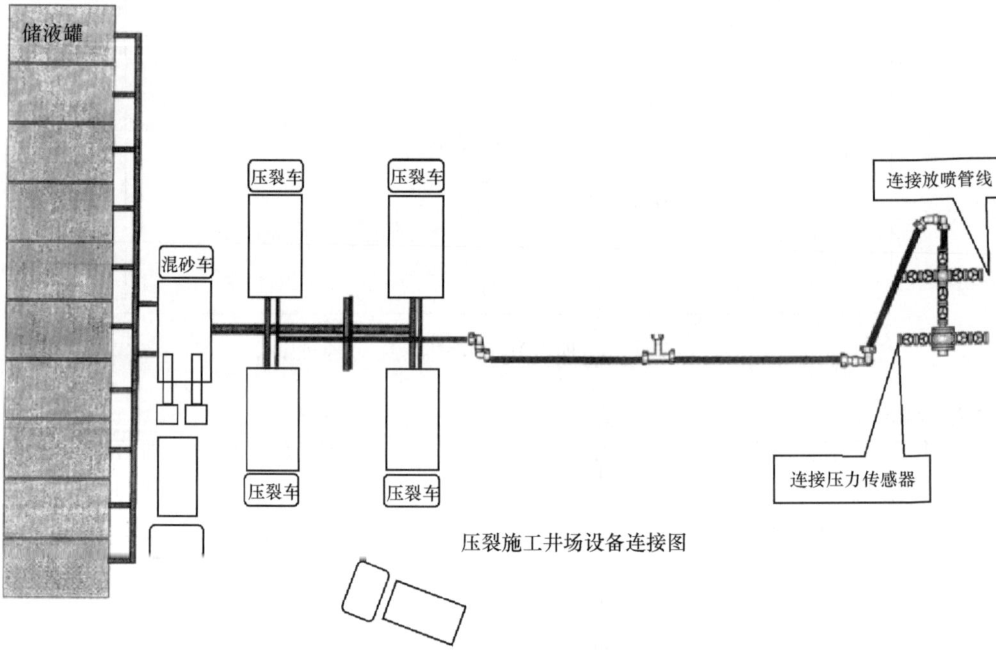

图 3　压裂现场布置图

3.10　压裂作业技术要求

射孔-压裂作业流程（图 4）主要包括：通井、洗井、试压、测井温、射孔、换井口装置、压裂施工准备、测试压裂、加砂压裂、压后井温测井、压后管理等环节，在每口井的后续目标层压裂时，需在通井后进行填砂作业。

（1）通井和洗井

通井、洗井、刮削作业按（SY/T　5587.5—2004）《常规修井作业规程第 5 部分：井下作业井筒准备》的要求执行。

（2）井温测井

井温测井按（SY/T 5600—2010）《石油电缆测井作业技术规范》的要求执行。

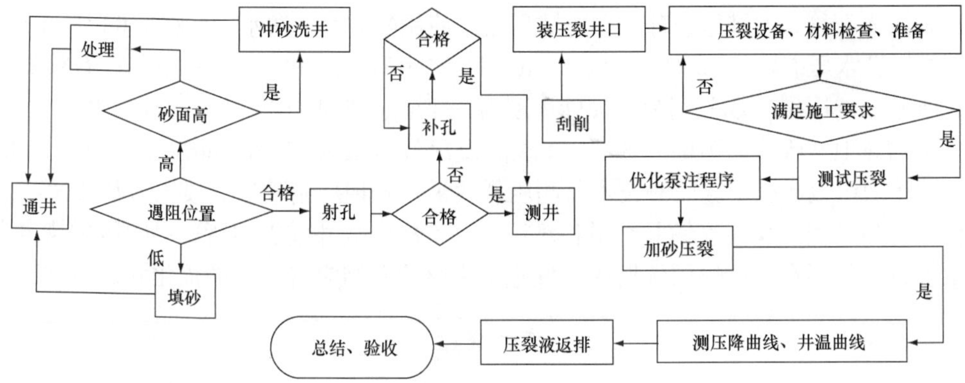

图 4 射孔-压裂作业流程图

（3）射孔

射孔作业参考"SY/T 5604—2002《电缆输送射孔施工技术规程及质量评价》"，根据射孔方案的要求执行。重点要求：

1）认真选择射孔压井液，应采用对地层无伤害的无固相优质压井液；

2）射孔时应连续施工，并采取防喷、防掉、防卡、防火等安全措施；

3）以综合测井图为准，用自然伽马和磁性定位进行校深；

4）射孔作业只射开目标产层中的煤层段（避开套管接箍），为了减小入井液对产层的伤害和污染，采用活性水作为射孔液，井筒液面至井口。射孔质量验收标准为检查发射率达到 95%为合格，否则重新补孔。

（4）换井口装置

换井口作业按"SY/T 5587.9—2007《常规修井作业规程 第 9 部分：换井口装置》"的要求执行。

（5）压裂施工准备

依据压裂方案并参考"SY/T 6566—2003《水力压裂安全技术要求》"和"SY/T 5289—2008《油、气、水井压裂设计与施工及效果评估方法》"的要求进行压裂施工准备。需要说明的是，为了保证压裂的效果，压裂液和支撑剂的准备应考虑不低于 10%的附加量。为了准确评价压裂效果，要求对每个目标煤层进行压前压后井温测井。

（6）压裂施工

测试压裂和压裂施工参考"SY/T 5289—2008《油、气、水井压裂设计与施工及效果评估方法》"和"SY/T 6566—2003《水力压裂安全技术要求》"进行压裂施工。

（7）压后管理

压后管理和压裂液返排原则参考"SY/T 5289—2008《油、气、水井压裂设计与施工及效果评估方法》"的要求执行。另外要求：

1）压后 2、4 小时测井温，完成 ZJS01 井 2 段目标层的压裂裂缝监测；

2）地层压力恢复期间每 30min 记录一次井口压力表读数。

4 结论及建议

通过转角勘查区煤层气参数+实验井的压裂施工实践，得到了转角勘查区煤层气井压裂适宜采用光套管、大排量投球加砂方式压裂，使用配方为“清水+1%KCl+0.05% YT-1 杀菌剂”的活性水压裂液，选取中砂（20～40 目）和粗砂（16～20 目）的兰州产石英砂为支撑剂；所选取的压裂参数分别为：加砂规模为 6m^3/m，排量为 7～10m^3/min，砂比为 15%左右，前置液比例约为 40%～45%（携砂液及顶替液量为 55%～60%），施工限压值为 35MPa。并采用微地震裂缝监测技术监测压裂效果，合理控制井口放喷压力及液量。

由于转角勘查区煤层气钻井数量相对较少，本次参数井施工中所取得的压裂技术方法及各项参数，需要在后续煤层气勘探开发施工中继续总结完善，不断优化和提高。

参考文献

白建平，武杰．2016．压裂液对煤储层伤害试验及应用[J]．煤田地质与勘探，44（4）：77～80.

高波，康毅力，史斌，等．2016．压裂液对煤岩储层解析——扩散性能的影响[J]．煤田地质与勘探，44（6）：79～84.

贡玉军，郭大立，李铁军，等．2012．煤层气井压裂难易程度预测方法[J]．煤田地质与勘探，40（6）：23～27.

韩保山．2016．低渗煤层压裂机理及应用[J]．煤田地质与勘探，44（3）：25～29，35.

胡正田，万志杰，张东亮，等．2015．贵州官寨井田煤层气直井压裂工艺分析[J]．煤田地质与勘探，43（4）：46～50.

刘贻军，曾祥渊，胡刚，等．2017．贵州煤层气储层特征及勘探开发技术对策[J]．煤田地质与勘探，45（1）：71～74.

刘智恪，谭锐，牛增前，等．2014．山西煤层气井压裂工艺技术与研究[J]．油气井测试，23（2）：45～47.

王兴．2012．陕西省煤层气[M]．西安：陕西科学技术出版社：136～138.

王续性，钟冠宇，郭布民，等．2016．沁水盆地南部 3 号煤压裂曲线特征及施工建议[J]．煤田地质与勘探，44（3）：36～39，45.

魏宏超，乌效鸣，李粮纲，等．2012．煤层气井水力压裂同层多裂缝分析[J]．煤田地质与勘探，40（6）：20～23.

薛莉莉．2009．煤层气储层压裂数值模拟技术研究[D]．青岛：中国石油大学（华东）.

张鹏.2011．煤层气井压裂液流动和支撑剂分布规律研究[D]．北京：中国石油大学.

张双斌，苏现波，郭红玉．2016．煤储层水力压裂支撑剂的优选试验研究[J]．煤田地质与勘探，44（1）：51～55.

赵凤坤．2012．煤层气压裂井产能分析及经济评价[D]．青岛：中国石油大学（华东）.

神府区块煤层气与致密气共生成藏与合采性研究

王存武　梁建设　朱学申　郭广山　陈思路

（中海油研究总院　北京　100028）

摘　要：煤系地层的综合勘探与有序开发是实现资源最大化的有效途径。以神府区块为例，系统分析了区内的构造演化历程和沉积环境，研究了煤层气与致密气的成藏条件、赋存方式和成藏模式，探讨了煤层气与致密气联合开发的可采性。研究表明：①神府区块整体呈单斜形态，构造简单，断裂不发育；从本溪组时期到山西组时期，主要为海陆过渡相沉积环境，发育较好的源储条件。稳定的构造背景和优越的沉积环境为煤层气与致密气成藏提供了良好的地质条件。②神府区块煤层气与致密气具有源内成藏的特点，煤层气源内直接成藏，致密气近源短距离运移成藏，划分了4种煤层气与致密气垂向组合关系。③神府区块山西组、太原组和本溪组具有统一的储层压力系统，非气层砂岩不含水或弱含水，致密气层与煤层距离近、层段多是煤层气与致密气联合开发的有利地质条件。

关键词：神府区块　煤层气　致密气　成藏模式　联合开发

Study on the Co-occurrence and Joint Development of Coalbed Methane and Tight Gas in Shenfu Block

Wang Cunwu　Liang Jianshe　Zhu Xueshen　Guo Guangshan　Chen Silu

(CNOOC Research Institute, Beijing 100028, China)

Abstract: It is an effective way to achieve maximum utilization of resources with comprehensive exploration and orderly development of coal measure strata. Taking Shenfu block as an example, the systematical analysis on the tectonic and sedimentary evolution, and the occurrence and accumulation model of coalbed methane and tight gas were made. Also the joint development admissibility of coalbed methane and tight gas were discussed. Some conclusions are as follows: ①The tectonic is simple, which is a monoclinal structure with less faults; There

王存武，男，1980年生，博士，从事非常规油气及海洋石油地质研究工作。E-mail:wangcw@cnooc.com.cn。电话：84526203。

are good source-reservoir conditions in the Shanxi formation, Taiyuan formation and Benxi formation with the transitional facies sedimentary environment; Stable tectonic setting and superior sedimentary environment provided favorable geologic conditions for coalbed methane and tight gas accumulation. ②The coalbed methane and tight gas accumulated near the source rock, the former accumulated in the coal seam, and the later accumulated in the sandstone near the coal seam. Based on the occurrence of coalbed methane and tight gas, four vertical composition relationships were proposed. ③There are favorable Geological Conditions for joint development of coalbed methane and tight gas in the Shanxi formation, Taiyuan formation and Benxi formation, such as unified system of reservoir pressure, non-gas-bearing sandstone with no or less water, and lots of tight gas layers which are near the coal seam.

Keywords: Shenfu Block; coalbed methane; tight gas; accumulation model; joint development

20 世纪 80 年代以来，伴随着我国煤成气理论和勘探技术的发生、发展和确立，在鄂尔多斯盆地掀起了天然气勘探的热潮，盆地腹地北部逐渐发现了榆林、米脂、乌审旗、神木、苏里格、子洲和大牛地等多个上古生界煤成气大气田（戴金星，2014）；新一轮资源评价结果表明（付金华等，2010），鄂尔多斯盆地天然气总资源量为 15.16×10^{12} m^3，其中致密气资源量为 $10.37\times10^{12}m^3$（主要为上古生界煤成气），约占天然气总资源量的 68%。在“十一五”和“十二五”期间，对鄂尔多斯盆地煤层气开展了大量的勘探工作，仅盆地东缘较浅的区域煤层气地质资源量约 $3.5\times10^{12}m^3$，目前已累计探明地质储量超过 $2000\times10^8m^3$，完成了将近 $20\times10^8m^3$ 的年产能建设，显示了良好的开发前景（接铭训，2010）。然而，随着致密气勘探逐渐向盆地边缘过渡，煤层气的勘探逐步向深部扩展，在盆地边缘向深部的过渡地区存在煤层气与致密气联合勘探的重叠区，煤系地层的联合勘探与综合有序开发是实现资源最大化的有效途径。笔者拟通过对鄂尔多斯盆地东缘北段神府区块煤层气与致密气（以下简称“两气”）共生成藏规律分析，探讨煤层气与致密气的合采性，为大型含煤盆地煤系天然气综合勘探和开发提供新思路。

1 地质概况

神府区块位于鄂尔多斯盆地东缘北段，隶属山西省和陕西省，横跨伊陕斜坡和晋西挠褶带，西接的神木气田是鄂尔多斯盆地东部首个大规模开发建设的致密砂岩气田，东邻的保德煤层气田是我国中低阶煤层气开发的典范（图 1）。区内石炭系—二叠系主力煤层 4#+5#和 8#+9#煤层总厚度介于 8.9～23.4m，平均 17.24m，含气量介于 4.18～7.68m^3/t，与此同时，致密气勘探取得一定突破，在山西组、太原组和本溪组测试取得过万方无阻流量，显示区内具有良好的煤层气和致密气的资源前景。

2 “两气”共生成藏条件

2.1 稳定的构造背景

鄂尔多斯盆地素以构造稳定、斜坡宽缓、变形微弱为特点，是多期构造体系控制作用下的多旋回叠合盆地，经过太古宙微陆块拼接、古元古代的裂陷再造、古元古代末期的固结，之后进入沉积盖层的发育阶段，经历了构造稳定期、构造活动期和构造定型期三个演化阶段（赵靖舟等，2010；康玉柱等，2014）。位于鄂尔多斯盆地东缘北段的神府区块受控于区域构造应力场的控制，经历了稳定构造演化阶段、微弱构造活动阶段和强烈构造作用阶段（图2）。

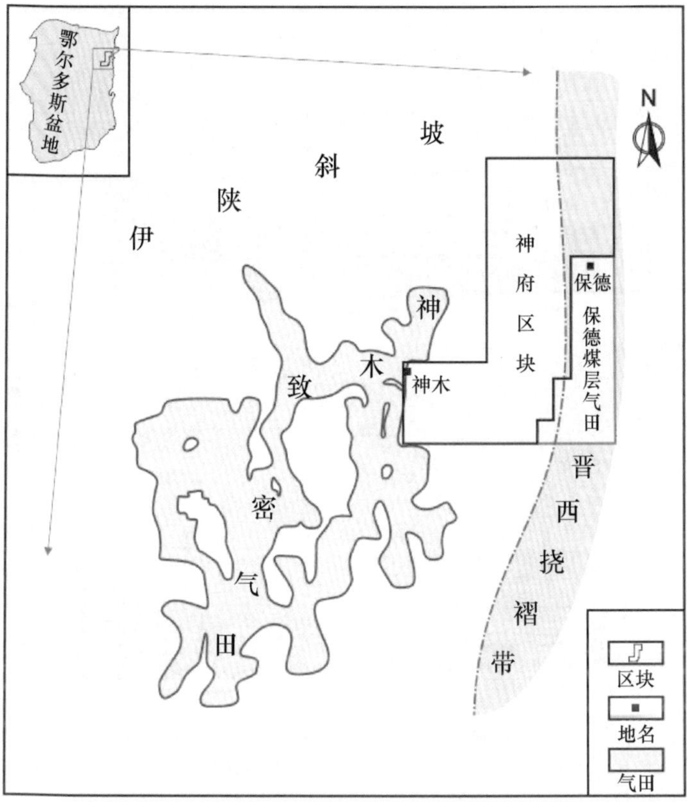

图1　鄂尔多斯盆地东缘北段神府区块位置图

1）稳定构造演化阶段：前人研究结果表明（赵靖舟等，2010；康玉柱等，2014；梁建设等，2016；王同和等，1999；琚宜文等，2011），整个华北地区处于克拉通盆地演化阶段，具有内部稳定、边缘活动的特点。研究区位于华北地区的中部，早古生代属于克拉通盆地稳定发育时期，沉积了一套海相碳酸盐夹碎屑岩的沉积；奥陶纪晚期受加里东运动南北向的挤压作用，伴随着整个盆地整体抬升，形成了早古生代晚期的沉积间断。晚古生代石炭纪中期开始下沉，频繁的海侵的同时，形成了一套海陆交互相含煤岩系建造。

2）微弱构造活动阶段：鄂尔多斯盆地中生代经历了印支期和燕山期两大构造旋回，盆地内部主要继承了晚古生代稳定的演化背景，盆地边缘构造活动强烈，尤其是南缘和西缘，构造逆冲活动和前陆造山活动达到顶峰（康玉柱等，2014）。然而，研究区所在的现今鄂尔多斯盆地东缘，构造活动相对较弱，晚白垩世以来，吕梁山才发生缓慢的隆升作用（赵俊峰等，2015；李建星，2009），受到一定的挤压作用，发生微弱的变形。

3）强烈构造作用阶段：古近纪时期，鄂尔多斯地区周缘与中国东部的强烈断陷发育同步，银川、河套、汾渭地堑系形成。进入新近纪，区域构造应力转变为挤压为主，同时东缘的吕梁山快速隆起（赵俊峰等，2015；李建星，2009），对研究区形成一定的屏障作用，伴随着逆断层的发育，晋西挠褶带应运而生，后期遭受剥蚀作用，最终形成了现今的构造格局。

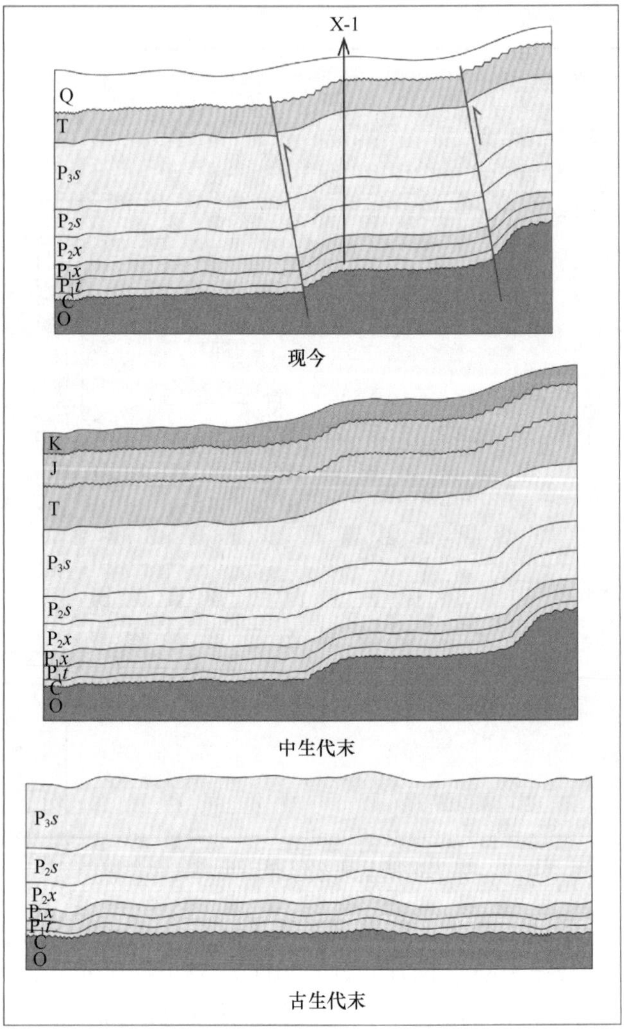

图 2　神府区块构造演化剖面图

整体上，研究区具有稳定的构造演化背景，呈向西的简单单斜构造，断裂不发育，东部有两条近北南向断层控制了区内的整体形态，具有两层“阶梯式”的构造特征，为区内煤层气与致密气成藏提供了良好的构造条件。

2.2　优越的沉积环境

烃源岩和储集层是天然气勘探工作的重要方面，二者均受到沉积环境的控制。研究区自加里东运动抬升后持续遭受剥蚀作用，到石炭纪本溪组时期开始沉降接受沉积，主要发育障壁-潟湖-潮坪沉积体系，泥炭坪控制了煤层的发育，而砂坪和障壁坝控制了有利储集砂体的展布，岩性主要为灰黑色泥岩、炭质泥岩与灰色中细砂岩互层，局部夹薄层泥质灰岩和薄煤线，顶部发育一套主力厚煤层，分布广、厚度大，是区内的主要气源岩；到二叠纪太原组时期，三角洲向前推进，主要发育受潮汐作用影响的三角洲沉积体系，岩性以浅灰色中细粒砂岩、深灰色泥岩、炭质泥岩为主，发育 3～4 层煤层，分流河道砂为有利的储集砂体；到二叠纪山西组时期，主要以三角洲沉积体系为主，河流作用变强，浅灰色粗砂岩、中砂岩与灰黑色泥岩、灰色泥质粉砂岩的不等厚互层发育，局部夹有黑色煤层。简而言之，区内石炭纪—二叠纪经历了从海相到海陆过渡相再到陆相的沉积演化历程，发育障壁-潟湖-潮坪、三角洲平原、前缘亚相，为烃源岩和储集层的发育提供了优越的沉积环境。

1）烃源岩：控制油气成藏和分布的重要因素之一，是含油气系统研究的基础，其中煤系烃源岩有机质含量高、生气能力强，具有持续生烃和充注的能力（戴鸿鸣等，2011；李建忠等，2012）。区内石炭系—二叠系煤系烃源岩发育，山西组、太原组、本溪组炭质泥岩厚度介于 0～69m，平均厚度约为 24.89m，TOC 含量介于 2.5%～25.02%（图 3）；煤层总厚度介于 3～44m，TOC 含量介于 51.59%～70.04%，镜质体反射率介于 0.6%～1.35%，平均约为 1.03%。总体来说，区内生烃物质基础雄厚，生烃潜力较好，为煤层气富集成藏提供了有利的源储条件，也为致密气的成藏提供了良好的源岩条件。

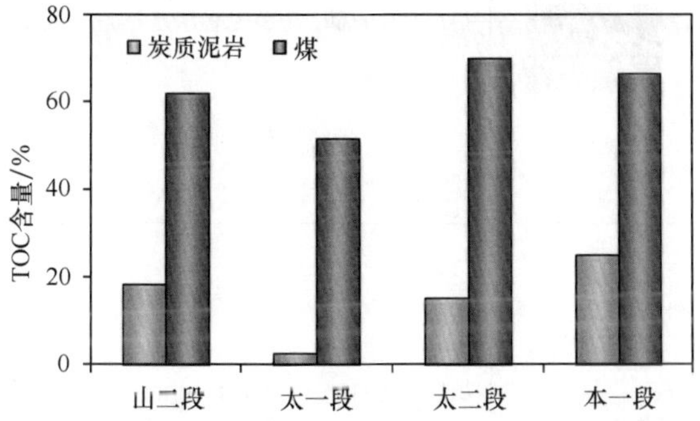

图 3　神府区块炭质泥岩和煤层 TOC 含量统计直方图

2）储集层：油气聚集和赋存的空间，是油气勘探评价的重要内容之一。区内煤系地层砂体发育，山西组砂岩厚度介于 2～20m，孔隙度主要分布在 4%～8%之间，渗透率主要分布在 0.1～0.5mD 之间；太原组砂岩厚度介于 3～20m 之间，平面上厚度变化大，孔隙度主要以小于 8%为主，渗透率主要介于 0.01～0.5mD 之间；本溪组砂岩厚度介于 2～25m 之间，平面上厚度差异大，孔隙度主要分布在 8%～10%之间，渗透率主要介于 0.01～0.5mD 之间（图 4）。总体来说，区内砂岩厚度较大，但储层物性一般，属于低孔渗的砂岩储层。

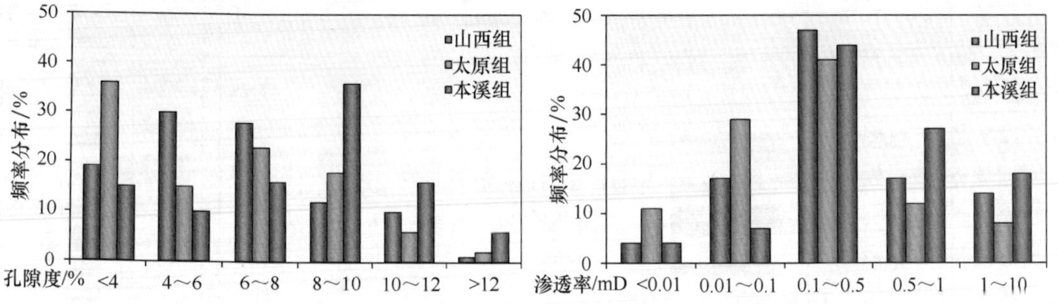

图 4　神府区块砂体孔隙度（左）和渗透率（右）统计直方图

3 “两气”共生成藏规律

3.1 “两气”赋存方式

含煤岩系有机质含量高、旋回性强、烃源岩和储集层在纵向上规律性的重复交替出现，泥岩作为主要的封盖层，为煤系非常规天然气的赋存提供了有利的生储盖条件（曹代勇等，2014；傅雪梅等，2016）。受沉积环境演化的控制，广覆式分布的煤系烃源岩与大面积发育的致密砂岩储集相互叠置，煤层生烃后近距离运移，形成垂向上叠置发育的煤层气藏和砂岩气藏。以区内厚度最大、稳定发育的本溪组 $8^{\#}+9^{\#}$煤层为例，从组合模式和生储盖特点等方面，归纳了区内共有 4 种煤层气与致密气赋存模式，见表 1。

表 1　神府区块煤层气与致密气赋存模式

类型	组合模式	模式图	生储盖组合特点	实例
Ⅰ型	煤层气	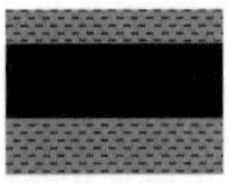	煤层自生自储，上覆泥岩作为主要盖层，附近砂岩不含气	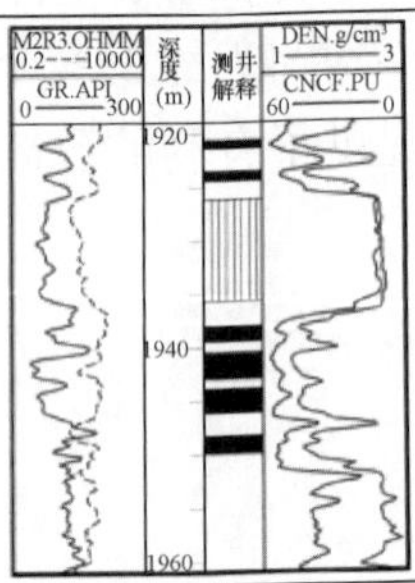
Ⅱ型	致密气 + 煤层气		煤层自生自储，向上运移到附近有利砂体聚集成藏，上覆泥岩为主要的盖层	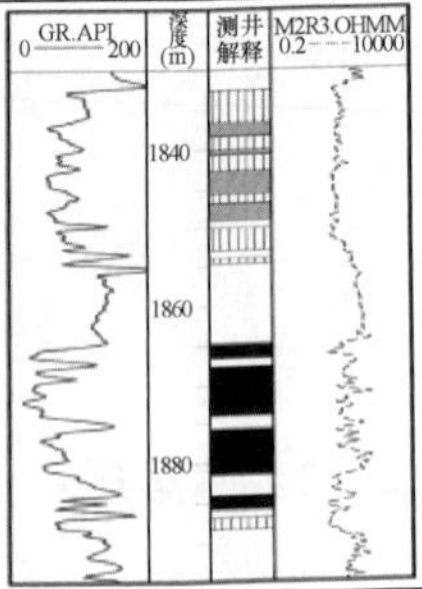
Ⅲ型	煤层气 + 致密气	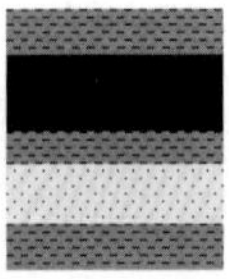	煤层自生自储，向下运移到附近有利砂体聚集成藏，上覆泥岩为主要的盖层	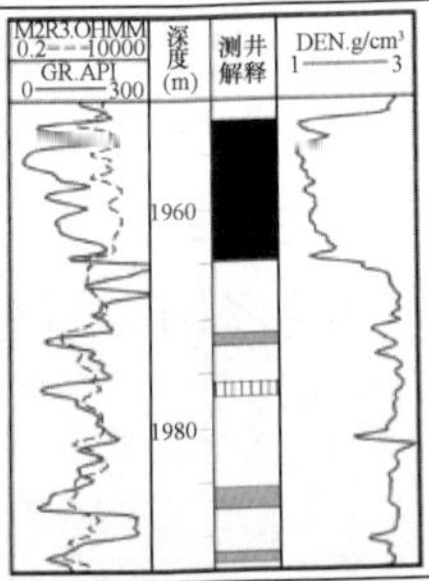
Ⅳ型	致密气 + 煤层气 + 致密气	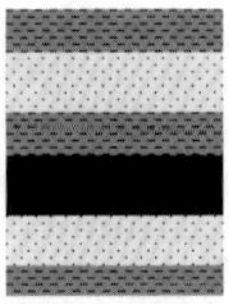	煤层自生自储，向下和向上运移到附近有利砂体聚集成藏，上覆泥岩为主要的盖层	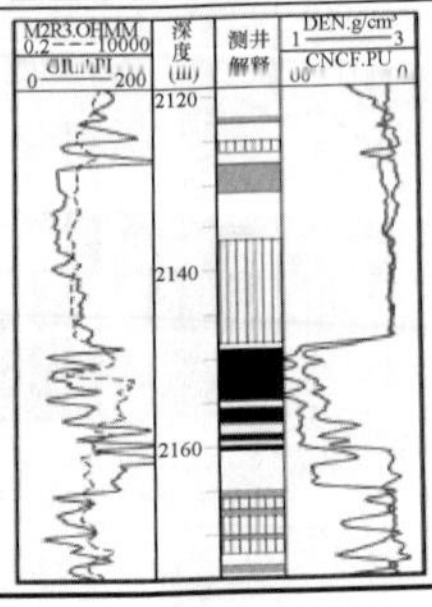

3.2 “两气”成藏模式

研究区本溪组和太原组煤层是主要的烃源岩，煤储层自身容纳生产的少部分天然气，相当一部分烃类气体排出聚集在有利的砂体之内，上覆的泥岩是良好的封盖层，而新生代以来鄂尔多斯盆地东缘的持续抬升及吕梁山的快速隆起，是煤层气藏和致密气藏调整最终定型的关键时期。从生排烃期、储盖组合、圈闭条件及保存条件等方面，归纳总结神府区块石炭系—二叠系含气系统要素（图 5），具有煤层气和致密气成藏的优越地质条件。总的来说，研究区具有两种天然气成藏模式（图 6）：①源内直接成藏：煤层生烃的过程中，首先满足自身吸附作用，形成自生自储的煤层气藏；②近源短距离运移成藏：区内构造简单、断裂发育，缺乏天然气长距离运移的通道，煤层生烃满足自身的吸附能力后发生排烃作用，以及后期持续抬升的过程中，伴随着储层压力的降低，煤储层吸附气发生解吸作用而继续排烃，二者均向上、向下短距离运移聚集成藏。

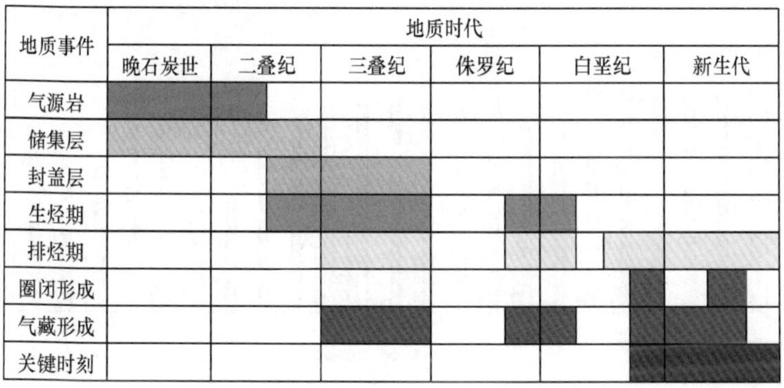

图 5　神府区块煤层气与致密气成藏要素

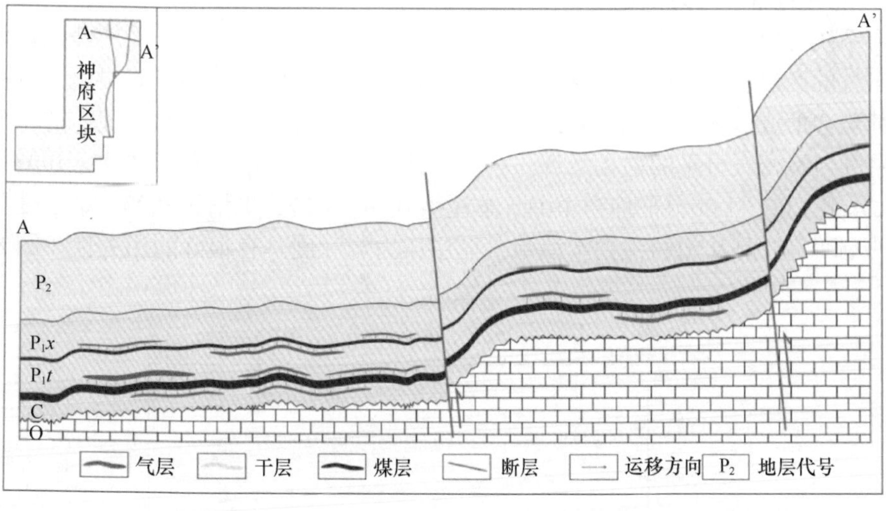

图 6　神府区块煤层气与致密气成藏模式图

4 “两气”联合开发可采性分析

煤系地层良好的生储盖配置关系，为煤层气与致密气成藏提供了有利地质条件，为煤系地层立体勘探与开发提供新思路。然而，煤层气以吸附气为主，致密气以游离气为主，两者赋存方式的不同决定了产出机理的差异,前者主要通过解吸→扩散→渗流的过程产出，而后者仅有扩散和渗流的过程，但是两种气藏生产过程中均是通过调整井底流压来控制产气速率。综合前人研究成果（张建民，2008；冯其红等，2014），煤层气与致密气的距离、储层的压力系统、邻近砂岩的含水性是实现煤层气与致密气合采的关键地质条件。

4.1 近距离、多层段成藏

从神府区块的成藏模式来看，煤层生烃后原地形成煤层气藏，短距离运移形成致密砂岩气藏，并且主要以源内成藏为主，气层主要分布在山 2 段、太 2 段和本 1 段。煤层气与致密气层具有距离近、多层段成藏的特点，煤储层厚度介于 6.1～15.8m，平均为 11.78m，而致密气层厚度介于 0.6～8.73m，平均为 2.62m，两气的距离介于 0.6m～30.3m，平均仅为 9.81m，其中绝大多数都小于 20m（图 7）。

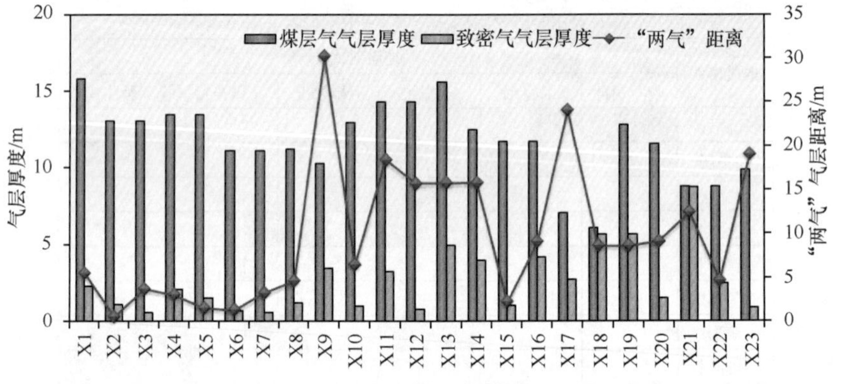

图 7　神府区块 8#+9#煤层与致密气层统计直方图

4.2 统一的储层压力系统

压力系统是评价气藏合采的重要地质条件，直接影响多层气藏合采的开发效果。煤层气与致密气的产出机理不同，煤储层是通过排水采气的，假设致密气储层压力系数小于煤储层，甚至会形成倒灌的现象，对致密气的开发产生显著影响，因此，统一的压力系统是保证煤层气与致密气合采的前提条件。神府区块山西组压力系数介于 0.95～0.97，平均为 0.96，太原组 1.00～1.06，平均为 1.03，本溪组 0.79～1.07，平均为 0.93，基本处于正常压力系统的范畴，并且从山西组到本溪组，储层压力与深度具有很好的相关性（图 8）。

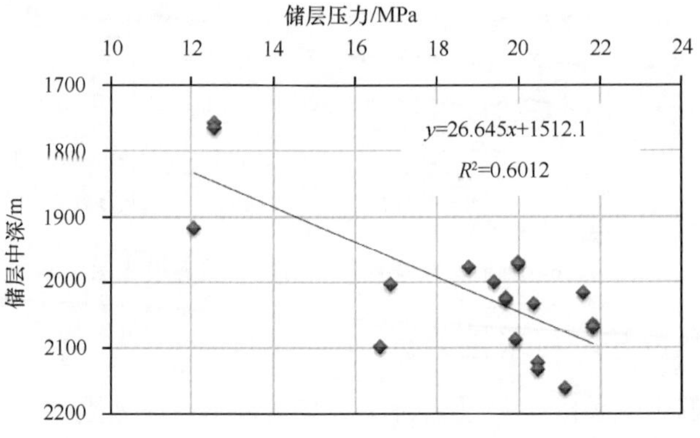

图 8　神府区块山西组、太原组和本溪组储层压力与深度关系图

4.3 邻近砂岩不含水或弱含水

煤储层和致密砂岩气邻近砂岩不含水或弱含水是实现“两气”合采的又一重要条件。如果储层改造过程中沟通邻近的含水层，一方面对致密气造成不良影响，另一方面不能有效降低煤储层的压力，无法实现煤层气的解吸，必将影响煤层气的开发效果。测井解释结果表明，神府区块山西组、太原组和本溪组不含气砂岩孔渗条件更差，以干层为主，极少砂岩具有微弱含水性，这也为“两气”合采提供了有利的开发条件。

5 结 论

1）神府区块整体呈单斜形态，构造简单，断裂不发育；从本溪组时期到山西组时期，主要为海陆过渡相沉积环境，发育较好的源储条件。总之，稳定的构造背景和优越的沉积环境为煤层气与致密气成藏提供了良好的地质条件。

2）依据煤层气与致密气的垂向组合模式，划分了 4 种叠置关系；煤层气与致密气具有源内成藏的特点，煤层气源内直接成藏，致密气近源短距离运移成藏。

3）神府区块山西组、太原组和本溪组具有统一的储层压力系统，非气层砂岩不含水或弱含水，致密气层与煤层距离近、层段多是煤层气与致密气联合开发的有利地质条件。

参考文献

曹代勇，姚征，李靖. 2014. 煤系非常规天然气评价研究现状与发展趋势[J]. 煤炭科学技术，42（1）：89～92.

戴鸿鸣，王顺玉，陈义才. 2011. 油气勘探地球化学[M]. 北京：石油工业出版社.

戴金星. 2014. 中国煤成大气田及气源[M]. 北京：科学出版社：1～424.

冯其红，张先敏，张纪远，等. 2014. 煤层气与相邻砂岩气藏合采数值模拟研究[J]. 煤炭学报，39（1）：169～173.

付金华，姚泾利，刘新社，等. 2010. 鄂尔多斯盆地古生界天然气资源评价[R]. 西安：中国石油长庆油田公司.

傅雪海，得勒恰提·加娜塔依，朱炎铭，等. 2016. 煤系非常规天然气资源特征及分隔合采技术[J]. 地学前缘，23（3）：36～40.

接铭训. 2010. 鄂尔多斯盆地东缘煤层气勘探开发前景[J]. 天然气工业，30（6）：1～6.

琚宜文，卫明明，薛传东. 2011. 华北盆山演化对深部煤与煤层气赋存的制约[J]. 中国矿业大学学报，40（3）：390～396.

康玉柱，王宗秀. 2014. 鄂尔多斯盆地构造体系控油作用研究[M]. 北京：地质出版社：1～182.

李建星. 2009. 吕梁山及邻区新生代构造-沉积演化[D]. 西安：西北大学：1～111.

李建忠，郭彬程，郑民，等. 2012. 中国致密砂岩气主要类型、地质特征与资源潜力[J]. 天然气地球科学，23（4）：607～615.

梁建设，朱学申，柳迎红，等. 2016. 沁水盆地与鄂尔多斯盆地上古生界致密气成藏条件类比及勘探潜力[J]. 煤炭学报，41（1）：192～201.

王同和，王喜双. 1999. 华北克拉通构造演化与油气聚集[M]. 北京：石油工业出版社，1～94.

张建民. 2008. 煤层气和相邻煤成气合采探索与研究[C]. 见：中国煤炭学会煤层气专业委员会，中国石油学会石油地质专业委员会编. 2008 年. 煤层气学术研讨会论文集. 北京：地质出版社：353～359.

赵靖舟，王力，孙兵华，等. 2010. 鄂尔多斯盆地东部构造演化对上古生界大气田形成的控制作用[J]. 天然气地球科学，1（6）：875～881.

赵俊峰，刘池洋，Nigel MOUNTNEY，等. 2015. 吕梁山隆升时限与演化过程研究[J]. 中国科学，45（10）：1427～1438.

赵俊峰，刘池洋，王晓梅，等. 2009. 吕梁山地区中—新生代隆升演化探讨[J]. 地质论评，55（5）：663～672.

复杂构造条件下薄、多煤层储层压裂改造方案——以重庆松藻矿区 QM-1 井为例

张华莲[1,2]　汪　威[1,2,3]　方光建[1,2]　郭东鑫[1,2]　张跃磊[1,2]　王　晋[1,2]

（1．国土资源部页岩气资源勘查重点实验室（重庆地质矿产研究院）　重庆　400042，
2．油气资源与探测国家重点实验室重庆页岩气研究中心　重庆　400042
3．重庆大学　重庆　400044）

摘　要：重庆松藻矿区煤层气资源量丰富，有利煤层多、含气量高，但单煤层较薄、渗透性差，根据该区煤储层特点优选压裂改造工艺技术，以实现地面产气突破。以 QM-1 井为例，在前期勘探成果资料的基础上，根据六大选层原则，最终优选出五套煤层分三段（M_{12}、M_8+M_{7-3}、$M_{6-3}+M_{6-2}$）进行压裂改造。射孔井段选择碎粒煤避射、顶板扩射，有效地控制了煤粉产出；电缆桥塞射孔联作技术不仅保证了分层压裂的针对性和准确性，还大幅度提高了压裂的时效性；合层压裂投球暂堵技术应用取得了较好的成效，保证了目的层充分改造。良好的改造效果证明该储层压裂改造方案对我国西南地区复杂构造条件下薄煤层、低孔低渗、高阶煤煤层气地面抽采具有示范意义和参考价值。

关键词：煤层气　松藻矿区　薄煤层、多煤层、高阶煤储层改造　地面抽采

The Fracturing Scheme of Multiple but Thin Coalbed Reservoir under Complex Structure Conditions: Taking QM-1 Well in Songzao Coal Field as An Example

Zhang Hualian[1,2]　Wang Wei[1,2,3]　Fang Guangjian[1,2]　Guo Dongxin[1,2]　Zhang Yuelei[1,2]　Wang Jin[1,2]

（1. Key Laboratory of Shale Gas Exploration，Ministry of Land and Resources, Chongqing Institute of Geology and Mineral Resources, Chongqing　400042, China;
2. Chongqing Shale gas Research Center of State Key Laboratory of Petroleum Resource and Prospecting, Chongqing　400042, China
3. Chongqing University, Chongqing　400044, China)

Abstract: There are abundant coalbed methane resources in the Songzao Coal Field.

基金项目：重庆市国土资源和房屋管理局重大油气专项“重庆市煤层气地面抽采技术研究与示范”项目。

作者简介：张华莲，女，工程师，2014 年毕业于中国石油大学（华东），主要从事页岩气、煤层气勘探开发工作。地址：重庆市渝中区长江二路 177-9 号重庆地质矿产研究院（400042）。电话：15922638080。E-mail:kxhualian@163.com。

According to the characteristics of coalbed reservoirs with multiple favorable coal seams, high gas content, thin coal seam and poor permeability, the reservoir alteration technologies of fracturing is needed to realize the gas production breakthrough. Taking QM-1 well as an example, based on the data of the preliminary exploration results, according to the principle of the 6 election layer, 5 coal seams(M_{12}, M_8+M_{7-3}, M_{6-3}+M_{6-2}) have been chosen to fracture. Perforation avoided the placement of fragmented coal and expanded to roof, in order to control the coal fines output. The drillable bridge plug cable perforation co-operated technology applied could not only ensure the pertinence and accuracy of the slicing fracturing, but also could highly improve the time effect of the fracturing. Ball-off staged fracturing technology ensured the full improvement of the target layer. The good fracturing results show that the reservoir reformation scheme has a demonstration significance and reference value for CBM surface drainage from the low porosity, low permeability, high rank and thin coal seam under the complex structure conditions in southwest China.

Keywords: CBM; Songzao Coal Field; thin coalbed layer, high-rank coal, reservoir alteration; surface drainage

煤层气作为非常规天然气的一种，全球煤层气储量约占天然气总储量的 1/3。我国煤层气资源较为丰富，分布相对集中，是世界上继俄罗斯、加拿大之后的第三大储量国，占世界排名前 12 位国家资源总量的 13%。“十三五”期间，我国能源战略转型和科技创新为煤层气（煤矿瓦斯）产业提供了难得的历史机遇。目前，我国煤层气地面开发产能主要集中在沁水盆地和鄂尔多斯盆地东缘地区（郭继圣等，2017），适宜于我国复杂地质条件的煤层气开发技术体系尚未形成（叶建平等，2016）。重庆松藻矿区煤层气资源总量为 $502.63\times10^8m^3$，有利煤层多但较薄（刘宁宁等，2015），如何有效改造煤储层实现商业开发是区内煤层气地面开采示范工作的重点难题。

1　区域概况

重庆松藻矿区地理位置属于重庆市綦江区管辖。构造上位于川鄂湘黔隆起褶皱带中段西侧酒店垭背斜西翼，箭头垭背斜-桑木场背斜西翼发育的次级褶皱带上，在平面分布上形成向北东收敛，向南西撒开的放射状，由东向西依次有两河口向斜、羊叉滩背斜、大木树向斜和鱼跳背斜形成向西突的“鼓包形构造”。这种特殊的构造形态，是不同方向应力共同作用产生的复合和联合的结果，致使煤系地层及上覆地层抬升（韩俊等，2007），形成区域内打通、渝阳、石壕、小鱼沱、大罗五个较大型井田（图 1）。

2　煤储层特征

区内含煤地层形成于晚二叠世龙潭组时期，属海陆过渡相沉积，龙潭组（P_3l）岩性、岩相及厚度均较稳定，含煤 5～15 层，煤层倾角 1°～15°。煤层总厚 4.01～9.88m，平均 7.58m，可采总厚 5.45m；单一煤层最大厚度达 4.5m，一般在 0.1～3.0m。主要煤层富集在龙潭组中-中下部，含煤系数为 5.5%～13%，平均为 10.2%。煤岩为中-高灰分、低水分、低挥发分煤。煤层显微组分以镜质组为主，平均含量分别为 55.2%～77.1%，其次为惰质组。勘探目的煤层是全区可采的 M_{7-3}、M_8 煤层和局部可采的 M_{6-2}、M_{6-3}、M_{12} 煤层。

2.1 物性特征

区内构造煤发育，以碎粒-碎裂煤为主，主力煤层 M_8 发育三层结构，上部为块煤-碎裂煤、中部碎粒煤、下部为碎粒-碎裂煤。经钻井采样分析，目的煤层的 R_o 一般在 2.09%～2.26%，为贫煤。煤层渗透率一般在 0.01～1.14×10^{-3}μm^2，基质孔隙度为 2.00%～5.29%，层间差别较大，非均质性强，M_8 煤层相对最好。目的煤层埋深为 885.6～935.7m，地层压力检测数据表明煤储层属常压地层，压力梯度一般在 0.97～1.02MPa/100m，是煤层气地面钻井开采的有利因素。低温液氮吸附法测试结果显示区内高阶煤孔隙主要由微孔（<10nm）和过渡孔（10～100nm）构成（张小东等，2017），平均孔径在 7.3～22.2nm 之间，微孔是煤比表面积的主要贡献。煤层最大吸附量可达 22.32cm^3/g，吸附能力较强；地解比大于 0.50，属于中等-较高，表明煤储层的解吸能力中等-较好，利于开采。

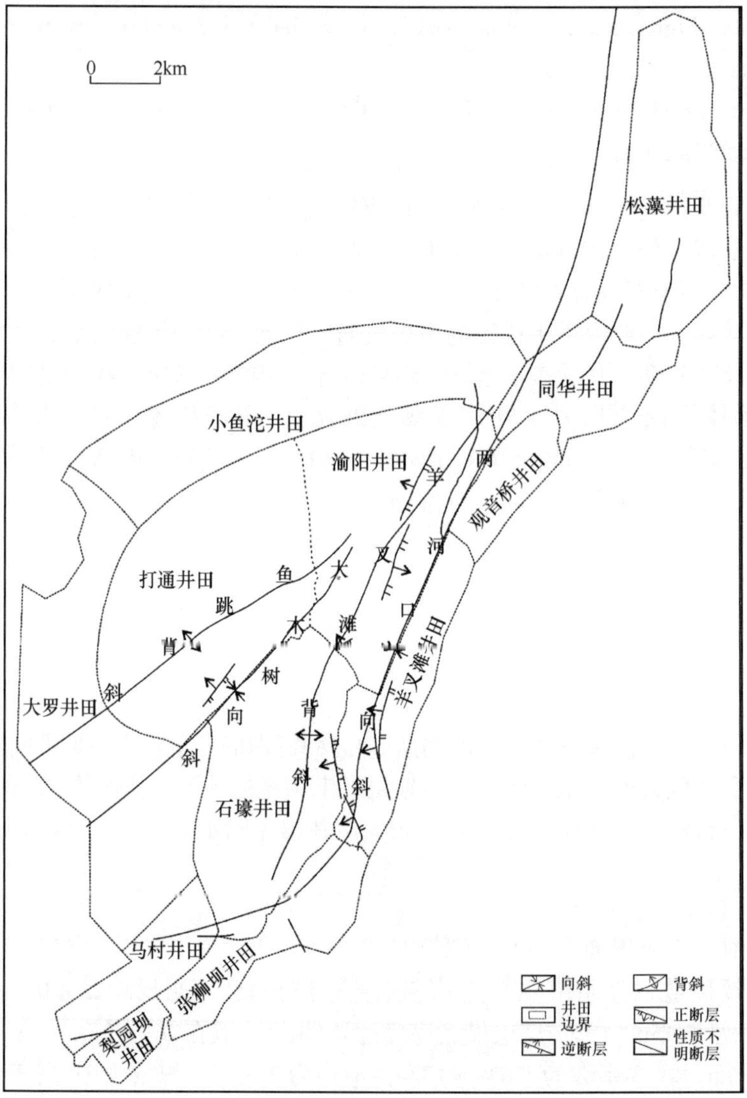

图 1　松藻矿区构造纲要图

2.2 含气性特征

测井解释和现场含气量测试都显示了较高的含气量，各煤层平均总含气量在 8.2～27.9m^3/t 之间，多数超过 15m^3/t，以 M_8 煤层为最高，最高可达 36.08m^3/t。目的煤层含气量均大于 8.0m^3/t，属于富气煤层，具有良好的物质基础。

松藻矿区龙潭组煤储层为低渗透率、低压力和非均质性强的岩性封闭煤层气藏。同时各目的煤层埋藏深度内处于贫水区，水流动范围小乃至不流动；且煤系地层为弱含水层，其底部茅口组（P_2m）位于区域侵蚀基准面以下，都将有利于煤层气的储存和富集。目的煤层速敏、应力敏伤害强，储层改造过程中应注意控制排量。

3 煤储层改造方案及实施效果

3.1 压裂地质选层

松藻矿区内煤层层数多、单层厚度薄，层间距不均一，如何优选压裂层段是煤储层改造过程中需解决的首要问题。为了尽可能地获取煤层气资源，本井压裂以前期勘探成果资料为基础，根据六大选层原则：①独立煤层单层厚度 1.0m 以上；②煤组单层厚度大于 0.6m（层间距小于 5m）；③煤体结构较完整（原生结构或碎裂煤），粉煤（包括碎粒和糜棱）煤层段不能压裂；④煤层含气量 8.0m^3/t 以上，吸附饱和度大于 60%；⑤煤层顶底板无高含水层；⑥煤层顶底板固井质量合格以上。最终优选出 M_{6-2}、M_{6-3}、M_{7-3}、M_8、M_{12} 煤层进行压裂改造（表 1），根据地质情况与井眼条件，充分考虑压裂施工的安全有效等方面，分三段压裂 M_{12}、M_8+M_{7-3} 和 M_{6-3}+M_{6-2}。

表 1 压裂选层情况分析表

选层原则	煤体结构较完整，不含厚层粉煤	含气量 8m^3/t 以上	顶底板无高含水层	顶底板固井质量合格	独立煤层单层厚度 1.0m 及以上	煤组单层厚度大于 0.6m（层间距小于 5m）
M_{6-2}	符合	符合	符合	符合	不符合	符合（间距 1.5m）
M_{6-3}	符合	符合	符合	符合	不符合	
M_{7-3}	符合	符合	符合	符合	符合	符合（间距 3.7m）
M_8	不符合	符合	符合	符合	符合	
M_{12}	符合	符合	符合	符合	符合	—

3.2 适合松藻矿区煤储层的压裂工艺及技术措施

针对松藻矿区煤层薄、煤层局部有碎粒煤、煤质较软、煤岩中灰分含量较高、变质程度高等特点，为保证压裂改造取得好的效果，结合邻井压裂排采经验，综合考虑可靠性和安全性，采用多项先进的压裂工艺及配套技术措施。

（1）分段压裂工艺技术优选

采用“易钻桥塞+射孔联作”分段压裂工艺技术，提高时效性与改造针对性。目前应用效果较好的分段压裂工艺技术有电缆桥塞射孔联作分段压裂工艺技术、连续油管带底封拖动分段压裂工艺技术、连续油管填砂分段压裂工艺技术、可捞式桥塞分段压裂工艺技术等（表 2）（胡海洋等，2016；李少明等，2013；孙良田等，2016；谢治国等，2017；姚昌宇等，2014；张焕芝等，2012）。QM-1 井生产套管内径为 154.8mm，连续油管带底封拖动分段压裂需要专门的底封封隔器，目前国内市场尚无该型号底封封隔器现场应用先例；连续油管填砂分段压裂工艺技术填砂周期过长，需单独清洗井底积砂，砂塞高度控制难度大，施工规模受限；可捞式桥塞虽然分隔性好，但隔层厚度要求大于10m，且需要将井口压力降至零后，才能进行下可捞式桥塞分层，施工周期比较长。鉴于此，针对煤层的特点及QM-1井的情况，最终优选易钻式电缆桥塞坐封射孔联作分段压裂工艺技术，该技术射孔定位准、深穿透，更有利于泵注和形成高导流延伸裂缝。

表2　分段压裂工艺技术优缺点比较

工艺类型	优点	缺点	应用效果
投球分压	现场施工方便	储层分段压裂改造的目的性差，不能有效对设计层位达到最佳改造，不能直接进行分层排采	一般
填砂分压	现场施工方便	上下储层封隔性能差，由于填砂后井筒具有渗透性，不可能直接进行分层试采求产，而且，填砂砂面高，冲砂作业时间长，冲砂作业液体对上下储层伤害较严重，直接影响单井产能	较好
可捞式桥塞封隔器压裂	现场施工简单，能直接进行分层排采求产	工具选择不当可能引起压裂施工失败，工具选择非常重要	较好
电缆桥塞射孔联作分段压裂	簇式射孔，不受层数或段数限制，施工方便，安全可靠	需要多次起下管柱，压后要钻铣桥塞	好
连续油管拖动分段压裂	现场施工简单，节省时间，效率高	入井工具多、风险大、成本高，薄层定位难度大，对井场和配液要求高	好

（2）射孔井段优选

射孔采用102枪127弹聚能深穿透射孔技术（李明潮，1996），射孔密度16孔/m，60°相位角螺旋布孔，实现深穿透揭开储层，降低近井地带弯曲摩阻。

因单煤层较薄且间距较小，采用扩射和合射提高压裂通道（表3）。M_{12}煤层厚度仅1.0m，选择射开该煤层及上部扩射0.5m。M_{7-3}煤层全部射开，M_8煤层射开上部块煤并向顶板扩射1.5m。M_8煤层上部射孔避开中部碎粒段，M_8底界距离下端接箍仅有0.25m，不具备扩射条件。若M_8煤层仅射开上部块煤段，与M_{7-3}煤层合压情况下，孔眼数过少，近井摩阻增加，易降低M_8煤层优先改造优势，导致M_{7-3}煤层初期改造过度，不利于整体有效改造。为此，需将M_8煤层在块煤段基础上，向上扩射1.3m，保障M_8煤层块煤段优先得到充分改造。M_8煤层顶板为粉砂质泥岩，脆性高，扩射能在顶板形成较长延伸裂缝，垂直分支缝能沟通煤层，成为M_8煤层的有效产气通道；此外，在排采过程中，运移通道在上部地层，有效控制了煤粉的影响。M_{6-2}与M_{6-3}层间间距1.5m，距离较近，采用扩射M_{6-2}、M_{6-3}之间的隔板，合层压裂，使裂缝彼此沟通，达到压裂改造的目的。

表3　射孔井段数据简表

压裂段	煤层号	煤层井段/m	煤层厚度/m	射孔井段/m	射孔厚度/m	专项技术
第一段	M_{12}	933.1～934.1	1.0	932.6～934.1	1.5	扩射单压
第二段	M_8	903.1～906.3	3.2	901.5～903.5	1.6	分射合压+暂堵转向
	M_{7-3}	897.8～899.4	1.6	897.8～899.4	2.0	
第三段	M_{6-3}	887.8～888.5	0.7	885.6～888.6	3.0	合射合压
	M_{6-2}	885.6～886.3	0.7			

（3）采用“投球暂堵分流压裂”工艺

通过投球方式进行分压提高改造针对性（李景林等，2012）。主力煤层 M_{7-3} 和 M_8 总厚度 4.8m，层间间距 3.7m，因煤层间距小，采取分射合压的方式。但 M_8 煤层相对发育，可能为优先改造层段，需采用投球分压方式进行强制分压，即中途投放尼龙球暂堵炮眼，以实现对 M_{7-3} 煤层的充分改造，根据射孔炮眼数量，设计投入 20 个 24mm 的尼龙球。

（4）采用活性水压裂液体系

通过采用活性水压裂液体系，以确保低伤害、低成本的要求（陈海汇等，2017）。压裂液配置选用清水+2.0%KCl+0.2%助排剂，考虑煤层黏土矿物成分中伊蒙混层比例较高（约占 40%），为抑制煤层水敏性膨胀，保持裂缝通畅，加入氯化钾（KCl）；加入助排剂主要是可以一定程度上降低压裂液的返排阻力，并克服水张力对微细通道的阻力影响，为使其表面张力≤27mN/m，优化助排剂最佳浓度为 0.2%。

（5）采用“多粒径组合支撑”工艺

前置液采用 70～100 目的石英粉砂段塞，目的是降低压裂液滤失、孔眼摩阻、井筒附近裂缝弯曲摩阻及支撑微裂缝；携砂液前期采用 40～70 目低密度细砂，主要用于支撑次裂缝；携砂液后期采用 20～40 目的石英中砂，主要用于支撑水力主裂缝和提高近井裂缝的导流能力。

3.3 压裂实施效果

根据各煤层及顶底板岩石弹性力学参数，应用 Fracpro PT 2007 版模拟三维裂缝模型对压裂设计进行了理论模拟计算，最终确定了各层的加砂规模。QM-1 井压裂施工分三段作业，第一段（M_{12} 煤层）主压裂前，进行小型压裂测试（李亭，2013），为主压裂施工提供指导，主体压裂期间需控制裂缝高度，避免沟通下部可能水体。三段压裂施工共计注入液量 2390.66m³，加入支撑剂 92.09m³（表 4）。

表 4　压裂施工简表

层位	破裂压力 MPa	破裂压力梯度 $MPa \cdot m^{-1}$	工作压力 MPa	施工排量 $m^3 \cdot min^{-1}$	总液量 m^3	总砂量 m^3	砂比 %	停泵压力 MPa	1h 后压力 MPa
M_{12}	44.85	0.0308	24～26	7.75～7.77	457.57	10.12	6.9	22.41	18.21
M_8+M_{7-3}	40.98	0.0208	24～26	10.0	1255	59.42	8.6	22.68	19.51
	39.02	0.0209	27～34						
M_{6-3}+M_{6-2}	40.32	0.0208	33～39	10.0	603.1	22.55	8.6	28.78	18.85

各煤层破裂压力差别不大（煤层垂深差距较小），值较高，压后停泵压降较小，判断煤储层致密，地应力高，裂缝较难保持（尹中山等，2010）。M_{6-3}+M_{6-2} 小层压裂一般施工压力与停泵压力均较高，表明其储层致密程度与塑性特征较其余小层更明显。

由于 M_8、M_{7-3} 煤层同属一个压裂层段，M_8 煤层杨氏模量（0.67×10^4MPa）小于 M_{7-3} 煤层杨氏模量（0.89×10^4MPa），M_8 煤层破裂压力梯度小于 M_{7-3} 煤层破裂压力梯度，同时渗透率比较而言 M_8 煤层 $0.115\times10^{-3}\mu m^2$ 高于 M_{7-3} 煤层 $0.079\times10^{-3}\mu m^2$，因此压裂时高压液体将首先进入 M_8 煤层并致使人工水力裂缝将首先在 M_8 煤层中开启。采用 20 个 24mm 尼龙球对 M_8 煤层进行暂堵后，地面施工压力由 24.5MPa 升至 34.3MPa，涨幅 9.8MPa，对比暂堵球入井前后两段压裂特征参数可知，M_8+M_{7-3} 煤层转层改造效果明显。

M_{12}、M_8+M_{7-3} 煤层破裂明显，后续施工压力低且平稳（图 2），判断储层微裂缝比较发育。M_8+M_{7-3} 煤层转层后曲线呈锯齿状，推测裂缝延伸过程中可能遇到碎粒煤，延伸比较困难。M_{6-3}+M_{6-2}煤层压裂施工过程中地面施工压力出现陡降，降幅近 8MPa，分析认为此时水力人工裂缝可能遭遇较大范围天然裂缝或煤岩层理发育带。

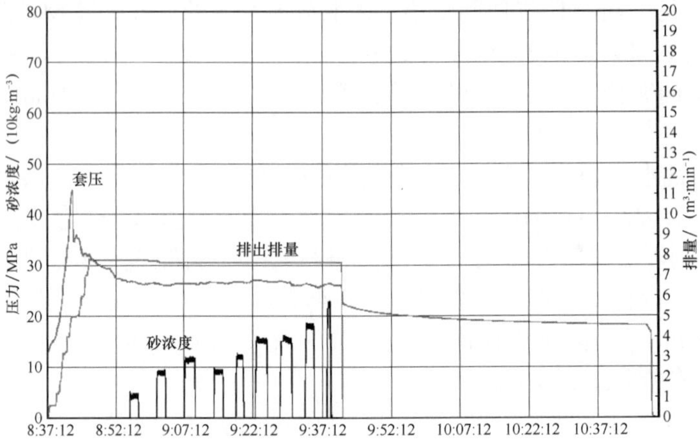

a　M_{12}煤层

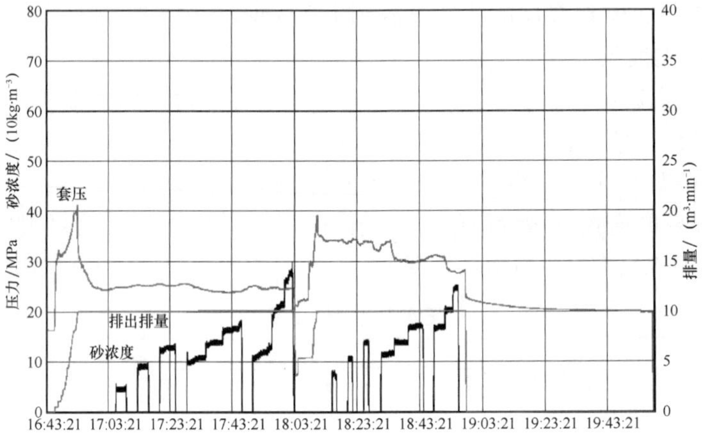

b　M_8+M_{7-3}煤层

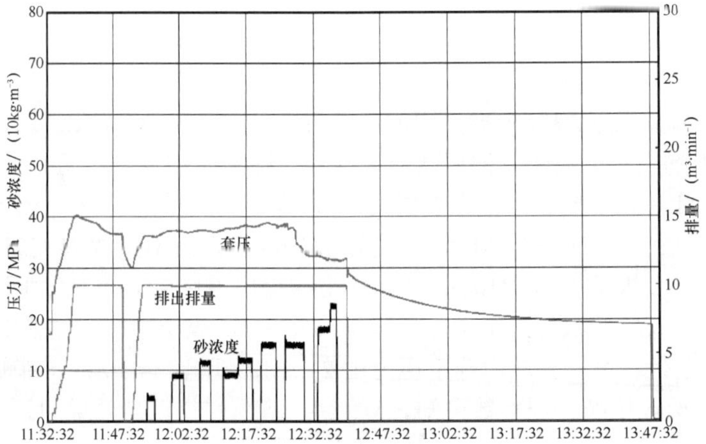

c　M_{6-3}+M_{6-2}煤层

图 2　各煤层压裂施工曲线图

3.4 压裂实施效果分析

QM-1 井压裂施工整体顺利，施工压力和加砂情况反映造缝与铺砂成功，各项参数均在正常合理范围内，各有利煤层均得到有效改造。利用三维裂缝数值模拟技术模拟压裂裂缝展布情况，模拟结果缝长半径 76.3～101.3m，缝高 23.2～28.7m。

采用微地震裂缝监测技术对压裂裂缝的延伸方向和长度进行检测。主裂缝为不对称裂缝，自井口沿北东-南西方向发育，方位约为北偏东 50° 方向，与区域主应力方向一致，且北东方向造缝长度大于南西方向的长度。此外，在主裂缝附近发育有两条小型压裂裂缝，方位与主裂缝近似垂直。监测结果与软件模拟结果基本一致，达到了设计中裂缝延伸长度的目的，效果明显。

4 结 论

1）重庆松藻矿区煤层具有层数多、单层厚度薄、构造煤发育、低孔低渗、高煤阶、高含气量的特点。

2）通过压裂选层、射孔井段及压裂工艺技术优选、压裂规模控制等技术手段，有效实现了复杂构造条件下煤储层的压裂改造，达到预期改造效果，对我国西南地区相同地质条件下煤层气地面抽采具有示范意义和参考价值。

参考文献

陈海汇，范洪富，郭建平，等. 2017. 煤层气用水力压裂液分析与展望[J]. 煤田地质与勘探，45.

代世峰，周义平，任德贻，等. 2007. 重庆松藻矿区晚二叠世煤的地球化学和矿物学特征及其成因[J]. 中国科学，37（3）：353～362.

郭继圣，张宝优. 2017. 我国煤层气（煤矿瓦斯）开发利用现状及展望[J]. 煤炭工程，49（3）：83～86.

韩金轩，杨兆中，李小刚，等. 2012. 我国煤层气储层压裂现状及其展望[J]. 重庆科技学院学报（自然科学版），14（3）：53～55.

韩俊，邓光明，朱长生，等. 2007. 重庆松藻矿区煤层气资源评价[J]. 煤层气勘探开发理论与实践：157～162.

胡海洋，金军，田树烜，等. 2016. 分段压裂技术在贵州松河煤层气开发中的应用[J]. 煤矿安全，47（9）：137～140.

李景林，郭遂申，武敬东，等. 2012. 珲春煤田煤层气开发储层改造工艺应用研究[J]. 中国煤炭地质，24（11）：22～26.

李明潮，梁生正. 1996. 煤层气及其勘探开发[M]. 北京：地质出版社：106～110.

李少明，王辉，邓晗，等. 2013. 水平井分段压裂工艺技术综述[J]. 中国石油和化工，10：56～59.

李亭. 2013. 煤层气井小型测试压裂优化设计研究[J]. 天然气勘探与开发，36（4）：74～76.

刘宁宁，崔刚，马国强. 2015. 松藻矿区复杂条件与煤层气抽采协调的开采技术体系[J]. 煤炭技术，10（34）：31～33.

孙良田，李玉魁，朱宁，等. 2016. 煤层气井压裂中可钻桥塞电缆射孔联作技术研究[J]. 煤炭科学技术，44（5）：30～33.

谢治国，张宇，熊鑫，等. 2017. 浅析连续油管底封喷砂射孔压裂新技术的应用——以重庆松藻矿区构造煤煤气层为例[J]. 新疆石油科技，1（27）：23～27.

姚昌宇，王迁伟，高志军，等. 2014. 续油管带底封分段压裂技术在径河油田的应用[J]. 石油钻采工艺，36（1）：94～96.

叶建平，陆小霞. 2016. 我国煤层气产业发展现状和技术进展[J]. 煤炭科学技术，44（1）：24～28.

尹中山，李茂竹，徐锡惠，等. 2010. 四川古叙矿区大村矿段煤层气煤储层特征及改造效果[J]. 天然气工业，30（7）：120～124.

张焕芝，何艳青，刘嘉，等. 2012. 国外水平井分段压裂技术发展现状与趋势[J]. 石油科技论坛，6：47～52.

张小东，杜志刚，李朋朋. 2017. 不同煤体结构的高阶煤储层物性特征及煤层气产出机理[J]. 中国科学，47（1）：72～81.

鄂尔多斯盆地东缘煤层气产能特征及高产模式

陈　跃[1]　汤达祯[2]　马东民[1]　李新虎[1]　汤小燕[1]　郭　晨[1]

（1．西安科技大学地质与环境学院　陕西西安　710054；
2．中国地质大学（北京）能源学院　北京　100083）

摘　要：随着鄂尔多斯盆地东缘煤层气勘探开发工作的深入，煤层气产能特征、影响因素及高产模式等研究急需加强。本文通过对鄂尔多斯盆地东缘重点区块的煤层气开发地质条件及产能特征进行详细对比分析，揭示了不同地区煤层气开发地质条件和产能差异，进一步结合各区产能主控因素，总结了不同地质条件下煤层气高产模式。研究表明：①保德地区煤层属中低煤阶，渗透性好，含气量高，构造简单，开发地质条件优越；三交-柳林地区属于典型中煤阶，构造简单，开发地质条件较好；大宁-吉县、延川南和韩城地区属中高煤阶，煤层渗透性低，构造较为复杂，开发地质条件较为一般。②保德地区煤层气井产气效果最好，排水期短，单井产气量高，产水量也高；三交-柳林地区煤层气井产气效果较好，产水量较高；大宁-吉县、延川南和韩城等中高煤阶地区煤层气井产气效果一般，产水量较低。③构造和水文地质条件是影响煤层气产能的主要因素，在弱水动力条件下的局部构造高部位容易形成煤层气的高产，据此总结出3种煤层气高产模式。

关键词：鄂尔多斯盆地　煤层气　开发地质　产能特征　高产模式

Production Characteristics and High Yield Models of the Coalbed Methane Wells in the Eastern Margin of Ordos Basin

Chen Yue[1]　Tang Dazhen[2]　Ma Dongmin[1]　Li Xinhu[1]　Tang Xiaoyan[1]　Guo Chen[1]

(1. College of Geology and Environment, Xi'an University of Science and Technology, Xi'an, Shananxi 710054, China,
2. School of Energy Resources, China University of Geosciences, Beijing 100083, China)

Abstract: Since the coalbed methane exploration and development are progressing, it is

基金项目：国土资源部公益性行业科研专项（201311015-01）；西安科技大学博士科研启动金项目（6310116056）；西安科技大学科研培育基金项目（6310217023）联合资助。

作者简介：陈跃，男，1988年生，安徽安庆人，博士，讲师，主要从事煤与煤层气地质研究，E-mail: cyxust@126.com。

urgently necessary to enhance the study of production characteristics, effect factors and high yield models of the coalbed methane wells in the eastern margin of Ordos Basin. Detailed comparative analysis of development geological conditions and production characteristics have been done among the key blocks in the study area, thus, the differences of geological development conditions and well production are revealed and the high-yield models of coalbed methane wells are summarized in different geological conditions combined with the major controlling factors of production in each block. The results show: ①The geological conditions of Baode block, with low-medium coal rank, high permeability and gas content, and simple structure conditions, is most advantageous to coalbed methane development, and Sanjiao-Liulin block is favorable for development with medium coal rank and simple structure conditions, however, the conditions of Daning-Jixian, the south of Yanchuan and Hancheng blocks, with high-medium coal rank, extremely low permeability and complex structure conditions, are relatively not advantageous to coalbed methane development. ②The gas production of wells in Baode block is highest with short drainage period and high water production rate and the wells in Sanjiao-Liulin blocks have slightly lower gas and water production rates, however, the wells in Daning-Jixian, the south of Yanchuan and Hancheng blocks have the lowest gas and water production rates among others. ③The main controlling factors of well production are structure and hydrological conditions, for example, the wells, in structural high position with weak hydrological conditions, are more likely to achieve high gas production, according to these, three high-yield models of gas production have been put forward.

Keywords: Ordos Basin; coalbed methane; development geology; production characteristics; high-yield models

煤层气开发中产能地质控制因素主要有煤层厚度、埋深、渗透性、含气饱和度、储层压力、吸附解吸特性、煤粉、水文地质、构造条件等（陶树等，2011；潘建旭等，2011）。马东民等（2002）提出储层压力对煤层气井产能的影响，指出解吸压力与储层压力的比值越高，煤层气的产能越大。张先敏等（2007）结合沁水盆地现场实际，通过数学模拟表明将 3 号和 15 号煤层与 K_2 灰岩层联合作为产层是提高煤层气井产能的最优组合方案。刘人和等（2008）指出煤层原始压力和煤厚对沁水盆地煤层气单井产能具有重要影响。杨秀春等（2008）认为煤层含气量、构造、煤层埋深、储层裂隙发育特征等是影响煤层气产能的重要因素。秦建义等（2008）提出影响刘家区煤层气井产能的主要因素为单井控制的煤层气资源量、地质构造、岩浆活动、煤储层渗透率、临界解吸压力、盖层条件等。陈振宏等（2009）研究了煤粉对高阶煤层气井产能的影响。水文地质条件对煤层气成藏与开发都具有十分重要的影响，相对滞留的地下水环境有利于煤层气的富集和高产（Pashin，2007；Yao et al.，2014；Ren et al.，2014；陈跃等，2017）。近些年来，部分学者对鄂尔多斯盆地东缘煤层气产能主控因素做了大量研究，但是关于区域上煤层气地质条件差异、产能对比分析及富集高产模式方面的研究较为缺乏，本文旨在通过全面系统地对比分析研究区煤层气开发重点区块的开发地质条件差异和产能特征差异，揭示控制煤层气高产的关键因素，总结不同地质条件下煤层气的高产模式。

1 区域地质概况

鄂尔多斯盆地东缘煤层气田沿黄河呈南北向分布，南北长约 560 km，东西宽 50～200 km，煤层气地质资源量约 9×10^{12} m^3（接铭训，2010）。目前区内已实施煤层气井 3500 余口，总产气量突破 240×10^4 m^3/d，该区已经成为我国继沁水盆地之后第二个实现大规模产业化开发的大型煤层气田。鄂尔多斯盆地东缘总体为一向西缓倾的大型单斜构造，由北向南依次为伊盟隆起、晋西挠褶带和渭北隆起，其上发育轻微褶皱，断层发育规模较小，具备大型煤层气田形成条件（姜波等，2012）。构造走向以南北向、北东-南西向为主，构造变形强度总体上东部边缘强于西部，南部强于北部，断层和褶皱构造主要分布在东部边缘地区，往西向盆地内部构造变形减弱（图 1）。区内煤层气勘探开发的主力煤层为山西组 4+5 号煤层和太原组 8+9 号煤层，埋深 300～2600m，煤厚 0.5～30m，R_o 为 0.44%～2.6%，渗透率 0.01～20mD，4+5 号煤层顶底板主要为泥岩、砂质泥岩以少数的砂岩，8+9 号煤层顶板为灰岩和泥岩，底板多为泥岩，围岩封闭性较好（Chen et al.，2015）。

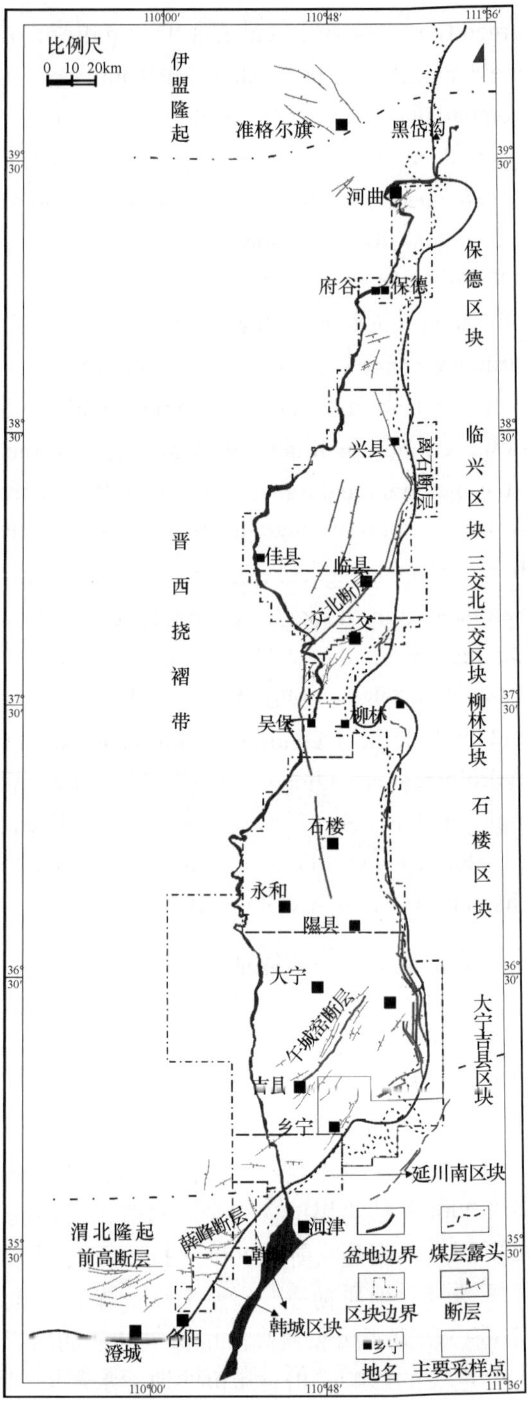

图 1 鄂尔多斯盆地东缘地质构造图

2 煤层气基本地质特征

煤层气开发中主要地质参数包括煤阶、煤层埋深、煤层厚度、含气量、含气饱和度、储层压力、渗透率、水文地质参数、煤体结构、煤岩力学性质等。由于区内不同区域经历了差异化地质改造和煤岩演化，其煤层气开发地质参数存在较大差异。

煤的镜质体反射率是反映煤演化程度的重要参数，而煤的演化过程和程度对煤层热解生烃和储层物性发育特征具有决定性影响。鄂尔多斯盆地东缘地区由于地质演化差异形成了北低南高的煤阶格局。在北部的保德地区，煤的镜质体反射率 R_o 为 0.70%～0.98%之间，平均为 0.78%，属于中低煤阶；中部的三交-柳林地区镜质体反射率 R_o 为 1.21%～1.95%之间，平均为 1.55，属于典型的中煤阶；而南部的大宁-吉县、延川南和韩城地区镜质体反射率 R_o 分别为 1.43%～2.69%、1.96%～3.22%、1.61%～2.53%，平均为 2.10%、2.45%、1.91%，属于中高煤阶的范畴（表 1）。

煤层埋深是煤层气开发过程中的基本地质参数，在当前工程技术条件下，煤层埋深从根本上决定了煤层气开发效果及是否具有经济价值。煤层埋深大小直接影响了煤层气开发中两个关键参数，储层压力和渗透率，此外，埋深还影响着储层温度，进而影响煤层气的吸附解吸。研究区煤层气开发深度为 300～1750 m，深、浅部煤层气均有涉及，但主要集中在 400～1100 m，其中保德、三交-柳林和韩城地区煤层气开发深度相对较浅，为 300～1200 m 之间，以 800 m 以浅为主，大宁-吉县和延川南地区煤层气开发深度较大，为 700～1750 m，以 800～1200 m 之间为主（表 1）。

表 1　鄂尔多斯盆地东缘主要煤层气开发区块基础地质参数

地区	镜质体反射率/%	煤层埋深/m	煤层厚度/m	含气量/($m^3 \cdot t^{-1}$)	渗透率/mD
保德	0.70～0.98 / 0.78	477～1178 / 726	1.2～20.2 / 9.2	4～9 / 6.7	0.4～12 / 4.1
三交-柳林	1.21～1.95 / 1.55	400～1200 / 700	0.8～10.3 / 4.3	4.3～23.9 / 11.4	0.02～24.8 / 0.7
大宁-吉县	1.43～2.69 / 2.10	706～1440 / 1057	2.1～10.2 / 5.3	4～24 / 13	0.01～2.45 / 0.32
延川南	1.96～3.22 / 2.45	881～1750 / 1046	1.6～6.5 / 4.5	5.5～20.5 / 12	0.02～0.23 / 0.11
韩城	1.61～2.53 / 1.91	320～1100 / 620	1～11 / 4.5	3.0～21.5 / 12.5	0.001～2.19 / 0.2

注：最大值～最小值 / 平均值

鄂尔多斯盆地东缘地区主力煤层厚度为 0.8～20.2 m，保德地区为 1.2～20.2 m，平均 9.2 m，煤层厚度大，利于煤层气的开发（表 1）。三交-柳林、大宁-吉县、延川南和韩城地区主力煤层厚度为 0.8～11 m，主要为 4～6 m 之间，煤层厚度相对较大，适合煤层气开发。煤层气含气量为 1.1～24 m^3/t，保德地区含气量相对较低，平均为 6.7 m^3/t，但就中低煤阶而言其含气性较好（表 1）。其他地区含气量为 3.0～24 m^3/t，平均含气量为 11～13 m^3/t 之间，含气量差异不大，但三交-柳林地区为中煤阶，故其含气性相对优越。

渗透率是影响煤层水和气能否运移产出的关键参数，其受埋深和储层内部孔裂隙结构影响较大。保德地区由于煤阶较低，埋深相对较浅，其渗透率较高，为 0.4～12 mD，平均高达 4.1 mD，三交-柳林地区渗透性较好，平均可达 0.7 mD，而南部的大宁-吉县、延川南和韩城地区煤阶较高，埋深较大，渗透率较低，平均为 0.1～0.3 mD 之间。

3　煤层气产能特征

鄂尔多斯盆地东缘主要煤层气产区有保德、三交-柳林、大宁-吉县、延川南和韩城，目前共有产气井约 1600 余口，总产气量近 240×10^4 m^3/d 并呈现良好上升态势。其中保德和韩城煤层气产气井数量较多，分别为 667 口、557 口，占据研究区产气井总数量的 42%、

35%，共计近 70%，是鄂尔多斯盆地东缘煤层气开发的主力区块（表 2；图 2、图 3）。保德区块煤层气产气量为 145×10^4 m^3/d，占全区产气量的 64%，并且呈现继续上升的良好态势，其单井产气效果最好，单井平均产气量可达 2000 m^3/d 以上。其次是韩城区块，产气量达 50×10^4 m^3/d，占研究区总产气量的 22%，但单井产气效果不佳，单井平均产气量仅为 900 m^3/d 左右。三交-柳林区块产气效果较好，产气量为 20×10^4 m^3/d，占比 9%，单井产气效果较好，单井平均产气量可达 1900 m^3/d，但其中包括一部分水平井。大宁-吉县和延川南区块由于产气井数量较少，分别为 141 口、103 口，产气量稍低，二者之和约为 13×10^4 m^3/d，加之该两区块煤层埋深大，开发深度达 1000 m 以上，煤层排水降压周期较长，目前区内生产井还处于产气缓慢上升阶段。

表 2　鄂尔多斯盆地东缘各区煤层气生产概况

地区	产气井/口	产气量 $10^4m^3\cdot d^{-1}$	单井平均产气量 $m^3\cdot d^{-1}$	产水量 $m^3\cdot d^{-1}$	单井平均产水量 $m^3\cdot d^{-1}$
保德	667	145	2174	20000	30
三交-柳林	103	20	1942	1000	10
大宁-吉县	141	6.6	468	800	6
延川南	103	6.4	621	800	8
韩城	557	50	898	5000	9

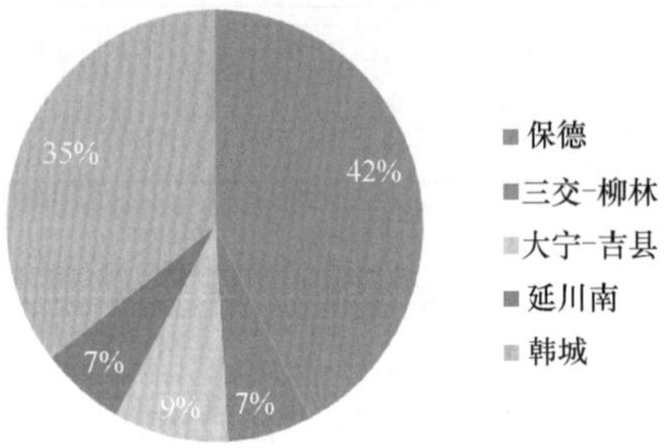

图 2　各区块产气井数量分布

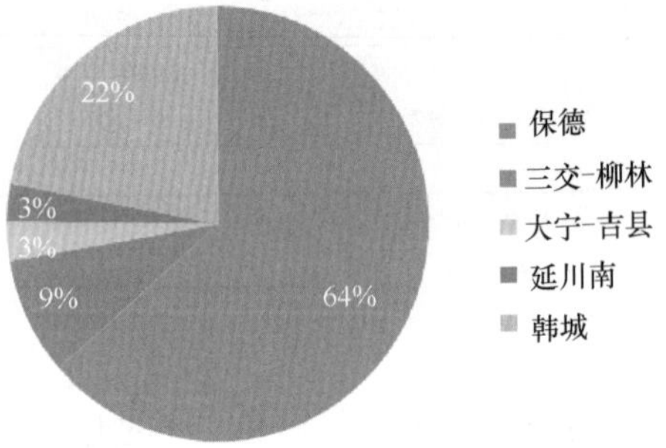

图 3　各区块产气量占比统计

通过对研究区煤层气井产水量进行统计发现，中低煤阶的保德区块气井产水量较高，单井平均产水量可达 30 m^3/d，其次是中煤阶的三交-柳林区块，单井平均产水量为 10 m^3/d 左右，中高煤阶的韩城区块产水量稍低，单井平均产水量约为 9 m^3/d，而深部煤层气开发区块大宁-吉县和延川南区块产水量最低，单井平均产水量分别为 6 m^3/d、8 m^3/d。煤层气井产水量总体呈现中低煤阶最高、中煤阶次之、中高煤阶低、深部煤层最低的特点。

4　煤层气高产模式

鄂尔多斯盆地东缘煤层气井目前生产效果表明，位于地下水弱径流-滞留区的局部构造高部位的气井排水降压快，初见气时间短，产气效果好，产水量低，能够维持较长时间稳定高产，以此总结出弱水动力-单斜上倾方向构造高部位高产模式、弱水动力-背斜或鼻状构造轴部高产模式和弱水动力-正断层远端构造高部位高产模式 3 种高产模式。

4.1 弱水动力——背斜或鼻状构造轴部高产模式及实例

鄂尔多斯盆地东缘北部保德区块整体为一西倾的单斜构造，区块北部为一西倾的鼻状构造，地下水矿化度为1000～5000 mg/L，自东南往西北方向逐渐增加，水动力分区由径流区往弱径流-滞留区过渡。目前产气量大于2000 m^3/d的煤层气井主要集中在区块北部杨家湾地区，其中BD-1井，最高日产气6500 m^3/d，套压2.55 MPa，目前累计产气$184×10^4$ m^3。作为中低煤阶，保德区块煤层气井具有见气快，排水期短的特点。通过对该区煤层气井见气时间进行统计发现，大部分煤层气井排采1～12个月见气，平均见气时间约为100天，多数气井见气时间少于90天（图4）。该区北部杨家湾井组见气时间普遍为1个月左右，产气效果好，排采1.5年后平均单井日产气量超2000 m^3。

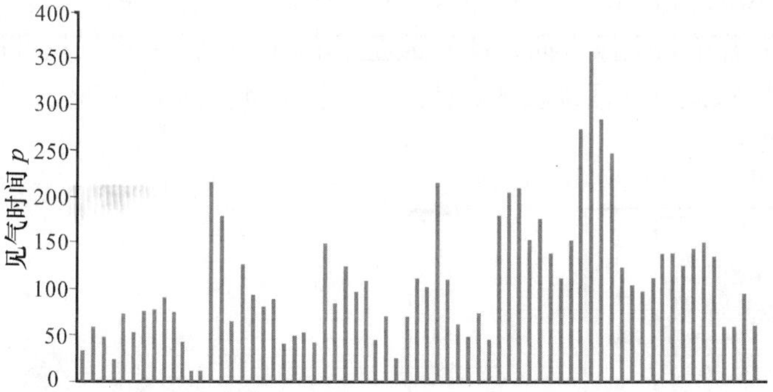

图4 保德区块煤层气井见气时间直方图

位于鼻状构造轴部的煤层气井，处于构造高部位，有利于储层快速降压；其次，轴部中和面以上拉张应力条件下裂隙较为发育，有利于气水快速渗流产出；加之北部地下水活动弱，有利于煤层气的富集保存，因此具有较高的含气量，为煤层气井高产提供了物质基础。保德地区连井剖面显示，位于鼻状构造轴部的BD-1井，产气效果好，日产气量可达6000 m^3/d，产水量相对较低（图5）。而处于鼻状构造翼部的BD-4井，产气效果较差，产气量仅为1000 m^3/d左右，产水量相对位于轴部的气井稍高。

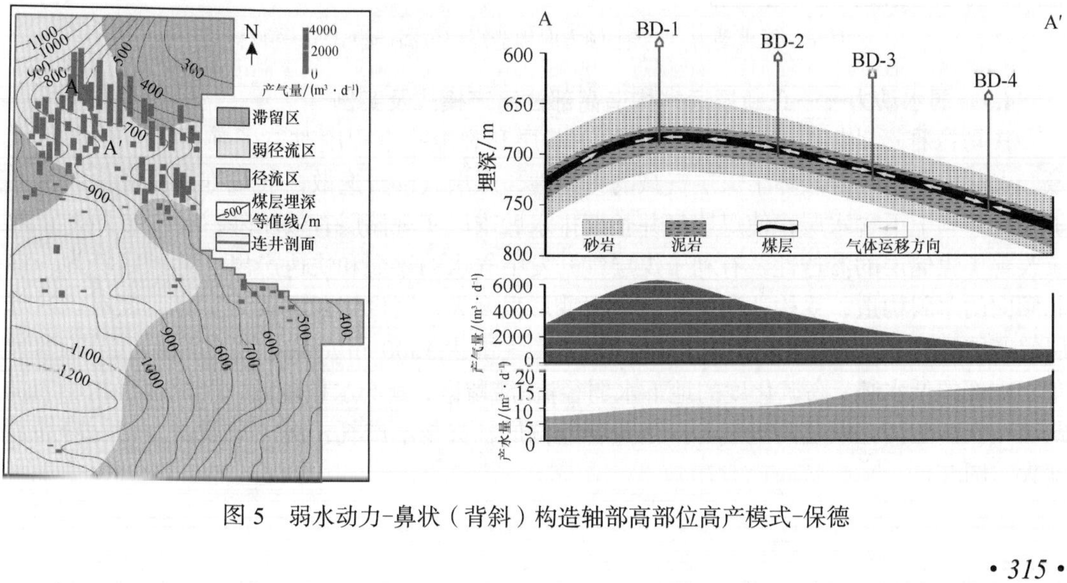

图5 弱水动力-鼻状（背斜）构造轴部高部位高产模式-保德

4.2 弱水动力——单斜上倾方向高部位高产模式及实例

后期构造改造强度弱的单斜构造，褶皱和断层发育较少，构造变形强度弱，与水力相互作用易形成单斜-水力封堵型煤层气藏，而单斜简单稳定的构造条件有利于煤层气的开发。以柳林地区为例，其为一南西向倾伏的单斜构造，自北东向南西，煤层埋深逐渐增大；在地层露头接受补给后地下水顺地层倾向自北东向南西流动，随着地下水径流距离增加，水动力减弱，该区东北部为补给区和径流区，往西南过渡为弱径流区、滞留区，含气量逐渐增加。区内煤层气井产气效果较好的主要位于埋深小于 700 m 的东部地区，东南部 L 井组位于单斜构造上倾方向的高部位，排采仅 200 天左右，单井最高产气量可达 3600 m^3/d，而西部埋深较大且处于相对构造低部位，产气效果较差，以 F13 井为例，排采 200 天，产气量仅有 100 m^3/d（图 6）。L 井组连井剖面显示，位于单斜低部位 L-01 井产气量仅 500 m^3/d，而沿着单斜上倾方向，产气量逐渐增加，L-04 井产气量可达近 2000 m^3/d。由于 L 井组所处区域地下水活动较弱，且处于单斜上倾方向的高部位，产水量总体较低，一般为 10 m^3/d 以下。

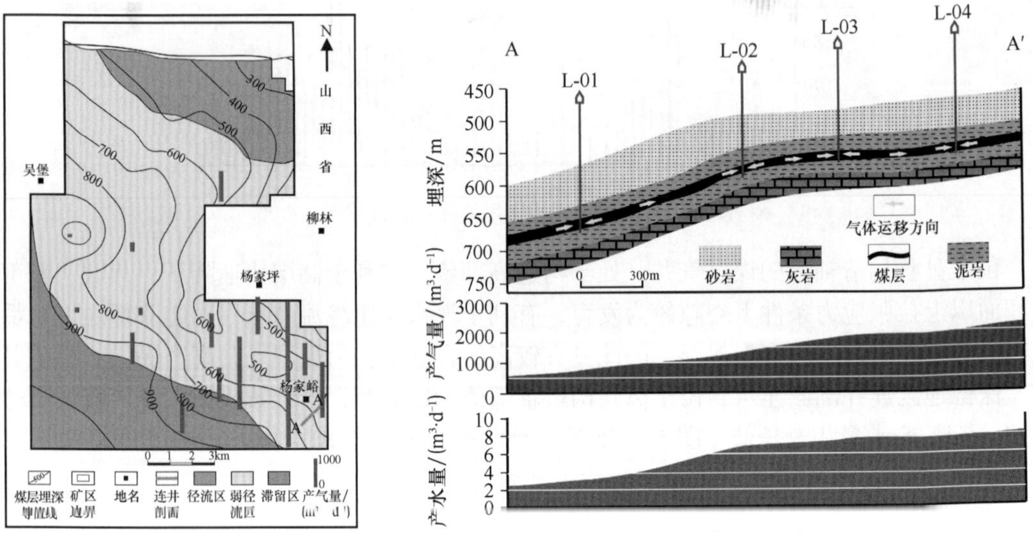

图 6 弱水动力-单斜上倾方向构造高部位高产模式——柳林

4.3 弱水动力——正断层远端构造高部位高产模式及实例

喜马拉雅运动期拉张应力下形成的正断层和裂隙一定程度改造了前期形成的煤层气藏，引起的负效应是破坏了煤层气藏的封闭性，煤层气部分逸散，气藏饱和度降低，沟通了煤层与其上下含水层，使煤层气井长期排水后难以实现储层有效压降；另一方面，正效应改善了煤储层的渗透性，有利于煤层气开发中气水的渗流和快速产出。韩城区块为一西北倾向的单斜构造，受构造演化作用地层变形强度大，区内正断层较为发育，其对该区煤层气产能影响非常深刻。该区产气效果好（产气量达 1500 m^3/d 以上）的煤层气井主要分布于中部的低水势、高矿化度的地下水弱径流-滞留区，其产水量较低，而西南部水动力活跃区域及西北部正断层附近气井产气量普遍偏低，甚至不产气，而产水量高，储层降压难度大（图 7）。

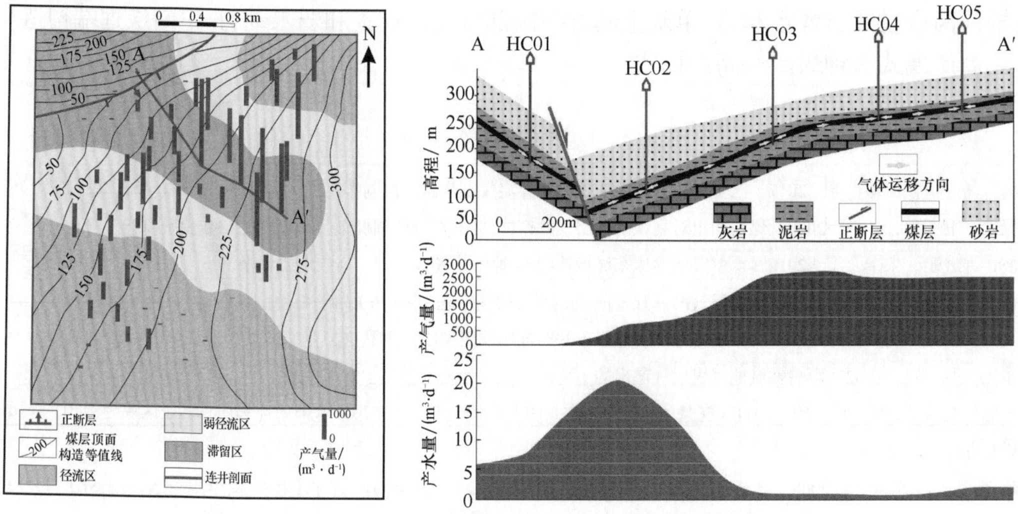

图 7　弱水动力-正断层远端构造高部位高产模式——韩城

离断层距离不同的气井产气产水特征差异很大，随着与断层距离的增加，产气量逐渐增加，产水量逐渐减少。断层附近的气井几乎不产气或低产气，产水量较高，例如 HC01 井未产气，HC02 井产气量也仅有 700 m^3/d，而其产水量却高达 20 m^3/d，具有低产气高产水的特征；而沿地层上倾方向远离断层的 HC03、HC04 及 HC05 井，产气量分别达到 3000 m^3/d、2500 m^3/d、2600 m^3/d，产水量低至 1 m^3/d 左右，具有高产气低产水的特征（图 7）。由此表明，断层对区内煤层气开发具有不利影响，容易使煤层和其上下含水层发生水力联系，导致煤层气井虽长期高产水但难以实现储层的有效降压，煤层气无法大量解吸和产出；而位于地层上倾方向远离断层部位的煤层气井，断层对其影响大大降低，加之处于构造高部位，随着煤层水的持续产出，储层容易实现有效降压，且低部位煤层气井排水降压解吸的煤层气往上倾方向扩散渗流，成为高部位气井的供气源，因此，位于地层上倾方向远离断层的部位的煤层气井可以获得持续稳定的高产。

5　结　论

1）保德地区煤层属中低煤阶，渗透性好，含气量高，煤层厚度大，埋深浅，构造简单，开发地质条件优越；三交-柳林地区属于典型中煤阶，煤层渗透性较好，含气量高，煤层厚度适中，埋深浅，构造简单，开发地质条件较好；大宁-吉县、延川南和韩城地区属中高煤阶，煤层渗透性一般，含气量高，构造较为复杂，尤其是大宁-吉县和延川南地区煤层埋深较大，开发地质条件较为一般。

2）保德地区煤层气井产气效果最好，排水期短，单井产气量高，产水量也高；三交-柳林地区煤层气井产气效果较好，产水量较高；大宁-吉县、延川南和韩城等中高煤阶地区煤层气井产气效果一般，产水量较低，特别是埋深较大的大宁-吉县和延川南地区气井产量提升缓慢，因为煤层渗透性过低导致储层难以通过排水形成有效压降，如果经过长期排水降压后产能有望提高。

3）对于同一地区来说，构造和水文地质条件是影响煤层气产能的主要因素，在弱水动力条件下的局部构造高部位容易形成煤层气的高产，据此总结了弱水动力-背斜或鼻状构造轴部高产模式、弱水动力-单斜上倾方向高部位高产模式和弱水动力-正断层远端构造高部位高产模式 3 种煤层气高产模式。

参考文献

陈跃，汤达祯，田霖，等. 2017. 三交区块水文地质条件对煤层气富集高产控制作用[J]. 煤炭科学技术，45（2）：162～167.

陈振宏，王一兵，孙平. 2009. 煤粉产出对高煤阶煤层气井产能的影响及其控制[J]. 煤炭学报，34（2）：229～232.

姜波，许进鹏，朱奎，等. 2012. 鄂尔多斯盆地东缘构造-水文地质控气特征[J]. 高校地质学报，18（3）：438～446.

接铭训. 2010. 鄂尔多斯盆地东缘煤层气勘探开发前景[J]. 天然气工业，30（6）：1～6.

刘人和，刘飞，周文，等. 2008. 沁水盆地煤岩储层单井产能影响因素[J]. 天然气工业，28（7）：30～33.

马东民，殷屈娟. 2002. 影响韩城地区煤层气产出的主要因素[J]. 西安科技大学学报，22（2）：162～165.

潘建旭，王延斌，倪小明，等. 2011. 资源条件与煤层气垂直井产能关系——以沁水盆地南部樊庄与潘庄区块为例[J]. 煤田地质与勘探，39（4）：24～27.

秦建义，周俊，陈兆山. 2008. 阜新盆地刘家区煤层气井产能的主要影响因素[J]. 辽宁工程技术大学学报，27（S1）：28～30.

陶树，汤达祯，许浩，等. 2011. 沁南煤层气井产能影响因素分析及开发建议[J]. 煤炭学报，36（2）：194～198.

杨秀春，接铭训，王国强. 2008. 潘河煤层气试验区产能影响因素分析[J]. 天然气工业，28（3）：99～101.

张先敏，同登科. 2007. 沁水盆地产层组合对煤层气井产能的影响[J]. 煤炭学报，32（3）：50～53.

Chen Y, Tang D, Xu H, et al. 2015. Structural controls on coalbed methane accumulation and high production models in the eastern margin of Ordos Basin, China[J]. Journal of Natural Gas Science & Engineering, 23: 524～537.

Pashin J C. 2007. Hydrodynamics of coalbed methane reservoirs in the Black Warrior Basin: Key to understanding reservoir performance and environmental issues[J]. Applied Geochemistry, 22(10): 2257～2272.

Ren J, Zhang L, Ren S, et al. 2014. Multi-branched horizontal wells for coalbed methane production: Field performance and well structure analysis[J]. International Journal of Coal Geology, 131: 52～64.

White M, Smith H D, Jones L K, et al. 2005. Sequestration of carbon dioxide in coal with enhanced coal bed methane recovery: A review [M].Washington: American Chemical Society.

Yao Y, Liu D, Yan T. 2014. Geological and hydrogeological controls on the accumulation of coalbed methane in the Weibei field, southeastern Ordos Basin[J]. International Journal of Coal Geology, 121(1): 148～159.

大样量重量法等温吸附测试技术在煤层气和页岩气中的应用

邓　泽　孙粉锦　李贵中　陈振宏　陈　浩　刘　欢

（中国石油勘探开发研究院　北京　100083）

摘　要：运用大样量重量法等温吸附仪对页岩和低阶煤岩进行了等温吸附测试，结果显示该方法测试数据拟合度高、曲线平滑且未出现负吸附现象。同时对可能引起吸附曲线异常的影响因素进行了分析，结果表明：天平、压力和温度等电子传感器误差，系统累计（方法）误差，吸附相密度取值差异，样品缸空体积误差都会对吸附曲线产生影响，其中样品缸空体积误差是造成负吸附的主要原因。

关键词：等温吸附　样品缸体积　吸附相　负吸附

Gravity adsorption method for CBM and shale gas

Deng ze Sun　Fenji　Li Guizhong　Chen Zhenhong　Chen Hao　Liu Huan

（RIPED，PetroChina）

Abstract: Gravimetric Isotherm Rig 3 with large sample capacity was used for the adsorption testing of shale and low rank coal, and the results show that data fitting performed good with high regression and smooth curve, and no negative adsorption appeared. Analyses were conducted on the influenced errors from electronic balance, P&T sensors, system accumulative error, density of adsorbed phase, and void volume, in which void volume is considered as the most important reason of negative adsorption.

Key words: Isotherm adsorption; sample cell volume; adsorbed phase; negative adsorption

吸附性是煤岩、页岩储层的重要特征，吸附态天然气占煤层气/页岩气总量的 20%～85%（Curtis et al. 2002）。煤岩和泥页岩储层的吸附特征、吸附气含量及其变化规律是进行煤层气/页岩气地质评价、经济评价和工程评价的重要依据。目前，主要应用 Langmuir 等温吸附模

基金项目：国家科技重大专项项目（2016ZX05041）。

作者简介：邓泽，男，1982 年生，工程师，山西运城人，2008 年获得中国石油大学地质工程硕士学位，主要从事煤层气地质评价与实验方法研究工作。地址：河北省廊坊市 44 号邮箱（065007）。电话：（010）69213353，18031622626，E-mail:dengze@petrochina.com.cn.

型来描述泥页岩、煤岩储层的吸附特征。已有国内外研究学者对煤岩、页岩进行了大量的等温吸附实验测试和相关研究，发现当样品吸附能力较低，例如页岩、低阶煤，等温吸附曲线往往会出现先升高再降低的现象，即负吸附现象。

针对曲线吸附出现异常的情况，国内学者也做了大量的分析，张庆玲等（2003，2004）认为不校正吸附相体积的等温吸附实验数据更符合实际情况。林腊梅等（2011）认为基于凝聚机理的 Langmuir 等温吸附模型不适用高压段、样品量少、水分影响是出现异常吸附的主要原因。聂海宽等（2013）认为，自由空间体积增大导致低吸附量样品出现负吸附现象。何斌等（2015）通过误差分析认为：容积法的直接测量的不确定度在计算吸附量时会发生累积传播，使测量结果出现较大误差，引起吸附等温线异常。压力不确定度对传统容积法的测量结果影响最大，其次是温度。刘圣鑫等（2015）将吸附相密度作为可优化参数，取得了较好的拟合效果。

本文选取了某地区低煤阶煤岩和页岩样品，采用最新的大样量重量法等温吸附仪器进行测试，对实测数据进行了解析计算，并分析可能引起吸附曲线异常的原因。

1 实验仪器与方法

1.1 实验样品

本次实验分别选取低吸附性能的低煤阶煤岩和页岩样品各一块，其中煤岩样品取自内蒙古二连盆地吉尔噶朗图凹陷某井，取样深度为 423.68～431.76m，R_o 为 0.34%，属于褐煤。研究中选用的页岩样品取自川南地区某井龙马溪组岩芯，取样深度为 2100～2145m。R_o 为 3.92%，处于过成熟范围，TOC 含量为 0.46%。

1.2 实验仪器

研究中采用的仪器是中国石油非常规重点实验室首次引进的大样量重量法等温吸附仪 Gravimetric Isotherm Rig 3，生产方为 CSIRO 澳大利亚联邦科学与工业研究院。该仪器最大实验压力 35MPa，精度 0.1%；最高温度 100℃，控制精度为±0.5℃，读数精度 0.1℃；样品重量 100g 左右；重量可读性：0.001g。图 1 为仪器外观与结构图。

1.3 实验步骤

1.3.1 设备密封性检测

样品安装完毕后，将仪器调至实验温度，待温度稳定后，打开进气口阀门，向样品缸注入一定压力 He 进行密封性检测，之后监测半小时压力变化情况。若无明显变化则认为仪器密封性良好，否则重新安装并检查，直至通过密封性测试。设备的密封性检测一般认为需用实验最高压力进行检测；该仪器由于采用了密封槽与密封圈相结合的端口密封，压力越大密封越紧，因此试漏时无须注入最高实验压力，只需注入适当压力进行监测即可，一般设置为 3MPa 即可。

1.3.2 样品缸空体积测定

样品缸空体积是指样品缸装入样品后剩余空间、颗粒间空隙、颗粒内部孔隙、连接管至阀门之间空间的体积之和。一般选用 He 进行空体积测定。样品缸空体积测定可通过两种方式实现，一种方法是注入 He 至参考缸，待稳定后连通样品缸与参考缸，通过波义耳定律计算；另外一种方法是放样品前先测得真密度值，用样品缸体积直接减去样品体积即可。本次仪器采用第一种方法得到样品缸空体积测定。

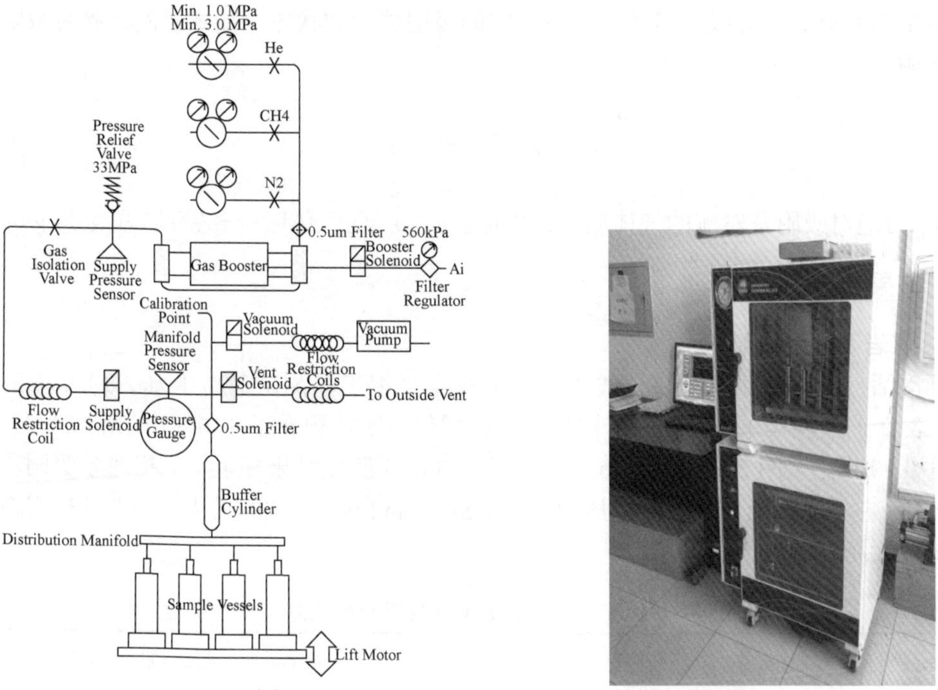

图 1　Gravimetric Isotherm Rig 3.0 结构和外型图

1.3.3　吸附实验

吸附实验前需对系统抽真空，消除残余气体对吸附实验的影响。然后向样品缸充入实验气体，至压力略高于测试目标压力。之后连续称量样品缸质量，通过样品缸质量的变化判断是否吸附平衡。

1.4　重量法测试原理

如式（1）所示，该仪器测量吸附气的基本原理是直接称量的吸附气和自由气总质量减去计算得到的自由气质量，得到吸附气质量，需要注意的是。称量过程中样品、样品缸及连接细管的质量为定值，故不考虑该部分质量变化情况（图 2）。

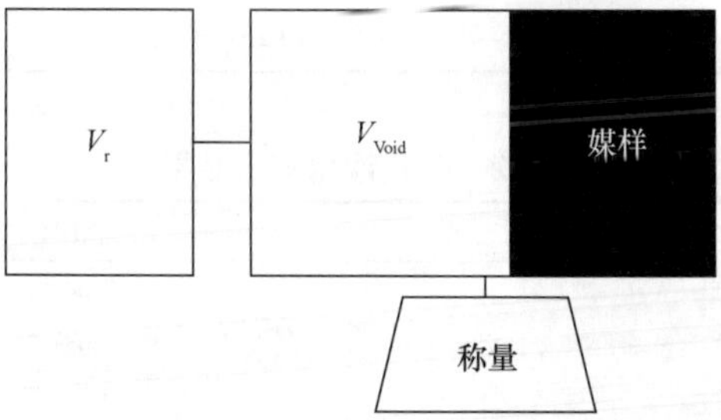

图 2　大样量重量法等温吸附测试原理图

$$\rho_g(p,T)\cdot v_{void}+m_{excess}=m_t \tag{1}$$

式中：$\rho_g(p,T)$ 为压力 p 、温度 T 条件下自由态气体密度，单位为 g/cm^3；v_{void} 为样品缸空体积，单位为 cm^3，m_{excess} 为过剩吸附量或相对吸附量对应的气体质量，单位是 g；m_t 为仪器称量的自由气和吸附气质量之和。

需要注意的是，煤层气和页岩气勘探开发中应用的等温吸附曲线或参数都应该以绝对吸附量数据为基础，绝对吸附量才能代表真实的吸附能力和状态。如式（2），绝对吸附量和相对吸附量的转换关系：

$$m_{ads}=\frac{m_{excess}}{\left(1-\frac{\rho_{gas}(p,T)}{\rho_{ads}}\right)} \tag{2}$$

式中：m_{ads}为绝对吸附量对应的气体质量，单位是g；ρ_{ads}为气体吸附相密度，单位为g/cm^3。

2 结果与讨论

2.1 煤岩页岩测试结果

用标准活性炭进行测试，共测试3组，实验温度45℃，测试最高压力20MPa左右。从表1、表2的实验结果来看，3个样品的兰格缪尔吸附体积介于136～137m^3/t之间，数据拟合度0.99以上（图3），与Sudibandriyo等（2003）测试结果相近；兰格缪尔吸附压力相差0.5MPa左右，可能与最大吸附压力有关，Sudibandriyo测试的最大压力为13.25MPa，本次测试最大压力20.61MPa。

表1 标准活性炭在45℃条件下吸附能力

压力/MPa	吸附量/（m^3·t^{-1}）			压力/MPa	Sudibandriyo测试吸附量/（m^3·t^{-1}）
	1号缸	2号缸	3号缸		
0.39	23.75	23.86	23.73	0.55	42.29
1.71	62.88	62.72	62.68	1.23	63.21
3.44	84.43	84.14	84.18	2.55	84.11
5.90	100.30	100.00	100.09	3.48	92.94
8.48	110.05	109.70	109.67	4.80	101.72
11.39	116.65	116.32	116.19	6.18	108.30
14.43	120.79	120.54	120.23	7.64	113.48
17.38	123.25	122.98	122.49	9.03	117.33
20.61	125.05	124.91	124.12	10.37	120.00
—	—	—	—	11.76	122.28
—	—	—	—	13.25	124.30

表2 兰格缪尔拟合结果

样品名称	P_L/MPa	V_L/（m^3·t^{-1}）
1号缸	2.04	137.44
2号缸	2.05	137.22
3号缸	2.01	136.41
Sudibandriyo测试	1.50	136.53

2.2 吸附曲线异常影响因素

这里谈的吸附曲线异常是指绝对吸附量曲线异常，描述方程为兰格缪尔方程。正常的煤岩、页岩等温吸附测试结果如图4、图5所示，吸附曲线平滑，拟合度0.99以上，其中吉尔噶朗图低阶煤岩JM1兰格缪尔体积V_L=1.69m^3/t，兰格缪尔压力P_L=1.94MPa；龙马溪页岩LMX1兰格缪尔体积V_L=6.92m^3/t，兰格缪尔压力P_L=1.02MPa。

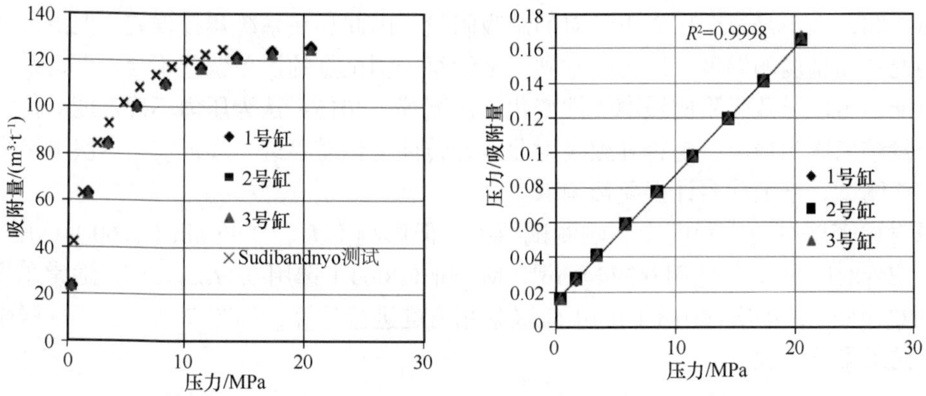

图 3　标准活性炭测试结果

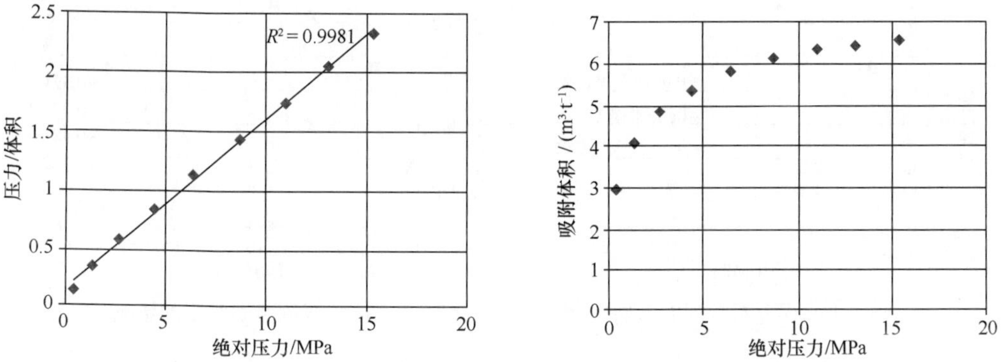

图 4　吉尔噶朗图低阶煤岩 JM1 吸附曲线

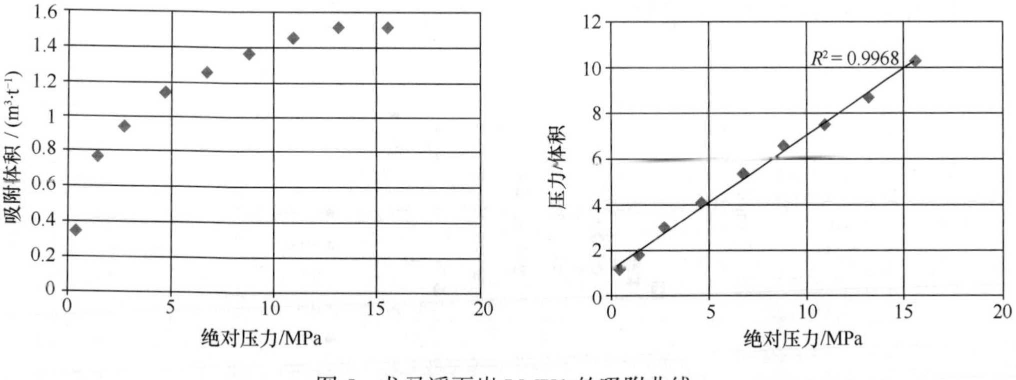

图 5　龙马溪页岩 LMX1 的吸附曲线

对目前遇到如综述中提到的负吸附报道，笔者认同该现象的存在，但它不是真实实验过程的反映，受测试原理与方法、传感器精度、解释方法等因素的影响。概括起来，影响吸附曲线走向的主要影响因素包括 4 类：①天平、压力和温度等电子传感器误差，②系统累计（方法）误差，③吸附相密度取值差异，④样品缸空体积误差。

其中天平、压力和温度等电子传感器误差属于随机误差，不会给吸附曲线带来翻转性变化或者说不会导致负吸附。如图 6 所示，天平的误差对测试结果影响较小。

系统累计误差是指体积法测试中，当前测试点的吸附量是前一个测试点吸附量与增长吸附量之和，而不是每个压力下绝对的总吸附量，因此存在系统累计误差。但由于目前仪器普遍配置高精度的温度、压力传感器，估计每个测试点的误差偏差不会太大，系统累计误差可能不足以导致吸附曲线翻转性变化。何斌等（2015）认为压力不确定度对传统容积法的测量结果影响最大，是否导致吸附曲线翻转性变化需要进一步证实。本次测试采取的是重量法测试，已消除累计误差影响。

吸附相密度在一定程度上影响测试结果，但影响不大。Dubimin（1960）选用 0.371 g/cm³，Haydel（1967）选用 0.374g/cm³，Mavor（2004）选用 0.4223g/cm³，通常采用液相密度 0.421g/cm³，本次选用不同的甲烷吸附相密度进行计算，如图 7 所示，不同吸附密度对测试结果影响不大。

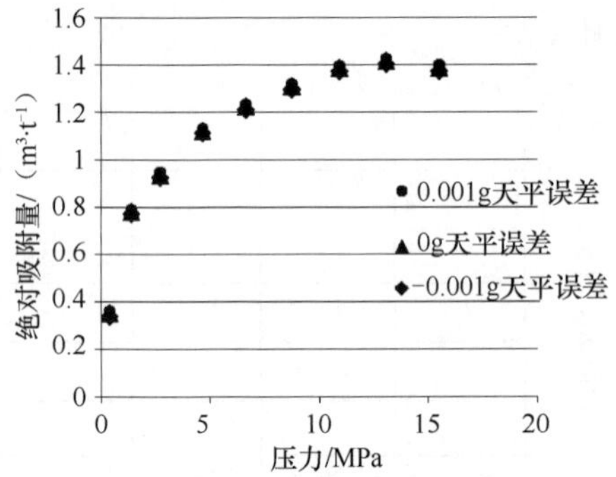

图 6　天平误差对吸附的影响

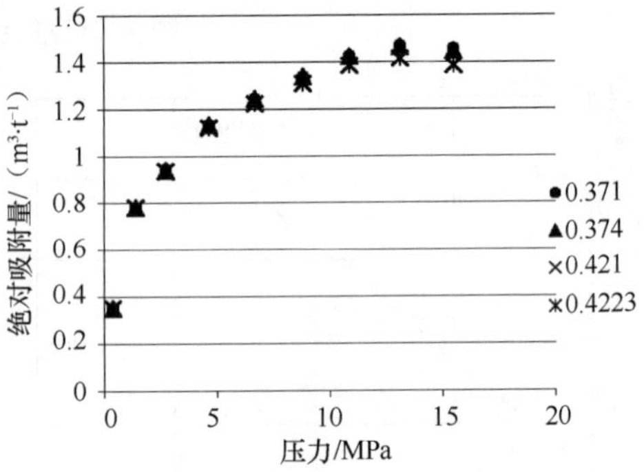

图 7　吸附相对吸附的影响

样品缸空体积对测试结果的影响最大，如图 8 所示，对于该样品，样品缸空体积改变 0.5cm³ 左右，即可影响吸附曲线走向，样品缸空体积偏大时，可能会出现负吸附；样品缸空体积偏小时，会导致测试结果偏大。

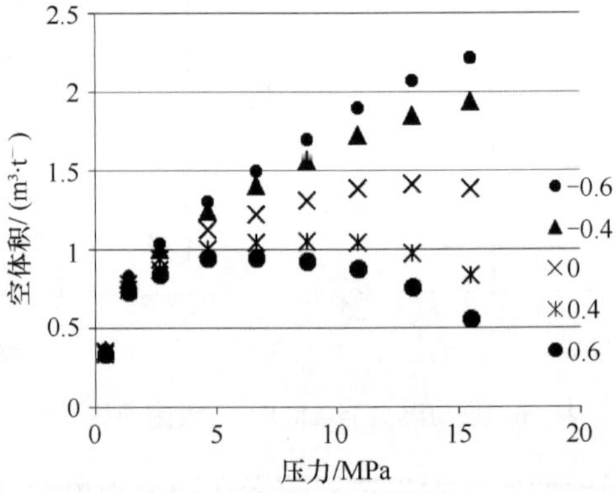

图 8　样品缸空体积对吸附的影响

2.3　机理分析

1）计算所用样品缸空体积偏大：样品缸空体积测得的值是用 He 测得，实际中的气体是 CH_4、N_2、CO_2 或者其混合物，二者没有严格对应。见表 3，由于 He 分子直径小于实验所用气体，He 测得样品缸空体积要大于其他气体测试时的样品缸空体积；也就是说用于等温吸附计算的样品缸空体积偏大，自由气体质量偏大，根据式（1），吸附气质量结果偏小。

表 3　主要分子直径表

气体	直径/nm	临界温度/K	临界压力/MPa
He	0.26	5.19	0.23
CO_2	0.33	304.1	7.38
N_2	0.364	126.2	3.39
CH_4	0.38	190.4	4.60

2）绝对吸附量和相对吸附量偏差随压力增大而增大：根据式（1），压力越大，自由态气体密度越大，而样品缸空体积为定值，所以测算的自由气质量越大，导致过剩或相对吸附量对应的气体质量越小，对应吸附量曲线下降；根据式（2），压力越大，自由态气体密度越大，与吸附态密度越接近，造成绝对吸附量和相对吸附量偏差越大。

3. 结　论

1）大样量重量法等温吸附测试技术重复性好、精度高，满足煤层气和页岩气的测试需求。

2）影响吸附曲线走向的主要影响因素包括 4 类：①天平、压力和温度等电子传感器误差，②系统累计（方法）误差，③吸附相密度取值差异，④样品缸空体积误差。其中样品缸空体积误差是最重要的影响因素。

3）样品缸空体积偏差即实验过程中用 He 测试空体积，而 CH_4、CO_2 等实测气体一般比 He 分子直径要小，也就是说用于吸附量计算的样品缸空体积偏大，对于吸附量低的样品，容易出现曲线异常甚至负吸附现象。

4）等温吸附计算需要加入体积校正参数，提高测试准确性。

参考文献

何斌，宁正福，杨峰，等. 2015. 页岩等温吸附实验及实验误差分析[J]. 煤炭学报，40（S1）：177～184.

林腊梅，张金川，韩双彪，等. 2012. 泥页岩储层等温吸附测试异常探讨[J]. 油气地质与采收率，19（6）：30～32.

刘圣鑫，钟建华，马寅生. 等. 2015. 页岩中气体的超临界等温吸附研究[J]. 煤田地质与勘探，43（3）：45～50.

聂海宽，张金川，马晓彬，等. 2013. 页岩等温吸附气含量负吸附现象初探[J]. 地学前缘，20（6）.

张庆玲，曹利戈. 2003. 煤的等温吸附测试中数据处理问题研究[J]. 煤炭学报，28（2）：131～135.

张庆玲，崔永君，曹利戈. 2004. 煤的等温吸附实验中各因素影响分析[J]. 煤田地质与勘探，32（2）：16～19.

Curtis J B. 2002. Fractured shale-gas system［J］. AAPG Bulletin, 86（11）：1921～1938.

Sudibandriyo M,Pan Z, Fitzgerald J E et al. 2003.Adsorption of Methane, Nitrogen, Carbon Dioxide, and Their Binary Mixtures on Dry Activated Carbon at 318.2 K and Pressures up to 13.6 MPa. Langmuir, 19, 5323～5331.

SF 清洁压裂液成胶破胶机理研究

刘 萍[1,2] 管保山[1,2] 郭丽梅[3] 梁 利[1,2] 姜 伟[1,2]

（1．中国石油勘探开发研究院廊坊院区 河北廊坊 065007；
2．油气藏重点实验室 河北廊坊 065007；
3．天津科技大学 天津 300457）

摘 要：以分子堆积理论为基础，粒径和紫外分光光度法为表征手段，分析清洁压裂液的黏弹性微观结构，研究了交联剂与稠化剂 SF-A 的相互作用，阐明成胶机制；从改变分子堆积参数 p 的因素可以破坏蠕虫状结构入手，分析水稀释、柴油、破胶剂 SF-C 和非离子表面活性剂的不同破胶机理。对清洁压裂液体系性能的完善提供了重要的理论指导。

关键词：清洁压裂液 胶束 破胶 微观结构

Study on Viscosity Formulation and Breaking of VES Fracturing Fluid

Liu Ping[1,2] Guan Baoshan[1,2] Guo Limei[3] Liang Li[1,2] Jiang Wei[1,2]

(1. Service Center of Fracturing & Acidizing Technology, PetroChina RIPED, LangFang, Hebei 065007, China
2. Key Laboratory of Reservoir Stimulation, LangFang, Hebei 065007, China
3. Tianjin University Of Science&technology, TianJin, 300457, China)

Abstract: Based on the theory of molecular accumulation, particle size and ultraviolet spectrophotometry are adopted as the means of characterization, the interaction between the thickening agent SF-A and the crosslinking agent was studied by analyzing the viscoelastic microstructure of VES fracturing fluid, viscosity formulation mechanism was clarified. The factors that change the accumulation parameter p can destroy the worm structure, this paper

---

基金项目：国家重大专项“煤层气完井与高效增产技术及装备研制”项目（编号：2011ZX05037）。

作者简介：刘萍，女，1968 年 8 月出生，1990 年毕业于原江汉石油学院应用化学专业，现在石油勘探开发研究院廊坊分院压裂中心工作，室主任，高级工程师，主要从事压裂酸化工作液及添加剂的研究和现场应用工作。通讯地址：河北廊坊万庄 44 号压裂中心，邮编 065007， 电话 010-69213724，E-mail：lffylp@sina.com。

analyzes the different viscosity breaking mechanism of water dilution, diesel, and the non-ionic surface agent. It provides important theoretical guidance for the improvement of the performance of VES fracturing fluid system.

Keywords: VES fracturing fluid; micelle; viscosity breaking; microstructure

由于煤岩本身的吸附特征及割理系统发育等特征，使得储层和割理内部易伤害。低温下（煤层温度大多处于 20～60℃）交联冻胶压裂液在裂缝壁表面形成的滤饼及缝内残留的残胶难以解除，堵塞所形成的导流通道，使煤气井产量降低（刘刚之，2013）。相对常规交联压裂液，清洁压裂液具有无固相、无残渣、低损害、添加剂种类少、减少了施工前期配液工序和混合时间、施工摩阻低、携砂能力强等特点（管保山，2016；魏静，2015）,在低成本开发的煤层气领域有着广泛的应用前景（陈海汇，2017）。

研发的 SF 清洁压裂液具有黏度适中，携砂效率高，对煤层的伤害小的特点，在晋城、保德区块成功应用二十多口井取得较好的效果。为深入认识体系，本文从微观角度探索成胶和破胶过程与机理，以分子堆积理论为基础，粒径为表征手段，分析了清洁压裂液的黏弹性微观结构（薛汶举，2016）和制备方法；利用紫外吸收法，研究交联剂与稠化剂 SF-A 的相互作用，阐明成胶机制；从改变分子堆积参数 p 的因素可以破坏蠕虫状结构入手，分析水稀释破胶、柴油破胶、破胶剂 SF-C 破胶和非离子表面活性剂的不同破胶机理。对体系性能的完善提供了重要的理论指导。

1 黏弹性微观结构

清洁压裂液也称为黏弹性表面活性剂压裂液，主要由低分子表面活性剂组成。表面活性剂分子之间及其与溶剂分子之间在不同的条件下会产生不同的相互作用力，这些不同的相互作用可以形成多种形态各异的分子聚集体。

在表面化学聚集行为的研究中，Israelachvili 等于 1976 年提出临界堆积参数理论，给出了描述该聚集体中表面活性剂分子几何形状的定量因子，即分子堆积参数 p（姜文清，2008），定义为

$$p = v / al \tag{1}$$

式中：v 和 l 分别为烷烃链的体积和伸直长度，a 为头基的占据面积。

他预言了如下的规律：$p<1/3$ 时为球形胶束；$1/3<p<1/2$ 时为柱状或棒状胶束；$1/2<p<1$ 时为双层结构或囊泡；$p>1$ 时则为反相结构，图解示意见图 1。于是，适合形成蠕虫状胶束的表面活性剂应具有 $1/3<p<1/2$。

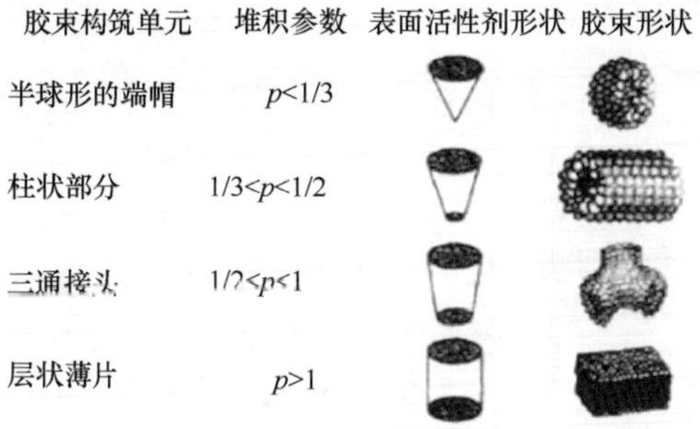

图 1 聚集体中表面活性剂分子几何形状

Gemini 表面活性剂和表面活性剂低聚体在水溶液中显示出多种聚集形态，其中 Gemini 表面活性剂形成的胶束链端由于具有较大的自由能，所以往往形成环状胶束结构及超分子尺寸的蠕虫状胶束，示意图（图 2）所示。这些柔性的长蠕虫状胶束的相互缠绕构成了具有黏弹特性的流体。形成的暂态网状结构，包裹住溶剂液体使之失去流动性，而成为似固态的凝胶。

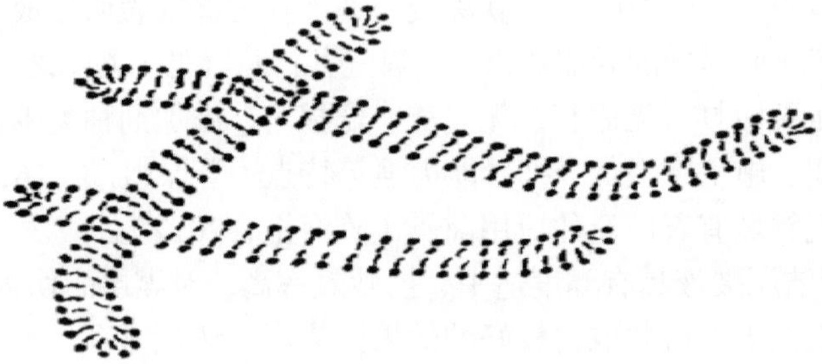

图 2　蠕虫状胶束示意图

2　黏弹聚集体的制备

对于分子几何形状原本不合适的表面活性剂，有时可以通过与添加剂的相互作用来减小头基占据面积或增大烷烃尾链体积，从而使有效的分子几何达到上述分子堆积参数 p 的要求。以 Gemini 黏弹表面活性剂（SF-A）为稠化剂，采用三种不同添加剂（以下称交联剂）改变分子堆积参数 p，制备清洁压裂液体系，通过粒径测定定性描述形成蠕虫状结构，粒径变化结果如图 3 至图 7 所示。

稠化剂 SF-A，临界胶束浓度为 0.0106mol/L（将制备的稠化剂 SF-A 视为干剂 100%），分析图 3，浓度略大于临界胶束浓度（0.3%），溶液中有部分胶束生成，粒径为 104nm，判断应该是球形胶束；图 4 中，Gemini 稠化剂 SF-A 浓度增大到 1%，胶束数量大幅度增加，聚合体尺寸增大，粒径已经达到了 3357nm，达到了微米级，应该形成了层状或囊泡胶束结构，但外观仍是几乎透明的溶液，黏度几乎没有增加。

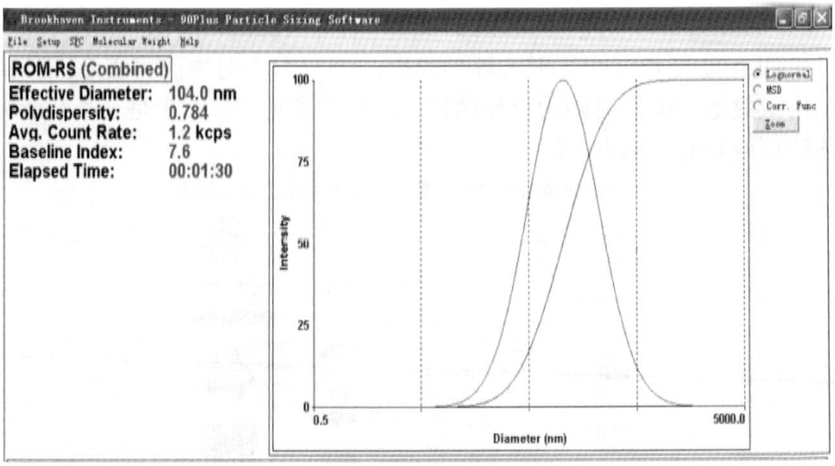

图 3　0.3%稠化剂 SF-A 粒径

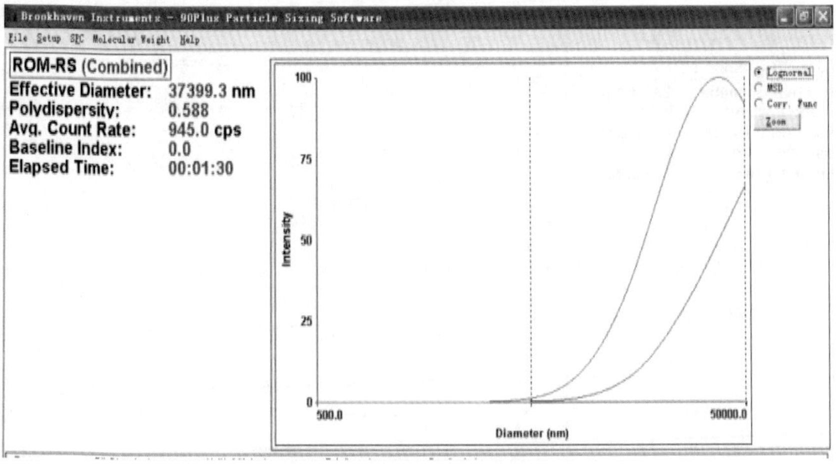

图 4　1%稠化剂 SF-A 粒径

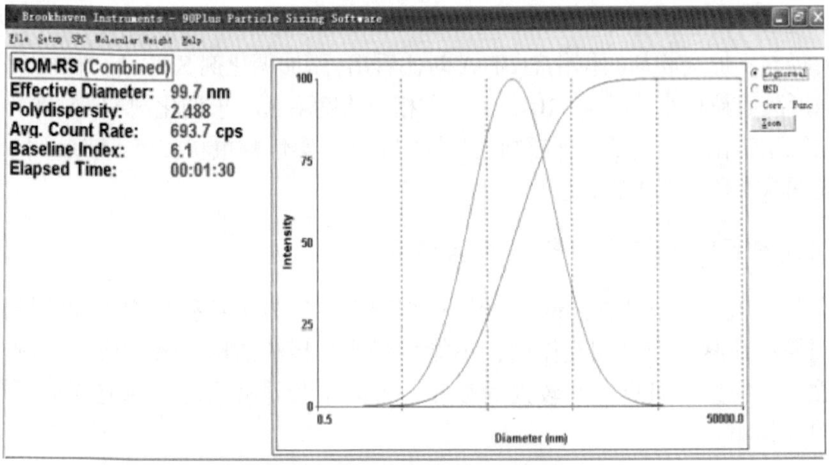

图 5　1#交联剂交联后粒径

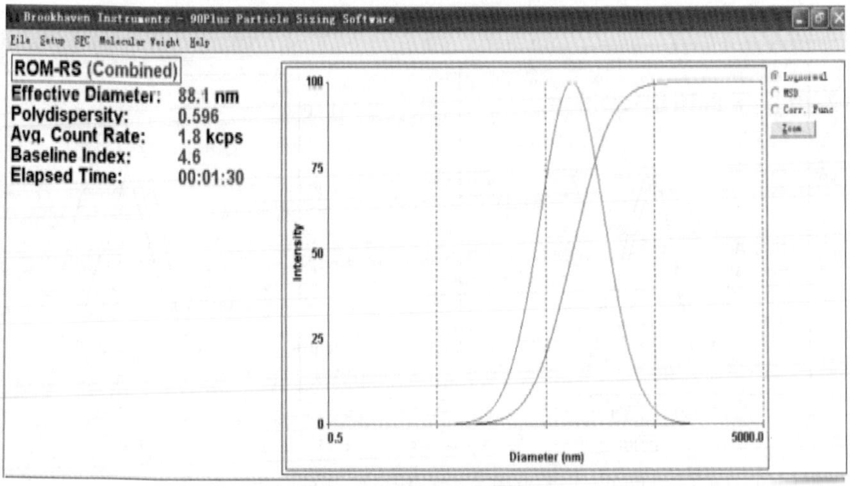

图 6　2#交联剂交联后粒径

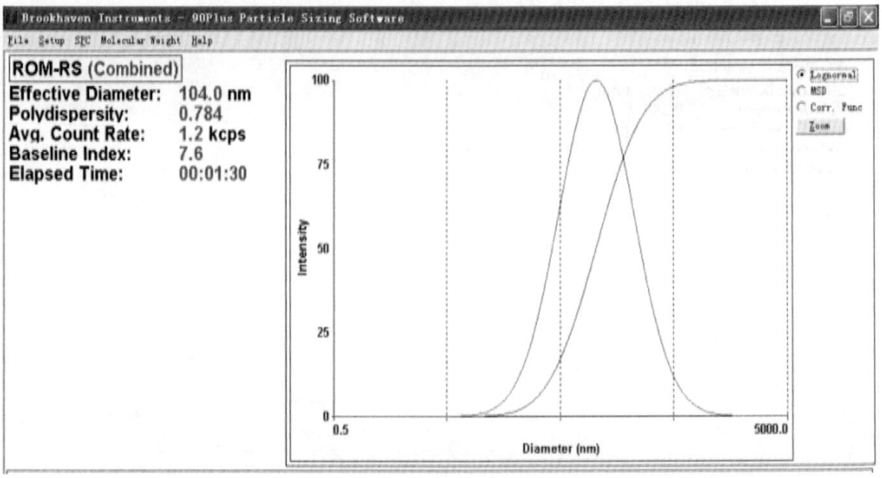

图 7　3#交联剂交联后粒径

在图 5 至图 7 中稠化剂 SF-A 浓度为 1%，加入不同交联剂得到的体系粒径，从 3 种交联剂加入后粒径与不加交联剂的稠化剂 SF-A 对比看出，添加稠化剂 SF-A 后，粒径在 73～100nm 之间，比球形胶束粒径小（图 4，104nm），在相同浓度下远小于稠化剂 SF-A 自身，是层状或囊泡胶束向线型转化，形成了一种超细长的柱状胶束（柔性蠕虫状胶束）结果，同时黏度急剧增加，形成网状交联，产生黏弹性。

3　稠化剂 SF-A 与交联剂的相互作用

一些文献（Roudakov Vladimir，2006；李曙光，2011）将稠化剂表面活性剂与交联剂的相互作用简单地归于静电相互作用，不能很好地解释清洁压裂液的成胶机制。由于交联剂属于芳香类，在紫外可见区有较强的吸收，可以用紫外吸收法来研究清洁压裂液主剂与交联剂的相互作用。

在冻胶体系中，由于交联剂的芳环具有疏水性，芳环会介入胶团的疏水内核。因此胶团存在时芳环所处微环境的极性的改变会影响交联剂的吸收光谱。表面活性剂与交联剂相互作用的紫外吸收光谱图见图 8 和图 9。

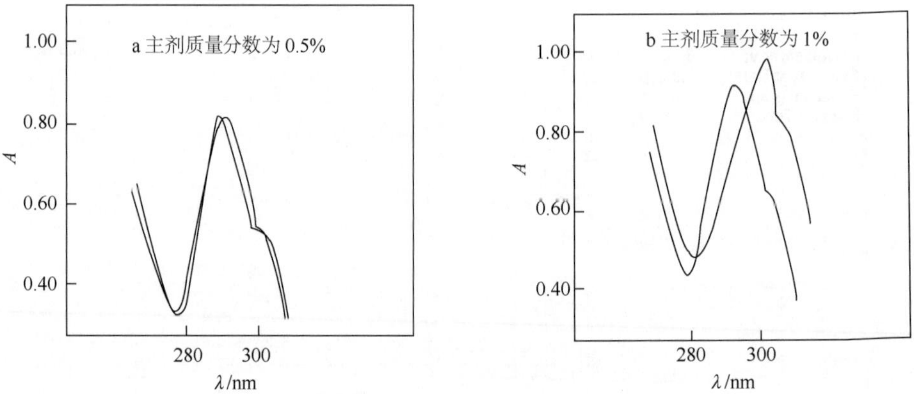

图 8　1#交联剂交联前后冻胶紫外吸收光谱

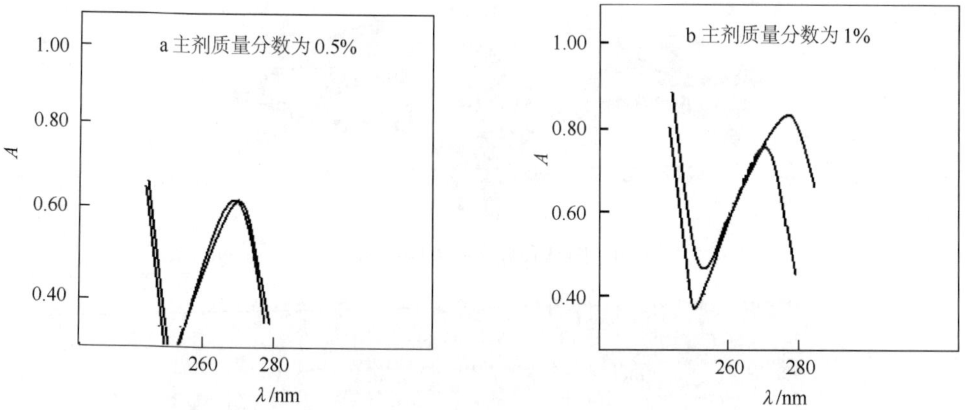

图 9　2#交联剂交联前后冻胶紫外吸收光谱

由图 8 可以看出，1#交联剂在稠化剂 SF-A 溶液中发生的红移现象十分明显。当主剂的质量分数为 0.5%（图 8a 小于其临界胶团浓度）时，芳香羧酸类交联剂的吸收光谱基本没有影响。当主剂质量分数为 1%时，紫外吸收谱图开始发生了明显的变化（图 8b）。最大紫外吸收峰 λ max 由 290nm 红移至 301nm。交联剂在 296nm 有一个很强的吸收峰。在使用 2#交联剂峰也发生了类似的位移（图 9），λmax 由成胶前的 269nm 变为了成胶后的 278nm。

如果单从微环境极性变化的角度考虑，由于芳环交联剂具有一定的疏水性且与主剂带相反的电荷，会有一部分反离子插入到内核，环境的极性会变小，光谱发生蓝移，这与实验结果刚好相反，说明交联剂与主剂吸收峰的红移是由于它们之间存在另一种特殊相互作用的结果。这种相互作用可以解释为芳香环与阳离子之间的相互作用，即阳离子-π 相互作用。它改变了交联剂所处的环境，显著地影响着交联剂的紫外吸收光谱，即发生红移且有很强的增色效应。

4　成胶过程

根据上述粒径变化数据说明交联剂的存在使得稠化剂 SF-A 的胶束聚集体的形状发生了改变，与已知的成胶理论吻合，水溶液中，加入超过临界胶束黏度的一定浓度的清洁压裂液稠化剂 SF-A，首先只形成球状、层状至囊泡胶束。一定量交联剂的加入，产生较强的阳离子-π 相互作用，使得溶液形成棒状胶束。棒状胶束达到一定数量以后，就逐渐被压缩成细长的蠕虫状胶束。蠕虫状胶束很长，又由众多小分子量的表面活性剂聚集形成，稀溶液时，主要以线型结构存在，亚浓度时，出现分枝结构，在较高浓度时，它们不仅发生交联，甚至可以局部融合形成分枝化的胶束。

这个过程会释放出较多的反离子分布在亲水基团周围，使得蠕虫状结构比球形等胶束具有更小的胶束——水界面。聚集体具有更低的能量及更高的热力学稳定性，具有一定柔性。形成这种变长的蠕虫状胶束十分容易相互交结缠绕，形成犹如均匀絮凝体似的空间网状结构，此时的压裂液就具有了很高的黏弹性，其过程如图 10 所示。1%稠化剂 SF-A 溶液用 1#交联剂交联形成的体系网状结构见图 11。

图 10　缠结和分叉胶束网络示意图

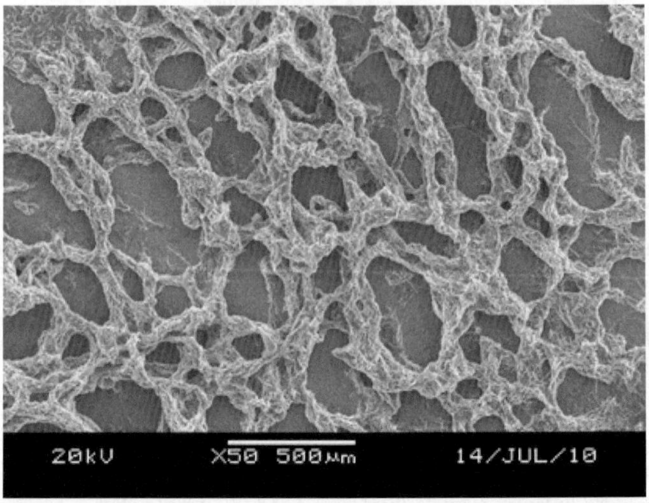

图 11　清洁压裂液蠕虫状胶束形成的网状结构

蠕虫状胶束的黏弹性来源于线状柔性聚集体之间相互缠绕形成的结构，这种结构处在不断地破裂和重组的动态平衡中。表面活性剂蠕虫状胶束的破裂和重组是区别于通常的高分子链的重要特征。分析图 10 和图 11 看出，与预测的结果一致。

5　破胶过程

按照式（1）描述，改变分子堆积参数 p 的因素可以破坏蠕虫状结构。一般有如下破胶方式。

（1）水稀释破胶

当冻胶被水稀释时，胶束浓度降低，蠕虫状胶束被压缩程度降低，部分胶束回到棒状，粒径增大，随着稀释倍数增加，蠕虫状胶束的相互缠结状态降低，甚至受到破坏，形成黏度很低的水溶液，达到压裂液破胶目的，从图 11 粒径变化情况看，水稀释一倍时仍然具有较好的黏弹性，平均粒径为 253nm，远大于球形的 104nm。最有可能是在图 11 中的亚浓度区间，或者说，一旦加入添加剂改变表面活性剂头基占据面积或增大烷烃尾链体积，得到的体系在水溶液中容易形成蠕虫状结构，用水稀释只能改变蠕虫胶束数量而无法改变胶束形状。所以单靠水稀释破胶，需要大量水，并且需要均匀混合，只能实现减少胶束数量，减少缠绕交联逐步实现黏度降低破胶的目的（王维明，2008）。

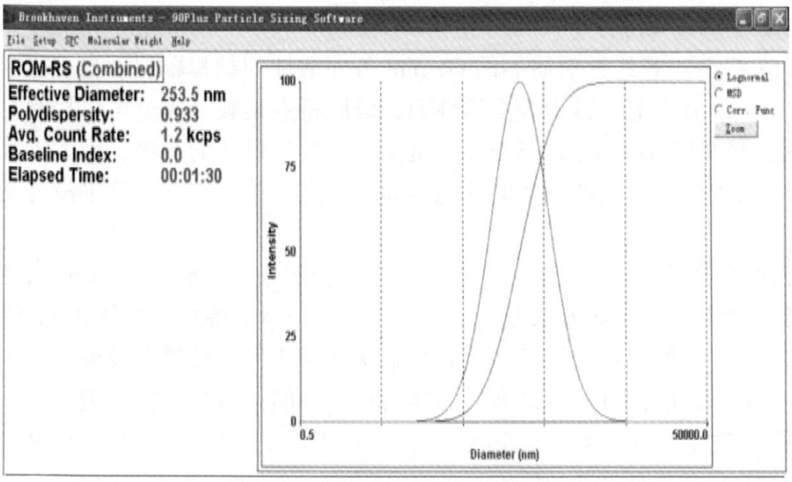

图 12　水稀释破胶后粒径

（2）柴油破胶

当蠕虫状胶束遇到油后破胶，破胶原理是由于体系中油的参加，增加了式（1）中烷烃链的体积 v，使得分子堆积参数增大，将形成双层结构或囊泡胶束，粒径明显增加，见图 12。但由于有油相的加入，又与稠化剂自身（图 4）有很大区别，示意图见图 13。结果是无法保留原有的蠕虫状胶束，体系几乎没有黏弹性而破胶。

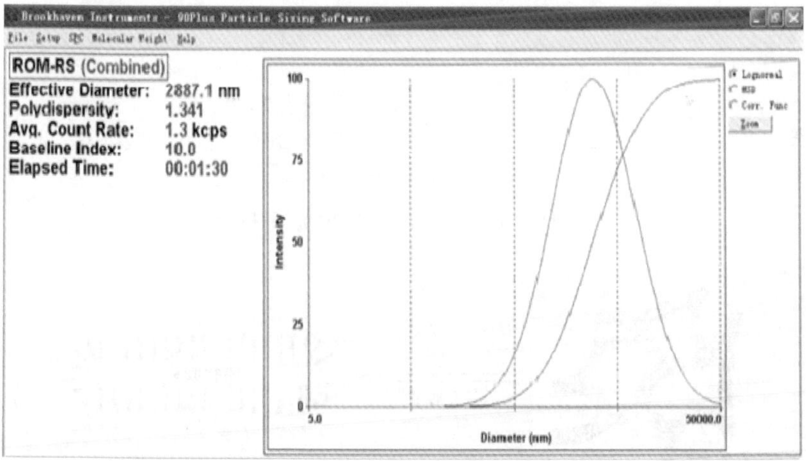

图 13　柴油破胶后粒径

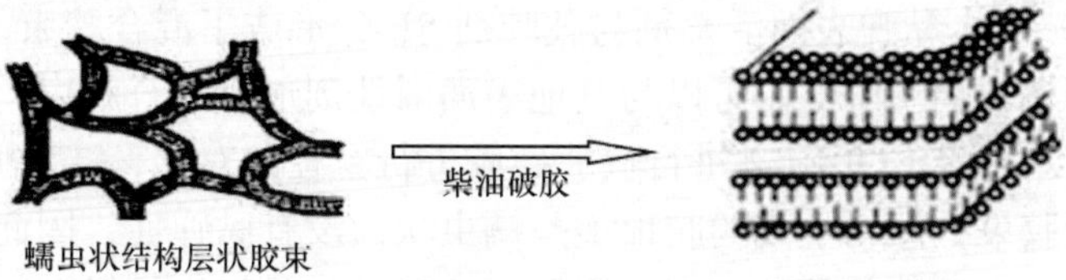

图 14　柴油破胶过程示意图

（3）破胶剂 SF-C 破胶

破胶剂 SF-C 为项目组针对研制的 Gemini 表面活性剂黏弹压裂液自行研制的配套破胶剂，破胶剂 SF-C 分类上也属于表面活性剂，破胶特点是破胶速度可以控制。采用破胶剂 SF-C 破胶后粒径见图 14。在 1115.1nm，是柴油破胶后尺寸的一半，但大于水稀释尺寸，说明用自制的破胶剂破胶机理与柴油的也不同，自制破胶剂破胶后几乎没有黏度，也没有残渣。

从 SF-C 破胶粒径看，可以认为最终形成了混合胶束，从破胶机理分析，对比式（1），破胶剂 SF-C 应该是增加了亲水头基（a），同时也参与增加烷烃链的体积 v，使得分子堆积参数 p 总体减小，这种胶束破坏了先前的蠕虫状，形成另一种混合胶束，由于有反离子存在，混合胶束不是球形，但也不是细长的蠕虫状，可能是棒状结构，破胶剂分子参与形成胶束，使得不能被压缩成线型的蠕虫状，示意图见图 15。结果是不会形成缠绕，在水溶液中几乎没有黏度，也没有明显的残渣。

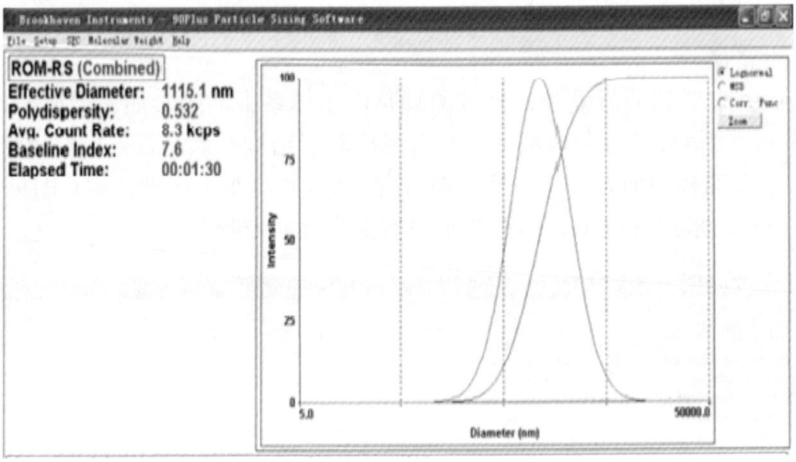

图 15　SF-C 对 1#交联剂破胶后粒径

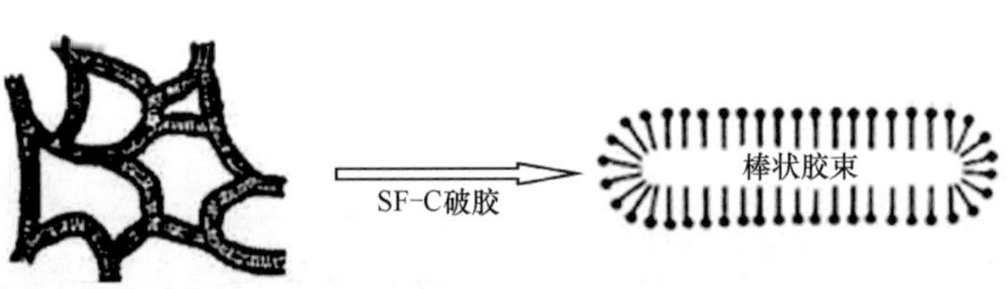

图 16　SF-C 破胶机理示意图

（4）非离子表面活性剂破胶（OP-10）

为了验证 Gemini 黏弹表面活性剂与破胶剂 SF-C 形成了混合胶束，即 Gemini 黏弹表面活性剂在添加稠化剂 SF-A 后可以与其他表面活性剂形成混合胶束，采用非离子表面活性剂壬基酚聚氧乙烯醚（OP-10）进行快速破胶进行粒径的对比，结果见图 16，OP 破胶机理也是形成混合胶束，但新生成的胶束不是蠕虫状，没有黏弹性，因此粒径较大且没有黏度。虽然 OP 类表面活性剂破胶彻底，用量少，但破胶时间为接触瞬间破胶，原理是极大增加亲水头基 a 值，瞬间将蠕虫状胶束改变成棒状胶束，没有实用价值。

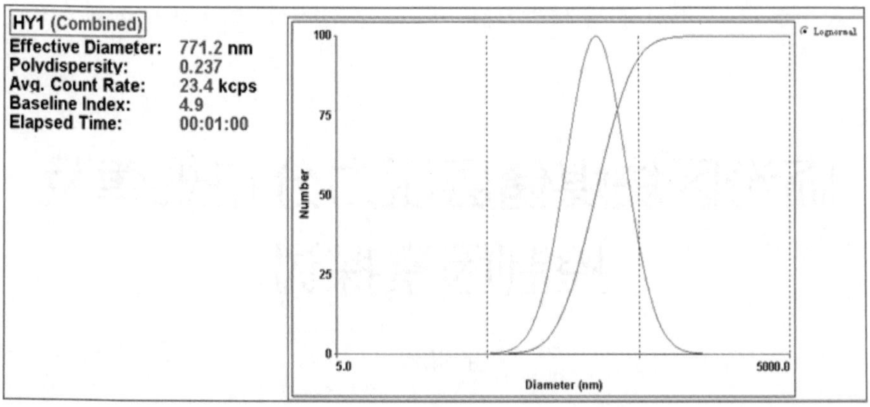

图 16 非离子表面活性剂破胶粒径

对比 OP-10 破胶胶束，SF-C 的粒径偏大，分析是由于 SF-C 结构的特殊性，在没有水条件下，为稳定的物质，不具备表面活性，在水溶液成分散体状，在一定温度和一定条件下可以水解成表面活性剂，HLB 值比 OP-10 小，结构中部分贡献 a 值，部分贡献 v 值，形成的混合胶束粒径比柴油破胶的小，比瞬间完全破胶的大。

6 结论与认识

1）对比不同浓度稠化剂 SF-A，低浓度下形成球形胶束，高浓度下形成层状或囊泡胶束，在交联剂作用下，形成柔性蠕虫状胶束，粒径显著减小，黏弹性显著增加。

2）紫外吸收光谱图表明交联剂与稠化剂 SF-A 主剂吸收峰的红移，为芳香环与阳离子之间的相互作用，即阳离子-π 相互作用。

3）从改变分子堆积参数 p 的因素可以破坏蠕虫状结构入手，分析水稀释破胶、柴油破胶、破胶剂 SF-C 破胶和非离子表面活性剂的不同破胶机理。

参考文献

陈海汇，范洪富，郭建平，等. 2017. 煤层气用水力压裂液分析与展望[J]. 煤炭科学技术，7（45）：72～74.

管保山，刘玉婷，刘萍，等. 2016. 煤层气压裂液研究现状与发展[J]. 煤炭科学技术，5（44），11～17.

姜文清，郝京诚，2008，水相和特殊介质中有序聚集体的结构、性质和应用（Ⅰ）——表面活性剂在水相和离子液体中的有序聚集体[J]. 日用化学工业，38（4）257～266.

李曙光，郭大立，赵金洲，等. 2011. 表面活性剂压裂液机理与携砂性能研究[J]. 西南石油大学学报（自然科学版），3：133～136.

刘刚之，崔景海，谭博. 2013. 清洁压裂液研究进展[J]. 中国石油和化工，6：48～50.

王维明，郭丽梅. 2008. 清洁压裂液性能与破胶研究[J]. 精细石油化工，25（6）：4～7.

魏静，钟汉斌. 2015. 清洁压裂液的最新研究进展[J]. 广东化工，17（42）：116～121.

薛汶举，唐善法，周天元，等. 2016. 双子表面活性剂溶液胶束微观结构研究[J]. 当代化工，9（45）：2233～2236.

Roudakov V, Rohwer C. 2006. Successful hydraulic fracturing techniques in horizontal wells for sandstone formations in the permian basin. SPE Russian Oil and Gas Technical Conference and Exhibition，1：515～521

临汾区块煤储层压力分布规律及控制因素探讨

王琳琳

（中国矿业大学低碳能源研究院　江苏徐州　221008；
江苏省煤基CO_2捕集与地质储存重点实验室　江苏徐州　221008）

摘　要：煤储层压力与煤层含气性密切相关，是关系到煤层气资源评价及开采工艺选择的重要参数。本文以鄂尔多斯盆地东南缘临汾区块为研究区，分析了山西组 5 煤层储层压力分布规律及其影响因素。结果表明，研究区 5 煤层储层压力等值线与构造展布方向较为一致，由东到西表现为低—高—低—高的总体变化趋势。储层压力平面分布特征的主控因素为构造作用，表现为构造应力，及构造作用控制下的煤层埋深、盖层节理发育和水文地质条件。

关键词：临汾区块　煤层气　储层压力　控制因素

Characteristics and Affecting factors of coal reservoir pressure in Linfen Block

Wang Linlin

(Low Carbon Energy Institute, China University of Mining and Technology, Xuzhou, Jiang su 221008, China
Key Laboratory of Coal-based CO_2 Capture and Geological Storage, Jiangsu Province, Xuzhou, Jiang su 221008, China)

Abstract: The pressure of coal reservoir is closely related to the gas content of the coalbed, which greatly affects the evaluation of coalbed methane resources and the selection of mining

基金项目：江苏省科技计划项目青年基金项目（BK20150177），江苏省煤基 CO_2 捕集与地质储存重点实验室开放基金项目（2015B04）。

作者简介：王琳琳，女，1984 年生，助理研究员，研究方向为煤层气地质、构造地质及 CO_2-ECBM。所在单位：中国矿业大学低碳能源研究院。通讯地址：江苏省徐州市中国矿业大学国家大学科技园低碳能源研究院 407 室，221008，电话：15895208024；E-mail：wanglinlin0321@163.com。

technology. Linfen block of the southeast margin of Ordos Basin was chosen as the study area. Pressure distribution laws of coal reservoir No. 5 in Shanxi formation and its influencing factors were analyzed. The results demonstrate that the pressure isoline of coal reservoir No. 5 in the study area coincides with the direction of tectonic distribution. The pressure isoline exhibits the overall low-high-low-high trend from east to west. Tectonic stress is the controlling factor of reservoir pressure plane distribution, which demonstrates the tectonic stress as well as the buried depth of coal seam, cap joint development and hydrogeological conditions under the control of tectonic role.

Keywords: Linfen Block; coalbed methane; reservoir pressure; affecting factors

煤储层压力与煤层含气性密切相关，它与吸附性（特别是临界解吸压力）之间的相对关系直接影响排水降压的难易程度。根据我国在鄂尔多斯盆地、沁水盆地、贵州、淮南、淮北及河南等地煤层气勘探开发过程中获取的煤储层压力资料，可知我国煤储层压力变化较大，但以欠压煤储层为主，正常压力状态次之，高压煤储层较少（叶建平等，1999；傅雪海等，2007）。前人就煤储层异常压力的成压机制、压力类型特征等进行了系统研究，认为构造应力场、构造部位、水文地质条件、煤层保存及封盖层条件等是煤储层压力变化的主要原因（苏现波等，2002；许浩等，2011；孟召平等，2013；姚帅，2015）。

鄂尔多斯盆地是我国重要的能源盆地，煤及煤层气资源丰富。本文以鄂尔多斯盆地东南缘临汾区块为研究区，通过分析煤储层压力的分布规律及其控制因素，以期为鄂尔多斯盆地煤层气成藏机理研究、资源勘探评价及开采工艺选择等提供重要的理论支撑。

1 煤储层压力分布规律

1.1 研究区地质背景

临汾区块构造位置上位于鄂尔多斯盆地东缘，晋西挠褶带的南部，东部以紫荆山断裂带为界，西抵黄河。总体上表现为一走向北北东—北东，倾向北西的单斜构造，其间被次级褶皱和断层复杂化，较典型的构造为紫荆山断裂带、古驿-窑渠断褶带及东南部的河底-台头断层带（图 1）。

研究区含煤地层主要为石炭系—二叠系，包括本溪组（C_2b）、太原组（C_2—P_1t）及山西组（P_{1s}）。石炭纪—二叠纪煤层总厚为 5～22.8m，由东到西环状增大（孙斌等，2004），主采煤层为山西组 5 煤层和太原组 8 煤层，煤层厚度大且分布较稳定，煤层气资源量为 $4800\times10^8m^3$，煤变质程度中等，是我国中煤阶煤层气富集有利地区之一（陈刚等，2009），其中 5 煤层成藏条件及含气性均好于 8 煤层，是本区勘探开发的重点层位。

1.2 煤储层压力特征

研究区 5 煤层储层压力变化范围较大，主要变化于 0.5～10MPa，储层压力梯度为 0.231～0.954MPa/100m，为低异常压力区。由山西组 5 煤层储层压力等值线图（图 2）可知，等值线呈条带状分布，且与构造展布方向较为一致，由东到西总体表现为低—高—

低—高的变化趋势。研究区东南部储层压力值普遍较低，多在 5MPa 以下，西部储层压力较高，可达到 10MPa 以上。区内蒲县—毛家庄一带储层压力明显升高，压力值大于 9MPa；古驿-窑渠断层褶皱带储层压力明显降低，局部可降至 5MPa 以下，由北到南沿断层、褶皱带展布方向，储层压力变化较为复杂，表现为局部增高或降低。

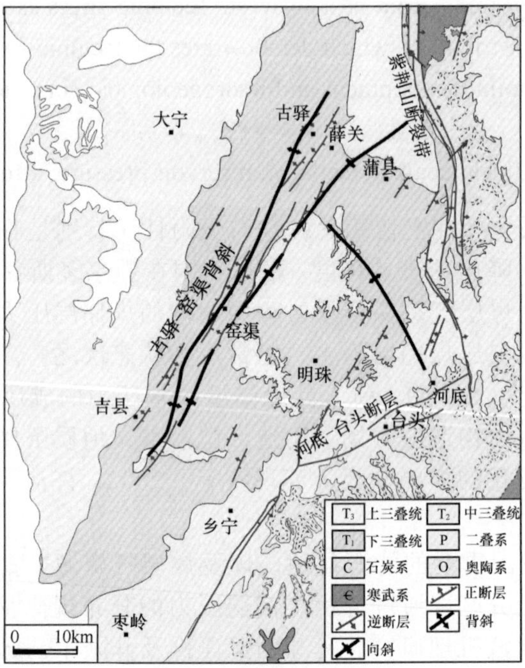

图 1 研究区构造纲要图及采样位置

（据赵靖舟等，2010）

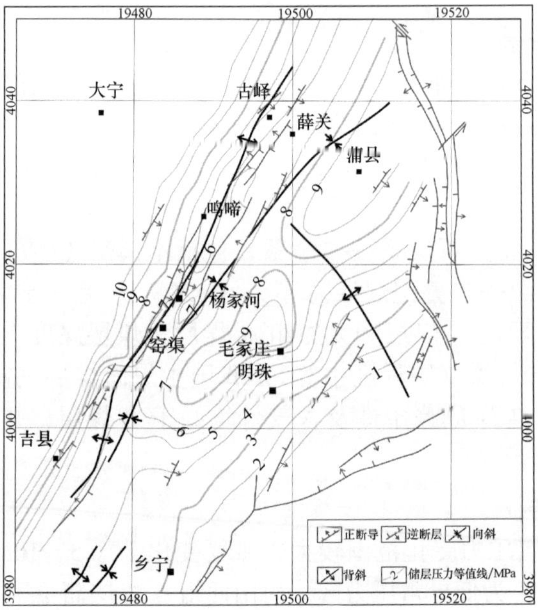

图 2 山西组 5 煤层储层压力（MPa）等值线图

2 控制因素

2.1 埋深

研究区地层总体呈自东向西倾斜的单斜构造，其间被次级构造复杂化。因此，根据典型构造发育特征，将研究区分为东部断裂带、蒲县-明珠缓坡带、古驿-窑渠断褶带和西部平缓带。煤层埋深受构造变形控制明显，表现为由西向东呈逐渐变深的变化趋势。研究区煤储层压力与煤层埋深具有较好的正相关关系（图 3），表现为随煤层埋深增加而增大。在古驿-窑渠断褶带，煤层受后期构造作用抬升变浅，储层压力出现相对低值区。但是沿构造线走向方向，储层压力出现局部明显升高与降低，与煤层埋深关系不明显，说明区内储层压力的变化受多种因素控制，需要进一步讨论。

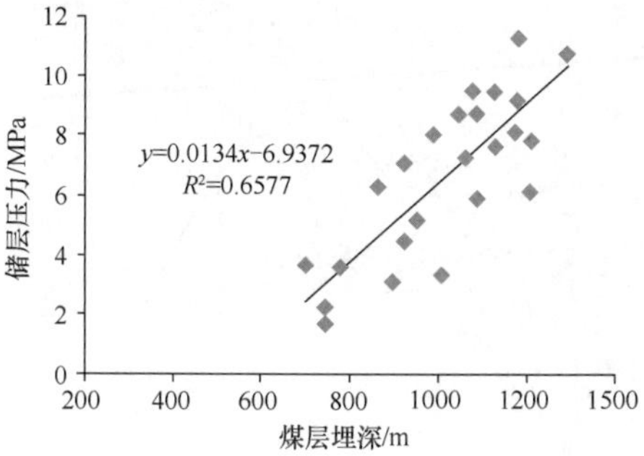

图 3 山西组 5 煤层储层压力与埋深关系图

2.2 构造应力

构造应力增加，有利于煤储层压力的保持。在同一煤储层，煤储层流体量一定时，当地应力变大，煤储层的孔隙体积趋于收缩而变小，煤储层压力随之变大；反之当地应力变小时，煤储层的孔隙体积趋于扩张而变大，煤储层压力随之变小。根据这一机理，煤储层地应力与储层压力存在一定的相关性（景兴鹏，2012）。由 5 煤层最小水平主应力（闭合压力）与储层压力关系图（图 4）可知，两者均表现为自东向西呈低—高—低—高的总体变化趋势。此外，沿北东-南西向构造展布方向，在古驿-窑渠断褶带及蒲县-明珠一带，出现的储层压力局部增高或降低异常与闭合压力局部变化特征相吻合，因此，储层压力除受构造控制下的煤层埋深影响外，还与煤层构造应力发育特征有明显相关性。

2.3 盖层封闭性

煤层上覆岩层中的构造节理密度可以反映盖层的封闭性，节理发育密度越小，盖层封闭性越好，煤储层压力越大；反之，节理发育密度越大，盖层封闭性越差，煤储层压力也越小。由本区岩层节理密度与储层压力关系图（图 5）可以看出，蒲县-明珠一线，岩层节理发育密度小于 6 条/m，为一低值区，表明盖层封闭性较好，相应的在蒲县和毛家庄附近煤储层压力值升高，形成局部煤储层压力异常；古驿-窑渠节理密度达到 8 条/m，为一高值区，表明盖层封闭性较差，煤储层压力则表现为局部低值区。

2.4 地下水矿化度

地下水矿化度的高低反映了地下水动力条件的强弱，当地下水处于滞流环境时，水动力场较弱，则成为煤层气保存的有利条件（彭金宁等，2006；姜波等，2010），亦有利于储层压力的保持。研究过程中通过采集煤层气开采井主采煤层水样，进行水化学分析，绘制矿化度等值线（图 6）。可见矿化度分布受构造作用控制明显，低于 1g/L 的薛关-杨家河一带，地下水动力场较强，而吉县-鸣啼主体背斜轴以西和明珠一带，水动力条件弱，矿化度高于 5g/L，形成相对滞留的水动力环境。5 煤层储层压力平面展布与矿化度分布特征具有较好的相关性，自东到西均呈低—高—低—高的总体变化趋势。具体表现为，储层压力低值分布在矿化度为 1～5g/L 的高水力活动区，而储层压力高值则分布在矿化度高于 5g/L 的蒲县-明珠一带，以及矿化度超过 10g/L 西部平缓区。

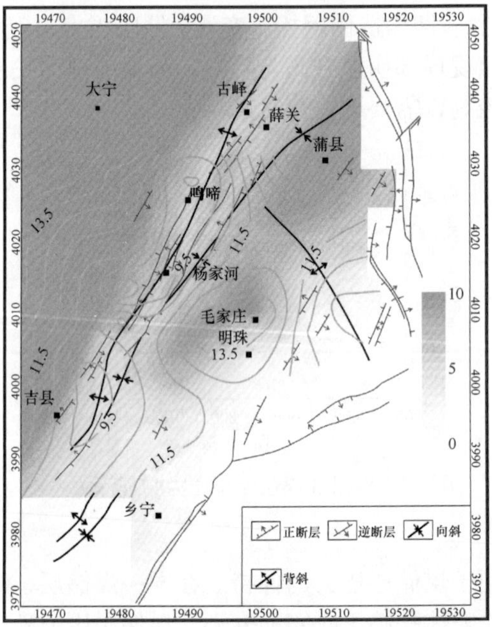

图 4　山西组 5 煤层储层最小水平主应力与储层压力关系图

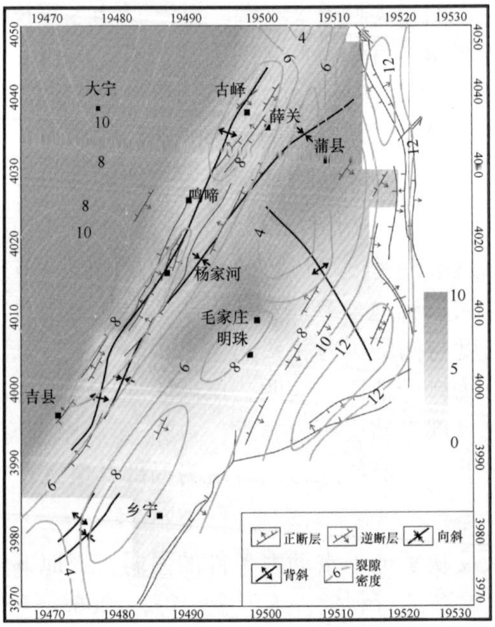

图 5　岩层节理密度与 5 煤层储层压力关系图

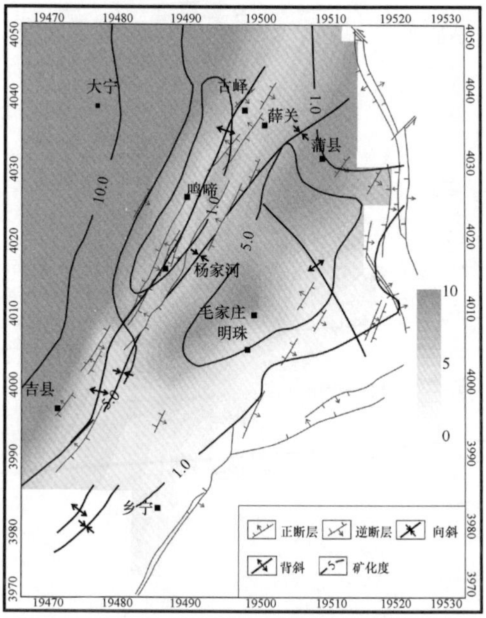

图 6 地下水矿化度与山西组 5 煤层储层压力关系图

3 结 论

1）研究区 5 煤层储层压力变化范围较大，主要变化于 0.5～10MPa，储层压力梯度为 0.231～0.954MPa/100m，为低异常压力区。5 煤层储层压力等值线呈条带状分布，且与构造展布方向较为一致，由东到西表现为低—高—低—高的总体变化趋势。

2）研究区 5 煤层储层压力平面分布特征的主控因素为构造作用，表现为构造应力，及构造作用控制下的煤层埋深、盖层节理发育和水文地质条件。

参考文献

陈刚，赵庆波，李五忠，等. 2009. 大宁-吉县地区地应力场对高渗区的控制[J]. 中国煤层气，6（3）：15～20.

傅雪海，秦勇，韦重韬. 2007. 煤层气地质学[M]. 徐州：中国矿业大学出版社.

姜波，许迪鹏，朱奎，等. 2010. 鄂尔多斯盆地东缘构造-水文地质控气特征[J]. 高校地质学报，18（3）：438～446.

景兴鹏. 2012. 沁水盆地南部储层压力分布规律和控制因素研究[J]. 煤炭科学技术，40（2）：116～120.

孟召平，蓝强，刘翠丽，等. 2013. 鄂尔多斯盆地东南缘地应力-储层压力及其耦合关系[J]. 煤炭学报，38（1）：122～128.

彭金宁，傅雪海. 2006. 铁法矿区煤层气保存条件研究[J]. 天然气工业，26（12）：65～67.

苏现波，张丽萍. 2002. 煤层气储层异常高压的形成机制[J]. 天然气工业，22（4）：15～18.

孙斌，王宪花，陈彩虹，等. 2004. 鄂尔多斯盆地大宁-吉县地区煤层气分布特征[J]. 天然气工业，24（5）：17～20.

许浩，汤达祯，秦勇. 2011. 黔西地区煤储层压力发育特征及成因[J]. 中国矿业大学学报，40（4）：556～560.

姚帅. 2015. 比德-三塘盆地异常压力分布规律及其构造控制机制[D]. 徐州：中国矿业大学.

叶建平，秦勇，林大扬，等. 1999. 中国煤层气资源[M]. 徐州：中国矿业大学出版社.

赵靖舟，王力，孙兵华，等. 2010. 鄂尔多斯盆地东部构造演化对上古生界大气田形成的控制作用[J]. 天然气地球科学，21（6）：875～881

勘探工程

影响试井管柱安全的钻井因素分析及预防措施

田智生[1,2]　刘小康[1]　杨　甫[2]

（1. 陕西省一九四煤田地质有限公司　陕西铜川　727000；
2. 国土资源部煤炭资源勘查与综合利用重点实验室　陕西西安　710021）

摘　要：在煤层气、页岩气勘探中，需要采用注入/压降试井和原地应力测试来求得储层参数，而如何确保试井管柱的安全性对于试井作业成功具有重要意义。从钻井角度来分析，包括井身质量、井径、钻井液性能、钻井设备提升能力及钢丝绳质量等钻井因素，对于试井管柱安全性的影响，并就如何做好预防，提出了提高井身质量，控制井径扩大，选用优质钻井液，提高钻井设备能力及钢丝绳质量等技术措施。依照该技术措施，在转角地区成功进行了煤层气试井作业。

关键词：煤层气试井　井身质量　井径扩大率　钻井液性能　封隔器

Influence Well Test Tube Column Security Well Drilling Factor Analysis And Preventive Measure

Tian Zhisheng[1,2]　Liu Xiaokang[1]　Yang Fu[2]

(1. Shanxi Province 194 Coal Field Geology Limited Company, Tongchuan, Shaanxi 727000,China;
2. Laboratory of Coal Resources Comprehensive Utilization, Ministry of Land and Resources, Xi'an, Shaanxi 710021, China)

Abstract: In the coal bed gas, the shale were mad in the exploration, needs to use pours

---

基金项目：陕西省科技攻关项目（2016GY-187）和国土资源部煤炭资源勘查与综合利用重点实验室自主项目（ZZ2015-2）。

作者简介：田智生（通讯作者），男，汉族，1966年生，高级工程师，地质钻探工程专业，长期从事煤层气、页岩气、盐井、地热井等钻探技术研究和管理工作，陕西省铜川市延安路82号，E-mail: tianzhisheng555@163.com。

刘小康，男，汉族，1969 年生，副总经理，高级工程师，探矿工程专业，长期从事地质钻探技术研究和管理工作，陕西省铜川市延安路 82 号，E-mail: 70559066@qq.com。

杨甫，男，汉族，1986 年生，工程师，西北大学地质学系盆地构造与非常规天然气博士研究生毕业，主要从事煤层气、页岩气、致密砂岩气等成藏理论及勘探开发技术研究，陕西省西安市文景路 26 号 A，E-mail: yangpu666@163.com。

into/the pressure drop well test and in-situ stress test obtains the reservoir parameter, but how guarantees the well test tube column the security to have the vital significance regarding the well test work success. Analyzes from the well drilling angle, including the well bore quality, caliper, the drilling fluid performance, well drilling equipment well drilling factors and so on promotion ability and steel wire quality, regarding the well test tube column secure influence, how and on completes the prevention, proposed improves the well bore quality, controls the overcut, selects the high quality drilling fluid, sharpens well drilling technical measures and so on equipment ability and steel wire quality. According to this technical measure, carried on the coal bed in the corner area success to be mad the well test work.

Keywords: the coal bed is mad the well test; well bore quality; caliper magnification; drilling fluid performance; packer;

在煤层气、页岩气等勘探施工中，为了获取目的层的有效渗透率、原始地层压力、破裂压力及闭合压力、压力梯度、表皮系数及调查半径等参数，需要对目的层进行注入/压降试井和原地应力测试。而在试井作业中，经常因为井身质量、井径、钻井液的使用等钻井因素，导致试井管柱发生粘卡，加载给试井管柱的拉力不能传递给封隔器，造成封隔器不能顺利解封；当拉力超过管柱及钻机钢丝绳的最大承受能力时，就会发生拉断钢丝绳，或者试井管柱折断事故。近年来，陕西省一九四煤田地质有限公司在黄陵地区共施工了小口径煤层气参数井 8 口，在黄陇侏罗纪煤田东部矿区转角勘查区施工了煤层气（含页岩气）参数+实验井 1 口，累计共进行煤层气、页岩气注入/压降试井 11 层次，在封隔器解封过程中，共发生管柱事故 4 次，给钻井施工造成了不利影响，其中最严重的是处理试井管柱及封隔器时间超过 25 天，直接经济损失达到 30 万元以上。

1 钻井因素分析

试井规范要求是在钻穿目的层，进入目的层底板 2.00～5.00m 后进行，上封隔器坐封在目的层顶板稳定岩层上。完成钻井后，一般要先进行地球物理测井，获取目的层深厚度及顶板地层岩性、井径等资料。从试井前起钻结束，到地球物理测井、试井前准备、下试井管柱、进行注入/压降试井、原地应力测试、封隔器解封，最短也需要 72 小时以上，其中试井管柱在井下静止时间最短将不少于 45 小时。由于试井管柱在井下静止时间较长，其安全性将会受到钻井液性能、地层稳定性等因素的影响。影响试井管柱安全性的钻井因素，主要包括井身质量、井径、钻井液性能、钻井设备提升能力和钢丝绳质量等。

1.1 井身质量

井身质量主要包括井斜角、方位角、全角变化率、位移等。其中井斜角和方位角的变化对于井眼轨迹影响最大，会造成井眼轨迹不规整，甚至于形成螺旋井眼轨迹，给后续试井管柱起放及顺利解封等都会造成严重影响。如果井身质量严重超标，偏斜严重，试井管柱就会大面积靠近井壁，容易发生管柱粘卡事故。图 1 为黄陵矿区所施工的某一煤层气参数井井眼轨迹图，由于其偏斜严重，给后续试井造成了较大困难。

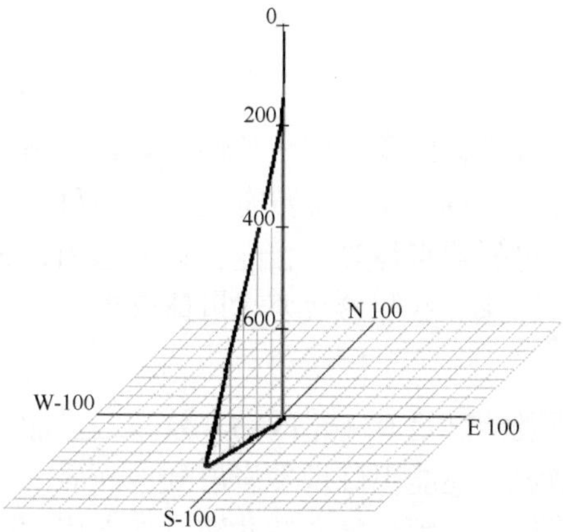

图 1　黄陵矿区煤层气参数井井眼轨迹图

1.2　井径及井径扩大率

不同井径大小对应着试井用封隔器的直井规格，而目的层顶板位置井径扩大率的数值大小，对于能否实现封隔器的顺利坐封具有重要意义。如果目的层顶板位置井径数值过大，或者该位置岩层垮塌，会造成试井封隔器无法坐封或者坐封失败。

1.3　钻井液性能

钻井液性能主要包括比重、黏度、pH、含砂量、切力、泥皮厚度等参数。使用能够较好适应施工区地层特点、性能优良的优质钻井液，能够起到保护井壁、确保井壁地层稳定的作用，就会有利于试井管柱的安全。相反将会因为钻井液不能较好保护井壁，造成泥岩等松软地层膨胀缩径，或者垮塌等。

1.4　钻井设备提升能力及钢丝绳质量

在试井作业完成后，需要进行封隔器解封，通过施加给管柱的拉力，剪断封隔器销钉，实现顺利解封。在正常情况下，需要的剪切拉力不大，但在井眼弯曲及钻井液性能不稳定、不能较好保护井壁等情况下，就有可能发生在预订的拉力下无法剪断销钉，造成试井封隔器无法解封。这时为了实现解封的目的，只有不断增大剪切拉力，甚至有可能所需要的拉力达到或接近钻井设备提升能力，以及钻机钢丝绳最大剪切拉力，其结果就很有可能造成钢丝绳拉断，或者发生试井管柱折断事故。

2　预防技术措施

通过以上对几种钻井因素的分析可以看出，井身质量、井径、钻井液性能，以及钻井设备提升能力和钢丝绳质量等因素，都会对试井管柱的安全性构成威胁。为了确保试井管柱的安全，顺利完成试井作业，实现地质目的，就需要采取相应的技术措施。

2.1　提高井身质量

提高井身质量的技术措施首先是按照设计要求，做好井斜预防和方位角的控制，保证井眼轨迹规整。具体的技术措施是：严把钻井设备安装关；针对不同地层采用多种钻具组合，优选钻进技术参数；选用适宜的钻头类型和不同钻进方法；充分考虑地层变化对井身质量的影响等。其次是做好纠斜工作，在发生井斜超标后，及时进行纠斜，确保钻井过程中井眼轨迹始终可控。

2.2 控制井径扩大

井径的大小除了受钻头直径，以及岩层完整性、岩石可钻性等级的影响外，还与钻井过程中所采用的钻压、转速、泵量等技术参数有关。控制目的层顶板井径扩大的技术措施有：选用钻头直径要与试井封隔器直径等级相配套；所选用钻头类型要与目的层顶板地层可钻性等级相适应；钻压、转速等钻井参数要尽可能合理。

2.3 选用优质钻井液

所选用的优质钻井液要既能满足有一定的钻井效率，又能在井壁形成韧性好的泥皮，较好保护井壁和维持井壁稳定，还能很好携带岩屑到地面后沉淀。这就需要在选用钻井液类型上尽可能选择采用低固相、无固相复合钻井液。在选用钻井液时，要根据施工区的地质地层特点，特别是要综合考虑岩层稳定性、黏土矿物的成分及含量，钻井液配制方法和性能稳定性维护，钻井液成本及钻井液材料的市场供给等多个因素来综合确定。

2.4 提高钻井设备能力及钢丝绳质量

在选用钻井设备时，尽可能选用提升能力稍大一级的。在试井前，要对钻井主钢丝绳进行检查，发现有钢丝断头达到标准的二分之一后，就要进行更换；在条件许可的情况下，试井前尽量更换成新钢丝绳。

3 试井施工成功实例

陕西省一九四煤田地质有限公司2015年8～11月在黄陇侏罗纪煤田东部矿区转角地区施工了 1 口煤层气参数+实验井，该井在总结钻井因素对试井管柱安全性影响的基础上，采用了适宜的钻井技术方法，包括使用塔式防斜钻具、选用 PDC 钻头、优选钻井参数、使用聚磺钻井液等技术措施，顺利进行了目的层 4-2 煤层的试井工作（图 2），所选用的封隔器规格为 196mm（图 3），在试井完成后封隔器成功解封（图 4）。

图 2　4-2 煤层试井施工现场

图 3　试井现场用 196mm 封隔器

图 4　试井现场封隔器成功解封

3.1　测试井概况

该井井型为直井，地理位置在陕西省咸阳市马栏镇转角村，构造位置为鄂尔多斯盆地东南缘倾向西北单斜构造转角勘查区中部隆起部位，设计井深 620.00m，井径为 222.00mm，目的层为侏罗系延安组 4-2 煤层，完井方式为套管完井。测试层段数据见表 1。

表 1　测试煤层数据表

煤层	埋深/m	结构	有效厚度/m	备注
4-2	529.00～538.00	5.35（0.30）6.00	11.35	注入/压降试井、原地应力测试

3.2　试井目的

通过对煤层进行注入/压降试井及原地应力测试，获取煤层的渗透率、储层压力、闭合压力等储层参数值。为该区的煤层气区域评价提供可靠的参数依据。

3.3　试井作业简况

注入/压降试井注入 8.00 小时，关井 25.75 小时。累计注入量 1.358 m^3，平均排量 4.073 m^3/d，地面最大注入压力 1.00 MPa。整个测试过程封隔器坐封良好，坐封压力 10.00MPa。试井管柱记录见表 2。

表 2　4-2 煤层测试管柱记录表

管柱名称	下井管柱数据			校正孔深		备注
	长度/m	外径/mm	累计长度/m	底部/m	顶部/m	
筛管	3.08	73.0	3.08	529.63	526.55	
球座	0.32	73.0	3.40	526.55	526.23	
导锥+变径	0.25	195.0	3.65	526.23	525.98	封隔器底部深度：
封隔器	2.13	195.0	5.78	525.98	523.85	525.98m
油管短节	0.82	73.0	6.60	523.85	523.03	
单根油管	8.00	73.0	14.60	523.03	515.03	压力计深度：
座节	0.52	60.3	15.12	515.03	514.51	515.63m
油管（64 根）	516.32	73.0	531.44	514.51	-1.81	
油管短节	1.00	73.0	532.44	-1.81	-2.81	“ ”表示高出基准面部分

原地应力测试共进行四个循环，共用时 2 小时 27 分钟。测试过程中封隔器坐封良好，测试数据能够满足测试需要。

3.4 试井分析结果

试井分析结果见表 3。

表 3 参数井 4-2 煤层初步分析结果

参数	数值	单位
储层压力（P_i）	3.30	MPa
储层压力梯度	6.40×10^{-3}	MPa/m
渗透率（K）	0.35	md
表皮系数（S）	−2.01	
调查半径（R_i）	6.88	m
储层温度（T）	24.52	℃
破裂压力（P_b）	7.12	MPa
破裂压力梯度	1.38×10^{-2}	MPa/m
闭合压力（P_c）	6.38	MPa

3.5 试井曲线

试井过程中，获得了 4-2 煤层注入/压降测试时间、压力、温度实测曲线（图 5），以及原地应力测试时间、压力实测曲线（图 6）。

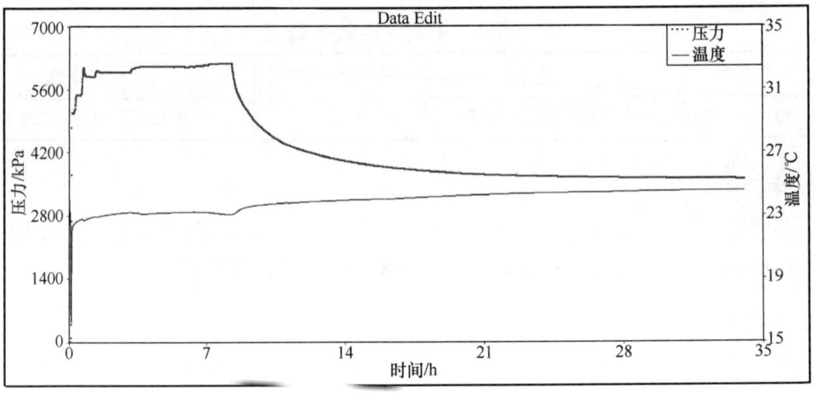

图 5 4-2 煤层注入/压降测试时间、压力、温度实测曲线

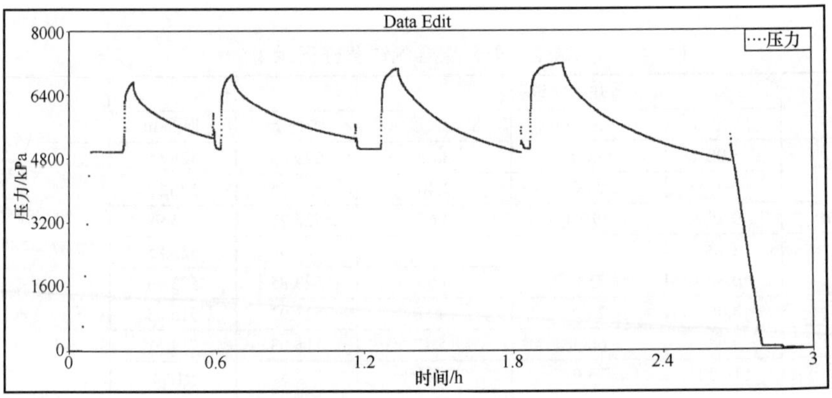

图 6 4-2 煤层原地应力测试时间、压力实测曲线

4 结论及建议

影响试井管柱安全性的钻井因素主要有：井身质量、井径、钻井液性能、钻井设备提升能力及钢丝绳质量；所采取的针对性预防技术措施有：提高井身质量，控制井径扩大，选用优质钻井液，提高钻井设备能力及钢丝绳质量。

参考文献

陈志胜，王彦龙，解光新，等．2010．GB/T 24504—2009 煤层气井注入/压降试井技术规范[S]．北京：中国标准出版社．
陈志胜．2003．煤层气井常用试井方法及应用[J]．陕西煤炭，(1)：40～42．
韩建，隆威，郑克清．2013．煤系复杂地层钻探护壁浆液研究与应用[J]．煤田地质与勘探，41（6）：90～92．
黄维安，邱正松，杨力，等．2013．煤层气钻井井壁失稳机理及防塌钻井液技术[J]．煤田地质与勘探，41（2）：37～41．
梁于文，王汉玺．2002．煤层气井 DST 测试工艺技术[J]．内蒙古石油化工，29：241～242．
刘立军，王立中，张增慧，等．2004．煤层气井注入/压降试井技术研究[J]．天然气工业，24（5）：79～81．
马建国．2006．油气井地层测试，[M]．北京：石油工业出版社．
马永峰，庄建山，张绍礼．2007．油气井测试工艺技术，[M]．北京：石油工业出版社．
吴烨，卢予北，陈莹．2013．钻井液流态对孔壁稳定性的影响[J]．煤田地质与勘探，41（3）：90～93．
杨新辉，李彬刚，李鑫．2011．低渗煤层注入/压降试井注入时间研究[J]．煤田地质与勘探，39（2）：26～29．
杨新军，刘昌益，王彦龙，等．2014．煤层气井专用 DST 测试设备研制及应用[J]．煤田地质与勘探，42（6）：40～43．
张世富．2001．煤层气注入/压降测试技术及应用[J]．探矿工程，(3)：42～45．
赵培华，刘日武，鹿倩，等．2010．煤层气测试方法的分析评价[J]．油气井测试，19（6）：12～18．
周小平，王建华．2002．测量地应力的新方法[J]．岩土力学，23（3）：316～320．
庄惠农，韩永新．2000．煤层气层渗流与煤层气试井[J]．重庆大学学报，23：18～21．

贵州六盘水地区地热钻井与煤层气探井一井两用技术

陈　怡[1,2]　王　虎[1,2]　李　勇[1,2]　王　剑[1,2]　巴特尔[1,2]

（1．贵州省地质矿产勘查开发局111地质大队　贵州贵阳　550008；
2．贵州地质工程勘察设计研究院　贵州贵阳　550008）

摘　要：贵州省六盘水地区龙潭组夹有多段煤层，且煤层厚度大，煤层气含量丰富。在该地层钻进时存在地层松散垮塌和煤层气逸散的安全隐患。在六盘水市嘎尼地热井施工过程中，增加了随钻录井设备和地表可燃气体检测仪，一方面保证了施工安全，另一方面在地热钻井的同时实现了煤层及煤层气的勘探。在钻进过程中，出现了多次可燃气体浓度超过爆炸下限的70%，钻井队通过及时停工排风措施，保证了钻井安全；另外，结合随钻编录信息和钻屑编录信息对照，确定了较厚煤层7处，初步了解了煤层气含量信息，为该地区煤层及煤层气开采积累了宝贵信息。

关键词：地热　钻井　煤层气　随钻录井　可燃气体

Dual-use technology of geothermal drilling and coal-bed gas exploration well in Guizhou Liupanshui area

Chen Yi[1,2]　Wang Hu[1,2]　Li Yong[1,2]　Wang Jian[1,2]　Ba Teer[1,2]

(1. Bureau of Geology and Mineral Exploration and Development of Guizhou Province 111 Geological Brigade, Guiyang, Guizhou 550008,China；
2. Guizhou Geological Engineering Investigation Design and Research Institute，Guiyang，Guizhou 550008, China）

Abstract: The Longtan Formation in Liupanshui area of Guizhou province contains many

---

基金项目：国家科技支撑计划“喀斯特地区水资源安全利用与保障关键技术研究与示范”（项目编号：2014BAB03B00）；贵州省社会发展科技攻关资助项目“贵州复杂地层深井钻探工艺应用研究”（编号：黔科合 SY 字〔2015〕3002）；贵州省地质矿产勘查开发局地质科研资金资助项目“含重晶石的滤饼清除技术研究”（合同编号：黔地矿科合〔2016〕20 号）。

作者简介：陈怡，男，高级工程师，贵州省地质矿产勘查开发局 111 地质大队钻探工程部经理。通讯地址：贵州省贵阳市观山湖区石林西路 171 号贵州地质科技园 2 号楼 10 层，邮编 550008。电话：13608580581。E-mail：844907066@qq.com。

王虎，男，工程师，贵州省地质矿产勘查开发局 111 地质大队钻探工程部主任工程师。通讯地址：贵州省贵阳市观山湖区石林西路 171 号贵州地质科技园 2 号楼 10 层，邮编 550008。电话：18286093382。E-mail：516775129@qq.com。

sections of coal seam, and the thickness of coal seam is large and the content of coalbed methane is rich. There are security risks of loose stratum collapse and coal seam gas emission in the formation while drilling. The adding of logging while drilling equipment and surface combustible gas detector in Gani geothermal well construction in Liupanshui City can ensure the safety of the construction as well as implement the coal and coal seam gas exploration in geothermal drilling at the same time. In the drilling process, the flammable gas concentrations exceeded 70% LEL many times. The drilling team ensured drilling safety through timely shutdown and proper ventilation measures. In addition，combined with logging information and drilling log information, 7 thick coal seams are determined，and the information of coalbed methane content is preliminarily proved, which provides valuable information for coal seam and coalbed methane extraction in this area.

Keywords: geothermal; drilling; coalbed methane; logging while drilling; combustible gas

贵州省六盘水地区的龙潭组具有煤层数量多、厚度大和煤层气含量丰富的特点。在该地层钻进时，不仅要克服地层松散易垮的困难，还要注意防止煤层气逸散时发生的着火和爆炸事故。2015 年和 2016 年两年里，贵州省地质矿产勘查开发局 113 地质大队和 111 地质大队分别有一台钻机在钻进时发生了着火事故，造成了大量的财物损失，幸无人员伤亡。贵州省地质矿产勘查开发局 111 地质大队在贵州省六盘水嘎尼地热钻井施工过程中，使用了随钻录井设备和地表可燃气体检测仪，在保证施工安全的前提下，实现了地热钻井和煤层气探井的一井两用，在完成地热钻井的同时，获取了该地区龙潭组煤层分布和煤层气含量信息，为该地区煤矿和煤层气开发积累了宝贵信息。

1 工程概况

1.1 钻井地质概况

贵州省六盘水市嘎尼地热井位于钟山区大河镇周家寨村，该井设计井深 2200m，钻探揭露地层由老至新依次为上石炭统黄龙组、马平组，下二叠统梁山组、栖霞组、茅口组，上二叠统峨眉山玄武岩组、龙潭组，下三叠统飞仙关组及第四系。其中自 460～950m 为龙潭组。根据邻井资料分析，该地龙潭组含有多层煤层，且煤层气含量丰富，钻进过程中存在煤层气逸散引发的着火和爆炸的安全隐患。

本井井位在大地构造单元上处于扬子准地台（一级）、黔北台隆（二级）、六盘水断陷（三级）、威宁北西向构造变形区（四级）。钻井地点位于威水背斜北东，主要构造形迹为北西向间南北向线状褶皱和北西向、北东向和南北向断裂，褶皱和断裂组合纵横交错，地质构造复杂。

1.2 钻井主要设备

施工井队主要钻井设备见表 1。

表 1　钻井主要设备

编号	设备名称	型号	数量	主要性能	单位
1	钻机	SPS-2600	1	钻进深度 2600m	套
2	泥浆泵	SL3NB-1300	1		台
3	泥浆泵	QZ3NB-500	1		台
4	钻塔	SG26m	1	承载力 90T	套
5	钻井液净化系统		1		套
6	发电机组	330KW	1		台

2 龙潭组钻进安全措施

龙潭组煤层发育，煤层松散垮塌和煤层气燃爆风险较大。本井施工队伍为地热钻井施工队伍，无煤层气燃爆防范措施，故需要增加相关措施及配套设备。

经分析，煤层气为煤层吸附气（李传亮，2013；李相方，2014），地层内的煤层气未经解吸，不会大量从井内溢出（孟艳军，2014）。煤层气燃爆风险主要来自于煤层被钻头破碎时，从破碎的煤岩中游离出来的吸附气（王恩树，1998）。这些吸附气随钻井液集中逸散出会造成井口瞬时煤层气含量增高，到达燃爆水平，此时如有火源，会引发煤层气燃爆事故。而随着钻进穿过煤层，井口的煤层气逸散，浓度下降到爆炸下限以下，即不会再发生燃爆事故。经调查，附近几口钻井燃爆事故据发生在钻遇煤层时，未发生过煤层气大量持续溢出的情况，与上述分析相符。因此，在龙潭组钻进时，需要采取以下措施。

1）针对煤层松散垮塌问题，需要在钻遇煤层时适当提高钻井液比重和黏度，增强地层的稳定性。

2）针对煤层气燃爆问题，一方面要提高钻井液滤饼质量，充分减少地层内的煤层气进入井眼，另一方面要加强井口煤层气的监测，最后还要严格控制火源和及时疏散井口的煤层气。

2.1 钻井液技术措施

本井主要采用聚合物钻井液体系，在进入龙潭组前逐步调整为聚磺钻井液体系，并使用重晶石加重，钻井液配方及性能参数见表2。

表2 钻井液配方及性能指标

聚合物钻井液	配方	4～10%膨润土+0.1～0.2%Na_2CO_3+0.2～0.4%聚丙烯酸钾+0.4～0.6%低黏羧甲基纤维素+0.3～0.5%铵盐+0.3～0.5%磺化沥青							
	性能指标	密度/$g\cdot cm^{-3}$	马氏黏度/s	塑性黏度/mPa·s	动切力/Pa	初切力/Pa	终切力/Pa	失水量/mL	pH
		1.08～1.11	45～60	10～18	6～10	2～4	3～6	<8	9～11
聚磺钻井液	配方	8～12%膨润土+0.1～0.2%Na_2CO_3+0.2～0.4%聚丙烯酸钾+0.5～1%低黏羧甲基纤维素+1%磺化褐煤树脂+1%磺化沥青+1%+磺化酚醛树脂+适量重晶石							
	性能指标	密度/$g\cdot cm^{-3}$	马氏黏度/s	塑性黏度/mPa·s	动切力/Pa	初切力/Pa	终切力/Pa	失水量/mL	pH
		1.15～1.25	120～140	15～25	6～10	4～7	5～8	<4.5	9～11

2.2 地表煤层气监测

地表煤层气监测使用KP826便携式多功能气体检测仪，该仪器配备液晶显示屏，具有音频、震动和示警灯三重报警功能，可以检测包括甲烷在内的多种可燃及有毒气体的现场浓度，仪器灵敏度高，响应时间快。

井队在井口和井口下风口50m内间隔10m固定放置气体检测仪，另外，司钻和副班长每人各自携带一个气体检测仪，已保证能及时接收到检测仪的示警。气体检测仪设置可燃气体爆炸下限30%和70%两个高低报警点，当可燃气体浓度达到高低报警点时，检测仪分别报警。

2.3 随钻录井

现场配置了上海神开石油科技有限公司生产的 SK-2000FK 综合录井仪（图 1），该录井仪可采集包括气测参数、安全监测参数、工程参数、钻井液参数和地质分析参数 5 大类多达 64 道传感器并派生出近百项参数。本次钻井仪采集钻井液中的 H_2S 和气测参数。

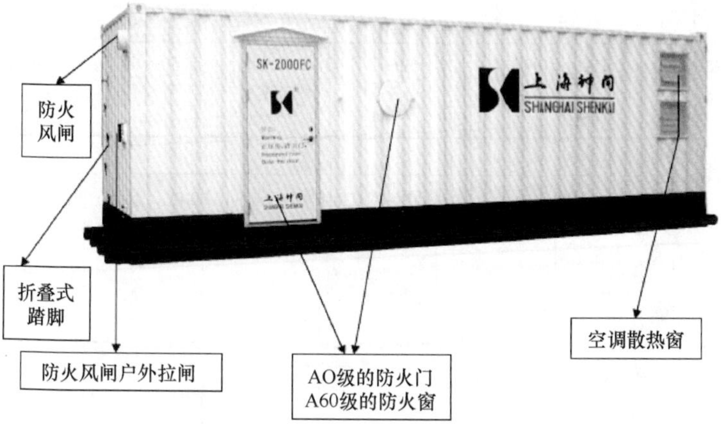

图 1　SK-2000FK 综合录井仪

气测录井（王彦龙，1998；单元伟，2015）和 H_2S 含量的监测，不仅可以与气体检测仪相互补充印证，提前预警，保证钻井安全，气测参数与岩屑录井相互验证，也可以达到煤与煤层气地质录井的效果，使得本地热井的钻进，达到了一井两用的效果（吴月珍，2001；黄勇，2008）。

2.4 火源控制和排风措施

本井全井施工过程中，井口 50m 范围内规划为禁烟区，井口面向下风口设置 2 台大功率电风扇。当气测录井检测到泥浆中煤层气含量增高或气体检测仪低报警点报警时，司钻和副班长加强对井场煤层气的监测，并打开风扇排气。当气体检测仪高报警点报警时，司钻停止钻进，将钻具提至安全位置，并通知井队长，继续排气直至井口可燃气体浓度下降至爆炸下限 30%以下方可重新钻进。

3　钻进效果分析

3.1 钻井安全得到了保障

由于及时调整了钻井液性能，整个龙潭组钻进过程中，孔壁稳定，未发生缩径和垮塌现象。

在钻进过程中，气体检测仪和随钻录井检测到多次煤层气含量异常情况，施工人员在收到报警信息后，及时采取措施，可燃气体浓度及时得到了控制，没有发生煤层气燃爆事故。整个龙潭组钻进过程中，钻井安全得到了有效保障。

3.2 煤与煤层气勘探效果

通过随钻录井和岩屑录井，初步探明了该处龙潭组煤层的分布和煤层气含量。通过分析，共发现了 1m 以上的煤层 7 处（表 3），全烃百分含量超过 20%的地层 10 余处（图 2；表 4）。由于随钻录井仪出现故障，570m 以浅未得到有效气测数据。

对比表3和表4，可以看出，岩屑录井与全烃高含量地层统计基本对应，但略有差异，说明岩屑录井与气测录井对研究煤与煤层气分布情况具有极大的参考价值。如何结合岩屑录井与气测录井更精确地确定煤与煤层气分布与储量，需要更进一步的研究。

表3 煤层位置及厚度

序号	1	2	3	4	5	6	7
位置/m	486～487	506～509	524～526	556～558	595～600	616～617	662～668
厚度/m	1	3	2	2	5	1	6

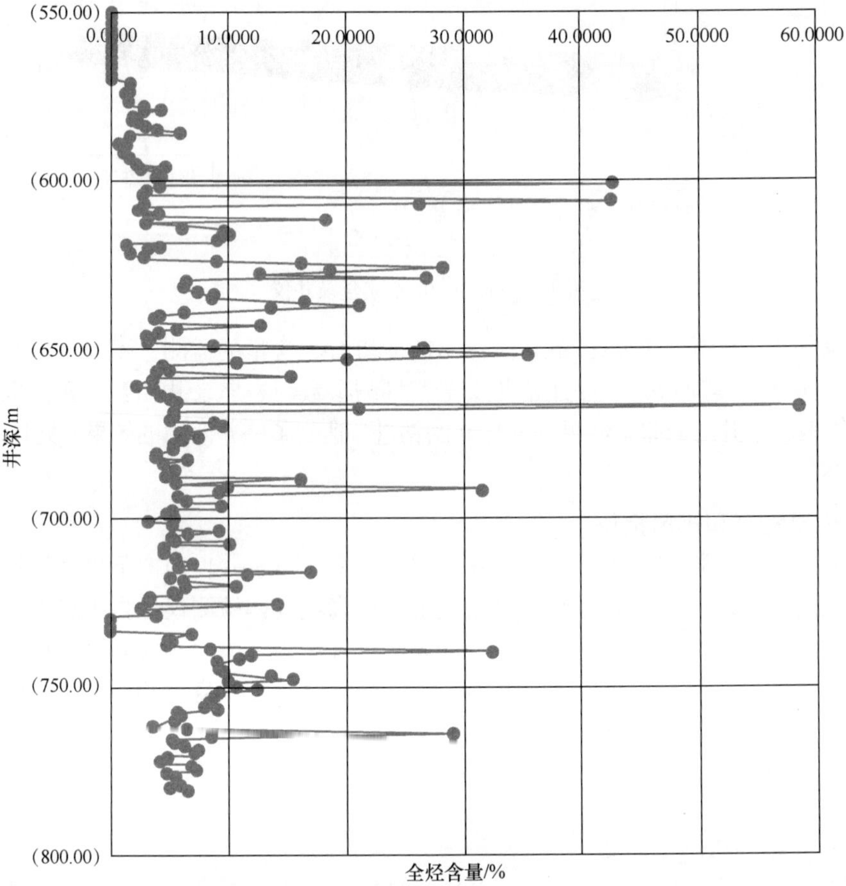

图2 全烃含量

表4 全烃高含量地层统计

序号	位置/m	厚度/m	序号	位置/m	厚度/m
1	600～601	1	6	649～653	4
2	605～607	2	7	666～668	2
3	625～626	1	8	691～692	1
4	628～629	1	9	739～740	1
5	635～638	3	10	763～764	1

4 结 论

贵州省六盘水地区龙潭组煤层多，厚度大，煤层气储量丰富，钻井风险大。在该地区施工地热井时，增加气测录井和地表可燃气体监测，及时排风，控制火源，可以有效避免燃爆事故的发生，同时可以了解钻井区域煤与煤层气的分布情况，起到地热钻井与煤和煤层气探井的一井两用作用，节省了煤层气勘探费用，具有极大推广价值。

从表 3 和表 4 可以看出，岩屑录井与全烃高含量地层统计基本对应，但略有出入。如何有效结合两种录井准确确定煤层分布和计算煤层气储量，需要进一步研究。

谢语

本次钻井所用综合录井仪由贵州省地质矿产勘查开发局 115 地质大队提供，张佳等人提供了现场技术服务，贵州省地质矿产勘查开发局 113 地质大队提供了地质资料，还有其他相关领导与同事对此次研究给予了关心与帮助。在此，对所有为此次研究做出贡献的人一并表示感谢。

参考文献

单元伟，庞涛. 2015. 全烃曲线在判别煤层气井煤厚中的应用. 27（2）：75～77，80.

黄勇. 2008. 煤层气录井技术在多工艺、新技术钻井条件下的应用. 中国煤炭地质，20（1）：65～69.

李传亮，彭朝阳，朱苏阳. 2013. 煤层气其实是吸附气. 岩性油气藏，25（2）：112～115，122.

李相方，蒲云超，孙长宇，等. 2014. 煤层气与页岩气吸附/解吸的理论再认识. 石油学报，35（6）：1113～1129.

孟艳军，汤达祯，许浩，等. 2014. 煤层气解吸阶段划分方法及其意义. 石油勘探与开发，41（5）：612～617.

王恩树，贾世亮. 1998. 煤层气录井方法的分析及应用. 录井技术，9（4）：61～66.

王彦龙. 1998. 论泥浆气测录井在煤层气开发中的作用. 煤田地质与勘探，26（7）：17～19.

吴月珍，陶宗普，张社民. 2001. 用钻井液录井方法计算煤层气含量. 录井技术，12（1）：19～23，28

川南大村区块煤层气钻井井型研究

李跃成[1,3]　赵文峰[1,4]　尹中山[2]

（1．四川省煤田地质工程勘察设计研究院　四川成都　610072；

2．四川省煤田地质局　四川成都　610072；

3．成都理工大学环境与土木工程学院　四川成都　610059；

4．成都理工大学地球科学学院　四川成都　610059）

摘　要：根据不同开发方式的技术、工艺要求，从地质、储层、地形和投资等方面研究了主要开发方式的适应性。结合大村区块的特殊地形地貌特点和煤层地质情况，从地形地质条件、技术工艺、经济效益分析等方面作研究对比，以及对国内煤层气有关数据的分析对比，初步形成一套基于国内现有装备和技术条件、适合大村区块煤层气开发的合适井型。该研究成果对加快大村区块的煤层气开发具有现实的指导意义。

关键词：煤层气　井型选择

The research of CBM drilling in Dacun block of south Sichuan

Li Yuecheng[1,3]　Zhao Wenfeng[1,4]　Yin Zhongshan[2]

（1. Sichuan Institute of Coal Field Geological Engineering Exploration and Designing,Chengdu, Sichuan 610072, China；

2. Sichuan Bureau of Coal Gelolgical, Chengdu, Sichuan 610072, China；

3. College of Environment and Civil Enginteering, Chengdu University of Technology, Chengdu, Sichuan 610059, China

4. College of Earth Sciences,Chengdu University of Technology,Chengdu, Sichuan 610059,China）

Abstract: According to the different development mode of technology, technological requirements, from geology, reservoir, terrain and investment aspects of the main development mode of adaptability. Combined with the Dacun block special topography characteristic and coal

---

作者简介：李跃成，男，1984 年生，汉族，山东潍坊人，工程师，在职研究生，主要从事煤层气钻井工程方面工作。电话：15928990326，E-mail：skybird1984@126.com。

seam geological conditions, the topography and geology conditions, technology, economic benefit analysis as well as comparative study, as well as domestic CBM related data analysis and comparison, the initial formation of a set based on the existing domestic equipment and technical conditions, the development of appropriate types of CBM block village. The research results have practical guiding significance to accelerate the development of CBM Dacun block.

Keywords: CBM; well type selection

大村区块煤炭资源/储量大，煤层气资源丰富，是川内煤炭、煤层气富集的主要地区之一。研究并选择适合大村区块煤层气钻井方式，对大村煤层气的勘探开发有重要意义。

1 大村区块钻井地质条件

1.1 基本地质情况

大村区块位于二郎坝向斜北西翼，地层呈总体北东-南西向的波动变化，倾向总体为南东，倾角一般在20°～33°。钻井揭露和地球物理测井均未发现地层的重复与缺失。地层自上而下为：第四系，三叠系嘉陵江组、飞仙关组，上二叠统长兴组及龙潭组，下二叠统茅口组，沉积连续，层序正常。龙潭组含煤地层厚65.60～118.05m，平均82.49m，岩性为浅灰、灰、深灰、灰黑色薄至中厚层状泥岩、砂质泥岩、泥质粉砂岩、粉砂岩、细砂岩和煤、炭质泥岩等互层组成。底部与茅口组灰岩呈假整合接触，顶部与长兴组整合接触，含煤地层内为连续沉积，系海陆交替相含煤建造。

区块内地层含煤性较好，煤层层数多，主要煤层厚度较稳定，煤层夹矸多为0～3层，属简单结构。区内共含煤20余层，可对比的有9层，由上而下编号为C11、C13、C14、C16、C17、C21、C23、C24、C25。可采煤层7层，编号为C13、C14、C16、C17、C23、C24、C25。煤层总厚（包括各种厚度的纯煤，不含夹矸）4.35～19.76m，平均总厚10.99m，煤层厚度占含煤地层总厚6.35%～21.47%，平均13.42%。

勘探区内煤层厚度虽有变化，但规律性比较明显，煤层结构为简单至中等，均为3号无烟煤。故区内主要煤层的稳定程度属较稳定型。

1.2 勘探开发情况

《四川省古蔺县川南煤田古叙矿区石屏-大村井田煤层气勘查探矿权》隶属于四川省煤田地质工程勘察设计研究院，到目前为止，川南煤田古叙矿区大村区块已进行了大量的煤层气勘查评价、试验试采工作。

（1）先导试验阶段（2008～2012年）

2007～2009年在本区施工了三口煤层气先导性试验井（含参数井），钻探、测试、测井、煤样解吸成果显示本区煤储层参数较好，过射孔、活性水大排量段塞式加砂分层压裂作业，施工成功，完成了设计加砂量，抽采获得最高日产气超过1600m^{3}的重大突破，开创了四川省煤层气地面采气成功的先河。

2011年，开展了《川南煤田大村矿段高煤阶储层低伤害高效清洁压裂液改造研究》课题，及时制定技术路线图、开展了调研和部分试验工作。

（2）煤及煤层气综合勘查阶段（2013～2014年）

在大村煤炭、煤层气综合勘查工作中部署煤炭钻孔68个，煤层气参数井9口，查明了区块内煤炭资源状况、煤层气储层特征及煤层气赋存规律、开发需要的主要参数，预算了煤层气资源量，优选出了煤层气勘探靶区，为下一步扩大试验提供了工作依据。

（3）扩大试验阶段（2015 年至今）

在先导性试验井组基础之上，按《煤层气资源/储量规范》（DZ/T 0216—2010）要求井距，布置了两口煤层气试验井，探获大村区块西翼探明储量，为扩大试验、区块煤层气规模开发作准备。两口井于 2015 年 12 月完成压裂改造，受地质条件钻井工程等因素限制，两口井产气效果较差。

1.3 煤层气钻井情况

（1）钻井工艺

从大村区块煤田勘探所得的地质数据来看本区地质情况复杂程度中等，目的层的埋深普遍较浅，因此前期 5 口生产试验井采用了常规直井钻井方式。

（2）完井技术

大村区块已施工的生产试验井采用了套管射孔完井的方法进行完井，该完井方式能够准确地获取地质资料及控制井下状况。目前，这种完井方式依然是国内煤层气勘探开发的主要完井方式。

（3）煤储层保护技术

收集分析大村区块已施工煤田勘探钻孔资料，总结煤层钻井中的施工经验，在前期煤层气生产试验井钻井施工中使用了两种钻井液方案：在二开钻进至煤系地层以前，采用低固相钻井液以确保施工顺利，进入煤系前进行了洗井作业；煤系地层施工过程中使用了无固相钻井液钻进。使用这两套钻井液方案，有效地抑制了上部地层复杂情况的发生，减少了钻井液对煤储层的污染。

2 煤层气钻井井型适应性对比

结合煤层气各种钻井井型的适应条件，从地形、地质条件、单井产量、技术条件、投资成本等方面分析总结了各自的适应条件，结果见表 1。

表 1 煤层气井型的适应条件对比

条件		地面垂直井	定向井	L 型井	U 型井	水平井
地形条件		地形平整	要求低	要求较低	地面平整	要求较低
占地面积		大	小	较小	大	较小
地质条件	构造	复杂～简单	复杂～简单	较简单	简单	较简单
	煤阶	低～高煤阶	低～高煤阶	低～高煤阶	低～高煤阶	低～高煤阶
	煤硬度	软～较硬	软～较硬	软～较硬	软～较硬	软～较硬
	含气量	低～高	低～高	低～高	低～高	低～高
	目的煤层数	1～3	1～3	1	1	1
	目的煤层厚度	＞1m	＞1m	＞5m	＞5m	＞5m
	发育状况	较稳定～稳定	较稳定	稳定	稳定	稳定
	埋藏深度	300～1000	>400	400～800	400～800	400～800
	渗透性	＞0.1mD	＞0.1mD	＞1mD	＞1mD	＞1mD
	水文条件	简单～较复杂	简单～较复杂	简单～较复杂	简单～较复杂	简单
单井产量		低	较低	较高	高	高
技术条件		成熟	成熟	较成熟	较成熟	较成熟
工艺		简单	较复杂	复杂	复杂	复杂
钻井投资成本		低	低～较高	较高	高	高

3　大村区块井型选择

3.1　大村区块井型条件适应性对比

本区块属四川盆地南缘的低中山侵蚀、剥蚀、溶蚀构造地貌类型，地形条件复杂，有利于地面煤层气开发的有效面积较小，属于多煤层地区，可开发煤层数较多。对照不同开发方式的适应条件，综合考虑煤层发育状况、埋深、煤体结构、煤层厚度、含气量、水文地质条件等方面情况，以优选出的有利区地质条件为背景，将各井型适应性条件做出对比，优选出合适井型。见表2。

（1）地质构造

大村区块地质构造较为复杂，影响煤层的断层较多，地质构造属于较复杂型，L型井、U型井、水平井等井型相对不适合在大村区块使用。

（2）目的煤层特征

大村区块煤层气勘探开发主要目的层位C17、C23、C25，属于多煤层开发地区，L型井、U型井、水平井等井型属于单煤层开发井型，就大村区块而言，仅开发单煤层对产气量的提高影响不大。

表2　大村区块井型条件适应性对比

条件	区块情况	直井	定向井	L型井	U型井	水平井
地形条件	较复杂	×	√	√	√	√
煤阶	高阶煤	√	√	√	√	√
煤硬度	软—较硬	√	√	×	×	×
含气量	低—高	√	√	√	√	√
构造条件	复杂	√	√	×	×	×
目的煤层数	大于3层	1～3	1～3	1	1	1
目的煤层厚度	1～2m	√	√	×	×	×
发育状况	不稳定	√	√	×	×	×
埋藏深度	<1000m	√	√	√	√	√
渗透性	<0.5mD	√	√	×	×	×
水文地质条件	较复杂	√	√	√	√	×

从井型对比条件看，直井、定向井相对符合本区地质地形条件，适用于本区煤层气勘探开发。

3.2　技术工艺

因大村区块煤层薄，非均质性强，施工L型井、U型井、水平井很难保证煤层钻遇率，一次着陆的可能性小，钻穿煤层底板后回调难度大，反复调整不利于储层保护，导致后续完井、测井、固井等难度加大。

因此，综合考虑地质条件及施工技术工艺，不宜采用水平井、U型井、L型井的开发方式。

3.3　经济效益分析

结合西南地区已施工煤层气各种井型情况，咨询相关施工单位，以有利区块地质条件为基础，以同一煤层埋深（800m）为标准对各种井型进行轨迹设计，根据井深估算出不同井型施工费用，见表3。

表3　煤层气井费用预算

单位：万元

井型	钻井费用	录井	测井	固井	管材及入井设备	压裂改造	排采	合计费用
直　井	56	10	10	10	35	100	30	251
定向井	72	10	10	10	40	120	30	292
L型井	200	10	10	12	45	180	30	487
水平井	350	20	20	15	50	300	30	785

从表3可以看出，直井和定向井的施工费用远低于L型井、水平井，从经济合理的角度出发，考虑直井和定向井作为大村煤层气勘探开发的井型。

就直井和定向井而言，由国内成功煤层气勘探开发试验可知，丛式井组的钻前工程费用及动复原费用远低于几口单直井费用。另外，每个丛式井组的井数越多，占地越少，对保护植被、环境越有利，这样可以节约用在环保方面的间接成本。目前丛式井技术已非常成熟，开发工艺也变得简单，大规模开发的工程费用也比以前下降了许多。丛式井定向钻进成本较垂直井略高，但综合各项成本，采用丛式井开发方式更具经济性。

4　结　论

综上，丛式井施工技术相对L型井、水平井、U型井更加成熟，考虑到大村区块煤层非均质性较强，地下构造复杂，煤体结构变化大，部分地质条件未查明，特殊井型产量不确定性较大，且目的煤层较多，目前开发应以丛式井为首选井型。在资金条件允许的情况下，可以考虑L型井、水平井开发试验。

参考文献

孟尚志，王竹平，鄢捷年．2007．钻井完井过程中煤层气储层伤害机理分析与控制措施[J]．中国煤层气地质，4（1）：34～36.

秦建强，刘小康．2008．煤层气钻井中煤储层的保护措施[J]．中国煤炭地质，20（3）：67～68.

张培河，张明山．2010．煤层气不同开发方式的应用现状及适应条件分析[J]．煤田地质与勘探，38（2）：9～13.

尹中山，胡勋茂．2010．四川煤层气井施工的问题与对策[J]．探矿工程，37（2）：4～8.

任建华，张亮，任韶然，等．2015．柳林煤层气区块不同井型产能分析研究[J]．煤炭学报，40（S1）：158～163.

刘磊，万志杰，乔康，等．2016．川南石宝矿段煤层气开发方式研究[J]．中国煤层气，（1）：39～41.

毛志新，谢相军，汤建江．2016．白杨河矿区煤层气丛式井钻井难点及对策研究[J]．探矿工程，43（12）：37～40.

彬长矿区煤层气水平井钻完井关键技术

刘小康

（陕西省一九四煤田地质有限公司　陕西铜川　727000）

摘　要：彬长矿区在煤层气资源开发中，采用水平井技术开发煤层气取得了良好的效果，目前已完成多个煤层气水平井组，积累了较多的水平井施工经验，基本形成了适应矿区地质地层特点和满足煤层气资源开发需要的水平井钻完井关键技术。笔者结合该矿区实际情况，从水平井优势、井身结构设计、设备选型、掏穴和连通、井眼轨迹控制和地质导向、煤层保护等方面对水平井施工过程中的钻完井关键技术进行了分析和总结，对该矿区今后煤层气水平井的施工具有一定的借鉴和指导意义。

关键词：煤层气水平井　井身结构　井眼轨迹　地质导向　煤层保护

The Binchang mining area coal bed was mad the horizontal well drills the well completion key technologies

Liu Xiaokang

(Shaanxi Province 194 Coal Field Geology Limited Company,Tongchuan, Shaanxi 727000,China)①

Abstract: The Binchang mining area in the coal bed was mad in the resources development, used the horizontal well technology development coal bed gas to obtain the good effect, at present has completed many coal beds to be mad the horizontal well group, accumulated many horizontal wells to construct the experience, formed basically adapted the mining area geology stratum characteristic and satisfies the coal bed to be mad the resources development needed the horizontal well drilled the well completion key technologies.The author knot shoulded the mining area actual situation, from the horizontal well superiority, the well bore structural design, the equipment shaping, to pull out aspects and so on cavern and connect, bore hole trajectory control and geological guidance, coal bed protection drills the well completion key technologies to the horizontal well construction process in to carry on the analysis and the summary, to this

---

作者简介：刘小康，男，汉族，1969年生，现任陕西省一九四煤田地质有限公司副总经理，高级工程师，探矿工程专业，长期从事地质钻探技术研究和管理工作，陕西省铜川市延安路82号，E-mail.703390066@qq.com。

mining area next coal bed was mad the horizontal well the construction had certain model and the guiding sense.

Keywords: the coal bed is mad the horizontal well; well bore structure; bore hole path; geological guidance; coal bed protection

彬长矿区自 2009 年开始，在大佛寺煤矿、小庄煤矿和胡家河煤矿相继进行了煤层气地面开发试验工作。截至目前，累计完成各类煤层气井 53 组 70 口，其中水平井 11 组。从产气效果看，水平井普遍较好，其中 DFS-C02 井最高产气量超过 30000m^3/d。彬长矿区已积累了较多的水平井施工经验，基本形成了适合彬长矿区的水平井开发技术，对钻井和完井过程中的关键技术进行研究，将能更好地指导矿区后续的煤层气勘探开发。

1　水平井开发矿区煤层气的优势

彬长矿区煤层气开发具有自身的特点，从目前勘探开发试验的结果来看，水平井比直井、定向井的优势更加明显，是更适合矿区煤层气开发的方式。

1）彬长矿区属典型的黄土坮塬区，区内塬面窄小、破碎，冲沟及黄土崖发育，地形复杂，彬长矿区地形地貌见图 1。与直井相比，水平井除控制面积大、不遗留钢套管等固有的优势外，更明显的优势是可以覆盖直井所不能控制的沟、谷、梁和陡坡等地区，提高区块的有效利用率。

图 1　彬长矿区地形地貌实拍图

2）区内较开阔的塬面多为耕地和果园，还散布有诸多村镇，选择水平井可以节省大量的青苗赔偿、修路、搬迁等钻前费用，还可以大大减少与当地民众的纠纷和摩擦。

3）区内水源较为稀缺，已有的水源点主要用于保障塬上居民的生活用水，选择直井进行开发，压裂时需要大量的生产用水，而选择水平井，虽然钻井期间需要的生产用水较多，但总体而言可节约生产用水 50%～80%。

4）区内煤层气赋存条件最好的通常在矿井先期开采区附近，属矿井近年产能接续范围内，选择水平井有利于快速降低煤矿产能接续区瓦斯水平，保障矿井生产安全。

5）彬长矿区煤层属低变质的不粘煤和长焰煤，从钻井取芯、矿井井下取样的观察和测试结果看，煤体结构主要为原生或碎裂结构煤，硬度高，不易坍塌掉块，成孔条件好。

实测渗透率 0.11～6.84mD，大部分在 3mD 左右，有利于水平井开发。

2 水平井钻完井关键技术

2.1 井身结构设计

煤层气水平井通常由一口生产直井与一口以上的水平工程井组合而成。生产直井采用二开井身结构，水平工程井采用三开井身结构。

一开井身结构两井基本相同，均采用 *Φ*311.1mm 钻头开孔，钻穿表层黄土层进入稳定基岩 20m 后完钻，下入 *Φ*244.5mm×8.94mm 表套后固井，固井水泥返至地面。

二开井身结构两井均采用 *Φ*215.9mm 钻头开钻，生产直井钻穿 4#煤层留 40m 口袋完钻，水平工程井钻进至着陆点完钻，均下入 *Φ*177.8mm×8.05mm 套管后固井，固井水泥返至 4#煤层以上 150m。水平工程井井身结构设计要把握好两个点，一个是造斜点，造斜点的选择不可以太高，尽量避开洛河组砂岩层，在洛河底部开始造斜；另一个是着陆点，着陆点的选择最好在 4#煤层顶板以上 1m 左右，不要揭露 4#煤层。

水平工程井三开采用 *Φ*152.4mm 钻头钻进，根据井型及钻井实际情况，选择裸眼完井或者筛管完井。水平工程井与生产直井连通点应尽量选择在洞穴上部，连通后尽量保持井眼在 4#煤层中上部穿行。

以多分支水平井为例，其井身结构示意图如图 2 所示。

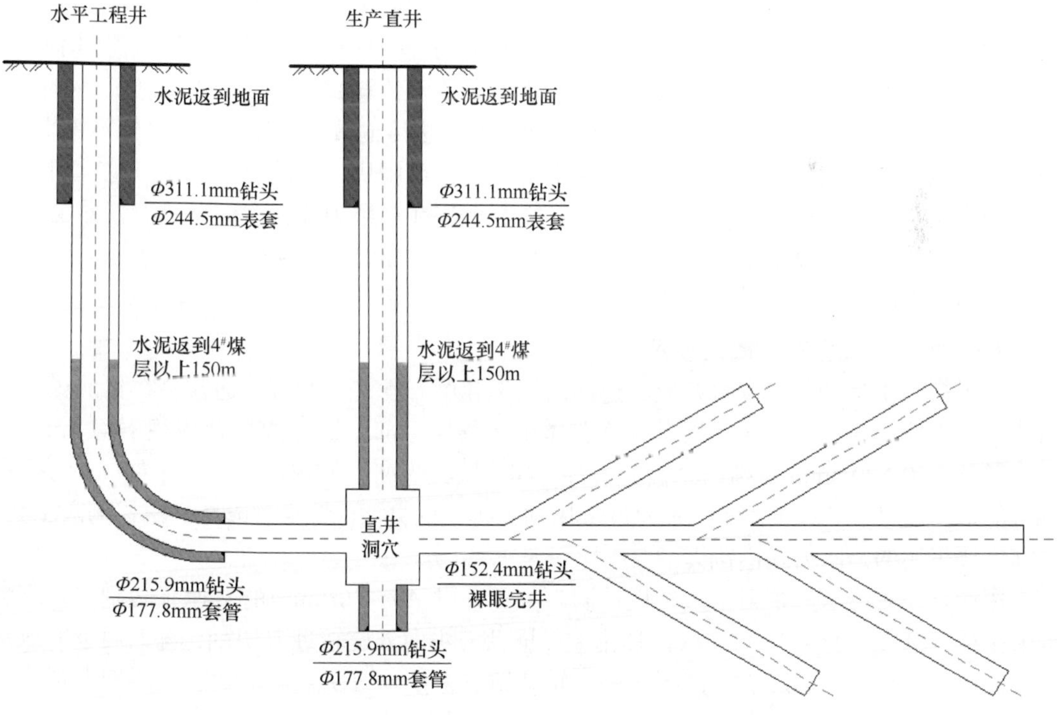

图 2 彬长矿区煤层气多分支水平井井身结构示意图

2.2 施工设备的选择

煤层气水平井施工设备的选择主要涉及两个方面，一个是钻机设备的选择，另一个是定向设备的选择。

(1) 钻机的选择

与岩石相比，煤层机械强度低，裂缝和割理发育，均质性差，钻井揭露煤层后，煤层受钻井液浸泡和钻具的机械扰动，极易发生井壁坍塌、井漏、卡钻甚至埋掉井眼等井下事故。对水平井而言，由于井眼轨迹基本在煤层中穿行，大大增加了煤层暴露的面积和径向长度，导致发生井下事故的概率大大增加。因此，煤层气水平井对钻井设备的选型十分关键。

从实际使用经验看，采用雪姆 T200XD 和改装后带顶驱的 ZJ20 钻机能很好地适应矿区的煤层气水平井钻进。彬长矿区煤层气有利区的煤层埋深多为 500～800m，T200XD 和 ZJ20 钻机三开采用 Φ89mm 钻杆，可以满足水平段钻进 1000～1500m 需要。雪姆 T200XD 自带顶驱，ZJ20 钻机可以悬挂独立顶驱，大大提高了钻机的事故处理能力，也加大了水平井钻进长度，有效提高水平井控制面积。还能够大大降低钻进时间，提高煤层段钻进安全性，从彬长矿区实际施工情况看，水平井揭露煤层后，水平段钻进时间不能超过一个月，超过一个月，煤层开始垮塌、掉块，井下事故发生的概率将大大增加。

(2) 定向仪器的选择

目前，水平井定向仪器基本都是选用无线随钻仪，选择有两种，一种是泥浆脉冲无线随钻仪，一种是电磁波无线随钻仪。对彬长矿区煤层气水平井而言，电磁波无线随钻仪更适合钻井实际。一是由于彬长矿区煤层裂缝性发育，同时还存在诸多小断层，钻进过程中，经常性发生中等规模以上漏失。如 DFS-C02H 井钻井过程中，全井消耗水量超过 7500 m^3，泥浆脉冲仪器在地层发生漏失时，数据的传输和解码会受到影响，而电磁波仪器则不受此影响，即使在地层漏失、井口失返的情况，也可以正常传输数据；二是矿区施工多分支水平井通常采用充气欠平衡钻井技术，泥浆脉冲仪器无法传输数据，而电磁波仪器不受影响。三是电磁波仪器传输速度快，对煤层钻进而言，钻进速度快，传输速度越快，越有利于地质导向人员根据解析的数据判定钻头位置，控制轨迹在煤层中穿行。但电磁波仪器也有一个缺点，易受井场电器设备的影响，尤其是悬挂电动顶驱时，电磁波仪器的接收天线应尽量避开顶驱的电力传输电缆。

2.3 水平井配套直井掏穴技术

为了提高水平井与生产直井成功连通的概率和可靠性，生产直井通常会在目的煤层进行掏洞穴作业。在彬长矿区，洞穴位置选择在 4#煤层上部，从 4#煤层顶板往下掏 4m，洞穴直径不小于 500mm。玻璃钢套管下入时，其上接箍应高于 4#煤层顶板 1m 左右。为确保洞穴的形状规则和穴壁的稳定，不允许采用动力扩穴的办法，而要求选择机械式掏穴工具，目前主要采用的是水力式内割刀。

作业时，先将水力割刀下入到设计洞穴位置，以 40～50r/min 的转速正转割刀，逐渐加大排量，使喷嘴产生 1～2MPa 的压力差，推动刀头向外旋转进刀切割，自上而下完成掏洞穴作业。掏至设计高度后，停泵，停止转动钻具，使割刀恢复初始状态，缓慢上提将割刀起出井外。

割刀配备两级刀头，完全张开时切割直径分别为 300mm 和 500mm。作业时先用短刀头切割玻璃钢套管，之后用长刀头切割煤层，分级作业，确保洞穴直径不低于 500mm。为提高切割作业的效率，可以在刀头顶部焊接高强度合金片。割刀的位置应该避开玻璃钢套管与钢套管的接箍。

2.4 连接技术

煤层气水平井涉及两井连通的问题，但由于生产直井轨迹的漂移、裸眼洞穴直径的限制及随钻仪器测量精度的影响，两井连通存在一定困难，通常需要借助专门的连通仪器才能实现。目前，煤层气水平井连通仪器主要有 Vector Magnetics 公司的 RMRS 仪器和中国石油集团钻井工程技术研究院的 DRMTS 仪器，前者技术成熟、性能稳定，但服务费用高，后者专门针对煤层气水平井研发，服务费用相对较低，技术日趋成熟。

为确保两井顺利连通，生产直井完钻后应进行多点测量，水平工程井二开前复测两井井口坐标，并将两井坐标、高程、井眼轨迹数据统一在同一个测量系统下。进行连通作业时，水平工程井在钻头和螺杆之间接入强磁短节，通过旋转产生交变磁场，生产直井下入测量探管至洞穴位置，接收强磁短节发射的交变磁场。测量探管将接收的磁场信息通过电缆连接信号调解器，以有线或无线的形式传输给定向操作间的电脑主机，技术人员根据接受的信息判定强磁短节与测量探管的相对空间位置，然后下达指令给定向工程师，定向工程师结合随钻 MWD 测量数据与收到的指令，调整工具面、钻进参数和钻进方式，控制井眼轨迹契合最佳连通轨迹，直至连通。

2.5 井眼轨迹控制与地质导向技术

2.5.1 造斜段轨迹控制

彬长矿区煤层气水平井二开造斜段钻遇地层主要为洛河组、宜君组、安定组、直罗组和延安组，岩性主要为泥岩、砂质泥岩、砂岩和煤层，地层可钻性等级均为 4～5 级，不存在极软、极硬和软硬互层，地层倾角平缓，多为 3°～5°，对井眼轨迹的控制较为有利。

造斜段钻具组合：Φ215.9mm 牙轮钻头+Φ165mm 螺杆（1.5°）+ Φ159mm 无磁钻铤+MWD 仪器+Φ159mm 钻铤+Φ127mm 钻杆。钻进参数：钻压 30～70 KN，复合钻进转速 30～50 r/min，排量 20～26 L/s，泵压 6～8MPa。

造斜段井眼轨迹要平滑，为下技术套管创造有利的井眼条件。要尽量靠近设计轨迹，最好走设计上线。严格控制井眼方位、井斜和垂深，方位控制在设计方位±1° 范围，井斜控制在设计井斜±1° 范围，垂深控制在设计垂深±0.5m 范围，水平位移可以适当放宽。通常以井斜 88°～89° 着陆，若分析煤层有抬升情况，应提前着陆，尽量避免揭露煤层。

2.5.2 水平段轨迹控制

水平段井眼基本在煤层中穿行，由于煤层具有弹性模量低、泊松比高、性脆、易压缩、不稳定等特点，水平段井眼轨迹控制比造斜段要困难得多。同时，由于煤层本身沉积厚度的变化，以及受构造影响空间形态多变，需要实时调整井眼轨迹以追踪煤层，也大大加大了轨迹控制的难度。

水平段钻具组合：Φ152.4mm PDC 钻头+Φ120mm 螺杆（1.25°）+Φ120mm 无磁钻铤+MWD 仪器+Φ89mm 加重钻杆+Φ89mm 钻杆。钻井参数：钻压 15～20KN，复合钻进转速 20～30r/min，排量 14～16L/s，泵压 5～7MPa。

水平段钻进过程中，应加强录井、MWD 的监测，根据地质导向分析结果，及时调整工具面、钻进参数及钻进方式，尽可能地保持井眼在煤层中上部穿行。应实现连续钻进连续控制，提高井眼轨迹控制的精度，确保井眼轨迹平滑，避免井眼轨迹出现较大的曲率波动。水平段钻进应尽量避免大幅度变动下部钻具组合结构、尺寸和钻进参数。控制机械钻速，复合钻进 20～25m/h，滑动钻进 10～15m/h，防止钻速过快出现小台阶现象，每钻完一柱钻具进行倒划眼，每 300～500m 短起下钻具一次。

对多分支水平井而言，除主水平井眼的钻进外，还涉及分支井眼的钻进。分支井眼的钻进有两个关键点，一是侧钻点的选择，二是侧钻的方法。多分支水平井主井眼通常沿煤层上倾方向钻进，分支侧钻点应选择在井斜稳定变化且>90°井段，或是井眼轨迹的“凹”点，同时要注意避开断层、漏失点、坍塌点。侧钻的方法一般采用定点悬空侧钻，侧钻时调整工具面至该分支方向的侧下方，降低泵量，严格控制机械钻速为 1～2 m / h，连续滑动钻进。侧钻过程中密切监测螺杆压差、钻井参数和测斜数据的变化，若发现螺杆压差增大、悬重减小、扭矩变大、井斜和方位明显变化等，则可判定已侧钻出分支井眼。侧钻成功后，分支井眼的钻进与主井眼类似，由主井眼末端往回方向按设计依次钻完各分支井眼后完钻。

2.5.3 地质导向技术

煤层气水平井通常要求煤层钻遇率达到 85%以上，地质导向技术正是实现这一目标的重要技术措施。它主要是通过获取近钻头地质、测井、钻井和井眼轨迹等多种井底信息，利用随钻地层解释与评价，精确引导和控制实际井眼穿过煤层并取得最佳位置。

在进行地质导向工作前，要进行资料的准备及分析。主要收集地层资料、构造资料、以往钻井资料、测井资料，通过对资料的分析研究，利用直井及邻井资料修正底板等高线图，并按照水平井轨迹设计方向，建立地质导向模型。彬长矿区已达到煤田精查级别，基础地质资料丰富，有利于地质导向工作的进行。

地质导向系统：导向工具为 Φ152.4mm PDC 钻头+Φ120mm 单弯螺杆（1.25°）；数据采集为 EM-MWD 无线随钻仪+综合录井仪；导向控制为 Compass 软件+AutoCAD 软件+卡奔软件。

导向参数选择：以往的经验表明，钻时、气测、岩屑、随钻伽马、扭矩等参数均可以作为判定钻头是否在煤层中穿行的依据。其中气测、岩屑、随钻伽马参数能客观反映钻遇地层物性特征，可作为首选参数。但在采用充气欠平衡钻进时，由于空气的注入，降低了气测参数的对比意义，因此首选参数主要是岩屑和随钻伽马，辅助参数为钻时和扭矩。随钻伽马最好采用高、低边伽马的探管，不建议采用平均伽马探管。另外，随钻仪器所测量的电信号值反映了近钻头处地层电阻率变化的趋势，可作为地层预判另一个十分重要的辅助参数。

彬长矿区 4$^{\#}$煤层直接顶板以泥岩为主，次为砂质泥岩，局部为砂岩，泥岩自然伽马值为 100～150API，砂质泥岩为 60～90API，砂岩为 30API 以下；4$^{\#}$煤层自然伽马值为 10～50API；夹矸主要为泥岩和炭质泥岩，自然伽马值较顶板泥岩稍低；底板主要为铝质泥岩，次为泥岩，自然伽马值为 120～170API。各层钻进时无特征电信号值，但变化规律明显，表现为煤层低，接近顶、底板时电信号值急剧升高。除通过高、低边伽马值变化规律区分顶板、4$^{\#}$煤层、底板界限以外，底板铝质泥岩遇水极易泥化，无法捞取岩屑并导致钻井液颜色发生改变，也是判定是否钻穿 4$^{\#}$煤底板的另一个重要特征。

2.6 煤层保护技术

由于煤层的吸附性强、机械强度低、应力敏感性强、裂隙发育，因此极易受到钻井液和钻井压力的损害。水平井揭露煤层后，随着井眼的延伸和钻进时间的延长，这种损害会变得越来越严重，必须采取有效的煤层保护措施。目前，彬长矿区采用的煤层保护技术主要是清水钻井液技术和充气欠平衡钻井技术。

（1）清水钻井液技术

目前，国内普遍采用清水作为水平段在煤层中钻进使用的钻井液，与传统的钻井液相比，清水钻井液能更好地保护煤储层，降低煤层伤害，提高煤层气井产气量。但同时，纯粹以清水作为钻井液也存在一些问题，首先是清水的携带岩屑能力和井底净化效果不如传统钻井液，其次是抑制和防塌性能不足导致煤层垮塌、埋钻等事故时有发生。针对彬长矿区，还有一个更为现实的问题，4#煤层顶板、底板和夹矸均以泥质岩为主，特别是底板铝质泥岩，遇水极易泥化膨胀。为提高清水钻井液在彬长矿区的使用效果，在实际钻进过程中，应结合地质导向分析和岩屑返出情况，适时加入一些处理剂（表 1）。

从彬长矿区大佛寺矿 7 口井使用效果看，水平段煤层钻进过程中，岩屑返出顺畅，未发生砂桥卡钻、井塌和埋钻等井下复杂事故。水平井排采后，产气迅速且效果良好，无不产气井，最高产气量超过 30000 m^3/d。

表 1　彬长矿区清水钻井液处理剂加量表

名称	加量	性能
CMC	0.2%～0.5%	降滤失、增黏
80A-51	0.3%～0.5%	增黏、絮凝、降滤失
FT-342	0.5%～1.0%	防塌、润滑

（2）欠平衡钻井技术

彬长矿区目前有 5 口多分支水平井采用了充气欠平衡钻井技术，采用充气欠平衡的优点是允许高压作业、可以使用清水钻井液、对煤层无污染。

施工工艺：水平工程井与生产直井洞穴连通后，在生产直井洞穴以上 3～5m 处下入注气管柱，并通过高压管线连接地面空压机+增压机组，水平工程井安装好井口装置。施工时，压缩空气经注气管柱注入洞穴，在洞穴中与煤屑、清水钻井液充分混合，形成气、液、固三相混合流沿水平工程井井眼高速上返，在井底形成 0.1～0.3MPa 的欠压值。返出的混合流体经水平工程井井口旋转防喷器侧出口接入液气分离器进行分离，钻井液及煤屑进入固控系统，气体从排空管线进行排空。

注气设备：充气欠平衡系统设备配备如表 2 所示。

表 2　彬长矿区充气欠平衡系统设备配备表

配备位置	名称	规格型号	技术参数	数量
水平工程井	旋转防喷器	FX35-10.5/21	静密封 21MPa、动密封 10.5MPa	1 套
	液气分离器	MGS1000	200～250m^3/h	1 套
生产直井	空压机	XRHS836	2.1MPa、22m^3/min	2 台
	增压机	SF-1.2/24-150	15MPa、30 m^3/min	2 台
	高压管汇	Φ50.8mm	35MPa	1 套
	井口	KY65-21	21MPa	1 套
	管柱（油管）	Φ73mm	50MPa	500～800m
	封隔器	7” RTTS	70MPa	1 套

研究表明，钻井液排量不变情况下，注气量越大，井底欠压程度越高；注气量不变情

况下，钻井液排量越大，井底欠压程度越低。因此，合理的钻井液排量和注气量是确保充气欠平衡钻进成功的关键。总结彬长矿区 5 口井的充气欠平衡钻进经验，适合本区的最佳钻井液排量为 14～16L/s，注气量为 22～26m^3/min，注气压力为 3.0～3.5MPa。同时施工中发现，通过将其中的一台空压机更换为压力和排量更大的英格索兰 XHP985（2.4MPa、28m^3/min），能更好地与 XRHS836 组合实现注气量梯级匹配，甚至于以一台 XHP985 配合增压机即可完成充气欠平衡钻进。

2.7 煤层堵漏技术

彬长矿区煤层裂隙发育，极易发生裂缝型漏失，同时矿井采掘资料表明，煤层中的小断层十分发育，更加剧了漏失的严重程度。从已施工水平井的煤层段钻进情况看，各级规模的漏失时有发生，严重时井口失返。DFS-C02 井为以常规工艺钻进的多分支水平井，仅三开煤层水平段就监测到发生井漏 39 次，其中井口失返 16 次，严重漏失 1 次，大漏 1 次，中漏 8 次，小漏 13 次。漏失量最大 438 m^3/d，最小 95 m^3/d，漏速最大 187.5 m^3/h，最小 11.82 m^3/h，总计漏失钻井液 6395.9 m^3，平均每天漏失 266.5 m^3。

对彬长矿区煤层段的漏失，采取的堵漏措施有两个：一个是采用充气欠平衡钻井技术，最大限度地减小井内压力，防止钻井液压漏地层；另一个是在清水钻井液中适量加入锯末和适量处理剂进行随钻堵漏，尤其是锯末对裂缝性漏失的堵漏效果较好，添加比例 5%～10%，配合 CMC、80A-51、FT-342 能起到很好的堵漏效果。多分支水平井采用充气欠平衡技术和随钻堵漏技术后，对漏失的控制明显好转，全井漏失量可降至 1500m^3 左右。

3 结论及建议

1）彬长矿区自然地理条件、煤储层赋存条件和矿井采掘实际，都表明采用水平井开发矿区煤层气资源具有独特的优势。

2）水平井井身结构设计关系到钻井施工的安全与经济效益，要根据矿区地层和煤层实际情况，选择合适的钻头尺寸和各开次完钻深度，水平工程井要特别注意造斜点、着陆点、连通点位置的选取。

3）水平井施工设备建议采用雪姆 T200XD 或可悬挂顶驱的 ZJ20 钻机，配合 EM-MWD 无线随钻仪。

4）生产直井的洞穴应从 4#煤层顶板以下掏 Φ500mm×4m，水平工程井与生产直井的连通选择在洞穴的中上部，采用国产 DRMTS 仪器配合 MWD 仪器可满足连通作业需求。

5）井眼轨迹控制和地质导向技术是确保水平井成功的关键，应优化钻具组合和钻井参数，加强综合录井、MWD 的监测，确保二开和三开井眼轨迹平滑，并确保煤层段井眼轨迹在煤层中上部穿行，提高煤层钻遇率。

6）采用清水钻井液技术和充气欠平衡钻井技术可以更好地保护煤储层，清水钻井液要根据实钻情况添加适量处理剂，采用充气欠平衡技术的最佳钻井液排量为 14～16L/s，注气量为 22～26m^3/min。加入适量锯末采用随钻堵漏工艺，配合欠平衡技术可以很好地控制彬长矿区的裂缝型漏失。

参考文献

陈晓华. 2013. 富县区块中浅层水平井优快钻井技术探讨[J]. 长江大学学报（自科版），（26）：89～91.

陈粤强，梁英英，杨文清. 2014. 地质导向技术在煤层气水平井中的应用——以柳林区块某多分支水平井为例[J]. 中国煤炭地质，（9）：57～60.

龚志敏，段乃中. 2006. 岚 M1-1 煤层气多分支水平井充气钻井技术[J]. 石油钻采工艺，28（1）：15～18.

胡向志，石继峰. 2011. 山西三交区块煤层气掏穴井钻井施工工艺[J]. 中国煤层气，8（3）：16～18.

刘大伟，王益山，虞海法，等. 2011. 煤层多分支水平井安全钻井技术[J]. 煤炭学报，36（12）.

刘志强，胡汉月，史兵言，等. 2011. 煤层气多分支水平井技术探讨[J]. 探矿工程，（6）：6～9.

罗开艳，李巨龙，王冲. 2011. 煤层气多分支水平井钻井技术研究[J]. 科技信息，（7）：I0364～I0365.

牟炯，和鹏飞，侯冠中，等. 2016. 浅部大位移超长水平段 I38H 井轨迹控制技术[J]. 探矿工程（岩土钻掘工程），43（2）：57～59.

牛洪波，陈建隆，隋小兵. 2012. 浅层大位移水平井钻井关键技术分析[J]. 天然气工业，（2）：71～74，119.

孙研. 2016. 龙 26-平 25 长水平段钻井技术[J]. 探矿工程（岩土钻掘工程），43（11）：41～44.

王兴. 2012. 陕西省煤层气[M]．西安：陕西科学技术出版社：132～136.

武程亮，商敬秋，陈剑垚，等. 2013. 两水平井“点对点”精确中靶对接施工技术[J]. 探矿工程（岩土钻掘工程），40（5）：4～7.

鲜保安，高德利，王一兵，等. 2005. 多分支水平井在煤层气开发中的应用机理分析[J]. 煤田地质与勘探，33（6）：34～37.

张才，袁魁，易铭. 2013. 欠平衡钻进技术在煤层气水平井施工中的应用[J]. 中国煤炭地质，（7）：62～64.

张绍雄，张媛. 2010. 煤层气开发的多分支水平井钻井技术[J]. 石油工业技术监督， 26（12）：56～58，66.

抽油杆导向器在解决杆管偏磨问题上的研究与应用

路万涛　杜　洋

（葫芦岛龙源采油配套设备有限公司　辽宁葫芦岛　125003）

（北京万隆基业能源技术服务有限公司　北京）

摘　要：由于定向井在造斜点以下存在不同程度的“狗腿角”现象（全角变化率），当抽油杆在井中旋转工作时，在“狗腿角”较为严重的部位其弯曲程度严重，摩阻及附加弯矩较大。为消除或降低“狗腿角”的影响，采取在井斜角和全角变化率较大的部位安装抽油杆导向器的措施。抽油杆导向器所起的作用是解决抽油杆连接后成为一根，在弯度较大即全角变化率较大处的弯扭组变问题，采用导向器后可以实现导向作用，将原来的弯扭变成只承受扭矩不承受弯矩，可以传递扭矩，不同的是在传递扭矩的同时又承受抽油杆自重，而且，空间较小。因此，设计抽油杆导向器主要考虑轴向上同时抗扭，而又可以在转动中实现导向作用将抽油杆连接起来的井下工具。

关键词：抽油杆　抽油杆导向器　螺杆泵

Abstract: Because of directional well in the oblique below there are varying degrees of “dog leg severity" phenomenon (rate of whole angle change), when the sucker rod in the rotating work well, in the “ dog leg severity” is more serious parts of the bending degree of serious friction and large additional moment. To eliminate or reduce the influence of “dog leg severity”, taken in the inclination angle change rate and large parts of the installation of sucker rod guide measures. The sucker rod guide role is to solve the sucker rod connection become one, in which a large camber angle change rate variable is larger torsion group, the guide can be achieved after the guiding role of the original bending into bear torque is not subjected to bending, can transfer torque, the difference is in at the same time the transfer torque of sucker rod under gravity, and less space. Therefore, the design of the sucker rod guide mainly considers the simultaneous axial torsion resistance, and the downhole tool which can realize the guiding function in the rotation and connect the sucker rod.

Keywords: sucker rod ;sucker rod guide; pump

路万涛，18911695830，E-mail：18911695830@139.com。

1 概述

抽油杆导向器是由葫芦岛龙源采油配套设备有限公司自主研制开发的专利产品（专利号：ZL200610134063.1），该装置结构简单，设计新颖独特，性能先进可靠，并具有多种复合功能（调偏、导向、转弯、防脱、拉扭及减磨等），易于推广使用。它连接在抽油杆上，根据不同的井况进行不同的应用，可建立抽油机井或螺杆泵井最佳运行状态。减少抽油杆断、脱、卡、弯事故，提高杆、管的使用寿命及油井的有效工作时间。通过现场试验与使用已取得良好的经济效益和社会效益。

1.1 抽油杆导向器的结构

抽油杆导向器主要由两端变扣接头、导向体、导向轴、定位体和球形铰连结构五个部分组成，各部件均为镦锻成型，可实现轴向 360° 旋转，并且可轴向 0° ～7° 摆动，起到导向作用。导向轴通过球形铰连结构联动定位体传递扭矩。

1.2 导向器结构形式

导向器结构形式如图 1 至图 4 所示。

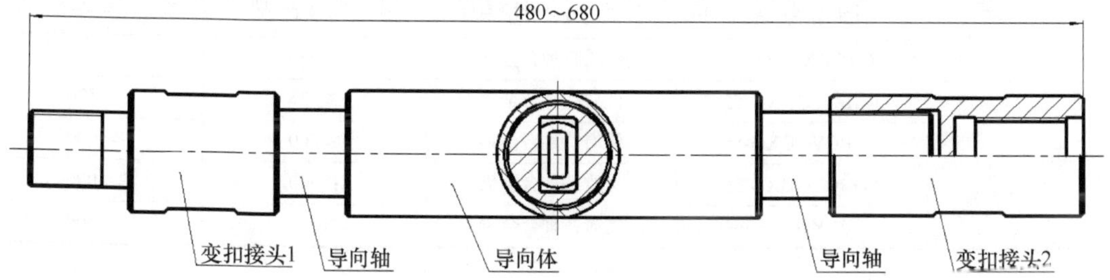

图 1　抽油杆导向器（螺杆泵井用）

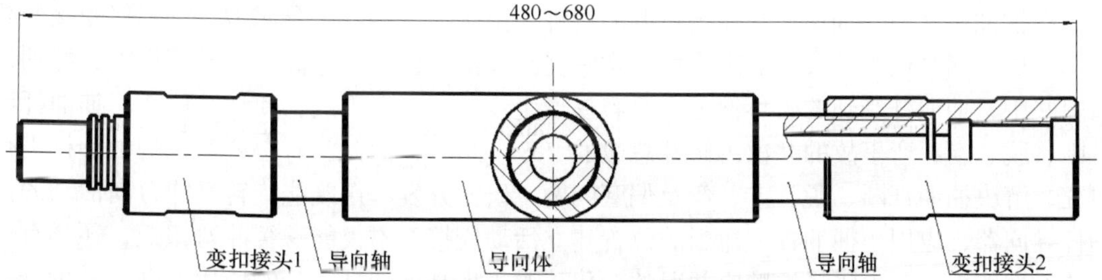

图 2　抽油杆空心导向器（抽油机井用）

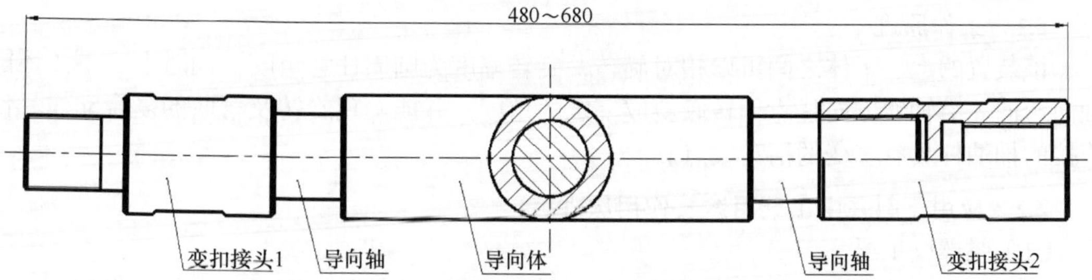

图 3　抽油杆导向器（抽油机井用）

图 4　抽油杆导向器串联照片

1.3　抽油杆导向器的规格和力学性能（表 1）

表 1　导向器规格及力学性能

用途	规格	材料	承载拉力/kN	承载扭矩/N · m
抽油机井用	CYGDXQ-52	优质特种合金钢	≥335	—
	CYGDXQ-56	优质特种合金钢	≥438	—
	CYGDXQ-58	优质特种合金钢	≥500	—
	CYGKXDXQ-62	优质特种合金钢	≥550	—
螺杆泵井用	LGBCYGDXQ-52	优质特种合金钢	≥335	≥2500
	LGBCYGDXQ-55	优质特种合金钢	≥500	≥4000
	LGBCYGDXQ-59	优质特种合金钢	≥500	≥4000
	LGBCYGDXQ-62	优质特种合金钢	≥550	≥4500

2　抽油杆导向器在抽油机井中的应用

在抽油机井中，抽油杆是相当重要的构件，由于工作条件十分恶劣，它不仅受交变载荷的作用，同时也受较大的磨阻作用，常常受到冲击、偏磨、弯曲、扭转等损害，特别是在斜井中，抽油杆受到的破坏性更大，容易产生疲劳断裂等事故，使油井停产。抽油杆产生断、脱、卡、弯事故的井次占修井总数的 70%～80%，因此，有必要对常规抽油杆进行研究，解决抽油杆断、脱、卡、弯及偏磨问题，研究开发应用既能旋转又能万向活动的抽油杆导向器，应用于抽油杆上适当的位置建立活动铰接，不仅能够缓冲弯扭矩，还具有一定的柔性作用，自由顺畅地顺应井况的变化，对于提高抽油杆、管的使用寿命，减少修井作业次数，提高泵效，节能降耗等具有十分重要的意义。

2.1　工作原理

该装置的上、下体之间可以相对旋转，旋转幅度为圆周任意角度；同时上、下体还能轴向弯曲，沿轴线方向任意偏转倾斜成一定的角度；并能实现旋转及弯曲的复合动作，使连接的抽油杆具有多变的活动铰点。

2.2　应用于斜井中工艺用途及作用原理

（1）脱螺纹工况

应用于抽油机井中，消除抽油杆上下往复运动产生的倒扣扭矩，起到防脱作用。

抽油机正常工作时，井下抽油杆柱上存在一个既不受拉也不受压的位置，称该位置为中和点。抽油杆柱上行时，中和点位置偏低；抽油杆柱下行时，中和点位置偏高，因此在抽油杆柱上存在一个中和段。处于中和段的抽油杆柱所受内力方向随杆柱的上下往复运动而交替改变，连接螺纹的接触面也交替改变，导致抽油杆与接箍在摩擦力较小的一端螺纹面向松扣方向滑动，产生一个倒扣力矩。同时，抽油杆柱在下行过程中，纵向螺纹弯曲也可能产生一个倒扣力矩。当这两个倒扣力矩大于抽油杆连接螺纹预紧力矩时，连接螺纹松动，开始脱扣。抽油杆脱扣问题在油井中普遍存在。有些油井因抽油杆脱扣而频繁作业，既影响原油生产，又消耗大量人力、物力、财力。据现场技术人员反映，由于目前的防脱扣装置强度达不到使用要求而很少采用，但现场确实需要一种结构简单、安全可靠的防脱装置，而抽油杆导向器采用优良设计，优化结构，除了具备其他功能外，也是一种比较理想的防脱装置（图 5）。

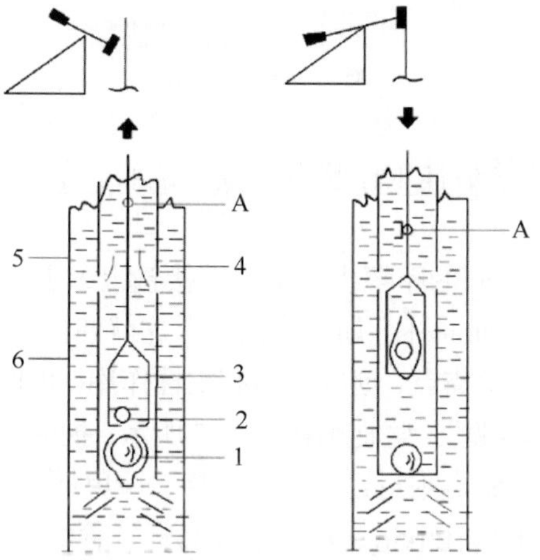

图 5　脱螺纹工况管柱

1—固定阀；2—游动阀；3—柱塞；4—油管；
5—套管；6—泵筒；A—抽油杆导向器

（2）液击工况

应用于抽油机井中，防止液击现象造成的井下事故。

在有杆泵采油过程中，如果油井供液能力小于深井泵的排量，就会造成泵抽空和液击。液击在抽油杆上产生附加的应力是造成井下事故的主要原因之一。上冲程时，井液不能充满泵筒，在游动阀下面流有气穴，这样，转为下冲程时游动阀不能立即打开。而在打开的瞬间，油管中的液柱重量，从抽油杆柱转移到油管上，这个瞬间的负荷转移发生时；柱塞已经以相当大的速度在运动，并且由于突然而激烈的负荷降低，使抽油杆柱实际上受到压缩并弯曲，这种弯曲造成抽油杆外部纤维断裂，形成微小的横向裂纹。重复的弯曲就会发生疲劳折断。在柱塞接触液面这种瞬时的负荷转移叫作“液击”，传到地面的冲击声就像在井底敲泵一样，液击不仅破坏抽油杆，也使油管经受突然拉伸或膨胀，引起接头松动与漏失。液击还会在抽油机的曲柄销、轴承和齿轮上附加一个负扭矩或齿隙游移，导致设备的过早损坏。管柱结构如图 6 所示，抽油杆导向器连接在活塞上边的抽油杆上。可缓解弯矩的强烈冲击，防止液击现象造成的井下事故及对地面设备的损害。

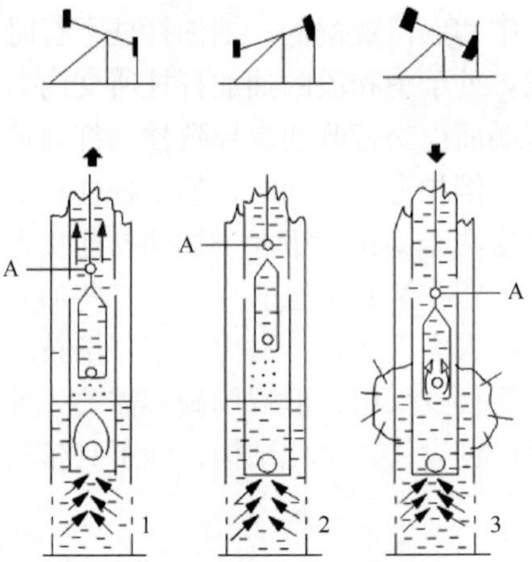

图 6 液击井工况管柱

A—抽油杆导向器图

（3）大斜度井工况

应用于斜井中，建立杆管最佳工作状态，减少偏磨，降低悬负荷，节约电机耗电，也利于提高杆管的使用寿命。

在斜井中抽油杆与油管之间的摩擦主要集中在接箍上，上冲程时，载荷最大，加剧了接箍和油管之间的磨损，往往在抽油杆上加装扶正器，这就使抽油机载荷增加 20%以上，而应用抽油杆万向导向器，建立活动支点，使杆柱具有柔性作用，可使杆柱与油管壁之间的摩擦与磨损减轻，因此总的耗能大大减少。管柱结构如图 7 所示，抽油杆导向器连接在大斜度井拐点附近。可使运行的抽油杆上造斜点附近建立活动铰接，避免杆、管强行偏磨，减少摩阻，从而降低抽油机悬点负荷，节约电机耗电量，也利于提高杆、管的使用寿命，延长油井免修期。

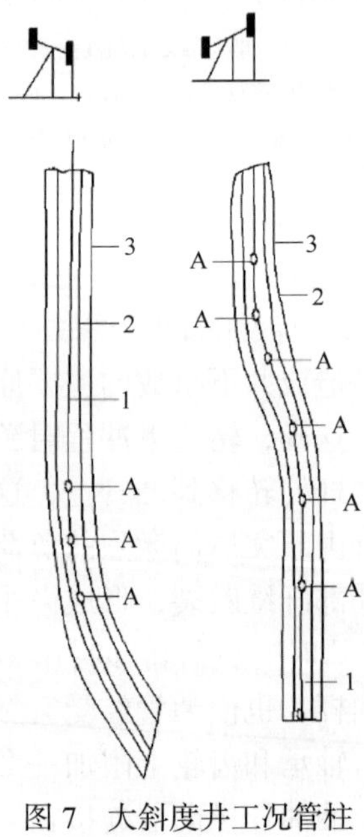

图 7 大斜度井工况管柱

1—抽油杆；2—油管；3—套管

A—抽油杆导向器

（4）螺旋弯曲油管

管柱结构如图 8 所示，抽油杆导向器连接在螺旋弯曲点处，形成活动铰接的杆柱。可在井下螺旋弯曲的油管内，能够随机顺畅地进行，建立油井最佳抽油状态，实现超冲程运行，提高泵效。

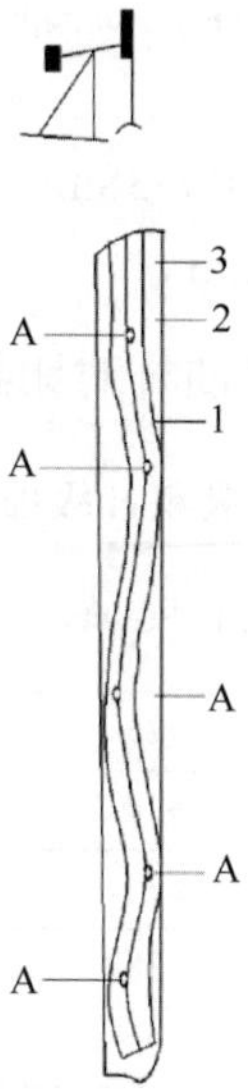

图 8　螺纹弯曲工况管柱

1—抽油杆；2—油管；3—套管

A—抽油杆导向器

2.3　抽油杆导向器下井注意事项

抽油杆导向器现场下井要求深度必须相对准确（抽油杆丈量一定要精准）最大误差不能超过 3m，同时要求要上扣到位，避免脱扣造成返工。

3　抽油杆导向器在螺杆泵井中的应用

3.1　螺杆泵井应用抽油杆导向器的必要性

由于定向井在造斜点以下存在不同程度的“狗腿度”现象（全角变化率），当抽油杆在井中旋转工作时，在“狗腿度”较严重的部位其弯曲程度严重，摩阻及附加弯矩较大，造斜点处偏磨较严重，侧向位移已经远远超过了杆柱与油管之间的间隙，穿透了油管，因此，为消除或降低“狗腿度”的影响，采取在井斜角和全角变化率较大的部位安装抽油杆导向器的措施。抽油杆导向器所起的作用是解决抽油杆连接后成为一根，在弯度较大即全角变化率较大处的弯扭组变问题，采用抽油杆导向器后可以实现导向作用，将原来的弯矩变成只承受扭矩不承受弯矩，因此利用抽油杆导向器可以降低摩阻并减轻附加弯矩的影响。这种抽油杆导向器类似于汽车的传动轴当中的万向轴可以传递扭矩，不同的是在传递扭矩的同时又承受抽油杆自重，而且，空间较小，并且需要承受交变负荷及每年近亿次的疲劳运动，因此在设计过程中要结合现场井况，主要考虑轴向上抗拉，横向上同时抗扭，而又可以在转动中实现导向作用，将抽油杆柔性连接起来的井下工具消除应力集中点，提高各受力部件的机械性能。

3.2 抽油杆导向器与抽油杆的匹配原则

在实际应用过程中，导向器的强度要大于抽油杆杆体强度，根据井况不同选配不同规格的导向器。

以 GLB300 型以下螺杆泵为例：采用 ϕ25mm D 级抽油杆，需匹配 ϕ55、ϕ59、ϕ62 规格导向器；ϕ25mm 抽油杆匹配导向器的中心轴直径 ϕ36mm，中心轴材料为全部采用特种优质合金钢。

以 GLB500 型以上螺杆泵为例：采用 ϕ38mm D 级抽油杆，需匹配 ϕ62 规格导向器；ϕ38mm 抽油杆匹配的导向器外径≤62mm。

3.3 与螺杆泵井使用的 H 级高强抽油杆对比导向器的强度

表 2 导向器与 D 级和 H 级抽油杆强度对比结果

项目 名称	杆径/mm	最小外径/mm	许用拉力/kN		许用扭矩/N.m	
H 级抽油杆	ϕ25	ϕ25	488		2163	
	ϕ28	ϕ28	619		3055	
	ϕ36	ϕ36	508		4988	
	ϕ38	ϕ38	582.3		5240	
D 级抽油杆	ϕ25	ϕ25	402		1830	
	ϕ28	ϕ28	510		2500	
	ϕ36	ϕ36	418		4081	
	ϕ38	ϕ38	480		4621	
导向器	ϕ25	ϕ36	884		4325	
	ϕ28	ϕ40	1017		6158	
	ϕ36	ϕ40	1017		6158	
	ϕ38	ϕ40	1017		6158	
			D	H	D	H
对比差值	ϕ25		+482	+396	+2495	+2162
	ϕ28		+507	+398	+3658	+3103
	ϕ36		+599	+509	+2077	+1170
	ϕ38		+537	+434.7	+1537	+918

从对比结果（表 2）可以看出，ϕ25mm、ϕ28mm、ϕ36mm、ϕ38mm 导向器强度均好于 H 级和 D 级抽油杆的性能指标，可以满足生产需要。

3.4 螺杆泵井下抽油杆导向器的依据

在井口驱动力矩作用下，抽油杆柱在油管内做旋转运动，并有加速度和惯性力，即动载荷。在动载荷的作用下，结构将发生振动，各种量值均随时间而变化，因而计算与静力载荷作用下有所不同，主要差别在于考虑惯性力及振动的影响。

通过计算，可以得到抽油杆上任意节点处的速度、加速度、位移、轴向力、应力等参数，同时通过 ANSYS 有限元软件的计算得到抽油杆各节点与油管的接触力、接触位置。依据计算结果，在抽油杆柱上接触力较大，接触较严重的部位施加扶正器，然后再进行计算，直到杆体与油管没有接触现象为止，此时扶正器的安放间距就是合理的扶正器配置间距。

对于定向井，由于在造斜点处井斜变化率较大，即使在安放扶正器的条件下，造斜点处扶正器与油管之间仍存在较大的接触力，计算结果表明，当井斜变化率＞4°/25m 的情况下，这些点处的接触力高出直井段及斜井段 3～1 个数量级，为此，在造斜点处还应布置导向器。

导向器下井依据是根据井深结构来确定的，主要看全角变化率，全角变化率大于 3° 的加导向器，小于 3° 的无需加导向器。

3.4.1　抽油杆柱扶正器合理配置优化结果

在直井段每 8m 加一个扶正器，在全角变化率≥2°/25m 的斜井段每 6m 加一个扶正器。

现场实际应用中，直井段每根抽油杆加一个扶正器，全角变化率≥2°/25m 的井段每根抽油杆加 2 个扶正器，即每 4m 加一个扶正器（图 4，图 5）。

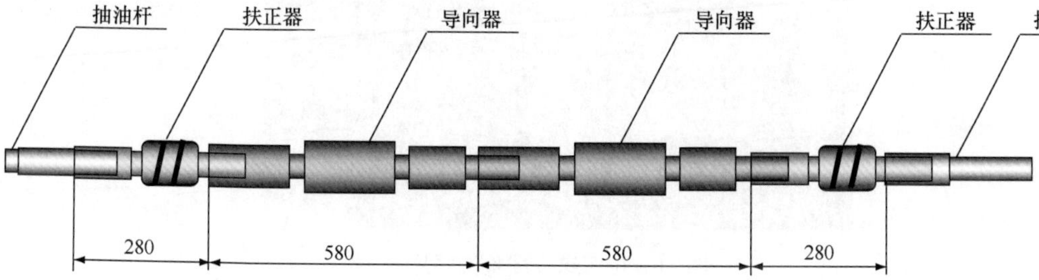

图 9　水平井应用串联导向器示意图

3.4.2　抽油杆柱导向器合理配置优化结果

对于全角变化率＜3°/25m 的井，不加导向器。对于全角变化率≥3°/25m 的井，在全角变化率＞3°/25m 的所有井段均加导向器（图 4，图 5）。

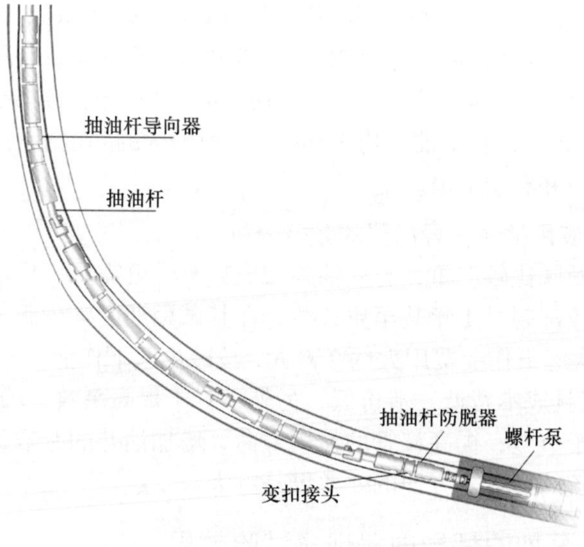

图 10　螺杆泵用导向器、防脱器、抽油杆串联示意图

3.4.3　抽油杆导向器下井注意事项

抽油杆导向器现场下井要求深度必须相对准确（抽油杆丈量一定要精准）最大误差不

能超过 3m，同时要求要上扣到位，避免脱扣造成返工。

4　室内试验及现场应用

1）为了证明该装置的设计性能，在使用前对产品进行了室内抗拉扭强度试验，用专门的拉扭综合试验机做力学性能试验（图 11）。

2）拉力加载范围从 50kN 逐渐加大到 650kN，检查抽油杆导向器各部件的变扣接头、导向体、导向轴、定位体、上下抽油杆螺纹均完好无损。

3）扭力加载范围从 50N.m 逐渐加大到 5500N.m。

图 11　拉扭综合试验机照片

5　抽油机井现场试验效果和经济效益分析

5.1　抽油机井中抽油杆导向器现场试验效果

2010 年至今，在辽河油田海南三、曙采、兴采、欢采等采油厂试用了约 80 井次，200 多套，其中海南 15-15 井，最大井斜 34.06°，使用 4 套，下井 1 年多一直正常工作，未下该工具之前该井日产液 10.5m³，日产油 7.8m³，下该工具之后日产液 22.9m³，日产油 14.2m³，日平均增油 6.3m³。海南 17-23 井，最大井斜 30.1°，该井有 2 个拐点，使用 5 套，下井 1 年多一直正常工作，未下该工具之前，该井日产液 16.5m³，日产油 11.2m³，下该工具后日产液 18.5m³，日产油 14.8m³，日增油平均 3.6m³。其他地区的井也不同程度地增加了产量，减少额修井作业次数，并利于节电。

5.2　抽油机井中应用抽油杆导向器的效益分析

目前，由于杆类断脱比较严重，有些油井 2～3 个月就需要更换起下杆柱，而使用抽油杆导向器的油井一般都超过 1 年甚至更长些，在其试用期内减少起下作业数越多，直接经济效益越显著，一次起下作业费用大约 2 万元，按减少起下作业 2～3 次计算，节约作业费用达 4～6 万元。工具成本费低，造价低，另外，对于提高泵效，增加产量；减小摩阻，减小抽油机负荷，利于节电；提高杆管的使用寿命，增加油井的有效工作时间；减少液击现象对活塞及地面设备的损坏等方面的效益更是巨大。

6　定向井螺杆泵抽油杆导向器现场试验效果

6.1　螺杆泵井中抽油杆导向器现场试验效果

截至 2016 年 12 月底，统计对比 116 口井下无导向器，平均运转周期 337 天，整个定向井检泵周期538天，加导向器比不加导向器运转周期长201天。

6.2 螺杆泵井中应用抽油杆导向器效益分析

6.2.1 节约作业维护费用效益

应用导向器的螺杆泵井检泵周期延长344天，单井节约作业劳务费2.15万元，材料费0.6978万元，共计2.8478万元。年应用300口井，年创经济效益854.34万元。

6.2.2 少影响产量创效益

采油一厂异常井延检期平均为11天，平均单井日产油为6.5t，延长检泵周期344天，相当于每年少检泵0.94次，则单井每年减少由于作业影响的产量67.21t。原油价格按0.3248万元/t，原油操作成本按0.053215万元/t计算，单井年创经济效益18.2475万元，300口井年创经济效益5474.25万元。

延长检泵周期300口井，年创经济效益：854.34万元+5474.25万元=6328.59万元。

7 结 论

抽油杆导向器的研究与应用，经历了方案论证，图纸设计，产品加工制造和室内抗拉扭强度试验等各个环节，并已申报多项国家专利，各项性能指标均达到了设计要求，该项技术达到了国内领先水平。现已经过多年现场应用，对油田的生产起到了积极的作用。

内插管气举反循环钻进技术在煤矿瓦斯抽放井的应用分析

田智生　刘小康

（陕西省一九四煤田地质有限公司　陕西铜川　727000）

摘　要：气举反循环技术已被广泛应用于石油、天然气、煤层气、水源地热井、地质勘探等多个领域，内插管气举反循环技术在煤矿大孔径瓦斯抽放井使用中，具有钻井效率高、材料消耗少、井身质量优、经济效益好的独特优势。本文结合煤矿大口径瓦斯抽放井施工实例，就内插管气举反循环钻进技术工作原理、使用设备、施工情况及其钻进工艺技术特点进行了分析和总结，同时还就施工中存在问题及改进等进行了探讨，对于扩大该钻井技术应用范围，促进其在煤矿大口径瓦斯抽放井中的使用具有一定的借鉴意义。

关键词：瓦斯抽放井　大口径　气举反循环　内插管　沉没系数

In Inserts a Tube the Counter-Circulation to Sneak in the Technology to Pull out in the Coal Mine Gas Puts the Well the Applied Analysis

Tian Zhisheng　Liu Xiaokang

(Shaanxi Province 194 Coal Field Geology Limited Company,Tongchuan, Shaanxi 727000,China)

Abstract: The gas lift counter-circulation technology has been widely applied in the petroleum, the natural gas, the coal bed gas, the water source geothermal well, the geological prospecting and so on many domains, in inserts a tube the gas lift counter-circulation technology to pull out in the coal mine big aperture gas puts in the well to use, has the well drilling efficiency high, the material consumes, the well bore quality few superior, the economic efficiency good

作者简介：田智生，男，汉族，1966 年生，高级工程师，地质钻探工程专业，长期从事煤层气、页岩气、盐井、地热井等钻探技术研究和管理工作，陕西省铜川市延安路 82 号，E-mail：tianzhisheng555@163.com。

刘小康，男，汉族，1969 年生，副总经理，高级工程师，探矿工程专业，长期从事地质钻探技术研究和管理工作，陕西省铜川市延安路 82 号，E-mail：70559066@qq.com。

unique superiority. This article unifies the coal mine heavy-caliber gas to pull out puts the well construction example, in inserted a tube the gas lift counter-circulation to sneak in the technology principle of work, uses the equipment, the construction situation and sneaks in the processing technology characteristic to carry on the analysis and the summary, meanwhile had the problem and the improvement on the construction in and so on has carried on the discussion, regarding expanded this well drilling technology application scope, promoted it to pull out in the coal mine heavy-caliber gas puts in the well the use to have certain model significance.

Keywords: the gas pulls out puts the well; heavy-caliber; the gas lift counter-circulation; in inserts a tube; the submersion coefficient

大口径瓦斯抽排放井是一种解决煤矿井下瓦斯抽排放，减少煤矿瓦斯事故，提高瓦斯综合利用效率的一种有效方法。由于其一般孔径大（一般多在 550～1500mm），需要经过多级扩孔，机械钻速不高，钻井效率相对较低；同时由于环状间隙体积过大，导致钻柱弯曲严重，对钻具质量性能要求高，且一旦发生钻具事故后处理难度非常大；需要钻井液体积量大，在钻遇复杂地层时，需要消耗大量泥浆材料，造成钻井液费用大；施工周期普遍较长，井壁长时间裸露，容易造成井壁失稳。以上诸多原因导致煤矿大孔径瓦斯抽排放井成井周期长、施工难度大、钻井成本高，要改变这种状况就需要大力推广使用多种钻探新技术、新工艺。而内插管式气举反循环钻进技术在煤矿大口径钻井中的推广应用，可以大幅度提高钻效，缩短成井周期，降低成本，提高钻井施工的综合效益。

1 气举反循环技术

1.1 气举反循环工作原理

气举反循环钻进，是将压缩空气通过气水龙头、经双壁主动钻杆、双壁钻杆的内管与外管之间的环状间隙，送到气水混合器后进入内管，这时压气膨胀，液气混合，形成一种密度小于液体密度的液气混合物；由于气体不断进入钻井液，产生气举作用，使得管内的液气混合物同井内的钻井液之间产生压差，从而将气、液、固三相流以较高的速度带出孔外，流经振动筛，排入沉淀池。经过沉淀的钻井液再流回井内，经井底进入钻杆内，补充钻井液消耗的空间，这样不断循环形成了连续钻进的过程。

1.2 气举反循环钻进的优点

气举反循环相比于常规的正循环钻井工艺，具有下列主要优点。

1）其管路平直不易堵塞，即使堵塞也容易排除；

2）由于气、液、固三相流不流经任何机械，设备磨损小；

3）其上返速度快，排渣迅速，孔底干净，不产生重复破碎，钻头寿命长；

4）辅助时间少，劳动强度低，机械钻速高；

5）成井质量好，钻井效率高；

6）在稳定地层可以直接采用清水钻进，减少了泥浆材料消耗和泥浆泵配件消耗，有效降低钻井成本。

1.3 气举反循环的分类

根据气举反循环进气管路的不同，将气举反循环分为两种：双壁钻杆气举反循环和内插管式气举反循环。

1.3.1 双壁钻杆气举反循环

压缩空气通过气水龙头、经双壁主动钻杆、双壁钻杆的内管与外管之间的环状间隙送到气水混合器后进入内管，通过压气膨胀产生气举作用，使得管内的液气混合物同井内的钻井液之间产生压差，从而将气、液、固三相流以较高的速度带出井外，经过净化再流回井内，补充钻井液消耗的空间，这样不断循环形成了连续钻进的过程。其钻进工作原理见图 1。其钻具组合为：牙轮组合钻头+ ϕ177.8mm 钻铤+ϕ127mm 钻杆+气水混合器+SHB/62 型双壁钻杆+133mm×133mm 双壁主动钻杆+双壁气盒子+常规水龙头。

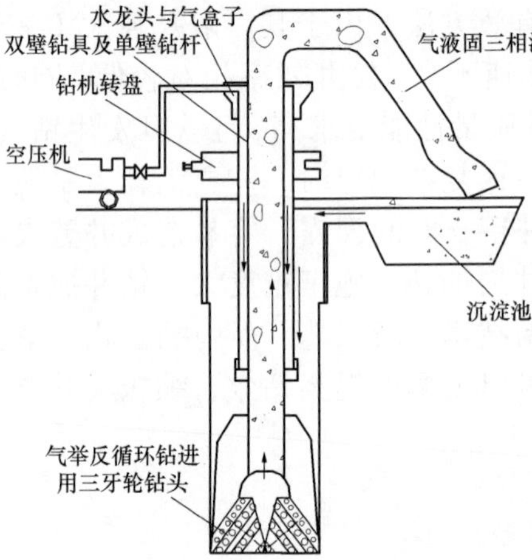

图 1 双壁钻杆气举反循环工作原理示意图

1.3.2 单壁内插管气举反循环

单壁内插管气举反循环工作原理如图 2 所示，插入一根气管 3，通过送气管路 1 送入的高压空气和钻杆 4 内的泥浆在送气管所达到的深度范围内形成气液混合体 2，造成钻杆内泥浆 6 的总比重小于钻杆和孔壁形成的环空内泥浆 5 的总比重，从而建立起反循环，而且通过调节内插送气管的长度，就可以很方便地调节钻杆内外的压力差，从而也就调节了反循环的循环速度。

同双壁钻具气举反循环相比，单壁内插管式反循环具有下列优点：①内管密封性好；②工艺简单、加工成本低；③使用灵活、沉没比调整方便。

2 内插管气举反循环的施工应用

2.1 大口径项目概况

2.1.1 大口径瓦斯抽排放井技术要求

陕西省一九四煤田地质有限公司在 2014～2015 年，在陕西省黄陵矿区顺利完成了一口煤矿大口径瓦斯排放管道井的施工任务，在施工中进行了内插管气举反循环钻进技术的钻井试验，并取得了初步成功。该大口径瓦斯排放管道井具体技术要求为：设计完井井径 Φ1130mm，井深 620m，下入 Φ826mm×16mm 无缝钢管。平均井斜小于 0.4°，井眼曲率变化率小于 1°/30m，井底水平位移小于 2.5m。

2.1.2 大口径瓦斯抽排放井施工特点和技术难点

由于大口径瓦斯抽排放井设计要求极高，施工工艺复杂、施工难度大，要解决以下几个重点技术问题。

1）必须要确保先导孔施工井身质量，确保井眼的垂直度；

2）大口径扩孔施工中大段裸露井壁的稳定问题；

3）大口径扩孔施工的钻进效率问题；

4）井管的下入方法选择和安全下入问题；

5）固井技术方法和固井质量问题。

项目施工的难点主要表现在以下方面：由于孔径较大，钻孔较深，用常规正循环施工方法排渣十分困难，钻进速度极慢，孔壁裸露时间长，极易造成井内事故，难以满足施工质量和工期要求，因此选用气举反循环钻进工艺进行施工，可以有效克服以上问题。

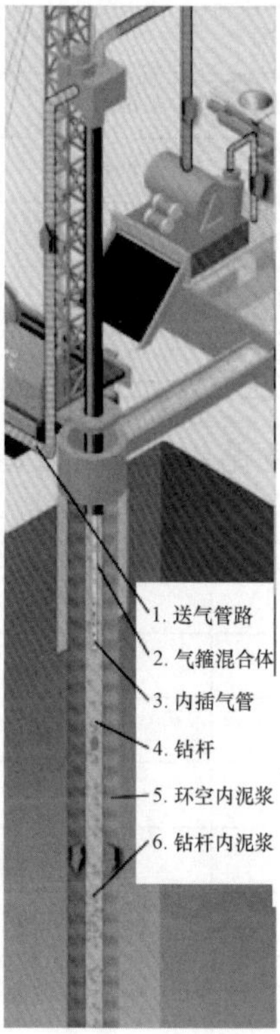

图 2 单壁钻杆气举反循环工作原理示意图

2.2 大口径瓦斯抽排井施工程序

1）先导孔的施工：首先采用 215.9mm 牙轮钻头，正循环工艺进行先导孔施工，钻进至终孔井深以下 15m。

2）用 200～311.1mm 钻头扩至设计井深以下 15m。

3）用 ϕ1400mm 三翼刮刀钻头，以聚合物低固相泥浆，钻过第四系松散地层，进入完整岩层 2m 后下入 ϕ1250mm 表层套管、固井，有效隔离并保护井口松散地层不致坍塌，保证后续钻井的顺利实施。

4）采用 311～850mm 扩孔钻头扩孔至设计井深。

5）采用 850～1130mm 扩孔钻头扩至设计井深。

6）下套管、固井、候凝、提浆、完井。

2.3 钻井施工设备及反循环配套的主要设备情况

选用 GZ-30 钻机，配备情况见表 1。

表 1 钻机主要设备表

序号	设备名称	型号	载荷/kN	功率/kW	数量/台
1	钻机	GZ-30	2250	190	1
2	天车	TC-225	2250		1
3	游车大钩	YC-225	2250		1
4	井架	JJ50/41-A1	2250		1
5	底座	DZ50/2-K	2250		1
6	泥浆泵	NB/60-1000		350	1
7	柴油机	12V190		680	1

续表

序号	设备名称	型号	载荷/kN	功率/kW	数量/台
8	柴油机	12V-135JZD		380	1
9	柴油机	6135		120	1
10	发电机组	12V-150		120	1
11	振动筛	2ZS4.2-280		4	1
12	绞车	QD-5		5	1

反循环配套的主要设备见表 2。

表 2　反循环主要设备表

序号	设备名称	规格型号	数量	备注
1	压风机	XRYS1200 型	1 台	提供高压空气
2	进气管	2 吋高压胶管	30m	
3	气水龙头	150T	1 套	内径 130mm
4	整体四方主动钻杆	170mm×170 mm×12.15m	1 根	材质 4145H
5	单壁钻杆	ϕ178mm×9.7m18°	610m	材质 P110/4137H
6	通风管	1 吋管	405m	壁厚 5mm
7	气水混合器	ϕ89mm×5.5mm×2.50m	1 套	管外钻孔
8	钻铤	ϕ241mm×9.15m	64m	材质 4145H
9	钻铤	ϕ178mm×9.30m	167m	
10	出液管	150mm	12m	

注：1 吋=25.4mm。

2.4　反循环钻井生产过程

2.4.1　沉没系数、压力、风量的确定

在生产过程中，气水混合器的安装深度由整个系统的沉没系数确定。沉没系数，又称为沉没比，它为气水混合器下入水中的深度与自混合器算起的扬程高度之比。

$$m=H/h \tag{1}$$

式中：m 为沉没系数；H 为气水混合器下入水中的深度，单位为 m；h 为自气水混合器室算起的扬程高度，单位为 m。

从式（1）中可以得到：$H=mh$

也就是说，混合器下入水中的深度等于沉没系数和汽水混合器扬程高度的乘积；当混合器扬程高度确定后，所选取的沉没系数越大，其下入深度也越深。

一般要求 $m\geqslant0.5$，当 $m<0.5$ 时，升液效率很低，甚至不升液。m 越大后，整个系统工作是优越的。对于气举反循环来说，当 m 增大后，由于工作系统驱动力增大，就能克服钻进中难以避免的困难，如井壁坍塌，突然的井漏及意外的阻力加大等。同时，

能够保持有较高的钻进效率。根据沉没比系数的确定，可计算出气水混合器在井下的安装深度。

当气举反循环选定了气水混合器的安装深度后，即可计算出空压机的压力：

$$p=H\gamma_h\times10^{-2}+\Delta p$$

式中：p 为空压机的压力，单位为 MPa；H 为气水混合器的安装深度，单位为 m；γ_h 为冲洗液的密度，单位 g/cm^3；Δp 为空气在地面管道中的压力损失，单位 MPa；一般 Δp 选取 0.04～0.1 MPa。

空压机风量的计算，根据钻杆内混合流体上升的速度和钻杆内径来进行估算，其经验公式为

$$Q>\Pi/4d^2V$$

式中：Q 为所需空压机风量，单位 m^3/min；d 为钻杆内径，单位 m；V 为钻杆内混合流体的上返速度，单位 m/min。

2.4.2 反循环钻进具体生产过程

管道井进行 ϕ1130mm 孔径扩孔，在井深 352.00m 和 386.00m 时分别进行了气举反循环钻进实验，钻具组合具体为：

ϕ1130mm 专用扩孔反循环钻头+ϕ241mm 钻铤 6 根+ϕ178mm 钻铤 18 根+ϕ178mm 钻杆+ϕ172mm 主动钻杆。

在完成井内钻具连接及通风管连接后，接好主动钻杆和气水龙头，将钻具提离井底 0.8～1.0m；连接压风机地面管路，在确保管路密封正常后，开始启动发风机工作，给进风管路送风，待出液管排出清洁钻井液后，开始送钻给压钻进（图 3，图 4）。

进行插管式气举反循环钻进实验的具体钻进参数见表 3。

表 3 反循环钻进参数表

序号	实验井段/m	钻压/kN	转速/(r·/min^{-1})	给风量/(m^3·min^{-1})	风压/MPa	混合器下深/m	沉没比
1	352.00～60.00	12	70	8	1.9	160.00	0.60
2	384.00～396.00	14	70	10	2.1	180.00	0.64

两次气水混合器下入深度分别为 160m、180m，沉没比分别为 0.60、0.64，没入水中深度为 96m、116m。

两次生产试验的钻进效率见表 4。

表 4 反循环钻进效率表

序号	实验井段/m	钻进进尺/m	纯钻时间/h	钻进效率/m·h^{-1}	正循环钻效/m·h^{-1}	二者之比
1	352.00～360.00	8.00	6	1.33	0.45	2.96
2	384.00～396.00	12.00	8	1.50	0.45	3.33

从井深 352.00m 扩孔至井深 360.00m，进尺 8.00m，其纯钻进时间为 6h，钻进效率 1.33m/h。和正循环平均钻进效率 0.45m/h 相比，大幅度提高了钻进效率，是正循环钻进效率的 2.96 倍。而在调整钻进参数，特别是钻压、给风量、风压后，从井深 384.00m 扩孔至井深 396.00m，进尺 12.00m，其纯钻进时间为 8h，钻进效率 1.50m/h。和正循环平均钻进

效率 0.45m/h 相比，是正循环钻进效率的 3.33 倍。

图 3　下入内通风管后连接 ϕ178mm 单壁钻杆

图 4　排液管排出的气液固三相混合物

3　内插管式气举反循环工艺技术特点及改进

3.1　工艺技术特点

内插管式气举反循环钻进技术和传统的正循环钻进相比较，在大口径钻井施工中，具有以下主要工艺技术特点。

1）成井周期短，经济效益高。由于成井周期短，在人工费用、设备折旧、油料电费消耗等方面有大幅度较少。

2）钻孔质量好。气举反循环“孔底加压，悬垂钻进”的工艺特点，钻孔的垂直度较高，可以有效减少下管前的重复作业。

3）井底干净，无重复破碎。因其携带岩屑的流动方向与正循环相反，而且钻杆中的上返流速要远远大于环空流速，井底十分干净，能够减少牙轮钻头磨损及轴承损害。

4）施工用水少。该项工艺是以取之不尽，用之不竭的空气作为循环介质，甚至可以直接利用地下水作为冲洗液。

5）空压机使用维护方便。空压机与井队使用的动力机性能基本相同，零配件互换性强，无须配置专门维护保养人员。

6）减轻工人劳动强度。气举反循环钻进工艺破岩效率高，钻头寿命长，起下钻次数少，可以大幅度减轻工人劳动强度。

7）能够方便地质编录。岩屑上返速度极快，分选混合不严重，迟到时间可忽略，可以根据粗大的岩石颗粒和岩屑进行编录。

8）有利于环境保护。使用气举反循环钻进，岩屑不和井壁直接接触，不会渗入含水层，能保持地下含水层的孔隙率，从而有效保护了地下含水层和地面环境。

3.2 存在问题及改进

3.2.1 存在的主要问题

虽然生产试验中取得了良好效果，但也存在一定的问题。主要有：钻头泥包现象、进风管直径偏小、钻头设计制造上的缺陷、钻进参数的合理选择等方面。

3.2.2 所采取的主要改进措施

针对以上几个方面存在的问题，采取了以下改进措施。

（1）重新设计加工反循环专用钻头

根据反循环钻进技术特点，在有利于环空泥浆进入钻头底部、有利于钻头底刃刻取岩石、有利于冲洗井底、有利于泥浆进入钻头和钻具内形成反循环泥浆流、有利于钻头的修复和多次使用等多方面的基础上，进行钻头的优化设计和加工制作。借鉴石油钻井中的PDC多翼钻头，改进制作反循环PDC多翼钻头。

（2）优化反循环钻具配合

使用ϕ178mm钻杆进行插管式气举反循环钻进，实践证明是可行的；其内插管内径可以选用比25mm稍大的，比如32mm、38mm等。

（3）优化反循环钻进参数

反循环钻进除了泥浆流出方式相反外，其余和正循环钻进相比，在钻压、转速的选择，以及风量、压力上也有不同。合理确定反循环钻进过程中的钻压、转速、风量、风压、沉没比等参数，实现各钻井参数的最佳配合，以期取得较好的钻井效率。

4 结　论

大口径施工中由于其施工难度大、技术要求高、钻井周期长等特点，特别适合于插管式气举反循环工艺技术的应用。随着插管式气举反循环钻进技术在参数设计、钻具配套、设备改型等方面的不断优化，将会以其钻井效率高、材料消耗少、井身质量优、经济效益好的特点，得到广泛的应用，从而发挥气举反循环技术在煤矿大口径钻井施工的独特优势，不断提高大口径施工的技术水平，为促进矿井安全不断做出新贡献。

参考文献

陈怡，段德培．2009．气举反循环钻进技术在地热深井施工中的应用[J]．探矿工程（岩土钻掘工程），36（4）：23～24，28．
李永伟．2002．气举反循环钻进在地热井施工中的应用[J]．探矿工程（岩土钻掘工程），（2）：56～58．

刘戈，刘广辉，李凤茹. 2006. 地热井气举反循环钻进与成井技术探讨[J]. 吉林地质，25（4）：39～42.

马功社，刘小康，李宝珠. 2012. 黄陵二号煤矿大口径瓦斯管道井施工技术[J]. 矿业安全与环保，39（6）：73～75.

马沈岐. 1995. 煤矿井下大口径瓦斯抽放孔钻探技术[J]. 煤田地质与勘探，23（6）：66～69.

潘东懿，潘光明，郑恒军. 2006. 气举反循环工艺在地热井中的应用[J]. 山东煤炭科技，增刊：85～86.

孙丙伦. 2007. 应用气举反循环钻进工艺成功解决钻井施工疑难技术问题[J]. 探矿工程（岩土钻掘工程），34（3）：12～14.

谢焰，杨健，孙家应，等. 2010. 煤矿地面大口径瓦斯抽排钻孔施工关键技术[J]. 煤炭科学技术， 38（11）：60～63.

许刘万，史兵言，陈怡. 2005. 气举反循环钻进用钻头[J]. 探矿工程（岩土钻掘工程），32（Z1）：237～240.

杨文清，宋宽强，姚正民. 2008. 大口径瓦斯抽放井施工技术[J]. 中国煤炭地质，20（8）：77～78.

袁志坚，耿建国，熊亮. 2014. 气举反循环钻井技术在煤矿瓦斯抽排井中的应用[J]. 中国煤炭地质，（1）：63～66.

袁志坚. 2014. 大直径气举反循环成套钻具的研究[J]. 探矿工程（岩土钻掘工程），41（12）：44～48.

赵光贞，刘玉仙，李海波. 2006. 山东淄博煤矿大口径超深基岩排水孔钻井技术[J]. 探矿工程（岩土钻掘工程），33（8）：53～54.

赵宏杰，孙智杰. 2006. 空气潜孔锤与气举反循环组合工艺在水文水井钻探中的应用[J]. 探矿工程（岩土钻掘工程），33（11）：52～53.

朱继东. 2004. 气举反循环钻进技术在北京地区地热井施工中的应用[J]，探矿工程（岩土钻掘工程），31（4）：47～48.

煤层气 U 型水平井套管完井分段压裂技术研究

王德桂　马洪涛　杨刚　马腾飞

（中联煤层气有限责任公司　北京　100011）

摘　要：目前水平井技术大量应用于煤层气的开发中，但部分区块采用裸眼和 PE 管等完井产量效果不理想，需要探索和完善水平井增产改造技术措施。本文先介绍了国内常用的两种煤层气水平井的压裂增产技术，即速钻桥塞分段压裂技术和水力喷射分段压裂技术，对其技术原理和技术特征进行概述。结合生产实例，详细阐述了两种技术的生产应用工艺和技术难点，并比较了其优缺点和工程应用难点，为国内煤层气开发提供技术应用支持。

关键词：煤层气 U 型水平井　分段压裂　速钻桥塞　水力喷射

Multi-stage fracturing technology for casing completion in CBM U-type horizontal well

Wang Degui　Ma Hongtao　Yang Gang　Ma TengFei

（China United　Coalbed Methane Corporation, Ltd, Beijing 100011,China）

Abstract: At present, horizontal well technology is widely used in the development of coalbed methane, but completion yield is not ideal in some of the blocks using the naked eye or PE pipe and others, so it is needed to explore and improve the stimulating measures of horizontal well. In this paper, two kinds of fracturing techniques, which are commonly used in the domestic CBM horizontal well, are introduced, namely, fast drilling out bridge plug fracturing and hydraulic jet fracturing , and the technical principle and technical characteristics are summarized. Combined with the production examples, paper elaborates two kinds of technology in producing application and technical difficulties, and compared its advantages and disadvantages and difficulties in engineering application, which can provide technical support for the development

基金项目：该论文获得项目 44-课题 3 的经费支持。

作者简介：王德桂，男，1981 年生人，中联公司高级工程师，联系电话：010-84527639。

of domestic coalbed methane.

Keywords: CBM U-type horizontal well；multi-stage fracturing; fast drilling out bridge plug；hydraulic jet fracturing

国内从 2002 年沁水盆地开展煤层气水平井技术以来，水平井的完井方式和配套的储层改造措施也经历了不同的发展阶段。

第一阶段（2002～2006 年）：清水或者空气欠平衡钻进水平段，直接裸眼完井后投产。在该阶段成功施工了 100 多口 U 型水平井和多分支水平井，施工的水平井主要集中在优选的沁水盆地南部、三交北部、保德北部、柳林北部等煤层强度条件好、渗透率高、储层压力和解析压力较高的地区。同时该阶段虽然在钻井中也出现了部分复杂情况，但整体上都能实现清水或者空气欠平衡体系完成相关进尺，大部分井都实现了较高产量。

第二阶段（2006～2010 年）：低密度泥浆钻进，直接裸眼完井后投产。在该阶段从工程上成功施工了 80 多口水平井，施工的水平井主要分布在沁水固县、韩城、大宁吉县、寿阳合作区块、宁武盆地等煤储层强度条件较差、渗透率一般的地区。施工方总体采用总包方式进行施工，在限定的井位和方位情况下施工水平井，从调研的各类资料来看，各家施工方钻井过程中都不同程度地使用了不同类型的有机泥浆维持施工中的井壁稳定和有效携岩。施工方在达到了设计的钻井进尺后，采取裸眼完井，但整体该阶段施工的水平井单井产量效果都较差，部分井甚至不出气。该阶段的施工效果严重影响了各煤层气投资公司对水平井的这类井型的信心和积极性，煤层气水平井施工逐渐进入了低谷，各作业单位对煤层气水平井逐渐采取了极为谨慎的投资态度。

第三阶段（2011 年至今）：低密度破胶泥浆钻进，筛管完井并探索不同类型的储层改造措施。通过在国内不同区域施工不同类型水平井的实践和认识，煤层气行业逐渐认识到煤层气水平井清水或空气钻的方式只适用于少量的区域，且裸眼完井的水平井在后期排采中存在着易堵塞井眼、储层伤害后的不可改造等特点。因此各施工方也在不断探索破胶泥浆体系和配套的完井方式。探索了普通胶体泥浆、黄原胶、微泡、改性淀粉等泥浆材料的使用，并下入 PE 筛管完井进行破胶和普通洗井等作业，总体效果一般，部分井产气效果较差，同时也探索普通钻井液完钻后下入钢套管进行固井或不固井，配套采用连续油管喷射压裂或分段桥塞压裂的模式，部分井已经取得了一定效果，但还需要在施工水平井的层位（煤层、煤层顶部或底部，或多煤层的中部砂岩）和压裂工艺上进行积极探索和深入研究。

国内外于 20 世纪 80 年代开始水平井压裂技术的研究，直到近些年来，水平井压裂技术尤其是水平井分段压裂才开始迅速发展（黄凯，2014）。煤层气的水平井压裂技术也不断进行试验和发展。部分区域取得较好的效果。

分段压裂是逐段改造，每次压开一个层段（并不是每次施工只压开一个层段），可以改造较多段数。水平井分段压裂按照工艺的不同，一般可以分为：段塞分段压裂、封隔器分段压裂、封隔器滑套喷砂器分段压裂、水力喷射分段压裂等。

国外于 20 世纪 90 年代中期开始应用桥塞分段压裂技术，1998 年 Surjaatmadia 第一次提出了水力喷射分段压裂思想和方法，并且开始大规模推广应用（王永辉等，2012）。2005 年，贝克研制成功投球滑套多级分段压裂技术（徐建，2016）。而后，国外开始主要采用投球滑套多级分段压裂技术，并成功实施40段分段压裂。国内于“八五”期间开始大量引进国外的分段压裂技术，并且成功研发了套管不动管柱滑套多级分段压裂技术、裸眼不动管柱滑套多级分段压裂技术及双封隔器，单封隔器分段压裂技术（冯三利等，2004）。

本文主要针对国内煤层气水平井分段压裂技术做了概述，并且分析了两种不同分段压裂工艺在煤层气井的成功应用，为煤层气水平井分段压裂提供指导。

1 煤层气水平井分段压裂技术概述

1.1 速钻桥塞分段压裂技术

速钻桥塞分段压裂是指利用可钻式桥塞分隔各个目的层段，采用分簇射孔分段压裂的方式对目的层段进行改造（宋燕高等，2015）。

（1）技术原理

应用于套管固井水平井，采用电缆传输泵送桥塞和射孔枪，到达目的层桥塞封堵已施工层段，然后将射孔枪拉回到设计位置进行点火射孔，采用空井筒进行压裂施工。根据下入段数要求，依次下入桥塞、射孔、压裂，从而实现逐级压裂。分段压裂完成后，采用连续油管下入磨铣工具钻除桥塞，排液求产，实现全通径进行生产（程运甫等，2016）。速钻桥塞及压裂管柱如图1、图2所示。

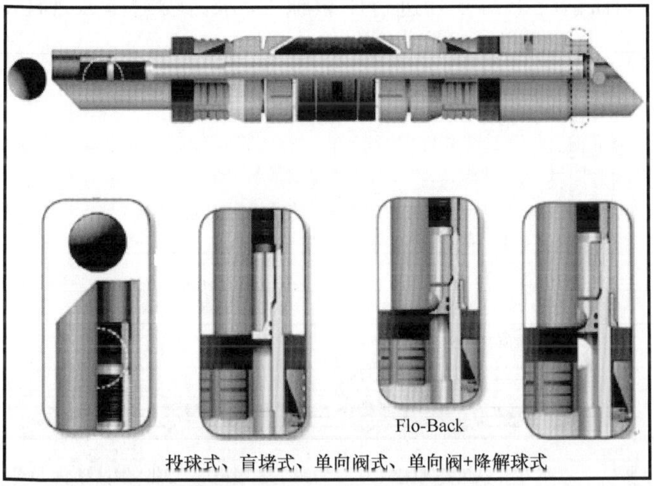

图1 速钻桥塞示意图

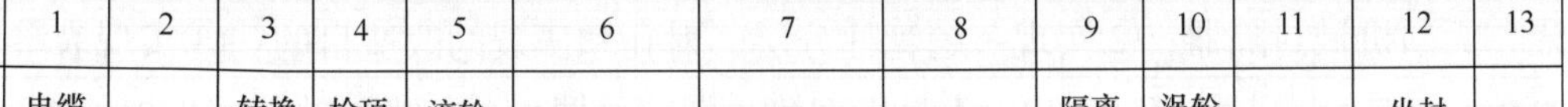

序号	1	2	3	4	5	6	7	8	9	10	11	12	13
名称	电缆绳帽	CCL	转换接头	枪顶接头	滚轮短节	射孔枪	隔离短节	射孔枪	隔离短节	涡轮短节	点火头	坐封工具	桥塞

图2 压裂管柱示意图

（2）技术特点

速钻桥塞分段压裂技术作为常用的分段压裂技术，具有以下优点：①压裂施工过程中不需要进行压井作业；②套管完井可满足大排量、大规模压裂作业；③工艺技术可靠，不存在卡管柱的风险；④施工快捷，桥塞及射孔由一趟下放电缆完成；⑤实现多层分段改造、一次返排、全井筒反洗等。

该工艺最核心的工具速钻桥塞具有以下特点：①可通过连续油管或钻机快速钻铣；②可以使用常规工具坐封，具有泵送装置满足水平井和大斜度井的应用；③易钻铣的金属，压力等级高；④具有顶部泄压阀，允许平衡上下压力等。

速钻桥塞分段压裂技术适用于水平段下套管固井的完井方式。但也存在些许缺点：①施工工艺较为复杂；②压后需要钻塞才能生产，施工周期长，费用高等。

1.2 水力喷射分段压裂技术

水力喷射分段压裂技术是将水力喷砂射孔与分段压裂相结合的压裂技术，是一种可在单井中选择裂缝位置并产生多个裂缝的增产作业方式。

（1）技术原理

水力喷砂射孔是高压的携带有石英砂或陶粒等磨料的流体通过喷射工具时，压能量转换为动能，形成的高速射流冲击、切割套管及岩石后，产生一定直径和深度的射孔孔眼。其压力来源于压裂车的地面加压（姜德铭等，2012）。

水力喷射分段压裂具有射流增压、射流封隔和降低起裂压力 3 种作用，三者有机结合，在没有井下机械封隔器情况下对气井进行压裂施工。水力喷射压裂管柱示意图如下（图 3）。

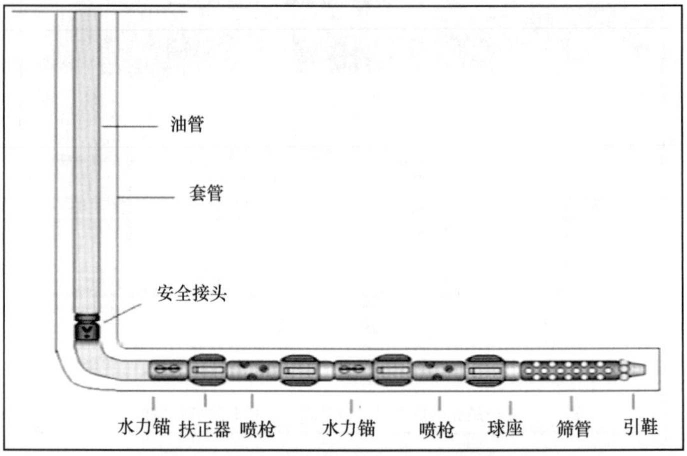

图 3　水力喷射压裂管柱示意图

（2）技术特点

水力喷射分段压裂具有以下技术特点：①采用高速射流来实现不同井段间的动态封隔，无须机械封隔器；②实现一趟管柱分层、射孔和压裂的改造目的；③实现裂缝起裂位置精确定点；④工具设计简单，工具串简练，操作方便；⑤有效控制裂缝形成的初始方向。弥补由于井筒方向不理想造成的压裂施工的困难；⑥喷砂射孔孔道大，有效改善了近井筒摩阻和降低了砂堵风险；⑦可应用于加砂压裂和酸化压裂等。

水力喷射分段压裂技术常用于水平段下套管不固井的完井方式，但也存在着以下缺点：①施工风险较大；②作业规模小，小排量施工；③受管径限制，易卡管柱；④喷嘴磨损严重，使用寿命短等。

因此，需综合考虑各井实际情况，正确选择合理的压裂方式，安全高效、经济地完成压裂施工。

2 套管固井桥塞分段压裂技术案例

2.1 地质背景

H1 井位于山西省古交市中社井田中社村薛家沟和马头山之间，构造位置位于沁水盆地西北部西山煤田狮子沟-马兰向斜东北翼（图 4），综合该井钻遇地层特征确定附近无断层。本区 8 号煤层分布广泛，厚度稳定，在各井中均有较大的钻遇厚度，有利于使用水平井工艺。

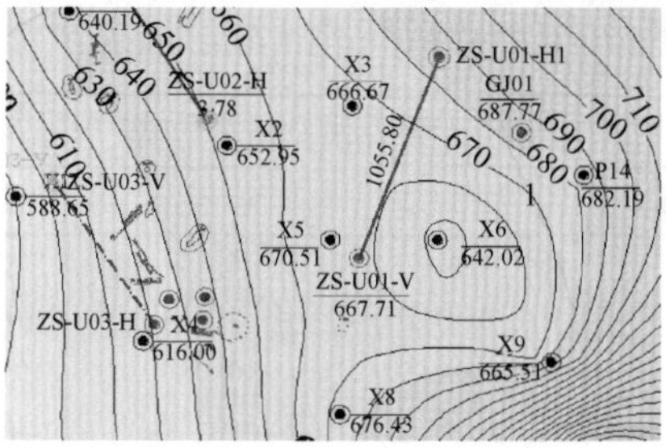

图 4 H1 井构造位置

该区域顶板电阻率大于 200Ω · m，直接接触的底板电阻率也大于 200Ω · m，含水性通常较差。本区投产 4 年的老井产水量统计（表 1）发现 8 号煤层顶板虽为灰岩，但弱含水。

表 1 生产井产水量统计

井号	开始排采时间	排采截止时间	累积产水/m^3	最高日产水/m^3	目前日产水/m^3
1	2011-1-31	2015-1-7	1200	4.8	0.34
2	2011-1-29	2015-1-7	862	4.5	0.03
3	2011-1-27	2015-1-7	610	3.8	0.04
4	2011-1-25	2015-1-7	609	4.3	0.02

通过区内构造应力场分析结果，工区最大水平主应力方向为北西—北北西方向，拟施工的水平井井筒方向为近东西向，与最大水平主应力近垂直，有利于裂缝的延伸。根据测井数据对岩石力学模型的计算结果，最大最小水平主应力之间的差值很小，因此压裂过程中裂缝在水平方向延伸速度在各个方向上近似于相等，形成类似圆形的裂缝发育情况。邻井 V2 井 8 号煤层测井数据如表 2，目的煤层与顶板/底板应力差分别是 3.4MPa 和 2.6MPa，煤层机械强度弱，脆性大。

表 2 V2 井测井数据

顶深/m	底深/m	最小水平主应力/MPa	静态杨氏模量/MPa	泊松比
470	480.5	10.8	25486.3	0.25
480.5	483.5	8.7	8791.0	0.27
483.5	486.0	10.4	17671.8	0.28
486	489.3	7.0	1274.5	0.23
489.3	501.5	9.6	16928.5	0.25
470	480.5	10.8	25486.3	0.25

2.2 钻井基本情况

依据该井的地层压力、地层破裂压力的预测结果， H1 井采用三级井身结构。

一开：ϕ311.1mm 钻头×45.00m，ϕ244.5mm 表套；二开：ϕ241.3mm 钻头×638.00m，ϕ193.7mm 技套；三开：ϕ177.8mm 钻头×水平段 798m× ϕ139.7mm×7.52 mm 套管完井。固井测量井段为 0～1415.80m，测量曲线有声幅、声波变密度、套管接箍、自然伽马。本井整体固井质量较好，质量评价分为三级，声幅显示大部分井段值低于 10%，仅 1350m 以后质量有所降低。

根据层段优选原则，射孔段选择首先避开了录井岩性显示为灰岩和泥岩的区域，选择气测参数较高的位置，选择 GR 值较低的区域，避开了接箍位置，桥塞则多坐封于灰岩和泥岩区域，避开了固井质量测井中声幅较高的区域。射孔段及桥塞位置见表 3。

表 3　射孔段及桥塞位置

段号	桥塞	间距/m	射孔/1	间距/m	射孔/2	间距/m	桥塞
6			716	36	752	86	840
5	840	42	882	12	894	66	960
4	960	44	1004	10	1014	78	1092
3	1092	73	1165	24	1189	21	1210
2	1210	66	1276	12	1288	30	1320
1	1320	45	1365	10	1375	21	1396

2.3 压裂施工概况

本次施工由某油田井下特种作业处进行，此次水平井共使用 8 台压裂泵车，压裂 6 段，共加入 5000m^3 压裂液（含泵送桥塞用液）、286m^3 石英砂，施工从 2015 年 10 月 17 日开始，10 月 30 日施工完成，总计 14 天。

水平段每段射孔 2 簇，簇间距约 15m，每簇 1.5m，前两段射孔孔密 12 孔/m，后四段射孔孔密 16 孔/m。坐封工具为 Baker #20，桥塞为复合桥塞，基本配置锚定后通过地面投球实现正向压差密封。

桥塞/射孔连作工具（电缆头+磁定位+上点火头+滚轴+枪串+串联短节+枪串+串联短节+下点火头+ Baker #20+推筒+桥塞。

经过初期排采生产，产量能达到 6000m^3/d，压裂增产效果明显（图 5）。

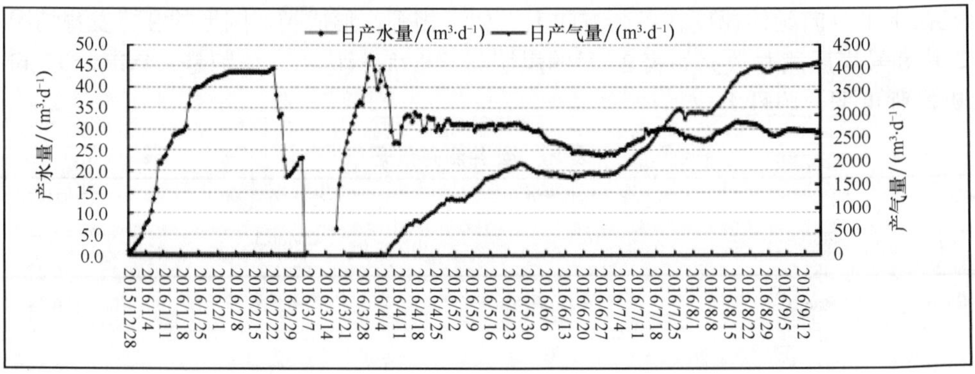

图 5　H1 井排采曲线

3 水力喷射射孔分段压裂技术案例

3.1 地质背景

柿庄南区块位于山西省东南部，太行山的西麓，行政隶属于山西省晋城市沁水县、高平市管辖。该区向北距山西省省会太原 260km，向东南方向距离晋城市 60km。

02H 井位于山西省晋城市沁水县，区块位于沁水向斜东南斜坡地带，属于中山区地形地貌，山峦重叠，沟壑纵横，高低悬殊。地势东南低而西北高，由东南—东北—西南呈扇形展开逐步增高的地貌。高程 780～1460m，一般在 1000m 左右。

3.2 02H 井概况

02H 井煤层段进尺 708m，钻遇率 87%，套管完井。采用水力喷砂射孔与加砂压裂，根据工艺参数要求，采用油管加砂，套管补液的注入方式，设计压裂 7 段。该井单次下入三级喷枪，压裂管柱结构（由下到上）：盲堵+筛管+单流阀+喷枪 1+油管+喷枪 2+油管+喷枪 3+油管+双公变扣+悬挂器（图 6）。

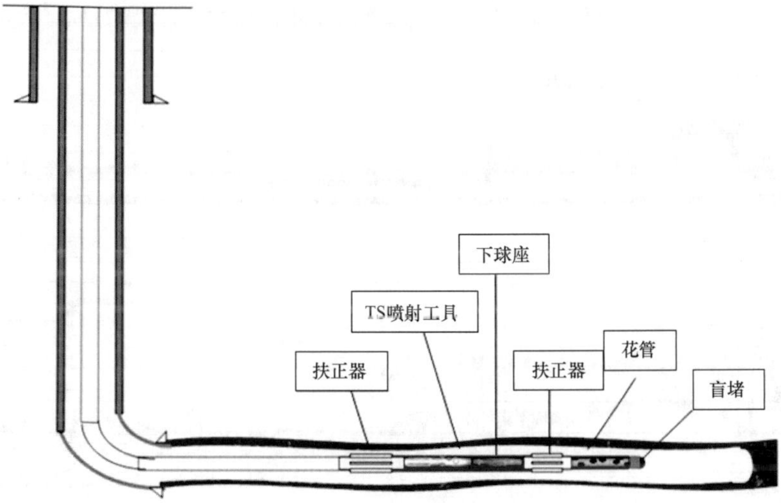

图 6 单级压裂工具示意图

3.3 压裂施工概况

02H 井压裂施工液体采用氮气泡沫：清水+7%KCl+液氮，支撑剂多用 20～40 目石英砂，每段加砂量 30m^3，具体施工参数如表 4 所示。

表 4 02H 井压裂施工参数表

压裂层段	压裂点 m	前置液量 m^3	携砂液量 m^3	顶替液量 m^3	排量 m^3·min^{-1}	总液量 m^3	平均砂比 %	破裂压力 MPa
1	1409.17	34.4	72.4	7.7	0.6～1.0	114.50	32.6	32.0
2	1320.13	32.3	68.1	7.3	0.7～1.0	107.70	39.5	29.6
3	1233.55	32.6	69.1	6.8	0.6～1.0	108.50	38.0	不明显
4	1155.83	32.9	70.3	6.3	0.7～1.0	109.50	40.1	22.0
5	1068.15	32.0	68.8	5.9	0.6～1.0	106.70	39.1	不明显
6	1000.27	32.6	70.6	5.4	0.7～1.0	108.60	41.8	23.3
7	912.82	16.7	58.7	5.0	0.7～1.6	80.40	20.1	不明显

该井第 1 段压裂施工曲线如图 7 所示。

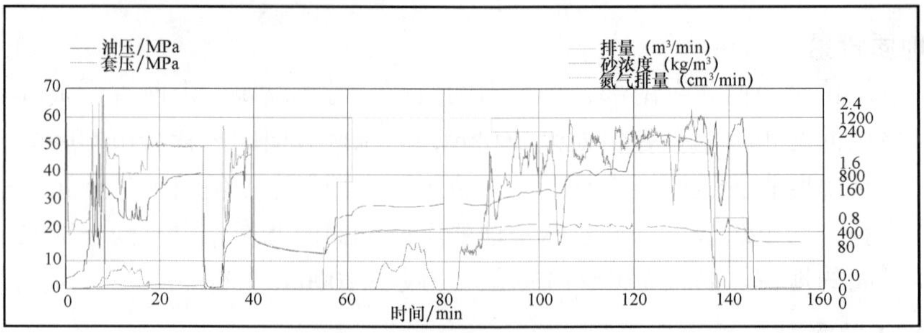

图 7　02H 井压裂施工第 1 段曲线

排采后，02H 井产气量最高达 7466m³/d（图 8），目前产气量在 7000m³/d 以上，且产气量已经趋于稳定，说明压裂非常成功。

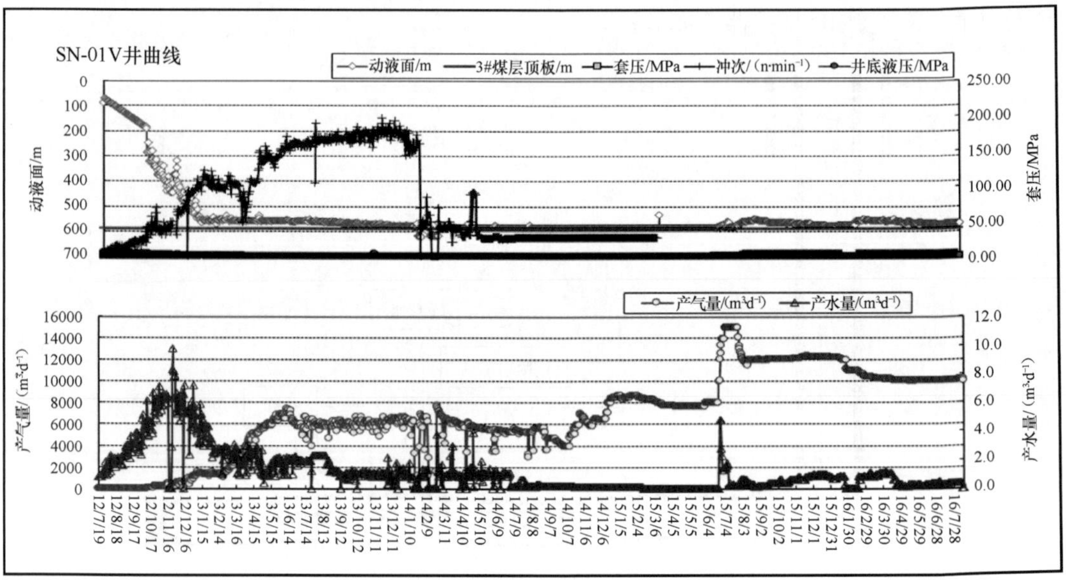

图 8　02H 井排采曲线

4　结　论

1）速钻桥塞分段压裂技术作为一种新工艺成功应用于现场实践，通过簇式射孔实现定点、多点起裂，裂缝位置精准，适合大排量、大液量特点的煤层气压裂，为水平井的多段分段压裂改造提供新的技术思路。该工艺通过逐级泵入桥塞进行封隔，与多级滑套投球工艺相比，分压段数不受限制，理论上可实现无限级分段压裂。

2）H1 井采用速钻桥塞分段压裂技术进行 6 段压裂施工，共加入 5000m³ 压裂液（含泵送桥塞用液）、286m³ 石英砂。水平段每段射孔 2 簇，簇间距约 15m，每簇 1.5m。经过排采，产量能达到 6000m³/d，压裂增产效果明显。

3）水力喷射分段压裂工艺是一项集水力喷砂射孔和水力压裂于一体的新型储层改造技术。该技术利用动态分流自动封隔，不需要任何机械密封装置，可以实现裂缝起裂位置精确定点，有效控制裂缝形成的初始方向，弥补由于井筒方向不理想造成的压裂施工的困难。

4）02H 井采用水力喷砂射孔分段压裂技术进行 7 段压裂施工，油管加砂，套管补液的注入方式。压裂液采用氮气泡沫：清水+7%KCl+液氮，支撑剂多用 20～40 目石英砂，每段加砂量 30m^3。排采后，02H 井组最高产气量达 7466m^3/d，说明该压裂工艺在该区块有较好效果。

参考文献

程运甫，付大其，贾云鹏，等. 2016. 致密油藏水平井速钻桥塞分段压裂技术研究[A]. 见：西安石油大学，陕西省石油学会. 2016 油气田勘探与开发国际会议（2016 IFEDC）论文集（上册）[C]：6.

冯三利，张遂安，胡爱梅，等. 2004. 煤层气压裂工艺技术研究[A]见：2003 年度中国煤炭工业协会科学技术奖获奖项目汇编[C]：2.

黄凯. 2014. 套管完井水平井分段压裂管柱配套技术研究[D]. 荆州：长江大学.

姜德铭，王青川，谭金华，等. 2012. 水力喷射拖动分压工艺在水平井的应用[J]. 油气井测试，（06）：55-56+59+75.

李少明，王辉，邓晗，等. 2013. 水平井分段压裂工艺技术综述[J]. 中国石油和化工，（10）：56～59.

宋燕高，林立世. 2015. 川西气田可钻桥塞分段压裂技术[J]. 油气井测试，（03）：52～55+77.

王永辉，卢拥军，李永平，等. 2012. 非常规储层压裂改造技术进展及应用[J]. 石油学报，（S1）：149～158.

徐健. 2016. 页岩气水平井压裂滑套开关工艺研究[D]. 荆州：长江大学.

其他

中国煤层气战略反思与煤矿瓦斯防治新思维

陈信平

（北京捷茂迪华能源技术有限公司　北京）

摘　要： 世界煤层气储量巨大，而产量很低，是因为煤层气开发使用的源自美国的“钻井-压裂-排水-降压-采气”技术模式只能开发最优质的煤层气储层，不适用于绝大多数煤层气储层。该技术的致命缺陷导致收回投资和赢利的或有此前景的煤层气开发区块是低概率幸运事件，世界和中国皆然。世界煤层气产业未盛已衰，成功的仅仅是少数例外。规划中国煤层气战略，非注意到世界煤层气历史、现状、大趋势、因果与宿命之关系不可。

中国煤层气行业需要根据国情，调整战略思想，试验新技术，规划新发展路线，才有可能避免世界煤层气行业未盛已衰的命运。为此，本文建议调整煤层气开发战略，实现战略思想创新、技术模式创新、开发领域创新、经营模式创新、政策支持创新；建议把煤矿瓦斯地面抽排作为煤层气产量的主要增长点，抢救性地开发利用我国每年生产近 40×10^{8}t 煤炭过程中排放到大气中的大约 $360\times10^{8}m^{3}$ 煤层气。

注热空气开发煤层气技术和注氮增解增产煤层气技术是保障战略调整成效的两个工具。中国和世界煤层气的未来决定于注热空气开发煤层气技术的试验成功和推广应用。历史给了中国人拯救世界煤层气行业的机会。中国人能否抓住这个机会创造历史，还有待观察。

关键词： 煤层气　战略　瓦斯防治　新思维　注热空气开发煤层气技术

Rethinking the Strategy of the Chinese CBM Industry & New Thoughts on Coal Mine Gas Prevention and Control

Chen Xinping

(Geomodulus Energy Technology Co. Ltd., Beijing, China)

Abstract: The world has huge CBM resources but negligible CBM output. Such a poor situation results from the mainstream development technology of the CBM industry, which originated in the USA and can be summarized as “Drilling-Fracturing-Dewatering-Depressuring-Gas Recovery”

("DFDDGR"). DFDDGR only applies to the highest quality coal seams and does not work with the majority of CBM reservoirs. And so CBM blocks which are profitable, or have a profitable prospect, are low probability events. This is the reality of CBM industry for both the world and China. The world CBM industry has being withered without blooming, with just a few exceptions.

The Chinese CBM industry should, according to her national conditions, modify her CBM development strategy by mapping a new route, and conducting research and development of new technology, so as to avoid the fate of the withering that happened to the world CBM industry. Thus, this paper proposes to bring forth innovation in strategy, technology, development domain, business models and supporting policy. It also suggests that China target ground gas drainage of coal mines as the main growth point of CBM output. By doing so, China can salvage the $260*10^8 m^3$ of CBM that are released into the atmosphere by Chinese coal mining industry every year.

This paper offers two tools for safeguarding new strategy successes: Hai CBMD ("Coalbed Methane Development by Hot Air Injection") and N2 ECBM ("Nitrogen Enhanced CBM Recovery")。The future of CBM industry of both China and the world is contingent on the future of Hai CBMD. History gives China a chance to save the world of CBM industry. It remains to be seen whether Chinese CBM professionals could seize the opportunity to make a history.

Keywords: Strategy Rethinking CBM Gas Prevention and Control New Thoughts Coalbed Methane Development By Hot Air Injection

1 世界煤层气产业观察

到目前为止，世界上已经有数十个国家尝试了煤层气勘探开发，但是只有美国、加拿大、澳大利亚、中国四个国家实现了煤层气商业化开发。2014 年，世界煤层气总产量 $582\times10^8 m^3$，仅占世界天然气总产量的 1.68%；相对于巨大的煤层气资源量，这个低得可怜的总产量彰显了该行业的本质性缺陷。

纵观世界煤层气上下二十多年的历史，观察 30 多个国家的数百个煤层气区块的勘探开发状况，就大数据而言，世界煤层气产业在美国"钻井-增透-排水-降压-采气"技术模式下开发煤层气，收回投资和赢利的或有此前景的煤层气开发区块是低概率幸运事件。实际上，煤层气区块收回投资和赢利的概率是三个低概率的乘积。

第一个低概率是，在已经做了煤层气勘探开发的国家中，已收回投资并赢利的或有此前景的国家是少数。2001 年，McCants 等人总结说："在美国之外，在过去二十多年中，100 多个煤层气勘探开发区块已经做了试井和评价。然而，除了澳大利亚的几个区块之外，煤层气商业化生产仍然是渺茫的。"十多年之后，情况并不比 McCants 等人描绘的好多少。迄今为止，已经有美国、澳大利亚、中国、加拿大、印度、印度尼西亚、俄罗斯、欧洲等 30 多个国家的数百个煤层气区块做了压裂、排采、试气，但是，只有美国、澳大利亚、加拿大、中国四个国家实现了煤层气商业化生产，也只有这四个国家有收回投资并赢利的前景。

第二个低概率是，实现煤层气商业化开发的美国、加拿大、澳大利亚、中国四国，每个国家都有多个煤盆地，已收回投资和赢利或者有此前景的煤盆地仅仅是其中的少数煤盆地。美国是圣胡安、黑勇士盆地，加拿大是阿尔伯特南部，澳大利亚是 Bowen、Surat 盆地，中国是阜新、鄂尔多斯盆地东缘、沁水盆地。

第三个低概率是，在这几个已收回投资和赢利或者有此前景的煤盆地中，除了美国的圣胡安、黑勇士盆地，已收回投资和赢利或者有此前景的煤层气区块，是这些盆地众多区块中的少数。例如，加拿大的煤层气开发，在阿尔伯特盆地南部的几个煤层气项目实现商业化之前，已经在该盆地 31 个地区进行了 140 多次煤层气勘探工作，都因为煤层气开发没有经济效益而放弃了。又例如，中国的沁水盆地是公认的煤层气圣地，中国的有名气的高产煤层气区块多数在该盆地中。然而，客观现实是，该盆地已经开发的煤层气区块中的大多数是低产区块。

之所以如此，是因为世界煤层气行业所遵循的美国在圣胡安、黑勇士盆地发展的“钻井-压裂-排水-降压-采气”技术模式只适用于最优质的煤层气储层，不适用于绝大多数煤层气储层（陈信平等，2016）。美国有 8 个煤层气盆地。该技术模式仅在圣胡安、黑勇士盆地取得成功，在其他 6 个盆地都是失败的。美国人没有解决其“钻井-压裂-排水-降压-采气”技术模式在其本土遭遇的挫折，放弃了煤层气开发，转去搞页岩气、页岩油开发了。

客观现实是，世界煤层气储量巨大，而产量很低，距离规模性造福资源所有者还很遥远。世界煤层气行业投资意愿低迷，产量增长缓慢甚至停滞。世界煤层气产业没有实现预期的目标，赢利的区块是例外。虽然煤层气产业是一个新兴产业，但是，它未盛已衰。除非出现新的煤层气开发技术，除非出现新的煤层气开发利用商业模式，世界煤层气产业将继续衰落下去。

2 中国煤层气产业现状观察

中国煤层气产业是世界煤层气产业的组成部分。在惨淡如此的世界煤层气行业中，中国是四个实现煤层气商业化生产的国家之一，中国煤层气行业当之无愧地属于最出色的之一。

然而，与管理层的期望及连续两个五年计划指标比较，我国煤层气地面开发相差很远（图 1）。该图展示了“十一五”和“十二五”期间煤层气地面开发计划年产量指标和实际产量，也展示了煤矿井下瓦斯抽排的规划年产量和实际产量。该图中，计划年产量指标是将五年计划的产量增长总目标平均分配到 5 年中获得的。由该图可见，煤层气地面开发年产量与五年计划指标相差之大，而且是连续两个五年计划都如此。实际上，我国煤层气地面开发“十一五”期间仅完成计划指标的 30%，“十二五”期间仅完成计划指标的 27.5%。

随着更多的煤层气区块进入开发阶段，随着早期开发的区块排采时间延长，我国煤层气开发出现了勘探阶段和开发早期没有遇到的新情况，主要是：①有的新区块低产井比例大，数百井、上千口井规模的区块，单井平均日产量低于 $800m^3$，甚至低于 $500m^3$（以下将这样的区块简称为“低产新区块”）；②有的区块煤层气井初期产量较高，但是，产量衰减快，在 1～3 年内，单井平均日产量下降到只有几百立方米（以下将这样的区块简称为“快速衰减区块”）。由于开发初期对产量前景乐观的预测，快速衰减区块及部分低产新区块都建设了后期处理设施，现在这些后期处理设施在低负荷运作中。我国已经进入开发阶段或做了产能测试的煤层气区块，大多数已经被证明是快速衰减区块或低产新区块。由于快速衰减区块和低产新区块在已经进入开发阶段的煤层气区块中占比大，煤层气投资者对于投资开发新区块的热情在消退中。

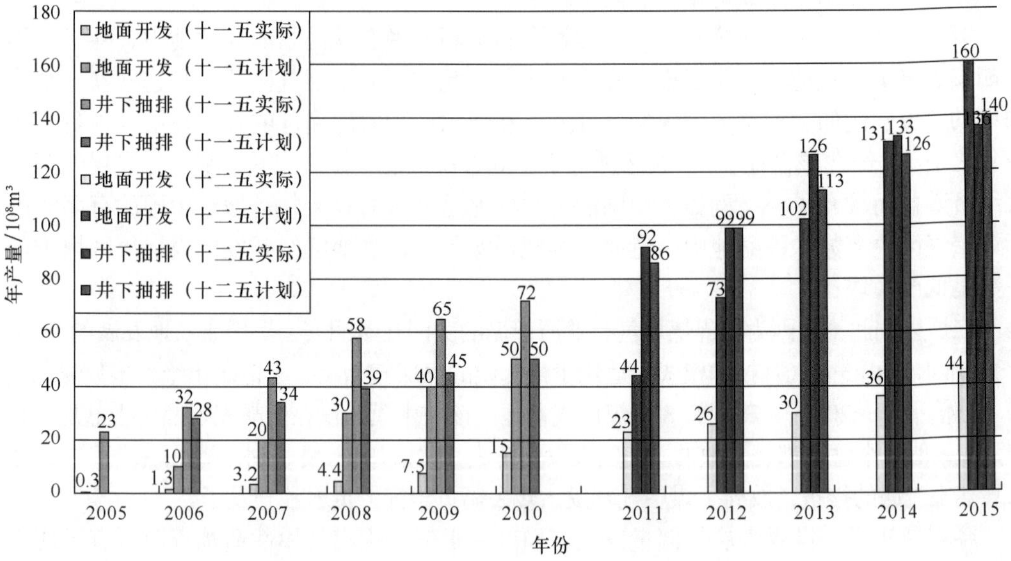

图 1 “十一五”和“十二五”期间煤层气地面开发、井下抽采规划年产量（假定每年增长量相同）和实际产量之比较

上述事实表明，最高管理层和煤层气行业协会对煤层气产业的技术能力、发展前景有误判。因此，有必要检讨我国煤层气开发战略，以保持我国煤层气产量增长的趋势，以利于未来有新发展。

由于对“钻井-压裂-排水-降压-采气”技术能力的误判，中国已经浪费了数十亿元煤层气勘探开发资金。例如，河南、安徽投资十多亿元钻探的数百口煤层气井已经全部关井停产。在根本不可能使用“钻井-压裂-排水-降压-采气”技术开发煤层气的煤田，做压裂、排水、试气，这样的浪费还在继续。由于现行煤层气勘探规范、储量规范是建立在“钻井-压裂-排水-降压-采气”技术基础上的，一些企业明知使用“钻井-压裂-排水-降压-采气”技术不可能成功开发标的区块的煤层气，但是，为了满足规范的要求，不得不浪费资金做压裂、排采。这是可悲的，应当改变的。

3 中国煤矿瓦斯防治现状观察

中国煤矿瓦斯治理成绩巨大，百万吨煤死亡率从 2002 年的 4.94 人下降到 2014 年的 0.26 人，十余年间下降 94.7%；但是，也存在如下值得继续改进之处。

第一，煤矿瓦斯治理仍然任务繁重，百万吨煤死亡率远高于世界水平，与美国的百万吨煤死亡率还相差 10 倍。一方面煤矿大的事故、死人的事故大幅度减少了；另一方面安全生产隐患仍然严重，中、小瓦斯突出事故仍然时有发生。煤矿为安全仍然每天提心吊胆。

第二，煤矿瓦斯防治费用高昂。我国将近 40×10^8t 煤炭年产量中，绝大多数是井工开采的，大多数煤矿井是瓦斯矿井或高瓦斯矿井，相当一部分开采历史长，开采深度超过 800m，瓦斯防治随开采深度加大越来越难。现在，煤矿瓦斯防治基本上完全依靠在煤矿井下巷道中向煤层打水平钻孔/斜孔抽排（以下简称为“井下抽排”），每吨煤的井下瓦斯防治费用在 50～200 元之间，占煤炭开采成本的 30%～50%。

第三，井下抽排时间漫长，煤矿生产效率低下。瓦斯矿井在采煤之前必须将煤层瓦斯含量降低到规范规定的标准（8～4m^3/t，视工作面日产量而定）之下。为此常常需要井下抽排半年到 18 个月以上，视煤层透气性、瓦斯含量而定。漫长的井下抽排时间严重影响采煤效率，有的瓦斯煤井三班工人，两班在做瓦斯防治。中国的大型煤炭集团人均年产量约 1730t，只相当于美国的 5.6%、印度尼西亚的 20.6%；而中国这个煤炭行业的人均年产量更低，仅为 630t，而发达国家为 10000t（王灿，2016）。露天采场少和井下抽排时间漫长是中国煤矿平均劳动生产率远低于海外同行的主要原因。

第四，浪费清洁能源，污染大气环境。煤矿瓦斯的主要成分是甲烷（天然气），是清洁能源。然而，煤矿井下瓦斯抽排系统是一个非密封系统，多数情况下抽排的气体瓦斯浓度低，无法利用。例如，2015 年，我国煤矿井下抽采瓦斯 136×10^8t，利用 48×10^8t，利用率 35.3%。按抽排的瓦斯量计算，我国煤矿井下抽排瓦斯的成本在 10～25 元/m^3。花费如此高昂代价抽排的瓦斯，绝大部分被放空排入大气，对于中国当前急需“气代煤”以缓解雾霾污染的景况，是一个应当重视和解决的悖论。并且，煤矿排放到大气中的甲烷的温室效应是同体积二氧化碳的 21 倍。我国每年采掘和利用将近 40×10^8t 煤炭的过程中，排放到大气中的甲烷超过 $400\times10^8m^3$，温室效应相当于 6×10^8t 二氧化碳，相当于燃烧 2×10^8t 标准煤产生的二氧化碳。减少煤矿排放的甲烷，是我国减排的重要方面。

因此，有必要鼓励煤矿瓦斯防治新思维，在保证煤矿生产安全的前提下，发展煤矿瓦斯防治和利用的新技术体系。

4 调整战略思想，做好五大创新，开创煤层气开发和煤矿瓦斯防治新局面

第一，中国需要根据自己的国情，调整战略思想，调整煤层气开发战略。中国煤层气开发行业及其上位管理层需要战略思想创新、技术模式创新、开发领域创新、经营模式创新和政策支持创新。若能有如此调整，中国将成为世界第一煤层气生产大国，煤层气产量将媲美常规天然气产量。

第二，要认识到，在美国“钻井-压裂-排水-降压-采气”技术模式下，收回投资和赢利的或有此前景的煤层气开发区块是低概率幸运事件；这是宿命，无法改变。如果期望中国煤层气有大的发展，只有大力发展适合中国国情的、与美国技术模式并列或超越的煤层气勘探开发技术模式。放弃自责型思维，提倡自信型思维。煤层气井产量低不是我们没有用好美国技术，而是美国技术太差。不是改造我们的煤层气储层使之适合美国技术，而是发展适合我国煤层气储层的新技术，代替美国技术。

第三，区分两类煤层气开发。第一类是专业煤层气勘探开发公司进行的煤层气开发，以商业化销售煤层气的收益支付公司日常运作费用、收回勘探开发投资和赢利。第二类是为煤矿瓦斯治理而做煤矿瓦斯地面抽排，以消除瓦斯超标突出爆炸危险、减小煤矿井下瓦斯抽排费用、提高采煤效率、提高煤矿经济效益为第一目的，以实现第一目的之成效换取煤矿补贴地面煤层气开发，以煤矿补贴、销售煤层气或瓦斯发电的收益支付开发日常费用、收回开发投资和赢利。对这两类煤层气开发应该分别采用不同的技术模式、经营模式、赢利模式及政策支持。

第四，中国应当把煤矿瓦斯地面抽排作为煤层气产量的主要增长点。中国煤炭行业每年年排放到大气中的甲烷大约 $440\times10^8m^3$，其中可以利用而没有利用的大约 $260\times10^8m^3$。中国煤层气开发应当抢救性地开发利用这 $260\times10^8m^3$ 煤层气。

5 煤层气的未来决定于注热空气开发煤层气技术和注氮增解增产煤层气技术

中国和世界煤层气的未来决定于注热空气开发煤层气技术，该技术试验成功和推广应用之日，就是世界煤层气行业止跌回升之时。

注氮增解增产煤层气技术也是有用的。在不适宜使用注热空气开发煤层气技术的场合，注氮增解增产煤层气技术可以替代注热空气开发煤层气技术。

5.1 注氮增解增产煤层气技术的一句话简介

注氮增解增产煤层气技术从一口或多口注氮井向煤层注入氮气，氮气“剥离”煤微孔隙、裂隙表面的吸附态煤层气，促进煤层气解吸，“驱排”解吸后煤层气向生产井运移，从注氮井周围多口生产井采集煤层气或煤层气与氮气的混合气体，达到提高煤层气井产量和煤层气采收率（亦即降低煤层残余瓦斯含量）之目的。

5.2 注热空气开发煤层气技术的一句话简介

注热空气开发煤层气方法从一口或多口注气井向煤层注入热空气，其中的氮气“剥离”、“驱排”煤微孔隙、裂隙表面的吸附态煤层气，促进煤层气解吸并向生产井运移，低温氧化作用使其中的氧气因为物理吸附、化学吸附、氧化反应而滞留在煤层中或被消耗掉，从多口生产井采集煤层气或煤层气与氮气的混合气体，达到提高煤层气井产量和煤层气采收率（亦即降低煤层残余瓦斯含量）之目的。

5.3 注热空气开发煤层气技术和注氮增解增产煤层气技术的应用前景

1）煤矿瓦斯防治：注热空气开发煤层气技术和注氮增解增产煤层气技术能够将煤层残余瓦斯含量降低到低于规范规定的最严苛的标准即 $4m^3/t$，实现人们期望已久的采煤采气一体化，根本性地减少煤矿井下瓦斯抽排工程量，节省井下瓦斯抽排费用，保障煤矿生产安全，提高采煤效率和效益。鉴于中国有将近 40×10^4t 煤炭年产量，占世界煤炭产量的 50%以上，绝大部分是井工开采的，大多数煤矿井是瓦斯、高瓦斯矿井，因此，这两项技术有广阔的应用前景。

2）煤层气勘探开发行业：注热空气开发煤层气技术和注氮增解增产煤层气技术能够使低产新区快、快速衰减区块扭亏为盈；提高延长中高产煤层气区块中的自然衰减低产井区的煤层气产量，延长中高产煤层气区块的生命期，提高煤层气采收率，提高经济效益。鉴于中国已经开发的煤层气区块大多数为低产区块，中高产区块或早或晚必将出现越来越多的自然衰减低产井区，因此，这两项技术有广阔的应用前景。

3）开发深部煤层气：当前煤层气开发使用的“钻井-压裂-排水-降压-采气”技术只能开采 1200m 以浅的煤层气；这是因为煤层气储层可塑性大，地层深部压力大，煤层中的割理、裂隙在压力作用下闭合，煤层渗透率随深度增大而减小。注热空气开发煤层气技术能够开采深部煤层气。60%以上的煤层气资源在 1200m 深度线以下，因此，注热空气开发煤层气技术有广阔的应用前景。

4）开发低阶煤层气储层：中国新疆、内蒙古等省（自治区）有巨量的低阶煤层气资源。由于含气量低，渗透率低，多家公司的勘探开发以失败告终，至今没有得到有效开发利用。注热空气开发煤层气技术能够有效地开采低阶煤层气储层，并且在开发过程中能够生成大量的高热值煤层气，能够提高煤阶，改善低阶煤的品质，提高其发热值。因此，注热空气开发煤层气技术有广阔的应用前景。

5）我国已经连续在“十一五”、“十二五”两个五年计划内在重大科技攻关项目中设立“采煤采气一体化”研究项目，国家科技部科研投入已达十多亿元。然而，采煤采气一体化的目标不可能在美国“钻井-压裂-排水-降压-采气”技术模式下实现（陈信平等，2016）。已经有作者敏锐地指出：“采煤采气一体化成空话”（邢飞龙，2015）。注热空气开发煤层气技术和注氮增解增产煤层气技术能够实现人们期望已久的采气采煤一体化，并且超越采气采煤一体化原来的目标，实现如下目标（陈信平等，2016）：①将煤层瓦斯含量降低到低于规范要求的残余瓦斯含量；②根除瓦斯爆炸、突出、超标，提高瓦斯防治安全等级；③根本性地减少井下抽排工程量、费用、抽排时间；④减少煤矿瓦斯防治总体费用，提高采煤效率、效益。

6 总 结

历史给了中国人拯救世界煤层气行业的机会。中国人能否抓住这个机会创造历史，还有待观察。

本文若能有抛砖引玉之功效，则幸甚至哉！

参考文献

邢飞龙．2015．采煤采气一体化成空话．中国环境报 [2015-03-05]．http://news.cenews.com.cn/html/2015-03/05/content_25123.htm.

王灿．2016．中国煤炭工人人均煤炭产量不到美国 6%．澎湃新闻[2016-3-23]．载于中国煤炭新闻网 http://www.cwestc.com/newshtml/2016-3-23/405601.shtml.

McCants CY, Stevens SH. 2001. Five-Spot Production Pilot on Tight Spacing: Rapid Evaluation of a Coalbed Methane Block in the Upper Silesian Coal Basin, Poland. The 2001 International Coalbed Methane Symposium University of Alabama, Tuscaloosa: 193～204.